U0344153

国家出版基金项目
NATIONAL PUBLICATION FOUNDATION

有色金属理论与技术前沿丛书

贵金属新材料

New Materials of Precious Metals

胡昌义　刘时杰　等编著
Hu Changyi　Liu Shijie

中南大學出版社
www.csupress.com.cn
中国有色集团
CNMC

内容简介

Introduction

贵金属包括金(Au)、银(Ag)、铂(Pt)、钯(Pd)、铑(Rh)、铱(Ir)、锇(Os)、钌(Ru)等8种金属，不仅因矿产资源稀少，价格昂贵，具有长久的金融财富储备价值，还具有许多优异和独特的物理化学性质，在现代工业及高新科技领域有非常广泛、且至今不能被其他金属材料取代的特殊应用，被誉为“第一高技术金属”。本书共分10章，分别介绍贵金属合金材料、电接触材料、焊接材料、工业催化材料、环保材料、薄膜涂层材料、电子信息材料、粉体及纳米材料、以及为节约贵金属用量又能保持材料特性的各种复合材料的基础理论和特点、应用领域、制备技术、研发成就及热点。

本书可供从事贵金属新材料研究和生产的科技人员和管理人员参考，也可供高校金属材料专业的师生作教学参考书。

作者简介

About the Author

胡昌义 研究员，博士，博士研究生导师。长期从事稀贵金属新材料、新技术及新产品的研究开发，目前的研究领域为稀贵金属薄膜涂层功能材料与结构材料。主持国家重点科技攻关、国家高技术发展计划(863)及重大军工关键材料研究等国家及省部级重要科研项目30余项，发表学术论文90余篇，参与编著《中国材料工程大典》。获得省部级科技成果奖励二等奖3项、三等奖2项。创建稀贵金属低维新材料创新团队，开创我国贵金属化学气相沉积(CVD)研究新领域。享受云南省政府特殊津贴，获“云南省技术创新人才”称号，云南省委联系专家。现任稀贵金属综合利用新技术国家重点实验室副主任，国家贵金属材料工程技术研究中心副主任，中国有色金属学会理事，国际贵金属学会会员。

刘时杰 研究员，博士研究生导师及博士后流动站进站课题研究指导教师。从事我国贵金属冶金新技术、新工艺研究开发50年，是该科技领域的创业者和学术、技术带头人之一，承担并负责完成了国家“六五”到“九五”各个五年计划的重点科技(攻关)任务，获国家级科技进步奖特等奖、一等奖和省部级奖十余次。独立编著或参编学术专著十部。1987年获云南省人民政府授予的“云南省首批有突出贡献的优秀专业技术人才号称”(一等奖)。1991年起享受国务院“政府特殊津贴”。2010年，其生平及业绩入编中国科协主编的《中国科学技术专家传略》。曾任原中国有色金属工业系统科技成果奖励评审委员，“跨世纪人才”、高级工程师和教授级高级工程师职称评审委员，中国有色金属学会贵金属学术委员会委员、云南省有色金属学会理事，国际贵金属学会(IPMI)会员，云南省学位委员会硕士学位授权点及省教委高校重点学科评议组组员。

总序

Preface

当今有色金属已成为决定一个国家经济、科学技术、国防建设等发展的重要物质基础，是提升国家综合实力和保障国家安全的关键性战略资源。作为有色金属生产第一大国，我国在有色金属研究领域，特别是在复杂低品位有色金属资源的开发与利用上取得了长足进展。

我国有色金属工业近30年来发展迅速，产量连年来居世界首位，有色金属科技在国民经济建设和现代化国防建设中发挥着越来越重要的作用。与此同时，有色金属资源短缺与国民经济发展需求之间的矛盾也日益突出，对国外资源的依赖程度逐年增加，严重影响我国国民经济的健康发展。

随着经济的发展，已探明的优质矿产资源接近枯竭，不仅使我国面临有色金属材料总量供应严重短缺的危机，而且因为“难探、难采、难选、难冶”的复杂低品位矿石资源或二次资源逐步成为主体原料后，对传统的地质、采矿、选矿、冶金、材料、加工、环境等科学技术提出了巨大挑战。资源的低质化将会使我国有色金属工业及相关产业面临生存竞争的危机。我国有色金属工业的发展迫切需要适应我国资源特点的新理论、新技术。系统完整、水平领先和相互融合的有色金属科技图书的出版，对于提高我国有色金属工业的自主创新能力，促进高效、低耗、无污染、综合利用有色金属资源的新理论与新技术的应用，确保我国有色金属产业的可持续发展，具有重大的推动作用。

作为国家出版基金资助的国家重大出版项目，“有色金属理论与技术前沿丛书”计划出版100种图书，涵盖材料、冶金、矿业、地学和机电等学科。丛书的作者荟萃了有色金属研究领域的院士、国家重大科研计划项目的首席科学家、长江学者特聘教授、国家杰出青年科学基金获得者、全国优秀博士论文奖获得者、国家重大人才计划入选者、有色金属大型研究院所及骨干企业的顶尖专家。

国家出版基金由国家设立，用于鼓励和支持优秀公益性出版项目，代表我国学术出版的最高水平。“有色金属理论与技术前沿丛书”瞄准有色金属研究发展前沿，把握国内外有色金属学科的最新动态，全面、及时、准确地反映有色金属科学与工程技术方面的新理论、新技术和新应用，发掘与采集极富价值的研究成果，具有很高的学术价值。

中南大学出版社长期倾力服务有色金属的图书出版，在“有色金属理论与技术前沿丛书”的策划与出版过程中做了大量极富成效的工作，大力推动了我国有色金属行业优秀科技著作的出版，对高等院校、研究院所及大中型企业的有色金属学科人才培养具有直接而重大的促进作用。

王淀佐

2010 年 12 月

前言

Foreword

材料科学是人类社会发展进程中起支撑作用的重要学科之一，研究、开发、制备新材料及拓展其新应用，也是人类社会持续发展及文明进步历程中永恒的研究课题。

贵金属包括金(Au)、银(Ag)、铂(Pt)、钯(Pd)、铑(Rh)、铱(Ir)、锇(Os)、钌(Ru)等8种金属。因具有长久的金融财富储备价值及许多优异和独特的物理化学性质，从古至今几乎与人类社会发展的所有方面都有密切的关系。金、银以饰品应用的历史始于人类文明的启蒙时代，后逐渐发展了其工业应用。铂、钯、铑、铱、锇、钌的发现及应用历史虽不过400年，但在现代工业和高新技术产业中的特殊应用使其具有更宝贵的价值。近代，以贵金属为基的功能材料在材料科学中占有非常重要的地位，贵金属新材料不仅在现代工业及高新技术中应用非常广泛，而且在许多重要的应用领域至今尚不能用其他材料取代，被称为"首要的高技术金属(First and Foremost High - technology Metals)"。可以说，没有贵金属功能材料支撑，很多现代工业将瘫痪，高新技术将失去发展后劲。

从20世纪60年代开始，中国自力更生地创建和发展了贵金属功能材料科学和应用技术，积累了丰富的科技知识和实践经验，很多材料已立足国内形成了产业。昆明贵金属研究所和贵研铂业股份有限公司是该科技和产业领域的先行者，经过半个多世纪的发展，已形成了专业配套齐全的研发和产业化配套体系，并具有较强的自主创新能力。与国内其他研发、生产单位取长补短、密切合作，开发的系列产品基本满足了中国现代工业和高新技术发展的需要。本书力争系统、全面地向读者介绍贵金属新材料的基础理论，各种贵金属功能材料的特点及应用领域，制备技术及发展过程，新材料研发成就及热点，某些功能材料品种或性能与国外尚存的差距等方面的情况。这些功能材料主要包括精密合金材料、电接触材料、焊接材料、工业催化材料、环保材料、薄膜涂层材料、电子信息材料、粉体及纳米材料，以及为节约贵金属用量又能保持材料特性的各种复合材料。理论结合实践，尽力体现新世纪的时代要求。

各章作者都是昆明贵金属研究所和贵研铂业股份有限公司各相应专业研发和产业一线的中青年科技专家。本书共10章，各章节撰写人员分别是：第1、2、4章为胡昌义研究员；第3、7章及6.1节为张昆华研究员；第5章及6.2、6.3、6.4节为魏燕高工；第8章为许昆研究员；第9章为戴云生副研究员、刘锋博士；第10章为杨冬霞教授级高工、刘锋博士。胡昌义教授、刘时杰教授策划全书，刘时杰教授负责各章节的修改，补充调整内容或改写定稿。编著人感谢侯树谦、钱琳、朱绍武、普乐、陈家林等先生对编著本书给予的关心和支持，感谢中南大学出版社领导的支持及史海燕责任编辑的辛勤工作。

本书可供从事贵金属新材料研究和生产的科技人员和管理人员参考，也可供高校金属材料专业的师生作教学参考书。由于本书内容涉及的学科范围宽，编者及各章作者的知识结构和水平有限，书中错误与疏漏在所难免，敬请读者批评指正。

编著者

目录

Contents

第 1 章　概　述

1.1　基本情况

元素周期表中金(Au)、银(Ag)、铂(Pt)、钯(Pd)、铱(Ir)、铑(Rh)、锇(Os)和钌(Ru)等八个过渡族元素统称为贵金属。其中金和银属于ⅠB 族，铂、钯、铱、铑、锇和钌属于ⅧB 族，后六种元素统称铂族元素或稀贵金属。根据原子量及密度的大小，铂族金属又可分为轻铂族金属(钌、铑、钯)和重铂族金属(锇、铱、铂)两组。

贵金属具有优异的特性：如美丽诱人的金属色彩及贵重的价值；特殊的物理化学性能；独特的催化活性及使用中的综合稳定性。银在所有的金属中具有最好的导电性、导热性及对可见光的反射性；金具有极好的抗氧化性及延展性；铂具有优良的热稳定性、高温抗氧化性和耐腐蚀性；钯可吸收比自身体积大 2800 倍的氢；铱和铑具有很高的高温强度，并能抗多种熔融氧化物的侵蚀等。

地壳中稀贵金属资源很少，全世界探明的储量约 8 万 t，远景储量约 10 万 t。储量分布很不均匀，南非占 80%、津巴布韦约占 10%、俄罗斯占 8%、美国和加拿大约占 2%。世界总产量每年约 450 t，产地也主要集中在南非、俄罗斯、美国和加拿大等少数国家，其产量占世界总产量的 98% 以上。我国铂族金属矿产资源十分贫乏，探明储量约 350 t(其中甘肃金川硫化镍共生矿含铂族金属约 200 t，云南金宝山低品位铂钯矿含约 46 t)，仅占世界探明储量的 0.2%；矿产铂族金属年产量约 3 t，仅占世界产量的 0.6%。铂族金属需求的不断增加和矿产资源的严重匮乏，使中国必须大量进口铂族金属，因此稀贵金属二次资源再生回收在保障中国的供需平衡中具有重要的战略地位。二次资源回收主要来自石油化工、汽车尾气净化、硝酸化肥工业、医药精细化工等行业使用的废旧催化剂以及含贵金属的废弃电子元器件等。数据显示，2008 年全球消耗 80 万 t 催化剂，中国石油和化工催化剂的更换量超过 10 万 t。二次资源再生回收量已占中国铂族金属用量的 60% 以上。稀贵金属矿产资源提取分离技术，特别是二次资源的再生回收技术，是我国稀贵金属产业发展中极其重要的组成部分。

贵金属由于具有特殊的电学、光学、热力学及催化特性，应用领域极广，其综合利用的应用基础研究、新技术新工艺及新产品的开发研究一直是应用科学研究的重要课题。随着现代高新技术产业的发展，贵金属的深加工技术、材料制备技术是支撑新材料技术、信息技术、新能源技术和环境技术发展的关键技术之一，在尖端科学研究、高科技领域中发挥重要作用。在国民经济建设、国防与公共安全，以及高新技术发展中已经形成必不可少的重要支撑体系。

1.2 贵金属与人类文明

贵金属对人类文明进程发挥了重要的作用，依据贵金属以及材料科技的发展，大致可以将其分为三个阶段：第一阶段(公元前 4000 年至 19 世纪后半叶)，人们利用贵金属美丽的色彩、贵重的价值及优异的稳定性，主要作为财富和权力的象征；第二阶段(19 世纪后半叶至 20 世纪后期)，贵金属优异的物理化学性能逐渐被人们认识，已成为现代工业和技术领域的维生素；第三阶段(20 世纪后期至今)，贵金属继续作为财富象征及具有工业维生素的作用，其独特的催化活性和综合稳定性使其成为人类社会可持续发展的关键材料。

黄金可能是人类认知和利用的第一种金属。史前即被用来作装饰、器皿及货币，黄金的这种功能一直延续至今，成为财富与地位的象征，甚至成为被推崇的对象。在古代中国，黄金的颜色被作为皇帝的专用颜色。在西方，黄金的诱惑力是如此之大，以至于众多的冒险家远涉重洋去寻找黄金，并导致了美洲大陆在 15 世纪被发现。自公元 8 世纪或更早的时候开始，众多的炼金术士前赴后继地探寻“点石为金”及“炼铅成金”的途径，虽无一成功，但却为科学技术的主要分支——实用化学的建立作了准备。人类绵延数千年的对黄金的追求与崇拜，其实都源于黄金无比美丽的色彩、珍稀的价值以及“真金不变”的稳定性。

银也是一种古老的金属，是人类继金和铜之后被认识及利用的第三种金属。由于美丽的银白色及稳定性，在古代主要用作饰品和货币。在漫长的历史长河中，黄金与白银的产量十分有限，并大都囤积于帝王及富人手中，或国家作为金融储备。

铂族金属的发现较晚。1550 年，欧洲殖民主义者在进入中美洲寻找金银的过程中发现了铂。1804—1845 年间，相继发现了钯、铑、铱、锇和钌。与金银相比，铂更为稀少，也更稳定，自然也就作为财富收藏和装饰品，如用作高级钻石的镶座等。

在贵金属发展的第二阶段，近代及现代工业和科学技术中，三件事标志了贵金属及材料的迅猛发展。第一件事是不少大型贵金属矿的发现及开采。1886 年在南非发现了至今仍久负盛名的 Witwatersland 金矿，此后在俄罗斯、美国、澳大利亚和加拿大也发现了大型金矿。1924 年在南非约翰内斯堡附近发现了大型铂族金属矿矿脉。在加拿大和俄罗斯也发现了较大的铂矿。这些都为贵金属材料的发展提供了基础；第二件事是贵金属许多优异的物理、化学性质被发现并使其进入工业应用，如 1885 年第一支 Pt - 10Rh/Pt热电偶的问世和 1927 年 Pt - 10Rh/Pt 国际温标的确立，1871 年溴化银感光干板的发明促使照相业银的大量工业应用；第三件事是许多世界大型贵金属公司的建立，如英国的 Johnson Matthey Co. 、德国的 Heraeus 和美国的 Enghard 等。此阶段，贵金属已逐渐成为工业中不可缺少的元器件及关键材料，广泛应用于电气、化学、玻璃、石油、齿科、照相、医药以及饰品与装饰领域。在这些应用领域中，贵金属表现出其少、小、精、广、贵的特点，即批量及数量少，单件物品或元器件体积小，技术要求高精，常用于元器件的关键核心部位，应用领域广以及价值昂贵。20 世纪 40 年代，原子能、电子计算机和空间技术的出现，尤其是 70 年代以来，由于计算机的广泛应用及光纤的实用化，人类进入了信息时代，进一步推动了贵金属材料的发展。由于贵金属资源稀少，分布极不均衡，而在国民经济、军工宇航及传统工业上具有极大的重要性，世界各国都将它列为“战略物资”。在这一阶段，贵金属的产量及需求，特别是工业应用的需求有大幅度的增长，而黄金的货币作用则相对下降了。

贵金属发展的第三阶段大致始于 20 世纪后期，贵金属除继续发挥“财富象征”和“工业维生素”的作用外，其独特的催化活性与高的综合稳定性，使其在工业催化及环境保护领域发挥了重要作用，并将成为今后人类社会可持续发展的关键材料之一。

1.3　贵金属的性质

贵金属独特的理化性质与其外层电子结构有密切的关系。金、银与铂族金属的电子结构不同，金和银的 d 轨道被电子填满，外层 s 轨道有 1 个电子，显示出良好的导电性能；而铂族金属的 d 轨道未被完全填满，d 电子和 s 电子均可参与反应，显示出与金、银不尽相同的化学特性。由于镧系元素收缩的影响，使得轻铂族金属与重轻铂族金属的原子或离子半径等相差不大，显示出类似的物理化学性能。

1.3.1　物理性质

贵金属的基本物理性质列于表 1 - 1。Os 和 Ru 为密排六方结构，其余 6 个元素均为面心立方结构，都具有很大的密度、较高的熔点和沸点。Ir、Os、Pt 是地球上密度最大的一类金属，其密度均超过 20 g/cm^3，称为重铂族金属，其中 Ir 是已知密度最大的金属。Rh、Ru 和 Pd 三种金属的密度也超过 10 g/cm^3，称为轻铂族金属，比铜、镍、铅等通常所谓的“重金属”密度还大。

表1-1 贵金属原子物理性质及晶体学性质

性 质	Ru	Rh	Pd	Ag	Os	Ir	Pt	Au
原子序数	44	45	46	47	76	77	78	79
原子量	101.07	102.9055	106.42	107.87	190.20	192.22	195.08	196.9665
晶体结构	密排六方	面心立方	面心立方	面心立方	密排六方	面心立方	面心立方	面心立方
晶格常数 a, c/nm	0.27054 0.42825	0.38038 —	0.38815 —	0.40362 —	0.27362 0.43194	0.38387 —	0.39224 —	0.40784 —
原子半径/nm	0.134	0.134	0.137	0.144	0.135	0.136	0.139	0.144
原子体积/($cm^3 \cdot mol^{-1}$)	8.177	8.286	8.859	10.270	8.419	8.516	9.085	10.230
熔点/℃	2310	1963	1554	961.93	3050	2447	1772	1064
沸点/℃	4080	3700	2900	2210	5020	4500	3800	2808
密度(20℃)/($g \cdot cm^{-3}$)	12.45	12.41	12.02	10.49	22.61	22.65	21.45	19.32
线膨胀系数(0~100℃) $\times 10^{-6}$/℃$^{-1}$	9.1	8.3	11.1	19.7	6.1	6.8	9.1	14.2
电阻温度系数(0~100℃)/℃$^{-1}$	0.0042	0.0046	0.0038	0.0041	0.0042	0.0043	0.0039	0.0040
电阻率(20℃)/($\mu\Omega \cdot cm$)	6.80	4.33	9.93	1.59	8.12	4.71	9.85	2.40
导热率(273K)/($W \cdot m^{-1} \cdot K^{-1}$)	119	153	75.1	435	88	148	75.0	318

1.3.2　化学性质

1. 原子外层电子结构及稳定价态

贵金属的重要化学性质是具有很高的化学稳定性，这种性质与其原子的外层电子结构及稳定的价电子状态密切相关。表1－2列出了贵金属的外层电子结构及稳定价态。不同族或同族不同原子序数的贵金属的化学稳定性显示出一定差异：随着同一族原子序数的增加，贵金属化合物稳定性也相应增加；同一周期中随原子序数增加，d轨道逐渐被电子充满，化合价递减。化学反应的实质是参与反应的原子外层电子的捕获或失去的过程。因贵金属（特别是铂族金属）原子外层有s电子和d电子参与反应和成键，使其呈现出多种价态。贵金属的氧化还原性质及具有多种氧化态是极其重要的性质。不同的氧化态其稳定性往往存在较大差异。

表1－2　贵金属原子外层电子结构及稳定价态

原子	Ru	Rh	Pd	Ag	Os	Ir	Pt	Au
外层电子结构	$4d^7 5s^1$	$4d^8 5s^1$	$4d^{10}$	$4d^{10} 5s^1$	$5d^6 6s^2$	$5d^7 6s^2$	$5d^9 6s^1$	$5d^{10} 6s^1$
稳定价态	+2 +3 +8	+3	+2 +4	+1	+4 +6 +8	+3 +4	+2 +4	+1 +3

2. 贵金属与化学试剂的反应

大部分贵金属在酸、碱、盐等常见介质中具有很强的耐腐蚀能力，这也是贵金属能够广泛应用于各种腐蚀环境的主要原因。贵金属抗腐蚀能力的强弱按以下顺序排列：Ir > Rh > Os > Au > Pt > Pd > Ag。贵金属在各种常见化学试剂中的抗腐蚀能力评价见表1－3。贵金属的形态对其化学活性具有很大的影响，海绵状和粉末状贵金属的化学活性比致密贵金属高得多。例如，特定条件下制备的新鲜铑粉可溶于热硫酸及王水，但致密金属铑甚至在加热的情况下都不溶于各种酸和王水。贵金属（银除外）都耐硫及硫化物腐蚀。银是贵金属中耐蚀性最差的金属，在潮湿的空气中，银即被硫或硫化物腐蚀，生成硫化银。

表 1-3 贵金属的耐腐蚀性能评价

腐蚀介质		温度	Au	Ag	Pt	Pd	Rh	Ir	Os	Ru
浓 H_2SO_4		室温	A	C	A	A	A	A	A	A
		100℃	A	D	A	B	B	A	A	A
		250℃	A	D	B	C	A	A	B	A
硒酸 H_2SeO_4 密度 1.4 g/cm^3		室温	A	—	A	C	—	—	—	—
		100℃	A	—	C	D	—	—	—	—
H_3PO_4		室温	—	—	A	A	A	A	—	A
		100℃	A	—	A	B	A	A	D	A
$HClO_4$ 密度 1.6 g/cm^3		室温	A	—	A	A	—	—	—	—
		100℃	A	—	A	C	A	—	—	A
HNO_3	0.1 mol/L	室温	A	B	A	A	A	A	—	A
	1 mol/L	室温	A	C	A	B	A	A	—	A
	2 mol/L	室温	A	D	A	C	A	A	B	A
	70%	室温	A	D	A	D	A	A	C	A
		100℃	A	D	A	D	A	A	D	A
	95%	室温	B	D	A	D	A	A	D	A
发烟硝酸		室温	B	D	A	D	A	A	D	A
王水		室温	D	C	D	D	A	A	D	A
		沸腾	D	D	D	D	A	A	D	A
HF 40%		室温	A	C	A	A	A	A	A	A
HCl 36%		室温	A	C	A	A	A	A	A	A
		100℃	A	D	B	B	A	A	C	A
HBr 密度 1.7 g/cm^3		室温	A	—	B	D	B	A	A	A
		100℃	—	—	D	D	C	A	C	A
HI 密度 1.75 g/cm^3		室温	A	—	A	D	A	A	B	A
		100℃	A	—	D	D	A	A	C	A
冰醋酸		100℃	A	—	A	—	A	A	A	A
F_2		室温	A	—	C	—	—	—	—	—
Cl_2，干		室温	B	—	B	C	A	A	A	A

续表1-3

腐蚀介质		温度	Au	Ag	Pt	Pd	Rh	Ir	Os	Ru
Cl_2，湿		室温	D	—	B	D	A	A	C	A
Cl_2，过饱和		室温	—	—	A	A	A	A	—	A
		100℃	—	—	A	D	—	—	—	—
Br_2	干	室温	D	—	C	D	A	A	D	A
	湿	室温	D	—	C	D	A	A	B	A
	饱和	室温	D	—	A	B	A	D	—	B
	62%	室温	A	—	B	D	B	A	A	A
		100℃	—	—	D	D	C	A	C	A
I_2	干	室温	A	—	A	A	A	A	B	A
	湿	室温	B	—	A	B	B	A	A	A
	酒精中	室温	C	—	A	B	B	A	—	A
S_2		100℃	A	—	A	A	A	A	A	A
Hg		室温	D	—	—	—	—	—	—	—
H_2S		室温	A	—	A	A	A	A	A	A
NaClO 溶液		室温	—	—	A	C	B	A	D	D
		100℃	—	—	A	D	B	B	D	D
KCN 溶液		室温	D	—	A	C	—	—	—	—
		100℃	D	—	C	D	—	—	—	—
$HgCl_2$ 溶液		100℃	—	—	A	A	A	A	A	C
$CuCl_2$ 溶液		100℃	—	—	A	B	A	A	—	A
$CuSO_4$ 溶液		100℃	A	—	A	A	A	A	A	A
$Al_2(SO_4)_3$ 溶液		100℃	—	—	A	A	A	A	—	A
$FeCl_3$ 溶液		室温	B	—	—	C	A	A	C	A
		100℃	—	—	—	D	A	A	D	A
K_2SO_4 溶液		—	—	—	B	C	C	A	B	B
NaOH 溶液		室温	A	A	A	A	A	A	A	A
KOH 溶液		室温	—	—	A	A	A	A	A	A
$NH_3 \cdot H_2O$ 溶液		室温	A	A	A	A	A	A	A	A

续表 1－3

腐蚀介质	温度	Au	Ag	Pt	Pd	Rh	Ir	Os	Ru
熔融硫酸钠	—	A	D	B	C	C	A	B	B
熔融苛性钠	—	A	A	B	B	B	B	C	C
熔融苛性钾	—	—	—	B	B	B	B	C	C
熔融过氧化钠	—	D	A	D	D	B	C	D	C
熔融碳酸钠	—	A	A	A	B	B	A	D	B
熔融硝酸钠	—	A	D	A	C	A	A	D	A
存在氧的 HCN 溶液	—	B	—	—	—	—	—	—	—
存在氧的 Na_2S	室温	D	—	—	—	—	—	—	—

注：A—不腐蚀；B—轻微腐蚀；C—腐蚀；D—强烈腐蚀。

贵金属的耐腐蚀性能分别归纳如下：

金：在热浓硫酸、硝酸、盐酸和氢氟酸等酸中以及熔融碳酸钠、熔融硝酸钠和熔融硫酸钠等盐中非常稳定；不被氢氧化钠、硫及硫化氢腐蚀；被王水严重腐蚀；在卤素环境中有一定的腐蚀。

银：被大部分的无机酸和王水腐蚀，但在有机酸中很稳定；在卤素中不稳定；在熔融氢氧化钠、氢氧化钠溶液和熔融碳酸钠中非常稳定，但在熔融硝酸钠和熔融硫酸钠中腐蚀严重。

铂：在浓硫酸、磷酸、硝酸中很稳定，在盐酸和氢氟酸中比较稳定，被王水严重腐蚀；在 Cl_2 和 Br_2 中有一定的腐蚀，在 I_2 中很稳定；在氢氧化钠、氢氧化钾等碱性溶液中极为稳定；不被熔融碳酸钠、熔融硝酸钠腐蚀，在熔融硫酸钠中有轻微的腐蚀；不被硫或硫化物腐蚀。

钯：室温下在浓硫酸中稳定，温度升高腐蚀加快；0.1 mol/L 硝酸中稳定，浓度增加及温度升高时腐蚀增加；在盐酸和氢氟酸中较稳定，被王水严重腐蚀；在 Cl_2 和 Br_2 中有较强的腐蚀，在 I_2 中较稳定；在氢氧化钠、氢氧化钾和氨水等碱性溶液中很稳定；在熔融碳酸钠和熔融硫酸钠中轻微腐蚀，在熔融硝酸钠中被腐蚀。

铑：铑在大多数的酸和碱中具有很高的稳定性。对它有较强腐蚀作用的介质有密度为 1.7 g/cm^3 的 HBr，硫酸钾溶液及熔融硫酸钠。有轻微腐蚀作用的介质有热的过硫酸、熔融苛性钠、熔融苛性钾、熔融过氧化钠和熔融碳酸钠等。

铱：贵金属中铱是抗腐蚀能力最强的金属，在绝大多数的腐蚀剂中具有极高的稳定性，只有极少数的几种介质对铱有一定的腐蚀作用，这些介质是饱和的

Br_2、熔融苛性钠、熔融苛性钾、熔融过氧化钠和熔融碳酸钠等。

锇：在浓硫酸、盐酸和氢氟酸中很稳定，但被热盐酸和王水严重腐蚀；在氢氧化钠、氢氧化钾等碱性溶液中非常稳定；被熔融硝酸钠严重腐蚀，被熔融硫酸钠和熔融碳酸钠轻微腐蚀；不被硫或硫化物腐蚀。

钌：钌的耐腐蚀性能仅次于铱，对钌有较严重腐蚀的介质有：NaClO 溶液、熔融苛性钠、熔融苛性钾、熔融过氧化钠等。

3. 贵金属与气体的反应

贵金能吸附多种气体。每种贵金属的吸气能力与其状态密切相关，吸附能力随其分散程度及表面积的增大而增加。高度分散状态的贵金属强烈吸附气体，并生成活性物质。表1-4列出了贵金属与常见气体，如空气、氢气、硫蒸气及硫化物气体的反应特性。常温下贵金属在空气中不被氧化（锇、钌除外），高温下会发生一定程度的氧化和挥发，但大多数贵金属仍具有较强的抗氧化性和耐腐蚀能力，其中抗氧化能力最强的是铑和铂。

表1-4 贵金属与气体的作用

贵金属	在空气（氧气）中加热时的特性	与其他气体的作用
Au	金在大气中极为稳定，加热直到熔化都不发生氧化。金的氧化物（Au_2O 和 Au_2O_3）是从含金溶液中制取的	金与有机气体、硫及硫化物蒸气不发生反应，常被用作轻负荷触点材料。金不吸氢，也不与氢反应
Ag	银在固态或液态均能有选择地吸附及溶解氧气，熔点附近，银溶解氧量达最大值。常温常压下银在空气中不被氧化，但如果有臭氧存在时则易被空气所氧化。200℃以下，银与氧气作用生成氧化银（Ag_2O），温度超过200℃氧化银分解，温度越高分解越快，至400℃时分解明显。因此，高温下银的氧化物实际上是不可能存在的	在潮湿的空气中，银与硫蒸气及硫化物气体（如 H_2S、SO_2 等）发生反应，生成黑色的硫化银，极大地降低银的导电性能。银不与有机物气体反应。氢在银中溶解度很小
Pt	贵金属中铂与氧的亲和力最小。室温下铂在空气中不被氧化，加热时生成氧化物。温度升高时，铂的氧化物分解并挥发。900℃以下铂的氧化挥发较少，当温度达1400℃和1700℃时，铂的氧化失重分别达到 9.19×10^{-3} mg/(cm^2·h) 和 39×10^{-3} mg/(cm^2·h)。氧化物的主要形态为 PtO 和 PtO_2	铂不与硫及其化合物蒸气反应。与有机物蒸气反应，在表面生成有机物膜，影响铂的导电性能。铂能吸收含碳气体，使其晶界变宽，机械性能降低，因此，铂一般不在还原气氛中使用

续表 1-4

贵金属	在空气(氧气)中加热时的特性	与其他气体的作用
Pd	室温下钯在空气中不氧化，400℃开始氧化，超过800℃氧化物分解并挥发。根据供氧情况的不同，钯可生成不同的氧化物，主要有：PdO、Pd_5O_6和Pd_2O_3	钯具有很强的吸氢性能，1体积的金属钯最多可吸收2800体积的氢，在真空中加热至300℃时，所吸收的氢又可以除去。在含硫气氛中，钯会变暗。钯会被有机物污染，在表面形成有机聚合物膜，当加入贱金属或银时，钯的抗有机污染能力增强
Rh	铑在空气中加热会生成氧化铑薄膜，氧化速率随温度的升高而加剧。若细粉铑在600℃时的氧化速率为1，则700℃时为30，800℃时为70，1000℃为80。铑的氧化物主要有：Rh_2O_3、RhO和Rh_2O。Rh_2O_3在1113℃分解为RhO，RhO在1121℃分解为Rh_2O，而Rh_2O的分解温度为1127℃。在空气中和氧气中加热，当温度低于铑的氧化物分解温度时，重量没有损失；当温度高于氧化物分解温度时，铑的失重几乎以直线变化	金属铑吸氢很少，铑不与硫及硫化物蒸气发生作用。铑黑可吸氢，但加热到400～450℃时吸氢量急剧下降，铑黑变成海绵铑
Ir	铱在赤热的条件下与氧结合生成氧化物，铱在空气中加热到600℃氧化并生成Ir_2O_3，1100℃时分解。铱的主要氧化物形态有2种，即Ir_2O_3和IrO_2	金属铱吸氢很少，铱与硫及硫化物蒸气均不发生作用
Os	锇粉在空气中常温下会发生氧化，500℃时出现燃烧现象，并生成高蒸气压的稳定氧化物OsO_4，其对人体有强烈的刺激和毒性	金属锇吸氢量很少且很慢，但锇黑能大量吸氢。400～450℃时锇黑大量放出所吸附的氢气并变成海绵锇
Ru	钌粉在空气中常温下也会氧化，随着温度的升高，氧化加剧，1000℃时钌的氧化速率是700℃时的400倍	金属钌吸附氢和氧的速度较慢，且溶解度很小。但钌黑却能大量吸氢，加热到400～450℃时吸附的氢气激烈放出，钌黑变成海绵钌

4. 催化性质

催化活性是贵金属最重要的性质之一，贵金属催化剂具有优良的活性、选择性、高稳定性及长寿命等特点，是化工加氢脱氢反应、石油重整反应、氧化反应、有机异构反应、歧化反应、裂解反应、脱羧反应以及脱氨基反应的优良催化剂，广泛应用于无机化工、有机化工、精细化工、机动车尾气净化、燃料电池、环境保护及空间飞行器发动机等领域，享有“催化剂之王”的美称。实际上，对上述常见的化学反应，大多数过渡族金属都显示出一定的催化活性，但其中贵金属的催化活性往往是最好的，其本质是具有未充满的 d 轨道。另外，贵金属（特别是具有高分散表面的贵金属材料）容易吸附反应物质，且吸附的强度适中，促使反应物分子的电子构型及几何结构发生变化，形成中间状态的活性化合物，从而加速反应速度。贵金属作为催化剂常见的催化反应及主要应用见表 1－5。

贵金属的催化活性还具有较强的选择性，对不同的化学反应，同一种贵金属表现出不同的催化活性；对同一化学反应，各种贵金属的催化能力也是不同的。如氢氧化合为水的反应中，贵金属的催化活性强弱顺序是 Os > Pd > Pt > Ru > Ir > Rh；CO 与 H_2 反应生成甲烷的反应则是 Ru > Ir > Rh > Os > Pt > Pd；碳氢化合物加氢反应则是：Pd > Rh > Pt > Ru > Os > Ir。

早期的研究表明，Au 对某些反应显示出一定的催化活性，但其他活性金属可降低 Au 的活性，一般不作为工业催化剂应用。近年来，人们发现纳米金具有较强的催化活性，已成为催化材料领域新的研究热点。

表 1－5　贵金属的催化反应及应用领域

贵金属	催化反应类型	催化剂特点	应用举例
Pt	加氢、脱氢、石油重整	活性大、耐高温、耐腐蚀、稳定性好，加工性优良	氨氧化制硝酸、石油化工、精细化工、废气净化等
Pd	氢化、氧化、石油加氢裂化	催化活性高，成本相对较低	石油化工、有机化工
Rh	加氢重整、羰化	添加于 Pt 中构成复合催化剂以提高高温性能及寿命，或制成均相催化剂	有机化工、精细化工、尾气净化
Ir	肼的燃烧	耐高温、耐腐蚀、选择性强	空间飞行器发动机
Ru	氢化、羰化、除氢	耐腐蚀	有机化工、生产羧酸
Ag	氢化	成本低	生产甲醛、燃料电池

1.3.3　力学性能及机加工性能

贵金属的主要力学性能列于表 1－6 中。各贵金属的机械加工性能及力学性能相差较大，金、银、铂和钯具有优良的加工延展性，而铱、铑、钌和锇由于弹性模量较高，机加工难度较大。铱和铑的加工硬化率很高，通常采用热加工；钌虽然能进行加工，但十分困难；锇几乎不能进行任何加工处理。易加工成型的金、银、铂和钯的主要力学性能均大大低于难加工的铱、铑、钌和锇。

表 1-6　贵金属的主要力学性质

性质	Ru	Rh	Pd	Ag	Os	Ir	Pt	Au
维氏硬度(HV)								
铸态	170~450	139	44	42	800	210~240	43	33~35
冷加工态	—	500	105~110	75	—	600	90~95	60
退火态	200~350	100~102	37~44	30	350	220	37~42	25~27
抗拉强度/MPa								
加工态	5070	1440	420	380	—	2390	400	230
退火态	—	880	230	150	—	1260	150	126
延伸率/%								
加工态	3①	2	1.5~2.5	3~5	—	15~18①	1~3	4
退火态	3①	30~35	29~34	43~50	—	20~22	30~40	39~45
弹性模量/GPa	421.4	378.7	125.8	82	428.8	527.5	164.6	79.0
切变模量/GPa	168.6	149.9	45.2	28.0	209.7	209.7	54.2	27.6
泊松比	0.25	0.26	0.39	0.38	0.25	0.26	0.39	0.42

注：①热加工态。

1.3.4　热学性质

贵金属原子间具有较强的金属键，导致其热力学参数较高。尤其是铂族金属原子键结合力更强，其熔点、沸点、熔化热及升华热比金、银更高(表 1-7)。将贵金属按照原子系数从低到高分成两组，其熔点和沸点基本上呈现出随原子序数递增而降低的规律。

表 1-7　贵金属的熔点、沸点、熔化热及升华热

原子序数	贵金属	熔点/℃	熔化热/($kJ \cdot mol^{-1}$)	沸点/℃	升华热/($kJ \cdot mol^{-1}$)
44	Ru	2310	38.3	4080	647.4
45	Rh	1963	27.3	3700	560.9
46	Pd	1554	16.9	2900	371.9
47	Ag	961.93	11.3	2210	284.6
76	Os	3050	31.8	5020	783.3
77	Ir	2447	41.0	4500	662.1
78	Pt	1772	22.5	3800	563.4
79	Au	1064	12.5	2808	368.4

贵金属的蒸气压随着温度的升高而增大(见图1-1~图1-2)。

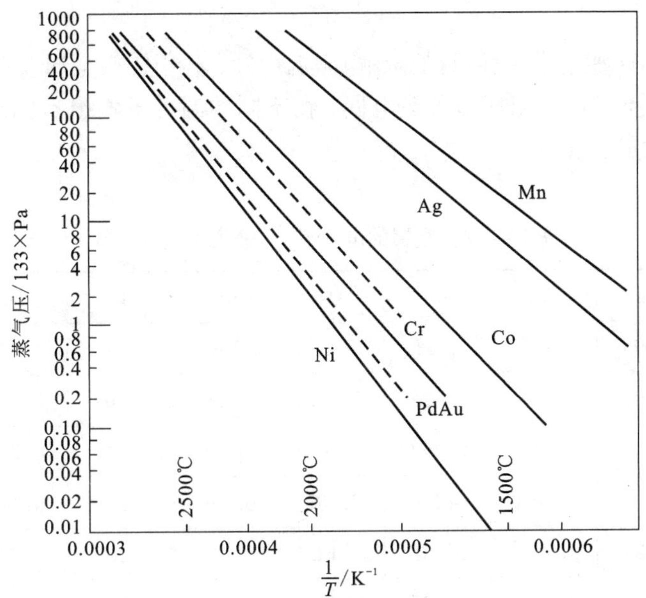

图1-1 金、银、钯的蒸气压与温度的关系

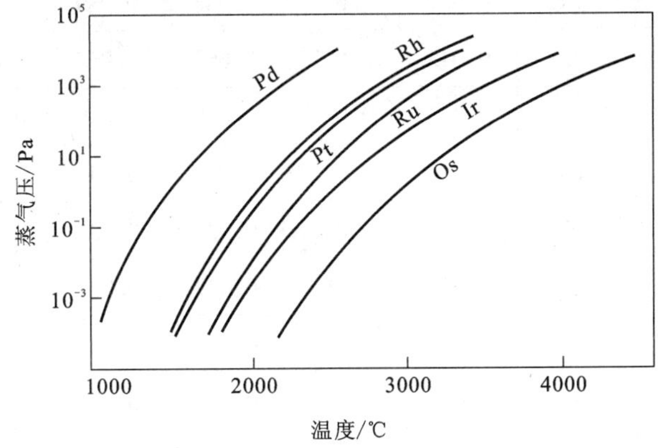

图1-2 铂族金属蒸气压与温度的关系

1.3.5 电学、磁学及光学性质

纯贵金属为电的良导体，其中 Ag 是金属中电导率最高的金属。温度对贵金属的导电性能具有明显影响，各温度下贵金属的电导率见表1-8。杂质元素使贵金属的电阻率上升，纯铂的电阻率(ρ)或电阻(R)与温度呈现出很好的线性关系：

$$\rho = 9.766 \times (1 + 0.4033 \times 10^{-2} t - 5.580 \times 10^{-6} t^2)$$

$R = R_0 \times (1 + 3.9788 \times 10^{-3} t - 5.88 \times 10^{-7} t^2)$（$R_0$ 为 0℃时的电阻值）

利用铂的这种电学特性可制作铂电阻温度计；利用铂族金属及其合金之间绝对热电势的差异，可以组成多种热电偶，在不同的温度下输出不同的热电势，广泛应用于温度的测量。

表 1-8　贵金属的电导率（$\times 10^{-8} \Omega^{-1} \cdot m^{-1}$）

T/K	Ag	Au	Ru	Os	Rh	Ir	Pd	Pt
50	8.695	—	4.34	—	—	—	1.053	1.358
100	2.392	1.538	0.735	0.512	1.11	0.862	0.380	0.358
150	1.37	—	0.357	—	0.50	—	0.239	0.205
200	0.91	0.689	0.236	0.182	0.339	0.308	0.145	0.145
273	0.689	0.485	0.149	0.122	0.241	0.209	0.1024	0.1024
300	0.616	0.444	0.132	0.094	0.199	0.188	0.0926	0.0925
400	0.432	0.322	0.097	0.065	0.141	0.135	0.0692	0.0685
600	0.279	0.206	0.062	0.044	0.086	0.089	0.0474	0.0458
800	0.205	0.148	0.045	0.033	0.062	0.065	0.0372	0.0348
1000	0.159	0.113	0.035	0.027	0.048	0.049	0.0313	0.0285
1200	0.142	0.088	0.027	0.022	0.038	0.040	0.0276	0.0245
1400	—	0.077	0.024	0.019	0.032	0.032	0.0248	0.0214
1600	—	—	0.021	0.017	0.027	0.027	0.022	0.0193
1800	—	—	—	—	0.024	0.023	—	0.0177
2000	—	—	—	—	0.021	0.022	—	0.0169
2200	—	—	—	—	—	0.018	—	—

金和银具有抗磁性，其磁导率为负值；铂族金属是顺磁性元素，其磁导率为正值，钯和锇分别具有最高及最低的顺磁性。铂族金属与铁磁性金属（铁、钴、镍）属同族元素，但磁化率并不高。铂钴合金是一种性能优良的永磁材料，并在某些特定领域得到应用。

贵金属对光的反射率较高，特别是银和铑，对可见光的反射率很高，且随波长变化较小。加之铑良好的抗氧化性能，常用于工业用镜、探照灯及反射镜的表面镀层。

1.4 贵金属新材料在现代工业及高新技术中的主要应用

在现代工业及高新技术中，贵金属新材料主要有工业催化剂、合金材料、复合材料、镀层及涂层材料、粉体材料、电接触材料、焊接材料、环境材料、新能源材料、信息材料、医学生物材料以及军工宇航用材料等。

贵金属能有效地催化氢化、脱氢、氢解、氧化、加氢甲醛化、羰基化、氨合成、甲醛合成以及醋酸合成等一系列化学反应，因此贵金属催化剂在无机化工、石油精炼、有机化工、氯化工和精细化工等领域已获得广泛应用。

贵金属的催化活性，对环境变化敏感的物理、化学特性及综合稳定性，使其成为环境材料的首选。环境材料包括环境保护材料、环境治理材料、环境监控材料、环境防护材料及环境协调材料等。因此，贵金属在与环境密切相关的交通、能源、化工、石油、轻工等部门发挥了独特且重要的作用。

新能源主要包括太阳能、氢能、核能及燃料电池等。在新能源系统中，贵金属材料主要作为导电电极、催化电极、透氢薄膜、放射性控制及包套材料使用。特别值得一提的是在燃料电池中的应用，贵金属催化电极作为燃料电池的核心部件，将化学能直接转化为电能，工作温度低，转化效率高，燃料来源丰富，对环境污染小(几乎是零排放)，噪音低，既可作静止发电装置，又可作移动电源。其中质子交换膜燃料电池(PEMFC)的开发和商品化，被认为是将在21世纪改变人类生活的十大关键技术之一。

计算机技术的飞速发展及光导纤维的实用化使人类进入了信息时代，信息获取、信息处理及信息传输是信息时代的基本要素。信息的获取在很大程度上依赖于各种各样高灵敏度的敏感元件和传感器。贵金属材料因其物理化学性质对环境的敏感和高稳定性已在信息获取方面获得了广泛应用，新型贵金属信息敏感元件及传感器研发方兴未艾。

医学生物研究始终是人类长期关注的主题之一。由于贵金属具有高度的化学稳定性、良好的生物相容性及适当的力学性能，已成为重要的人工器官材料及外科种植材料。早在公元前500年金就已经作为牙科修复材料使用。许多重要药物的合成和生产离不开贵金属催化剂。贵金属药物的研究十分活跃，铂的特殊化合物已成为抗癌药物的首选并已广泛应用。

由于贵金属优异的物理化学性能及高稳定性，使其成为军工宇航中不可或缺的重要材料。如高可靠的电接点材料、传感器材料、精密电阻材料、钎料及宇航核电机电极材料等。很多应用场合至今尚不能用其他材料取代。军工装备的不断发展更新，为贵金属新材料的发展提供了机遇，其应用将更为广泛。

参考文献

[1] 黄伯云，李成功，石力开，邱冠周，左铁镛. 中国材料工程大典(第5卷　有色金属材料工程·下)[M]. 北京：化学工业出版社，2006：595-605

[2] 黎鼎鑫，张永俐，袁弘鸣[M]. 贵金属材料学. 长沙：中南工业大学出版社，1991

[3] 谭庆麟，阙振寰. 铂族金属[M]. 北京：冶金工业出版社，1990

[4] 邓德国. 人类可持续发展的关键材料——贵金属材料[J]. 贵金属，1997，18增刊：1-16

第 2 章　贵金属合金材料

2.1　贵金属精密合金材料

贵金属精密合金材料具有特殊的物理性能(如电学、磁学、热学、力学等)及化学稳定性，是一类非常重要的功能合金材料，通常包括精密电阻合金、弹性合金、形状记忆合金、磁性合金、特种电极合金、热敏双金属合金及测温材料、储氢及氢气净化材料和饰品材料等。除饰品材料外，其他各类合金材料主要应用于制造电子、电器和精密仪器、仪表的关键部件，在现代工业及航空航天、兵器、船舶等高新技术领域有重要的作用，至今尚不能被其他材料取代。

2.1.1　精密电阻合金材料[1-3]

精密电阻合金是制备电阻器、电位器绕组的关键材料，该材料一方面用于仪表及控制设备的电性能测量与调节，另一方面用作加热元件。单一纯贵金属的电阻率较低、且电阻温度系数太高，不适合作电阻材料；贱金属(铜、镍、铁等)容易腐蚀和氧化，并形成高电阻的表面膜，不宜用作压力小的精密电位器绕组材料。因此必须发展具有高电阻率、高可靠性、高耐磨、长寿命等高性能的精密电阻合金材料和电位器绕组材料。

贵金属(特别是金、铂、钯)具有很高的化学稳定性和热稳定性，即使长期暴露于高温、高湿或腐蚀环境中，其表面仍能保持初始状态。以贵金属为基的精密电阻合金具有高熔点、高而稳定的电阻率及稳定的电阻温度系数、线膨胀系数小、对铜热电势低、抗氧化、耐腐蚀，以及良好的力学性能、机加工性能及焊接性能等综合性能，非常适合做高精度及高稳定性要求的精密绕组电位器和精密电阻材料，主要应用于航天、航空、电子、兵器及船舶等高新技术领域。

贵金属精密电阻合金的发展可追溯到 19 世纪中叶，当时德国研制的 Ag - Pt 合金成为最早的精密电阻合金材料，1888 年以后，研制了 Pt - Ir、Pt - Ag 及德银、康铜、锰铜等精密合金。20 世纪二三十年代，先后研究开发了一系列银基和金基合金，开辟了精密电阻合金新领域。随着计算机及航天技术的发展，航空仪表传感器及电位计等对精密电阻合金的分辨率、稳定性、电阻率、电阻温度系数、耐磨性及抗腐蚀性能等提出了越来越高的要求。为此，从 20 世纪 50 年代开始，美国、联邦德国、日本、苏联及我国均对贵金属精密合金材料进行了大规模的研究，并研制出了系列新型金基和银基精密合金电阻材料。

1. **铂基合金**

铂基合金具有最佳的抗氧化及耐腐蚀性能，电阻率处于中阻水平，接触电阻低而稳定，材料硬度高、加工性能好、易焊接、寿命长。但在有机蒸气环境中铂族金属易出现“褐粉”现象，增加了接触电阻。添加其他贵金属形成的三元铂基合金(如 Pt－10Rh－5Au 合金)，抗有机物污染的能力得到显著提高。还开发出了综合性能更为优良的贵金属精密合金材料。

铂基精密电阻合金中，通常添加的元素有：Ir、Rh、Ru、Au、Cu、W、Mo 等，形成多种二元和三元合金，如 Pt－Ir、Pt－Rh、Pt－Ru、Pt－W、Pt－Mo、Pt－Cu、Pt－Rh－Ru、Pt－Rh－Au 等。苏联常用低铜含量的 Pt－Cu 电阻合金，如 Pt－2.5Cu和 Pt－8.5Cu 合金；而西方国家倾向于使用较高铜含量的高电阻率 Pt－Cu电阻合金，如 Pt－20Cu 合金。

2. **钯基合金**

钯基合金的抗氧化及耐腐蚀性能比铂基合金稍差，但钯基合金具有电阻率高和电阻温度系数低的特性，且价格相对低廉，作为精密电阻合金还是获得了广泛应用。与铂基合金一样，钯基合金也易受有机蒸气影响形成“褐粉”。

钯中通常加入的合金元素有：Ag、Cu、V、W、Mo 等，不同的元素对其性能产生不同的影响。Pd－40Ag 合金是常用的钯基电阻合金，但其强度及耐磨性不足，可添加 B、C、Re、Mo 等元素提高 Pd－Ag 合金的强度，通过加入难熔氧化物(如 Al_2O_3、ZrO_2或 MoS_2)提高其耐磨性。Pd－W 合金具有高电阻率和低电阻温度系数的特点，且强度及耐腐蚀性能更好，是德国最早推荐使用的精密电位计电阻合金。Pd－W 合金中，W 含量(质量分数)分别为 10%、15%、20%、25%，但高 W 含量则使 Pd－W 合金加工困难。Pd－20W 合金在苏联得到广泛应用，并被认为是最有前途的贵金属精密电阻合金材料。

3. **金基合金**

金基合金具有优良的抗氧化、耐腐蚀、抗有机蒸气污染等性能，以及接触电阻低、噪音电平低及易加工等特性，是性能优良的电位计绕组材料。

金基精密电阻合金中通常添加的合金元素有 Pd、Ag、Cu、Fe、Ni、Cr、Mn、V 等，主要形成 Au－Ni、Au－Pd 两个系列。美国、苏联及联邦德国等国家先后研制出 Au－Ni、Au－Ni－Cr－Mn、Au－Ni－Cr－Cu 等系列电阻精密合金，但 Au－Ni 合金弹性较大，绕制较为困难。20 世纪 50 年代，国内相继研制成功 Au－Ni－Cu、Au－Ni－Cr、Au－Ni－Fe－Zr、Au－Ag－Cu、Au－Ag－Cu－Mn 等一批金基精密电阻合金。其中，性能最好、用量较大的是 Au－Ni－Cr 电阻合金。昆明贵金属研究所通过在 Au－Ni、Au－Ni－Cr、Au－Ag－Cu 及 Au－Ag－Cu－Mn 合金中添加少量稀土 Gd，可大幅度提高合金的耐磨性及机械性能，并降低了摩擦系数。Au－33.5Ag－3Cu－2.5Mn－Gd 高耐磨精密电阻合金已大量生产，用于替代大部分原用的 Pt－10Ir 合金。国内基本上形成了以金基合金为主的精密合金体系，以替代原来使用的铂基和钯基合金。

金基精密电阻合金中最引人关注的是 Au－Pd 基系列合金。Au 与 Pd 形成连续固溶体，合金延展性好、耐腐蚀能力强，但 Au－Pd 合金电阻率不高、不耐磨，对铜的热电势也不太令人满意。20 世纪 50 年代末期研制的 Au－Pd－Fe 和 Au－Pd－Cr 合金具有较低的电阻温度系数、较高的硬度和电阻率（Au－Pd－Fe 的电阻率达到 183 μΩ·cm），但对铜的热电势还是显得太高。20 世纪 60 年代初，联邦德国研究人员在 Au－Pd－Fe 合金中添加少量的 Al，得到了出乎意料的结果。Au－50Pd－11Fe－1Al 合金电阻率竟高达 230 μΩ·cm，时至今日，它仍然是电阻率最高的精密电阻合金。且该合金具有电阻温度系数低、对铜热电势低，以及使用时电阻稳定性高等特点，但加工难度相对较大。随后，美、法等国采用 B、Ga 或 In 替代 Al，可抑制 Al 所引起的穿晶倾向。1972 年，联邦德国 Heraeus 公司获得Au－Pd－V系列高阻合金专利权，其中 Au－20Pd－10V 合金的综合性能最好，电阻率高达 230 μΩ·cm，且电阻温度系数和对铜热电势极低，合金强度及化学稳定性均很高，特别适合高阻或小型线绕电位计。

4. **银基合金**

银资源相对丰富，价格低廉。银合金的电阻温度系数及对铜热电势较低。但银合金的强度及硬度较低，耐磨性差，寿命短，且抗硫化性能较差。易被硫化的致命弱点使银合金作为精密电阻合金材料应用受到很大的限制，虽然人们就提高银合金抗硫化性能做了一些工作，但均未取得实质性突破。目前，只有为数不多的以 Ag－Mn 为基的几种银合金获得了应用（如 Ag－Mn－Pb、Ag－Mn－Sn 等）。

2.1.2　电阻应变合金材料[4-8]

1. **电阻应变理论简介**

1856 年 Thomson 发现金属的电阻随其承受应力的变化而发生变化的现象以后，众多研究者（包括 Donldson、Smith、Bridgmen、Rolnick 和 Allen 等）对这一现象开展了大量的理论和应用研究。先后建立了“标量理论”和“张量理论”，用以解释电阻应变原因和计算应变灵敏度系数，开发的电阻应变计也已广泛应用。但业界对现有理论仍存在不少争议，现简介如下：

（1）标量理论。对于电阻应变计，最重要的技术参量是应变灵敏度系数，即在金属或合金材料上施加的单位应力变化所引起的电阻相对变化量。Kuczynski 测量并研究了大量金属基合金的电阻率应变系数，并首先利用自由电子气模型得到了电阻率应变灵敏度系数的计算公式，从此，电阻率应变灵敏度系数的标量理论开始建立。

采用数学公式表述的应变灵敏度系数(η)定义如下:

$$\eta = \Delta R/R/\Delta L/L = (1+2\mu) + (\mathrm{d}\rho/\rho)/\mathrm{d}\varepsilon \tag{2-1}$$

式中: $\Delta R/R$ 为电阻的相对变化; $\mathrm{d}\varepsilon = \Delta L/L$ 为材料的弹性应变量; ρ 为电阻率; μ 为材料的泊松比; $(\mathrm{d}\rho/\rho)/\mathrm{d}\varepsilon$ 为电阻率应变灵敏度系数。基于自由电子气模型,并应用平均自由程和有效电子数概念,Kuczynski 计算了电阻率应变灵敏度系数:

$$(\mathrm{d}\rho/\rho)/\mathrm{d}\varepsilon = 1 + 2\gamma(1-2\mu) \tag{2-2}$$

式中: $\gamma = \mathrm{dln}\theta/\mathrm{dln}V$, 称为 Gruneisen 常数($\theta$ 为特征温度, V 为材料的体积)。

利用式(2-2),Kuczynski 计算了十几种纯金属的电阻率应变灵敏度系数,并同实验值进行了比较。结果发现计算值与实验值在数量级上是一致的,但计算值偏大。作者认为,偏大的原因在于过于强调了自由电子效应,而对平均自由程随应变而发生变化这一因素又作了过于简单的处理。Bridgmen 认为,材料在纵向和横向应变灵敏度系数的差别似乎表明,电子平均自由程须作一定的限制。可是,根据完全束缚轨道的假设会使得纵向效应太大,而不能满意地解释横向效应的变化。Neubert 根据 Bridgmen 的实验数据,利用式(2-2)进行了计算。对一些所谓"正常"金属,计算值与实验值符合极好,对其他一些金属二者也非常一致。因此,自由电子气模型由非电量的材料常数所进行的预测是成功的。对于材料的横向和纵向来说,自由电子气模型是没有区别的,因此,自由电子气模型不能解释纵向与横向电阻应变灵敏度系数的差异。自由电子气模型理论不适用于半金属,对于合金的情况,还没有进行实验。

Gruneisen 常数 γ 取决于四个非电量材料常数的实验值,因此,式(2-2)仍是一个半定量的经验公式。纯粹的理论方法必须详细了解金属的声子频率谱,而要做到这一点,甚至连单价金属都不可能。根据自由电子气模型计算的电阻应变灵敏度系数比实验值偏大,Gao 认为使用一维有效电子数概念是不准确的。因为在受张应力的情况下,金属丝的纵向会伸长,横向会收缩,实际上是个体积效应。因此,必须考虑三维有效电子数。

因为

$$\mathrm{dln}\rho/\mathrm{d}\varepsilon = (\mathrm{dln}\rho/\mathrm{dln}V)(\mathrm{dln}V/\mathrm{d}\varepsilon) \tag{2-3}$$

$$\mathrm{dln}V/\mathrm{d}\varepsilon = 1-2\mu \tag{2-4}$$

代入式(2-1)得到:

$$\eta = (1+2\mu) + (1-2\mu)(\mathrm{dln}\rho/\mathrm{dln}V) \tag{2-5}$$

式(2-5)即是计算金属及合金丝的弹性电阻应变灵敏度系数的一般公式。Gao 将式(2-5)应用于纯金属和合金,分别得到如下二式:

$$\eta = (1+2\mu) + (1-2\mu)(\mathrm{dln}\rho_T/\mathrm{dln}V) \tag{2-6}$$

$$\eta = (1+2\mu) + (1-2\mu)\{\partial\ln\rho_x/\partial\ln V + \alpha T_r[\partial\ln\rho_T/\partial\ln V - \partial\ln\rho_x/\partial\ln V]\} \tag{2-7}$$

上二式中：ρ_T为热电阻率；ρ_x为剩余电阻率；α 为电阻温度系数；T_r 为室温。

式(2-6)和式(2-7)是计算纯金属及合金丝弹性电阻应变灵敏度系数的一般公式。基于金属和合金传导机制的量子理论，结合三维有效电子数模型，Gao 得到了 $\mathrm{d}\ln\rho_T/\mathrm{d}\ln V$，$\partial\ln\rho_T/\partial\ln V$ 和$\partial\ln\rho_x/\partial\ln V$ 的计算公式，并应用于简单纯金属及其二元合金、过渡族金属及其合金的弹性电阻应变灵敏度系数的计算，计算结果能够解释前人的实验观测。Gao 对 Rh、Ir 和 Pd-80Ag 合金的弹性电阻应变灵敏度系数的计算结果与实验值一致，证明了三维有效电子数模型的有效性。

除了自由电子气模型外，电阻应变标量理论还有另一种模型——唯象模型。建立在金属电阻与其所受张应力和水静压力关系的实验基础之上，Neubert 得到了唯象模型的一组基本方程，完全描述了三维机械应力或应变与电阻之间的关系。值得一提的是，唯象模型提供了与纵向灵敏度系数不同的横向灵敏度系数的计算公式。而且，对许多金属来说，计算值与实验值的符合程度很好。

(2)张量理论。式(2-5)以及由此推导出的式(2-6)和式(2-7)只适用于电阻率是标量的情况。一般情况下，晶体的电阻率与晶体取向有关，实际上电阻率是一个二阶张量。因此，计算弹性电阻率应变灵敏度系数时，考虑电阻率随体积变化的张量特征是必要的。1932 年，Bridgmen 首次概括了压阻特性的张量形式特征，并应用于分析 Allen 对金属 Bi 的测量结果。1953 年，Smith 观察研究了单晶 Ge 和 Si 的压阻特性，并给出了完全张量化的计算。1988 年，Rosenberg 推出了弹性电阻应变灵敏度的张量计算公式。对具有立方对称性或比立方对称性结构更高的材料，Smith 提出了电阻率变化与应力状态的关系：

$$\begin{pmatrix}\Delta\rho_x/\rho_0\\ \Delta\rho_y/\rho_0\\ \Delta\rho_z/\rho_0\end{pmatrix}=\begin{pmatrix}\pi_{11} & \pi_{12} & \pi_{12}\\ \pi_{12} & \pi_{11} & \pi_{12}\\ \pi_{12} & \pi_{12} & \pi_{11}\end{pmatrix}\begin{pmatrix}\sigma_x\\ \sigma_y\\ \sigma_z\end{pmatrix} \tag{2-8}$$

式中：π_{11}和 π_{12}是两个独立的压阻系数；σ_x，σ_y，σ_z是应力张量的三个分量；$\Delta\rho_x/\rho_0$，$\Delta\rho_y/\rho_0$，$\Delta\rho_z/\rho_0$为电阻率张量三个分量的相对变化值。

在单向应力(1D)状态下($\sigma_x\neq0$，$\sigma_y=\sigma_z=0$)，根据式(2-8)可以得到：

$$(\Delta\rho_x/\rho_0)_{1D}=\pi_{11}\sigma_x=\pi_{11}E\varepsilon_x \tag{2-9}$$

式中：$\varepsilon_x=\Delta L/L_0$，为金属丝的轴向应变；$E$ 为金属的弹性模量。

而对于水静压(HS)状态($\sigma_x=\sigma_y=\sigma_z=-P$)，式(2-8)可以简化为：

$$(\Delta\rho/\rho_0)_{\mathrm{HS}}=(\pi_{11}+2\pi_{12})\sigma_x=(\pi_{11}+2\pi_{12})(-P) \tag{2-10}$$

式中：P 为水静压力；$(\Delta\rho/\rho_0)_{\mathrm{HS}}$表示金属受水静压作用时的电阻率相对变化。与式(2-1)相对应，在水静压状态下，$\eta=(1+2\mu)+\Delta\rho/\rho_0/\varepsilon_x$，将式(2-9)代入得到：

$$\eta=(1+2\mu)+\pi_{11}E \tag{2-11}$$

将方程(2-10)变换形式，并代入关系 $P=-B\mathrm{d}\ln V$(B 是金属的体积模量，

dln$V$ 为体积应变)，于是得到下式：

$$\pi_{11}=(\mathrm{d}\ln\rho/\mathrm{d}\ln V)(1/B)-2\pi_{12} \tag{2-12}$$

将式(2－12)及弹性力学关系式 $E/B=3(1-2\mu)$ 代入方程(2－11)，得到：

$$\eta=(1+2\mu)+3(1-2\mu)(\mathrm{d}\ln\rho/\mathrm{d}\ln V)-2\pi_{12}E \tag{2-13}$$

这就是采用具有张量特征的压阻系数 π_{12} 表示的弹性电阻应变灵敏度系数的表达式。但在推导该方程式的过程中引入了两个弹性各向同性关系式 $P=-B\mathrm{d}\ln V$ 和 $E/B=3(1-2\mu)$，因此，公式(2－13)并非非常严格。然而，当考虑到电阻率的张量特性时，应用该式无疑具有更好的近似性。同样地，可以用 Gao 的方法来计算式(2－13)中的 $\mathrm{d}\ln\rho/\mathrm{d}\ln V$。但对含有压阻系数 π_{12} 的项须作另外的分析。值得注意的是，若忽略电阻率的张量特性，即 $\Delta\rho_x=\Delta\rho_y=\Delta\rho_z$ 时，由式(2－8)可以推出 $\pi_{11}=\pi_{12}$，式(2－13)又回到式(2－5)，即弹性电阻灵敏度系数的计算可以采用标量形式。

压阻系数 π_{11}，π_{12} 和 π_{44} 的测量及研究多见于半导体材料，这是因为其剪切压阻系数 π_{44} 较大，而金属的 π_{44} 一般较小。不同的研究者对 Yb、孟加宁合金及康铜等进行了研究，得到了关于压阻系数的一些不同的结果：对金属 Yb，Grddy 得到 $\pi_{11}=\pi_{12}$；而 Chen 对以上三种金属均得到 $\pi_{11}\neq\pi_{12}$ 的结果。

目前，对电阻应变理论还存在不少争议：自由电子气模型由于没有对传导轨道实施任何方向的限制，因此得到金属丝在纵向与横向的电阻率应变灵敏度系数相等的结论。即电阻率是一个标量，同样可以推导出压阻系数 π_{11} 与 π_{12} 相等；Neubert 在述及电阻应变灵敏度系数的唯象模型时指出，在弹性应变范围内，还没有任何实验上的证据证明各向同性压阻系数相等这一假设的正确性。他认为，纵向应变和横向应变对金属丝的纵向电子传输过程的影响(即对电阻率的影响)是明显不同的；Hu 和 Gao 对退火态 Cu 及 Cu－Ni 系列合金进行了研究，对退火态 Cu－Ni 合金(各向同性结构)得到 $\pi_{11}=\pi_{12}$，电阻应变灵敏度系数可以采用标量理论进行计算，而对于加工态的 Cu 和 Cu－40Ni 合金(轴向择优取向结构)，压阻系数则有张量特征，即 $\pi_{11}\neq\pi_{12}$。电阻应变灵敏度系数的计算必须采用张量形式。Hu 和 Gao 的研究证明金属或合金的电阻应变灵敏度系数与材料状态之间存在密切联系，并从实验上给出了电阻应变灵敏度系数由张量计算转化为标量计算的条件。

2. 贵金属电阻应变材料

自 20 世纪 40 年代开始，人们就开始利用金属的电阻随其应变或应力的变化而发生变化这一现象研制出了电阻应变计，该应变计广泛应用于航天、航空、核反应堆、桥梁、道路、大坝以及各种机械设备、建筑等领域。检测工程部件及构件在负载应力作用下的变形情况，已成为应力分析及灾害防治的主要技术手段之一。

构成电阻应变计的关键元件是电阻应变材料——敏感栅，应变敏感栅由电阻合金细丝绕制或由合金箔材腐蚀成栅形，它将材料变形(应变)量转变成电阻变化信号记录和输出。电阻应变敏感栅材料除必须具备精密电阻合金材料的性能以外，还必须具有高而稳定的应变灵敏度系数。一般来说，静态应变测量应选择电阻温度系数低的材料。而测量动态应变时，应选择具有较高应变灵敏度系数的材料。

电阻应变材料主要有镍基、铁基和贵金属合金等类。镍基和铁基电阻应变合金材料主要有 Ni - 55Cr(康铜)、Ni - 20Cr、Ni - 20Cr - 3Fe - 3Al(卡玛合金 6J22)、Ni - 20Cr - 2Cu - 3Al(伊文合金 6J23)及 Fe - 25Cr - 5Al 等。贵金属及其合金具有稳定的物理化学性能，良好的抗氧化和耐腐蚀性能，最适合作高温电阻应变材料。

随着航空、航天及核工业的迅速发展，对高温构件热应力的测量提出了越来越高的技术要求，如航天器和超音速飞机发动机的某些部件需要测量温度在 760 ~ 1200℃的应力变化。要求高温电阻应变材料必须具备优良的综合性能：①电学性能。电阻应变合金丝材应具有高的电阻率、低的电阻温度系数及极低的热输出分散度。在整个工作温度范围内，电阻—温度关系保持直线，并在多次加热—冷却后这一关系曲线重现性好；合金必须具有优良的抗氧化性能，以保证在工作温度下长期工作后，合金的电阻变化很小或不变(即零漂小)；②弹性—电学性能。应变灵敏度系数大，且在整个应变范围内均为常数。应变灵敏度系数与温度之间呈线性关系，并且可重复；③高温机械性能。在工作温度下合金的机械动作滞后小，弹性应变极限大，疲劳强度高。根据用途的不同，对应变材料重点性能要求也不尽相同：如高温静态测量用应变材料，电学性能、抗氧化性能及稳定性是主要的；高温动态测量中材料的抗疲劳强度和高应变灵敏度系数是关键性能；而作为常温下应用的传感器，大的电阻率和灵敏度系数、高强度及小的机械滞后是主要性能要求。

电阻应变材料的研究和应用绝大部分工作始于 20 世纪 50—60 年代，从 1953 年开始，英国发动机公司的 Bertodo 系统研究了多达 45 种二元及三元电阻应变合金系统，包括铜、镍、银、金、铁、铂、钯等合金系，尤其是详细研究分析了铂基电阻合金的性能，并认为 Pt - W 合金是最好的高温应变材料。20 世纪 70—80 年代初期很少有新的高温应变材料出现。贵金属应变合金材料主要有铂基、金基和钯基合金。

(1)铂基合金。20 世纪 60 年代，研究重点集中于 Pt - W 合金，研究表明最有希望的电阻应变材料是 Pt - 8.5W 和 Pt - 9.5W 合金。这些合金具有单相结构，并几乎具备高温电阻应变合金所需要的所有特性，只是电阻温度系数略微偏高。Pt - W合金电阻丝已应用于高温电阻应变计的制备。

1967 年美国研究了铂基三元合金电阻应变材料 Pt - Ru - Os、Pt - Pd - Ir、Pt - Ru - Mo及 Pt - Pd - Ru 等。这些铂基合金具有较高的灵敏度系数，但电学性能较差，未得到广泛应用。1968 年，Bertodo 研制了 Pt - 45Pd - 10Mo 合金，并认为是综合性能最好的高温应变材料。1969 年，Bean 报道了三种 Pt - Ni 合金，Pt - 10Ni、Pt - 8Ni - 2W 和 Pt - 8Ni - 2Cr。这些合金具有出色的抗氧化性能，最高使用温度可达 760℃，并建议 Pt - 8Ni - 2W 合金作为补偿丝使用。

针对工程结构件 700℃以上静态和 1000℃动态应变测量的需要，从 1966 年开始，昆明贵金属研究所的童立珍等对铂基高温应变合金材料，特别是 Pt - W 二元及多元合金进行了系统研究，并相继开发出多种铂基合金应变材料，包括 Pt - W, Pt - W - Re, Pt - W - Re - Ni, Pt - W - Re - Ni - Cr, Pt - W - Re - Ni - Cr - Y, Pt - Pd - Mo, Pt - Ni - Cr 和 Pt - Ni - Cr - Y 等。Pt - W 合金是 700℃以下性能较好的高温应变材料，但在 700℃以上使用时，该合金氧化较为严重，且抗疲劳强度低，静态和动态测量均达不到使用要求。通过在 Pt - W 中添加 Ni、Cr、Y 等合金元素，大幅度提高了合金的抗氧化性能，800℃时的零漂比 Pt - W 合金小得多，改善了合金在 800 ~ 1000℃温度范围的电阻与温度变化的线性关系，且应变灵敏度系数下降不多。以上合金可以满足 800℃静态和 1000℃动态应变测量的需要。

(2)金基合金。1977 年以来，昆明贵金属研究所在金基应变材料的创新研究方面做了大量工作。Au - Pd - Cr 合金具有很低的电阻温度系数、良好的高温抗氧化性能以及足够的组织结构稳定性等，并研制出以 Au - Pd - Cr 为基础的系列金基应变合金材料，如 Au - Pd - Cr - Ni，Au - Pd - Cr - Pt - Al，Au - Pd - Cr - Pt - Fe - Al - Y 等。特别是 Au - Pd - Cr - Pt - Fe - Al - Y 合金具有优异的综合性能，且其电阻温度系数可从正到负进行调整，这在应变合金中是很少见的现象，利用此特性开发了 800℃单丝自补偿应变片或组合式应变片。如采用负温度系数的 Au - Pd - Cr - Pt - Fe - Al - Y 合金与正温度系数的 Pt - W - Re - Ni - Cr - Y 合金构成组合式应变片；或与贱金属 Fe - Cr - Al 合金组合，可以提高 Au - Pd - Cr - Pt - Fe - Al - Y 合金的灵敏度系数，并改善温度系数的线性，减少热输出。

(3)钯基合金。1962 年，苏联研制出了系列钯基应变合金，如 Pd - 35Ag - 5Pt 及 Pd - 35Ag - 5W 等。这些钯基合金具有较低的电阻温度系数，但因抗氧化性能差而未得到实际应用。然而，1985 年，美国 NASA 的 Lewis 研究中心在研究了多达 34 种 Pd - Cr 系合金后，发现 Pd - 13Cr 合金具有较低的电阻温度系数，并被认为是最好的高温电阻应变材料。

2.1.3 弹性材料

弹性材料是精密仪表和精密机械中不可或缺的重要材料，用于制造高弹性敏感元件(如张丝、弹簧、导电游丝、钟表游丝、压力传感器膜片及延迟线等)和弹性触头(如弹簧、簧片及弹性电刷等)。从弹性性能上可将弹性合金分为高弹性合金和恒弹性合金两大类；从合金种类上，可分为非贵金属基合金和贵金属基合金。非贵金属弹性合金主要有铁基、镍基、钴基、铜基和铌基合金；贵金属弹性合金主要包括铂基、钯基及金基合金。要提高仪器仪表的精密度及适应各种复杂环境条件(高温、低温、强磁场及各种腐蚀环境)，必须使用具有优良综合性能的弹性材料制成弹性元件。贵金属弹性材料具有极高的化学稳定性和热稳定性，特别适用于制作要求高精度、高稳定性和长寿命的高级仪表中的弹性元件。

1. **张丝合金**

对仪器仪表中的张丝元件有一系列技术要求，包括高强度、低电阻率、无磁性、低热电势、低弹性后效、低反作用力矩、耐热性、耐腐蚀性及稳定性等。Pt－Ag合金是性能非常好的弹性材料，其性能远优于青铜类或其他弹性材料。但由于该合金固相线与液相线温差较大，致使凝固组织中存在严重的偏析，合金加工困难。1969年，苏联研制出加入20%～30% Pd的Pt－Pd－Ag弹性合金，其性能优于Pt－Ag合金。可减少液－固相线温差及结晶偏析，改善合金的加工性能，且易于加工成丝材和薄带材。其他弹性张丝合金还有Pt－Ni、Pt－W、Pt－Ir、Pt－Pd－Ga、Pt－Ag－Au－Cu等。

2. **触头合金**

仪器仪表中的有些弹性元件要求具有弹性和触点双重性能，即要求具备良好的电接触和弹性性能。这类触点大都是以贵金属为基的合金，主要有Pd、Ag及Au基系列。日本研发的Pd和Au基合金：如Pd－30Ag－14Cu－10Au－10Pt－1Zn六元合金和Au－10Ag－5Pt－14Cu－1Ni五元合金，具有高强度、高硬度、高弹性模量、高耐磨性及良好的电接触性能，广泛应用于弹性触点弹簧；Pd－10Cu－10Ga三元合金也是一种高强度及高弹性模量的弹性合金，其性能明显优于Pd基六元合金及其他弹性合金。六元Pd基合金及Pd－Cu－Ga、Pd－Cu－In等三元合金可用于弹簧、张丝、电刷和滑动触头等。苏联和美国研发的Ag基弹性触头合金，如Ag－Mg－Ni－Zr、Ag－Mg－Ni、Ag－Mg－Zr等(其中Ag的含量超过99%，合金元素只是少量添加)，也具有良好的性能。此外，贵金属基合金还常与铍青铜、磷青铜等构成复合弹性材料作触点使用，国内外均有批量生产。

3. **恒弹性合金**

弹性模量温度系数极小(10^{-6}～10^{-5}/K)的一类弹性合金称为恒弹性合金。Au－50Pd(Pallagold)合金的弹性模量温度系数约为-3.0×10^{-5}/K，经过360℃热处理后水淬或冷加工，其弹性模量温度系数为2.8×10^{-5}/K，并具有低的电阻率、低电阻温度系数和较好的耐腐蚀性能。以(35～60)Pd(或Au)－(40～65)Au(或Pd)为基，通过添加Pt、Ir、Ag、Cu、Mn、Ta、Fe、Co、Ni等20多种元素中的一种或几种，构成系列多元恒弹性合金，此类合金一般具有高电阻率和低电阻温度系数。在此基础上，中国开发了无磁性恒弹性合金 Au－46Pd－5Mo－2Al 和 Pd－25Mn合金。前者的弹性模量温度系数低、非弹性效应小，适于作张丝压力传感器、挠性杆及仪表游丝等弹性敏感元件。后者的弹性模量温度系数很小，可用作钟表游丝等。另外，一些金基、银基和复合弹性材料，如 Au－Ir、Au－Ru、Au/Al_2O_3、Ag－Ir、Ag－Ru、Ag－Rh、Ag－Ga、Ag/Al_2O_3、Ag/Au、Au/Al 等在航空、航天及航海领域大量用作陀螺仪表游丝。

2.1.4 磁性材料

贵金属磁性材料主要是铂基合金，其次还有少量的钯基和银基合金(参阅6.4)。大部分贵金属磁性材料在 20 世纪 30 年代就已被发现，并不断提升其性能和推广应用。

1. 铂基合金

在 Sm－Co 合金出现以前，Pt－50% Co(摩尔分数)一直是磁性最强的永磁合金。当温度高于 833℃时，Pt－Co 合金为无限固溶体；当温度分别低于 833℃和685℃时，在一定的 Co 含量范围内，分别出现 CoPt 和 $CoPt_3$有序转变。该合金的磁性对结构十分敏感，单相结构的 Pt－Co 合金并不显示高的磁性，通过局部有序化获得的有序相与无序相的混合结构才能得到最佳的磁学性能。关于Pt－Co合金具体的熔炼、加工及热处理工艺可参考《贵金属材料加工手册》。

自 1936 年发现 Pt－Co 合金具有永磁性能以来，其磁性能一直在不断提升，目前最大磁能积已达 104 kJ/m^3。Pt－Co 合金除具有优良而稳定的磁性能外，还具有高化学稳定性和良好的加工性能。商品化的铂基永磁合金是 Pt－23.3Co 合金(即等原子百分比 Pt－50% Co)，至今，在腐蚀环境和性能要求极高的仪器仪表中其应用几乎不可被其他材料替代。

Pt－22Fe(即等原子百分比 Pt－50% Fe)合金也具有较高的永磁性能。Pt－22Fe及其附近成分的合金为面心立方 γ 固溶体，在 1300℃发生有序转变形成四方晶格结构的γ_2相，引起很大内应力从而使矫顽力升高。Pt－22Fe 合金的加工性能良好，采用高温淬火得到无序结构的合金，先经冷加工成形，后在温度 500～550℃条件下，进行部分有序化处理 20～100 h，可获得与 Pt－Co 合金接近的永磁性能。其他铂基合金磁性材料还有：Pt－43% Mn(原子百分比)、Pt－30% Cr(原子百分比)及 Pt－Ni、Pt－Co－Ni、Pt－Cr－Co、Pt－Mn－Cr 等。几种主要铂基永磁合金材料的磁学性能见表 2－1。

表 2－1　几种主要铂基永磁合金的磁学性能

磁性合金 $x/\%$	矫顽力 H_c /(kA·m^{-1})	剩磁 B_r/T	最大磁能积 $(BH)_{max}$/(kJ·m^{-3})	热处理条件
Pt－50Co	379.2	0.64	73.6	1000 ～ 1200℃ 淬火至 700～750℃，保温 10 min
Pt－51Co	395～410.8	0.72	96～100	1000℃淬火至 600℃，保温 20～60 min
Pt－50Fe	350～366	0.90～0.94	123.4～128.2	高温淬火，500～550℃，20～100 h 有序化处理
Pt－50 Co－(2～5)Pd	316～395	0.62～0.72	76～84	1000℃按 15～20℃/min 冷却至600℃，保温1～5 h
Pt－(40～45) Co－(5～10)Fe	331～379.2	0.74	84～96	900℃淬火至 620℃，保温时效

2. Pd－Fe 合金

Pd－34Fe(即等原子百分比 Pd－50% Fe)合金及其附近成分的合金高温下为无序固溶体，约在 710℃发生有序转变形成 CuAuI 型有序相。合金加工性能良好，冷加工 40% ～50% 后在 400℃进行时效处理，得到的合金磁性为：H_c = 63.2～79 kA/m，B_r = 1.0 T，$(BH)_{max}$ = 30.4 kJ/m^3。

2.2　贵金属测温材料

温度是现代工业及高新技术产业中需要精确测量的重要参数，这些重要领域离不开贵金属，特别是铂族金属。贵金属测温材料包括贵金属热电偶和铂电阻温度计两大类，它们不仅应用非常广泛，还在一些特定温度范围作为测温基准。

2.2.1　热电偶材料

1821 年，Seebeck 发现了热电现象：将不同的金属导体连接成回路，当金属丝的两个接点处于不同的温度环境时，回路中将产生不同的热电势，这一现象称为 Seebeck 效应。Seebeck 效应的发现是热电偶测温材料及技术发展的基础。

热电势(E_{AB})的大小与两种导体材料(A 和 B)的热电特性和接点处的温差(ΔT)有关，如下式：

$$E_{AB} = W_{AB}\Delta T \qquad (2-14)$$

式中：ΔT 为两个金属丝导体接点处的温差；W_{AB}称为 Seebeck 系数。$W_{AB} = W_A - W_B$ (W_A和 W_B分别为导体 A 和 B 的绝对热电势)，反映热电偶的灵敏度，其大小取决于构成热电偶的两种材料的热电特性。式(2－14)即是热电偶测温的基本原理。

按照金属热电理论，预测某种金属的绝对热电势，必须了解其费米面的形状、电子分布、电子在费米面上散射的各向异性及能量变化的梯度等因素，计算过程非常复杂。热电偶材料的选择和评价主要还是以经验或实验研究为基础。热电偶材料应具有：尽量大的 Seebeck 系数和灵敏度，一般选择 W_A 和 W_B 相差较大的材料作热电偶的两极；热电势与温度变化呈线性关系，并不随时间而发生变化，以保证温度测量结果的可重复性；所选择的材料还必须具有高温抗氧化、耐腐蚀、抗热冲击及良好的加工性能等。

贵金属特别是铂族金属在高温下具有稳定的物理化学性能及稳定的热电势，是制作高精度热电偶的重要材料。贵金属热电偶材料包括高温热电偶材料和低温热电偶材料。金和银及其合金的熔点较低，常用于低温热电偶材料或补偿导线材料；铂族金属熔点超过 1500℃，高温热电偶材料主要采用铂族金属及其合金。但铂族金属中的 Os 和 Ru 的抗氧化能力及加工性能较差，能满足高温稳定性和热电性能要求的铂族金属只有 Pt、Rh、Pd 和 Ir 及其合金。

1. 高温热电偶材料

贵金属高温热电偶可分为标准型和非标准型两类。1885 年，著名的 Pt/Pt - 10Rh 热电偶问世，可在 1300℃的真空、氧化气氛及中性气氛中长期使用，短时间最高使用温度可达 1600℃。常用的几种 Pt - Rh 合金热电偶材料及使用温度范围见表 2 - 2。Pt - Rh 热电偶的热电势标准值列于表 2 - 3，随着合金中 Rh 含量的增加，热电偶的热电势降低。Pt - Rh 系列合金热电偶中，三种已标准化，称之为标准型热电偶，即 S 型热电偶(Pt/Pt - 10Rh)、R 型热电偶(Pt/Pt - 13Rh)和 B 型热电偶(Pt - 6Rh/Pt - 30Rh)。

Pt - Rh 合金还可与 Au 基合金(Au - Pd、Au - Pd - Pt)组成高温热电偶，如 Pt - 10Rh/Au - 40Pd 和 Pt - 10Rh/Au - 10Pd - 10Pt。Ir 和 Ir - Rh 合金热电偶的使用温度更高，如 Ir/Ir - 40Rh、Ir/Ir - 50Rh 和 Ir/Ir - 60Rh，可用于 2000℃的温度测量。

表 2 - 2　Pt - Rh 合金热电偶配对材料及测温范围

正极材料	负极材料	测温范围/℃	
		长期	短期
Pt - 10Rh	Pt	1300	1600
Pt - 13Rh	Pt	1400	1600
Pt - 13Rh	Pt - 1Rh	1450	1600
Pt - 20Rh	Pt - 5Rh	1500	1700
Pt - 30Rh	Pt - 6Rh	1600	1800

续表 2 - 2

正极材料	负极材料	测温范围/℃	
		长期	短期
Pt - 40Rh	Pt - 3Rh	1500	1700
Pt - 40Rh	Pt - 20Rh	1700	1880
Rh	Pt - 20Rh	1800	—

表 2 - 3　Pt - Rh 合金热电偶热电势标准值(μV)

温度/℃	Pt/Pt - 10Rh	Pt/Pt - 13Rh	Pt - 6Rh/Pt - 30Rh	Pt - 20Rh/Pt - 40Rh
0	0	0	0	0
100	645	647	33	41
200	1440	1468	178	93
300	2323	2400	431	161
400	3260	3407	786	250
500	4234	4471	1241	363
600	5237	5582	1791	505
700	6274	6741	2430	678
800	7345	7949	3145	885
900	8448	9203	3957	1126
1000	9585	10503	4833	1401
1100	10754	11846	5777	1707
1200	11947	13224	6783	2046
1300	13115	14624	7845	2416
1400	14368	16035	8952	2814
1500	15576	17445	10094	3237
1600	16771	18842	11257	3678
1700	17942	20215	12426	4130
1800	—	—	13585	4585

2. **低温热电偶材料**

随着现代高技术的发展，必须有效解决低温甚至超低温的测量问题，但低温下，许多材料的热电势和灵敏度迅速降低。因此要求用于低温测量的热电偶材料需要保证足够大的热电势、较高的灵敏度，以及稳定且可重复的热电势－温度特性曲线。目前主要使用 Au 基合金材料。研究发现，当 Au 中添加微量的铁磁性元素 Fe、Co、Ni 时，在极低温度下出现巨大热电势现象（称为 Kondon 效应），这些合金特别适合于制作低温热电偶材料。Au－Co 合金曾用于低温测量，但在 10K 以下其灵敏度较低，且漂移大。目前，获得广泛应用的贵金属低温热电偶材料是 Au－Fe 与 Cr－Ni 构成的热电偶，在 1～300K 温度下具有稳定的高灵敏度，且几乎无漂移现象出现。

2.2.2 电阻测温材料

金属材料的电阻是温度的函数，一般来说，电阻随温度的升高而增大，这是电阻温度计测量温度的基本原理。理论上讲，任何材料均可做测温材料。但实际上，对测温材料有许多特定的技术要求，如高的电阻温度系数、较高的稳定性及重现性，以及在使用温度范围内材料的电阻与温度之间必须保持良好的线性关系等。19 世纪末，人们就开始寻找具有良好综合性能的测温材料，研究发现纯铂是最佳的测温材料。纯 Pt 具有熔点高、电阻率高（室温 $\rho = 10.42\ \mu\Omega \cdot cm$），电阻温度系数高（纯度为 99.999% 的 Pt，$\alpha = 3.927 \times 10^{-3}/℃$），以及抗氧化、耐腐蚀和优良的加工性能。1927 年，国际温标将铂丝制成的电阻温度计作为 190～660℃温度范围的标准测量仪器。目前，铂电阻温度计仍然是国际温标中最重要的测温仪表，测温范围从 －259.34～630.74℃，研究表明测温范围还可以延伸至金的熔点（1064.43℃）。1965 年，英国开发了 1200～1300℃的高温铂电阻温度计。在 －259.34～1300℃宽的温度范围铂均能满足电阻温度计的技术要求，故铂是最好的电阻温度计材料。

Pt 的电阻与温度间的线性关系可以用下式表示：

$$R_T = R_0(1 + \alpha T) \tag{2-15}$$

式中：R_T为 T℃时的电阻；R_0为 0℃时的电阻；α 为电阻温度系数。

Pt 的纯度越高，其电阻率越低，电阻温度系数就越大，因此，铂电阻温度计需要采用高纯 Pt 制作。通常用 Pt 在 100℃和 0℃的电阻比 R_{100}/R_0 表征其纯度，R_{100}/R_0 值越大，表示纯度越高。当然，Pt 丝的电阻比还受其组织结构、应力状态及环境气氛等的影响。随着科学技术的不断发展，对制作电阻温度计 Pt 的纯度要求也愈来愈高：1948 年国际温标规定 Pt 丝纯度应达到 $R_{100}/R_0 > 1.3910$，1960 年修订为 $R_{100}/R_0 > 1.3920$，1968 年又修订为 $R_{100}/R_0 > 1.3925$。制订 1990 年国际实用温标时，对 Pt 的电阻比提出了更为严格的要求。

传统的铂电阻温度计由高纯 Pt 丝绕制在锯齿状绝缘体(如云母)支体上，外面覆盖云母片和不锈钢翘片，然后再置入保护套管内。一般温度计的尺寸为：长 97 mm，直径 5 ~ 8 mm。为了特殊测温场合的需要，铂电阻温度计的尺寸也可以做得更小，如长 20 ~ 30 mm，直径 2 ~ 3 mm，小尺寸铂电阻温度计具有快速反应的特点。

为了满足自动化和电子器件微型化技术的发展及降低成本的要求，20 世纪 70 年代以来研制出了膜式铂电阻温度计。膜式铂电阻温度计具有 $R-T$ 线性好、阻值稳定、灵敏度高、响应时间快、抗机械冲击、易于小型化，且成本相对低廉等特点，应用越来越广泛。膜式铂电阻温度计包括厚膜铂电阻温度计和薄膜铂电阻温度计两种。厚膜铂电阻温度计的 Pt 膜厚度为 1 ~ 10 μm，采用丝网印刷技术将 Pt 浆料按照一定的图案涂覆或印制在石英或 Al_2O_3 基片上，然后进行烘烤、热处理、封装及分度而成，电阻温度系数 $\alpha(0 \sim 100℃) = 3.850 \times 10^{-3}/℃$。薄膜铂电阻温度计的 Pt 膜厚度约为 1 μm，采用真空溅射技术将 Pt 沉积到 Al_2O_3 基片上，经激光精整或离子刻蚀成电阻通道，表面再覆以玻璃陶瓷层，经热处理、封装及分度构成。铂薄膜电阻温度计灵敏度高，响应速度快，有利于实现微型化、集成化和低成本化。

在核反应堆中，存在高辐射及深低温环境，以及传输导线过长和反应堆电压变化的影响，使得热电偶测温的灵敏度和精确度大幅度降低，噪声比增大。由于辐射对 Pt 造成的结构缺陷极其敏感，采用铂电阻温度计测量误差较大。为此开发了非晶态 Pd - Si - Cr 合金，该合金对中子辐照所产生的结构缺陷极不敏感，在 20K 以下对温度的灵敏度比 Pt 大得多，已被用于辐射环境下超低温度的测量。

2.3 贵金属高温及抗腐蚀材料[9-14]

传统意义上的高温合金是指镍基高温合金材料，于 20 世纪 40 年代问世，主要应用于航空发动机和工业燃气轮机涡轮叶片等高温部件。后来相继研制并发展了铁基、钴基、钛基和钼基及其金属间化合物等贱金属高温结构材料，并在现代工业和高新技术领域得到了广泛应用。由于熔点的限制，镍基、铁基或钴基高温合金的使用温度一般不超过 1100℃，不能保证在高温氧化和腐蚀环境中能经受剧烈和复杂条件的考验。铂族金属，尤其是铂、铑和铱，熔点比镍、铁或钴高，化学稳定性好，且具有优良的高温力学性能和抗氧化、抗熔融氧化物腐蚀的性能，高温使用时一般无须涂层保护，成为很多特殊应用环境中不可缺少的高温结构材料。如制备优质玻璃和玻璃纤维的坩埚与器皿材料、航空航天发动机喷管与涂层材料、核燃料包封材料，以及电阻加热材料等。

这类材料品种繁多，按使用的金属类型分为铂基合金及金属间化合物、铱及铱基合金、钌化合物等。按合金的结构类型分为固溶强化型合金、弥散强化型复合材料以及新兴的沉淀强化型合金及铂族金属化合物等。

2.3.1 贵金属高温材料的强化

Pt在高温氧化环境中作为结构材料具有熔点高、抗腐蚀性强、高温延展性好、成形性和可焊性好以及可完全再循环使用等优点。然而纯Pt在高温下晶粒严重长大，高温强度和抗蠕变等性能下降，在承受高温应力的使用条件下，必须对纯Pt进行强化。多年来，许多学者对Pt的强化理论和机制进行了长期的研究，开发了固溶强化、形变强化、晶界强化、第二相强化、金属间化合物强化等技术，形成了多种强化铂材料。

1. 固溶强化型铂基合金

在高温条件下，Ru、Ir、Rh具有比Pt、Pd更高的抗拉强度，尤其是Ir的高温持久强度和蠕变断裂强度远高于Pt－Rh基合金，使Ru、Ir、Rh、Pd等铂族金属成为主要的固溶强化元素，其中Ru、Ir的固溶强化作用最大，Rh次之，Pd的作用最小。目前研究最多的铂基固溶体合金主要有Pt－Rh、Pt－Ir、Pt－Ru、Pt－Ni、Pt－W等二元合金，Pt－Pd－Rh、Pt－Rh－Ru等三元合金。铂族金属高温合金最重要的性能是抗高温蠕变特性，从强化机理而言，凡能降低合金堆垛层错能的合金元素均可减小铂族高温合金的高温蠕变速率。实际工业应用中，不仅要求基体元素具有好的高温力学性能和热学稳定性，也要求溶质元素具有良好的高温稳定性。Pt－Rh合金性能最稳定，应用也最广泛，如Pt－5Rh、Pt－7Rh、Pt－10Rh、Pt－20Rh、Pt－25Rh、Pt－30Rh和Pt－40Rh合金。综合考量各种牌号合金的性能，工业应用1500℃以下高温氧化环境中，Pt－Rh基合金仍是高温结构材料的首选，并可添加微量Zr、Hf或稀土等元素进一步强化。Pt－Ir合金的高温稳定性次于Pt－Rh合金，但其高温持久强度、蠕变寿命和蠕变速率均优于Pt－Rh合金，在中性或还原性气氛中或在更高温度的短时应用中，也可以作为备选材料。

但是，加入固溶强化元素后存在室温下延展性较低及密度太高(如Ir)、抗高温氧化能力较差(如Ru)、资源有限且价格昂贵(如Rh)等缺点，限制了Ru、Ir、Rh金属在铂基固溶合金中的应用。研究发现，原子半径与溶剂Pt相差较大的元素如Zr、Hf等，或溶质熔点较高的元素如Re、W、Mo等，都对Pt有很高的固溶强化作用，它们能细化合金晶粒、升高再晶界温度、提高合金的持久强度，降低蠕变速率。这是因为Zr、Hf和稀土元素不仅有高的固溶强化效应，且在高温氧化气氛中Zr、Hf、Y等组元因内氧化生成的氧化物沿着晶界析出，阻碍位错攀移。上述铂基合金的高温固溶强化机制也适于铱基和铑基固溶体合金。为了满足高温、长时间及极端恶劣环境的使用条件，现有固溶强化铂族金属材料的性能还有待进一步提高。

2. **沉淀强化型铂族金属材料**

基于γ/γ′型沉淀强化镍基超合金的成功经验，近年来人们致力于寻求具有类似结构特征但具有更高熔点的新一代合金。铂族金属具有比 Ni 更高的熔点、更强的高温抗氧化及耐腐蚀性能，铂族金属(如 Pt、Ir、Rh)能与 Al 及过渡金属(如 Zr、Hf、Ti、Cr、Nb、Ta 等)形成 fcc(稳定结晶相)结构的固溶体和 $L1_2$型有序金属间化合物 Pt_3X(X 为 Al 或过渡金属，$L1_2$相亦称γ′相)。fcc 结构固溶体与γ′相形成理想的高温强化共格结构，这与 Ni 基高温合金的组织特征基本一致。铂族金属基体及γ′相均具有更高的熔点或分解温度，因此，铂族金属基高温合金是一种可在传统 Ni 基高温合金所不及的更高温度(1200℃以上)和更严酷环境条件下使用的很有潜力的新一代高温合金材料。对于这种与 Ni 基高温合金组织特征基本一致的“铂族金属基高温合金”的研究仅有十余年的历史，日本、南非、德国和英国等开展研究较早。1997 年后，日本国立材料科学研究院先后对 Ir－M 及 Rh－M (M 为过渡金属)二元系、Ir－Hf－Zr 三元系和 Ir－Nb－Ni－Al 四元系进行了研究。结果表明，以上合金系中均形成了 fcc 基体与 $L1_2$型化合物相共格结构的组织。Ir 基合金在 1200℃的高温强度是 Ni 基高温合金的 16 倍，共格结构起到了明显的强化效果。Hill 等人对 Pt－Al、Pt－Hf 及 Pt－Zr 合金进行了研究，发现 Pt 固溶体均能与 $L1_2$结构有序相平衡存在。2005 年以后，研究重点集中到以 Pt_3Al 为主要强化相的 Pt 基高温合金上，合金体系从 Pt－Al－Cr 等三元系扩展到 Pt－Al－Cr－Ni 等四元系。研究发现，在 Pt－Al 系中添加过渡金属元素的合金具有更高的高温强度和热稳定性，多元合金化可提高γ′析出相的强化效果，即提高热稳定性及基体的固溶强化作用和合金的综合性能。图 2－1 显示了 Pt－10Al－4Cr 和 Pt－10Al－4Ru(成分均为原子百分比，下同)合金的高温压缩屈服强度和等温氧化行为，并与传统的 Ni 基和 Fe 基超合金进行了对比。可以看出，二种 Pt－Al 基合金具有更好的抗氧化性能，γ/γ′强化的 Pt－10Al－4Ru 在 1200℃时的压缩屈服强度高于 Ni 基和 Fe 基超合金。与 Ir 或 Rh 相比，Pt 具有更多的资源优势、优良的高温抗氧化性和加工性能。虽然国内外对该类铂基高温超合金的研究起步较晚，但 Pt－Al－M(M 为过渡金属)体系的 Pt 基高温合金已成为发展该类合金的主要研究方向，有很强的吸引力和实用价值。

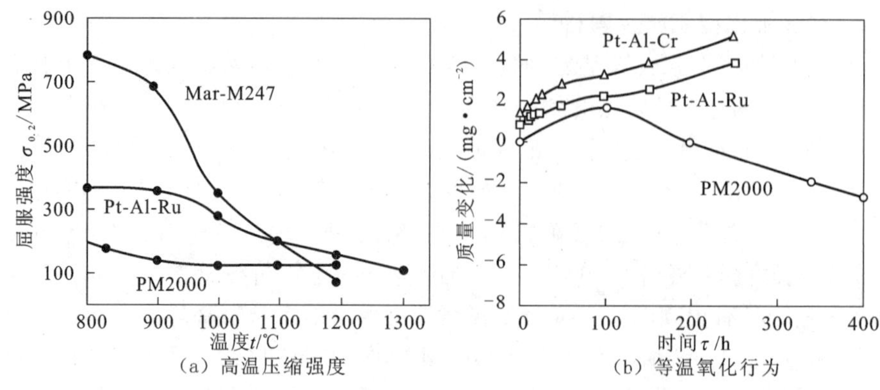

（a）高温压缩强度 （b）等温氧化行为

图 2-1 Pt-10Al-4Cr 和 Pt-10Al-4Ru 合金性能

自 20 世纪 80 年代以来，国内外对 Pt-RE 和 Pt-Rh-RE(RE 为稀土元素)合金进行了研究。RE 与 Pt、Rh、O 形成多种形式的金属间化合物及氧化物，这些金属间化合物和氧化物颗粒弥散分布于 Pt 基体的晶内和晶界，对 Pt 或 Pt-Rh 基体具有明显的组织细化及强化作用。稀土元素可以单独添加或两种稀土元素复合添加，添加量一般控制在 0.1% ~0.5%(质量分数)范围内。在所添加的 10 种稀土元素中，以添加 La 和 Ce 的综合效果最好。Pt-RE 和 Pt-Rh-RE 合金可以作为玻纤漏板使用，可降低合金中 Rh 的含量和合金成本。

3. 弥散强化型铂族金属材料

高温工程结构中使用的铂族金属材料，长期在高温环境中工作也会发生再结晶及晶粒长大而软化，强度降低并发生蠕变。20 世纪 40 年代，人们开始弥散强化铂的研究，最初的研究目的是为了提高玻璃和玻纤工业坩埚和漏板的使用寿命，并节约昂贵的贵金属。如今弥散强化铂材料的开发，使其在高温领域的应用得到了扩展，如空间站推进器材料等。国际贵金属企业巨头，如英国江森·马塞(Johnson Matthey)、美国欧文斯玻璃纤维公司(Owens-Corning Fiberglass Corporation)、恩格哈德(Engelhard)、德国的德古萨(Degussa)、贺利氏(Heraeus)，以及日本的田中贵金属公司等通过在 Pt、Pt-Rh、Pt-Au、Pt-Ir 等合金基体中添加 Zr、Y、Al、Ca、Ti、Th、Hf 等元素，开发了一系列弥散强化铂材料。这些铂材料主要以上述金属氧化物为弥散强化相，不含 Rh 或 Rh 含量很低，但其高温力学性能普遍高于同成分的铂基合金。

铂族金属弥散强化是借助第二相微粒弥散分布于基体合金中而实现的，强化相可以是碳化物、氧化物或金属间化合物。根据弥散强化合金理论，弥散强化材料的屈服强度与第二相颗粒直径、颗粒间距及分布的均匀性等密切相关。当颗粒直径小于1 μm、颗粒间距小于10 μm时，能够获得最佳的力学性能；此外，第二相应具有高的高温稳定性，且在基体中的溶解度及扩散速率要低。实验表明，弥散的碳化物和氧化物是提高铂及铂基合金高温蠕变性能最有效的强化相。制备弥散强化铂和铂基合金的主要方法有喷射内氧化法、共沉淀法、热机械法和粉末冶金法等。目前，获得广泛应用的弥散强化铂和铂基合金主要有三类，即ODSPt(Pt－Rh)、ZGSPt(Pt－Rh)和DPHPt(Pt－Rh)。

(1)碳化物弥散强化铂基材料。江森·马塞公司于20世纪60年代研制了以碳化物(如TiC)为弥散强化相增强的Pt和Pt－Rh合金材料。采用粉末冶金技术，通过添加含量为0.04%～0.08%的细小TiC粒子获得稳定的高温组织和很高的高温强度，同时保持了Pt和Pt－Rh合金良好的延展性、加工性能及电学性能。

(2)氧化物弥散强化铂基材料。20世纪70年代初期，江森·马塞公司开发了以二氧化锆为弥散强化相的铂合金。即在99.9%的Pt中添加质量分数0.1%的Zr，随后采用内氧化方法使Zr氧化成ZrO_2，稳定而细小弥散分布的ZrO_2颗粒起到阻止晶界移动、稳定晶粒的作用，从而显著提高铂材料的高温持久强度和抗蠕变性能。以ZrO_2为弥散强化相的Pt材料称为ZGSPt(Zirconia Grain Stabilized Platinum)，其持久强度约为纯Pt的10倍，甚至高于Pt－40Rh合金，同时保持了Pt的电学性能和加工成型性。20世纪70年代中期，该公司又研发了弥散强化ZGSPt－Rh合金。ZGSPt－10Rh的高温持久强度比ZGSPt提高近1倍。将Zr的含量提高至0.3%的ZGSPt和ZGSPt－10Rh材料，可在1400～1600℃高温氧化条件下使用。20世纪80年代，随着贵金属Rh的价格暴涨，研究重点转移至发展低Rh含量的弥散强化材料。先后研制成功ZGSPt－5Rh合金，以及对玻璃熔体无浸润的ZGSPt－5Au和ZGSPt－10Rh－5Au材料。

恩格哈德公司以Y_2O_3为弥散强化相，开展了Pt及其合金的系统研究，此类弥散强化材料称之为ODSPt(Oxide Dispersion Strengthening)或ODSPtRh等，一般采用粉末冶金成型技术制备。经Y_2O_3弥散强化的Pt或Pt－Rh合金的高温性能得到显著改善，同时还提高了对熔融玻璃的润湿角。与ZrO_2弥散强化材料一样，微量Y_2O_3的加入并不影响基体材料的加工性能和导电性能。

20世纪90年代，德国贺利氏公司开发了含有适量Zr、Y、Sc和微量Ca、Al、Mg元素的合金，经氧化处理后形成以几种氧化物颗粒(Y_2O_3、Sc_2O_3和ZrO_2三种氧化物中至少二种)弥散强化的Pt或Pt合金，简称DPHPt或DPHPt合金(Dispersion Hardened Platinum or Platinum Alloys)，如DPHPt－10Rh、DPHPt－5Au等，目前已获得应用的是DPHPt及DPHPt－10Rh。

20世纪80年代以后，昆明贵金属研究所等单位紧跟国际发展动向，开展了弥散强化铂材料的研究。相继研制成功以ZrO_2颗粒稳定化的Pt和Pt－Rh合金，采用内氧化－热机械加工方法制备出含Zr分别为0.1%、0.2%、0.3%的弥散强化 Pt 材料，并获得了应用。虽然各个公司赋予了弥散强化铂合金不同名称，但它们实质上都是以氧化物弥散强化的铂或铂合金。ZGS、ODS 和 DPH 强化铂材料与传统的铂及铂合金材料性能对比见表 2-4 和图 2-2。

表 2-4　氧化物弥散强化铂(铂铑合金)与传统铂基合金的性能比较

性能	Pt	Pt-10Rh	Pt-20Rh	Pt-5Au	ZGSPt	ODSPt	ZGSPt-10Rh	ODSPt-10Rh
密度/($g \cdot cm^{-3}$)	21.45	19.99	19.70	21.33	21.38	21.38	19.80	19.56
熔点/℃	1770	1850	1900	1660	1770	1770	1850	1850
0℃电阻率/($\mu\Omega \cdot cm$)	9.85	18.4	19.0	18.5	11.12	10.8	21.2	19.24
室温抗拉强度/($N \cdot mm^{-2}$)	125	300	400	345	236	200	354	340
室温延伸率/%	40	35	33	24	42	40	30	25
退火态硬度/HV	40	90	120	90	60	55	110	115
1250℃，100 h 断裂应力/($N \cdot mm^{-2}$)	3.8	7.6	10	3.9	23	20	23	20
1450℃，100 h 断裂应力/($N \cdot mm^{-2}$)	0.9	3.9	5.0	1.7	12	10	12	10
E 玻璃 1200℃平衡接触角/(°)	26	45	40	83	—	32	—	48

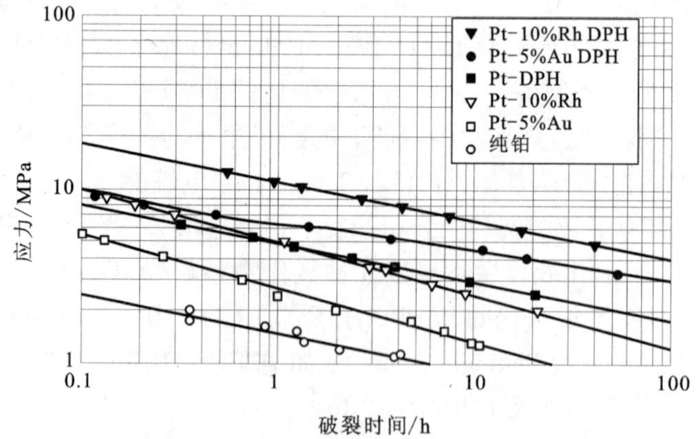

图 2-2　DPH 强化铂材料与传统铂合金的高温力学性能(1600℃)

2.3.2　器皿材料

贵金属器皿材料主要采用铂、铂基合金、铂基复合材料及铱制造。主要用于制作冶金、化工、生物、材料制造、分析与实验研究等领域使用的坩埚、漏板、舟碟、漏斗、刮勺、搅拌棒、烧杯、张力环、电极等耐高温及耐腐蚀的特殊部件或工具。

1. 分析用铂器皿及工具材料

从1800年开始，铂就作为实验坩埚等器皿用于化学分析和生产具有强腐蚀性的化学试剂。如：硫酸、硝酸、氢氟酸、碳酸盐、氢氧化物、过氧化钠等物质的蒸发；碳酸钠、硝酸、碱金属、碱土金属氯化物、碱式硫酸盐等的熔融；电化学定量分析及测定物体电导率的电极等。除纯Pt以外，化学分析用的坩埚还有Pt－Rh、Pt－Ir及Pt－Au合金，以及以难熔氧化物弥散强化的Pt和Pt－Rh复合材料等。Pt－Ir合金常用于制作小尺寸器皿、微型坩埚、微型舟、微电极、刮勺及镊子等。至今它们作为实验室耐腐蚀器皿及工具仍在广泛使用。

2. 晶体生长用器皿材料

许多单晶体具有实现电、光、声、热、磁、力等不同能量形式的交互作用与转换的独特物理性质，在现代科学技术领域得到了广泛应用。天然单晶矿物在品种及数量上难以满足实际需求，使得人工合成单晶技术快速发展。由于单晶的熔点一般都在1400℃以上，拉制单晶的坩埚材料必须具有较高的高温强度、抗氧化和耐腐蚀性能。目前，人工合成单晶用坩埚材料主要有Pt、ZGSPt、Pt－Rh合金和Ir。Pt、ZGSPt和Pt－Rh合金坩埚可在1400～1800℃温度范围长期使用，主要用于铌酸锂、钽酸锂、钼酸铅、铁氧体、锗酸铋等单晶的制备；Ir坩埚可以在氧化气氛下使用到2300℃，主要用于高熔点氧化物单晶的生长拉制，如钇铝石榴石、钆镓石榴石、红宝石、蓝宝石、钨酸盐、钛酸盐等。各种材料相比，ZGSPt坩埚的寿命是Pt坩埚的5～10倍，可以替代Pt坩埚使用；Pt－Rh合金的高温蠕变强度随Rh含量的增加而上升，但加工性能变差，常用的为低Rh含量的Pt－10Rh合金坩埚。Pt、ZGSPt和Pt－Rh合金坩埚一般采用压力加工方法制备，Ir坩埚可采用铸造、Ir片焊接和粉末冶金等技术方法制备。

2.3.3　玻璃工业用贵金属材料

玻璃工业是国民经济中重要的实体产业之一，其产品有高级光学玻璃、建筑装饰及居家用玻璃、玻璃纤维三类。

高级光学玻璃具有高度的透明性、化学及物理学（结构和性能）上的高度均匀性及特定和精确的光学常数，是光电技术产业的基础和重要组成部分。光学玻璃品种繁多，包括无色光学玻璃（通常简称光学玻璃）、有色光学玻璃、耐辐射光学玻璃、防辐射玻璃和光学石英玻璃等。主要用于制造光学仪器或机械系统的透镜、棱镜、反射镜、窗口等。在光传输、光储存和光电显示三大领域中其应用突飞猛进，成为社会信息化尤其是光电信息技术发展的基础条件之一。高级光学玻璃的生产过程及条件必须严格控制，首先需要选用对玻璃无污染的坩埚。普通玻璃是硅酸盐、硼酸盐、硼硅酸盐和铝硅酸盐等非晶态无机材料，高温下熔体具有高黏度，并对容器产生很强的浸蚀性，因此要求熔融玻璃的容器材料必须具备高强度及强抗腐蚀性能。熔融玻璃通过漏板的小孔拉成纤维状细丝，因此对漏板材料的高温强度及抗腐蚀性能要求更高。

铂族金属能满足上述十分苛刻的性能要求，铂及许多铂合金在1500℃的高温下不与熔融玻璃发生反应，成为生产各种玻璃制品不可或缺的坩埚材料和漏板材料。中国的玻璃及玻纤产量居世界第一，2010 年，仅光学玻璃制造行业的年销售收入即达 234 亿元。使用铂基漏板材料生产玻纤的装置约有 4000 台，产品价值超过 12 亿元。玻璃行业的铂族金属用量很大，每年仅用于替换的量超过 60 t(占全世界的三分之一)。

1. **铂基合金**

纯 Pt 的高温强度不能满足使用要求，需要进行强化。固溶强化型铂基合金(Pt－Rh)是传统的玻纤漏板及坩埚材料。该合金性能稳定，能够抗熔融玻璃浸蚀，也是唯一能在大气中 1600℃高温下使用的合金材料。合金中 Rh 含量对其性能有重要影响，高 Rh 含量合金的高温强度较高，但加工较为困难。因此，在 1300℃以下工作的坩埚或漏板材料一般选用 Rh 含量低于 20% 的合金；而对于在 1400℃以上工作的坩埚或漏板，则宜选用 Rh 含量高于 25% 的 Pt－Rh 合金。为了降低 Pt－Rh 合金的成本，常使用价格相对较低的 Pd 部分替代 Pt 或 Rh 的 Pt－Pd－Rh合金。但随着 Pd 含量的增加,合金的蠕变速率以及合金在熔融玻璃中的溶解速率增大。在 Pt－Pd－Rh 合金中添加少量的 Ru 或 Ir，可降低合金的蠕变速率及在玻璃熔体中的溶解速率。由于 Rh 及其他合金元素或杂质会溶入玻璃熔体中，使玻璃着色和透光性变差，因此，高级光学玻璃的制备不能采用 Pt－Rh 合金坩埚。

拉制玻璃纤维时，玻璃熔体与合金材料漏嘴的浸润性是关键的性能要求。如果浸润性太好(浸润角很小)，玻璃熔体在通过漏嘴时容易产生漫流现象，严重时使拉制过程难以进行。无碱玻璃对 Pt 及铂基合金的浸润角见图 2－3。1200℃时，无碱玻璃对 Pt 的浸润角仅为 20°，因此纯 Pt 不能用作漏嘴材料；在 Pt 中添加 Rh 和 Au 可明显增加浸润角，Au 元素对浸润角的影响更为显著。使用Pt－Rh－Au合金做漏嘴材料，可以克服熔融玻璃的漫流现象，实现漏嘴的多孔密排，节约贵金属。

2. **弥散强化铂材料**

弥散强化的铂和铂基合金具有比固溶材料更高的高温强度及抗蠕变性能，在熔融玻璃中可以使用到1600℃以上。可以采用无Rh或低Rh的弥散强化Pt或Pt－Rh合金替代高Rh含量的Pt－Rh合金，并且还可以减少坩埚及漏板的厚度，减少贵金属用量达10%～30%。DPHPt－Rh合金的使用寿命是传统Pt－Rh合金的2倍，可有效减少漏板的更换频率及维修次数。弥散强化Pt具有足够高的高温强度，且没有Rh元素对玻璃的着色问题，是制备高级光学玻璃的理想材料。弥散强化的Pt－Au合金具有高的高温持久强度和抗熔融玻璃浸润的性能，可用于制备小孔径漏板和连续玻璃细纤维的生产。如传统的Pt－Rh合金漏板一般只能生产直径10～25 μm的玻璃纤维，而采用ZGSPt－Au或DPHPt－Au漏板，则可以生产直径为6 μm的玻璃纤维。弥散强化的Pt－Au和Pt－Rh－Au合金是专门为玻璃纤维生产而研制的新型漏板材料。

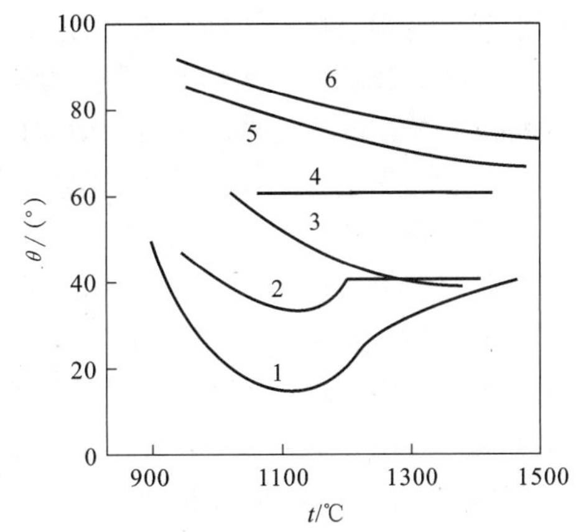

图2－3 无碱玻璃对铂和铂基合金的浸润角(θ)

1—Pt；2—Pt－10Rh；3—Pt－40Rh；4—Pt－3Au；
5—Pt－7Rh－3Au；6—Pt－10Rh－5Au

虽然ZGS和ODS等弥散强化材料比传统固溶强化的Pt－Rh合金具有更高的高温强度和抗蠕变性能，但由于这些弥散强化材料存在加工困难及焊接强度下降等问题，实际使用时其优良的高温性能不能有效发挥。DPH材料可克服焊接区强度下降和材料塑性变差的缺点，值得进一步研究开发。

3. **复合材料**

采用贵金属复合材料是节约贵金属资源的有效途径之一。玻璃工业领域使用的复合材料包括包覆材料、层状复合材料和涂层材料。

(1)包覆材料。熔融玻璃搅拌棒常用难熔金属Mo或Mo合金制作。为避免Mo的氧化及对玻璃熔体的污染，首先在Mo或Mo合金棒外表面涂覆一层Al_2O_3或ZrO_2扩散阻挡层，再包覆Pt或弥散强化Pt，形成Pt/Al_2O_3/Mo或Pt/ZrO_2/Mo(或Mo合金)包覆材料。采用Mo－Zr合金为搅拌棒的芯棒，喷射沉积Zr或稳定化的ZrO_2阻挡层，外表面再包覆Pt或Pt合金构成的复合搅拌棒，其使用寿命为Pt/Mo复合棒的6倍。

(2)层状复合材料。采用弥散强化Pt或Pt－Rh合金与Pd构成三明治结构层状复合材料，即 Pt(或 Pt - Rh 合金)/Pd/ Pt(或 Pt - Rh 合金)三层，各层的质量比为(15% ~25%):(50% ~70%):(15% ~25%)。夹层 Pd 的比例占 50% 以上，降低了 Pt 的用量，同时又保持了弥散强化 Pt 材料的高温强度性能。构成复合材料的弥散强化材料可以是 ODS、ZGS 或 DPH 三种类型的任何一种。这类复合材料可用于制作熔化玻璃的坩埚和拉制玻璃纤维的漏板，还可以用于制作熔化铁氧体、铌酸锂等熔点较低的晶体材料的坩埚以及实验器皿等。

(3)铂/陶瓷复合材料。利用高温陶瓷与 Pt 复合，可以进一步提高 Pt 材料的高温强度，并节省 Pt 用量。首先对已成型的 Pt 坩埚的外表面进行喷砂处理，目的是提高陶瓷与 Pt 的界面结合力。然后采用等离子蒸发技术在 Pt 坩埚外表面沉积 Al_2O_3或其他高温陶瓷，厚度可达 3 mm。最后，对铂/陶瓷复合材料进行高温稳定化处理。Pt/Al_2O_3复合坩埚可用于制备氧化物单晶和光学玻璃等材料。

20 世纪 80 年代，江森·马塞公司发明了一种先进的涂层技术(ACT™)，可以将 Pt、弥散强化 Pt 和 Pt - Rh 合金作为涂层沉积在金属或陶瓷基体上。首先获得商业应用的是将 Pt 或 Pt - Rh 合金涂覆于莫来石或氧化铝套管上作为热电偶的保护套管使用。ACT™ - Pt 和 Pt 合金在玻璃工业中有广泛应用，如用作热电偶陶瓷套管涂层、熔融玻璃炉衬、管道涂层、搅拌器涂层、电极涂层、功率涂层，以及玻璃和玻纤制备过程中使用的各种器具的保护涂层。

2.3.4 化纤工业用喷嘴材料

化学纤维的生产过程多在各种强酸和强碱条件下完成，这些酸和碱包括氢氧化钠、磺原酸盐、硫酸钠、氯化锌、硫氰酸钠、二甲基乙酰胺和浓硝酸等。因此，生产纤维的喷头材料必须具有很强的抗腐蚀性能，较高的强度、硬度，以及良好的加工性能。Au - Pt 和 Pt - Rh 合金几乎能够抗除王水以外几乎所有的酸和碱的浸蚀，是制造纤维喷头的首选材料，已在尼龙、丙烯酸等化学纤维的制造中获得广泛应用。为了提高 Au - Pt 合金的耐磨性，添加少量的 Rh 或 Ir 可使其维氏硬度提高至 300 HV 以上，还可以细化晶粒，增加合金的延展性。Pt - 10Rh 合金的强度和耐磨性不如 Au - Pt 合金，且价格更贵，因此，Au - Pt 合金的应用更广泛，常用的合金成分为 Au - (30 ~50) Pt - (0.5 ~1.0) Rh(质量分数)。

2.3.5 金属间化合物

金属间化合物习惯上又称为中间相，是合金中除固溶体之外的第二类重要合金相。金属间化合物的晶体结构及物理、化学、力学性能与组元金属不同，甚至相差极大。长程有序金属间化合物原子间排列有序、结合力强，兼有金属键和共价键特征，表现出高温材料所期望的优异性能，如强度高、弹性模量大、自扩散慢，以及组织结构稳定性高等特点，有些金属间化合物还具有屈服强度的反常温度关系和良好的抗氧化性、耐腐蚀性能。TiAl、Ti_3Al、NiAl、Ni_3Al、FeAl 和 Fe_3Al 等铝化物是金属间化合物的典型代表。

室温脆性始终是金属间化合物实用化最大的问题，自 1979 年日本学者发现微量硼可显著提高 Ni_3Al 的室温塑性以来，国际上形成了高温结构材料用金属间化合物的研究热潮。至今已在某些金属间化合物的室温塑性、韧性改善理论和应用开发方面取得了突破性进展。

金属间化合物种类的数量非常庞大，在元素周期表中有三分之二的金属（包括类金属）之间可形成大批化合物，仅贵金属元素与其他金属（类金属）所形成的化合物就有 4000 种以上。金属间化合物不仅在高温结构材料方面具有广泛的潜在应用前景，有些化合物还具有优异的磁性、超导、抗氧化及催化性能，作为功能材料也极具研究与开发价值。

贵金属 Ag 和 Au 与其他金属可以形成电子/原子比分别为 3/2、21/13 和 7/4 的各种金属间化合物，见表 2－5。

表 2－5　电子/原子金属间化合物

电子∶原子＝3∶2			电子∶原子＝21∶13	电子∶原子＝7∶4
面心立方结构	复杂立方结构	密排六方结构	γ－黄铜结构	密排六方结构
AgMg	AgHg	Ag_3Al	Ag_5Zn_8	$AgZn_3$
AgZn	Ag_3Al	Ag_3Ga	Ag_5Cd_8	$AgCd_3$
AgCd	Au_3Al	Ag_3In	Ag_5Hg_8	Ag_3Sn
Ag_3Al		Ag_5Sn	Ag_9In_4	Ag_5Al_3
Ag_3In		Ag_7Sb	Au_5Zn_8	$AuZn_3$
AuMg		Au_3In	Au_5Cd_8	$AuCd_3$
AuZn		Au_5Sn	Au_9In_4	Au_3Sn
AuCd			Rh_5Zn_{21}	Au_5Al_3
PdIn			Pd_5Zn_{21}	
			Pt_5Be_{21}	
			Pt_5Zn_{21}	

贵金属还可以形成具有 CsCl、$MoSi_2$、NiAs、MnP、CaF_2、Laves 等相结构的金属间化合物，见表 2－6。

表2-6　贵金属金属间化合物的结构形式

相结构形式		贵金属金属间化合物
CsCl		PdTi, PtLi, TiPt(H), PtZr, PtHf, PtMn, Au-RE(RE为稀土元素)
$MoSi_2$		$AuZr_2$, Au_2Zr, $AuHf_2$, Au_2Hf, $AuMn_2$, Au_2Mn, Pt_3Hf_2, Pd_2Hf, Au_2Al, Au_2Ti, Au-RE, Ag-RE, $PdZr_2$, Pd_2Zr, Pt_2Si
Laves	$MgCu_2$	$NaAu_2$, $AuBe_2$, $PbAu_2$, $BiAu_2$, Pt_2Li, Pt_2Ca, Pt_2Ba, Pt_2-RE
	$MgZn_2$	$CaAg_2$, $ZrIr_2$, $ZrRu_2$, $ZrOs_2$, MgZnAg, MgAuAg, MgAgAl
NiAs		PtB, Pt_3In_2, PtSb, PtFe, Pd_3Pb_2, Pd_5Pb_3, PdSb
MnP		AuGa, PdSi, PtSi, PdGe, IrGe, PtGe, PdSn, RhSb, PdSb
CaF_2		$PtSn_2$, $PtIn_2$, $AuAl_2$, $AuGa_2$, $AuIn_2$, $PtAl_2$, Ir_2P, AgMgAs

铂族金属与Al、B、Be、Si以及部分过渡族金属形成大量的高熔点金属间化合物(熔点一般在1400~2500℃)。高熔点铂族金属间化合物还具有高强度、高抗蠕变和较强的抗氧化性能，代表了铂族金属高温热强材料的发展方向。

贵金属金属间化合物可以作为合金强化相、新型热强材料、电工材料、磁性材料、储氢材料、涂层材料和信息记录材料应用。如Mo_5Ru_3和W_5Ru_3涂层的硬度与蓝宝石相当，且反射率高及电阻率高、电阻温度系数低、耐腐蚀性强，可作为在腐蚀环境中工作的光学镜面涂层、抗氧化涂层和切削或研磨工具的硬质涂层；PtCo、FePt、FePd、Pt_4Ni_3Co等金属间化合物具有良好的磁性，可用作热磁记录介质；Pt-Al涂层中的$PtAl_2$相具有稳定涂层、提高涂层与基体的结合力和抗氧化性能，20世纪80年代，Pt-Al涂层作为先进航空发动机的涡轮叶片保护涂层已得到应用。与传统的Ni/Al涂层相比，发动机的工作温度得到明显提高。

2.4　贵金属非晶态材料[15-16]

2.4.1　概述

所谓“非晶态”，是相对晶态而言，是物质的另一种结构状态(亦称金属玻璃)。其结构不像晶态那样原子呈有序结构，而是一种长程无序、短程有序的结构。非晶态合金在原子排布上完全不同于晶态金属，它没有晶粒和晶界，是单相无定形结构，没有像晶体那样的结构缺陷，如晶界、孪晶、位错、层错等。这种微观结构决定了它具有一系列优良的特性，如强度高，塑韧性好(可经受180°弯曲而不发生断裂)，抗疲劳性能好，弹性模量随温度变化小，电阻温度系数小，耐磨，耐蚀性能好以及优异的磁、光、电性能等，是一种发展迅速并极具推广应用前景的新型高技术材料。

最早有关非晶态研究的报道是1934年德国人克雷默采用蒸发沉积法制备非晶态合金，1950年采用电沉积法制备出Ni－P非晶态合金；1960年，美国Duwez发明了一种直接将熔融金属急冷成非晶态的方法，并得到了非晶态$AuSi_{25}$合金薄膜，开创了非晶态及亚稳结构金属研究的新时代。但早期制备的非晶态材料多为带、丝、薄片料和粉末状，且尺寸较小。人们的研究更多地集中于非晶态材料的结构、性能及应用探索，工业应用极为少见。1969年，美国人庞德和马丁研制成功连续条带非晶态制备技术，大块非晶制备技术的突破为非晶态材料的大规模工业应用奠定了基础。目前，非晶合金的临界尺寸已经达到几个厘米（表2－7），能够满足作为结构材料应用的要求；同时，它具有高强度、高弹性、良好的耐蚀性和优良的磁学性能，能够作为新型功能材料应用。从研究的角度看，贵金属玻璃在现有金属玻璃中所占的比例较大。特别是在初期开发阶段，人们对金属玻璃的结构和性能进行研究时，往往以贵金属非晶为研究对象，其中以Au－Si、Au－Ge－Si，尤其是Pd－Si系最多。可以说，贵金属金属玻璃在人们认识非晶态这一具有重大理论和实际意义的新型材料过程中起到了非常重要的作用；但由于贵金属价格昂贵，其应用开发受到一定限制。

表2－7　非晶形成能力（临界尺寸大于20 mm）很高的合金及制备方法

合金系	合金成分/%（原子百分比）	非晶尺寸/mm	制备方法	报道时间
Pd基	$Pd_{40}Cu_{30}Ni_{10}P_{20}$	72	水淬	1997
	$Pd_{35}Pt_{15}Ni_{30}P_{20}$	30	水淬	2005
Pt基	$Pt_{42.5}Cu_{27}Ni_{9.5}P_{21}$	20	水淬	2004
Zr基	$Zr_{41.2}Ti_{13.8}Cu_{12.5}Ni_{10}Be_{22.5}$	>25	铜模铸造	1993
	$Zr_{55}Al_{10}Ni_5Cu_{30}$	30	铜模抽吸铸造	1996
	$Zr_{60}Cu_{25}Fe_5Al_{10}$/ $Zr_{62.5}Cu_{22.5}Fe_5Al_{10}$	20	铜模铸造	2009
	$Zr_{50.5}Cu_{30.5}Ni_5Al_{11}Ag_3$	20	铜模铸造	2008
RE基	$Y_{36}Sc_{20}Al_{24}Co_{20}$	25	水淬	2003
Mg基	$Mg_{54}Cu_{26.5}Ag_{8.5}Gd_{11}$	25	铜模铸造	2005
Ni基	$Ni_{50}Pd_{30}P_{20}$	21	水淬	2009

续表 2-7

合金系	合金成分/%(原子百分比)	非晶尺寸/mm	制备方法	报道时间
ZrCu 基	$Zr_{48}Cu_{36}Al_8Ag_8$	25	铜模注射铸造	2007
	$Zr_{46}Cu_{38}Al_8Ag_8$	20 ~ 25	水淬	2008
	$Zr_{48}Cu_{34}Al_8Ag_8Pd_2$	20	铜模注射铸造	2008
		30	铜模铸造	2007
TiZr 基	$Ti_{32.8}Zr_{30.2}Fe_{5.3}Cu_9Be_{22.7}$	>50	水淬	2010

2.4.2 贵金属非晶态材料的制备方法

贵金属非晶态材料主要采用液态金属高速淬火技术制备。高速淬火设备有多种类型，如：枪、磁轭锤砧、高速轧辊、离心转鼓以及液态喷丝等多种结构形式的设备，这类设备的冷却速度通常为 $10^5 \sim 10^6$℃/s，最高可达 $10^7 \sim 10^8$℃/s。液态丝的冷却速度相对较低，一般为 $10^2 \sim 10^3$℃/s。根据贵金属合金的非晶形成能力和样品(或产品)的形状来选择适当的制备方法。也有少数贵金属非晶材料采用气相沉积、电沉积及等离子喷溅等方法制备。图 2-4 至图 2-6 为贵金属非晶合金常用的几种快冷装置示意图。

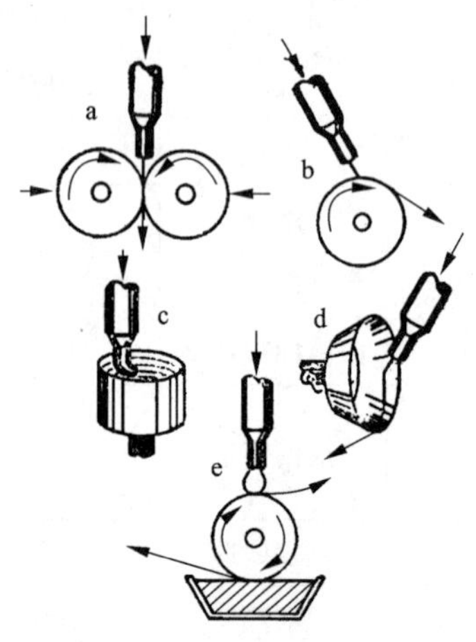

图 2-4 双辊和单辊法制备金属玻璃装置示意图

a—双辊；b—单辊(外表面)；c—旋转坩埚；b,d—单辊(内表面)；e—单辊(熔体抽取)

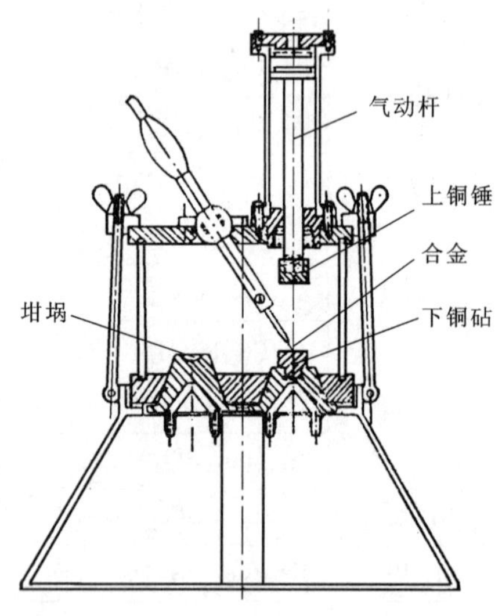

图 2-5 电弧熔化及锤砧法制备金属玻璃装置示意图

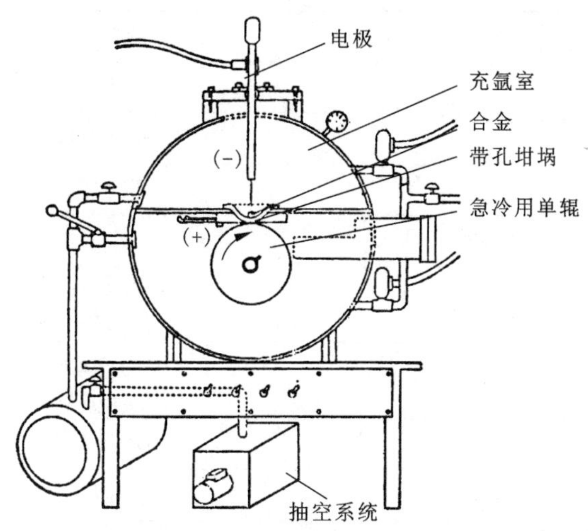

图 2－6　电弧熔化急冷法制备金属玻璃带材装置示意图

主要贵金属非晶态材料合金系列、形成非晶的成分范围及用途归纳于表 2－8 中。

表 2－8　贵金属非晶合金及用途

合　金	成分范围(x, y, z)	主要性能及用途
$Au_{100-x}Si_x$	18.6～30	用急冷方法制成的非晶态，室温下不稳定
$Au_{100-x}Sn_x$	29～31	焊料，室温下不稳定
$Au_{73}Ge_{27}$		焊料，手表零件
$Au_xGe_ySi_z$	x = 74～79；y = 12.4～13.6；z = 8.4～9.4	
$Au_{66}Pd_{16}Si_{18}$		
Au_xCo_{100-x}	25～65	磁性材料，气相沉积
Au_xTl_{100-x}	25～60	
Au_xLa_{100-x}	0～40	超导材料，$La_{80}Au_{20}$ 和 $La_{76}Au_{24}$ 的超导温度 3.5K
Au－Fe		磁性材料，气相沉积
Au－Cr		磁性材料，气相沉积

续表 2-8

合 金	成分范围(x, y, z)	主要性能及用途
Au-Gd		磁性材料，气相沉积
Au-Ni		磁性材料，气相沉积
Au-Sb		焊料
$Pd_{100-x}Ge_x$	18~20	
$Pd_{100-x}Si_x$	15~23	电阻、应变、声学及接点材料。是结构和性能研究最多的金属玻璃
$Pd_{80-x}Cr_xSi_{20}$	0~10	$Pd_{73}Si_{20}Cr_7$可作低温电阻应变计的感温材料
$Pd_{80-x}Mn_xSi_{20}$	0~10	磁性材料
$Pd_{80-x}Fe_xSi_{20}$	0~10	磁性材料
$(Pd_{82}Si_{18})_{100-x}Fe_x$	10~90	磁性材料
$(Pd_{100-x}Fe_x)_{83.5}Si_{16.5}$	10~90	
$Pd_{78}Si_{20}Fe_xCr_{2-x}$	0~2	
$Pd_{80-x}Co_xSi_{20}$	0~10	磁性材料
$(Pd_{100-x}Co_x)_{83.5}Si_{16.5}$	0~18	
$Pd_{80-x}Ni_xSi_{20}$	0~10	磁性材料
$(Pd_{100-x}Ni_x)_{83.5}Si_{16.5}$	0~60	
$Pd_xCu_ySi_z$	$x=65\sim80$；$y=3\sim19$；$z=16\sim20.5$	声学材料，接点材料
$(Pd_{82.4}Si_{17.6})_{100-x}Cu_x$	0~14	
$(Pd_{100-x}Cu_x)_{83.5}Si_{16.5}$	0~26	声学材料，场电子发射源
$Pd_xAg_ySi_z$	$x=75\sim79$；$y=4\sim8$；$z=16\sim20$	
$(Pd_{100-x}Ag_x)_{83.5}Si_{16.5}$	0~18	声学材料
$Pd_xAu_ySi_z$	$x=68\sim81$；$y=4\sim12$；$z=15\sim20$	
$(Pd_{100-x}Au_x)_{83.5}Si_{16.5}$	0~20	
$(Pd_{100-x}Rh_x)_{83.5}Si_{16.5}$	0~6	
$Pd_{84}Ge_xSi_y$	$x=2\sim7$；$y=10\sim14$	
$Pd_xAu_yAg_zSi_{16.5}$	$x=77\sim79$；$y=2\sim15$；$z=3\sim4$	

续表 2－8

合　金	成分范围(x，y，z)	主要性能及用途
$(Pd_{70}Mn_{30})P_x$	17～26	磁性材料
$Pd_{80-x}Fe_xP_{20}$	10～48	磁性材料
$(Pd_{100-x}Co_x)P_{20}$	15～60	
$Pd_xNi_yP_z$	$x=0\sim82$；$y=8\sim73$；$z=10\sim23$	
$(Pd_{60-x}Pt_xNi_{40})_{75}P_{25}$	0～60	
Pd_xZr_{100-x}	20～35	$Pd_{30}Zr_{70}$超导温度 $T_c=2.4K$
$Pd_{78}Ni_4Si_{18}$		声学材料
$Pt_{100-x}Ge_x$	17～30	
$Pt_{100-x}Sb_x$	33～37	
$Pt_{100-x}Si_x$	23，25，68	
$(Pt_{100-x}Ni_x)_{80}P_{20}$	10～80	
$(Pt_{100-x}Ni_x)_{75}P_{25}$	20～70	
$(Pt_{70}Ni_{30-x}Cr_x)_{75}P_{25}$	1.5～6	磁性材料
$(Pt_{70}Ni_{30-x}V_x)_{75}P_{25}$	0～3	
Pt－Ni		磁性材料
Pt－Fe		磁性材料
Pt－Co		
Pt－P		
$Ag_{100-x}Si_x$	17～30	
Ag_xCu_y	$x=35\sim65$，$y=35\sim50$	气相沉积
$Ag_{100-x}Mn_x$	30～50	气相沉积
$Ag_{100-x}Ni_x$	4～13	磁性材料
Ag－Co		磁性材料
Ag－Gd		磁性材料
Ag－Cu－P		应变材料
$Ir_{45}Nb_{55}$		结晶温度 1133K
$Ir_{45}Ta_{55}$		结晶温度 1283K

续表 2-8

合　金	成分范围(x, y, z)	主要性能及用途
$Ir_{50}Ta_{30}B_{20}$		820K < 结晶温度 < 950K
$Ir_{20}W_{60}B_{20}$		
$Rh_{78}Si_{22}$		
Rh - Ge		
$Rh_{25}Zr_{75}$		超导温度 T_c = 4.55K
$Rh_{42}Nb_{58}$		超导温度 T_c = 4.7K
$Rh_{26}Nb_{58}Ni_{16}$		超导温度 T_c = 3.4K
$Rh_{45}Nb_{55}$		结晶温度 973 ± 10K
$Rh_{45}Ta_{55}$		
$(Mo_{40}Ru_{60})_{80}P_{20}$		超导温度 T_c = 4.08K
$(Mo_{60}Ru_{40})_{80}P_{20}$		超导温度 T_c = 6.18K
$(Mo_{80}Ru_{20})_{80}P_{20}$		超导温度 T_c = 7.31K
$(Mo_{60}Ru_{40})_{80}B_{20}$		超导温度 T_c = 5.78K

2.4.3　贵金属非晶态材料的性质与应用

1. 非晶态金属的结构和稳定性

有关贵金属非晶态材料结构稳定性方面的研究非常活跃，影响非晶态材料稳定性最重要的因素是合金的成分。本节仅以研究较多的 $PdSi_{20}$ 非晶合金的结构研究为例作一简单介绍。图 2-7 为采用 X 射线衍射法得到的干涉函数曲线，并与液态金属相比较。可以看出，$PdSi_{20}$ 金属玻璃与液态金属的结构很相似，但也有一些微细的差别。首先是非晶态金属的第一个峰比液态金属的峰的强度高且尖锐；其次是非晶态的干涉函数曲线不光滑，波动较大，达到平均密度的趋势比液态金属缓慢；最重要的差别是非晶态金属的第二个峰分裂，而液态金属的第二个峰不分裂。这些差别主要源于液态金属中原子不断运动，而非晶态金属中的原子分布可以近似地看成液态金属原子的分布在瞬间被固定下来，可以从原子运动的角度来理解非晶态与液态金属的结构差异。图 2-8 为 $PdSi_{20}$ 非晶合金加热时结构变化曲线($T-T-T$ 曲线)。可以看出，该非晶合金在一定温度范围内发生结晶，结晶过程经历成核和长大，即经过两个亚稳中间相(MS-Ⅰ和 MS-Ⅱ)最后形成稳定结晶相(fcc 结构)。其他非晶态合金均有类似的相变过程。玻璃转变温度(T_g)和结晶温度(T_c)是金属玻璃稳定性的指标，一般通过热分析和热膨胀等方法测得。在玻璃转变点附近，金属玻璃的许多性能发生变化，并表现出明显的黏弹性行为。

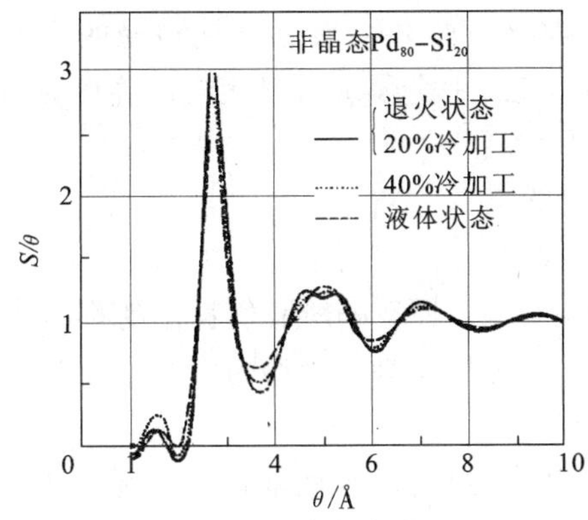

图2-7　$PdSi_{20}$非晶合金的X射线衍射干涉函数曲线

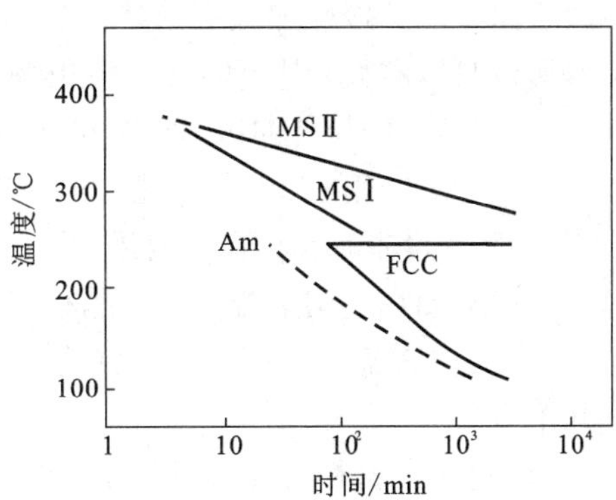

图2-8　$PdSi_{20}$非晶合金的$T-T-T$曲线

2. 非晶态金属的力学性能

非晶态合金材料的力学性能(强度、硬度、韧性及耐磨性等)一般高于相应的晶体材料，接近金属“胡须”的强度。表2-9列出了几种贵金属金属玻璃的典型力学性能。金属玻璃的力学性能特点概况如下。

表2-9　贵金属金属玻璃的力学性能

非晶合金	T_g(或T_c)/K	硬度HV/MPa	抗拉强度/MPa	弹性模量/MPa
$Pd_{80}Si_{20}$	655	3250	1360	68000
$Pd_{73}Fe_7Si_{20}$		4100	1900	89700
$Pd_{77.5}Cu_6Si_{16.5}$	643	4980	1470	93700
$Pd_{64}Ni_{16}P_{20}$	690	4520	1580	—
$Rh_{45}Nb_{55}$	973±10	7800±400	—	—
$Rh_{45}Ta_{55}$	1118±10	8900±500	—	—
$Ir_{45}Nb_{55}$	1133±10	9700±500	—	—
$Ir_{45}Ta_{55}$	1283±10	11000±700	—	—

(1)高强度。金属玻璃的强度比一般晶态金属的强度高，如 $PdSi_{20}$ 玻璃的抗拉强度达到 1360 MPa，远高于一般钯基晶态合金。

(2)高硬度。$PdSi_{20}$ 玻璃的维氏硬度达 3250 MPa，其他金属玻璃的硬度更高。

(3)金属玻璃具有一定的韧性和延展性，可以加工，且不出现加工硬化现象。一般金属玻璃的冷轧加工变形量可达 40% ~50%，而 Pd – Si 系金属玻璃的冷加工变形量可以更大，甚至能够达到 98% 以上；宏观上金属玻璃又表现出脆性，如 $PdSi_{20}$ 金属玻璃的拉伸曲线呈明显的脆性材料特征。

(4)金属玻璃的弹性模量比一般晶态金属低 30% 左右。

3. **贵金属非晶态材料的应用**

金属玻璃在使用中若发生结晶相变并变为脆性，原有的所有优良性能都将丧失，在使用非晶态材料时需特别注意这一点。贵金属非晶态材料的应用主要在以下几个方面。

(1)电接触材料。Si 含量高于 2%(原子百分比)的晶态钯基合金极脆，难以加工，而 Si 含量小于 2%(原子百分比)时，放电损耗特别严重。Pd – Si 二元合金玻璃(Si 含量 8% ~23%，原子百分比)具有弹性与韧性，耐电弧腐蚀。$PdCu_{0\sim25}Si_{15\sim25}$ 玻璃的强度和硬度高，弹性极限在 900 MPa 以上，耐磨性是纯银的 10 倍，既可作接点材料，又可作簧片。

(2)声学材料。$Pd_{80}Si_{20}$、$Pd_{77.5}Ag_6Si_{16.5}$、$Pd_{78}Ni_4Si_{18}$ 和 $Pd_{76}Cu_5Si_{19}$ 等钯基金属玻璃可用作声学材料，这些材料传递声波时具有低的声速和低的衰减。其中 $Pd_{77.5}Ag_6Si_{16.5}$ 非晶材料特别突出，不但传声速率低，且对纵向弹性波的衰减极低。

(3)电阻材料。一些贵金属玻璃的电阻率高，电阻温度系数低而稳定，可用于制作精密电阻。$Pd_{80}Si_{20}$ 金属玻璃可用作辐射环境下的电阻元件，如平衡电桥的电阻器及应变计等；另外，Cu – Ag – P 系及 $Pd_{80}Si_{20}$ 非晶还可作电阻应变材料。

(4)磁性材料。金属玻璃的磁性能是非常突出的，不表现出磁晶各向异性，无阻碍畴壁移动的晶界，同时易出现磁有序结构，如铁磁性、亚铁磁性和超顺磁性等特点。目前，国际上使用最多的是 Fe、Co、Ni 基软磁材料。磁性材料中贵金属金属玻璃占有一定比例。铁磁性金属玻璃一般是以过渡族金属为基，贵金属玻璃中主要是 Pd – Si、Pd – P 系合金，加入一定量的铁磁性元素(如 Fe、Co、Ni 等)后所得到的非晶态材料表现出铁磁性，如 $Pd_{75}Fe_5Si_{20}$、$Pd_{68}Co_{12}Si_{20}$ 及 $Pd_{65}Ni_{15}Si_{20}$ 等。另外，Ag – Ni、Ag – Co 和 Pd – Fe – P 等非晶态合金也表现出磁性；Au – Co、Au – Mn、Au – Cr 和 Ag – Mn 等非晶态磁性贵金属材料呈现出超顺磁性的特性。

(5)测温材料。$Pd_{73}Si_{20}Cr_7$ 非晶在低温下具有很大的负电阻温度系数，人们已经使用该非晶合金制成温度计，用于低温环境中的温度测量。这种温度计的最大特点是抗辐照，尤其是抗中子辐照。$Pd_{73}Si_{20}Cr_7$ 非晶的晶化温度为 400℃，随着温度的上升灵敏度明显降低，其作为温度计使用的范围是 1.3 ~300K。我国也已研

制成功 $Pd_{73}Si_{20}Cr_7$ 非晶态低温温度计，用于低温辐照环境中的测温。

(6)电解电极材料。以贵金属钯为基，加入硅、磷，或再添加其他合金元素可以制备性能优良的电解用非晶态电极材料，如 $Pd_{51}Rh_{30}P_{19}$、$Pd_{41}Pt_{40}P_{19}$、$Pd_{41}Ir_{40}P_{19}$、$Pd_{46}Ir_{30}Ti_5P_{19}$、$Pd_{41}Ir_{30}Ti_{10}P_{19}$、$Pd_{46}Ir_{30}Rh_5P_{19}$、$Pd_{41}Ir_{30}Rh_{10}P_{19}$、$Pd_{46}Ir_{30}Pt_5P_{19}$、$Pd_{41}Ir_{30}Pt_{10}P_{19}$ 和 $Pd_{41}Ir_{30}Ru_{10}P_{19}$ 等金属玻璃，具有较高的催化作用及足够的耐磨性与强度，都曾用作电解熔融 NaCl 的电极。其可承受的电流密度比石墨阳极高，其中 $Pd_{41}Ir_{40}P_{19}$、$Pd_{46}Ir_{30}Ti_5P_{19}$ 和 $Pd_{41}Ir_{30}Ru_{10}P_{19}$ 的电流密度甚至高于 RuO_2/Ti 阳极。

(7)其他应用。$Pd_{77.5}Cu_6Si_{16.5}$ 玻璃丝材可用于光学装置中作场致电子发射源；$Pd_{60}Ni_{20}Si_{20}$ 玻璃的熔流点为 833℃ 和 839℃，$Pd_{77.5}Ni_6Si_{16.5}$ 玻璃的熔流点为 761℃ 和 766℃，这两种金属玻璃均可作为钎料使用。

2.5　贵金属电极材料[26, 27]

2.5.1　电解电极

在化工领域电解电极的最大用途是电解食盐水以生产氯气和烧碱，其他用途包括生产氯酸盐、高氯酸盐、过氧化物、氯化氢，以及从海水中提取铀和碳钢镀锡、镀锌、镀铬等方面。氯碱工业最早使用的是石墨电极，石墨电极存在寿命短、电流效率低、维修频繁，以及生产的氯碱产品质量不高等问题。由于铂族金属具有优良的化学稳定性和极强的抗腐蚀能力，自从涂、镀铂族金属或其氧化物的 Ti、Ta、Zr 等电极材料出现后，部分石墨电极已被取代，目前贵金属电极已在电解电极中占有重要的位置。

20 世纪 50 年代发明了镀铂的 Ti 电极，随后即投入工业应用。但由于 Pt 在 Ti 基体上的黏附力较低，导致 Pt 的损耗较大，电极性能不稳定。很快发展了贵金属氧化物薄膜电极，即在 Ti、Ta、Zr 基体表面涂覆一层具有良好导电性能、抗腐蚀性能和放氯超电压低，以及保护基体电极材料不被钝化的贵金属氧化物。最早研究的是 RuO_2/Ti 电极，随后又发展了一系列氧化物电极，如 PdO/Ti、(RuO_2 + PdO)/Ti、(RuO_2 + TiO + SnO_2)/Ti，以及以 Pt - Ir 合金、Pt - IrO_2 为涂层的 Ti(或 Ta、Zr)电极等。这些氧化物电极具有比 Pt/Ti 电极更好的阴极特性和更高的稳定性，RuO_2/Ti 电极比 Pt/Ti 电极、石墨电极的氯气过电位更低，阳极损耗更少。近年来，PdO 和 Pt - IrO_2 涂覆的电极亦被广泛使用。

2.5.2　阴极保护电极

阴极保护分为牺牲阳极和外加电流的阴极保护两种，阴极保护技术已广泛应用于地下或水下金属体的腐蚀防护，如电缆、输油管道、桥梁、船舶、钻井平台、发电设备以及化工装备等。在阴极保护过程中，阳极表面会发生氧化、析氯和析氧反应，因此要求阳极材料对表面反应所形成的化合物具有低的腐蚀速率，电极材料本身还应具有导电性好、极化性低、稳定性高及寿命长等性能特点。Pt 是理想的惰性阳极材料，由于其价格高，人们通常以细 Pt 丝、薄膜或复合材料方式使用。以丝材方式使用的阳极有纯 Pt 丝、Pb - Pt 双电极丝(Pt 针插入 Pb 棒中)和 Pb - 1Ag、Pb - 6Sb - 1Ag 合金丝等。薄膜或复合 Pt 阳极的制备方法有多种，现在工业上应用的 Pt 阳极通常是采用电镀、熔盐镀、真空沉积、冶金加工及爆炸复合等技术将 Pt 包覆在适当的金属基体(如 Ti、Nb、Ta)上。镀 Pt 阳极、Pb - Pt 双电极和 Pb - Ag 合金电极是目前应用最为广泛的阴极保护电极。

2.5.3 燃料电池电极

1839 年，英国的 Grove 发表了第一篇关于燃料电池的研究报告，从此人类开始了继火电、水电和核电之后的第四代发电方式的研究。燃料电池具有转换效率高、对环境污染小、噪声小及适应范围广等特点，作为洁净能源受到世界各国的极大重视，将成为改变人类生活的十大关键技术之一。

燃料电池是直接使燃料和氧化剂在电解质内发生化学反应，将化学能直接转化为电能的装置(详见 10.4)。电极是燃料电池的核心组件，在活性电极的催化作用下，氢气、甲烷等可燃性气体在电解质中和氧气发生化学反应生成水，并同时产生电能和热能。燃料电池有许多种类型，按电解质种类可分为磷酸盐型(PAFC)、熔融碳酸盐型(MCFC)、硫酸型(SAFC)、固体电解质型(SOFC)、碱性氢 - 氧型(AFC)、质子交换膜型(PEMFC)和直接甲醇燃料(DMFC)型等。无论哪种类型的燃料电池，其主要组成包括电极、电解质隔膜及双极板三部分。电极性能对燃料电池的性能具有重要影响，其性能则主要由电极材料、电极的催化性能及制备工艺决定。

由于铂族金属具有优良的抗腐蚀性和导电性，又是催化活性很强的金属，是燃料电池极为理想的电极催化材料。早期采用铂黑作电极，如 20 世纪 60 年代末期发展的一种以间接天然气为燃料、正磷酸为电解质的燃料电池采用铂黑作电极，每个电极上的载 Pt 量高达 25 mg/cm^2。用铂黑作电极不能有效利用 Pt，大部分的 Pt 仅起输送电流的作用。为了减少 Pt 的用量，发展了将 Pt 负载到 C 载体上制成 Pt/C 电极的催化剂技术，Pt 载量逐步降低。Pt 的利用效率逐渐提高，电极载 Pt 量已经从 1994 年的 14 g/kW 降至 2008 年的 0.5 g/kW，目前实验室试验结果甚至已经降低到 0.2 g/kW 的水平。今后燃料电池有望成为 Pt 的最大用户。

2.6 氢气净化材料

1866年，英国化学家Thomas Graham发现金属钯具有很强的吸附氢的能力。后来的研究表明，钯吸附氢的特性具有两个主要特点：①吸氢速度快、能力强（钯与氢的原子比可达1:1），并且所吸附的氢在温度为300℃以上的真空中可全部释放出来；②钯对氢有很强的选择渗透性，即氢可以透过钯膜，而氢中的杂质如氧、氮、氩、氦、一氧化碳及二氧化碳等气体则不能被钯吸附和渗透，从而达到净化氢气的目的。经过净化的氢气纯度极高，一般可达99.9999%以上（理论上可达99.9999999%）。目前，氢气净化技术已广泛应用于电子、冶金、军事、能源及宇航等领域。在氢气净化领域中，钯的吸氢、透氢能力是独特的。

纯钯作为透氢材料的缺点是氢透过钯后会改变钯的体积，甚至发生扭曲以致破坏。主要原因是在使用温度和压力下Pd的α相转变为β相，使体积增大约10%。为了解决这个问题，人们对钯基透氢合金进行了大量研究，开发出了Pd－Ag、Pd－Au、Pd－Cu及Pd－RE等二元和多元透氢材料，数量多达几十种，如Pd－(20～25)Ag、Pd－5Au、Pd－40Cu、Pd－7.7Ce、Pd－6.6Y和Pd－10Y等钯基合金材料的透氢率比纯钯高。各种合金相比，Pd－(20～25)Ag合金的性能最佳，在相同条件的氢气气氛中进行30次热循环后，纯Pd材料已被破坏，而Pd－20Ag合金膜材料保持完好，主要原因是适量Ag的加入消除了β相。目前，Pd－20Ag仍然被认为是理想的氢气净化材料。Pd－5Au抗硫毒害能力较强，适于含硫环境中使用。Pd－40Cu虽具有较高的透氢率，但该合金对氢的吸附能力很低，不能作为氢气净化材料应用。Pd－RE合金具有较高的氢渗透率，并且RE元素对Pd有较大的固溶硬化效应，代表了氢气净化材料的研究方向。但也发现致密氧化物会阻挡氢的扩散、透氢元件加工减薄较为困难等问题，需要进一步研究解决。

2.7 贵金属饰品材料[17－25, 28]

贵金属作为饰品材料具有悠久的历史，可追溯到人类文明的启蒙时期，并在很长一段时间内成为权力地位和富贵的象征。20世纪40年代以前，贵金属的主要用途就是制造饰品。即使在现代工业不断发展的今天，贵金属在饰品领域的用量仍十分可观。如今，贵金属饰品材料品种丰富多样，特别是新型贵金属合金饰品材料的不断出现，极大地促进了贵金属饰品材料的发展。昆明贵金属研究所的宁远涛教授最新编著出版的《贵金属珠宝饰品材料学》对此作了系统和全面的总结。

2.7.1 贵金属饰品材料特性

贵金属饰品主要是指金、银、铂、钯及其合金为主的饰品，作为饰品的贵金属及其合金除价值昂贵可作为财富外，还具备以下四种基本特性：

(1)美丽的外观色彩

金属的外观颜色主要由其对可见光的反射率决定，反射不同波长的光线会显示不同的色彩。贵金属对可见光的反射率均较高。其中以银的反射率为最高，达91%以上，显示明亮的银白色；金对黄光的反射率很高，显示出金黄色；铑和铂对可见光的反射率分别为80%和69%，显示出银白色和类银白色；Pd的反射率最低，仅为57%，显示灰白色；铱的反射率高于钯，但低于银和铑，显示白色；钌和锇显示蓝白色。

(2)高的化学稳定性

贵金属除银外均具有极高的化学稳定性，耐腐蚀、抗氧化性能极强，能够保持其本色不变。银在干燥的大气中不变色，但在含硫、卤素及盐雾气氛中会变得晦暗。

(3)较高的力学性能

纯贵金属饰品材料的硬度和强度较低，通过合金化或其他技术方法可以增强饰品的耐磨性及抗变形能力。

(4)良好的加工性能

贵金属具备良好的铸造、加工及焊接性能，可按不同要求制造出形态各异、甚至标新立异、千奇百怪的美丽饰品。

2.7.2 金及金合金饰品材料

1. 纯金饰品

金作为首饰和饰品材料已有几千年的历史。纯金饰品具有美丽的金黄色及保值增值功能，深受人们的喜爱。纯金饰品的纯度高于99%(质量分数)，包括足金、千足金和24K金。纯金饰品的硬度和强度较低，人们通过在纯金中添加0.0001%～0.01%的微量合金元素提高纯金的强度。添加合金元素主要包括碱土金属(如Li、K、Be、Mg、Ca、Sr等)、稀土金属(如La、Ce、Gd、Y等)、简单金属(如Al、Cu等)、类金属(如Si、B等)以及过渡族金属(如Co、Zr、Pt等)。这些微量合金化元素相互组合添加，使纯金的强度性能大幅提升，构成了品种多样的高强度24K纯金饰品。微合金化的高强度纯金的强度是普通纯金(纯度99.99%)的3～3.5倍，硬度接近普通纯金的2倍。

2. 开金合金

纯金的金黄色非常美丽，但色彩单一。开金合金是在纯金中加入其他金属形成的、色彩更丰富多彩的合金饰品。国际首饰行业通用K(Karat)作为纯度单位，纯金为24K。中国人民银行规定1K的含金量为4.1666%，K值与含金量的中国国家标准(GB 11887—2002)与国际标准化组织(ISO)推荐的K金成色标准相同：

K值：	24	22	21	20	18	14	12	10	9	8
含Au/(‰)：	999.9	916.7	875	833	750	585	500	417	375	333

开金依据加入的合金元素不同分为彩色开金合金和白色开金合金两大类。长期以来，人们凭借肉眼观察来判断开金的颜色，但不同的人对色彩的感受往往存在差异。现在已有科学的色彩鉴定标准——CIELAB参比体系是国际公认的色度测量系统，1976年被国际照明委员会(CIE)采用，并成为美国测试与材料学会(ASTM)色度与形貌相关标准的一部分。

金和铜是自然界唯一具有彩色色彩的金属，分别为黄色和淡红色，Ag是亮白色，Ag和Cu元素加入金中可改变金饰品的颜色。随着Ag含量的连续增大，Au-Ag合金的颜色逐渐由纯金的黄色变为绿色，当Ag含量为56%(质量分数)以上时，合金呈白色；随着Cu含量的增高，合金由黄色逐渐转变为玫瑰色直至红色。传统的彩色开金主要是9~23K成色的Au-Ag-Cu合金系。Au-Ag-Cu合金的颜色取决于合金中Ag和Cu的含量，Au-Ag-Cu合金的颜色与成分的关系以及18K和14K合金的颜色与成分的关系分别见图2-9和图2-10。近年来，此类合金饰品材料朝高强度、高硬度和色彩多样化方向发展，相继出现了金属间化合物和表面氧化物层彩色开金。

在Au-Ag-Cu合金中添加不超过15%的Zn，可改善合金的铸造性能及加工性能，同时可将富Cu金合金的红色转变为淡红黄色或深黄色。近年来，南非Mitek公司和意大利学者系统研究了15种合金元素对$Au_{75}Ag_{12.5}Cu_{12.5}$合金在铸造、加工及热处理过程中的结构、颜色和力学性能的影响，研制出硬度超过300HV、具有18K金颜色的金合金，并提出含Co、B、Al、Zr的合金为优先发展的饰品合金。

采用具有高固溶强化或沉淀强化效应的元素微合金化，在保持高开金合金纯度和色泽的同时，又可显著提高合金的强度性质。如Au-1Ti合金既保持了高开金的品质和色泽，又具有相当于14K金的耐磨性。

在金中添加一定量的其他合金元素可以得到与原金属完全不同的蓝色、黑色或紫色的开金合金。金的金属间化合物的反射率在可见光中段降低，而在紫外段增加，呈现出独特的色彩。由于金属间化合物较脆，一般不用于传统首饰，而是用作镶嵌物。Au-Al系有5种金属间化合物，其中$AuAl_2$(79% Au)为CaF_2结构，呈紫色，是人们熟知的首饰用金属间化合物；$AuIn_2$(46% Au)和$AuGa_2$(58.5% Au)亦为CaF_2结构，分别呈蓝色和淡蓝色；斯斑金(Spangold)是一种由Mitek公司

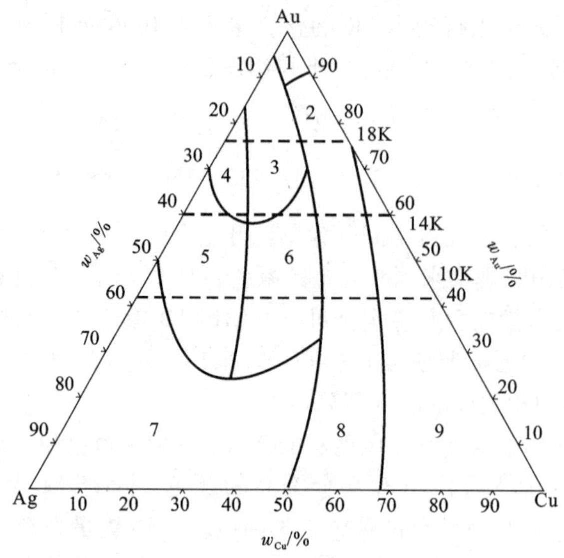

图 2-9 Au-Ag-Cu 合金的颜色区域图

1—红黄；2—红；3—黄；4—绿黄；5—淡绿黄；6—淡黄；7—白；8—淡红；9—铜红

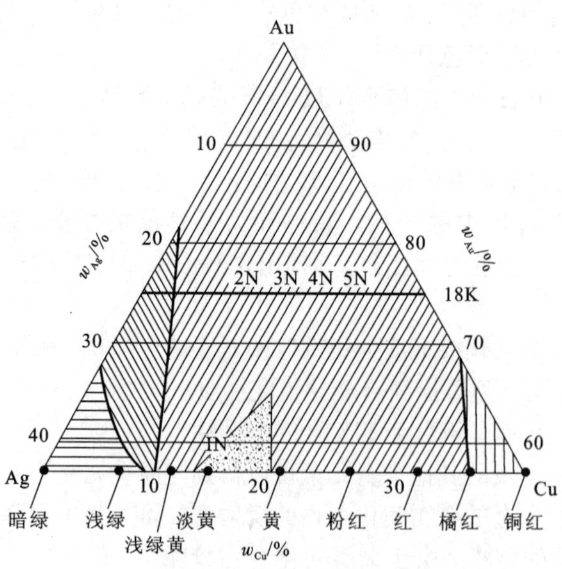

图 2-10 18K 和 14K 合金的颜色与成分的关系

开发的新型金合金饰品。Spangold 是闪烁光亮的金的意思，其闪光的本质源于合金中的马氏体相变。斯斑金主要是18K 的 $Au_{76}Cu_{19}Al_5$ 和 $Au_{76}Cu_{18}Al_6$ 两种成分的合金，分别呈黄色和粉红色。

早在19 世纪20 年代人们就开始开发白色开金饰品，其动机是寻找其他材料用以替代昂贵的铂合金饰品。白色开金除 Ag 含量达到56% 的 Au－Ag 合金外，还有含 Ni，含 Pd，无 Ni 或/和无 Pd，以及含 Ni + Pd 四类，前两类占白色开金的90% 以上。传统的白色开金为含 Ni 的 Au－Ni－Cu 系和含 Pd 的 Au－Pd－Ag 系合金，现代的发展趋势是开发低 Ni 或无 Ni 的多元合金系，如 Au－Pd－Ag－Cu－Ni－Zn、Au－Pd－Ag－Cu－Mn 和 Au－Pd－Ag－Cu－Fe 合金系等。

2.7.3 银及银合金饰品材料

与金及金合金一样，银及银合金也广泛应用于饰品材料。且由于银价格更低廉，应用更加广泛，深受人们的喜爱，特别是在少数民族地区很盛行，需求量很大。银作为餐具，既高贵典雅，又具有消毒杀菌功效，是银饰品材料的一大特色。

纯银对可见光的发射率高达91% 以上，其光亮特性是任何其他金属所无法比拟的。纯银具有很好的加工性能，在大气中加热也不会氧化。但纯银太软，且在含硫及盐雾气氛中易变晦暗或变黑。虽然可以通过冷变形加工提高银的强度和硬度，但在室温下存储时就会发生自然回复软化。现代对银饰品材料的研究开发主要是解决银的变色和自然时效两大问题。合金化可在一定程度上弥补纯银的缺点，主要的合金化元素包括 Cu、Pd、Pt、Al、Mg、Cd 等。

(1) Ag－Cu 合金

Ag－Cu 合金为简单共晶系。在共晶温度，Ag 与 Cu 相互间具有较高的固溶度，但在室温下固溶度很小。因此，Ag－Cu 合金具有很强的时效强化效应，人们通常采用 Cu 作为改善 Ag 性能的元素。按千分比质量分数，主要有 958Ag、925Ag 和 900Ag。925Ag 即斯特林银(Sterling Silver)，又称纹银，该合金主要用作经典首饰、餐具和工艺品；958Ag 比斯特林银更软，是标准的银饰品合金；900Ag 主要用于制作银币，也用于饰品。随着 Ag 含量逐渐增高，合金的颜色由白转黄再变红。添加 Cu 可提高合金的强度，改善铸造性能，但在空气中加热会变黑，且耐蚀性降低。

(2) Ag－Pd 合金

Ag－Pd 二元合金系为连续固溶体，具有良好的加工性能。Pd 可以改善银的抗硫化性能，但增加了合金的成本，且表面的光亮程度不如纯银。在 Ag－Pd 合金中添加少量的 Au 或 Pt 可以提高合金的抗腐蚀性能。

(3) Ag－Pt 合金

Pt 可以提高银的强度和化学稳定性，且不影响银的颜色和光泽。由于 Pt 价格昂贵，目前，Ag - Pt 合金很少用于饰品材料。

(4)硬化银合金

为保持银的光亮色泽，其纯度必须在99%以上。在 Ag 中添加少量的 Mg 和 Ni，并进行内氧化处理形成弥散强化银，既能保持银的高纯度和高亮度，又使合金具有足够的硬度与强度性能。该类合金具有良好的加工性能，可制作成各种银饰品。

(5)抗变色银合金

银饰品的最大问题是容易变色，斯特林银虽然具有较高的强度，但抗硫化性能较差，表面很容易变黑。虽采用机械抛光或电镀等技术可以处理已变色的银合金，但解决银变色问题的主要任务还是要研制抗变色的银合金。早期研究发现，在 Ag 中添加高含量的 Pd、Au 或 Pt，可完全防止银硫化物的生成。但由于成本问题，此类合金不可能用于日常银饰品的制造。德国专利报道了一种可有效减少变色的银合金，即 Ag - Cu - Zn - Al 合金，该合金还含微量的 Fe；美国专利介绍了一种抗变色银合金，其银含量在85%以上，以 Eu、Cu、In、Sn 为主要合金化元素，并添加了微量的 Si、B 等元素。国内学者在抗变色银合金研究开发方面也开展了大量工作，如东北大学王继周研究了稀土元素在银合金中的作用，发现加入微量的钇可以改善银的抗硫化和抗变色性能；华中科技大学马孟骅研制成功了具有优异抗变色性能的 Ag - Mo 基合金。

(6)抗时效软化银合金

通过在银中添加 Cu、Zr、Ti、Ni 及稀土元素能大幅提高银合金的抗自然软化性能。关于稀土在银合金中的作用机理有大量的研究成果，微量稀土能够细化银合金的晶粒组织，进而提高其力学性能，但稀土元素对银合金抗变色性能的改善并不明显。

2.7.4 铂饰品材料

Pt 对可见光的反射率为69%，显白色。Pt 具有极高的化学稳定性，在常温大气环境中永不变色。近年来，Pt 合金饰品销售量急剧上升，成为重要的饰品材料。纯 Pt 的硬度和耐磨性不够，很少直接用于饰品。合金化能明显提高 Pt 的硬度，大多数 Pt 饰品由 Pt 合金制成。Pt 饰品合金通常采用千分数来表示其成色，如 950Pt、900Pt、850Pt 和 800Pt，分别代表合金含 Pt 质量分数为 95%、90%、85%和80%。

1. 高熔点铂合金饰品

高熔点 Pt 饰品合金材料的熔点介于 1725 ~ 1850℃，铸造温度超过 2050℃，铸造成型较为困难。高熔点 Pt 合金饰品材料主要包括以下几类：

(1) Pt－Cu 合金

高温下 Pt－Cu 系为连续固溶体，低温下形成 Pt_7Cu、Pt_3Cu、PtCu 和 $PtCu_3$ 等多种金属间化合物。对 Pt－Cu 合金进行 75% 以上变形量的冷变形加工，并在 300～500℃ 作时效处理后，合金出现硬化效应。饰品 Pt 合金含 Cu 量一般在 3%～5%，当含 Cu 量超过 5% 时，合金的铸造性能变差。

(2) Pt－Co 合金

高温下 Pt－Co 系同样为连续固溶体，低温下出现 Pt_3Co 和 PtCo 金属间化合物。Co 对 Pt 的硬化效应明显比 Cu 强，如 Pt－10Co 合金的硬度可达 200HV，提高了合金的耐磨性能。另外，Pt－Co 合金还具有很好的铸造性，Pt－5Co 合金在欧洲及北美洲被广泛用作饰品材料。

(3) Pt－Ir 合金

Pt－Ir 系为连续固溶体合金，但 Ir 含量超过 30% 的合金加工较困难。Pt－10Ir合金具有良好的抗氧化、耐腐蚀及加工性能，是传统的饰品材料，尤其在美国广泛使用。近年来，日本和德国也使用 Pt－5Ir 合金，德国还使用 Pt－20Ir 高硬度合金。

(4) Pt－Ru 合金

Pt－Ru 系为包晶合金。常用的饰品材料为 Pt－5Ru 合金，广泛用于婚礼饰品，也用于手表制造。

(5) Pt－Pd 合金

Pt－Pd 系为连续固溶体合金，具有优良的耐腐蚀和抗氧化性能。Pt－10Pd 常用于一般饰品制造，Pt－15Pd 适于制作链式饰品。Pt－Pd 合金退火后变得很软，虽然具有很好的加工性能，但合金的硬度尚显不足。为此，发展了许多以 Pt－Pd为基的三元合金饰品材料，如 Pt－Pd－Cu、Pt－Pd－Ru 和 Pt－Pd－Co 等。

2. 低熔点铂合金饰品

早期人们研究了 Pt－Si、Pt－B 等共晶合金。虽然这些合金具有共晶温度低和铸造性能好等特点，但合金的硬度较高，呈脆性，不适合制作饰品。后来，发展了 Ga 含量低于 3% 的 Pt－Ga 合金，具有适中的硬度(130～160HV)和熔化温度(1550～1730℃)，适于制作饰品材料。为进一步改善 Pt－Ga 合金的铸造性能和力学性能，发展了 Pt－Au－Ga 合金。

2.7.5　钯、铑饰品材料

1. 钯饰品材料

铂族金属中，Pd 是继铂之后能够制作首饰的另一个重要主体金属。Pd 对可见光的反射率较低，呈灰白色。Pd 及其合金具有良好的加工性能，相对低的密度和价格，在饰品材料领域有较好的应用前景。

(1)Pd－Ru合金

Pd－Ru系为简单包晶合金。Pd－Ru合金具有时效硬化效应，当Ru含量超过12%时，合金加工较为困难。Pd－4.5Ru合金是美国的钯饰品标准，其软化温度为1650℃，时效硬度130HV，具有良好的耐腐蚀性能，可制作高级饰品。

(2)Pd－Ag－Ni合金

富Pd的Pd－Ag－Ni三元合金为单相固溶体，俄罗斯设计和制造了两个Pd－Ag－Ni白色合金，Pd500(Pd－45Ag－5Ni，两相结构)和Pd850(Pd－13Ag－2Ni，单相固溶体结构)，其熔点分别为1200℃和1450℃。钯饰品合金主要作为铂合金代用品，宜制作较大和轻巧的饰物。

(3)Pd－In合金

Pd－In合金对可见光的反射率达50%以上(介于纯Au与18K Au之间)，室温下对酸、碱、盐溶液有较强的耐腐蚀性，在300℃以上耐蚀性降低。Pd－In合金系存在一系列的金属间化合物，呈脆性。Pd－In合金可代替彩色开金合金制作饰品，是一种具有开发前景的耐蚀彩色合金。

2. 铑饰品材料

Rh是银白色金属，对可见光的反射率高达80%以上，仅次于Ag和Au。Rh具有极强的耐腐蚀性，一般用于保护性装饰镀层。Rh镀层的硬度高达800HV，耐磨性强。Ag饰品镀Rh，既提高了耐磨性，又不变晦暗，克服了Ag饰品的两大缺点。在含Ni的开金饰品上镀Rh，可以提高饰品的光泽度，还可避免人体对Ni的过敏反应。在其他基体上镀Rh，兼具保护性和装饰性效果，广泛应用于仪器仪表、反光灯、聚光灯等。目前，镀Rh工艺比较成熟，镀层厚度一般为0.02～0.2 μm。

参考文献

[1] 谭庆麟，阙振寰. 铂族金属[M]. 北京：冶金工业出版社，1987

[2] 黄伯云，李成功，石力开，邱冠周，左铁镛. 中国材料工程大典(第5卷有色金属材料工程·下)[M]. 北京：化学工业出版社，2006

[3] 宁远涛，杨正芬，文飞. 铂[M]. 北京：冶金工业出版社，2010

[4] Yiqun Gao, Wego Wang. A theory of the strain sensitivity coefficient of resistance[J]. Mater. Sci. Eng., 1987, 92: 153－158

[5] Changyi Hu, Yiqun Gao, Zhongyi Sheng. The piezoresistance coefficients of copper and copper－nickel alloys[J]. J. Mater. Sci., 2000, 35: 381－386

[6] Yiqun Gao, Lizhen Tong, Wego Wang. The strain sensitivity coefficients of rhodium, iridium and $Pd_{20}Ag_{80}$[J]. Mater. Sci. Eng., 1988, 100: 115－119

[7] Lizhen Tong, Jinxing Guo. Noble metals as strain gauge materials[J]. Platinum Metals Review,

1994, 38(3): 98 - 108
[8] 郭锦新. Pd - Cr 合金高温应变材料[J]. 贵金属, 1999, 20(1): 10 - 13
[9] Yamabe - Mitarai Y, Ro Y, Maruko T, Yokokawa T, Harada H. Platinum group metals - base refractory superalloys for ultra - high temperature use[J]. Structural Intermetallics, 1997: 805
[10] Wolff I M, Hill P J. Platinum Metals - based intermetallics for high - temperature servce[J]. Platinum Metals Rev, 2000, 44(4): 158
[11] Wenderoth M, Volkl R, Yokokawa T, Harada H. High temperature strength of Pt - base superalloys with different γ′ volume fractions[J]. Scr. Mater., 2006, 54(2): 275
[12] Cornish L A, Süss R, Watson A, Prins S N. Building a thermodynamic database for platinum - based superalloys[J]. Platinum Metals Rev., 2007, 51(3): 104
[13] Rudnik Y, Volkl R, Vorberg S, Glatzel U. The effects of Ta additions on the phase compositions and high temperature properties of Pt base alloys[J]. Materials Science and Eng. A, 2008, 479(1): 306
[14] 杨兴无. 铂材料的强化研究综述[J]. 材料导报, 2003, 17(12): 22 - 25
[15] 胡壮麒, 张海峰. 块状非晶合金及其复合材料的研究进展[J]. 金属学报, 2010, 46(11): 1391 - 1421
[16] 龚晓叁, 陈鼎, 吕洪, 徐红梅. 非晶态材料的制备与应用[J]. 中国锰业, 2002, 20(4): 40 - 44
[17] 张永俐, 李关芳. 首饰用开金合金的研究与发展: 彩色及白色开金合金[J]. 贵金属, 2004, 25(1): 47 - 54
[18] 宁远涛. Au 与 Au 合金材料近年的发展与进步[J]. 贵金属, 2007, 28(2): 57 - 64
[19] Suss R, E van der Lingen, Glaner L. 18 karat yellow gold alloys with increased hardness[J]. Gold Bulletin, 2004, 37(3 - 4): 196 - 207
[20] Roberti R, Cornacchia G, Faccoli M, et al. On the strengthening mechanism of 18 karat yellow gold and its mechanical behavior[J]. Gold Bulletin, 2004, 37(6): 213
[21] Lueders Wolfgang. Silver/copper - based Compound alloy. DE Pat, 3443668 Al[P]. 1986
[22] Scott M Croe, East Brunswick. Antitarnish siler alloy. US Pat, 0219055 Al[P]. 2004
[23] 雷卓, 白晓军, 向雄志. 饰品用银合金的研究进展[J]. 材料导报, 2006, 20(专辑Ⅵ): 434 - 436
[24] 杨富陶, 刘泽光. 抗时效软化的银材[J]. 贵金属, 1992, 13(3): 22 - 25
[25] 宁远涛. 铂合金饰品材料[J]. 贵金属, 2004, 25(4): 67 - 72
[26] 王轶, 李银娥, 马光. 阴极保护用铂钽复合材料的研究[J]. 贵金属, 2004, 25(1): 30 - 34
[27] 张俊敏, 闻明, 李旸, 管伟明. 质子交换膜燃料电池电催化剂的研究现状与展望. 阴极电极结构研究[J]. 贵金属, 2010, 31(2): 67 - 73
[28] 宁远涛, 宁奕楠, 杨倩. 贵金属珠宝饰品材料学[M]. 北京: 冶金工业出版社, 2013

第3章　贵金属复合材料

3.1　概述

新复合技术的出现和复合材料的广泛应用推动了材料科学的迅速发展，开辟了制备特殊功能材料和更加合理利用资源的新途径。贵金属复合材料是以贵金属及其合金为工作面，或者为增强与改进贵金属材料性能而制备的多相材料，它既能充分发挥贵金属材料的优异性能，又能节约昂贵的贵金属资源[1]。

Ag、Au、Pd、Pt 等贵金属及其合金具有良好的塑性和可焊性，它们可以同大多数金属、非金属材料组合成用途广泛的复合材料。宁远涛教授[2-7]对贵金属复合材料的体系、类型、制备技术、性能、应用等进行了深入、系统的研究。他认为，贵金属复合材料按组元的性质可分为贵金属/金属复合材料、贵金属/陶瓷复合材料、贵金属/碳复合材料、贵金属/高分子聚合物复合材料；按组分材料的空间排列特征[2-10]，可分为层状复合材料、纤维复合材料、颗粒复合材料和浸渍复合(含介孔固体复合)材料。组分材料的空间排列分布见图3-1示意图。

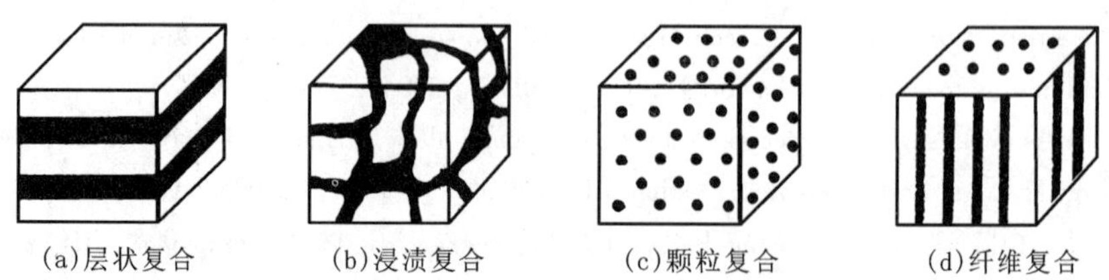

图3-1　贵金属复合材料中组元材料的空间排列示意图

贵金属复合材料一般制备技术包括液-固相复合技术、固相复合技术、粉末冶金复合技术、原位复合技术和涂层复合技术等[2,8-13]。

贵金属复合材料具有一些优异的性能[2-10]，如高强度、高导电性与导热性、高的再结晶温度和高温稳定性、较低的热膨胀系数等。

贵金属层状复合材料比贵金属具有更高的强度与更好的刚性；贵金属基体中嵌入细的金属纤维可以明显提高基体的弹性极限和强度，其弹性模量基本符合混合规律，而拉伸强度则高于按混合规律预测的值；以高熔点的陶瓷颗粒或陶瓷纤维作为增强相所形成的贵金属复合材料可显著地提高再结晶温度；在具有较高热膨胀系数的贵金属(Ag、Au)元素中加入具有较小热膨胀系数的高熔点金属、陶瓷和石墨等纤维增强相可以降低复合材料的热膨胀系数，因而具有良好的抗热变形性和尺寸稳定性。

贵金属复合材料应用领域广泛。贵金属(尤其是Ag)本身具有高导电性，各种贵金属复合材料一般具有高强度和高导电性，是良好的导体材料，可用于电器和电子工业；以Ag、Au、Pd、Pt及其合金形成的层状、纤维、颗粒和渗透型复合材料用作电接触材料，既保证了电子元件的可靠性高，又节约了贵金属；以各种氧化物、碳化物和金属间化合物弥散强化的Pt和Pt合金是性能优良的高温、高强耐蚀材料，是至今为止唯一可在1600℃大气和腐蚀环境中使用的高温合金材料；以铂族金属作为涂层的复合材料具有耐高温抗氧化抗腐蚀特性，广泛用于航空、航天与空间技术。此外，贵金属元素具有特殊的电、热、磁、光和力学性能，它们与不同的组分形成的复合材料具有各种特殊性能和用途。

贵金属复合材料是一类重要的功能型材料，其广泛的应用既体现了它们的高性能，也节约了贵金属资源并降低了材料的成本。其主要发展趋势是[4]：①发展先进的复合技术和加工成形技术，提高复合质量，解决一些复合材料难以成型与加工的问题；②进一步完善和提高现有复合材料的性能，扩大应用领域；③研究与开发与环境相协调的新型先进复合材料；④研究与开发先进的纳米复合与涂层复合材料，以满足迅速发展的新兴产业与高技术的需求。⑤发展低贵金属资源型的高性能复合材料，将贵金属用于复合材料中的关键部位。

3.2　贵金属复合材料的复合效应

3.2.1　界面结构

复合材料的界面结构是由各组分相之间相互作用后，形成具有一定厚度的界面层，它对复合材料性能有重要影响。在贵金属复合材料中，基体与增强相之间的界面结构主要分为四类[4-6]。

第一类为扩散型界面，这类结合主要发生在组元间具有一定固溶度的贵金属合金体系，通过固态组元之间的相互扩散而形成界面。如Ag-Cu、Ag-Au、Ag-Pd、Pd-Cu、Pd-Ni等二元合金为连续固溶体，固溶合金化虽可使强度升高，但同时也使电导率降低。这类二元体系通过压力加工和中间热处理，都可以形成具有扩散型界面的复合材料，制备过程中严格控制中间退火温度与时间，尽可能避免在界面形成固溶体，可以保持材料的高强度和高电导率。

第二类为机械结合型界面，材料组元间不发生化学反应而形成一种机械连续结合。当被复合的各组元表面粗糙或多孔时，可以通过摩擦力或填充空隙而实现机械结合；当组元表面光滑致密时，在温度和压力作用下，在界面上可形成纳米级的晶态、亚稳态或非晶态过渡层而实现界面结合。在贵金属与陶瓷相（如 Ag/CuO、Pd/MgO、Pt/ZrO_2等）、金属组元间不互溶（如 Ag/Ni、Ag/W、Ag/Fe 等）体系中通常形成这类界面，如 Ag/CuO、Ag/W、Ag/Ni 已观察到贵金属/陶瓷界面为几个单位元胞至几十个纳米厚的非晶态过渡层[3]。

第三类为反应结合型，材料组元之间发生化学反应，在界面形成新的化合物。如在合适的工艺条件下，可以借助原料之间的化学反应，原位生成 SnO_2、CuO、ZnO 等氧化物，制备 Ag/MeO 复合材料。

第四类是混合结合型，为上述三种结合方式的组合结合，尤其是扩散型 + 反应型结合更为常见，在贵金属与其他金属形成的复合材料中，它是一种更为普遍的结合方式。

3.2.2 复合效应

复合材料的整体性能与其各组元材料之间的关系涉及复合效应问题，其实质是各相组元材料与所形成的界面相互作用、相互依存、相互补充的结果，研究与发展新型贵金属复合材料就是要充分发掘优异的组合复合效应。

贵金属具有优良的物理特性和化学稳定性，与基体或增强组分的某些特性相结合可以创造出具有多种组合复合效应的新型材料[4-6]。例如，层状、颗粒或纤维增强的贵金属复合电接触材料既具有良好的导电、导热和耐蚀性，又可改善伏安特性和灭弧特性，提高抗熔焊与抗黏连性，减少材料烧损与金属转移，提高耐磨性，降低磨擦系数与磨损率等特性；Ag/C 颗粒复合材料则可明显地减少磨擦系数和降低 Ag 的熔焊倾向；纳米氧化物粒子弥散增强的 Pt 与 Pt 合金复合材料具有高的耐腐蚀性和抗氧化性能，还具有很高的高温强度和高温抗蠕变能力，其中 ZGSPt－Rh－Au 合金对熔融玻璃还有大的接触角，是优良的玻纤漏板材料。

3.2.3 强化效应

层状复合材料在承受负荷时，基体承受主要负荷，其强度与复合效应及组分尺寸效应有关；纤维复合材料在承受负荷时，纤维可承受大部分负荷，基体主要起着传递与分散载荷的功能。这两类复合材料的强化效应并不遵循混合效应，而遵循协同效应[4, 11-12]。假定复合材料中各组分分布均匀、受力均匀且组分之间不出现滑移，复合材料的拉伸强度（σ_{bc}）可表示为：

$$\sigma_{bc} = (\Sigma \sigma_{bi} S_i)/S \qquad (3-1)$$

式中：σ_{bi}为第 i 组分的拉伸强度；S_i为第 i 组分的截面积；S 为复合材料的总截面积。

颗粒增强复合材料中，颗粒不承受负荷，弥散分布的质点阻碍基体中位错运动使基体强化。增强效应是位错强化($\Delta\sigma_{disl}$)、颗粒强化($\Delta\sigma_{grain}$)和颗粒切割位错线引起的强化(又称 Orowan 强化)的综合效应，可表达为：

$$\Delta\sigma_{total}=[(\Delta\sigma_{disl})^2+(\Delta\sigma_{grain})^2+(\Delta\sigma_{orow})^2]^{1/2} \tag{3-2}$$

式中：$\Delta\sigma_{disl}$为由位错增加导致的强度增值，它正比于 $Gb\rho^{1/2}$。其中 ρ 为位错密度；b 为柏氏矢量；G 为剪切模量。

可以预测由颗粒相造成基体位错密度增加量 $\Delta\rho=NA\Delta\varepsilon/b$，$N$ 为粒子数，A 是 1 个粒子表面积，$\Delta\varepsilon$ 是错配应变。颗粒强化项 $\Delta\sigma_{grain}$可用 Hall - Petch 系描述。

$$\Delta\sigma_{grain}\approx\beta[(1-f)/f]^{1/6}d^{-1/2} \tag{3-3}$$

式中：f 为颗粒的体积分数；d 为颗粒尺寸；β 为相关因子。

$\Delta\sigma_{orow}$是由于颗粒对位错线切割所引起的强度增量，$\Delta\sigma_{orow}=2T/bd$，$T$ 为位错线张力。在所有这些强化项中，颗粒尺寸 d 值越小，各强化项的增量越大，则 $\Delta\sigma_{total}$越大。因此，颗粒尺寸越小，体积分数越大，颗粒相的增强效果越明显。

根据颗粒尺寸大小，颗粒增强可分为大颗粒强化和细颗粒弥散强化。弥散强化的主要机制是分散质点阻碍基体中位错运动，即 Orowan 强化效应。弥散强化合金的屈服强度 τ 与粒子半径 r 和间距 δ 之间有如下关系：

$$\tau=\tau_s+Gb/4r\varphi\ln(\delta-2r/2b)(2/\delta-2r) \tag{3-4}$$

式中：τ_s是基体的屈服强度；φ 是常数。

为了获得好的强化效果，第二相颗粒至少应具备 2 个条件，第一是弥散均匀分布，即式(3-4)中 r 与 δ 参数应取最佳值；第二是第二相应具有高稳定性。这也是为什么弥散强化相均选择高熔点氧化物、碳化物和金属间化合物的原因。

3.2.4 增强率

增强率(F)是指复合材料的平均屈服强度与基体的屈服强度之比。在颗粒复合材料中，增强率与粒子直径 d、间距和体积分数有关。粒子越细小，F 值越大。一般，弥散强化时粒子直径若在 10 ~ 100 nm，F 为 4 ~ 15；若粒子直径 > 100 nm，F 值只有 1 ~ 3，这主要是因为式(3-2)中 Orowan 效应不明显。

在纤维复合材料中，纤维相的增强效率与其直径、体积分数、分布特性及纤维的长径比(L/d)等因素有关，L/d 比越大，强化效果越好。纤维的长径比 L/d > 10，其增强因子可达 30 ~ 50，远大于颗粒增强复合材料。

3.3 贵金属层状复合材料

贵金属层状复合材料是以贵金属及其合金为覆层，以 Cu、Cu 合金、Ni 或 Ni 合金、钢与不锈钢以及陶瓷和半导体等为基体，采用液相复合、热压复合和冷压复合等技术制备的复合材料。主要形式如图 3－2 所示，有面复合、嵌镶复合、贯通复合、异形复合、铆钉复合、包复复合和涂层复合等。按其应用特性，贵金属层状复合材料可作为功能性和结构性材料，前者包含所有贵金属及其合金的复合材料，后者主要有高温用途的 Pt 合金复合材料。按材料种类，Ag 的层状复合材料主要有 Ag 及 Ag 合金与 Cu 及其合金、Ni 及其合金、钢等组分形成的复合材料。Pt 的层状复合材料主要是由弥散强化 Pt(或 Pt 合金)、Pd(或 Pd 合金)组成的多层复合材料。

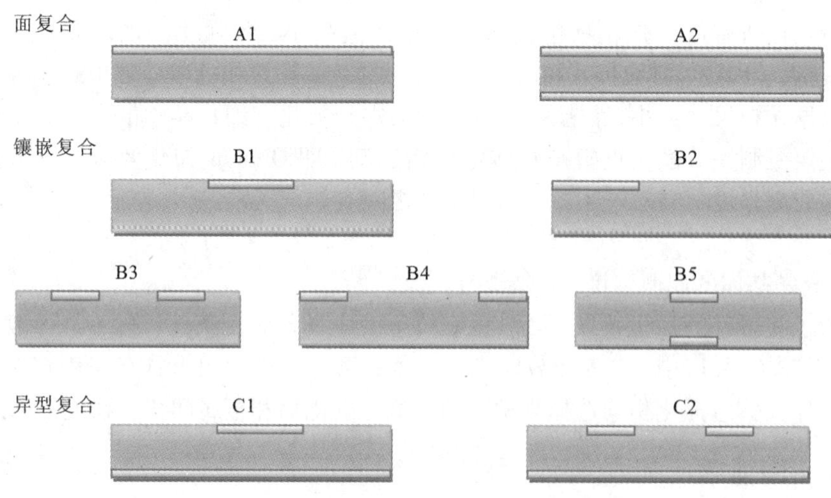

图 3－2　常用贵金属层状复合材料形式示意图

3.3.1 贵金属层状复合材料的制备工艺

随着材料加工技术的进步，新的金属层状复合材料制备技术和复合方法不断出现，本章仅介绍常用贵金属层状复合材料的主要制备技术[14－16]。

1. **固相连续轧制工艺**

固相连续轧制是制备贵金属层状复合材料的主要工艺，该方法是将两层或多层带材经较大变形量轧成复合板材的加工工艺。根据轧制温度可分为热轧复合、温轧复合、冷轧复合。热轧复合变形抗力小，有利于加工，但是产品尺寸精度不易控制。冷轧复合能够避免热轧存在的问题，但是必须有较大的变形量才能保证结合界面有良好的结合强度。

图3－3　贵金属层状复合材料产品

连续冷轧加工制备贵金属层状复合材料时，应采用大于50%变形量和较大的轧制力，被复合金属由于塑性变形而产生新的金属表面，在变形热的作用下新金属界面原子构成金属键结合，再辅以扩散退火，在基体材料与复层之间形成扩散层。由于Ag、Au、Pd材料及其合金具有低的变形抗力、较低的加工硬化和较高的塑性，因此可以用连续冷轧加工，与Cu合金等制备成层状复合材料，主要系列见表3－1[10,17－20]。其中以Ag合金层状复合材料应用最广泛，这类材料的复层主要用于改善材料的导电导热特性、抗腐蚀特性和抗电侵蚀特性，而基体则提高材料的强度与弹性。因此，Ag合金层状复合材料具有良好的导电、导热与强度综合性能，主要用于各种微电机电刷和换向器、热保护器、微动开关、继电器、连接器、调谐器等各种电子组件。

图3－4为Ag合金与Cu合金层状复合带材的连续冷轧复合原理图。两种材料在进入轧机前必须彻底清洗，避免油污、氧化物等缺陷。复合轧机带有自动测量厚度、自动压下、自动调速和导位装置。可生产层面复合、单条与多条带镶嵌复合材料，可连续轧制成长卷复合材料。镶嵌复合带的最小宽度小于1.5 mm，嵌条间的最小间距1.0 mm，相对位置公差±0.25 mm，最薄复层厚度为0.25 μm，复合材料单卷长度可达2000 m以上。固相连续轧制复合技术具有复层薄、厚度均匀、中间扩散层薄、结合牢固、嵌条定位精准、自动化程度和生产率高等特点。

表 3-1　贵金属/铜合金系层状复合材料的主要体系

复层材料＼基体材料		纯铜		黄铜		白铜		青铜		
		T2	TUP	H62	H68	BZn 15 ~ 20	CuNiS 系	QSn 6.5 ~ 0.1	QSn 4.0 ~ 0.3	其他
Ag 合金	Ag	○	○	○	○	○	○	○	○	○
	Ag - (5 ~ 10) Cu	○	×	○	○	○	○	○	○	○
	Ag - 10Au	○	×	×	×	○	×	○	○	×
	Ag - (10 ~ 50) Pd	○	×	×	×	○	×	○	○	×
	Ag - 0.5Ce	○	○	○	○	○	○	○	○	×
	Ag - 1.0Zr - 0.5Ce	○	×	×	×	○	○	×	×	×
	AgCuP	○	×	○	×	○	×	○	○	×
	Ag - (10 ~ 20) Ni	○	×	○	○	×	×	○	○	×
	Ag(8 ~ 12) CdO	○	×	○	○	○	×	○	○	×
	Ag - 20Cu - 2Ni	×	×	×	×	○	×	○	○	×
Au 合金	Au	○	○	×	×	○	×	○	○	×
	Au - 9Ni	×	×	○	○	○	○	○	○	○
Pd 合金	Pd	×	×	×	×	○	○	○	○	○
	PdAg	×	×	×	×	○	○	○	○	○

注：○表示常用，×表示不常用。

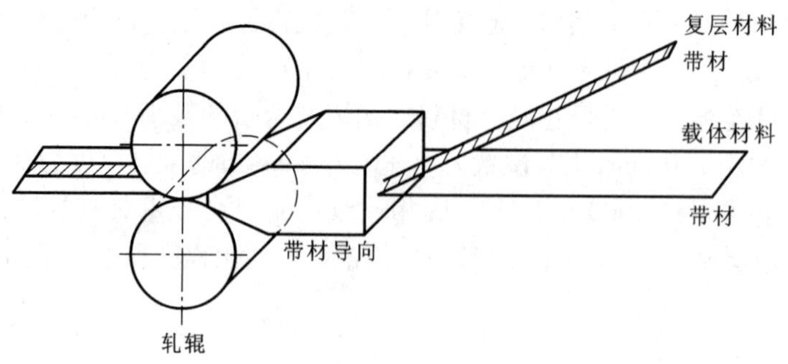

图 3-4　连续冷轧复合原理图

2. **累积叠轧工艺**

累积叠轧是诸多强烈塑性变形技术的一种，最早是由 Saito 等人于 1999 年提出，其工作原理如图 3－5 所示[21]。累积叠轧是一种新概念加工技术，其加工的目的完全不是为了改变材料的形状，而是为了控制材料的组织性能。通过高压力下的有效剪切变形，累积叠轧技术能够有效地细化晶粒和第二相组织、改善复合材料中增强相的均匀性、控制晶粒取向，进而提高材料强度和塑性[21－24]。累积叠轧技术已经用于 Cu、Al、Fe、Ti 及其合金的加工，对改善 Ni 基、Ti 基金属间化合物和超合金的塑性已显示良好的效果，累积叠轧技术也适用于包括粉末冶金材料、复合材料、Pt 基超合金和金属间化合物等在内的贵金属材料的加工。

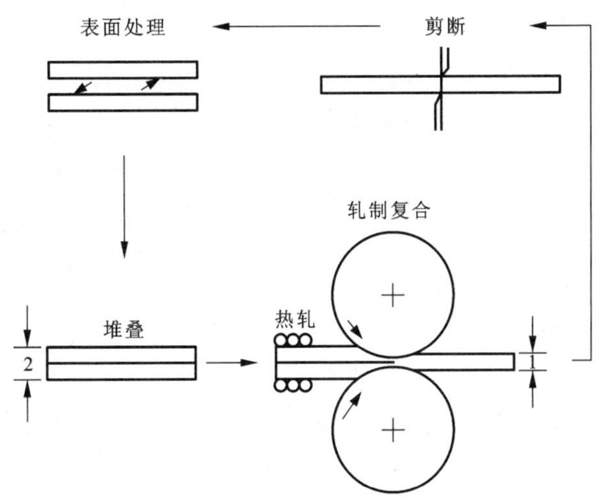

图 3－5　累积叠轧工艺简图

累积叠轧加工技术已经成为制备 Pt 基层状复合材料的新方法。将超过 500 层以上、厚度为 0.1 mm 的弥散强化铂合金片材在大应力(大于 180 MPa)、高温(超过 1100℃)条件下进行热压复合，形成弥散强化 Pt 基材料锭坯，再将热压后的锭坯在超过 1100℃的高温下，按 40%～50%的道次变形量进行大变形热轧多次，最后经冷轧形成片材。累积叠轧技术制备的弥散强化 Pt 基复合材料中，尺寸细小(<100 nm)的第二相粒子弥散分布对材料的结构起了稳定化作用，还可以细化晶粒，提高再结晶温度(提高 200～300℃)和强度。该类复合材料具有高的力学稳定性与高温抗蠕变能力，其中 DPHPt 和 DPHPt－10Rh 在 1400℃的抗蠕变能力分别高于 PtRh20 和 PtRh40 合金[25]。弥散强化 Pt 基复合材料可以用作熔融玻璃、制备玻璃纤维和某些晶体材料的坩埚、漏板、电极、搅拌棒和其他结构部件[26]。

累积叠轧的特点为：①每道次的压下量要足够大，一般不小于 50%，以保证轧制后板材能够焊合在一起；②在每次轧制前，需要对板材进行表面处理，使板材在轧制后结合面有足够的强度；③轧制道次越多，组织越均匀，细化晶粒效果越好。

3.3.2 影响贵金属层状复合材料性能的因素

1. 界面结构对材料性能的影响

复合材料各组分之间相互作用形成界面，对性能有重要影响。贵金属层状复合材料的界面结构有四类(见3.2.1)，以扩散型+反应型结合最为常见，界面结构主要通过热处理形成。在贵金属与其他金属形成的复合材料中，它是一种较为普遍的结合形式。

(1) Cu/Pd层状材料

Cu/Pd层状复合材料由于具有相对于CuPd合金高5～10倍的电导率及较高的热导率，从而大大降低了直流触头间的“材料微小迁移效应”，是CuPd合金电接触材料的理想替代品[27-28]。采用固相连续轧制工艺制备的Cu/40Pd层状复合材料显微组织如图3-6所示，Cu/Pd界面固溶区厚度在不同热处理温度条件下随时间的变化如图3-7所示。Cu/40Pd层状复合材料界面为扩散型界面。经过350℃、15 min至4 h处理，其界面厚度仅在2.27～3.06 μm之间缓慢增长，而在500℃分别处理相应时间，其界面固溶区厚度在3.34～11.33 μm之间迅速增加。热处理温度对Cu/Pd复合材料性能的影响明显大于热处理时间的影响。

图3-6 Cu/Pd40复合材料显微形貌

图3-8(a)是等时(保温0.5 h)热处理条件下，Cu/Pd层状复合材料的抗拉强度随温度的变化。在大约350℃，达到抗拉强度最低值。随着温度的升高，Cu/Pd层状复合材料固溶化增强，350～600℃固溶强化起主要作用，再结晶是次要的，总的效果使抗拉强度不断增加。600℃以上，由于温度较高界面形成的固溶体已能完成再结晶，再结晶起主要作用，总的效果使抗拉强度下降。Cu/Pd层状复合材料的电导率随热处理温度(等时、保温0.5 h)的变化如图3-8(b)所示。在350℃左右，电导率开始下降，这与抗拉强度最小值吻合；随着温度的升高，Cu/Pd界面固溶化程度加剧，电导率明显下降。

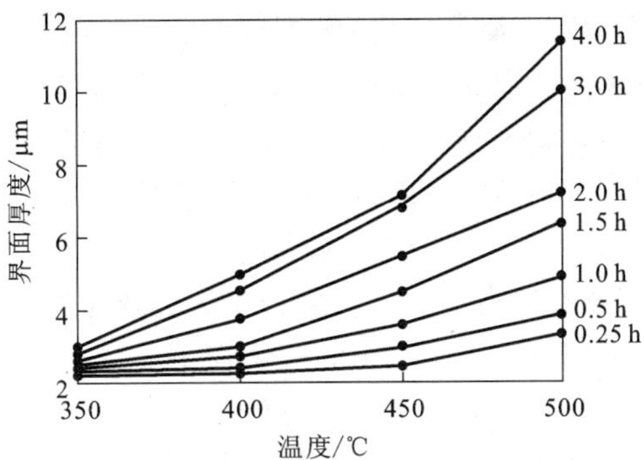

图3-7 热处理工艺对Cu/Pd40层状复合材料固溶区厚度的影响

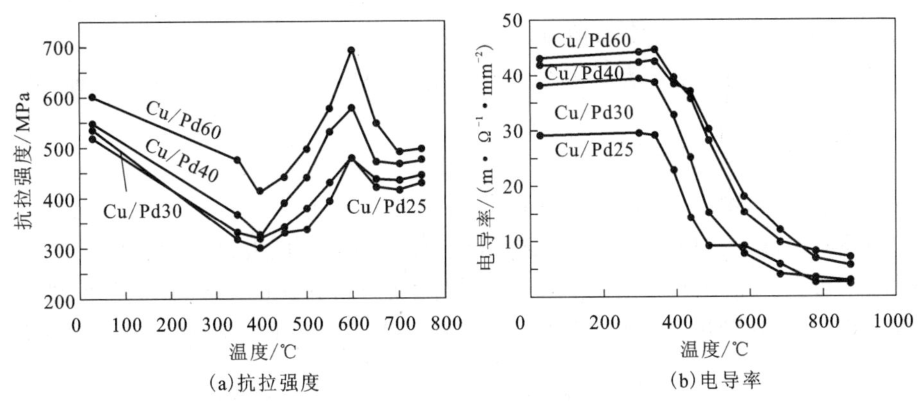

图3-8 温度对Cu/Pd层状复合材料性能的影响

(2)Ag/Cu/Fe系层状复合材料

采用累积叠轧工艺可制备Ag/Cu/Fe系层状复合材料，该材料兼顾AgCu合金和AgFe合金优点，具有较好的机械性能和抗腐蚀性能，便于加工，有可能成为一种优良的适合批量生产的电接触材料。管伟明、闻明等[29-30]采用累积叠轧工艺制备了Ag/Cu/Fe、Ag/Cu/Fe/Cu两种复合材料。

对Ag/Cu/Fe系层状复合材料的界面进行的研究表明，由于Ag和Fe不互溶，所以Ag/Cu/Fe系层状复合材料存在Ag/Cu、Cu/Fe界面，两者低温下均为互不溶解型，但达到一定温度后，转变为相互溶解型。用抛物线方程计算了界面扩散反应的动力学关系，即：

$$X^2 = kt \tag{3-5}$$

式中：X 为反应层厚度，m；t 为反应时间，s；k 为反应速度常数，m^2/s。

图 3-9 为 Ag/Cu/Fe 系复合材料 400℃时，界面扩散层生长动力学曲线。由图可知，Ag/Cu、Cu/Fe 界面扩散层厚度的平方与时间近似成正比。Cu/Fe、Ag/Cu 界面的扩散层厚度外延至 0 s 时与纵坐标原点都呈较大的偏差，考虑到材料由于轧制时应力场引起的扩散，需将式(3-5)改为：

$$X^2 = k(t + t_i) \tag{3-6}$$

式中：t_i为轧制时温度场和应力场共同作用产生的等效保温时间。

反应速度常数服从阿累尼乌斯(Arrhenius)关系：

$$k = A\exp(-\Delta E/RT) \tag{3-7}$$

式中：A 为常数；ΔE 为激活能，J/mol；R 为气体常数，8.314 J/(mol·K)；T 为绝对温度，K。

由图 3-9 算出 Ag/Cu 和 Cu/Fe 界面的 k(m^2/s)分别为：$k_{Ag/Cu} = 2.97 \times 10^{-15}$、$k_{Cu/Fe} = 4.2 \times 10^{-15}$。可见 400℃时，Cu/Fe 界面扩散比 Ag/Cu 界面扩散快。结合 Ag/Cu、Cu/Fe 相图分析可知，Ag/Cu、Cu/Fe 均为固溶型界面，故受 t_i影响较大，且 Cu/Fe 的影响更大。由图 3-9 可求出 Ag/Cu、Cu/Fe 界面在 Y 轴上的截距，X^2分别为：

$X^2_{Ag/Cu} = 16.53$，$X^2_{Cu/Fe} = 42.54$

$(t_i)_{Ag/Cu} = 1.55$，$(t_i)_{Cu/Fe} = 2.81$

图 3-10 为 Ag/Cu、Cu/Fe 界面扩散层厚度随温度的升高而变化的动力学曲线，除了 >600℃存在较大偏差外，在其他温度下，Ag/Cu、Cu/Fe 界面扩散层的厚度与温度的倒数近似呈线性关系。将式(3-7)代入式(3-6)可得：

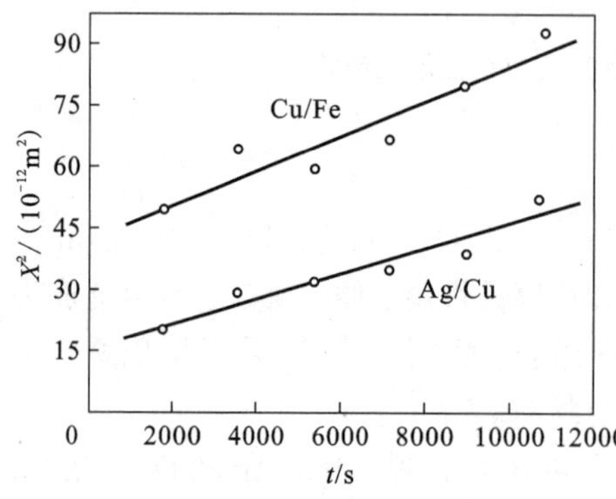

图 3-9 Ag/Cu/Fe 层状复合材料界面扩散层生长动力学曲线(400℃)

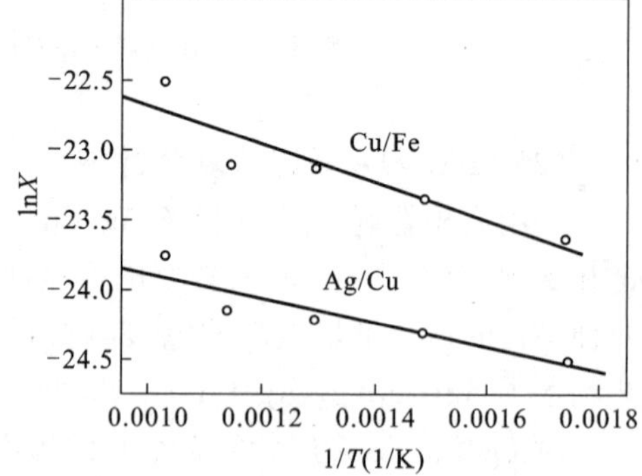

图 3-10 Ag/Cu/Fe 层状复合材料界面扩散生长动力学曲线

$$X^2 = A\exp(-\Delta E/RT)(t + t_i) \tag{3-8}$$

两边取对数，得到：

$$\ln X^2 = \ln A + \ln(t + t_i) - \Delta E/RT \tag{3-9}$$

2. 热处理工艺的影响

图 3-11 为 Ag/Cu/Fe 和 Ag/Cu/Fe/Cu 层状复合材料在 300～800℃、经过 1 h热处理后电阻率的变化曲线[30]。热处理温度小于 400℃时，随温度的上升，Ag/Cu/Fe 和 Ag/Cu/Fe/Cu 层状复合材料的电阻率缓慢下降，此时由于温度较低，材料中的界面扩散较小，故对其电阻率起主要作用的是回复再结晶。当于

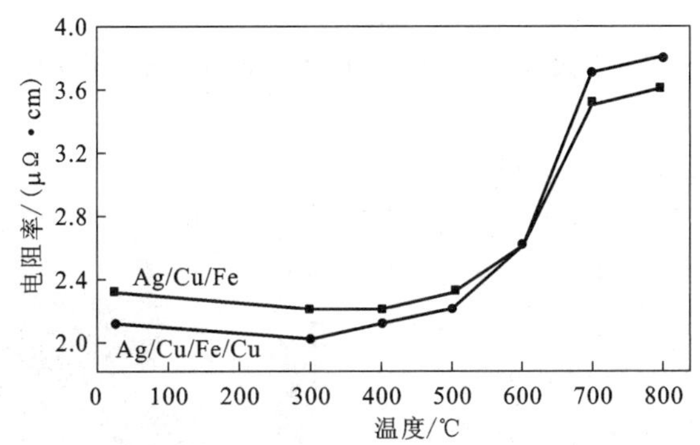

图 3-11　退火温度对 Ag/Cu/Fe 系复合材料电阻率的影响

400～600℃热处理时，随温度的上升，小而新的无畸变晶粒取代了位错密度很高的冷变形晶粒，材料中的位错密度减小，但由于此时温度的上升导致界面扩散加剧，第二相原子进入基体中，增加了材料的点阵畸变，从而增加了电子的散射，故电阻率升高。热处理温度大于 600℃时，随温度的上升，Ag/Cu/Fe 和 Ag/Cu/Fe/Cu 层状复合材料的电阻率上升速度较快。可见 600℃以上经 1 h 热处理时其再结晶已完成，故界面扩散对电阻率的变化起主要作用，且随温度上升界面扩散加剧，故电阻率也持续上升。

图 3-12 为 Ag/Cu/Fe 和 Ag/Cu/Fe/Cu 层状复合材料在 300～800℃，经过 1 h热处理后抗拉强度的变化曲线。Ag/Cu/Fe 和 Ag/Cu/Fe/Cu 层状复合材料随热处理温度的升高，抗拉强度迅速下降，转变点为 600℃。热处理温度小于 600℃时，Ag/Cu/Fe 层状复合材料的抗拉强度大于 Ag/Cu/Fe/Cu，热处理温度大于 600℃则反之。随热处理温度的上升，Ag/Cu/Fe 和 Ag/Cu/Fe/Cu 层状复合材料的抗拉强度持续下降，说明此过程中再结晶对抗拉强度下降的作用远大于界面固溶强化。

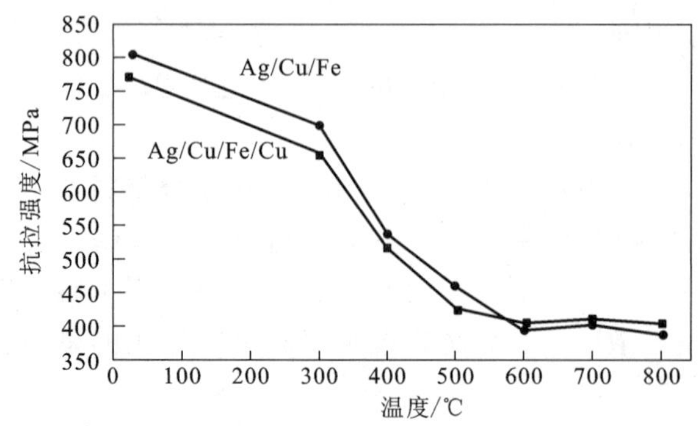

图 3-12　退火温度对 Ag/Cu/Fe 系复合材料抗拉强度的影响

Ag/Cu/Fe/Cu 层状复合材料存在的 Ag/Cu、Cu/Fe 界面均为固溶型，而 Ag/Cu/Fe 层状复合材料中的界面为 Ag/Cu、Cu/Fe 型固溶型，以及 Ag/Fe 非固溶型界面。所以当热处理温度大于 600℃时，Ag/Cu/Fe/Cu 层状复合材料的界面扩散比 Ag/Cu/Fe 层状复合材料严重(图 3-13)，且前者中由固溶原子造成的电子散射和强化效应要比后者显著，此时 Ag/Cu/Fe/Cu 的电阻率和抗拉强度均大于 Ag/Cu/Fe。

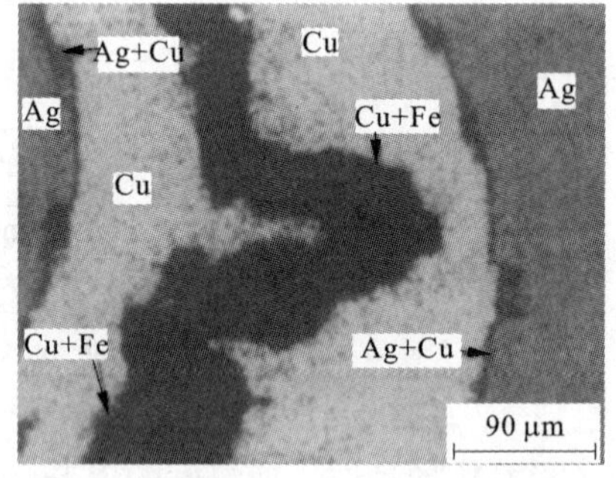

图 3-13　Ag/Cu/Fe/Cu 层复合材料经热处理后的形貌图(600℃/1 h)

3. 变形量的影响

(1)变形量对 Ag/Cu/Fe 系复合材料性能的影响

图 3-14 至图 3-16 分别表示 Ag/Cu/Fe、Ag/Cu/Fe/Cu 层状复合材料变形量对抗拉强度、电阻率和延伸率的影响[30]。Ag/Cu/Fe、Ag/Cu/Fe/Cu 层状复合材料的电阻率和抗拉强度都随变形量的增加而呈线性上升，而 Ag/Cu/Fe、Ag/Cu/Fe/Cu 层状复合材料的延伸率均随变形量的增加而迅速降低，当变形量大于 10%时，延伸率都小于 2%。

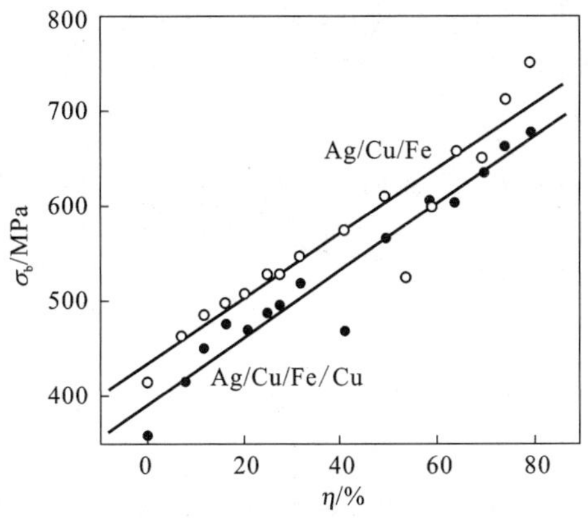

图 3－14　变形量对 Ag/Cu/Fe 系层状复合材料抗拉强度的影响

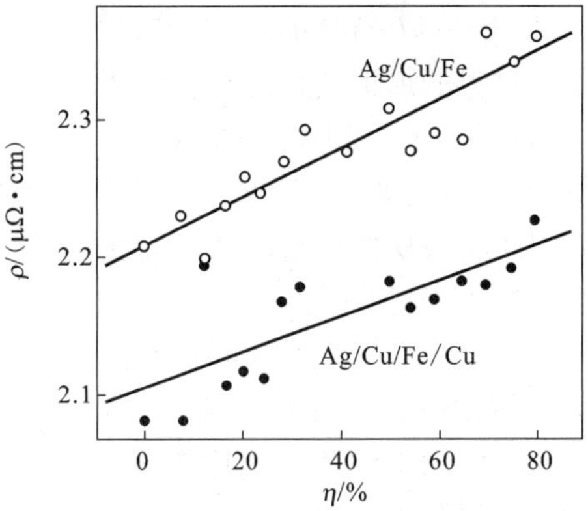

图 3－15　变形量对 Ag/Cu/Fe 系层状复合材料电阻率的影响

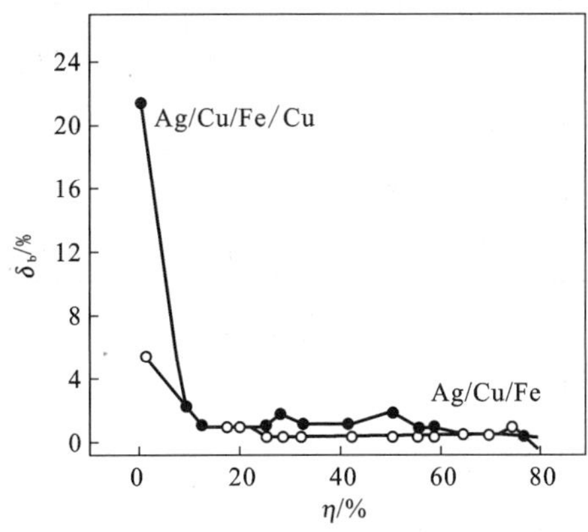

图 3－16　变形量对 Ag/Cu/Fe 系层状复合材料延伸率的影响

Ag/Cu/Fe、Ag/Cu/Fe/Cu 层状复合材料的电阻率随变形量的增加而增加，这是因为在 Ag/Cu/Fe 系层状复合材料中 Ag、Cu 作为基体，Fe 作为增强相，随着轧制加工的进行，复合材料的尺寸逐渐减小，导致组元间距减小，从而使其电阻率随之升高，且增强相周围由于变形导致的热应力和位错增加也使材料电阻率升高。

(2)变形量对 Cu/Pd 层状复合材料性能的影响

由于纯 Cu 和纯 Pd 具有相似的机械特性，理想的 Cu/Pd 层状复合材料的硬度、强度和延伸率几乎与成分无关。Cu/Pd 复合材料与纯金属一样也会有加工硬化。表 3－2 为不同钯含量的 Cu/Pd 层状复合材料在不同变形量下的硬度值，变形量越大硬度越高。

图3－17描绘了Cu/Pd层状复合材料的加工硬化过程。由于Cu/Pd60、Cu/Pd40、Cu/Pd30、Cu/Pd25四种不同Pd含量的Cu/Pd层状复合材料的加工硬化过程极为相近，因而可以用一条等宽带（斜线带）来描绘它们的加工硬化过程，与Cu－40Pd合金材料的加工硬化曲线比较，其硬化规律基本一致[28]。

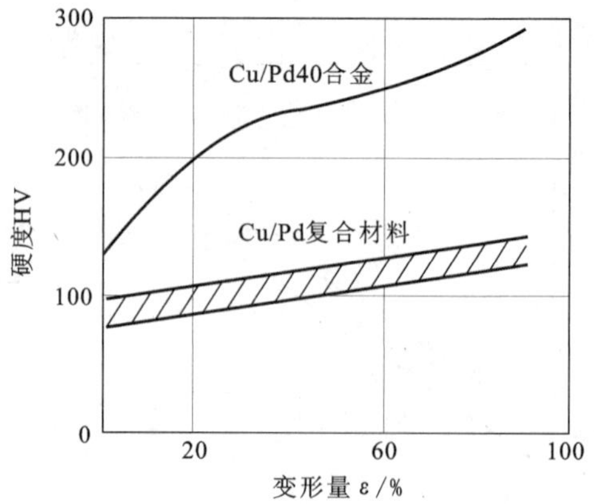

图3－17　Cu/Pd层状复合材料与CuPd40合金的加工硬化曲线

表3－2　不同变形量Cu/Pd系层状复合材料的硬度值

变形量/%		0	5	10	20	30	40	50	60	70	80	90
硬度HV/MPa	Cu/Pd60	92	102	106	113	120	126	129	128	131	138	137
	Cu/Pd40	82	98	101	110	118	123	123	123	124	130	129
	Cu/Pd30	83	107	108	119	119	125	125	121	123	127	127
	Cu/Pd25	76	100	109	115	115	123	123	120	121	126	123

4. **轧制温度的影响**

孟亮等采用厚度为1.5 mm的纯银板材及厚度为3.5 mm的纯铜板材经表面清洁处理后分别在室温（20℃）至600℃范围内进行轧制复合，总变形量约为70%。测试了不同温度轧制复合的Ag/Cu双金属的结合性能[31]。

轧制复合温度对试样弯曲次数的影响如3－18所示。轧制温度从室温升高至350℃时，弯曲次数升高并达到最高值22次。轧制温度再继续升高反而会使弯曲次

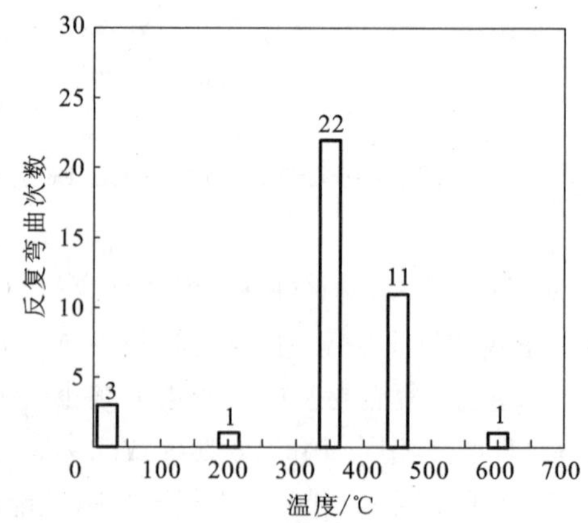

图3－18　不同温度轧制复合的Ag/Cu层状复合材料反复弯曲次数

数下降。尤其当轧制温度升高到600℃时，结合性能已严重恶化，仅弯曲一次即造成界面分离。

轧制复合温度对 Ag/Cu 层状复合材料结合面两侧基体硬度的影响如图 3 - 19。相对于室温(20℃)，200℃、350℃轧制复合 Ag/Cu 层状复合材料的 Cu 侧基体硬度明显下降。再继续提高复合温度时，Cu 基体的硬度仍略有下降，但趋势已变得平缓。Ag 侧基体硬度随复合温度升高也呈下降趋势，但变化不如 Cu 侧的明显。另外，在试验温度范围内，Ag 侧基体硬度均低于 Cu 侧基体。

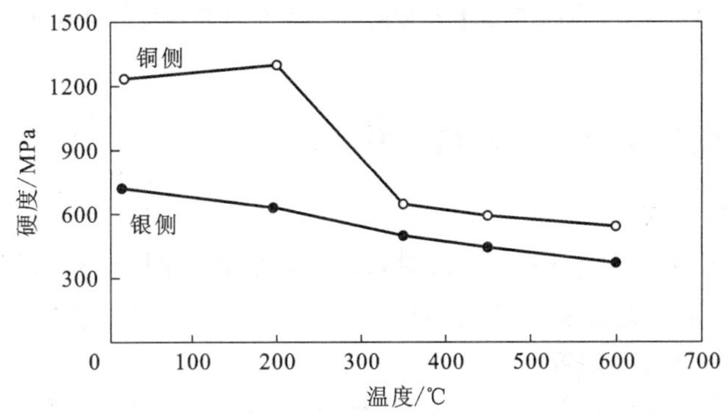

图 3 - 19 不同温度轧制复合的 Ag/Cu 层状复合材料的维氏硬度

在室温复合后，材料结合面接触点产生塑性流变形成了一定面积的机械结合面，具有一定结合强度。由于复合温度较低，Cu 侧基体微观组织为较典型的纤维状晶粒[图 3 - 20(a)]，材料处于变形硬化状态，故有较高的硬度。在 Ag 侧基体，部分组织已通过轧制过程中生成的变形热而发生了一定程度的动态再结晶，形成了微小并不易清晰分辨的等轴晶粒，显微组织已非典型的冷变形态，其硬度远较 Cu 侧基体为低。由于两侧基体的硬度差别很大，在弯曲试验时，界面两侧塑性变形能力差别便比较明显，必然会在结合面上产生较大的剪切应力。因此，在这种情况下，由于结合面同时要承受较高的外载分量及剪切应力，结合面易分离，故而表现出了较低的结合性能。

随着复合温度的升高，动态再结晶倾向增大，结合面的触点在轧制压力作用下能够产生更充分的塑性流变而使界面的机械结合更完善或更紧密。尤其在 350℃复合时，两侧基体中的动态再结晶已较为充分，组织基体已由具有一定尺寸的近似等轴状晶粒构成[图 3 - 20(b)]，导致基体硬度显著下降。同时由于 Ag、Cu 基体之间硬度差别也减小[图 3 - 20(c)]，弯曲应变时界面两侧应变接近而不至于产生过高的剪切应力。上述几方面因素均有利于结合面承受较多次数的弯曲变形，因而使结合性能得到改善。

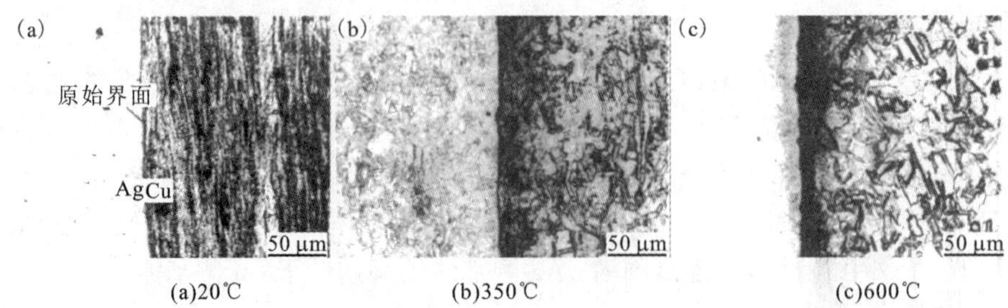

图 3-20 不同温度轧制复合的 Ag/Cu 层状复合材料显微组织

3.3.3 贵金属基层状复合材料的发展趋势

1. **模拟材料设计**

应用与开发相关模拟软件，开展性能（力学性能、导热性和电气性能等）与材料组元结构、加工工艺关系的数值模拟。

2. **微观组织与结构研究**

应用材料热力学、动力学理论的相图计算技术，通过计算得出的数据库进行优化评估，预测复合材料界面附近新相生成的条件、形貌及生成比例等，以及对于界面结合的影响。

3. **合金多元化**

以 Ag、Au、Pt 为主体，以 Pt 族金属元素、Fe 族金属元素以及稀土元素为添加元素，从改善复层材料结晶状态、净化晶界入手，以改善复层材料电接触性能、提高硬度和耐磨性为目的，最终保证元件的工作稳定性和延长其安全使用性。

4. **结构多层化**

改进工艺装备，进行复合材料功能层的优化设计，提高复合界面强度、阻止贵金属扩散，以高强度弹性材料为基层，提高复合材料疲劳强度和抗应力松弛性能。

3.4 贵金属纤维复合材料

3.4.1 概述

贵金属基纤维复合材料是指第二相以纤维形式（连续长纤维、短纤维或晶须）分布在贵金属基体中形成的复合材料，如 Ag/Ni、Ag/Fe、Cu/Ag、Pd/Cu、Pd/Ni 等。在贵金属基体中嵌入细小的金属纤维可以明显提高贵金属的弹性模量和力学性能，提高基体材料的再结晶温度和高温稳定性，同时仍然可以保持贵金属的高导电性和导热性。贵金属纤维复合材料主要用作点接触材料和其他高强度导体材料。

贵金属纤维复合材料可分为固态不互溶、固态互溶和有限固溶等类型[5]。它们具有不同特征，因而要求不同的制备工艺。在传统的长纤维复合材料中，纤维直径可达到微米或亚微米级，长径比 >5000。随着复合技术的进步，现在已可制备纳米级纤维或纳米原丝复合材料，贵金属纤维复合材料体系见表 3 –3。

在贵金属合金系中存在大量固态有限固溶的合金系，它们都可以制备成纤维复合材料，其中最具代表性的是 Ag – Cu 合金系。Ag – Cu 系是由富 Ag 固溶体与富 Cu 固溶体组成的简单共晶系，在高温时组元相互间有较高固溶度，而在室温相互间的固溶度很小。Ag/Cu 纤维复合材料可以 Ag 为基体，也可以 Cu 为基体。为了获得较好的纤维强化效果，在复合材料中纤维相的含量不应低于它在基体中的最大固溶度。

Ag 与大多数高熔点过渡金属在固态不互溶，其中以 Ag/Ni、Ag/Fe 和 Ag/钢等纤维复合材料最具代表性，也具有最广泛的应用[47 –60]。可以制备成以 Ni、Fe 和钢的长纤维(连续纤维)或短纤维为增强相的固态不互溶型纤维复合材料，该类纤维复合材料兼有优良的导电导热性能和高的强度与刚性。但是，这类纤维复合材料的界面结构和复合机制至今研究甚少。

Ag – Au、Ag – Pd、Pd – Cu、Pd – Ni 等合金为连续固溶体。固溶合金化虽可使强度升高，但同时也使电导率降低。可将这类材料制备成长或短纤维增强的固态连续互溶型纤维复合材料[61 –68]，制备过程中必须严格控制中间退火温度与时间，尽可能避免在界面形成固溶体，可以保持材料的高强度和高电导率。由于 Ag、Au、Pd、Cu 都具有良好的塑性与可加工性，它们可以按任意比例制成纤维复合材料。

表 3 –3　贵金属纤维复合材料主要体系

类　型	典型复合材料举例	特　征
固态不互溶型	Ag/Ni、Ag/Fe、Ag/钢等	组元互不相溶，形成机械结合型或亚稳定过渡型界面
固态连续互溶型	Ag/Au、Ag/Pd、Au/Pt、Pd/Cu、Pd/Ni、Pt/Ir 等	组元连续互溶，形成扩散型界面，应避免在界面形成固溶体
固态有限溶解型	Ag/Cu、Ag/Pt、Pt/Co、Pt/Cu、Pt/Pd 等	组元有限互溶，形成扩散型或反应型界面

3.4.2 贵金属纤维复合材料的制备工艺

制造贵金属纤维复合材料的主要技术有大变形加工、原位复合、机械复合、粉末复合等。最常见的工艺方法有大变形原位复合法、大变形直接复合法。

1. **大变形原位复合法**

大变形金属基复合材料制备方法的技术思路是通过多道次压力加工使材料的形态发生改变，微观结构达到微米甚至纳米尺寸，同时又保证增强相的完整性，从而得到高强度和高电导率的复合材料，大变形原位复合法是制备共晶合金纤维复合材料的主要方法。

共晶纤维复合材料是一种自生纤维增强(或片层状)的金属基复合材料，纤维或片层组织是在合金熔体凝固时和基体同时生长的，如图 3 - 21 所示。

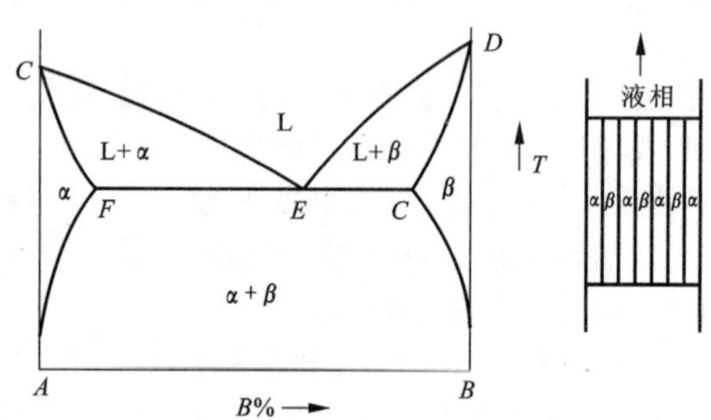

图 3 - 21　二元共晶合金相图

共晶凝固时发生如下反应：L→α + β

若在控制状态下凝固，即在一个方向上散热(定向凝固)，则所生成的两相呈平行的片层状结构或纤维排列结构，并都呈现一定程度的宏观规则排列。对于偏离共晶成分的以 α 或 β 为基的亚共晶合金，凝固反应为 L→α′(或 β′) + (α + β)，α′和 β 为初生固溶体，它们分布在初始枝晶中，共晶(α + β)则呈规则层片状或纤维结构。通过大变形轧制或拉拔，就可以得到以 α(或 β)固溶体为基体和以 β(或 α)为增强相的片层或纤维复合材料。这种原位复合材料中，不存在界面污染、润湿和化学反应问题，性能优异，但具有较强的各向异性。

在贵金属合金系中存在大量共晶合金，原则上都可以采用大变形原位复合技术制备成纤维复合材料，其中研究较为系统的是 Ag - Cu 系合金。Ag - Cu 系合金是由两个边端固溶体(Ag) + (Cu)相组成的共晶系，通过大变形原位复合技术，可以得到以(Ag)为基体(Cu)为增强相、或以(Cu)为基体(Ag)为增强相的 Ag/Cu 原位纤维复合材料。当变形量足够大时，复合材料中纤维可达到纳米尺寸。

具体的制备方法主要包括：熔炼、浇铸、模锻或轧制、拉拔等(见图3－22)。熔炼时为了防止组元元素氧化和其他杂质的引入而影响材料的性能，多采用真空感应炉或在保护气氛下感应炉加热熔化，Ag和Cu的纯度均≥99.9%。浇铸时考虑到冷却速率对性能的影响，所用模具一般有两种：一种是在预热过的模具(如石墨模具[32－34])中浇铸成预定尺寸的铸锭，模具的预热温度根据不同的合金而定，Ag－Cu系合金模具的预热温度为200～300℃；另一种是用水冷铜模[42－45]。两者主要区别在于铸锭的冷却速率不同，铸态合金的组织尺寸不同，影响变形后材料的力学性能和电学性能。为了保证后续的加工、对称变形加工工艺和组元的协同变形，锭坯外形均为正六边形或圆柱形。

模锻、热挤压或轧制则需根据最终材料的应用环境和尺寸要求进行选择。线材主要由模锻、热挤压加工到中间尺寸，再通过进一步的大变形拉拔到最终尺寸，而片材则通过轧制到最终尺寸。

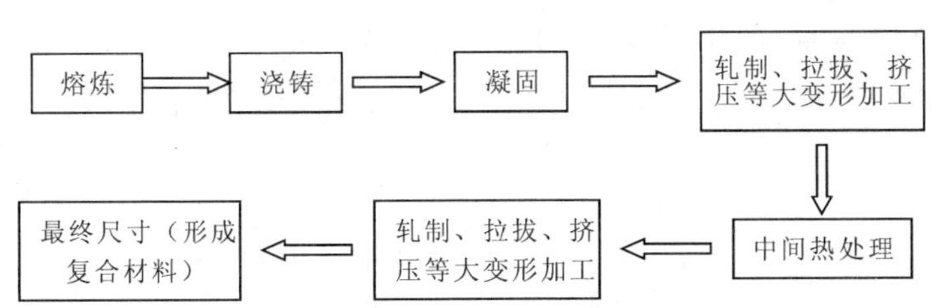

图3－22　大变形原位复合法制备工艺

2. 大变形直接复合法

Ag与大多数高熔点过渡金属在固态不互溶，它们通过大变形直接复合法制备成以长纤维(连续纤维)或短纤维为增强相的复合材料，其中以Cu/Pd、Ag/Ni、Ag/Fe和Ag/钢等纤维复合材料最具代表性[57－60]。该方法是将增强相金属通过制成棒或丝放入基体相金属管中，密封后进行拉拔或挤压等压力加工，加工成一定直径的复合丝材，再将若干根复合丝作固相复合热挤压或热拉拔，使金属棒变成长丝。

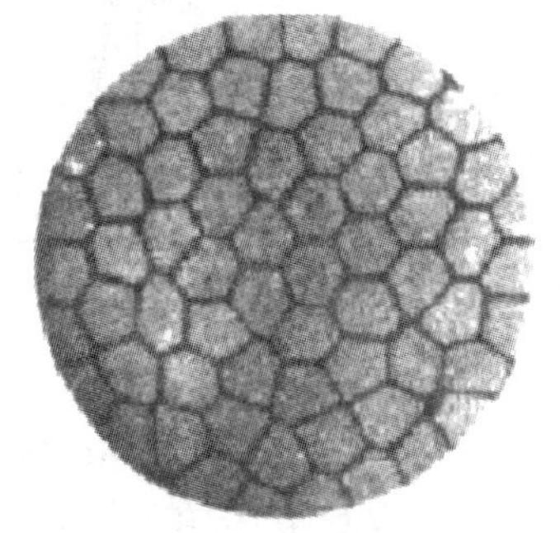

图3－23　大变形直接复合法制备的Cu/Pd纤维复合材料显微组织

以Cu/Pd纤维复合材料制备工艺为例[66]，常用的大变形直接复合法工艺如下：金属 Pd 在真空状态下熔炼，水冷铜模浇铸成锭，经过冷锻、冷轧、冷拉制备成丝材，真空状态下退火。将 Pd 丝插入 Cu 管内，采用冷拉拔工艺制成单根复合丝材。选择多根复合丝材装入 Cu 管中，抽空、焊接，经过热挤压、冷拉拔再次制成丝材，重复以上工艺，经过多次复合后最终制成含有 25000 根 Pd 的纤维复合材料(见图 3－23)，纤维直径为 0.8 μm。

3.4.3　影响贵金属纤维复合材料性能的因素

1. 变形量对贵金属纤维复合材料性能的影响

变形行为对贵金属基复合材料性能影响较大，不同类型的贵金属纤维复合材料，其影响机制不同。对于 Ag/Ni、Ag/Fe 和 Ag/钢等固态不互溶型贵金属纤维复合材料，性能的变化取决于组元的加工硬化。图 3－24 是 Ag 和 Ag/钢纤维复合材料的抗拉强度和延伸率与冷变形的曲线。由图可知 Ag/钢纤维复合材料的抗拉强度随着冷变形量的增加而平稳地增大。特别要指出的是，经 10.8% 左右的冷变形后，延伸率由退火态的 22% 急剧下降到 1.5%。随着冷变形的进一步增加，其延伸率维持在 1% 左右。这主要是钢纤维经一定的冷变形后，其加工硬化严重，导致塑性降低，从而导致 Ag/钢纤维复合材料的延伸率也急剧下降。

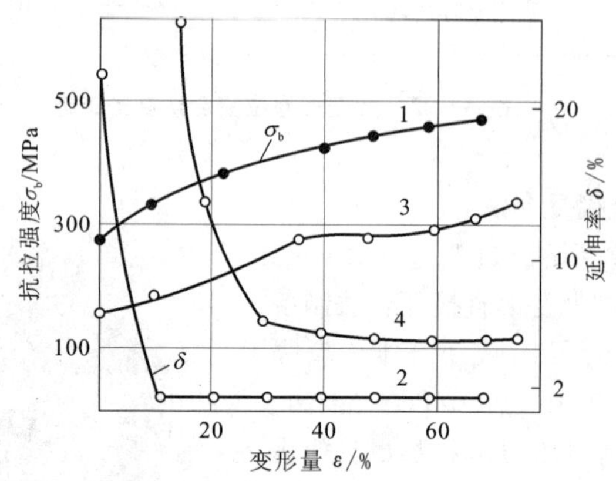

图 3－24　Ag 和 Ag/钢纤维复合材料变形量对性能的影响曲线

(1)Ag/钢纤维复合材料抗拉强度；(2)Ag/钢纤维复合材料延伸率；(3)纯银抗拉强度；(4)纯银延伸率

对于 Ag－Cu 等固态有限固溶的合金系，变形行为在低应变阶段和高应变阶段对性能的影响不同。图 3－25 显示了 Cu/Ag10 原位纤维复合材料的抗拉强度与真实应变的关系曲线。随着变形量的增大，Ag 纤维尺寸减小，强度随之增大。

抗拉强度与真实应变呈折线关系，即达到一定真实应变之后，强度曲线出现一个转折点(η_p)，一般真实应变数值量为8.5~9.5时，对应的Ag纤维直径在140~160 nm之间，当真实应变量大于相应的η_p值或Ag纤维尺寸低于相应值时，复合材料的强度急剧增大。

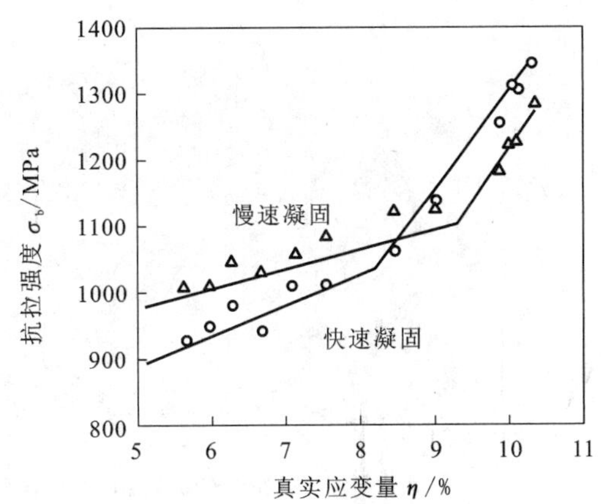

图3-25 冷变形Cu/Ag10原位纤维复合材料的抗拉强度与真实应变的关系曲线

Cu/Ag10原位纤维复合材料呈现两阶段强化效应，即存在两种强化机制。在真实应变$\eta < \eta_p$的低应变阶段，Cu/Ag纤维复合材料的强化机制主要是位错强化，即加工硬化机制。在这个阶段，随着冷变形程度加大，位错密度迅速提高，可达($10^2 \sim 10^5$)/cm^2，并形成尺寸150~200 nm的位错胞结构。在真实应变$\eta > \eta_p$的高应变阶段，Cu/Ag10纤维复合材料中的Ag纤维尺寸已达到或小于位错胞结构尺寸，Ag纤维内部已不能容纳稳定的位错胞结构，位错强化机制减弱甚至消失。随着纤维的极度细化，复合材料内部含有极丰富的纤维组织和大的界面面积。因此，这一阶段的强化效应主要为界面强化机制。Cu/Ag10原位纤维复合材料的界面强化比位错强化具有更高的效率，使该材料在大变形条件下其极限抗拉强度显著提高。当$\eta > 9.8$时，Cu/Ag10原位纤维复合材料强度可达1250 MPa以上，并保持高的电导率。

2. **凝固速率对Cu/Ag纤维复合材料性能的影响**

宁远涛等采用冷却速率达5.8×10^3 K/s的水冷铜模快速凝固和冷却速率为57 K/s的石墨模缓慢凝固方法，制备了两种Cu-10Ag合金锭坯，经过大变形拉拔形成Cu/Ag10纤维复合材料，研究了凝固速率对Cu/Ag纤维复合材料性能的影响。

冷却速率主要影响Cu-10Ag合金的铸态显微组。缓慢冷却时具有粗大的显微组织，Cu基枝晶十分明显，2次枝晶间距达31.6 μm[图3-26(a)]；而高冷却速率合金的显微组织明显细化，2次枝晶间距仅5.0 μm[图3-26(b)]。Cu-10Ag合金的铸态显微结构为初生Cu晶体、(Cu+Ag)共晶体和沉淀相(Ag)，凝固速率会改变各组织所占比例。慢冷时，沉淀相(Ag)和初生Cu晶体所占比例均显著提高；快冷时，共晶体所占比例提高了近1倍(见表3-4)。经过大变形加工，Cu-10Ag合金铸态树枝晶结构转变成发达的纤维结构，快冷合金的Ag纤维尺寸比慢冷的更细小。

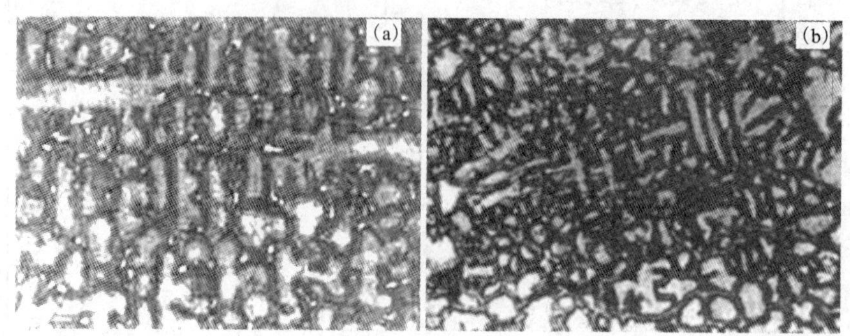

图3-26　Cu/Ag10 纤维复合材料显微组织

表3-4　Cu/Ag10 纤维复合材料物相组成

条　件	初生 Cu 晶体/%	(Cu + Ag)共晶体/%	(Ag)沉淀相/%
快速冷却	69.2	30.2	0.7
缓慢冷却	81.0	16.5	2.5

Cu/Ag10 原位纤维复合材料的抗拉强度(σ_b)随着变形量的增大而提高[图3-27(a)]。从图中可看到一个值得注意的现象，即在真实应变 $\eta < 9.0$ 时，$\sigma_{b慢} > \sigma_{b快}$；而 $\eta > 9.0$ 时，$\sigma_{b慢} < \sigma_{b快}$。事实上快冷或慢冷的 Cu/Ag10 原位纤维复合材料，其强化均表现为2个阶段：在第一阶段(真实应变较小)，强度随着真实应变的增大而相对平缓增大；在第二阶段(真实应变较大)，强度随着真实应变的增大而迅速增大。图3-25 快冷材料的转变点相应于 $\eta = 8.5$，而慢冷材料的转变点相应于 $\eta = 9.5$。

凝固速率对 Cu/Ag10 纤维复合材料的强度和电阻率也有明显影响，Cu/Ag10 纤维复合材料的电阻率随真实应变变化曲线见[图3-27(b)]。开始阶段电阻率随着变形量的增大而升高，达到峰值后又下降，接着又开始上升。快冷材料与慢冷材料电阻率曲线形状相同，即由一峰和一谷组成，但是快冷材料曲线的峰与谷所对应的真实应变 η 值低于慢冷材料，相当于把慢冷曲线相对于快冷曲线平移了一个真实应变的距离。有意义的是快冷和慢冷电阻率曲线的谷点所对应的真实应变分别为8.5和9.5，这与[图3-27(a)]所示抗拉强度的转变点一致。

在较低变形量(如 $\eta < 8.5 \sim 9.5$)时，慢冷材料的强度和电阻率明显高于快冷材料；在更高应变时，快冷材料比缓冷材料具有更高强度和略大的电阻率，这与它们的初始组织和随后加工过程中的组织结构变化有关。

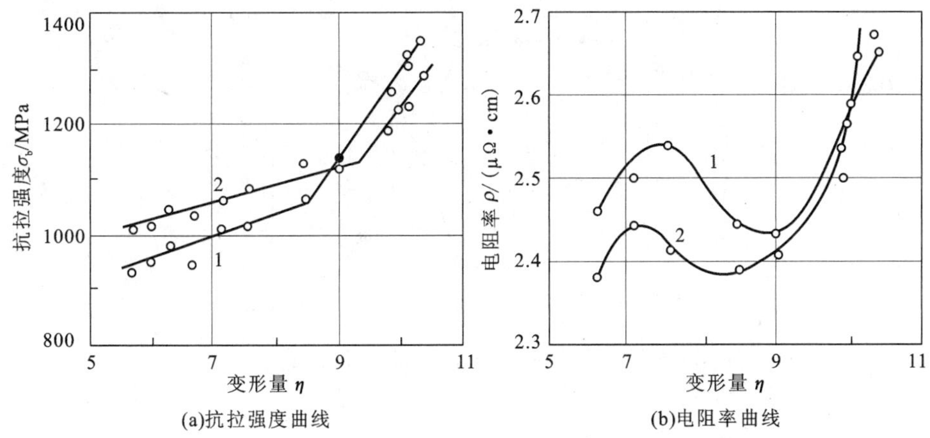

图3-27　不同凝固速率对Cu/Ag10纤维复合材料性能的影响

1—快冷材料曲线；2—慢冷材料曲线

3. 相结构的热稳定性对Cu/Ag10纤维复合材料性能的影响

大变形加工过程中，热处理温度影响相结构的稳定性，进而影响Cu/Ag纤维复合材料的性能，王传军[32-33]、McKeown[38]、宁远涛[40-41]等人研究了温度对Cu/Ag纤维复合材料强度和电导率的影响。

当温度小于300℃时，大变形Cu/Ag10原位纳米纤维复合材料显微结构没有明显的变化，故性能稳定，由于Ag沉淀细小而弥散，使强度增高；在400℃稳定化处理后，Ag纤维球化或严重粗化、不连续层状Ag沉淀和局部再结晶伴随晶界迁移，导致合金强度降低；在500℃稳定化处理后，晶体取向发生了变化，Cu基体发生明显的再结晶，晶粒开始长大，电导率明显增大。

Cu/Ag10原位纳米纤维复合材料热处理温度对抗拉强度和电导率的影响曲线见图3-28。随着退火温度的升高，在低温区（<300℃）抗拉强度基本保持不变，而电导率略有提高，其性能是稳定的。电导率的提高是因为低温稳定化处理，有少量的Ag沉淀析出，其原因是影响原位复合材料的电阻主要由位错引起的电阻、界面散射引起的电阻、材料不纯引起的电阻和电子散射引起的电阻组成。Ag沉淀析出净化了基体，减少了由于材料不纯引起的电阻。随着热处理温度的进一步升高，抗拉强度迅速下降，而电导率明显提高。这是因为温度大于300℃后，Ag纤维的粗化和局部再结晶取代了原来细的纤维结构，从而造成抗拉强度的迅速降低，而这种结构改变进一步降低了由于界面和位错引起的电阻散射，从而使电导率迅速提高。进一步升高温度，显微结构已完全改变，晶粒的长大和再结晶，电导率的变化趋于平缓。

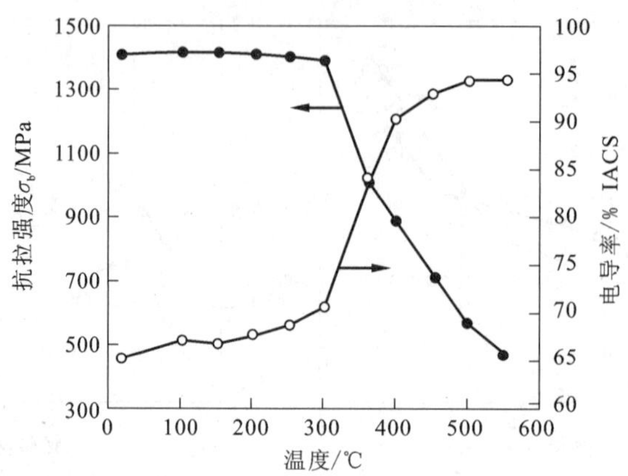

图 3-28 温度对 Cu/Ag10 纤维复合材料性能的影响

4. 添加元素对 Cu/Ag 纤维复合材料性能的影响

Cu/Ag 纤维复合材料具有高强度和高电导率特性，在其中添加第三组元如 RE、Zr、Nb、Cr 等而形成 Cu-Ag-RE、Cu-Ag-Zr、Cu-Ag-Nb 和 Cu-Cr-Ag 等三元纤维复合材料的研究也逐渐成为重点。添加第三组元一方面是为了在不显著降低导电性的同时进一步提高强度，另一方面也希望能够研制出具有优良性能的低 Ag 含量合金，从而降低材料成本，扩大应用领域。张雷[44]、宁远涛[51]等研究了添加稀土元素对 Cu/Ag10 纤维复合材料性能的影响。

图 3-29 为分别添加 Ce、Y、Gd 等三种稀土元素的 Cu/Ag10 纤维复合材料抗拉强度(σ_b)与真实应变(η)的线性关系(Cu/Ag10 编号为 CA，Cu/Ag10-Ce，Y 和 Gd 分别编号为 CAR1，CAR2 和 CAR3)。随着真实应变的增大，复合材料的抗拉强度逐步增大。在低应变阶段，强度增加相对缓慢；而在高应变阶段，强度迅速增高。另一方面，在低应变阶段，含微量稀土添加剂的 CAR 材料的 σ_b 值低于 CA 材料；而在高应变阶段，CAR 材料的 σ_b值远高于 CA 材料。即微量 RE 添加剂对 Cu/Ag10 材料产生了更高的应变强化速率。例如，在真实应变 η 为 7.5 和 9.8 时，CA 原位纤维复合材料的 σ_b 为 1060 MPa 和 1180 MPa，而 CAR1 原位纤维复合材料的 σ_b 分别为 1040 MPa 和 1350 MPa，CAR2 的 σ_b 分别为 1050 MPa 和 1300 MPa。

图 3-30 显示了形变态和退火态 CA 和 CAR1 的抗拉强度与电导率的关系。其中曲线(1)和曲线(3)对应于形变态的纤维复合材料，曲线(2)和(4)对应于经历 1 次中间退火的形变态的纤维复合材料。在相同强度时，形变 CAR1 材料比 CA 材料有更高的电导率；在相同电导率时，形变 CAR1 材料比 CA 材料有更高的强度。CAR2 和 CAR3 材料也有类似的特性，只不过其电导率或强度的增幅低于

CAR1 材料的增幅。这是因为中间热处理促使 Ag 沉淀析出，析出的 Ag 沉淀在随后的大变形过程中，转变为更细更致密的 Ag 纤维，从而在一定程度上提高大变形原位纤维复合材料的强度与电导率，正如图 3－30 中(2)和(4)所示。经历了中间热处理的大变形原位纤维复合材料具有更高的强度和电导率。

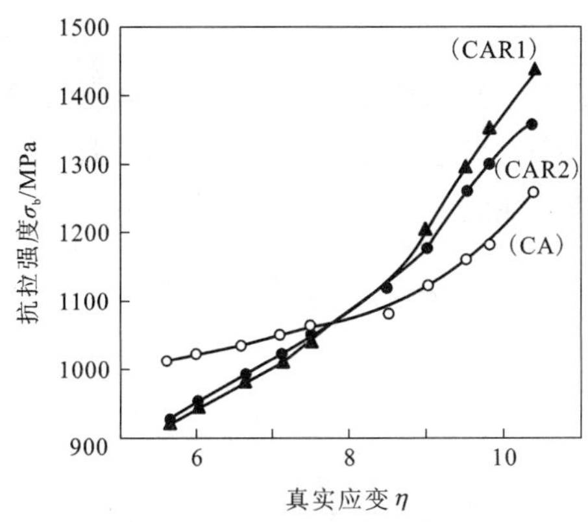

图 3－29 添加不同稀土元素，Cu/Ag10 纤维复合材料极限拉伸强度与应变的线性关系

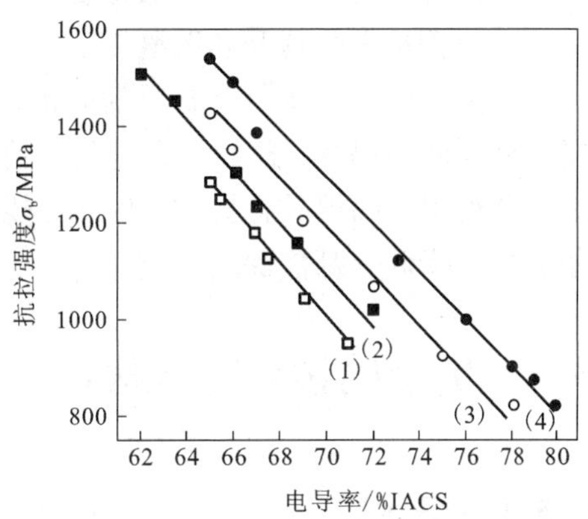

图 3－30 CA 和 CAR1 纤维复合材料的抗拉强度与电导率的关系

(1),(2):CA; (3),(4):CARI

5. **界面对贵金属基纤维复合材料性能的影响**

对于 Ag－Au、Ag－Pd、Pd－Cu、Pd－Ni 等可形成连续固溶体的贵金属基纤维复合材料，制备过程由于应力、温度、时间等因素的影响，可能在组元间形成固溶体界面，界面的形成可以提高贵金属基纤维复合材料的硬度、抗拉强度等力学性能，但同时也使电导率降低，其影响规律与同牌号贵金属层状复合材料一致(参阅 3.1.3)。

3.4.4 贵金属纤维复合材料的发展趋势

1. **材料设计**

应用与开发相关模拟软件，模拟实验研究过程和材料的组织结构，提出微观结构与材料性能的关联性规律，指导实验研究过程，缩短实验研究周期。

2. **深入研究材料的微观组织结构与加工工艺**

Cu/Ag 基大变形原位纤维复合材料由于具有高强度、高电导率等特点，在强磁场中应用、超大规模集成电路引线框架、高速电气化列车输电接触线中也颇具发展前景。复合结构主要依赖于强烈的应变原位形成，其强度和电导率取决于材料成分、冷变形程度、中间热处理工艺和最终热处理工艺，直接影响到纤维复合组织中的应变硬化水平及电子散射行为。在不同条件下这些因素的作用效果有所差别，影响规律比较复杂，还需继续深入研究。

3. 微合金化研究

对于贵金属基原位纤维复合材料，已有的第三组元研究表明，有的强化效果不明显，有的降低导电性能程度较大，目前尚未发现有理想效果的微合金化方式。因此合适的微合金化方法也是今后研究的方向之一。

4. 制备技术的提升和改进

在贵金属基纤维复合材料的制备技术方面也还需要进一步研究。如增强相金属丝材性能的提高，原始组织均匀化处理与冷变形工艺参数的有机匹配，提高纤维复合组织的高温软化抗力、耐蚀性能和绕制性能的工艺方法，制备技术的简化和成本的降低等都需深入研究。

3.5 贵金属颗粒复合材料

3.5.1 概述

贵金属颗粒复合材料是以贵金属元素为基体，以一种或多种金属、氧化物、金属间化合物等的颗粒为增强相，弥散分布在基体中形成的贵金属复合材料。所有的贵金属都可以作为贵金属颗粒复合材料基体，主要有 Ag、Au、Pt、Pd 及其合金，如表 3－5 所示。

表 3－5 贵金属颗粒复合材料主要体系

类型	典型复合材料举例	特 征
贵金属/金属颗粒	Ag/Ni、Ag/Fe、Ag/W、Ag/Mo	两组元固态几乎不互溶、粉末冶金烧结成假“合金”
贵金属/陶瓷颗粒	Ag/CdO、Ag/SnO_2、Ag/CuO、Ag/(CdOZnO)、Ag/($SnO_2Zn_2O_3$)	MeO 弥散分布在基体材料中，具有良好的导电性、导热性、抗电弧侵蚀性
弥散强化型	ZGSPt、ODSPt－5Rh、DPHPt－5Au	弥散相尺寸细小（<100 nm），材料具有很高的力学稳定性、高温抗蠕变性

贵金属/金属颗粒复合材料是以单金属或金属间化合物颗粒为增强相的贵金属复合材料。常用的基体主要为 Ag 和 Ag 合金。该体系主要有 Ag/Ni、Ag/Fe、

Ag/W、Ag/Mo、Ag/Mo_3 Ru_2、Ag/Ni_3Ti 等[2-5、69-70]，其组织结构特征是作为增强相的金属颗粒嵌镶分布在Ag基体中。其中以Ag/Ni颗粒复合材料用量最大。Ag/Ni状态图见图3-31，在液态条件下，Ni在Ag中的有限溶解形成富Ag熔体1，Ag在Ni中的有限溶解形成富Ni熔体2，它们可保持在Ni熔点以上，以致两个液态相在相当宽的范围内共存，凝固时发生偏晶反应，在固态两组元几乎不互溶。

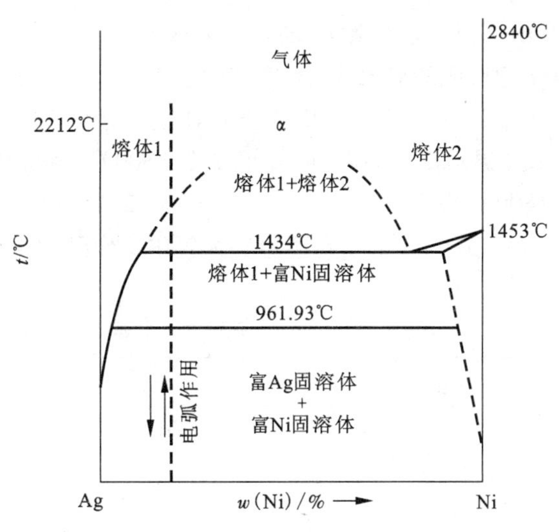

图3-31　Ag/Ni状态图

贵金属/陶瓷颗粒复合材料主要是指以贵金属及其合金为基体，陶瓷颗粒作为增强相所构成的贵金属复合材料。所有的贵金属都可以作为基体，常用的有Ag、Au、Pt、Pd及其合金。陶瓷增强相主要有各种氧化物和碳化物，氧化物陶瓷相有单一氧化物、复合氧化物和钙钛矿型氧化物等，碳化物颗粒材料有WC、TiC和SiC等(见表3-6)[71-77]。最具代表性的是Ag/CdO、Ag/SnO_2以及在此基础上发展的各种改性贵金属颗粒复合材料。在这类材料中，弥散分布的MeO既强化Ag基体而不损害其导电性及导热性，又可以改善材料的抗电弧侵蚀能力，是性能优良的电接触材料。

表3-6　贵金属/陶瓷颗粒复合材料主要体系

类型	分类	陶瓷增强相
贵金属/氧化物	单一氧化物	CdO、CuO、ZnO、SnO_2、Y_2O_3、Al_2O_3、In_2O_3、Fe_3O_2、MoO_3、ZrO_2
	复合氧化物	CdO + ZnO、SnO_2 + In_2O_3、SnO_2 + WO_3、SnO_2 + MoO_3、SnO_2 + CeO_2、ZrO_2 + Y_2O_3
	钙钛矿型氧化物	$LaCrO_3$、$LaMnO_3$、$LaCoO_3$、$LaNiO_3$
贵金属/碳化物		WC、TiC、SiC

弥散强化是高温合金最常用的最有效方法，它是借助第二相微粒弥散分布在基体合金中而实现的[78-84]。弥散强化Pt基颗粒增强复合材料是以纯Pt、PtAu、

PtIr、PtRh 合金等 Pt 基合金为基体，以氧化物、碳化物和金属间化合物为弥散强化相形成的颗粒复合材料(见表 3－7)。在弥散强化 Pt 基材料中，尺寸细小(<100 nm)的第二相粒子弥散分布对合金的结构起了稳定化作用，可以细化晶粒，提高再结晶温度(提高 200～300℃)和强度。比如 ZGSPt 和 ZGSPt－10Rh 在 1400℃的抗蠕变能力分别高于 Pt－20Rh 和 Pt－40Rh 合金，ZGS、ODS 和 DPH 等弥散强化 Pt 与 Pt 合金可在大气中工作到 1600℃以上高温。

表 3－7　主要弥散强化铂基复合材料

类型	弥散增强相	基体材料
ZGS 系列	ZrO_2	Pt、PtRh、PtAu、PtIr
ODS 系列	Y_3O_2	Pt、PtRh、PtAu、PtIr
DPH 系列	Zr、Y、Al、Ca、Ti、Th、Sc、Hf 等元素的复合氧化物	Pt、PtRh、PtAu、PtIr

3.5.2　贵金属颗粒复合材料的制备工艺

贵金属基颗粒复合材料的制备方法主要有粉末冶金法、合金内氧化法、化学共沉淀法、反应合成法、大变形累积叠轧法等。

1. **粉末冶金法**

粉末冶金法是将金属及其合金粉末与增强颗粒以机械混合、共沉积、共喷射、合金雾化和机械合金化等方法混合，经后续加工制成复合材料坯锭，再经挤压、锻造、轧制、拉拔等加工制成成品，也可直接制成复合材料零件(见图 3－32)。粉末冶金是高效、优质、精密、低耗、节能的工艺技术。该法可以制备以贵金属为基体，以其他金属、金属间化合物、氧化物和其他化合物的颗粒为增强相的复合材料。粉末冶金方法制备金属基复合材料的优点在于：基本上不存在界面反应，质量稳定，增强体体积分数可以比较高，可选用细小颗粒增强体，增强体分布均匀，可实现近似无余量成型。它可用于简单形状和复杂形状的零部件制作，并且可使制作的零部件具有各种化学、物理及机械性能；同时，它可生产从中等批量到大批量最终形状或近似最终形状的零部件，且几乎无原料损失。但粉末冶金工艺的一个最大的缺点是所得材料的致密度较低，电导率较低，氧化物颗粒粗大，易发生团聚，从而使材料的电性能较差。粉末冶金方法要想获得高密度产品则须采用增大压制压力、提高烧结温度和时间或进行复压/复烧等工艺，这将增加粉末冶金制品的成本。

在粉末冶金方法中，基体粉末与增强相颗粒的均匀混合以及防止基体粉末氧

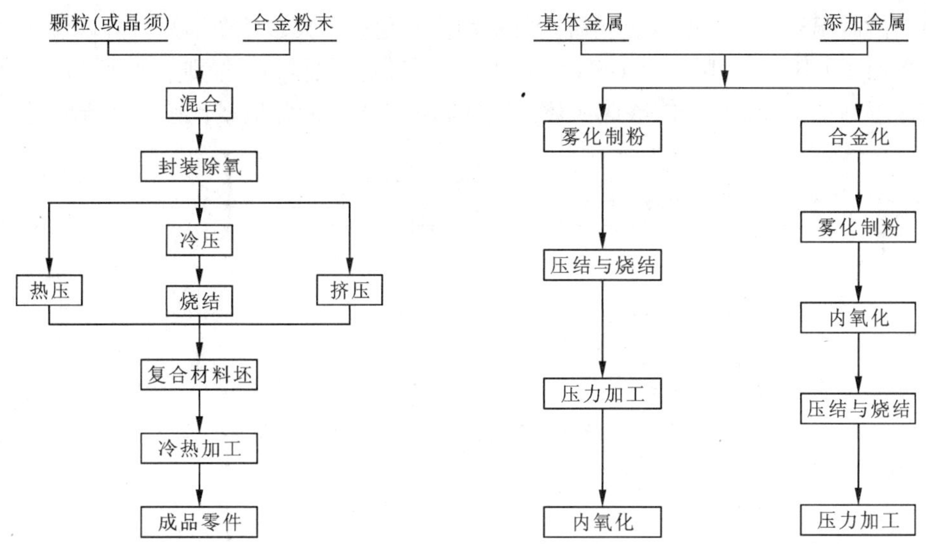

图3－32　粉末冶金法制备金属基颗粒复合材料的工艺流程

化是整个工艺的关键。采用机械合金化法可使平衡态不固溶于基体中的元素能一定程度地固溶于基体中，粉末可直接进行压结和烧结，或内氧化后再压结与烧结成锭坯；共沉积法可得到成分分布均匀的粉末（粒径 $<1\ \mu m$），经压制、烧结等工序制成坯锭；共喷射法的基本原理与图3－32类似，只是所得产品是混合均匀的粉体；合金雾化法是先将基体与合金元素制成合金，再雾化制成合金粉末，通过内氧化使合金元素氧化形成基体与MeO的复合粉末，再通过粉末冶金方法制备成坯料或成品；也可直接将雾化合金粉末先通过粉末冶金方法制成半成品或成品，再经内氧化制成MeO弥散分布于基体中的复合材料或其制品。

2. 合金内氧化法

合金内氧化法是将合金粉末或型材在氧化气氛中一定温度条件下加热一定时间，借助氧扩散机制，合金中活性溶质元素逐渐被氧化形成稳定氧化物而析出的过程。在贵金属元素及其合金中，Ag与Pd及其合金具有较好的内氧化效应，所有具有一定固溶度的溶质元素与Ag或Pd所形成的合金都具有内氧化效应。由于氧在Au与Pt中的溶解度和扩散速度较低，因此，Au合金与Pt合金的内氧化效应不及Ag合金与Pd合金，但如果将其制成粉末、薄片或箔材，Au合金与Pt合金仍有内氧化效应。内氧化动力学一般遵循抛物线规律。控制内氧化速度的因素主要有温度、氧分压、加热时间与溶质浓度等，其主要质量因素有氧化物颗粒尺寸大小及分布均匀性。

内氧化法是目前制备弥散强化铂基材料的主要方法，其工艺路线如图3－33

所示，通过内氧化工艺使强化相从基体中弥散析出，通过共格强化作用大大增加材料的高温寿命。昆明贵金属研究所采用内氧化法 + 大塑性变形复合叠轧法成功制备出了 ODSPt - 5Rh 和 ODSPt - 10Rh 两种弥散强化材料，特别是 ODS Pt - 5Rh 抗高温性能优异，已经能够成功替代国外同等条件下的弥散强化铂基复合材料。

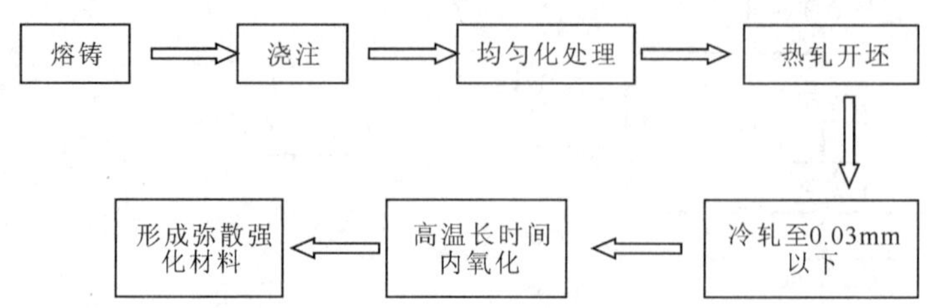

图 3 - 33　内氧化法制备弥散强化铂基复合材料工艺流程

3. 反应合成法

反应合成法是借助化学反应直接形成复合材料。将基体金属、某种易分解的氧化物和待氧化的合金元素粉末均匀混合，采用热处理、机械合金化、烧结合金化等方法处理混合粉末和压实坯锭，并借助这些过程放出的热量使某种氧化物分解，释放出的氧使待氧化的合金元素氧化生成另一种氧化物并弥散分布在基体中。在贵金属 - 稀土合金系中存在大量金属间化合物，也可采用反应合成法制备以稀土金属化合物为强化相的贵金属复合材料。

反应合成法工艺流程如图 3 - 34 所示，该工艺同时具有粉末冶金技术的特点，因此该技术是将传统的内氧化法与粉末冶金法相结合来制备银基颗粒复合材料。它避开了两种传统制备工艺分别存在的缺点，使得 MeO 颗粒与 Ag 基体结合牢固，界面新鲜，MeO 颗粒细小，强化效果明显，弥散化过程在加工过程中完成。并且工艺流程短，原料准备简单。

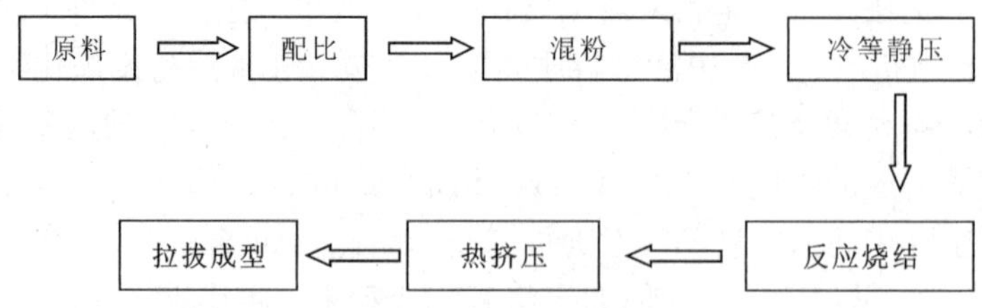

图 3 - 34　反应合成法制备 Ag/MeO 复合材料工艺流程

反应合成法的优点：增强体是从金属基体中原位形核、长大的热力学稳定相，所以增强体表面无污染，避免了与基体相容性不良的问题，因而与基体结合良好；通过合理选择反应元素(或化合物)的类型、成分及其反应特性，可有效地控制原位生成增强体的种类、大小、分布和数量；在保证材料具有较好的韧性和高温性能的同时，可大幅度地提高材料的强度和弹性模量；得到的复合材料有良好的热力学稳定性，而不会出现像传统工艺制备材料时可能存在的物理、化学反应而使材料失去所设计的性能。

4. **共沉淀法**

共沉淀法是选择一种共沉淀剂(一般为 $NaHCO_3$、Na_2CO_3、$(NH_4)_2C_2O_4$、NaOH 等)，加入到含有两种或两种以上金属离子的混合盐溶液中，使其中的几种金属同时以盐的形式沉淀析出，经洗涤、焙烧或还原处理制取均匀分散的混合粉，然后经压制、烧结、复压复烧、挤压、拉拔制备成颗粒复合材料。

共沉淀法制备的贵金属基颗粒复合材料中第二相弥散均匀、电性能良好，但由于共沉淀法涉及液相化学反应过程，各批粉末的质量较难稳定控制，且需要处理废酸废碱，环境成本较高，因此该法的应用并不广泛。

3.5.3　影响贵金属颗粒复合材料性能的因素

1. **制备工艺对 Ag/Ni 颗粒复合材料性能的影响**

制备工艺的差异必然导致材料性能上的差异，秦国义等[85-86]对比研究了三种制备工艺对 Ag/Ni10 丝材性能的影响。一种是采用超音速电弧喷射成型技术(HVASF 法)制备了 Ag/Ni10 粉末，并经粉末冶金技术制备成直径为 0.3 mm 丝材；第二种是采用 HVASF 法制备了大块体 Ag/Ni10 过饱和固溶体材料，经过压力加工制备成丝材；第三种是化学共沉淀法制备的 Ag/Ni10 颗粒复合材料丝材。

三种方法制备的 Ag/Ni10 颗粒复合材料初始态经过 89.7% 的变形量，加工成直径 0.3 mm 的丝材。时效退火温度与 Ag/Ni10 颗粒复合材料延伸率的关系曲线见图 3－35，在退火温度小于 300℃时，Ag/Ni10 颗粒复合材料的延伸率基本相同，这是因为材料的初始态为加工硬化态，延伸率较小。随退火温度逐步提高，Ag/Ni10 颗粒复合材料的延伸率提高，但是第二种 Ag/Ni10 颗粒复合材料的延伸率总体比其他两种方法材料的延伸率较低，这与过饱和固溶体材料的内部缺陷有关。

图 3－36 为时效温度与 Ag/Ni10 颗粒复合材料抗拉强度的关系曲线。三种 Ag/Ni10 颗粒复合材料的抗拉强度随退火温度的升高而呈线性下降，但是化学共沉淀法材料的抗拉强度比 HVASF 方法材料低，这是因为通过 HVASF 方法的快速冷却，得到 Ag/Ni10 过饱和固溶体，经过一定温度处理后弥散析出了大量的微小 Ni 质点。同时，HVASF 方法本身得到的材料组织细小，均匀，晶界、位错密度等显著高于化学共沉淀制备的材料，在力学性能上体现为高强度、低塑性。

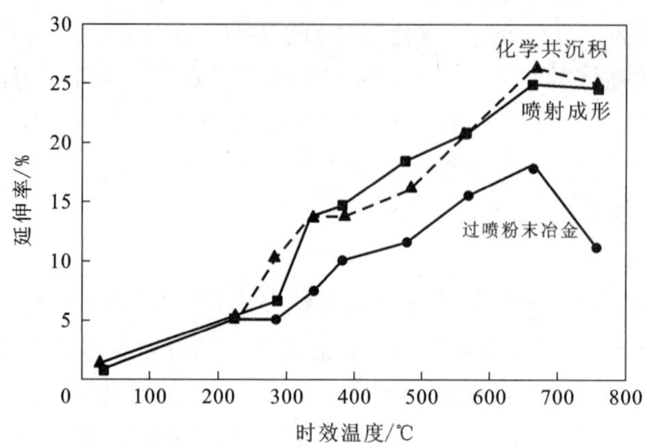

图 3-35　时效温度与 Ag/Ni10 颗粒复合材料延伸率的关系曲线

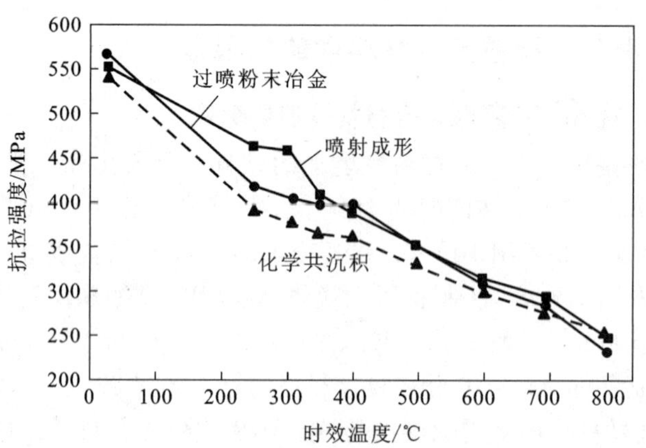

图 3-36　时效温度与 Ag/Ni10 颗粒复合材料抗拉强度的关系曲线

图 3-37 为时效温度与 Ag/Ni10 颗粒复合材料电阻率的关系曲线。总体上看，过喷粉末冶金材料和 HVASF 法材料的电阻率高于化学共沉淀材料，这主要是快速凝固材料的细晶组织中细小弥散分布的第二相对传导电子发生散射作用，而且微量的剩余固溶体也会引起电阻率的提高，低温阶段随时效温度提高，电阻率呈下降趋势，这主要是因为退火使材料的位错密度降低，而位错又对电子的阻碍作用降低。当退火温度进一步提高时，电阻反而升高，这与 Ag/Ni10 颗粒复合材料发生再结晶有关。HVASF 方法快冷 Ag/Ni10 颗粒复合材料的电阻率随温度变化的临界点为 350℃，比化学共沉淀法制备的材料的临界点 300℃ 高出 50℃，

材料的再结晶稳定区间由共沉淀法的 300 ~ 400℃ 提高到 350 ~ 600℃。

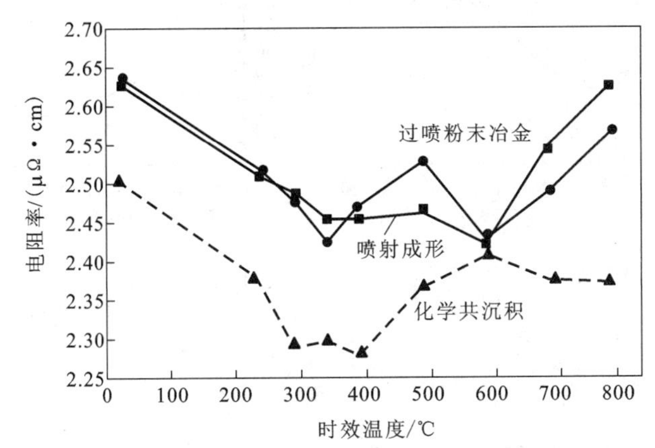

图 3 – 37　时效温度与 Ag/Ni10 颗粒复合材料电阻率的关系曲线

喷射成形法材料和过喷粉末冶金法材料都首先用超音速电弧喷射成形技术，该技术冷却速度快，可以形成过饱和固溶体，在时效过程中析出的 Ni 质点非常细小，发生 Ni 的弥散强化、沉淀强化以及细晶强化的复合强化效应。细小的 Ni 质点能阻止晶界迁移和位错滑移而抑制再结晶过程，最终提高了材料的再结晶温度，提高了材料的力学性能，有效地增强了 Ag/Ni10 颗粒复合材料的热稳定性。

2. 真实应变对 Ag/CuO 颗粒复合材料性能的影响

周晓龙等[87-88] 采用大塑性变形加工，改善了通过反应合成方法制备的 Ag/SnO_2、Ag/CuO 等 Ag/MeO 类型贵金属基颗粒复合材料的塑性，使得 Ag/MeO 材料容易加工，同时提高了 Ag/MeO 材料的可加工性、电学性能和抗侵蚀性能，对解决颗粒增强金属基复合材料难加工的问题具有重要意义。

图 3 – 38 为 Ag/CuO10 颗粒复合材料真实应变(η)与密度、硬度、抗拉强度、延伸率等的关系。随着真实应变的增加，Ag/CuO10 颗粒复合材料的密度增加，从真实应变 4.0 到真实应变 12.0，密度从 9.40 g/cm^3 提高到 9.88 g/cm^3，增加了 5.1%。从真实应变 12.0 到真实应变 20.0，密度提高幅度较小，仅有 0.3%。这是由于随着真实应变的增加，Ag/CuO10 颗粒复合材料在压力的作用下，发生流变的银基体会逐步填补烧结态中存在的微孔等缺陷，也引起 Ag/CuO 复合材料密度的提高。

随着真实应变的增加，Ag/CuO10 复合材料的硬度值从 90.07 下降到 87.18，这是由于在大塑性变形过程中，增强相的转动与位移后，使其与基体反应的结合界面被破坏，界面结合力降低，导致材料硬度的降低。

Ag/CuO10 颗粒复合材料的抗拉强度随着变形程度的增加而增加，这种抗拉

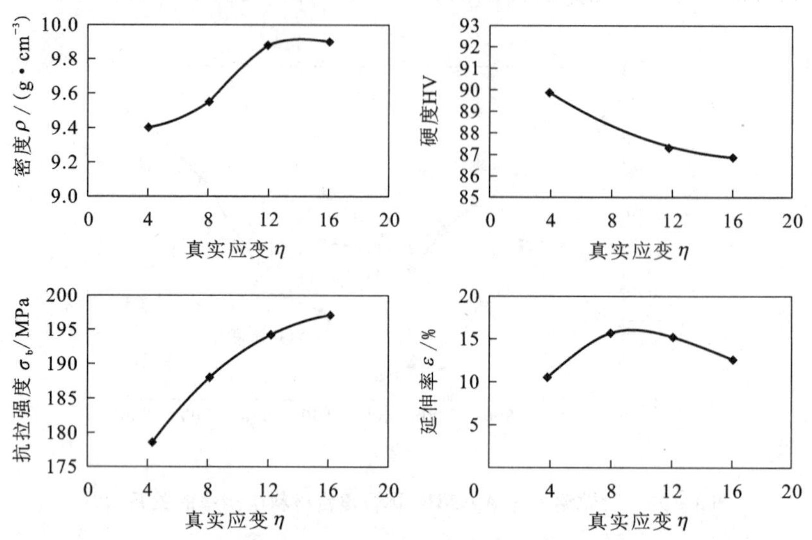

图 3-38 Ag/CuO10 颗粒复合材料真实应变与密度、硬度、抗拉强度、延伸率等的关系

强度的增加主要是因为弥散强化作用，即随着变形量的增加，增强相氧化铜被逐步分散开来，起到弥散强化的作用。但是，延伸率并没有随大塑性变形强度的增加而增加，而是先增加后降低，这是由于在塑性变形强度不大时，增强相颗粒随着大塑性变形过程发生转动与位移，形成一种类纤维状的组织形貌，则在进一步变形中这种类纤维状组织有利于变形的进行，导致延伸率的增加；而随着大塑性变形强度的进一步增加，复合材料中增强相弥散开来，弥散强化起主导作用，塑性变形逐步变得困难，导致延伸率降低。

3. 弥散强化相对 Pt-5Rh 材料高温寿命的影响

弥散强化铂基材料是目前性能最为优异的高温结构材料，在玻璃纤维、玻璃、坩埚行业得到广泛应用。德国贺利氏集团公司、俄罗斯超金属公司、日本田中贵金属公司等都开展了弥散强化铂基材料的研究，通过在纯 Pt、PtRh 合金、PtAu 合金、PtIr 合金等基体中添加如 Zr、Y、Al、Ca、Ti、Th、Sc、Hf 等元素成功制造了各种系列的弥散强化铂基材料。在国内，昆明贵金属研究所最先对弥散强化铂基材料进行了系统的、深入的研究，采用“内氧化-大变形加工”技术先后开发了 ZSG 铂基材料、OGS 铂基材料、DPH 铂基材料，其中开发的 DPHPt-5Rh 材料在 1400℃、14.7 MPa 条件下的断裂寿命为 42.8 h，达到同类材料国际先进水平。

张吉明等[80]采用“内氧化－大变形加工”技术制备了三种不同弥散相的Pt－5Rh高温材料，弥散强化相组成如表3－8所示，图3－39显示在相同蠕变温度下不同试样高温蠕变断裂时间与应力的关系。

表3－8 Pt－5Rh高温材料弥散增强相组成表

试样编号	弥散增强相组成	简　称
1#	ZrO_2	一元弥散强化
2#	$ZrO_2+Y_2O_3$	二元弥散强化
3#	$ZrO_2+Y_2O_3+Sc_2O_3$	三元弥散强化

蠕变温度为1300℃时[图3－39(a)]，在相同的应力水平下，一元、二元弥散强化Pt－5Rh材料蠕变断裂时间远远大于三元弥散强化的材料。在应力$\sigma<17$ MPa条件下，一元弥散强化Pt－5Rh材料蠕变断裂时间比二元弥散强化材料还要长，更能在高温下抵抗应力影响，高温持久性能好；蠕变温度为1350℃[图3－39(b)]，二元弥散强化Pt－5Rh材料的蠕变断裂时间远远超过一元和三元弥散强化材料，一元和三元弥散强化Pt－5Rh材料在32 MPa的高应力条件下拟合线存在交点，一元弥散强化Pt－5Rh材料在$\sigma<32$ MPa条件下要比三元弥散强化材料更能承受应力载荷，同等应力下一元弥散强化材料蠕变断裂时间会更长些；蠕变温度为1400℃[图3－39(c)]，一元和三元弥散强化Pt－5Rh材料拟合线的交点大约在28 MPa，说明在应力低于28 MPa时，一元弥散强化Pt－5Rh材料比三元弥散强化材料具有更长的蠕变断裂时间。

可见，在1300～1400℃温度区间，二元弥散强化Pt－5Rh材料的高温断裂寿命最长，高温蠕变性能最好；一元和三元弥散强化Pt－5Rh材料拟合线相交点从高应力向低应力逐渐转变，说明随着温度的升高，三元弥散强化在高应力区间($\sigma>27$ MPa)的断裂时间增长要比一元弥散强化材料长，特别是在1400℃高应力条件下尤其如此。

弥散强化Pt－5Rh材料的等温蠕变断裂试验得到的断裂时间t_r为应力σ的函数，可表示为：

$$t_r=K\sigma^m \tag{3-10}$$

式中：K是常数；m是断裂的应力指数。

表3－9表示不同弥散强化Pt－5Rh材料在不同温度下断裂时间t_r与应力σ之间的幂规律函数式中的常数K、断裂应力指数m的数值。

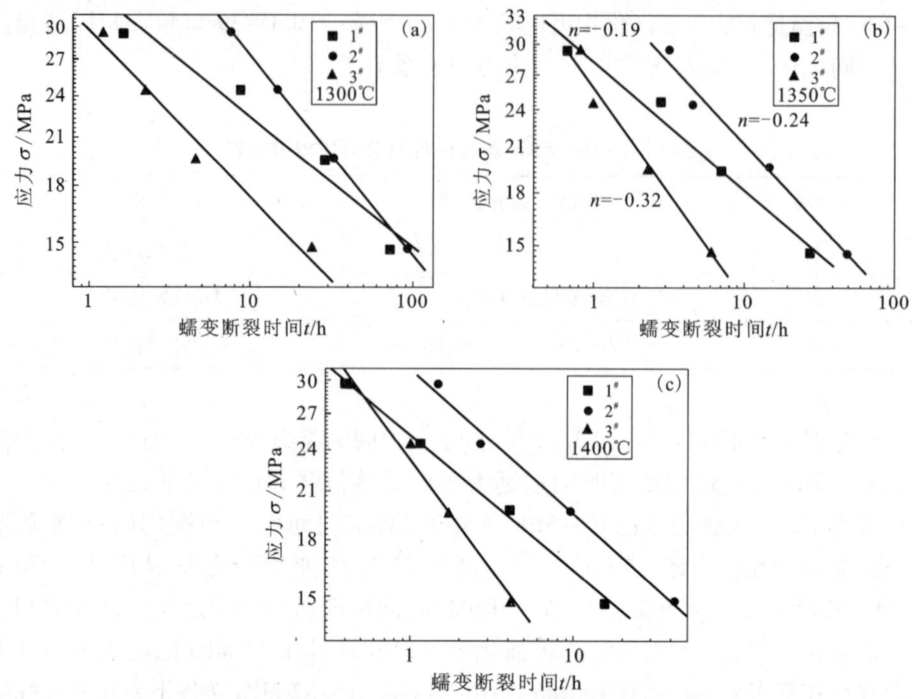

图 3-39　不同弥散强化相 Pt-5Rh 材料的断裂时间与应力关系曲线

表 3-9　弥散强化相 Pt-5Rh 材料断裂时间与应力的函数系数

弥散强化相	实验温度/℃	幂规律函数的常数	
		K	m
一元弥散强化（ZrO_2）	1300	33.767	-0.18
	1350	37.104	-0.24
	1400	25.110	-0.19
二元弥散强化（$ZrO_2+Y_2O_3$）	1300	51.467	-0.28
	1350	37.104	-0.24
	1400	30.811	-0.20
三元弥散强化（$ZrO_2+Y_2O_3+Sc_2O_3$）	1300	29.488	-0.23
	1350	25.889	-0.32
	1400	23.295	-0.31

表 3－9 显示，二元弥散强化 Pt－5Rh 材料的蠕变断裂应力指数的变化是逐渐减小的，说明在蠕变温度 1400℃下比在蠕变温度 1300℃下能更好地承受载荷，随着载荷应力的增加，受载荷的影响变化要比 1300℃小，随着温度升高蠕变断裂时间减小，速度逐渐放缓。

4. 温度和应力对 ODSPt－5Ir 弥散强化材料高温蠕变性能的影响

康菲菲等[79]采用“内氧化－大变形加工”方法制备出了 ODSPt－5Ir 弥散强化材料，图 3－40 为该材料的蠕变及应变速率和时间的关系。ODSPt－5Ir 弥散强化材料在 1250℃时的蠕变曲线对应力非常敏感，按照蠕变速率的变化可将蠕变曲线分为 3 个阶段：减速蠕变阶段，蠕变速率随着蠕变时间的延长不断降低；稳态蠕变阶段，蠕变速率随着蠕变时间的延长几乎不变；加速蠕变阶段，蠕变速率随着蠕变时间的延长不断增加，直到断裂。应力和温度是影响高温蠕变性能的两个主要因素，温度升高或应力增大都会缩短稳态蠕变阶段，有的甚至经过减速蠕变阶段后直接进入加速蠕变阶段。

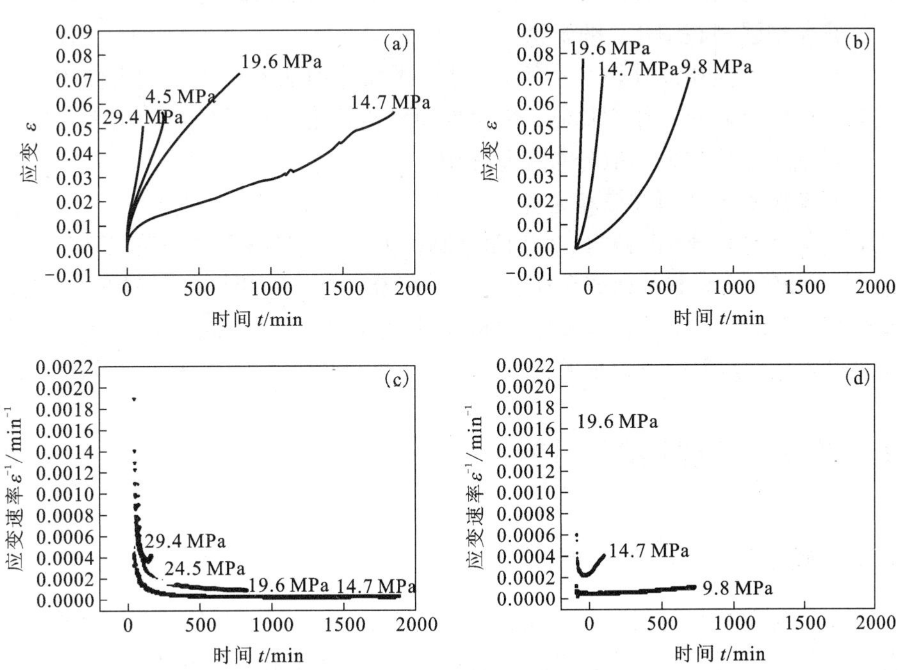

图 3－40　ODSPt－5Ir 和 Pt－5Ir 合金在 1523K 下蠕变曲线和应变速率与时间的关系

(a) ODSPt－5Ir 应变；(b) Pt－5Ir 应变；(c) ODSPt－5Ir 应变速率；(d) Pt－5Ir 应变速率

ODSPt－5Ir 弥散强化材料有明显的减速蠕变阶段。稳态蠕变阶段随着应力的增加而缩短，断裂时间随着应力的增加而减小。载荷应力为 14.7 MPa 的蠕变曲线在1511 min之后曲线斜率增大后减小，最小应变速率随着应力的增大而减小，蠕变断裂时间也随着应力的增加而减小；29.4 MPa蠕变曲线中加速蠕变阶段占整个蠕变阶段的17%；而24.5 MPa和19.6 MPa几乎没有加速蠕变阶段，只有减速和稳态蠕变阶段。与没有添加弥散强化相的Pt－5Ir材料相比，ODSPt－5Ir弥散强化材料在1250℃时的蠕变断裂时间明显较长，如在应力14.7 MPa下，蠕变断裂时间为31.18 h，Pt－5Ir材料的蠕变断裂时间为2.98 h，相差约10倍。而在应力19.6 MPa下，两者相差约15倍。

3.5.4 贵金属颗粒复合材料的研究热点

1. 颗粒增强相的均匀性

对于贵金属基颗粒增强基复合材料而言，增强相颗粒多为氧化物或碳化物，增强相在基体中的分布宏观上基本处于均匀化状态，但其微观组织实际是不均匀的，这种不均匀性严重影响了贵金属基颗粒复合材料综合性能的提高，限制了该类材料产业化的应用，需要寻找一种新的技术手段来加以解决。

2. 颗粒增强相超细化、纳米化

由于纳米增强相尺寸较小，容易聚集，所以外加纳米增强相的表面改性；增强相与基体的界面交互作用机制，优化界面结构，充分发挥界面的增强效应，使纳米增强相更加均匀地弥散分布在基体中。

3. 制备技术工艺的改进和完善

对制备技术的研究与改进，得到最佳制备工艺，也是贵金属基颗粒复合材料粉末冶金金属基复合材料的研究热点之一。如在粉末冶金中引入由微波加热与基座辐射加热相结合的新型工艺，粉末冶金与其他制备工艺相结合和融合的方法。尤其是对纳米增强相颗粒复合材料来说，不同制备方法之间的综合运用是有力手段。

3.6 贵金属包覆复合材料

3.6.1 概述

贵金属包覆复合材料是以贵金属元素为基体，以一种或多种金属为增强相，采用包覆轧制、包覆挤压等方式制备的复合材料，在塑性较好的Ag、Au、Pt、Pd、Ni及其合金之间进行包覆复合，基体组元与增强相组元可以互换。大塑性变形方法与传统压力加工技术相结合，开发出一些新的材料加工技术。包覆挤压拉拔法就是大塑性变形技术与挤压加工、拉拔加工相结合的制备新型包覆复合材料的新方法。包覆挤压拉拔法主要是通过金属多层的相互包覆来得到累积叠轧要求的叠层结构，再通过热挤压、冷拉拔等变形使复合材料形成大角度晶界。同时由于复合材料内部形成变形织构，在后续变形中使包覆复合材料的内部组织进一步细化，提高包覆复合材料的综合性能。常见的贵金属包覆复合材料体系见表3－10。

表3－10 贵金属包覆复合材料主要体系

类 型	典型复合材料举例	特 征
组元固态不反应型	Ag/Ni、Ag/Fe 等	固态组元间几乎不互溶、可制备成纤维复合材料和层状复合材料
组元固态反应型	Ag/Cu 系、Ag/Au 系、Au/Ni 系、Cu/Pd 系、Ag/Cu/Ni 系、弥散强化 Pt 系等	固态组元间会发生反应，界面的形成对复合材料性能影响较大

近年来，昆明贵金属研究所在国内率先开展了贵金属复合材料的包覆制备技术研究，并成功开发了 Cu/Pd 系、Au/Ni 系、Ag/Cu 系、Pd/Ag 系、Ag/Ni 系等包覆复合材料，并对包覆复合制备技术、包覆复合材料进行了深入、系统的研究，取得了包括专利、科技进步奖在内的一批研究成果。

3.6.2 贵金属包覆复合材料的制备工艺

张昆华采用包覆挤压技术制备 Ag/Ni20 包覆复合材料。制备过程为：采用纯度大于99.95%的纯 Ag 和纯 Ni，在中频感应炉中熔炼成扁锭，进行表面处理后冷轧至设计所需的带材，将 Ag 带和 Ni 带剪切成片材，其中 Ag 片的几何尺寸为 0.35 mm×60 mm×100 mm，Ni 片为0.10 mm×60 mm×100 mm。Ag 片、Ni 片在真空中退火，取出后以无水乙醇为介质，用超声波清洗。烘干后按 Ag/Ni/Ag/Ni/Ag/Ni 的方式排列，100 组组成一个锭坯，用 Ag 片将整个复合锭坯包覆。经过冷压后的复合锭坯在750℃保温 1 h，然后进行热轧制复合，道次压下量为 30%～50%。多道次热轧至厚度为6.0～6.5 mm，淬火。采用机加工或手工对材料进行表面处理，铲除表面的氧化层，并将四边剪切整齐。经过多道次冷轧、剪切成厚度为0.1 mm、宽度为60 mm 的 Ag/Ni20 复合带材。

3.6.3 影响贵金属包覆复合材料性能的因素

1. 真实应变对 Ag/Ni20 包覆材料显微组织的影响

图3－41 为一次包覆复合后，不同真实应变 Ag/Ni20 包覆复合材料的横截面显微组织。在图3－41(a)中，挤压态组织中 Ag/Ni20 复合带材清晰可见，带材厚度经过真实应变2.5 的变形后，其厚度变形为 18.1～29.0 μm，变形比较均匀，增强相的部分 Ni 相变形为厚度小于2.0 μm 的连续片状，而其余 Ni 相由原来的连续片状变成为两端尺度小、中间尺度大的菱形小片状，具有明显的撕拉、破碎

变形特征，其宽度小于20 μm、厚度小于1.5 μm，宽厚比在3～15。Ni相已经开始出现纵向撕裂现象，具有柱状化趋势。

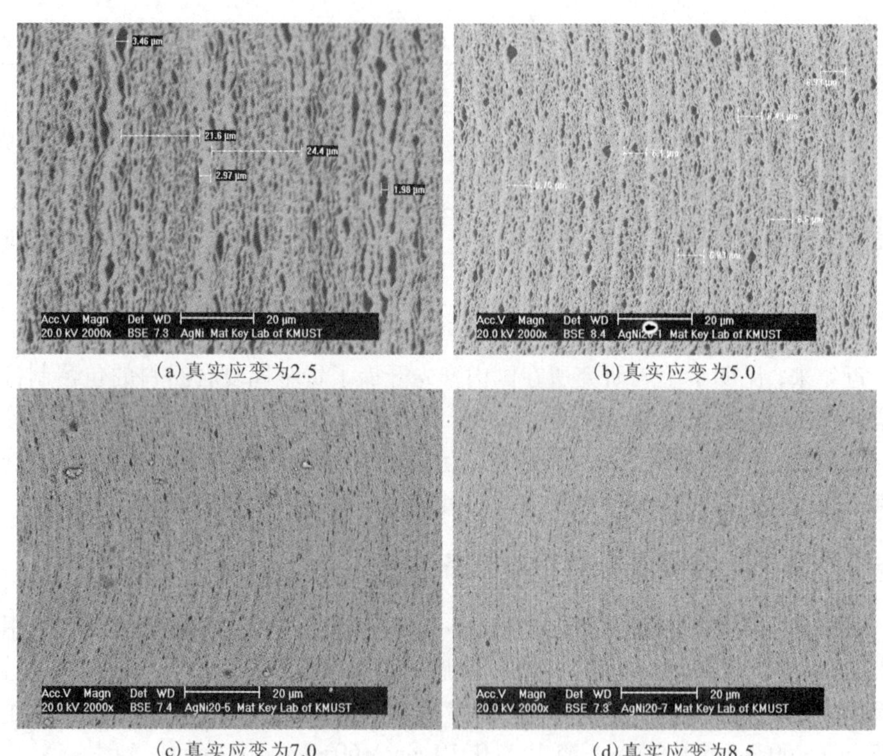

(a)真实应变为2.5　　(b)真实应变为5.0

(c)真实应变为7.0　　(d)真实应变为8.5

图3-41　Ag/Ni20一次包覆复合的横截面显微组织

真实应变达到5.0时，基体Ag相的尺度也进一步减小，大多数Ag相厚度在200～500 nm之间，Ag相形成网状结构；Ni相夹杂在Ag基体网状结构之间，小片状结构数量增加，其最大长度小于6 μm、最大厚度小于1 μm；多数小片状结构的尺度为2×0.5 μm以下，宽厚比在5～20之间。Ni相柱状化、纤维化趋势更加明显。

随真实应变增加到8.5，显微组织中的层状结构仍然存在，但是Ag/Ni20单层之间的界面基本消失，变得模糊不清；Ni相从小片状结构演变成球状，形成的颗粒比较均匀地分布于Ag基体中，Ag/Ni20单层尺度为3.24～5.90 μm，Ni相颗粒除少数尺度在400～500 nm外，大部分的尺度在180～300 nm。

图3-42为真实应变均为5.5，不同包覆复合次数条件下Ag/Ni20包覆复合材料纵截面显微结构。经过一次复合，Ag/Ni20包覆复合材料显微组织中Ni相除少部分保持连续长纤维外，大部分纤维发生断裂成为短纤维，纤维厚度在0.2～2 μm之间。Ag/Ni20包覆复合材料经过不同次数复合、不同真应变的加工，增强

相 Ni 纤维的长度和尺度逐渐减小、短纤维数量逐渐增加；部分短纤维形成“蝌蚪状”结构，并出现颗粒状。随包覆复合次数增加，复合材料中 Ni 相组织在变形过程中发生纤维细化、断裂、球化或颗粒化等过程，并且纤维状 Ni 相的尺度和数量逐渐减小，而颗粒状 Ni 相的数量逐渐增加。经过 4 次包覆复合变形后，Ag/Ni20 纤维复合材料中的增强相 Ni 由原始厚度为 0.1 mm 的片状结构演变成短纤维和颗粒状的混合结构。大多数纤维厚度小于 200 nm，大多数颗粒直径小于 400 nm。

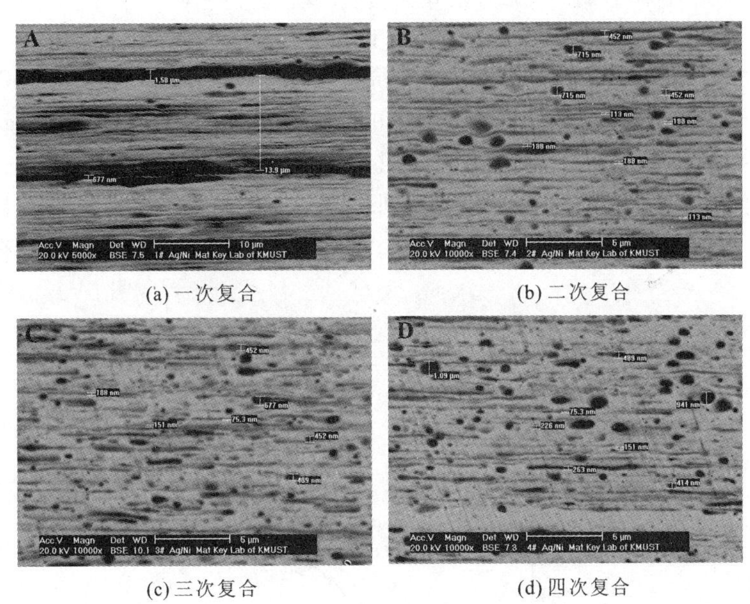

(a) 一次复合　　(b) 二次复合

(c) 三次复合　　(d) 四次复合

图 3-42　不同包覆复合次数的 Ag/Ni20 复合材料纵截面显微组织(真实应变为 5.5)

2. 真实应变对 Ag/Ni20 包覆材料力学性能的影响

在不同包覆复合次数下，Ag/Ni20 包覆复合材料的抗拉强度 σ_b 随着真实应变的增加而增大，且变化趋势基本相同。

包覆复合次数为 1、2 时，Ag/Ni20 包覆复合材料的抗拉强度 σ_b 数值接近。在真实应变为 5.5 时，抗拉强度 σ_b 为 580 MPa 和 553 MPa；当真实应变为 10.0 时，Ag/Ni20 包覆复合材料的抗拉强度 σ_b 为 1155 MPa 和 1205 MPa，分别增加 40.78% 和 44.15%；复合次数为 3、4 时，真实应变为 5.5 时，抗拉强度 σ_b 为 684 MPa 和 673 MPa；真实应变为 10.0 时，Ag/Ni20 包覆复合材料的抗拉强度 σ_b 为 866 MPa 和 773 MPa，分别增加 33.03% 和 28.46%。不同包覆复合次数 Ag/Ni20 复合材料抗拉强度 σ_b 数值是不同的，这种差异是由于复合材料内部存在的微观结构差异引起的。

Ag/Ni20 包覆复合材料经过 650℃、30 分钟热处理后，不同包覆次数复合材料的抗拉强度 σ_b 都下降。比如复合 2 次，真实应变为 5.5 丝材的抗拉强度 σ_b 为 370 MPa，真实应变 10.0 的抗拉强度 σ_b 为 516 MPa，增加 28.29%；复合 4 次，真实应变为 5.5 材料抗拉强度 σ_b 为 320 MPa，真实应变为 10.0 时抗拉强度 σ_b 为 420 MPa，增加 20.92%。

根据混合定则，Ag/Ni20 包覆复合材料的抗拉强度可以简单表示为：

$$\sigma^i_{Ag/Ni20} = (1 - f_{Ni})\sigma^i_{Ag} + f_{Ni} \cdot \sigma^i_{Ni} \qquad i = 1,\ -1 \qquad (3-11)$$

式中：σ_{Ag} 为纯 Ag 抗拉强度；σ_{Ni} 为纯 Ni 抗拉强度；f_{Ni} 为 Ni 相体积分数

根据式(3－11)，纯 Ag 和纯 Ni 的抗拉强度 σ_b 分别取退火态的 150 MPa 和 317 MPa，则 Ag/Ni20 复合材料抗拉强度的理论预测如图 3－43 所示。Ag/Ni20 纤维复合材料抗拉强度 σ_b 与增强相的体积分数偏离线性关系，这是因为其强度不仅仅与材料中各相体积分数有关。大变形引发Ag/Ni20纤维复合材料的显微结构发生变化，增强体 Ni 纤维发生纤维细化、断裂、团聚或球化等，使其存在多种强化因素。

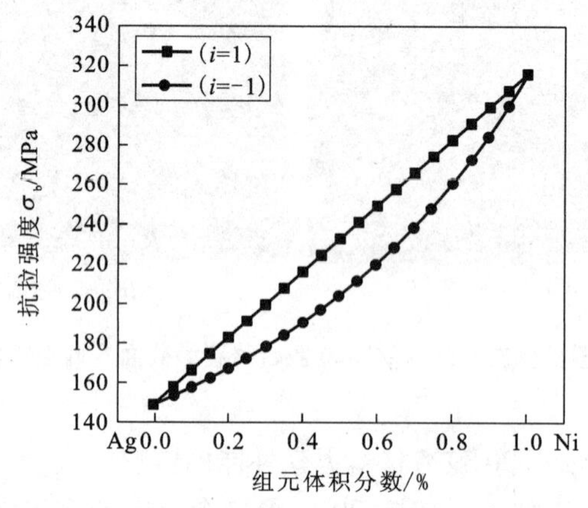

图 3－43　Ag/Ni20 复合材料抗拉强度混合定则预测值

3. 真实变形对 Ag/Cu20 包覆材料电学性能的影响

耿永红[90]等采用包覆挤压技术制备 Ag/Cu20 包覆复合材料，研究了变形对材料电学性能的影响(图 3－44)。图中 1#样品复合锭坯直径为 80 mm，真实应变为 10.0；2#样品复合锭坯直径为 28 mm，真实应变为 9.49。两个 Ag/Cu20 包覆复合材料试样的电学性能的变化趋势基本相同，电导率随真实应变的增加而逐渐减小，其间电导率的变化分别在真实应变 6.5～8.0 和 8.0～10.0 区间上存在一个峰值。

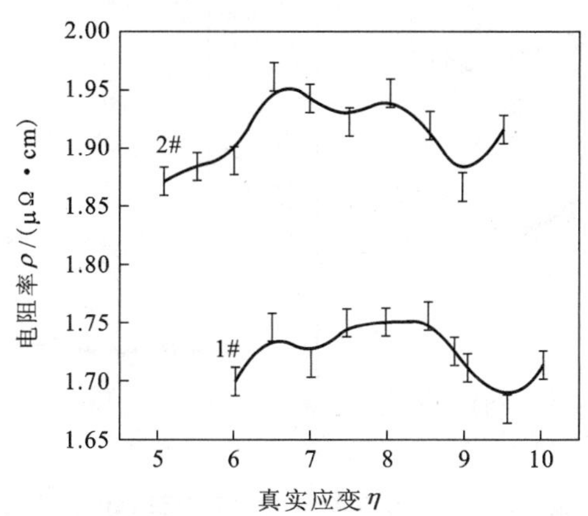

图3-44　Ag/Cu20包覆复合材料真实应变与电阻率关系

根据混合定则，按照并联模型计算Ag/Cu20包覆复合材料的电阻率的公式为：

$$\frac{1}{\rho_{\mathrm{Ag/Cu20}}} = \sum_i \frac{v_i}{\rho_i} = \frac{1 - v_{\mathrm{Cu}}}{\rho_{\mathrm{Ag}}} + \frac{v_{\mathrm{Cu}}}{\rho_{\mathrm{Cu}}} \tag{3-12}$$

式中：v_i 和 ρ_i 分别为各相体积分数和电阻率。电阻与电阻率的关系可以描述为：$R=\rho\frac{l}{S}$，其中R为试样电阻值；l是测量标距，在测量试样电阻率的实验中为定值；S为丝材横截面面积，因此电阻与真应变的关系为：

$$R_{\mathrm{Ag/Cu20}} = A + B\cdot\exp\left(\frac{\eta}{2}\right) + C\cdot\left[\exp\left(\frac{\eta}{2}\right)\right]^2 \tag{3-13}$$

Ag/Cu20包覆复合材料电学性能与exp(η/2)关系绘于图3-45，并对实验数据按式(3-13)进行拟合。图3-45(a)是复合材料电阻率与真实应变的关系，从图中可以看出：复合丝材的电阻率变化趋势符合式(3-12)，说明该模型具有一定的合理性和实际意义；图3-45(b)是复合丝材电阻值与真实应变的关系，试验测量值满足式(3-13)的关系式，而且一致性较好。

4. 温度对Au/Ni19包覆复合材料性能的影响

王健等制备了Au/Ni19包覆复合材料，研究了不同热处理条件对Au/Ni19包覆复合材料的抗拉强度、延伸率和电阻率等性能的影响(见图3-46和3-47)。

Au/Ni19包覆复合材料在550℃的抗拉强度达到最低值，此时延伸率上升至10%，电阻率为10.74 μΩ·cm。随着温度的升高，抗拉强度和电阻率上升，延伸率下降。形成这种反常变化规律的原因是550℃为Au/Ni19包覆复合材料再结晶

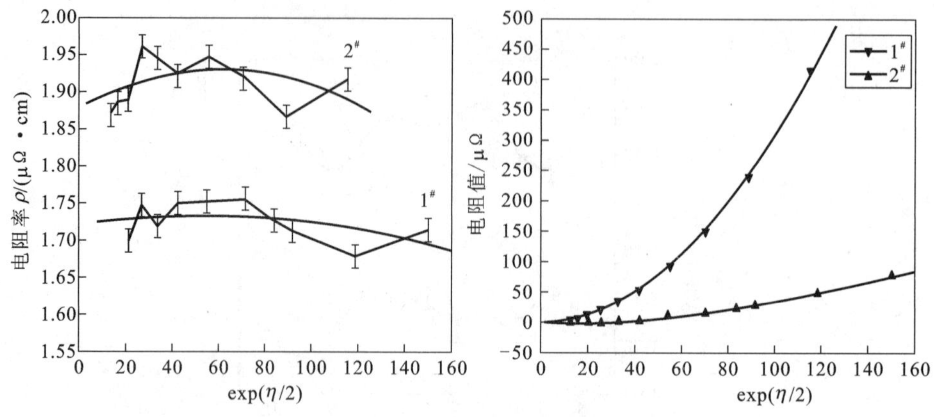

图 3-45 Ag/Cu20 包覆复合材料电学性能随 exp(η/2)的变化关系

的临界温度，热处理温度低于 550℃，Au/Ni19 包覆复合材料由于界面的固溶化程度轻微，界面未对材料性能产生很大的影响，Au 基体和 Ni 相发生了再结晶，导致 Au/Ni19 包覆复合材料的延伸率上升，抗拉强度下降，电阻率也保持较低数值。热处理温度高于 550℃，随着温度的升高，Au/Ni 界面上不断形成越来越多的固溶体，Au/Ni19 包覆复合材料因固溶强化使抗拉强度不断增加，延伸率下降，而电阻率逐渐增加。

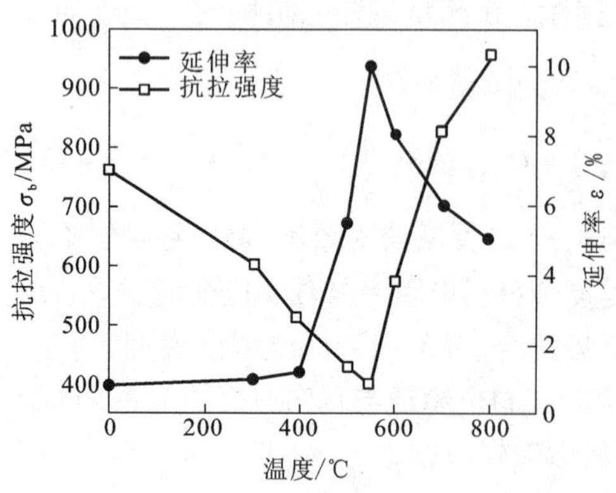

图 3-46 Au/Ni19 包覆材料抗拉强度、延伸率与热处理温度关系

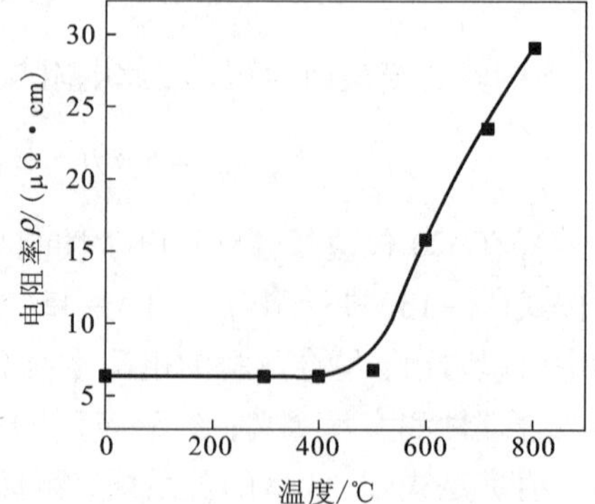

图 3-47 Au/Ni19 包覆材料电阻率与热处理温度关系

3.6.4 贵金属包覆复合材料的研究热点

1. 材料性能的计算模型理论研究

贵金属包覆复合材料的性能取决于复合材料的微观结构和其他影响因素。现行计算模型的混合定则，没有考虑变形过程中界面对复合材料性能的影响因素，所以材料性能的理论计算与实验结果有一定差异，需要研究修正。探索高性能、低成本、容易大规模生产的贵金属基包覆复合新材料或其他包覆复合新材料是今后的研究热点。

2. 共性问题的理论研究

目前贵金属基包覆复合材料制备中一些共性理论问题，如复合材料结构稳定性和性能稳定性、界面对性能的影响等需要深入研究。

3. 制备技术工艺的优化

目前常用包覆挤压、包覆拉拔等工艺，由于制备成本偏高，材料性能稳定性差，难以规模化、产业化，应加强对制备技术选择、改进、优化的研究。

参考文献

[1] 昆明贵金属研究所发展战略外部环境分析报告[R]. 2002

[2] 宁远涛. 贵金属复合材料的成就与展望：(Ⅰ)复合材料类型与制备技术[J]. 贵金属，2005，26(2)：64－71

[3] 宁远涛. 贵金属复合材料的成就与展望：(Ⅱ)贵金属复合材料体系[J]. 贵金属，2005，26(4)：58－65

[4] 宁远涛. 贵金属复合材料的成就与展望：(Ⅲ)贵金属复合材料的性质、应用与展望[J]. 贵金属，2006，27(1)：50－63

[5] 宁远涛，赵怀志. 银[M]. 长沙：中南大学出版社，2005

[6] 宁远涛，杨正芬，文飞. 铂[M]. 长沙：中南大学出版社，2005

[7] 赵怀志，宁远涛. 金[M]. 长沙：中南大学出版社，2003

[8] 谢自能. 贵金属颗粒复合材料[J]. 贵金属，1990，11(1)：44－52

[9] 谢自能. 贵金属纤维复合材料[J]. 贵金属，1990，11(2)：48－56

[10] 谢自能. 贵金属层状复合材料[J]. 贵金属，1989，10(3)：61－68

[11] 张国庆，邓德国，祁更新，等. Ag－SnO_2复合材料形变断裂分析[J]. 贵金属，1999，20(4)：1－6

[12] 张志伟. Ag/SnO_2材料在大塑性变形过程中组织演变、强化机制与性能研究[D]. 昆明理工大学，2007

[13]《贵金属材料加工手册》编写组. 贵金属材料加工手册[M]. 北京：冶金工业出版社，1978

[14] 沃丁柱. 复合材料大全[M]. 北京：化学工业出版社，2000

[15] 曾汉民. 高技术新材料要览[M]. 北京：中国科学技术出版社，1993

[16] 师昌绪. 材料大辞典[M]. 北京: 化学工业出版社, 1993

[17] Butts A, Coxe C D. Silver economics, metallurgy and Use[M]. D Van Nostrad Company. INC, Princeton, 1967

[18] 贾正坤, 彭如清, 王健. 白银深加工产品调查[M]. 北京: 科学出版社, 1996

[19] 杨懿昆, 贺东江, 邓世隆, 等. 1999 贵金属标准总汇[S]. 昆明: 全国有色金属标准化技术委员会贵金属分技术委员会, 1999

[20] 蒋鹤麟, 祁更新, 夏文华, 等. 银合金及银复合材料的技术发展[J]. 贵金属, 2000, 21(3): 56-63

[21] R. Z. Valiev, R. K. Islamgaliev, I. V. Alexandrov. Bulk nanostructured materials from severe plastic deformation[J]. Progress in Materials Science, 2000, 45(2): 103-189

[22] 王经涛. 亚微晶材料发展概述. 中国材料研究会编. 低维材料——94' 秋季中国材料研讨会论文集[C]. 北京: 化学工业出版社, 1995, 2(2): 376-381

[23] Dayan Ma, Jingtao Wang, et al. Equal channel angular pressing of a SiCw reinforced Aluminum based composite[J]. Materials Letters, 2002, 56: 999-1002

[24] S. R. Agnew, P. Mehrotra, T. M. Lillo et al. Texture evolution of wrought magnesium alloys during route A equal channel angular extrusion: Experiments and simulations[J]. Acta Materialia, 2005, 53: 3135-3146

[25] Zhang Jiming, Geng Yonghong, Chen Song, et al. The high temperature creep behavior of dispersion strengthened Pt5Rh composite[J]. Rare Metal Materials and Engineering, 2011, 40(10): 1713-1717

[26] 张吉明, 耿永红, 陈松, 等. 弥散强化铂基复合材料的研究与应用现状[J]. 贵金属, 2010, 31(1): 63-69

[27] 卢峰, 熊易芬, 王健, 等. Cu/Pd 复合材料的组织特征及性能研究[J]. 贵金属, 1998, 19(2): 8-12

[28] 卢峰. 新型 Cu/Pd 复合电触点材料[J]. 贵金属, 2000, 21(3): 1-7

[29] 管伟明, 闻明, 张昆华, 等. Ag/Cu/Fe 复合材料的界面研究[J]. 贵金属, 2005, 26(2): 32-34

[30] 闻明, 管伟明, 张昆华, 等. Ag/Cu/Fe 系层状复合材料的制备及性能[J]. 贵金属, 2004, 25(4): 35-39

[31] 孟亮, 周世平, 杨富陶, 等. 轧制及扩散温度对 Ag/Cu 层状复合材料结合性能的影响[J]. 中国有色金属学报, 2001, 11(6): 982-987

[32] Wang Chuanjun, Ning Yuantao, Zhang Kunhua, et al. Strain strengthening of Ag-10Cu in situ filamentary composite prepared by heavy deformation[J]. Rare Metal Materials and Engineering, 2010: 39(2), 0199-0203

[33] Wang Chuanjun, Ning Yuantao, Zhang Kunhua, et al. Thermal stability of heavily deformed Ag-10 wt. % Cu microcomposite wires[J]. Materials Science and Engineering A, 2009: 219-224

[34] Ning Yuantao, Zhang Xiaohui, Zhang Jie. Influence of thermomechanical processing on the

structure and properties of Cu – Ag alloy in situ composites[J]. Journal of Guangdong Non – Ferrous Metals, 2005, 15(2): 521 – 529

[35] K. Han, J. P. Hirth, J. D. Eebury. Modeling the formation of twins and stacking faults in the Ag – Cu system[J]. Acta mater. 2001, 49: 1537 – 1540

[36] S. I. Hong, P. H. Kim, Y. C. Choi. High strain rate superplasticity of deformation processed Cu – Ag filamentary composites[J]. Scripta Materialia. 2004, 51: 95 – 99

[37] K. Han, A. A. Vasquez, Y. Xin et al. Microstructure and tensile properties of nanostructured Cu – 25wt% Ag[J]. Acta Materialia, 2003, 51: 767 – 780

[38] J. McKeown, A. Misra, H. Kung. et al. Microstructures and strength of nanoscale Cu – Ag multilayers[J]. Scripta Materialia, 2002, 46: 593 – 598

[39] Zhang L, Meng L. Evolution of microstructure and electrical conductivity of Cu – 12wt. % Ag filamentary composite with drawing deformation[J]. Scr Mater, 2005, 52: 1187 – 1191

[40] Ning Yuantao, Zhang Xiaohui, Wu Yuejun. Electrical conductivity of Cu – Ag in situ filamentary composites[J]. Transactions of Nonferrous Metals Society of China, 2007, 17: 378 – 383

[41] Zhang Xiaohui, Yan Lin, Ning Yuantao. Microstructure and properties of heavily deformed Cu – Ag – Ce in situ nano – filamentary composite[J]. Journal of Guangdong Non – Ferrous Metals, 2005, 25(2, 3): 250 – 255

[42] S. Ohsaki, K. Yamazaki, K. Honoa. Alloying of immiscible phases in wire – drawn Cu – Ag filamentary composites[J]. Scripta Materialia, 2003, 48: 1569 – 1574

[43] Ning Yuantao, Zhang Xiaohui, Qin Guoyi. Influence of cerium addition on microstructure and properties of Cu – Ag Alloy in situ filamentary composites[J]. Journal of Rare Earths, 2005, 23 (Suppl): 392 – 398

[44] 张雷, 孟亮. 合金元素对 Cu – Ag 合金组织、力学性能和电学性能的影响[J]. 中国有色金属学报, 2002, 12(6): 1218 – 1223

[45] 宁远涛, 张晓辉, 张婕. 大变形 Cu – 10Ag 原位纳米纤维复合材[J]. 稀有金属材料与工程, 2005, 34(12): 1930 – 1934

[46] 宁远涛, 张晓辉, 吴跃军. Cu – Ag 合金原位纤维复合材料的沉淀强化效应[J]. 稀有金属材料与工程, 2007, 36(10): 1807 – 1810

[47] 宁远涛, 张晓辉, 秦国义, 等. 制备工艺对 Cu – Ag 合金原位复合材料结构与性能的影响[J]. 稀有金属, 2005, 29(4): 442 – 447

[48] 宁远涛, 张晓辉, 吴跃军. Cu – Ag 合金原位纤维复合材料的应变强化效应[J]. 中国有色金属学报, 2007, 17(1): 68 – 74

[49] 刘嘉斌, 孟亮. Cu – 6% Ag 合金组织纤维化过程中的应变协调行为[J]. 金属学报, 2006, 42(9): 931 – 936

[50] 王传军, 宁远涛, 管伟明, 等. 热机械处理对 Ag – 15Cu 原位纤维复合材料结构及性能的影响[J]. 稀有金属材料与工程, 2011, 40(11): 1994 – 1997

[51] 宁远涛, 张晓辉, 吴跃军. 微量稀土添加剂对 Cu – Ag 合金原位纤维复合材料结构与性能的影响[J]. 稀有金属材料与工程, 2007, 36(8): 1426 – 1430

[52] 张晓辉，闫琳，宁远涛. 稳定化处理对 Cu-10Ag-0.04Ce 原位纳米纤维复合材料的组织及性能的影响[J]. 稀有金属，2005，29(4)：432-435

[53] 王英民，毛大立. 形变纤维增强高强度高电导率的 Cu-Ag 合金[J]. 稀有金属材料与工程，2001，30(8)：295-298

[54] 张雷，孟亮. 应变程度对 Cu-12% Ag 合金纤维相形成及导电性能的影响[J]. 金属学报，2005，4(3)：255-259

[55] Ning Yuantao, Zhang Xiaohui, Qin Guoyi, et al. Structure and properties of the in situ filamentary composites based on the Cu-Ag alloy with different solidification conditions[J]. Precious Metals, 2005, 26(3): 39-49

[56] 贺佳，刘嘉斌，孟亮. 应变对 Cu-12% Ag 合金织构强度及分布的影响[J]. 金属学报，2007，43(6)：643-647

[57] 王健. Ag/Steel 纤维复合材料的组织和性能[J]. 贵金属，1998，19(3)：5-9

[58] 钱琳，谭明强，卢峰，等. Ag-Ni 纤维复合材料的组织特征及力学性能[J]. 贵金属，1990，11(1)：15-20

[59] J. Echigoya, C. Nakata, J. Takahashi, et al. Strength of Ag-Ni multi-layered foils[J]. Journal of Materials Science, 2005, 40: 3237-3241

[60] Stckel D, Schneider H. Silber-nickel-faserverbundwerkstoffe für electrische kontakte[J]. Metall, 1974, 28(7): 677

[61] Muller K, Stckel D, Claus H. Eigenschaftenund anwendung von kupfer-palladium-verbundwerkstoffen für elektrische kontakte[J]. Metall, 1986, 40(1): 33

[62] Stckel D. Metakundliche untersuchungen an stranggeprebten kupfer/palladium verbundwerkstoffen[J]. Metall, 1987, 41(7): 702

[63] 谢宏朝，王能清，赖家武，等. Pd/Ag 纤维复合材料的制备工艺[J]. 贵金属，1994，15(1)：42-49

[64] 谢宏朝. Pd/Ag 纤维复 Cu 触点的制备及其金相组织[J]. 贵金属，1994，15(3)：29-32

[65] 宁远涛，戴红，文飞. Pd/Ni 复合材料的性能与界面扩散[J]. 贵金属，1995，16(4)：25-30

[66] 熊易芬，卢峰. 铜钯金属纤维复合材料的界面研究[J]. 贵金属，1994，15(2)：10-22

[67] 卢峰，熊易芬，王健，等. Cu/Pd 纤维复合材料的组织特征及力学性能[J]. 贵金属，1998，19(2)：8-12

[68] 李明，宁远涛，胡新，等. Pd/Ni 和 Pd(Y)/Ni 复合材料的界面与界面扩散[J]. 贵金属，2002，23(2)：21-25

[69] 邓德国，徐云. Ag-10W 机械合金化研究[J]. 贵金属，1993，14(4)：22-28

[70] 郑福前，谢明，刘建良，等. Ag-10Ni 合金的机械合金化[J]. 贵金属，1998，19(4)：1-3

[71] Schreiner H. Powder metallurgy production of AgMeO shaped contact pieces of internally oxidized alloy powder for switchgear in powder engineering[J]. Powder Metallurgy International, 1980, 12(1): 16

[72] Szulczyk A, B hm W, Clasing M. Schafteigenschaften einiger pulver – metallurgisch hergestellter Ag – metalloxid – kontaktwerkstoffe[J]. Metall, 1982, 36(7): 740

[73] Bhm W, Behrens N, Clasing M. Pulvermetallurgisch hergestellte kontakt – werkstoffe für die energietechnik aufder basis Ag/SnO_2[J]. Metall, 1981, 35(7): 539

[74] Zhang Kunhual, Wen Ming, Guan Weiming, et al. Effect of cumulative severe plastic deformation on microstructure and properties of Ag – CeO_2 composites by RSP[J]. 2008, 37(3): 551 – 555

[75] 管伟明, 张昆华, 卢峰, 等. 新型电接触材料 Ag – 导电陶瓷的制备与性能[J]. 贵金属, 2002, 23(1): 26 – 28

[76] 张国庆, 邓德国, 祁更新, 等. Ag – SnO_2 复合材料形变断裂分析[J]. 贵金属, 1999, 20(4): 1 – 6

[77] 张国庆, 邓德国, 祁更新, 等. 机械合金化工艺对银基陶瓷颗粒复合材料的作用[J]. 贵金属, 2000, 21(2): 1 – 6

[78] 黄炳醒, 刘诗春, 张国庆, 等. 弥散强化银及其应用研究[J]. 贵金属, 1995, 16(2): 33 – 42

[79] 康菲菲, 张昆华, 管伟明, 等. 弥散强化相对 PtIr5 合金高温蠕变性能的影响[J]. 稀有金属材料与工程, 2012, 41(2): 241 – 245

[80] Zhang Jiming, Geng Yonghong, Chen Song, et al. The high temperature creep behavior of dispersion strengthened Pt5Rh composite[J]. Rare Metal Materials and Engineering, 2011, 40(10): 1713 – 1717

[81] Kang Feifei, Geng Yonghong, Chen Song, et al. Investigation of internal oxidation on Pt – Ir – Zr high – temperature alloy[J]. Rare Metal Materials and Engineering, 2011, 40(4): 0585 – 0589

[82] 熊易芬, 谢自能, 钱琳. 弥散强化铂材料的研究[J]. 贵金属, 1984, 5(2): 12 – 18

[83] 徐颖, 李明利, 李贺军. 纳米 ZrO_2/Pt 复合材料的高温性能及高温断口分析[J]. 贵金属, 2004, 25(1): 35 – 38

[84] 王健, 卢峰, 李宏, 等. 弥散强化 Pt – 5Au——新型的坩埚器皿材料[J]. 稀有金属, 2005, 29(4): 445 – 449

[85] 秦国义, 王剑华, 赵怀志, 等. 超音速电弧喷雾 Ag – Ni、Ag – Fe 粉末的快速凝固组织特征[J]. 中国有色金属学报, 2009, 19(2): 286 – 291

[86] Qin Guoyi, Wang Jianhua, Cai Hongzhong, et al. Rapid solidification features of Ag – 10Ni immiscible alloy by ultrasonic arc spray gas atomization[J]. Rare Metal Materials and Engineering, 2007, 36(5): 925 – 928

[87] Zhou Xiaolong, Cao Jianchun, Chen Jingchao, et al. Micro – superplastic behavior of copper oxide in AgCuO composites[J]. Rare Metal Materials and Engineering, 2013, 42(11): 2242 – 2244

[88] 周晓龙, 曹建春, 陈敬超, 等. 反应合成与大塑性变形制备 AgMeO 电接触材料的组织形貌特征[J]. 稀有金属材料与工程, 2009, 38(6): 991 – 994

[89] 张昆华. 大变形制备 Ag/Ni 纤维复合电接触材料研究[D]. 昆明理工大学, 2008
[90] 耿永红, 郭迎春, 张吉明, 等. 大塑性变形 Ag - 20% Cu 复合材料的电学性能[J]. 贵金属, 2008, 29(2): 19 - 23

第 4 章　贵金属薄膜涂镀层材料

4.1　概况[1]

贵金属因具有良好的抗氧化性能、高的电导率、优异的催化活性以及使用中的高稳定性能，在基础工业、高新技术及军工宇航领域应用广泛。但贵金属资源量少，价格昂贵，在保障使用性能的条件下如何降低用量是业界关注的重要课题。使用薄膜或涂层代替整体材料是大幅降低用量的重要途径。同时，薄膜材料厚度与其长度和宽度相比几乎可以忽略不计，结构特殊且表面积大，除保持了贵金属优异的物理化学性能外，还具有块体状材料所不具备的、特异的光学、电学、磁学，以及催化等性能，二者兼备，使其作为磁性材料、催化剂材料、光学材料、传感材料、光电子功能材料，以及特种功能涂层等材料，得到了广泛的应用。

薄膜与涂层在厚度尺寸上不同，在功能定位上也有所侧重。一般来讲，以薄膜材料使用时，其厚度通常小于 25 μm，最薄的可小于 1 μm，甚至是原子尺度上的二维材料。功能上更多地是利用其光、电、磁及催化等物理化学特性，开发各类特殊用途的功能薄膜材料。涂层的厚度比薄膜厚，主要功能是作为抗腐蚀和抗氧化的表面保护材料。

贵金属的抗腐蚀性能、抗氧化性能及与常见气体的反应情况详见表 1 - 3 和表 1 - 4。简言之，铱、铑的抗化学腐蚀能力最强，粉末态或致密金属甚至在加热的情况下都不溶于各种酸和王水，也耐很多腐蚀性化学试剂的浸蚀，银是贵金属中耐蚀性最差的金属。抗氧化能力最强的是铑和铂，高温下都很难氧化和挥发，最易氧化的是锇、钌、钯。贵金属(银除外)都耐硫及硫化物腐蚀，银在潮湿的空气中，易被硫或硫化物腐蚀生成硫化银。详细了解这些性质是研发及使用该类材料的基础。

材料的腐蚀是一个普遍现象，贵金属的耐腐蚀和抗氧化性并非意味着不腐蚀和不氧化，这与其存在状态和使用状态、使用环境和条件密切相关，其实是一个腐蚀和氧化速度及使用寿命问题。薄膜状态其厚度仅微米级，若发生腐蚀和氧化不仅严重改变其使用性能，也影响其寿命。因此利用贵金属薄膜特异的光、电、磁及催化性质开发相关的功能材料时，其使用目的、使用环境和条件、选择何种金属或合金、以什么工艺和技术制备薄膜、防蚀及防氧化设计等问题，是材料科学研究中必须兼顾的重要问题。

本章介绍各类贵金属薄膜涂层材料，包括单种纯贵金属、合金及化合物薄膜，含贵金属的双层及多层膜，纳米颗粒膜和复合膜的用途、性能及研发情况。同时还介绍各类材料的制备方法，如电镀法、化学气相沉积法(CVD)、物理气相沉积法(PVD)、溶胶－凝胶法(Sol－gel)以及分子束外延等。

4.2 贵金属镀层材料[2]

电镀是一种电化学过程，也是重要的表面工程技术。是将被镀器件置于电镀液中作为阴极，以所要镀的金属、合金(或不溶金属)作阳极，在电场作用下阳极可溶金属溶解，溶液中的金属离子通过电化学还原而沉积、结晶在镀件表面形成特种功能的薄镀层。自1840年埃尔金顿(Elkington)获得氰化镀银专利并工业应用后，逐步开发了镀铜、镀镍、镀锌、镀铬、镀贵金属技术，电镀已成为现代工业中不可或缺的部门。

镀层按其功能可分为三类：防护性镀层，用于增强器件基体材料的抗腐蚀性；防护－装饰性镀层，除防护性能外还具有光亮或美丽的外观；功能性镀层，满足特殊的功能需求，如耐磨镀层、导电镀层、强磁性镀层、抗高温氧化镀层等。电镀液的成分及性质是影响镀层质量的主要因素，除含需镀金属的离子外，有时还需加入提高镀液导电性的电解质及稳定剂、缓冲剂、阳极助溶剂、pH调整剂以及改善镀层性能的其他添加剂(结晶细化剂、光亮剂等)。

镀银专利的公布，揭开了贵金属电镀材料应用的篇章。与电镀贱金属相比，贵金属及其合金镀层具有优良的物理、化学及力学性能。贵金属电镀中应用最多的是金和银，其次是铑、钯、铂。电镀钌、铱和锇在工艺上尚存在较大困难，其应用受到了一定的限制。20世纪中叶以前，贵金属电镀主要应用于防护和装饰方面。随着科学技术和现代工业的发展，功能性镀层在汽车、船舶、航空航天和电子技术等工业领域的应用得到了快速发展。黄伯云院士编著的《中国材料工程大典》第五卷《有色金属材料工程》(下)对贵金属电镀作了详细的归纳介绍，本节引用相关重要内容。读者欲了解详情请参阅该著作。

4.2.1 金及其合金镀层

1. 电镀金

金具有颜色美丽、延展性好、易于抛光、易于焊接、电导性好、化学稳定性高等许多突出特点。因此金镀层除具有美丽的金黄色外，还有很强的耐蚀性(特别是抗硫化物腐蚀)，能长时间保持原有的色泽，作为防护装饰性镀层得到了很大发展，广泛用于仪器仪表的精饰防蚀、钟表制造，以及不同颜色的首饰镀金等。20世纪中叶以来，随着电子工业和航空航天技术的发展，金及其合金电镀被广泛应用于精密仪器、印刷电路板、集成电路、管壳及电触头、激光器椭圆腔内壁及各种红外反射装置等。在与有机化合物接触的装置表面镀金比镀铂、钯和铑效果更好。

自 1840 年首次实现氰化物电镀金以来，金的电镀工艺变化不是很大。按镀金液类型，可分为氰化物镀金液和非氰化物镀金液两种。根据镀液 pH 的不同，氰化物镀金液又可分为碱性氰化物镀液（pH≥9）、酸性氰化物镀液（pH 3～6）和中性氰化物镀液（pH 6～9）。典型的镀金液配方及相应的电镀工艺条件见表 4－1。

表 4－1　典型的镀金液配方及电镀工艺条件

类型	镀液成分与工艺条件	可选择的镀液配方			
		1	2	3	4
碱性氰化物镀液	氰化金钾（以金计算）/($g \cdot L^{-1}$)	4～5	3～5	4	12
	氰化钾/($g \cdot L^{-1}$)	15～20	15～25	—	90
	游离氰化钾/($g \cdot L^{-1}$)	—	3～6	16	—
	碳酸钾/($g \cdot L^{-1}$)	15	—	10	—
	氰化钴钾/($g \cdot L^{-1}$)	—	—	12	—
	氰化银钾/($g \cdot L^{-1}$)	—	—	—	0.3
	氰化镍钾/($g \cdot L^{-1}$)	—	—	—	15
	硫代硫酸钠/($g \cdot L^{-1}$)	—	—	—	20
	温度/℃	60～70	60～70	70	20～22
	阴极电流密度/($A \cdot dm^{-2}$)	0.05～0.1	0.2～0.3	2	0.5
酸性氰化物镀液	氰化金钾/($g \cdot L^{-1}$)	8～20	10～15	10～12	15～25
	柠檬酸/($g \cdot L^{-1}$)	—	20～30	90～120	8～15
	柠檬酸钾/($g \cdot L^{-1}$)	100～140	30～45	—	20～40
	柠檬酸钠/($g \cdot L^{-1}$)	—	—	—	—
	磷酸二氢钾/($g \cdot L^{-1}$)	—	6～10	—	—
	酒石酸锑钾/($g \cdot L^{-1}$)	0.8～1.5	—	—	—
	乙二胺四乙酸钴钾/($g \cdot L^{-1}$)	2～4	—	1～3	—
	乙二胺二乙酸镍/($g \cdot L^{-1}$)	—	2～4	—	—

续表 4-1

类型	镀液成分与工艺条件	可选择的镀液配方			
		1	2	3	4
酸性氰化物镀液	浓磷酸/($mL \cdot L^{-1}$)	—	—	10~14	—
	氢氧化钾/($g \cdot L^{-1}$)	—	—	50~60	—
	环乙烷/($mL \cdot L^{-1}$)	—	—	10~15	—
	pH	3~4.5	3.2~4.4	3.5~4.5	4.8~5.8
	温度/℃	12~35	20~50	35~45	50~60
	阴极电流密度/($A \cdot dm^{-2}$)	0.5~1.0	2~6	0.5~1.5	0.05~0.1
中性氰化物镀液	氰化金钾/($g \cdot L^{-1}$)	10~12	4	2	6
	柠檬酸铵/($g \cdot L^{-1}$)	50~60	—	—	—
	磷酸二氢钠/($g \cdot L^{-1}$)	—	15	—	—
	磷酸氢二钠/($g \cdot L^{-1}$)	—	20	—	—
	磷酸二氢钾/($g \cdot L^{-1}$)	—	—	10~30	15
	磷酸氢二钾/($g \cdot L^{-1}$)	—	—	—	6
	镍(EDTA-Na 盐)/($g \cdot L^{-1}$)	—	0.5	—	—
	络合剂/($g \cdot L^{-1}$)	—	—	5~10	0.5
	pH	5.4~5.8	7.0	6.5~8.0	7.5
	温度/℃	70~80	67	35~60	65~75
	阴极电流密度/($A \cdot dm^{-2}$)	0.2~0.4	1.0~1.5	—	0.5

氰化物镀金随电镀液 pH 的差别，金镀层特性及使用情况也不同：碱性氰化物镀金的特点是镀层细致光亮，但镀层孔隙多。主要用于装饰性 24K 闪金镀层、闪金合金和厚金合金镀层，以及电子工业高纯金镀层(不包括印制电路板)；酸性、中性氰化物镀金的特点是镀层光滑致密、耐蚀性及可焊性好、硬度高、耐磨性好、镀层无孔隙。主要用于电子元器件，如接插件、分立元件、印制电路板、薄膜电路、半导体及微波元器件等的电镀。

非氰化物镀金液通常为无机亚硫酸盐类型和有机亚硫酸金盐类型，电镀时沉积速度快，镀层细致光亮、孔隙少，镀层与镍、铜、银等金属结合力强。主要用于装饰镀金、工业镀金及金合金电镀。

2. 金合金镀层

纯金镀层存在硬度低及耐磨性差等缺点，不适于对耐磨性能要求较高的电子插接件及其防护。但金合金镀层则具有硬度高、表面光亮且色泽丰富等特点，近年来得到了快速发展和应用。金合金电镀液配方和相应的电镀工艺条件见表4－2。

表4－2 金合金电镀液配方及电镀工艺条件

金合金镀层	电镀液配方/$(g \cdot L^{-1})$		工艺条件		
			电流密度/$(A \cdot dm^{-2})$	温度/℃	阳极
Au－1Ni	氰化金钾(以金计算)	4	2	70	Au－Ni合金
	氰化镍钾(以镍计算)	2			
	游离氰化钾	16			
Au－28Ag	氰化金钾(以金计算)	6.9	0.5	18～25	Au－30Ag合金
	氰化银钾(以银计算)	1.08			
Au－20Cu	氰化金钾(以金计算)	1.65～1.9	0.5～10	45～50	Au－80Cu合金
	氰化铜钾(以铜计算)	3.4～4.4			
	氰化钾	7～9			
Au－1Sb	氰化金钾(以金计算)	3.0	0.2	60～65	Au－1Sn合金
	酒石酸锑钾	0.05			
	游离氰化钾	15			
Au－Co	氰化金钾(以金计算)	4	2	70	镀铂钛阳极
	氰化钴钾	12			
	游离氰化钾	16			
	硫酸钾	10			
Au－Fe	氰化金钾(以金计算)	4～6	0.1	80	金或镀铂钛阳极
	亚铁氰化钾	28			
	氰化钾	3			
Au－Pd－Cu	二亚硫酸金(以金计算)	5	2	50	—
	乙二胺钯(以钯计算)	5			
	硫酸铜(以铜计算)	0.2			
	亚硫酸钠	50			

续表 4-2

金合金镀层	电镀液配方/(g·L^{-1})		工艺条件		
			电流密度/(A·dm^{-2})	温度/℃	阳极
Au-Pd-Cu-Ni	三氯化金	0.25	0.8	50~65	—
	氯化钯	3			
	氰化铜钾(以铜计算)	0.5			
	氰化镍钾(以镍计算)	3			

常见金合金镀层的特性与应用简述如下:

Au-Cu 合金镀层：较高的耐磨性和韧性，当铜的含量为15%~40%时，合金镀层的硬度和耐磨性是纯金镀层的2~3倍；随着铜含量的增加，镀层的颜色由金黄色到浅黄色再到红色逐渐变化，含铜85%的金铜合金镀层外观为玫瑰红(俗称玫瑰金)。可代替纯金用于接插器件和触点表面的电镀装饰镀金，玫瑰金则广泛用作钟表零件等装饰性镀层。

Au-Sb 合金镀层：金锑合金镀层的性能与金铜合金接近，硬度为纯金的3倍，随着锑含量的增加，合金镀层的硬度逐渐上升，Au-5Sb合金的维氏硬度约为2000 MPa；镀层外观呈金黄色。轻负荷电接点多采用金合金镀层，如Au-85Cu和Au-1Sb。

Au-Ni 或 Au-Co 合金镀层：金镍或金钴合金镀层硬度高、耐磨性好。根据实际需要，镍或钴含量可以在0.05%~25%之间变化，相应的合金镀层维氏硬度的变化范围为1200~4500 MPa。大多数情况下，镀层具有较低的接触电阻和较好的焊接性能。金镍合金镀层主要应用于接插件、印刷电路板插头及触点等耐磨件；金钴合金镀层主要用作集成电路电触点和印刷电路板等耐磨件。

Au-Ag 合金镀层：金银合金的光亮度较高，硬度可达1500 MPa。银含量增加，合金镀层由黄色变为绿色。适用于电子元器件、首饰以及其他工艺品等。

4.2.2 银及其合金镀层

1. 电镀银

银是一种白色光亮塑性极好的金属。在所有金属中，银对白色光线反射性能最好，导电性和导热性最高，银还具有良好的焊接性能，因此银镀层得到了广泛应用。针对不同的用途，可选择不同的基体材料。如在有色金属及合金基体上镀5~20 μm的银，可用于钟表外壳、首饰和餐具等的防护及装饰性镀层；在铁或铜基体上镀较薄的银层(10~20 μm)，可用于电工仪器、接触零件、印刷线路、探照灯及其反光器等。若用于在碱或有机酸中使用的器皿和仪器，则需要镀较厚的银层(10 ~ 100 μm)。

银的电镀基本上沿用百年来的氰化物镀银液，但在导电盐、光亮剂、增硬剂、整平剂以及提高电沉积速率等方面有所发展。由于氰化物的剧毒性质，国内外在非氰化物镀银方面进行了大量的研究，但镀层的综合性能不及氰化物镀银，还不能大批量推广应用。表 4 – 3 列举了氰化物镀银液及镀银工艺条件。

表 4 – 3　典型的镀银液配方及工艺条件

类型	镀液成分/($g \cdot L^{-1}$)与工艺条件	可选择的电镀液配方					
		1	2	3	4	5	6
普通镀银	氯化银	—	35 ~ 40	—	—		
	氰化银	35 ~ 45	—	50 ~ 100	4 ~ 8		
	氰化钾	65 ~ 80	55 ~ 75	100 ~ 200	15 ~ 25		
	游离氰化钾	35 ~ 45	30 ~ 38	45 ~ 120	—		
	碳酸钾	15 ~ 30	15 ~ 30	15 ~ 25	10 ~ 12		
	氢氧化钾	—	—	4 ~ 10	0.3		
	温度/℃	15 ~ 35	15 ~ 35	28 ~ 45	20 ~ 25		
	阴极电流密度/($A \cdot dm^{-2}$)	0.1 ~ 0.5	0.3 ~ 0.6	0.35 ~ 3.5	0.15 ~ 0.25		
	适用范围	一般镀银	一般镀银	阴极移动 20 次/min	低浓度镀银		
光亮镀银	氰化银钾	—	—	—	以银计 20 ~ 40	67.5	55
	氰化银	—	40 ~ 55	—	—	(45)	—
	氯化银	35 ~ 45	—	—	—	—	—
	硝酸银	—	—	40 ~ 50	—	—	—
	氰化钾(总)	—	60 ~ 75	—	—	92.5	135
	游离氰化钾	40 ~ 55	—	—	挂 90 ~ 150 滚 100 ~ 200	—	—
	氢氧化钾	—	—	10	5 ~ 10	—	—
	碳酸钾	15 ~ 25	40 ~ 50	—	—	22	10
	硫代硫酸钠	0.5 ~ 1.0	—	—	—	—	—

续表 4-3

类型	镀液成分/ $(g \cdot L^{-1})$ 与工艺条件	可选择的电镀液配方					
		1	2	3	4	5	6
光亮镀银	二硫化碳	—	0.001	—	—	—	—
	光亮剂	—	—	①	②	③	56 光亮剂 4 mL/L
	温度/℃	18 ~ 35	15 ~ 25	20 ~ 30	挂镀 20 ~ 40 滚镀 18 ~ 30	20 ~ 50	15 ~ 25
	阴极电流密度 $/(A \cdot dm^{-2})$	0.2 ~ 0.5	0.3 ~ 0.6	挂 0.5 ~ 1.5 滚 0.1 ~ 0.5	挂镀 0.5 ~ 4 滚镀 0.5 ~ 2	0.5 ~ 0.6	0.6 ~ 1.2
	阴极移动/ $(次 \cdot min^{-1})$	20	20	—	需要	需要	功能性
	适用范围	半光亮	半光亮	光亮	光亮	光亮	光亮
	① 光亮剂加入量为:FB 110 mL/L、FB 210 mL/L; ② 光亮剂加入量为:A(挂镀、滚镀)30 mL/L,B(挂镀、滚镀)15 mL/L; ③ 光亮剂加入量为:A 光银粉 3.25 g/L,B 光银水 3.25 mL/L						
镀硬银	氯化银	—	35 ~ 45	40 ~ 50			
	硝酸银	35 ~ 45	—	—			
	氰化钾	80 ~ 90	—	70 ~ 85			
	游离氰化钾	—	15 ~ 25	—			
	碳酸钾	—	25 ~ 35	10 ~ 20			
	酒石酸钾钠	40 ~ 50	—	20 ~ 30			
	氯化钴 $(CoCl_2 \cdot 6H_2O)$	—	0.8 ~ 1.2	—			
	酒石酸锑钾	—	—	30 ~ 40			
	氯化镍 $(NiCl_2 \cdot 6H_2O)$	1.5 ~ 3.0	—	—			
	温度/℃	18 ~ 22	15 ~ 25	15 ~ 35			
	阴极电流密度/ $(A \cdot dm^{-2})$	1 ~ 2	0.8 ~ 1.0	0.8 ~ 1.5			
	阳极电流密度/ $(A \cdot dm^{-2})$	<0.5	0.4 ~ 0.5	<0.7			
	阴极移动/ $(次 \cdot min^{-1})$	20	—	12 ~ 16			
	适用范围	挂镀	挂镀	滚镀			

非氰化物镀银方法中以硫代硫酸盐应用最多。表4-4列出了3种硫代硫酸盐镀银液配方和相应的电镀工艺规范。此种镀液具有成分简单、覆盖能力强、电流效率高、镀层细致，以及可焊性好等特点。

表4-4　硫代硫酸盐镀银工艺规范

镀液成分/(g·L^{-1})及工艺条件	可选择的镀液配方		
	1	2	3
硝酸银	45~50	40~45	40~45
硫代硫酸铵	230~260	—	200~250
硫代硫酸钠	—	200~250	—
焦亚硫酸钾	—	40~45	—
醋酸铵钠	20~30	20~30	—
无水亚硫酸钠	80~100	—	—
硫代氨基脲	0.5~0.8	0.6~0.8	—
S-L80添加剂/(mL·L^{-1})	—	—	8~12
辅加剂	—	—	0.3~0.5
pH	5.0~6.0	5.0~6.0	5.0~6.0
温度/℃	15~35	室温	室温
阴极电流密度/(A·dm^{-2})	0.1~0.3	0.1~0.3	0.3~0.8
阴极与阳极面积比	1:2~3	1:2	1:2~3
适用范围	挂镀	挂镀	挂镀、光亮镀

2. 银合金镀层

银合金电镀可以提高镀层硬度、耐磨性及在硫化物气氛中的抗腐蚀性能。常用的有Ag-Sn、Ag-Pb、Ag-Cd、Ag-Sb和Ag-Pd等合金镀层。Ag-Sn和Ag-Pb合金电镀主要用作改善滑动轴承的耐磨性能，Ag-Pb合金镀层还用于保护大负荷高速航空发动机轴瓦不受腐蚀，Ag-Cd、Ag-Sb和Ag-Pd合金镀层一般用在电器触点上。银基合金电镀液配方及工艺条件见表4-5。

阳极与镀层成分不同，常用银合金镀层的性能也不同，其应用情况简介如下：

Ag-2Sb合金镀层：机械性能好，镀层光亮，抗硫化性能比银有很大提高。主要应用于电触点材料。

表 4-5 银基合金电镀液配方及电镀工艺条件

镀层	镀液组成/(g·L^{-1})		工艺条件	
			电流密度/(A·dm^{-2})	温度/℃
Ag-Cu	硝酸银	15	1.5	45
	硝酸铜	30		
	焦磷酸钾	82		
Ag-Sb	硝酸银	38~46	0.8~1.2	15~25
	游离氰化钾	70~80		
	碳酸钾	30~40		
	锑盐(以金属锑计)	0.45~0.6		
	1,4-丁炔二醇	0.5~0.7		
	2-硫基苯骈噻唑	0.5~0.7		
Ag-Sn	氰化银(以银计)	4	0.2	50
	锡酸钾	80		
	氢氧化钠	50		
	氰化钠	80		
Ag-Pb	氰化银	30~35	0.3~0.5	20±5
	氰化钾	35~40		
	氢氧化钾	3~5		
	酒石酸钾钠	40		
	碱式醋酸铅	3~5		
Ag-Pd	二氯二氨基钯	20~40	0.25~0.5	18~25
	氯化铵	20~25		
	氨水	40~60		
	游离氨水	5.5~6.5		
Ag-Cd	氰化银	28	0.2~0.5	20±5
	氰化镉	14		
	游离氰化钾	35~45		
	氢氧化钾	10~15		

Ag－Cd 合金镀层：Ag－3Cd 合金镀层抗海水腐蚀能力为纯银的 5 倍，可用于海洋气候中仪表的防护；Ag－15Cd 合金镀层抗硫化性能为纯银的 3 倍，可代替银镀层用于在硫化物环境中使用的有关部件的防护及电器触点材料；Ag－30Cd合金镀层主要作电触点材料使用。

Ag－3Pd 合金镀层：使用过程中镀层稳定，是极好的电触点材料。

Ag－3Sn 合金镀层：耐磨性好，用于改善滑动轴承的耐磨性。

Ag－3Pb 合金镀层：减摩性能优良，用于航空及航天领域高速运转发动机滑动轴承的减摩镀层。

Ag－Cu 合金镀层：镀层结晶细，无脆性，耐磨性好，当铜含量在 1%～2% 时，合金镀层的抗硫化性能极好。主要用于电触点材料。

4.2.3　铑及其合金镀层

1. 铑及铑合金镀层的性质与应用

铑具有极高的化学稳定性。铑镀层主要作为保护装饰性镀层、防银变色镀层及电接点镀层。铑钌合金镀层具有与银镀层一样洁白光亮的外观，在空气中不氧化变色，镀层性能优于纯铑镀层，而且还可以节约昂贵的金属铑，因而在装饰方面得到应用。铑及铑钌合金镀层的相关性质及应用情况简述如下：

Rh 镀层：铑镀层耐各种无机酸、无机混合酸、碱及各种化学试剂的腐蚀；镀层硬度高、耐磨性好；导电性能好，电导率在铂族金属中为最高；对可见光的反射率达 85%，仅次于银。铑镀层在保护装饰和工业方面均有应用，如科学仪器、分析天平、显微镜、钟表、照相机零件、幻灯机、探照灯、反射镜、红外干燥灯及雷达等。装饰性铑镀层厚度范围通常为 0.01～0.1 μm。工业应用主要是作为电接触镀层，特别适用于高频、超高频振荡元件及接插元件，铑镀层厚度为 0.1～10 μm。

Rh－Ru 合金镀层：铑钌合金镀层的硬度随钌含量的变化而改变，必须严格控制镀液中钌的含量，才能得到银白光亮及硬度较高的铑钌合金镀层。在保护装饰性应用方面可部分替代纯铑镀层，能大幅度提高镀层性能，并节约金属铑。

2. 镀铑液及电镀工艺条件

镀铑液有三种类型，即硫酸铑、磷酸铑和磷酸－硫酸铑型，最常用的还是硫酸铑电镀工艺。为避免基体金属腐蚀，特殊情况下也采用磷酸铑电镀工艺，如电镀铁合金、锌合金、锡合金及某些有软质焊料的元件。还常用镍、银、金和钯作为镀铑的底镀层。表 4－6 列出了常用镀铑液及电镀工艺条件。

表 4－6 常用镀铑液及电镀工艺条件

镀液类型	镀液成分 （单位：固体为 g/L；液体为 mL/L）	工艺条件		
		温度/℃	电流密度 $/(A \cdot dm^{-2})$	阳极
装饰性硫酸铑	铑（硫酸铑浓缩液）2；硫酸（化学纯）25～80	40～50	2～10	铂
装饰性磷酸铑	铑（磷酸铑浓缩液）2；磷酸（85%，化学纯）40～80	40～50	2～15	铂
装饰性磷酸－硫酸铑	铑（硫酸铑浓缩液）2；硫酸（98%，化学纯）25～80	40～50	2～10	铂
工业用硫酸铑	铑（硫酸铑浓缩液）5～10；硫酸（98%，化学纯）30～50	45～60	0.5～1	铂
特殊用途高氯酸铑	铑（高氯酸铑浓缩液）2～10；高氯酸（70%，化学纯）35～50	35～50	0.3～1.5	铂
装饰性滚镀铑	铑（硫酸铑浓缩液）1；硫酸（98%，化学纯）80	40～50	0.5～2	铂
工业用滚镀铑	铑（硫酸铑浓缩液）3～5；硫酸（98%，化学纯）80	40～50	0.5～2	铂

4.2.4 钯及其合金镀层

1. 钯及钯合金镀层的性质与应用

钯的色泽稍暗，不适宜于作装饰性镀层。钯镍合金镀层具有光亮的银白色和硬度高等优良性能。钯及钯镍合金镀层特性与应用领域简述如下：

Pd 镀层：是优良的电接触材料。钯镀层的电导率、抗腐蚀性、耐磨性及可焊性可与硬金镀层媲美。钯在硫化物气氛中稳定，但钯镀层最明显的缺点是易受有机气氛污染，并起“褐粉”反应。Pd 镀层主要用于电接触材料和防护材料领域，镀层厚度一般为 2～5 μm。电子工业中可代替硬金做电插件镀层、印刷线路及其端头连接线镀层。在导电滑环、接触弹簧、绕组、调谐线圈、笛簧开关、电触点、微小助听器、声频及无线电频的各类元件中也有应用。

Pd－20Ni 合金镀层：具有光亮银白色的外观，硬度较高，抗有机污染能力比纯钯强，已部分取代金镀层应用于电接触材料，还可用于珠宝、手表、眼镜架及其他工艺品电镀。若采用钯镍合金作电镀铑和铑合金的底层，可明显减少铑和铑合金镀层的厚度。

Pd－10Co 合金镀层：耐磨性好，可用作电接触元件镀层。

Pd－Rh 合金镀层：具有抗碘的特性，可用于外科医疗器械的电镀。

2. 钯、钯合金电镀液及电镀工艺条件

钯和钯合金的电镀液种类很多，表4－7和表4－8列出了较为常用的镀液配方和相应的电镀工艺条件。一般来说，可溶性阳极过程比不溶性阳极过程所得到的钯镀层有较高的孔隙率。表4－7中2号和3号配方适合于印刷线路电镀，4、5号和6号配方宜用于电接触元件镀钯，7号配方可得到延性高的钯镀层，对于变形量大的元件如弹簧等比较适宜。

表4－7　钯电镀液及电镀工艺条件

序号	镀液成分(单位：固体为g/L；液体为mL/L)	工艺条件		
		温度/℃	电流密度/(A·dm^{-2})	阳极
1	氯钯酸钠(以金属计)5；亚硝酸钠14；氯化钠14；硼酸10～30；pH＝5～7	50	0.4～1	钯
2	二硝基四氨合钯(以金属计)10；氨水：调至pH＝8～10	60～80	0.2～2	铂
3	二硝基二氨合钯(以金属计)10；氨基磺酸铵100；氨水：调至pH＝7.5～8.3	32	0.6～1	铂
4	酸性氯化钯(以金属计)5～25；氯化铵20～50；盐酸：调至pH＝0.1～0.5	50	1	铂
5	“P”盐[①](以金属计)4；硝酸铵100；亚硝酸钠10；氨水：调至pH＝9～10	50	1～4	铂
6	二氯二氨合钯(以金属计)10；氯化铵10；氨水：调至pH＝8.5～9	室温	0.5～1	铂
7	二溴二氨合钯(以金属计)30；溴化铵45；氨水：调至pH＝8.5～9.2	室温	0.5～1	铂

注：①“P”盐可用二氯二氨合钯[($Pd(NH_3)_2Cl_2$)]糊状物与亚硝酸钠($NaNO_2$)在室温下混合制成。

表4－8　钯镍合金镀液及电镀工艺条件

镀液成分	含量/(g·L^{-1})	电镀工艺条件	
氯化钯	15～20	pH	8～9
氨基磺酸镍	40～50	温度/℃	35～45
硫酸铵	45～50	阴极电流密度/(A·dm^{-2})	0.8～1.5
氨水	60～75	阳极	高纯石墨
光亮剂S－1	3～5	搅拌方式	用空气搅拌或阴极移动

4.2.5 铂、钌、锇和铱镀层

1. 铂、钌、锇、铱镀层的性能与应用

Pt 镀层：最显著的性能特征是化学稳定性高，硬度大大高于铸态铂。主要应用于装饰、宇航仪表的保护镀层及强腐蚀性条件下各种工件的阴极保护等。工业上应用铂镀层的突出例子是钛表面镀铂作阳极。由于钛表面极易形成一层氧化膜，电阻急剧增加，阻止电流通过，因此，钛不宜直接用作阳极。但在钛表面镀上一薄层铂后，其电化学性能得到极大改善，电流通过表面铂镀层而使基体金属裸露部分免受腐蚀。这种镀铂钛阳极已广泛应用于氯碱工业、氯酸盐及过氧化氢制造业和舰船船体的保护等。

Ru 镀层：钌的熔点高、硬度高、耐磨性好及具有较强的抗电弧侵蚀能力，可用作高温条件下使用的器件防止电腐蚀的镀层，如在核反应堆中用于测定温度的器件。在电接触镀层上采用钌镀层代替铑镀层是合理的，不仅便宜而且抗电黏结性能及焊接性能更好，因此在弹簧片开关上有一定的应用。

Os 镀层：锇具有高熔点、超硬度、化学惰性强及高功函等性能特点。在电子工业领域可作接点镀层，如弹簧片电接触镀层。另外还应用于真空电子管钨丝、钼丝涂层以提供二次电子。

Ir 镀层：铱具有熔点高、硬度高和化学稳定性好等特点。铱镀层有极好的抗高温氧化腐蚀和耐磨性能。可作为难熔金属、石墨及宇航、导弹使用的特种功能器件的高温抗氧化保护层。

2. 铂、钌、锇、铱镀液组成及工艺条件

镀铂工艺远远没有镀铑工艺规范，1933 年研制出的铂镀液的主要成分是 $H_2PtCl_6 \cdot 6H_2O$，此后也出现了其他类型的镀铂液。二亚硝基二氨合铂（俗称 P 盐）为最普遍应用的镀铂化合物。铂的电镀通常采用铂为阳极，电镀液组成及工艺条件见表 4-9。关于钌、锇和铱电镀的文献报道并不多见，得到高质量镀层的工艺难度较大。

表 4-9 铂电镀液及电镀工艺条件

镀液成分（固体为 g/L；液体为 mL/L）	工艺条件	
	温度/℃	电流密度/($A \cdot dm^{-2}$)
$Pt(NH_3)_2(NO_2)$（以铂计）10；亚硝酸钠 10；硝酸铵 100；氨水 50	95	1
$K_2Pt(OH)_6$（以铂计）10；氢氧化钾 15	75	0.75
$H_2Pt(NO_2)_2SO_4$（以铂计）5～20；硫酸调至 pH <2	30～70	0.5～3

续表 4-9

镀液成分(单位：固体为 g/L；液体为 mL/L)	工艺条件	
	温度/℃	电流密度/($A \cdot dm^{-2}$)
$Pt(NH_3)_2(NO_2)_2$(以铂计)6~20；氨基磺酸 20~100	65~100	1~10
$Pt(NH_3)_2(NO_2)_2$(以铂计)6~20；硫酸(98%)50；磷酸(85%)50	65~100	0.5~3

4.3　CVD 制备的贵金属薄膜涂层材料[3-21]

4.3.1　概述

化学气相沉积(简称 CVD)技术制备薄膜和涂层的研究和开发已逾百年，但近几十年才逐渐进入产业化。孟广耀先生在 20 世纪 80 年代对 CVD 技术与理论做过阶段性总结。目前国际上对 CVD 的研究仍非常活跃，从 1967 年开始，美国化学学会和原子核学会每两年联合举办一次化学气相沉积理论与技术交流的国际学术会议。

CVD 是一种依赖于表面气相化学反应形成薄膜或涂层的方法。CVD 工艺过程主要是利用含有被沉积元素的气相化合物(前驱体)流经已加热的基体时发生热分解或还原反应而使材料沉积在基体上。特点是：①静成型技术，适应性强及设备相对简单，特别适合外形复杂器件(如喷管、坩埚等)的制备成型；②大幅降低了材料成型温度，对制备高熔点材料特别有优势；③CVD 制备的材料致密度高、纯度高。从理论上讲，几乎所有的纯金属材料均可以采用 CVD 技术制备，尤其是用 CVD 工艺制作半导体无毒薄膜集成电路方法取得成功后，能按特定要求精确控制薄膜材料的成分和纯度。

用 CVD 技术制备贵金属薄膜材料的历史并不长，20 世纪 70 年代使用贵金属无机化合物(如贵金属卤化物)为前驱体，但存在沉积的贵金属薄膜疏松不致密等缺点。80 年代后，利用一些具有特定结构和性质的有机贵金属配合物，特别是利用铱、铂、钯的有机配合物熔沸点低、易升华挥发和分解的特点，开发了贵金属有机化合物化学气相沉积(MOCVD)技术制备各种贵金属薄膜或纳米功能材料。过程具有操作温度低，可供选择的前驱体品种多，基体选择范围大，沉积层组分可控及多元化，沉积区域可明确界定，可大幅度提高贵金属薄膜的纯度和致密性等特点。

CVD 技术制备贵金属薄膜或涂层的基础条件是选用合适的前驱体，即含有被沉积贵金属的有机和无机化合物。根据不同的前驱体，沉积工艺参数的控制是能否得到高质量薄膜的关键。由于贵金属有机化合物的挥发和分解温度一般较低，可供选择的种类更多，MOCVD 逐渐成为贵金属薄膜涂层的主要制备技术。表4－10列出了常用的制备贵金属薄膜涂层的前驱体及部分工艺条件。

表 4－10　贵金属化学气相沉积常用前驱体[4]

元素	前驱体化合物	基体	沉积温度范围/℃	反应剂及反应条件	膜的成分
Au	$Me_2Au(hfac)$	GaAs	225～275	—	100%
	$Me_2Au(tfac)$	GaAs	200～300	—	100%
Pt	$Pt(acac)_2$	$KTaO_3$	500～600	O_2，真空 $<10^{-2}$Pa	—
	$Pt(CO)_2Cl_2$	Si	250～500	H_2，$\times 10^5$Pa	—
Ir	$IrCl_3$	石墨	825～975	H_2，CO，Ar	100%
	$Ir(acac)_3$	石英	400～900	O_2，H_2	99.9%
Rh	$Rh(\eta^3-allyl)_3$	玻璃	250	H_2，Ar	97%
	$Rh_2(Cl)_2(CO)_4$	石英	130	H_2	96%
Pd	$Pd(allyl)_2$	SiO_2，Fe	250	真空 10^{-2}Pa	—
	$(C_5H_5)Pd(allyl)$	Al	250	真空 10^{-2}Pa	—
Ru	$Ru_3(CO)_{12}$	SiO_2	250～400	O_2，H_2	99%
	$Ru(acac)_2$	SiO_2	500～600	O_2，H_2	99%
Os	$OsCl_4$	Mo，W	1250	真空	—
	$Os(hfb)(CO)_4$	SiO_2	500	H_2	99%

注：Me—CH_3，tfac—三氟乙酰丙酮，acac—乙酰丙酮（CH_3—COCHCO—CH_3），η^3—allyl—烯丙基，hfb—六氟丁炔。

按功能材料所需金属种类及性质要求，定向合成及生产有机贵金属配合物前驱体产品，是上述技术领域发展的重要环节。目前最重要且应用较多的是乙酰丙酮系有机配合物——$Pt(acac)_2$、$Pd(acac)_2$、$Ir(acac)_3$及$Ru(acac)_3$，三氟膦基铂——$Pt(PF_3)_4$，二羰基二氯化铂——$Pt(CO)_2Cl_2$等。它们作为前驱体，在GaAs、石墨、Al、SiO_2、TiO_2、CeO_2、ZrO_2、$\alpha-Al_2O_3$等各类基体上，制备 Pt、Pd、Pt－Ir、Pt－Ru 功能薄膜材料、铂光亮薄膜、甲醇燃料电池催化电极、电动汽车燃料电池催化电极，化工生产中催化苯乙炔氢化、催化丙烯氢化、催化甲烷燃烧等催化剂。与$Fe(acac)_3$、$Co(acac)_2$组合，可制备 Pt－Fe、Pt－Co 等用于磁存储合金纳米晶体或薄膜。用活性炭浸渍 Pd(acac)$_2$溶液，再用还原剂还原制备纳米级 Pd/C 催化剂，在化工合成和药物制备方面应用更广泛。其典型应用见表 4 - 11。

表 4 - 11　化学气相沉积贵金属薄膜与涂层的应用

薄膜或涂层	制备方法	主 要 应 用
Au	激光诱发 CVD、光化学 CVD、等离子强化 CVD	电路连接：GaAs 半导体器件之间连接；电接触材料、集成电路及插件程序块的连接；模块或集成电路两个分离区域的相互连接 电路修复：X 射线金属板印刷防护罩的吸收器和缺损薄膜电路的修复；多片模块系统薄膜电路修复 花样薄膜：可选择性花样沉积 Au 薄膜
Ag	激光诱发 CVD、光化学 CVD、等离子强化 CVD	高速微电子应用的潜在材料；Cu - 氧化物基超导薄膜的制备；Mn - Zn 铁磁基体上选择性沉积 Ag 薄膜
Pt	MOCVD	微电子、固体燃料电池及气体传感器电极；难熔金属、石墨等高温材料保护涂层
Ir	MOCVD、CVD	卫星发动机喷管抗氧化涂层：如 Ir/Re、Ir/Re/C/SiC 喷管
Pt/C、Ir/C	MOCVD	电极材料、氧气传感器电极、其他气体传感器电极
Rh	MOCVD	主要作为电接触涂层及扩散障碍层
Pd	MOCVD	电接触涂层、储存和净化氢气薄膜材料
Ru	MOCVD	电接触涂层及扩散障碍层
Os	MOCVD	高温耐磨材料和热离子二极管

CVD 装置的核心部件是反应器。根据反应器结构不同，可分为封管气流法(图 4 - 1)和开管气流法(图 4 - 2)两种基本类型。制备贵金属薄膜与涂层常采用开管气流法。按照加热方式的不同，开管气流法分为热壁式和冷壁式两种。热壁式反应器的沉积室室壁和基体都被加热，管壁上也会发生沉积。冷壁式反应器只有基体本身被加热，

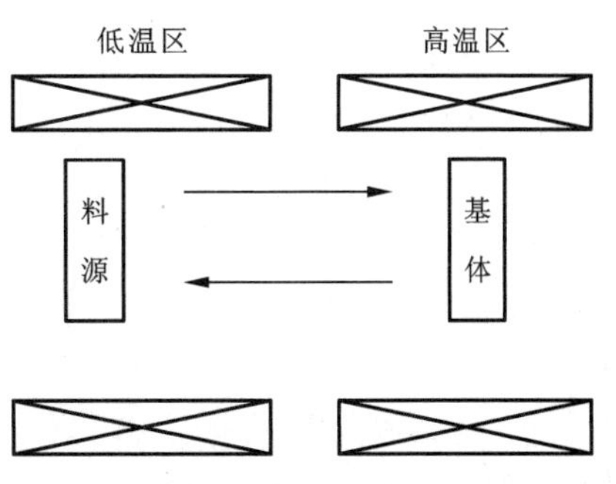

图 4 - 1　封管法化学气相沉积反应器示意图

故只有热的基体才发生沉积。实现冷壁式加热的常用方法有感应加热、通电加热和红外加热等。

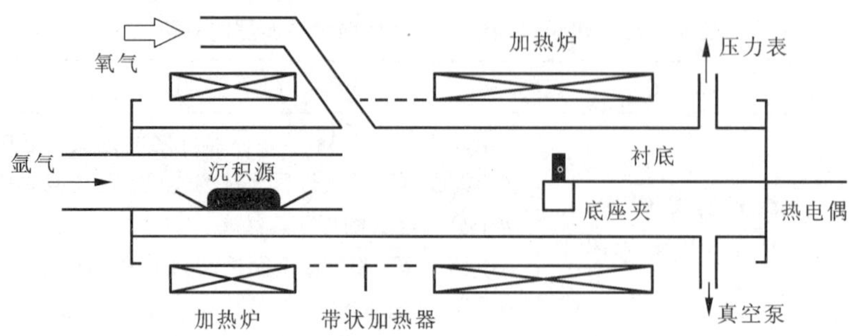

图 4－2　开管法热壁式化学气相沉积装置示意图

4.3.2　Au 和 Ag 薄膜的 CVD 制备

Au 薄膜和涂层广泛应用于微电子工业，特别适合于需要高化学稳定性和性能优良的要求。如：GaAs 半导体器件之间的连接；电接触材料、集成电路及插件程序块的连接；X 射线金属板印刷防护罩的吸收器和缺损薄膜电路的修复等。多片模块系统薄膜电路偶尔会出现粒子污染、空隙等缺陷而出现开路现象，采用低功率激光扫描诱发沉积 Au 薄膜进行修复处理，效果相当理想(图 4－3)。与激光诱发修复电路的方式一样，激光诱发化学气相沉积(LCVD)还可用于模块或集成电路两个分离区域的相互连接。采用激光器或紫外灯诱发可进行选择性花样沉积 Au 薄膜(图 4－4)。所有金属中，Ag 的导电性能最好，是高速微电子应用中很好的材料。但缺点是 Ag 会快速向半导体材料中扩散以及耐腐蚀性能差，其

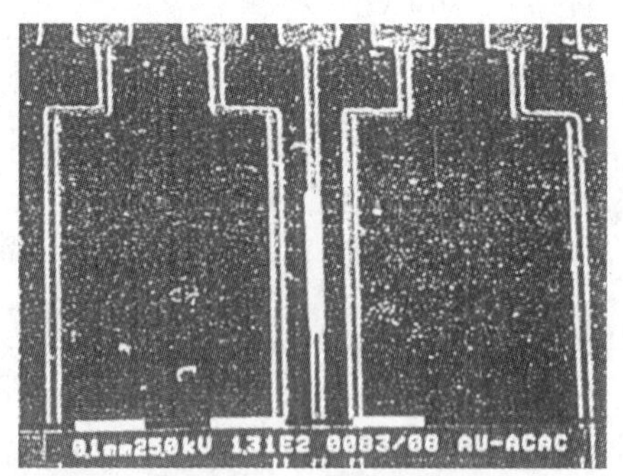

图 4－3　激光诱发电路修复沉积 Au 薄膜

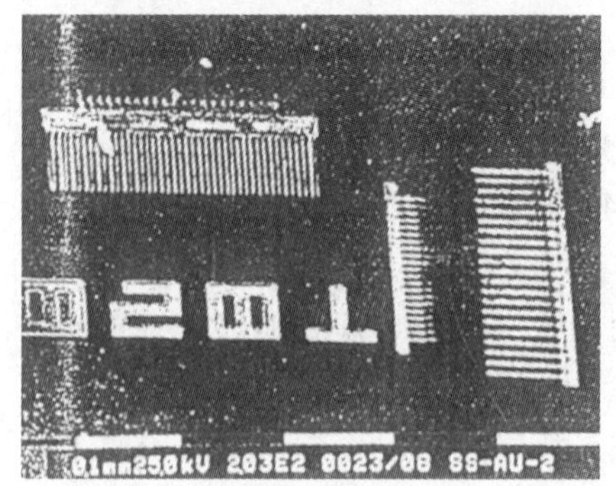

图 4－4　光化学选择性沉积 Au 薄膜

应用受到限制。

根据前驱体化合物分解方式的不同，可将 Au、Ag 的 CVD 分为：热分解 CVD、激光诱发 CVD(LCVD)、光化学 CVD、等离子强化 CVD(PCVD)、离子束和电子束沉积等。LCVD 的技术关键是激光强度的调节，它决定了 Au 薄膜的纯度和沉积速率。根据 Au 的沉积动力学控制机制的不同，合理调整 CVD 工艺参数可以得到纯度达 95%(原子百分数)的 Au 薄膜。PCVD 应用于 Au 薄膜和 Ag 薄膜的沉积，可得到电阻率仅为 2 μΩ·cm 的高纯 Ag 薄膜。

Au 的 CVD 常采用的前驱体有 3 类：①二甲基(β－双酮)Au(Ⅲ)类螯合物，非常适合于沉积高纯 Au 薄膜；②甲基 Au(Ⅰ)和三甲基 Au(Ⅲ)三甲基磷化氢螯合物；③其他 Au(Ⅰ)和 Au(Ⅲ)类螯合物，如二甲基(三甲基硅氧)Au(Ⅲ)二聚物等。

较为常用的 Ag 的沉积前驱体有有机 Ag(Ⅰ)螯合物，Ag(Ⅰ)羰化物。三氟乙酸 Ag(Ⅰ)，能够得到低电阻率的高纯 Ag 薄膜，适合于 Cu－氧化物基超导薄膜的制备。乙酸 Ag(Ⅰ)用于在 Mn－Zn 铁磁基体上选择性沉积 Ag 薄膜，电阻率达 10^{-3} ~ 10^{-4} μΩ·cm，但薄膜的形貌较差。

4.3.3　Pt 和 Ir 的 CVD 制备

Pt 和 Ir 具有良好的耐蚀性能和高温抗氧化性，尤其是 Ir，熔点高达 2443℃，并具有低的蒸气压、低的氧渗透率和很低的氧化速率，是目前 1800℃以上高温条件下较理想的抗氧化涂层材料。早期沉积 Ir 的前驱体常采用卤化物，如 $IrCl_3$、$IrCl_4$、$IrBr_3$ 和 IrF_6，其中 IrF_6 是沉积制备 Ir 薄膜最好的前驱体。但由于 Ir 的卤化物不易挥发、分解温度高、挥发温度与分解温度接近，使得 CVD 工艺过程难以控制，所制备的涂层致密度较差。金属有机化合物因其具有易挥发、易分解以及挥发和分解温度相差较大等特点，成为铂族金属 CVD 的主要前驱体。以金属有机化合物为前驱体的沉积方法称为金属有机化学气相沉积(MOCVD)，沉积铂族金属的前驱体多达几十种，但效果较好的主要是乙酰丙酮(acac)类化合物，如乙酰丙酮铱、乙酰丙酮铂等。Ir 薄膜制备主要有卤化物化学气相沉积和金属有机物化学气相沉积等。MOCVD 方法可在较低的温度和较大的面积上制备形貌可控及厚度均匀的 Ir 薄膜。20 世纪 80 年代初期，Harding 在以乙酰丙酮铱为前驱体制备高纯度 Ir 涂层方面进行了开创性的工作。因乙酰丙酮铱具有升华温度低、较好的挥发性和成膜性能，目前仍主要使用乙酰丙酮铱[$Ir(acac)_3$]沉积 Ir 薄膜。

20 世纪 90 年代，日本 Goto 等和昆明贵金属研究所胡昌义研究团队对 Ir 和 Pt 薄膜开展了系统深入的研究。Goto 利用热壁式沉积室分别在蓝宝石、石英和 YSZ(一种经 Y_2O_3 稳定化处理的 Zr_2O_3)电解质基体上制备了 Ir 和 Pt 薄膜，得到了符合 Arrhenius 公式的沉积动力学规律(图 4－5)；胡昌义等采用冷壁式反应器在钼基体上沉积 Ir 和 Pt 薄膜，发现沉积速率与沉积温度之间不符合 Arrhenius 方程（图 4－6）。在不通入氧气的情况下，形成了含大量非晶碳的 Ir/C 和 Pt/C 簇膜，非晶碳将 Ir、Pt 晶粒分割成 3 nm 左右大小（图 4－7），并发现沉积于 YSZ 电解质上的 Ir/C 和 Pt/C 簇膜电极的催化活性比传统 Pt 电极高很多，研究人员正在开发以 MOCVD 技术制备的 Ir/C 或 Pt/C 薄膜为电极的新型氧气传感器。

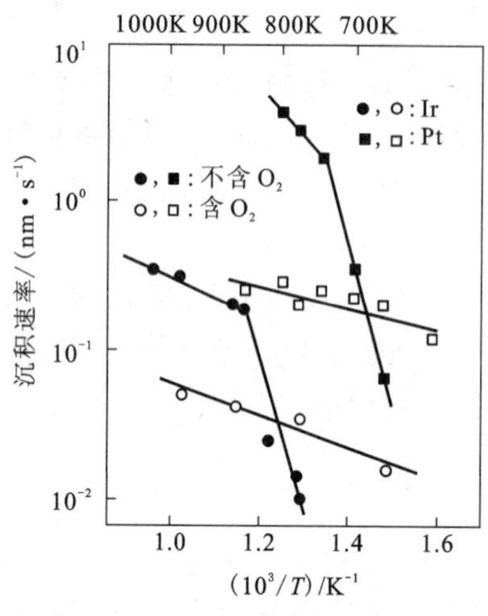

图 4－5 Pt、Ir 薄膜的沉积速率与沉积温度的关系

（石英基体，热壁式加热）

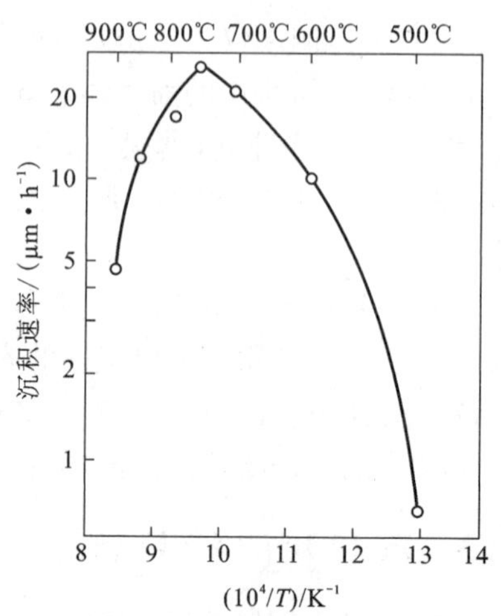

图 4－6 Ir 薄膜的沉积速率与沉积温度的关系

（钼基体，感应加热）

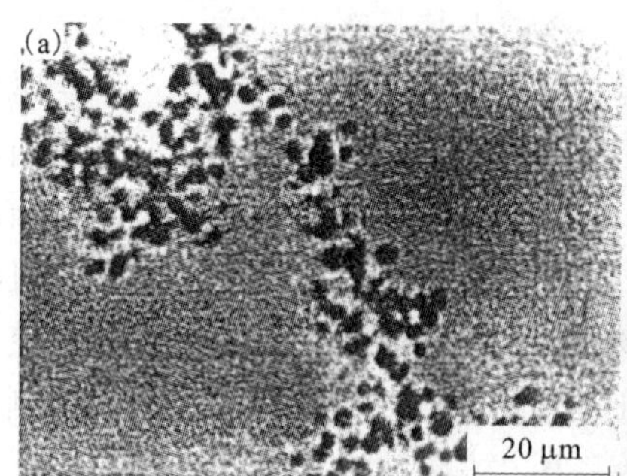

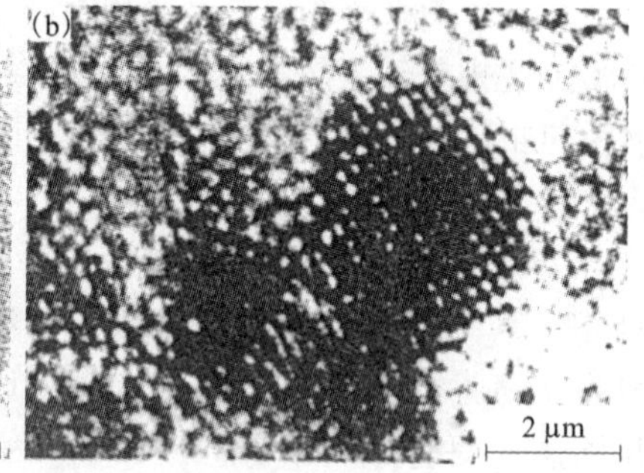

图 4－7 Ir/C 薄膜的 TEM 显微组织

CVD 沉积的 Ir 最主要的应用是第三代航天发动机喷管的保护涂层。空间飞行器（包括卫星、飞船等）使用轨道导入和姿态控制的高温液体火箭发动机，一般

使用涂有二硅化物保护层的铌合金作喷管。受铌合金熔点和涂层性能的限制，发动机工作温度一般不超过 1300℃。发达国家的航天发动机材料历经几十年发展，从第一代的 NbHf 合金，第二代的 NbW 合金和 PtRh 合金（工作温度不超过 1600℃）到第三代的 Re/Ir 复合材料。20 世纪 80 年代初，美国航空航天局（NASA）启动了最高工作温度达 2200℃的高性能第三代发动机的研制计划。这种发动机的喷管采用 Re/Ir 复合材料制备，Re 为喷管基体，Ir 为抗氧化涂层，Re 基体和 Ir 涂层均采用 CVD 技术制备，发动机的推力从 22 N 至 490 N（图 4 - 8）。Re/Ir发动机已于 2000 年成功应用于休斯公司的 601HP 卫星上（图 4 - 9）。目前正在研发抗氧化性能及综合性能更为优异的 Re/Ir/HfO_2及 C/SiC/Re/Ir 等新型复合材料喷管。

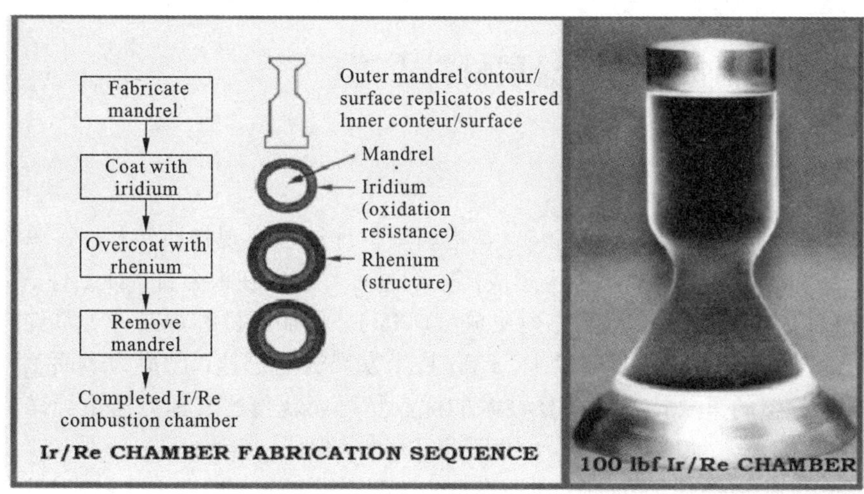

图 4 - 8　CVD 法制备的铼/铱复合喷管

4.3.4　Rh、Pd、Ru 和 Os 的 CVD 制备

图 4 - 9　已组装的铼/铱发动机

对于 Rh 薄膜的 CVD 制备，所选用的有机化合物前驱体的分解温度均较低，这对大部分基体材料来说都是可以承受的。近年来，研究人员尝试采用 MOCVD 法制备 Rh 薄膜或涂层，前驱体主要有 β - 二酮类络合物及羰基铑络合物等，但沉积的铑薄膜含有较多的 C、O、Cl 等杂质。

CVD 制备的 Rh 薄膜主要应用于电接触涂

层、扩散障碍层及催化剂。用作电子材料时，Pd 的应用比 Pt 更为广泛，但 Pd 的热分解 CVD 研究极为少见。所使用的 3 种 Pd 的烯丙基类化合物前驱体都不太稳定，挥发率低。所沉积 Pd 薄膜电阻率约为 15 μΩ · cm，接近块状 Pd 的电阻率(11 μΩ · cm)。采用 Pd(allyl)$_2$和Pd(CH_3allyl)$_2$沉积的薄膜 C 和 O 含量小于 1%(原子百分数)，而采用(C_5H_5)Pd(allyl)沉积的薄膜不含 O，但 C 的含量达到5%。

Ru 薄膜具有高强度和化学惰性，主要作为电接触涂层及扩散障碍层应用。采用 $Ru_3(CO)_{12}$和 Ru(hfb)$(CO)_4$前驱体制备的薄膜质量最好。

Os 具有高达 3000℃的熔点，硬度特别大且具有很高的功函数，研究认为可应用于高温耐磨材料和热离子二极管方面，如 $OsCl_4$前驱体用于在 Mo 和 W 基体上沉积 Os，但沉积温度高达 1250℃。因 Os 极易氧化挥发，其应用受到限制，在铂族金属 CVD 研究中，应用 Os 的 CVD 研究开展得非常少。

4.4 PVD 制备的薄膜涂层材料[22-45]

4.4.1 概述

PVD(Physical Vapor Deposition)是指利用物理过程实现物质转移，将源材料的原子或分子转移到基材表面上形成薄膜的过程。多用在钣金件、蚀刻件、挤压件、金属射出成型(MIM)、粉末射出成型(PIM)、机加工件和焊接件等零件的镀膜工艺上。自 20 世纪后半期以来，PVD 技术发展极为迅速，已成为表面工程技术中表面涂覆的重要技术。PVD 技术的优点是可以获得比其他方法更纯净的表面涂层，对于脆性贵金属及合金可以获得质量好的涂层。

采用 PVD 技术制备的贵金属薄膜主要用于磁学、光学、微电子学，以及新能源等领域。已在装潢、首饰及日用品、玻璃等，尤其是电子工业中得到广泛应用。但该技术所需设备投资较大，只有大批量生产才能显出其优越性和经济性。

该技术主要包括真空蒸镀、溅射沉积和离子镀等三种方法，其技术过程、特点及在制备贵金属涂层方面的应用简述如下。

1. **真空蒸镀**

真空蒸镀是利用物质在高温下的热蒸发现象，把制造薄膜的源材料在真空中加热汽化蒸发，蒸气粒子(由单原子、双原子或多原子的分子组成)不断沉积在基体表面上制备成薄膜材料。可用于制备金属及合金、半导体、绝缘体、化合物，以及一些有机聚合物薄膜。其特点是：沉积速率较高，可达 0.1 μm/min；薄膜涂层的成分、厚度、纯度可以预测和控制。贵金属中主要用金、银、钯、铂及其合金制备薄膜涂层，如铂、钯薄膜制作红外传感器，在硅片上沉积用于制备摄像机中的光电转换器件 CCD。

2. 溅射沉积

溅射沉积是利用带电荷的高能离子在电场中加速后轰击靶材(被溅射物质)表面，当入射离子的能量超过靶材的溅射阈值时，靶材中的原子、分子逸出，并在衬底上凝聚成膜的一种薄膜制备方法。可分为普通二极溅射和磁控溅射等类型，包括直流溅射、射频溅射、磁控溅射、偏压溅射、离子束溅射、反应溅射、中频溅射、脉冲溅射等方法。可用于制备金属与合金薄膜、化合物薄膜，以及由不同物质组成的多层膜(MLs)。其特点是：溅射的原子能量较高，因而薄膜组织致密，附着力较好，表面较平整；合金薄膜成分控制较好；膜厚均匀性误差可达±2%，沉积参数稳定，可进行自动化连续生产。

各种方法中，二极溅射有溅射表面积大、膜厚均匀、源材料广泛(几乎所有金属、合金以及无机物等都可沉积)等优点。缺点是沉积速率很低。磁控溅射沉积速率高，可与真空蒸发沉积相比，且基体温升低，扩大了基体材料的选择范围。

贵金属元素的溅射阈值与其升华热有一定关系，列于表4-12。

表4-12 贵金属元素的溅射阈值

元素	入射离子及溅射阈值/eV					元素的升华热/(kJ·mol^{-1})(298K)
	Ne	Ar	Kr	Xe	Hg	
Rh	25	24	25	25	—	558
Pd	20	20	20	15	20	377
Ag	12	15	15	17	—	335
Pt	27	25	22	22	25	565
Au	20	20	20	18	—	390
Ir	—	—	—	—	—	670

元素的升华热越低，溅射阈值相对越小，越容易成膜。

溅射率是表征溅射特性的一个最重要的物理量，表示平均每个正离子能从靶材中溅射出来的原子或分子的数目，它与入射正离子的能量、入射离子和靶材种类、离子入射角等因素有关，Ne^+和Ar^+对贵金属元素靶材的溅射率列于表4-13。

铂溅射到陶瓷片或难熔金属薄片上可制作玻璃工业和炼钢工业用的氧传感器敏感元件；铂溅射到聚碳酸盐上可制作激光影视盘，数据贮存期长达10年；射频溅射的Pt-80Co薄膜具有很大的矫顽力及剩磁；用RF磁控溅射法在碳/碳复合材料上沉积铱涂层可使部件工作温度提高至2550K；硅片上溅射沉积金作导电层用于半导体工业和通信技术中。

表 4－13 贵金属元素靶材的溅射率

靶 材	Ne^+				Ar^+			
	100 eV	200 eV	300 eV	600 eV	100 eV	200 eV	300 eV	600 eV
Ru	0.078	0.26	0.38	0.67	0.14	0.41	0.68	1.30
Rh	0.081	0.36	0.52	0.77	0.19	0.55	0.86	1.46
Pd	0.14	0.59	0.82	1.32	0.42	1.00	1.41	2.39
Ag	0.27	1.00	1.30	1.98	0.63	1.58	2.20	3.40
Os	0.032	0.16	0.24	0.41	0.057	0.36	0.56	0.95
Ir	0.069	0.21	0.30	0.46	0.12	0.43	0.70	1.17
Pt	0.12	0.31	0.44	0.70	0.20	0.63	0.95	1.56
Au	0.20	0.56	0.84	1.18	0.32	1.07	1.65	2.43 (500 eV)

3. 离子镀

离子镀是较新的物理气相沉积法，是在基体上施加偏压，产生离子对基体的持续轰击进行真空镀膜的方法，是蒸发与溅射技术的结合。即将欲喷涂的材料加热到熔融或接近熔融状态后，在高速等离子体流冲击下移动并沉积到基体表面形成薄膜包覆层。其特点是：等离子喷枪的喷嘴可稳定地维持高达几千甚至上万度的高温，涂层组织特别致密，同基体的附着结合力强，沉积速率高；可进行几乎所有材料（金属、化合物、半导体、有机材料）的沉积喷涂，并可在较低温度下外延生长一些单晶薄膜。贵金属中主要用 Au、Ag 及其合金进行离子镀，如银喷涂在玻璃上可用于太阳能装置。用离子团束沉积（ICBD）法制备的贵金属薄膜列于表 4－14。

表 4－14 用 ICBD 技术制备的几种贵金属薄膜及其特性

薄膜/基板	加速电压/kV	基板温度/℃	坩埚系统	特点
Au、Cu/玻璃	1～10	室温	单坩埚	附着力强，密度高，膜很薄时就有高电导率
Ag/Si	5	N 型 Si：室温沉积 P 型 Si：室温沉积，400℃退火	单坩埚	良好的欧姆接触
Au－Sb/GaP	2	400	单坩埚	欧姆接触，附着力强

4.4.2　贵金属磁性薄膜材料

1. **磁记录和磁光记录薄膜**

信息存储是信息技术中极为重要的环节，随着信息技术从电子技术向微电子技术，再向光电子技术发展，信息存储技术也从磁存储向磁光存储，再向光存储技术发展。在信息存储技术中，贵金属起到了重要的作用。

用溅射法制备的 CoPt、CoCrPt 等薄膜具有良好的抗腐蚀性和较高的磁通密度，可用于高密度纵向磁记录，如 CoCrPt(10 nm)/Cr(5 nm)/CoCrPt(10 nm)多层薄膜，磁矫顽力 H_c =295 kA/m；CoCrPt(12.5 nm)/CoCrPt(5 nm)/CoCrPt(10 nm)多层薄膜，H_c =218 kA/m，矩形比 =0.90；CoCrPt(20 nm)/CoCrTa(5 nm)多层薄膜，H_c =296 kA/m，矩形比 =0.88。

磁光记录技术采用热磁方式记录或擦除信息，磁光效应读取信息。高密度可擦重写磁光存储介质材料的开发是磁光光盘存储技术发展的关键。稀土 - 过渡金属(RE - TM)非晶薄膜在 820 nm 激光作用下具有良好的磁光性能，已获得使用，是第一代磁光存储材料。信息技术的发展，特别是数字彩色动态声像多媒体的开发要求信息高密度存储，光源短波化(λ =400 nm)，然而，RE - TM 薄膜不适于在 400 nm 波长激光下工作，且长期使用稳定性差。CoPt 合金膜和 Co/Pt、Co/Pd 多层膜，当厚度很薄时具有高度的垂直磁各向异性(PMA)，可以实现高密度存储，在 400 nm 激光作用下克耳旋转角(θ_k)值大、读出信号好，抗氧化抗腐蚀，是极有发展前途的第二代磁光存储材料。自 20 世纪 90 年代以来，国际上开展了对 CoPt 合金膜和 Co/Pt MLs(多层膜)磁光记录材料的研究。如：溅射沉积的 PtCo 多晶膜，居里温度 T_c =390℃，比法拉第旋转角 $\theta_\nu(10^5 °/cm)$ =4.0；上海冶金所研制的 CoPt 合金膜，克耳旋转角 θ_k =0.1°(λ =630 nm)，H_c =500 kA/m；昆明贵金属研究所采用多靶磁控溅射和离子束溅射(IBSD)，制备了 Co/Pt MLs 材料，$T_c \leq$ 200℃，$H_c \geq$0.1T，θ_k =0.1 ~0.4°(λ =630 nm)，θ_{kr}/θ_k =100%，为发展极为迅速的高密度和超高密度磁光存储技术提供了材料储备。采用离子团束和高真空沉积技术制备的银/有机复合薄膜(Ag - CPU，Ag - TCNQ 等)在超高密度存储器和纳米开关器件方面具有潜在的应用前景。

2. **巨磁电阻(GMR)薄膜**

20 世纪 90 年代，人们在 Co/Ag、Co/Au、Fe/Au 等纳米结构的 MLs 中观察到 GMR 效应。1992 年美国报道了采用双靶共溅射法制备的 Co - Ag、Co - Cu 纳米颗粒膜中存在 GMR 效应，以 Co - Ag 系的 GMR 性能最高，在液氮温度和室温下可分别达 55% 和 20%。在 FeNiAg 颗粒膜中，最小的磁电阻饱和磁场约为 32 kA/m，表明颗粒膜有可能在低磁场中应用。成都电子科技大学采用磁控溅射法制备了 FeNi/Ag MLs，通过退火处理，获得了在低磁场(<79.6 ×250 A/m)及常温下有高

达 50% GMR 效应的材料。

3. **其他磁性薄膜**

北京科技大学采用磁控溅射法制备了 FePt/Fe MLs，同时获得了硬磁相高矫顽力及软磁相高饱和磁化强度，从而得到理想的最大磁能积，有望制备出高性能永磁材料。近年来，由于铁磁/反铁磁系统在磁传感器、自旋阀以及隧道结等巨磁电阻装置中的重要应用，各种反铁磁材料成为研究的热点。北京科技大学采用磁控溅射法制备了 PtMn/Co 双层膜，可望开发反铁磁钉扎材料。清华大学采用直流磁控溅射法制备了 NiCo/Ag MLs，研究了 MLs 的微结构与其磁学性能的关系，发现当 Ag 层厚度从 1.0 nm 增加到 2.0 nm，再增加到 3.0 nm 时，多层膜的易磁化轴从垂直于膜面转变为平行于膜面，再到表现出超顺磁特性。

4.4.3 贵金属薄膜催化材料

1. **薄膜电极催化材料**

质子交换膜燃料电池(PEMFC)的商品化，降低电极催化剂中贵金属的用量，提高电极催化剂性能是主要的研究内容。对铂族金属(PGM)催化材料耐用性等的研究表明，PEMFC 使用性能的降低与阴极氧的还原反应(ORR)有关，而阴极催化剂性能的变化与金属表面积的减少和碳质载体的腐蚀有关。当前研究较多的是 Pt 系二元和三元合金催化剂，具有对 ORR 较高的起始氧化势的新型材料主要是 PtX 合金(X 为 Ni，Co，Fe，Ti)。研究发现采用溅射法沉积的 PtX 合金，退火后在其表面形成一层 Pt“皮”，这有可能是性能改善的原因。有专利报道：用真空沉积 Pt、Fe 或第二金属的均相混合物制备的微结构负载纳米显微催化剂粒子，作燃料电池阴极催化剂具有较好的性能；或催化剂粒子(包括 Fe，Co，Ni，Rh，Pd，Pt，Cu 等两种或两种以上合金组合物)具有高氧还原反应性和低甲醇氧化反应率，比 Pt 具有更强的结合氧能力，以及更弱的结合氢能力，适于作燃料电池阴极催化剂。

对于阳极电催化剂，特别是直接甲醇燃料电池(DMFC)阳极电催化剂的研究，主要内容为提高催化剂抗 CO 中毒的能力。采用联合共溅射在玻璃基片上沉积 PtRuNiZr 层，Pt∶Ru = 82∶18 是最佳成分比，在 Pt 中添加磁性颗粒可增强阳极耐 CO 中毒的能力。在 $PtMoO_x/C$ 表面沉积纳米 Au 颗粒的阳极，比常用的 Pt 阳极具有较高的甲醇氧化活性。

昆明贵金属研究所采用离子束溅射制备的 Pt/C 催化电极用于电解水制氢，电极载铂量约 0.19 mg/cm^2，经 1000 h 工作，Pt/C 电极的催化活性无明显降低，表明 PVD 技术用于制备燃料电池电催化剂的可行性。

2. **薄膜光催化材料**

TiO_2是具有光催化活性的宽禁带半导体化合物，经紫外光激发后，生成光生电子和空穴，在环境保护及新能源等领域具有明显的应用前景。但以 TiO_2为基体的光催化技术还存在量子产率低、太阳能利用率低、光吸收效率低和光催化效率低等缺点，以及光催化剂的负载技术要求高等问题。由于 Ag 等贵金属是光生电子有效的捕获剂，在 TiO_2 表面沉积 Ag 或其他贵金属（Pt、Pd、Au、Ru）可以降低光生电子和空穴的复合率，提高催化剂的反应活性。复旦大学采用射频－磁控双靶共溅射方法，制备了 Ag－TiO_2 纳米复合薄膜，提高了 TiO_2 的光催化效率。采用中频直流磁控溅射，以纯 Ti 和 Ag 作靶，制备的 Ag/TiO_2 复合膜，当 Ag 膜的厚度约为 5 nm 时，该复合膜对甲基蓝（MB）的光催化衰减率 3 倍于 TiO_2 膜。

4.4.4　光学薄膜材料

光学薄膜按应用特性可分为：增透、反射、干涉滤光、分光、偏振、光学保护等膜，在光学仪器和光学系统中，主要用于反射、折光和共振腔元件。常用的贵金属反射膜主要采用真空蒸镀法制作，其性能特点列于表 4－15。

表 4－15　常用的贵金属反射膜

材料	性能特点	折射率			应用举例
		λ/μm	n	K	
Ag	1. 在可见区和红外区有很高的反射率； 2. 在倾斜使用时引入的偏振效应小； 3. 与玻璃等基体的附着性差，裸露的 Ag 膜易失去光泽	0.40	0.075	1.93	干涉仪的反射镜，干涉滤光片，激光谐振腔和反射器中的反射膜
		0.50	0.050	2.87	
		0.60	0.060	3.75	
		0.70	0.075	4.62	
		0.80	0.090	5.45	
		0.95	0.110	6.56	
		2.0	0.48	14.4	
		4.0	1.89	28.7	
		6.0	4.15	42.6	
		8.0	7.14	56.1	
		10.0	10.69	69.0	
Au	1. 在红外区有很高的反射率； 2. 强度和稳定性比银好； 3. 与玻璃的附着性较差	0.45	1.40	1.88	红外反射膜，激光谐振腔和反射器中的反射膜
		0.50	0.80	1.84	
		0.55	0.33	2.32	
		0.60	0.20	2.90	
		0.70	0.13	3.84	
		0.80	0.15	4.65	
		0.90	0.17	5.34	
		1.0	0.18	6.04	
		2.0	0.54	11.2	
		4.0	1.49	22.2	
		6.0	3.00	33.0	
		8.0	5.05	43.5	
		10.0	7.41	53.4	

续表 4-15

材料	性能特点	折射率			应用举例
		λ/μm	*n*	*K*	
Rh，Pt	1. 反射率低； 2. 与玻璃的附着性好； 3. 耐腐蚀性能好				用于对耐蚀性有特殊要求的场合，激光谐振腔和反射器中的反射膜

4.4.5 薄膜光电探测材料

光电探测器是利用光电效应探测光信息，并将其转变为电信息的器件。光电子发射材料一般为金属和半导体，用真空蒸镀制备的 Ag-Bi-O-Cs，Ag-O-Cs 是常用的光电阴极材料，其阈波长 λ_{max}分别为 0.76 μm 和 1.0 μm。当今光脉冲越来越短，信息密度越来越高，对超短光脉冲检测材料的研究也越显重要。北京大学采用真空蒸发沉积法制备了埋藏有 Ag 或 Au 纳米粒子的稀土氧化物复合薄膜 Ag(Au)-La_2O_3、Ag-Nd_2O_3、Ag-Sm_2O_3，发现 Ag、Au 纳米粒子的粒径和数量影响复合薄膜光吸收峰的位置，将金属纳米微粒与半导体介质构成的复合材料与稀土元素相结合，可开发性能优良的新型光电发射功能材料。

4.4.6 薄膜传感材料

1. 薄膜气体传感材料

人类生存需要洁净而安全的大气环境，对人类生活和工作环境中各种有害气体的快速检测和报警对治理环境、保障人身安全和健康有重要意义。贵金属因具有优良的电学性能和特殊的表面活性和催化性能，其薄膜主要用于制备以下几类气体传感器材料。

金属氧化物半导体气体传感材料：SnO_2是重要的金属氧化物半导体气体传感材料，采用厚、薄膜技术制作的金属氧化物半导体气体传感器因灵敏度高、选择性好、响应时间快、易于集成化，是气体传感器发展的方向。添加贵金属 Pt 或 Pd 于 SnO_2中，因其具有的催化活性，使 SnO_2敏感材料的响应和/或选择性增强，灵敏度大大提高，并可改善低温敏感特性。厚、薄膜气体传感器还以 Au 浆作电极，Au 丝作电极引线，RuO_2浆作加热器材料。近年来，对采用磁控溅射技术制备的 SnO_2-Ag 薄膜的研究表明，Ag 作为催化剂能提高薄膜表面的反应速度。

氢气传感材料：贵金属 Pd 对氢具有特殊的选择性吸附能力，而且吸附氢后产生物理性质的变化，是制作氢传感器，保证氢气安全利用的关键材料。在 SiO_2表面蒸发沉积 Pd 膜(Pd-SiO_2/Si)制备的氢气传感器可通过测量反射率变化(FCR)探测氢。在以液态氢为燃料的宇宙飞船中，Pd 膜还可用于制作氢泄漏报警的传感器。

研究人员发现Pd膜的透射率取决于环境气氛中的氢的浓度，利用这一现象，采用射频－磁控溅射，在玻璃基片上沉积Pd薄膜，开发了另一类氢传感器。

2. 薄膜温度传感材料

用磁控溅射法制作铂薄膜，作温度传感器，可精确测量－200～600℃范围内的温度变化。金薄膜可用于制备薄膜光电温度传感器。

3. 其他薄膜传感材料

铂族金属硅化物红外传感材料：PGM（如Pt、Pd、Ir）硅化物肖特基势垒红外探测器（SBD）是一种3～5 μm红外光波探测器，目前应用最广、发展最快的SBD是用PtSi材料制作的器件。在红外传感器的制作中，以p－硅作衬底，采用PVD技术在硅表面溅射或蒸发沉积一层PGM，将PGM原子扩散进入硅内，生成一层极薄的富PGM硅化物薄膜层（Pd_2Si、PtSi、IrSi等）。经退火，再沉积介电层和Al镜面层构成敏感元件。

薄膜磁阻传感器材料：用溅射法制作的厚度为2 μm的Co－20% Pt（原子百分比）合金薄膜具有高矫顽力、高剩磁和优良的耐腐蚀性，制作的磁阻传感器用于高密度磁存储系统作磁阻头，与沿用的感应式磁头不同，其输出信号不依赖于介质和磁头之间的相对速度，并具有较高强度和良好的线性。

光开关材料：采用真空蒸发沉积法制备的Ag－BaO薄膜比其他材料有更短的弛豫时间，有可能在超高速光开关中得到应用。研究人员将溅射和溶胶－凝胶（Sol－gel）法相结合，制备了WO_3膜，其表面上溅射沉积Pt催化剂，原子氢可转换其颜色，得到简单而可变换的“智能”窗。

微量金属探测材料：探测水中微量金属的电流测量微传感器采用Ir微电极，由在Si片上相继沉积2000 Å厚的Ir和氮化硅膜层，再光刻图形构成。

4.4.7　其他功能薄膜材料

形状记忆合金薄膜：Fe－30% Pd（原子百分数）合金是目前为人们所知的少数几种铁磁性形状记忆合金之一。采用直流磁控溅射，在熔凝石英和硅的表面沉积的Fe－Pd薄膜具有无序的体心立方结构，Pd含量可精确控制到约1%（原子百分数）。Fe－Pd薄膜在900℃退火后淬火，转变为fct结构，从室温加热到133℃转变为fcc相。在薄的SiO_2基片上沉积厚度为1 μm的Fe－Pd膜层具有形状记忆效应，可望用作微泵等执行机构。还有报道含贵金属的形状记忆合金薄膜已用于核反应堆中作热敏元件，也是毫米级超微型机械手的理想材料，用于实现控制系统智能化和微型化。

电子器件铂量子点：在O_2－Ar气氛中采用反应溅射法制备多孔的、厚度为2～4 μm的PtO_2膜层，经还原后成为多孔的Pt膜，用作高比表面积Pt电极，可用于单电子器件纳米直径铂量子点。

装饰涂层：通常将 PVD 与电化学沉积（ECD）相结合，在金属基底上沉积贵金属（Au 及其合金、Pt、Ag 等）耐磨装饰涂层。贵金属涂层厚度一般为 100 nm，采用纯金属或合金靶溅射沉积。

特种涂层材料：在陶瓷基片表面溅射沉积 Pt 膜，用于太阳光收集器；Ir/Re、Ir/Mo、Pt/Mo 用作保护性涂层。

4.4.8 含贵金属复合纳米颗粒膜材料

复合纳米颗粒膜是纳米贵金属微粒镶嵌于陶瓷基体中所构成的一种新型膜材料，由于能发挥贵金属的优越性能及具有复合材料、纳米材料的特点，表现出明显的量子尺寸效应和三阶非线性光学系数的提高，在光学、电学和光电转换等方面具有许多独特的性能，是当前新型功能薄膜材料研究的热点。迄今，国内外已有较多的文献报道了 $Au-SiO_2$、$Ag-SiO_2$、$Ag-MgF_2$、Au－BaO、Ag－BaO等一系列含贵金属复合纳米颗粒薄膜方面的研究工作。如：国内用射频－磁控共溅射方法制备了 $Au-MgF_2$复合纳米颗粒薄膜，研究了 $Au-MgF_2$复合纳米颗粒薄膜的微结构和组分。该 $Au-MgF_2$复合纳米颗粒薄膜中贵金属微粒镶嵌于陶瓷基体中，可望在光学双稳态、快速响应、相位共轭、光波导等光电子器件方面得到应用；采用真空蒸发沉积法制备的、埋藏有 Ag 纳米微粒的 $Ag-Nd_2O_3$ 稀土氧化物复合介质薄膜，其光吸收特性随 Ag 粒子尺寸和体积分数的增大，吸收峰向长波方向移动，而且在波长 310～1200 nm 区域内，吸收比随 Ag 粒子尺寸和体积分数的增加而增加；用等离子溅射技术制备的 Au/SiO_2纳米复合膜在 560 nm 波长出现光吸收峰，可用于光通信领域。

4.4.9 铂铝化合物涂层

1. 铂铝化合物涂层的发展及应用

高温合金的热障涂层（TBC）一般由两层构成，即起隔热作用的陶瓷涂层和金属键涂层。陶瓷涂层为 YSZ（一种经过 Y_2O_3稳定化处理的 ZrO_2），典型的金属涂层由抗氧化的镍基合金（NiCoCrAlY）构成，采用等离子喷涂技术制备。镍基合金涂层通过形成 Al_2O_3层而对高温耐热合金形成保护，此种涂层的弱点也是由于Al_2O_3层的形成而使陶瓷涂层与金属涂层之间的结合力减弱，甚至导致陶瓷涂层的剥落。

在镍基合金中加入 Pt 能增大 Al_2O_3层的结合力，提高涂层的抗氧化和耐腐蚀性能。关于铂或贵金属改进型涂层的想法最早是由 Cape 于 1961 年提出的，20 世纪 60 年代末 Lehnert 等人获得了一系列关于铂族金属应用于高温合金铝化物涂层的专利。70 年代初，铂铝化合物作为高温部件的抗氧化和抗热气体腐蚀涂层单独使用，而不与隔热陶瓷涂层结合使用。80 年代德国科学家对铂铝涂层进行了比较系统和深入的研究。铂铝涂层的制备一般采用电镀、熔盐镀或物理气相沉积等技术在高温合金表面沉积 5 ~ 10 μm 的铂层，然后用粉末包埋法或料浆法渗铝，也可采用化学气相沉积技术渗铝。铂铝涂层主要用作军用燃气涡轮发动机叶片的保护涂层。因为提高燃气涡轮发动机效率的方法之一是增加涡轮进气温度，但由于涡轮机恶劣的服役环境，提高温度后原有的铝化合物涂层已不能满足使用要求。在铝化合物基础上添加铂所形成的铂铝涂层具有更优良的抗氧化和耐腐蚀性能，延长了涡轮叶片的使用寿命，使军用发动机的性能得到显著提高。

2. 铂铝化合物涂层的性能

单纯的铝化物涂层由于氧化膜的开裂脱落而使涂层寿命降低。与单纯的铝化物涂层相比，加入铂的铝化物涂层具有更优良的抗氧化和耐腐蚀性能。因为在氧化过程中，铂和铝均向涂层内部扩散，使涂层变厚，并明显提高保护层与基体的结合力，提高了涂层的抗氧化性能，延长了涂层在氧化气氛中的使用寿命（见图4 – 10）。据报道，使用铂铝涂层与无铂的铝化物涂层相比，燃气涡轮发动机的 IN – 738LC 叶片，其服役时间可从 2900 h 延长到 27500 h，使用寿命提高为之前的近 10 倍。

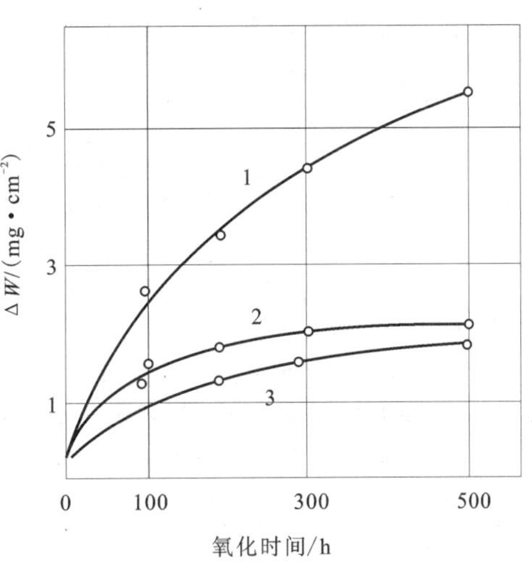

图 4 – 10　铂铝及铝化物涂层在 1000℃下的氧化动力学曲线

1—M38G 合金　2—铝化物涂层　3—铂铝涂层

在热腐蚀环境中，铂改性铝化物涂层的效果也是非常明显的。在高温熔盐腐蚀过程中，涂层中的铂向内扩散，固溶到 NiAl 相中，有利于涂层抗腐蚀能力的提高。

4.5　溶胶 – 凝胶法制备贵金属薄膜材料[46 – 49]

目前，对于贵金属薄膜，溶胶 – 凝胶法（sol – gel）主要用于制备复合薄膜和纳米颗粒膜，国内外的研究均有较大进展。如：采用化学还原 – sol – gel 法制备的 Pt – TiO_2/C 薄膜，对甲醇表现出优良的电催化活性和稳定性，当 Ti/Pt（原子比）= 1∶2 时，催化剂性能最好，若在 500℃ 热处理后，性能可进一步改善，该薄膜有可能用于直接甲醇燃料电池（DMFC）；用 sol – gel 法制备的 Ag 纳米粒子/TiO_2复合薄膜，适量掺杂 Ag 可减小 TiO_2的粒径，增加氧化 – 还原势，有效地改善 TiO_2对亚甲基蓝（MB）降解的光催化活性；用 sol – gel 法制备的均匀致密的 Au – TiO_2复合薄膜，在可见光区有强的吸收并有良好的抗磨减摩性能；用sol – gel 法制备的 Pt 原子高度分散的纳米 Pt/TiO_2薄膜，由于 Pt 的催化作用，在 550℃下

可得到纯金红石型 Pt/TiO_2 薄膜；用 sol - gel 法，以 $Y(OAC)_3$ 和 Au 胶体作前驱体，制备了 Au 纳米颗粒弥散的 Y_2O_3 薄膜，该薄膜在紫外 - 可见光区具有等离子共振(SPR)吸收等光学性质，可望作为光波导薄膜等。

参考文献

[1] 张永莉，胡昌义，符泽卫. 贵金属薄膜材料的应用及发展[C]//侯树谦. 昆明贵金属研究所成立七十周年论文集. 昆明：云南科技出版社，2008：145 - 155

[2] 黄伯云，李成功，石力开，邱冠周，左铁镛. 中国材料工程大典(第 5 卷　有色金属材料工程下)[M]. 北京：化学工业出版社，2006：595 - 605

[3] Toivo T K, Mark J H. The Chemistry of Metal CVD[M]. New York, NY(USA): VCH Publisher Inc., 1994: 4 - 7

[4] Toivo T K, Mark J H. The Chemistry of Metal CVD[M]. New York, NY(USA): VCH Publisher Inc., 1994: 303 - 399

[5] Harding J T, Tuffias R H, Kaplan R B. Oxidation resistant coatings for refractory metals[C]// Proceedings of the 1985 JANNAF Propulsion Meeting, CPIA Publication 425, Volume 1: 181 - 188; Chemical Propulsion Information Agency; Laurel, MD; April 1985

[6] Harding J T, Fry V R. Oxidation protection of refractory materials by CVD coatings of iridium and other platinum group metals[C]. Precious Metals. Lake tahoe: Nevada, International Precious Metals Institute, Rao U V ed. 1986: 431 - 437

[7] Goto T, Vargas R, Hirai T. Effect of oxygen gas addition on preparation of iridium and platinum films by metal - organic chemical vapor deposition[J]. Materials Transactions, JIM, 1999, Vol. 40(3): 209 - 213

[8] Goto T, Vargas R, Hirai T. Preparation of iridium and platinum films by MOCVD and their properties[J]. Journal De Physique Ⅳ, 1993, 3: 297 - 304

[9] Goto T, Vargas R, Hirai T. Preparation of iridium clusters by MOCVD and their electrochemical properties[J]. Matr. Sci. Eng., 1996, A217/218: 223 - 226

[10] Goto T, Ono T, Hirai T. Preparation of iridium films by MOCVD and their application for oxygen gas sensors[J]. Inorganic Materials, 1997, 33(10): 1021 - 1206

[11] Goto T, Hirai T, Ono T. Ir cluster prepared by MOCVD as an electrode for a gas sensor[J]. Transactions of the Materials Research Society of Japan, 2000, 25(1): 225 - 228

[12] 胡昌义，尹志民，王云，等. 铂薄膜化学气相沉积动力学规律探讨[J]. 贵金属，2003，24(1)：21 - 25

[13] 胡昌义，李靖华，等. Ir 薄膜的化学气相沉积制备及 SEM 研究[J]. 有色金属，2002，54 增刊：33 - 36

[14] 胡昌义，戴姣燕，方颖，欧阳远良，闫革新，刘伟平，程勇. MOCVD 制备的 Pt/C 薄膜的结构与性能研究[J]. 稀有金属材料与工程，2006，35(4)：546 - 549

[15] Harding J T, Kazaroff J M, Appel M A. Iridium - coated rhenium thrusters by CVD[R]. NASA

TM-101309, 1988: 10

[16] Wooten J R, Lansaw P T. High-temperature, oxidation-resistant thruster research[R]. NASA CR-185233, 1990: 282

[17] Schoenman L, Rosenberg S D, Jassowski D M. Test experience, 490-N high-performance [321-s Specific Impulse] engine[J]. Journal of Propulsion and Power, 1995; 11(5): 992

[18] Jassowski D M. Advanced small rocket chambers basic program and option Ⅱ-Fundamental progresses and material evaluation[R]. NASA CR-195349, 1993

[19] Jassowski D M, Schoenman L. Advanced small rocket chambers option3-110 lbf (490N) Ir-Re rocket[R]. Vol.1, NASA CR-195435, 1995

[20] Jassowski D M, Gage M L. Advanced small rocket chambers option1-14 Lbf Ir-Re rocket [R]. (Final Report), NASA CR-191014, 1992

[21] Vargas Garcia J R., Goto Takashi, Hirai T. Chemical vapor deposition of iridium, rhodium and palladium[J]. Materials Transactions, 2003, Vol.44(9): 1717-1728

[22] 徐滨士，刘世参. 中国材料工程大典[M]. 材料表面工程(第16,17卷)，北京：化学工业出版社，2006

[23] 钱苗根. 材料表面技术及其应用手册[M]. 北京：机械工业出版社，1998

[24] 王万平，张怀武，王豪才. NiFe/Ag多层膜在低场下的巨磁电阻行为[J]. 真空科学与技术，2000，20(3)：173-175

[25] 张大勇，顾有松，展晓元，等. 纳米级FePt/Fe多层膜中微结构的优化与耦合效应[J]. 真空科学与技术，2005，25(3)：181-184，188

[26] 艾家和，耿魁伟，杨国华，等. Ag层厚度对NiCo/Ag多层膜的微结构及磁学性能的影响[J]. 真空科学与技术，2005，25：47-50

[27] 杨滨，许思勇，张永俐，等. 离子束溅射制备Pt/C催化电极材料的结构和电化学性能[J]. 贵金属，1999，20(1)：14-19

[28] 沈杰，蔡臻炜，沃松涛，等. 射频磁控共溅射制备光催化Ag-TiO_2薄膜[J]. 真空科学与技术，2005，25(1)：33-36

[29] 吴锦雷，刘盛. 金银纳米粒子——稀土氧化物复合薄膜的光吸收特性[J]. 贵金属，2003，24(3)：1-6

[30] 高晓光，李建平，王悦，等. SnO_2和SnO_2-Ag薄膜的电学特性[J]. 真空科学与技术，2001，21(1)：9-13

[31] Christofides C, Kalli K, Othonos A. Optical response of thin supported palladium films to hydrogen[J]. PMR. 1999, 43(4): 155-157

[32] Benner L S. Precious Metals Science and Technology[M]. Historical Publications, 1992

[33] 刘虹雯，许北雪，张琦锋，吴锦雷. Ag-BaO光电发射薄膜表面结构的STM研究[J]. 真空科学与技术，2001，21(3)：210-213

[34] 蔡琪，王磊，王佩红，等. Au-MgF_2复合纳米颗粒膜的制备和微结构[J]. 真空科学与技术，2004，24(3)：169-172

[35] 吕建国，高清维，孙兆奇. Au-MgF_2复合纳米颗粒薄膜的多重分形研究[J]. 真空科学与

技术学报, 2005, 25(6): 427 - 430

[36] 张波萍, 焦力实, 张芸, 等. 金属纳米颗粒分散氧化物 Au/SiO_2薄膜的制备与光吸收特性[J]. 稀有金属材料与工程, 2005, 34(z2): 990 - 993

[37] 张芸, 张波萍, 焦力实. Au/SiO_2纳米多层膜的制备及其性质表征[J]. 物理学报, 2006, 55(7): 3730 - 3735

[38] Zhang Y, Haynes W Y, Lee I G. Effects of Pt incorporation on the isothermal oxidation behavior of chemical vapor deposition aluminide coatings[J]. Metallurgical and Materials Transactions A, 2001, 32A: 1727 - 1741

[39] Fisher G, Chan W Y, Datta P K, et al. Noble metal aluminide coatings for gas turbines[J]. Platinum Metals Rev., 1999, 43(2): 59 - 61

[40] 白林详. Pt - Al 涂层的高温氧化行为[J]. 贵金属, 1995, 16(1): 24 - 29

[41] Schmitt - Thomas Kh G, Hertter M. Improved oxidation resistance of thermal barrier coatings[J]. Surface and Coatings Technology, 1999, 120 - 121: 84 - 88

[42] Krishna G R, Das D K, Singh V. Role of Pt content in the microstructural development and oxidation performance of Pt - aluminide coatings produced using high - activity aluminizing process[J]. Materials Science and Engineering, 1998, A251: 40 - 47

[43] Coupland D R, McGrath R B, Evens J M. Progress in platinum group metal coating technology, ACT™[J]. Platinum Metals Rev., 1995, 39(3): 98 - 107

[44] 刘长鹏, 杨辉, 邢巍, 等. 直接甲醇燃料电池中碳载 Pt - TiO_2阳极复合催化剂的研究[J]. 南京师大学报(自然科学版), 2001, 24(2): 55 - 57

[45] 何超, 于云, 周彩华, 等. Ag/TiO_2薄膜结构和光催化性能研究[J]. 无机材料学报, 2002, 17(5): 1026 - 1033

[46] 赵云凌, 韩高荣, 银纳米粒子/二氧化钛复合薄膜的溶胶 - 凝胶法制备及其光学性质的研究[J]. 材料科学与工程, 2001, 19(1): 21 - 25

[47] 陈云霞, 刘维民, 张平余等, 纳米 Au - TiO_2复合薄膜的溶胶 - 凝胶法制备、表征和性能[J]. 高等学校化学学报, 2002, 23(8): 1574 - 1578

[48] 黄妙良等, 溶胶 - 凝胶法制备金属铂高分散的二氧化钛薄膜[J]. 催化学报, 2001, 22(1): 74 - 76

[49] Guo Hai, Zhang Weiping, Dong Ning, et al. Preparation and characterization of sol - gel derived au nanoparticle dispersed Y_2O_3: Eu Films[J]. Chin. J. Rare Earths, 2005, 23(5): 600 - 606

第 5 章　贵金属粉末材料

在贵金属科技领域，贵金属粉末材料(Powder material of precious metals)一般指粒径小于 500 μm 的粉末状贵金属。从 1809 年 Knight 用化学沉淀法制取铂粉开始至今，金、铂、钯、银、钌、铑及其化合物(主要是氧化钯、二氧化钌等氧化物)粉末的应用和生产技术都有了重大发展。贵金属粉末已成为一类非常重要的功能材料，在现代社会很多实体工业部门及高新技术产业中有不可或缺的特殊应用[1]。

贵金属粉末的使用有两种情况：①首先按性能要求制成粉末原料，然后延伸制备成其他特种功能材料。如在电子信息技术中作为导电浆料、电阻浆料、电极浆料的功能相(参阅第 6 章)，又如在电接触材料中通过贵金属(如 Ag)与其他金属(如 Ni、W、Fe、Mo、CdO、SnO_2和 C 等)的混合粉末烧结(粉末冶金)，制备具有特种结构和特殊用途的颗粒复合电工材料(参阅第 7 章)；②在其他基体(载体)上直接制备出粉末作为特种功能相。如在现代工业催化材料中，利用 Pt、Pd、Rh、Au 等贵金属所具有的催化活性和良好的稳定性，将其直接制备成粉末状态，作为各种载体催化剂(如汽车尾气净化催化剂和氧化铝、碳载体催化剂)中的特殊催化功能相(参阅第 9 章)，又如环保材料中，贵金属粉末在燃料电池中可作为催化电极，还可用于制作各种传感器的敏感元器件(参阅第 10 章)。上述很多特殊应用，至今尚难用其他金属或材料取代。目前贵金属粉末在各种高新技术深加工产品中的应用仍在不断开发。

5.1　贵金属粉末的主要制备方法及特性

5.1.1　贵金属粉末的制备方法

与其他金属粉末一样，贵金属粉末可用化学方法和物理方法制备。

1. **化学法**

包括水介质中化学还原反应和贵金属有机化合物热分解两类。

化学还原法利用还原剂(如水合肼，甲醛等)从一种或几种金属的盐或配合物水溶液中以超细粉末的形式将金属还原沉淀出来。粉末的粒径、形态、纯度、晶核的生成与长大速率、离散颗粒之间的聚集程度、杂质分布、均匀度等物理化学特性受溶液中金属离子浓度、pH、反应温度、还原剂或含金属溶液的加入速率、搅拌形式与搅拌速率及对流、传热、传质等相关流体力学因素的综合影响。研究并解决这些问题，形成完整的工艺流程，是实现批量化生产并保证批次产品质量稳定的关键。

化学还原法的特点主要是：①粒子形态可以通过沉淀条件来决定，特别是可以通过所用的化学还原剂的种类来改变；②沉淀过程中可使用各种胶体材料，以控制颗粒与颗粒的团聚和生长；③可通过控制成核和长大的因素来控制粉末的尺寸范围。在实际生产中贵金属粉末的制备通常需要综合运用多种方法，以化学沉淀法为主，辅以机械制备法、热处理法、涂层法等改变沉积粉末的物理特性。

2. 物理方法

有机械粉碎法、蒸发法和雾化法。

机械粉碎方法：适用于脆性材料，但不适用于高延性材料。在化学沉淀、干燥或后续加工过程中常常遇到的难题是离散颗粒间存在不同程度的聚集，且聚集的方式和形成的结构千差万别。小颗粒聚合组成的"聚集体"往往不具备近代粉末要求的形貌特征，严重影响粉末的物理、化学和结构特性，这对某些用途（如微电子工业）来说十分有害。因此，阻止聚集体的形成使粉末得到最大程度的分散是粉末制备技术的一个关键。现在广泛使用球磨、混合、辊轧等机械粉碎方法来达到这一目的。

实践中常采用机械球磨作为粉末制备的最后一道工序，通过机械球磨使还原沉淀、水洗和干燥过程中形成的团聚大大降低，还可获得特定要求的片状粉末。同时，在粉末中可掺入溶有或分散有表面活性剂的球磨液，可减少在球磨过程中粒子与粒子之间的磨焊，改善其形貌。

物理蒸发法可使贵金属或其合金加热蒸发，然后冷凝，并在冷凝过程中形核和生长成粉体颗粒，常用的蒸发方法有真空蒸发、电弧等离子体蒸发和高频等离子体蒸发等。雾化法一般适用于熔点较低的金属与合金。雾化过程会造成部分贵金属损失，因此高熔点和价格昂贵的纯贵金属一般不采用。

3. 涂层法

涂层法是指用电镀、化学沉积、热分解、蒸发等方法在铜、镍、铁、钴、玻璃和氧化铝等粉末上涂（镀）上一层贵金属从而制得涂层化贵金属粉末。在上述过程中贵金属形成致密的涂层，并与基体粉末非常牢固地结合在一起。涂层化贵金属粉末综合了两种材料的优点，可以制造特殊形态并具有特殊性质的产品，还节约了贵金属用量。

4. 快速凝固技术

该技术是近几十年来金属材料制备方法方面的重大突破之一，技术优点是可扩大合金材料的亚稳固溶度，发现新的亚稳相，减少偏析，并能制备一系列新型非平衡态，即非晶、准晶、微晶和纳米晶的金属和合金材料。这些特殊的组织结构赋予了材料崭新的性能，如能提高强度和塑性，提高耐磨性和耐蚀性，提高磁性能和催化触媒性能。

5.1.2　贵金属粉末特性的表征

不同的制备方法产出的贵金属粉末有黑色粉末、光亮粉末、聚集粉末、分散粉末、片状粉末、超细粉末和纳米粉末等，它们都具有不同的形态、结构特征及性能。

表征粉末特性的通用参数除纯度和杂质含量外，还有颗粒形态、粒径和粒径分布比例、比表面积、松装密度和振实密度等物理参数。测定这些参数都需要各种精密和特殊的仪器设备。

按“粉末冶金术语”标准，粒径尺寸小于 1 mm 的离散颗粒集合体称为粉末(ISO3252：1996)。贵金属粉末通常的粒径范围都在 0.5 mm 以下，其中包括颗粒尺寸大于 100 nm 至微米(μm)级的超细粉末和 100 nm 以下的纳米粉末。

粉末材料的许多重要特性是由颗粒的平均粒度及粒度分布等参数决定的，其测定方法已成为现代测量学的一个重要分支，现已研制并生产了 200 多种基于不同工作原理的测量装置。主要方法有筛分法、显微镜法、沉降分析法、电感应法等传统测量技术，及光散射法、超声测量、激光测量、电测量、质谱法、基于布朗运动的粒度测量法等近年来发展起来的新方法。其中基于 Fraunhofer 衍射和 Mie 散射理论开发的激光粒度仪应用广泛且有较大发展前途。如马尔文(Malvern)激光粒度分析仪，在 0.02 ~ 2000 mm 范围的粒度测量数据符合 ISO13320 国际标准。

粉末比表面积(m^2/g)是另一个重要的物理参数，比表面积越大反应活性越强。国内外统一采用基于气体吸附原理的多点 BET 法测定固态物质比表面积，中国也制定了类似的标准方法(GB/T 19587—2004)。使用完全自动化、智能化的 F - Sorb 2400 比表面分析仪检测的结果与国际标准一致性很高，稳定性也很好，同时减少了人为误差，提高了测试数据的精确性。

随着高新科技产业的发展及贵金属粉末应用领域的不断扩大，对贵金属粉末品种和特性的要求及制备技术也越来越精细化。主要表现在以下三个方面：①应用于不同目的的粉末，其成分和性能仅允许在极小的范围内变化，因此产品品种多，应用范围更严格；②从使用单一成分粉末向多成分混合粉末发展，从单一结构特点的粉末向多种结构粉末混合使用发展，用混合粉末的综合优点克服单一粉末的缺陷。如：在成分方面，目前达到商业化应用的有 Pd - Ag、Ag - Cu、Ag - Bi_2O_3、Ag - Pd - Pt、Ag - Al 等多元混合粉末；在形态方面，球状、片状、微晶体树枝状粉末混合使用。如：在聚合物体系中利用微晶状和片状银粉混合填料使电子产品具有更优越的电性能，Degussa5030 粉(Ag70/Pd30)就是对微晶状 3030(Ag70/Pd30)粉再球磨加工片状化后制成的新产品。北京无线电三厂从日本引进的碳膜电位器生产线就使用微晶状和片状银粉混合粉作为填料；③对粉末中的杂质(如 Na^+、K^+、Cu^{2+}、Cl^-等)含量控制得更严格。Na^+、K^+离子超标会对体系产生助熔作用而降低其烧结温度，铁会降低绝缘电阻。如瑞士 Metalor 公司生产的13 种片状银粉纯度均已达到99.995%，Degussa 公司生产的27 种片状银粉中 Na^+、K^+、Cl^-、Cu^{2+}等4 种主要微量杂质含量$\leqslant 80 \times 10^{-6}$。

上述发展对贵金属粉末产品质量要求和性能检测越来越严，先进工业国家都用电子计算机对生产过程和产品质量进行统计学控制，建立了标准数据库。

5.2 贵金属超细粉末

超细粉末不仅本身是一种特殊的功能材料，而且为其他新功能材料的复合与开发建立了坚实的基础，不仅在高科技领域有不可替代的作用，也为传统产业的发展带来了生机和活力。超细粉体的颗粒粒径从微米级到亚微米级和纳米级(100 nm 以上)。理想的超细粉体应具有以下特点：粒子尺寸小，粒径分布范围窄，无团聚，粒子尽量为球形，化学成分均一等。超细粉体具有比表面积大、表面能高及表面活性大等特点，具有许多大块材料难以比拟、且十分优异的光、电、磁、热和力学性能，因而广泛应用于宇航、军工、磁记录设备、计算机工程、环境保护、化工催化、医药、生物工程和核工业等方面。其中机械工业领域用量约占40.3%、热能领域占34.6%、电磁领域占12.9%、生物医学领域占8.9%、光学领域占2.4%、其他方面0.9%[2-3]。

德、美、日在超细粉体材料的制备技术和应用领域方面处于世界领先水平，在系统、深入研究的基础上，产业化和商品化方面也处于世界领先地位。中国从20 世纪80 年代开始超细粉体制备技术的研究及应用开发，同时引进了一批高新技术，产品品种越来越多，性能越来越好。但某些特种超细粉末尚需进口，在技术及应用方面与先进国家仍有一定差距。

化学还原法是制备贵金属超细粉末的主要方法。其成粉的机理，如化学反应过程中贵金属质点如何在液相中形成晶核，围绕着晶核怎样长大成颗粒状粉末，金属颗粒间如何互相碰撞凝聚沉降，最后形成的粉末平均粒度、粒度分布和粉末形态都与反应参数的微小变化有关。因此金属溶液的浓度、反应温度、搅拌方式、搅拌强度、分散剂和还原剂的选择等条件都必须加以调节和严格控制。为了保证电子工业用超细贵金属粉末的性能稳定和不同批次产品质量的稳定和重现性好，世界各大专业公司都建立了自己的超细粉末技术体系和工艺规程，严格数据分析和监控。

常用的超细贵金属粉末有金属黑和片状粉末、雾化粉末、研磨发亮粉末及凝聚态或非凝聚态粉末。其成分和性能指标见表5-1。

表 5－1　超细贵金属粉末的性能指标

名称	组分	振实密度 /(g·cm^{-3})	比表面积 /(m^2·g^{-1})	平均粒径 /μm	形态
超细铂粉	Pt	1.0	15	1.1	球状
超细铂粉	Pt	4.0	5.0	1.7	球状
超细金粉	Au	6.5	0.55	1.8	片状或球状
超细金粉	Au	6.0	0.63	3.2	片状或球状
超细钯粉	Pd	0.9	14.5	1.2	球状或树枝状
超细钯粉	Pd	1.1	2.2	1.3	球状或树枝状
超细钯粉	Pd	1.3	6.0	1.3	球状或树枝状
超细钯粉	Pd	1.15	1.5	4.8	球状或树枝状
超细钯粉	Pd	1.2	3.6	1.8	球状或树枝状
超细氧化钯	PdO	2.1	2.05	1.5	球状或树枝状
超细金钯粉	75Au25Pd	1.55	4.7	1.3	合金粉或树枝状粉
超细金钯铂粉	70Au22.5Pd7.5Pt	1.45	4.5	1.2	合金粉或树枝状粉
超细金钯铂粉	70Au20Pd10Pt	1.5	5.0	1.1	合金粉或树枝状粉
超细金钯铂粉	60Au20Pd20Pt	2.2	3.5	1.3	合金粉或树枝状粉
超细金钯铂粉	40Au20Pd40Pt	2.0	8.0	1.3	合金粉或树枝状粉
超细银钯粉	80Ag20Pd	0.85	4.0	1.5	假合金
超细银钯粉	75Ag25Pd	1.7	4.5	1.1	假合金
超细银钯粉	70Ag30Pd	1.15	5.0	1.2	假合金
超细银钯粉	70Ag30Pd	1.15	5.0	1.2	假合金
超细银钯粉	65Ag35Pd	0.8	5.0	1.0	假合金
超细银钯粉	40Ag60Pd	1.1	4.5	1.2	假合金
超细银钯粉	40Ag60Pd	0.8	8.0	1.1	假合金
超细银钯粉	30Ag70Pd	1.25	5.0	1.0	假合金
超细银钯粉	20Ag80Pd	1.3	4.5	1.1	假合金
超细二氧化钌	RuO_2	1.5	40	<1.0	球状或树枝状
超细二氧化钌	RuO_2	1.25	60	<1.0	球状或树枝状

5.2.1 贵金属超细粉末的制备方法

目前，超细粉体的制备方法包括化学合成法和物理粉碎法(机械粉碎法)[4-9]。

1. 化学合成法

化学合成法是通过化学反应或物相转换，经过晶核形成和晶体长大而制得的粉体，主要有固相反应法、液相法(沉淀法、水热法、微乳液法、溶胶凝胶法、水解法、溶剂蒸发法、电化学法)和气相法(气体中蒸发法、气相化学反应法、溅射法、流动油面上真空沉积法、金属蒸气合成法)等，常用于生产 1 μm 以下的微细颗粒。

固相反应法就是把金属盐或金属氧化物按配方充分混合，研磨后进行煅烧，通过还原或分解反应直接得到超微粉或再研磨得到超微粉。

液相反应合成粉料是将各种参加反应的物质溶入液体中，使反应物均匀混合。通过化学反应并控制工艺条件获得颗粒远小于 1 μm 且粒度分布较窄的粉体。

气相法是直接利用气态贵金属化合物，或通过各种手段将含贵金属的物质转变为气体，在气态下发生物理化学反应，并在冷却过程中凝聚长大形成超微粉。

其中，化学液相沉淀法是目前实验室和工业上广泛采用的超细粉体制备方法，该方法的优点是生产设备较简单，条件易于控制，能批量生产。难点是要找到一种合适的分散剂(表面添加剂)，让粉体颗粒在生长过程中能均匀成核，均匀长大，避免出现粉体间的硬团聚。以生产 Ag - Pd 粉为例，通常使用的工艺流程示于图 5 - 1。即配制分散剂→溶解贵金属→络合反应→还原反应→沉淀→过滤与洗涤→烘干→过筛→成品。

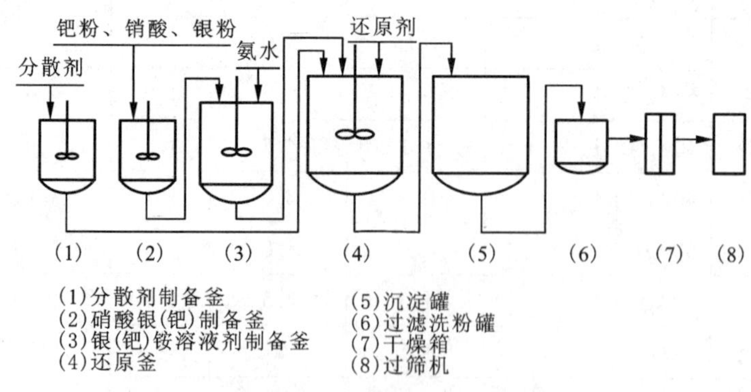

图 5 - 1 Ag - Pd 粉的生产设备及流程图

2. 物理粉碎法

物理粉碎法是通过机械力的作用，使物料粉碎。物理粉碎法相对于化学合成法成本较低，工艺相对简单，产量大。目前用于生产大于 1 μm 的粉体物料。少数设备，如搅拌磨、气流磨等也可生产小于 1 μm 的物料。

气流粉碎法使用气流粉碎机。高速气流的冲击力使颗粒获得极高的速度，使它们互相冲击碰撞，或者与固定靶板发生冲击而破碎。粉碎出的产品最大粒径可至 10 μm 以下，颗粒活性大，纯度高，分散性好。目前气流粉碎机已成为国内外用于超细粉体加工的主要设备。缺点是气流粉碎机安装复杂，能耗大，生产成本较高。

液流粉碎法使用液流粉碎机。以液流为介质携带被粉碎物质，在特定粉碎腔内发生相互碰撞，或者与固定靶板相撞，使物质破碎，细度可达到亚微米或纳米级。液体粉碎机可产出无污染、纯度高、不分层及不沉淀的产品，应用于医药针剂及乳剂的制备。缺点是粉碎机的生产成本较大，生产能力较低。

机械冲击式粉碎法利用固体物料在粉碎工件锤、板、棒、球等的机械外力作用下，使固体物料变成细粉体。主要设备有高速旋转撞击式粉碎机、高速旋转抛射式粉碎机、行星式球磨粉碎机、搅拌磨与振动磨等。各种设备的特点是：①高速旋转撞击式粉碎机，利用轮盘上装有的固定或活动锤子、棒、叶片等，使物料的颗粒与颗粒之间产生高频率的相互强力撞击、剪切等作用而细化；②高速旋转抛射式粉碎机由转子、定子、出料筛网组成，利用高速旋转的机构(锤盘)将物料加速，在离心力作用下，物料被抛射与外壁发生碰撞或颗粒与颗粒之间强烈碰撞而粉碎。该机适用于硬度大的脆性物料的超细粉碎；③行星式球磨机，利用球与球或球与壁之间的撞击使粉体介质磨细，同时还可使超细粉体进行表面改性；④搅拌磨，利用转动的搅拌器将动能传递给研磨介质，使研磨介质之间产生相互撞击和研磨双重作用，从而使被研磨的物料细化，具有粉碎效果好、粒径分布范围窄的特点；⑤振动磨，由筒体及支承弹簧组成，主要通过筒体的振动传递动能，通过调节振动的振幅与频率参数使介质在干式或湿式条件下磨细。

物理粉碎法是目前制备超细粉体材料的主要方法之一。然而任何一种粉磨机械都存在其相应的粒度极限，即用该机械不可能生产出颗粒全部小于该极限的粉体。一般机械粉磨的极限在 0.15 μm 左右。

贵金属超细金属粉价格昂贵，成分及性能要求极严，上述各种方法和粉磨机械未必能在贵金属超细粉体生产中普及应用。因此开发适用于贵金属超细粉体的生产技术和设备仍然是必须研究和攻克的问题，主要有：①获得高纯度、低成本超细粉体材料的新工艺及新方法；②研制适合贵重物料粉碎的小型设备；③开展分级设备的研究，以适应超细粉材料粒度分布范围窄、分级精度高的要求；④开发能超细粉碎同时能表面改性的多功能设备，制备特种功能的超细粉体。

5.2.2 贵金属超细粉末的研究进展[10-28]

1. 超细银粉

1)超细银粉的纯度和性能

性能优异的金属银粉是制备优良的电子浆料，进而生产微型化、集成化、智能化等高质量电子产品的关键，对金属银粉的粒径及粒径分布、比表面积、形貌等要求日趋严格。为了适应这种趋势，国外著名的 Metz、Heraeus、Dupont、Demetron、Degussa、Handy & Harman、田中、昭荣、住友、德力等数十家公司都十分重视贵金属粉末的制备工艺和先进设备研究，建立了质量与成本均有竞争力的高技术产业，生产的银粉品种齐全、性能优良。Metz 公司生产的银粉性能见表 5-2。

表 5-2 Metz 公司生产的超细银粉性能

型号	颗粒形态	松装密度/($g \cdot cm^{-3}$)	振实密度/($g \cdot cm^{-3}$)	颗粒尺寸/μm	比表面积/($m^2 \cdot g^{-1}$)	用途
TYPEL-100	无定形	0.49~0.92	1.0~2.0	1.5~3.0	0.3~1.0	导电浆料，催化剂
K-150	无定形	0.37~0.73	0.6~1.1	0.4~0.8	2.20~4.00	导电浆料，粉冶
J-150	无定形	0.48~0.73	0.7~1.3	0.6~0.8	1.50~2.20	导电浆料，粉冶
I-200	无定形	0.55~0.79	0.9~1.8	1.0~1.2	0.90~1.20	导电浆料，粉冶
C-200	结晶形	0.37~0.73	0.8~1.2	0.8~1.5	0.70~1.40	导电浆料，粉冶
G	结晶形	0.67~1.04	1.5~2.5	2.0~3.5	0.3~0.6	导电浆料，粉冶，电池
EG	结晶形	0.98~1.22	1.5~3.0	3.0~4.5	0.15~0.40	导电浆料，粉冶，电池
E	结晶形	0.98~1.59	2.3~3.3	3.5~6.0	0.10~0.35	导电浆料，粉冶，电池
D	结晶形	1.59~2.07	2.6~3.5	5.0~8.0	0.10~0.30	粉冶，电池
F	结晶形	2.07~2.81	2.5~4.0	7.0~13.0	0.05~0.20	粉冶，电池，火焰喷雾
O	无定形	0.31~0.67	0.5~1.60	0.8~1.20	0.8~1.50	粉冶，导电浆料
氧化银 AgO	无定形	0.49~0.92	0.5~1.5	1.7~2.7	0.4~1.0	电池，水净化
过氧化银 Ag_2O	无定形	0.55~0.67	0.8~1.60	2.0~5.0	0.3~0.7	粉冶，导电浆料

中国超细银粉的研究和开发始于20世纪60年代，八九十年代进入快速发展阶段，并生产出许多系列的银粉，填补了国内空白。昆明贵金属研究所和北京有色金属研究总院在国内处于技术领先地位。目前，我国能生产出多种品种和性能的银粉，主要生产厂家和银粉牌号见表5-3。

跟世界发达国家相比，目前我国生产的银粉品种和系列还不是很全，性能跟国外也还存在一定差距，生产线基本上是手工操作，自动化水平还远远落后于一些先进国家。

表5-3 我国银粉产品品种、质量及厂家

牌号	纯度/%	技术标准	用途	生产厂家
纯银粉 Ag-3	99.9	XQB522—80	原料	北京有色金属研究总院，昆明贵金属研究所，西北铜加工厂
纯银粉 Ag35(Ⅰ)	99.95	YB117—70	原料	北京有色金属研究总院，昆明贵金属研究所，太原、天津电解铜厂
纯银粉 Ag35(Ⅱ)	99.95	Q85Y6—75	原料	北京有色金属研究总院，沈阳、常州、重庆冶炼厂，白银有色金属公司
纯银粉 Ag35(Ⅲ)	99.95	GB/T 4135—2002	原料	北京有色金属研究总院，芜湖冶炼厂
纯银粉 Ag-04	99.99	YB117—70	原料	北京有色金属研究总院，昆明贵金属研究所，太原电解铜厂
纯银粉 Ag-05(Ⅰ)	99.999	XQB522—80	原料	北京有色金属研究总院，西北铜加工厂
纯银粉 Ag-05(Ⅱ)	99.999	Q/SH112—80	原料	北京有色金属研究总院，沈阳黄金专科学校
超细银粉 FagC-1	>99.9	GB/T 1774—2009	厚膜线路	昆明贵金属研究所，北京有色金属研究总院
超细银粉 FagC-2	>99.9	GB/T 1774—2009	厚膜线路	昆明贵金属研究所，北京有色金属研究总院
超细银粉 FagC-3	>99.9	GB/T 1774—2009	厚膜线路	昆明贵金属研究所，北京有色金属研究总院
光亮银粉 FagC-1	>99.995	GB/T1773—2008	导体，厚膜线路	昆明贵金属研究所，北京有色金属研究总院

2)超细银粉的形貌特征

使用不同的生产方法，控制不同的条件获得的超细银粉具有不同的色泽、形态、颗粒尺寸、比表面积、松装密度和振实密度。用沉淀法制取的几类典型银粉的形貌呈团聚态、球状及片状(见图5-2)。

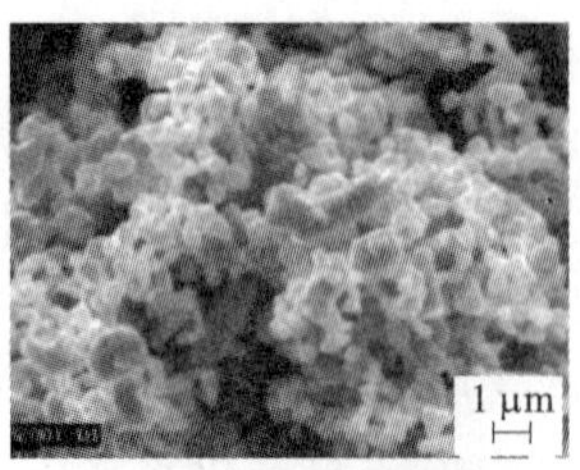

(a)细小颗粒团聚的银粉

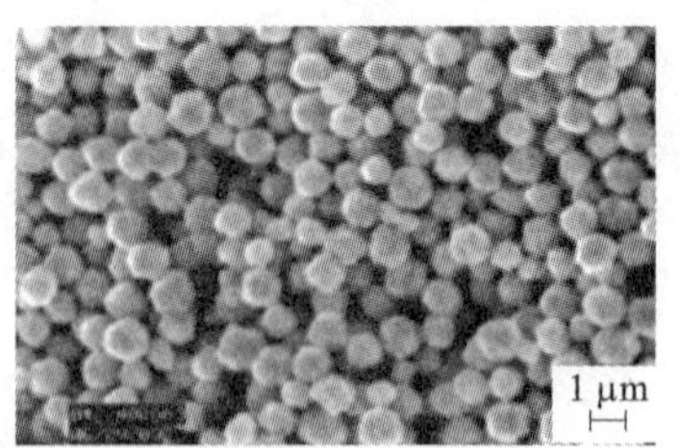

(b)高纯度的细小球形银粉

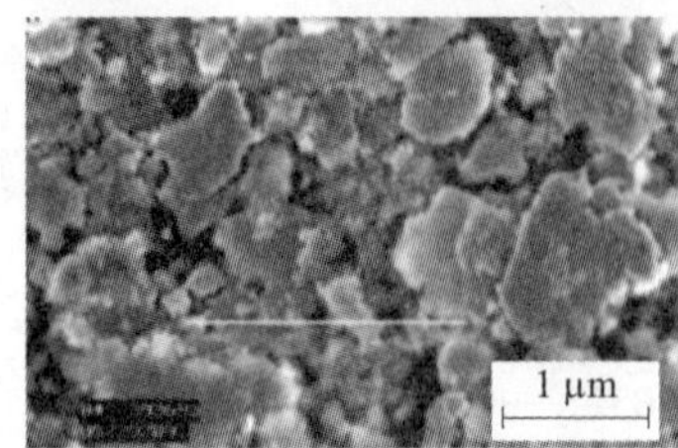

(c)沉淀后经机械研磨的片状银粉

图 5-2　用沉淀法制取的几类典型银粉(SEM)

图5-3为团聚的多晶球形银粉形貌：高密度、粒度为微米级且粒度均匀的高纯度粗银粉(a)；粒度不均匀但比表面积更大的高纯度银粉(b)；粒度达到纳米级的高纯度的超细银粉(c)。

(a)高密度粒度均一的银粉

(b)高纯度细银粉

(c)高纯度超细银粉

图 5-3　团聚的多晶球形银粉(SEM)[5]

3)球形金属银粉的制备方法

超细球形银粉是指形貌为球形或者类似球形的细粉，但不是标准的圆球，还可能有聚集、枝状黏连等形貌。这种银粉由于粒径细小和比表面积大，具有高表面活性和强催化能力，在电子、催化、光学等领域广泛应用。制备过程要求银粉表面清洁，能控制颗粒形状、粒径和粒度分布，易于收集(分离)，有较好的稳定性和易于保存，生产率高。制备方法主要有液相还原法、微乳液法、水热法、溶胶—凝胶法、电解法、气相法、雾化法、喷雾热分解法等。

(1)液相还原法

目前液相还原法的研究和应用最为广泛，工业应用的银粉大部分采用此方法制备。该方法成本低，操作过程较简单，生产时容易控制粉体的形貌、粒度、纯度，产出率高且烧结性好。缺点是工艺过程较长，特别是应用于电子浆料时其结晶度、球形度偏低，表面欠光洁。

该法是用还原剂在含银离子、银的配离子或银的不溶化合物的水溶液或者有机体系内将银还原得到银颗粒。通常采用的银盐(前驱体)有：硝酸银($AgNO_3$)、氰化银钾($KAg(CN)_2$)，或者将硝酸银转化为 Ag_2O、Ag_2CO_3及银氨络离子后还原。可选用的还原剂有：双氧水、水合肼、葡萄糖、甲醛、次亚磷酸钠、抗坏血酸、鞣酸、羧酸、三乙醇胺、甘油、不饱和醇、有机胺等。常用的分散剂和保护剂有：聚乙烯吡咯烷酮(PVP)、聚乙烯醇(PVA)、十二烷基硫酸钠(SDS)、明胶、山梨醇、三乙醇胺等。选择不同的前驱体、还原剂、分散剂和保护剂，调控制备工艺条件并匹配适当的设备，可制备出尺寸从纳米级至微米级，形貌为球形或多面体形的金属银粉。

一些常用的还原法制备超细银粉的化学反应原理如下：

双氧水还原氧化银：$2Ag^+ + 2NaOH \longrightarrow Ag_2O + 2Na^+ + H_2O$

$$Ag_2O + H_2O_2 \longrightarrow 2Ag\downarrow + H_2O + O_2$$

甲醛还原氧化银：$Ag_2O + CH_2O \longrightarrow HCOOH + 2Ag\downarrow$

氢气还原氢氧化银：$Ag^+ + NaOH \longrightarrow AgOH + Na^+$

$$2AgOH + H_2 \longrightarrow 2Ag\downarrow + 2H_2O$$

甲基磺酸钠还原银离子：

$$HOCH_2SO_2Na \cdot 2H_2O + HCHO + H_2O \longrightarrow HCOONa + HOCH_2SO_3H$$

$$HCOONa + Ag^+ + H_2O \longrightarrow Ag\downarrow + HCOOH + Na^+$$

非水溶剂法：　AgI(酒精)$\longrightarrow$Ag↓ + I(酒精)

抗坏血酸还原氰化银钾：

$$KAg(CN)_2 + C_6H_6O_4(OH)_2 \longrightarrow Ag\downarrow + C_6H_6O_6 + KCN + HCN$$

水合肼还原银氨配离子：$AgNO_3 + 2NH_4OH \longrightarrow [Ag(NH_3)_2]NO_3 + 2H_2O$

$$[Ag(NH_3)_2]NO_3 + N_2H_4 + OH^- \longrightarrow Ag\downarrow + N_2\uparrow + H_2O + NO_3^-$$

三乙醇胺还原碳酸银：$AgNO_3 + (NH_4)_2CO_3 \longrightarrow AgCO_3 + NH_4NO_3$

$$AgCO_3 + N(CH_2CH_2OH) \longrightarrow N(CH_2COOH)_3 + Ag\downarrow + CO_2 + H_2O$$

甲酸铵还原银离子： $HCOONH_4 + Ag^+ \longrightarrow Ag\downarrow + NH_4^+ + H_2O + CO_2$

一般条件下制得的银粉平均粒度 $<0.5\ \mu m$，比表面积 $0.1 \sim 5\ m^2/g$。为了保证纯度，还原产出的银粉需用纯水充分洗涤，去除多余的还原剂、分散剂和某些中间产物，洗涤后过滤、烘干获得纯净的超细银粉产品。

(2)微乳液法

微乳液法是利用两种互不相溶的溶剂(通常是有机溶剂和水)在表面活性剂存在下形成均匀、透明、各向同性的油包水型的热力学稳定体系，即形成表面活性剂亲水基团在内、疏水基团在外的乳胶粒子。在这个乳胶离子(“微反应器”)内进行还原反应，得到的超细银粉能稳定存在而不易发生团聚。如将含有硝酸银的微乳液和含硼氢化钠的微乳液混合，即发生还原反应生成纳米级银颗粒。若改变有机溶剂、表面活性剂和有机添加剂种类，胶束(胶团)的物质交换率也随之发生改变。交换率越高，所得银粉粒径越小。另外，还可加入少量的非离子表面活性剂，可显著减小银粉粒径。

(3)水热法

水热法是在高温、高压反应环境中，采用水作为反应介质，使得通常难溶或不溶的物质溶解并进行重结晶。水热法具有反应条件温和、污染小、产物结晶度高、纯度高、成本较低、易于工业化等特点。水热法不但可以制备超细银粉，还可以制备银纳米线、银纳米棒。但水热法对设备要求高，容易产生团聚体，目前尚未工业化应用。

(4)溶胶-凝胶法

该法即 Sol-Gel 法，涉及溶胶的制备及除去溶剂使溶胶向凝胶转变，然后干燥制成超细粉末。基本原理是将金属无机盐或金属醇盐前驱物溶于溶剂中形成均匀的溶液，溶质与溶剂产生水解或醇解反应，生成 1 nm 左右的粒子并形成溶胶。该法得到的产品均匀度较高、纯度高、烧结温度低，反应过程易控制、可大幅度减少副反应和分相。其缺点是由于原料大多为有机化合物，处理时间较长，产品形态较差(有裂隙或残留细孔)。

(5)电解法

电解法制备微细银粉的方案有多种。在含银氰化物电解液或硝酸盐电解液中进行电解，通过振动阴极使银离子还原为枝晶状粉末。振动会促进银离子移动到阴极并可运用较高的电流密度提高生产效率。在不同介质中制备的银粉，其形貌特征显著不同。但电解法只能制备颗粒粗大的枝晶状粉末，产品主要用于粉末冶金制备银基电接触材料。

(6)气相法

气相法是在惰性氛围中加热固态银块，使其蒸发，然后冷凝，得到纳米尺寸的银颗粒。通常是在真空蒸发室内充入低压惰性气体(N_2、He、Ne、Ar)，采用等离子体或电子束激光、高频感应等加热方式，使原料汽化或形成等离子体，与惰性气体原子碰撞失去能量，然后骤冷使之凝结成纳米粒子。颗粒大小与蒸发速率有关，蒸发速率快，银粒子会形成聚集体，粒径变大。气相法制备的纳米银粉纯度高、粒度分布较窄，凝聚体较少。缺点是原材料消耗量较大，熔炉、反应釜及真空设备投资较大，成本高且产率低。

(7)雾化法

该法实质是用介质将熔融的银雾化，从而形成球形或类球形银粉。雾化法主要有：高压气体雾化法、高压水雾化法、超声雾化法、旋转盘雾化法、电动力学雾化法等。雾化法操作简单、产品纯度高、结晶性能好。但该法得到的银粉多为微米级，很难生产出合格的纳米银粉。

水雾化法是用蒸馏水或经过处理的纯水作为雾化介质，以大于 850 MPa 的高压水射流，冲击熔融银液流，使其雾化成粒度小于 40 μm 的银粉。水雾化法制备银粉纯度高、含氧量低、粒度细微、粉末粒度分布及组成合理、粉末形状为球形和类球形，还有生产周期短、效率高、成本低、操作简单、无污染、金属损耗少等优点。此法现已用于工业生产，但目前最细只能制备大于 10 μm 左右的球形或类球形银粉，主要用作粉末冶金银基电触头材料的原料。

(8)喷雾热分解法

喷雾热分解法(Spray Pyrolysis 法，SP 法)又称溶剂蒸发分解法，是一种将含银的前驱体溶液喷入高温气氛中，立即发生溶剂的蒸发和金属盐的热分解，从而直接合成金属及复合氧化物粉料的方法。其显著优点是液相物质前驱体蒸发、干燥、热分解等过程同时进行，兼有气相法和液相法的诸多优点，不需要过滤、洗涤、干燥、烧结与粉碎等过程。产品纯度高、分散性好、粒度均匀。缺点是生成的超细颗粒中有空心颗粒，而且分布不均匀。

为了改进金属银超细粉末粒子的形貌，采用一定湿度的热空气为载气，以硝酸银为前驱体，用喷雾热分解法可制备出具有良好粒子形态及组成的金属银超细粉末。热空气湿度为 0.9%，800℃ 以上高温条件下制得的粉体，粒径分布在 100 ~ 200 nm之间，且产物纯度高、结晶度好。

上述各种方法都具有各自的特点和应用范围，为了更好地控制银粉粒度、纯度和提高生产效率，还在研究和探索其他一些方法，如多元醇法、微波等离子法、电子束蒸发法等。

4)片状金属银粉的制备方法

用作电子材料的片状银粉的松装密度是十分重要的技术指标，松装密度大的银粉适合制作高温烧结银浆。低松装密度片状银粉，因具有大的比表面积，是配制流动性好、抗沉降、喷涂面积大的低温固化银浆、导电涂料和电磁屏蔽涂料的理想原料。如果仅从获得优良的导电性方面考虑，应制备松装密度小、比表面积适中、片状大小不均匀且片薄的银粉。片状银粉的主要制备方法是机械球磨法和化学还原法。

(1)球磨法

机械球磨法是以还原法制备的0.5～1.0 μm球形或树枝状银粉为原料，经球磨将其压成片状，从而得到片状银粉的方法。球磨过程中通过研磨球与物料之间发生频繁撞击和摩擦、挤压，使物料受到反复锤锻、撕裂、破碎，促使颗粒表面缺陷密度增加，最终使Ag粉颗粒趋于细化，并由球形变成片状。球磨法制备的银粉表面具有银色金属光泽、密度大、机械性能好、比表面积大，可改善粉末的烧结性能。制得的片状银粉经干燥、分级、检测、包装，以满足不同用户对产品的需求。目前很多厂家都能生产出质量好的一系列片状银粉，特别是一些知名的大企业。

采用球磨法制备片状银粉的优化条件为：保护剂聚乙烯吡咯烷酮(PVP)为银粉质量的0.8%左右，装填系数0.4～0.6，磨球的直径3～5 mm，球料质量比3:1，球磨时间2～5 h，球磨机转速250～600 r/min。所制得的片状银粉平均粒径13.5 μm，松装密度0.4 g/cm^3，比表面积1.8 m^2/g。

(2)化学还原法

化学还原法是通过化学还原—沉积的方式，一步获得片状银粉的方法。该方法制备的片状银粉纯度高、片状均匀、亮度好。但由于得到的粉末机械性能差，当银粉配制成浆料后，在加热固化时，随着固化温度的升高发生银片收缩现象使颗粒变粗，失去银粉光泽并导致零位电阻增加。该法工艺条件苛刻且较难控制，还在进一步研究之中，尚未产业化应用。

2. 超细金粉

各种粒度和形状的金粉可应用于制备装饰性金涂料及印刷电路用的厚膜浆料。过去已有的化学还原金盐溶液制备金粉的工艺中，所得金粉通常呈针状、球状或者无定形状。当用作金导体浆料的功能相时，金粉需具备球形或类球形的形貌、较高的振实密度和微米或亚微米级的粒径。当用于制备金导电胶及装饰性金涂料时，则片状金粉末优于其他形状的金粉。

超细金粉可用热分解法和水溶液还原法制取。热分解法首先将纯净的三氯化金在120℃蒸发脱水，然后升温至160℃分解为氯化金，然后缓缓升温至185～196℃分解，则可获得平均粒度为1～2 μm的金粉。

要获得更细的金粉，则用水溶液还原法。在一定浓度的纯三氯化金溶液中，用活性金属(如锌、镁及铁)、无机还原剂(如硫酸亚铁、硫化钠、二氧化硫及过氧化氢）或有机还原剂（如甲酸、甲醛等），都可从氯化金酸中还原并沉淀出金粉，用热水洗涤除去分散剂、还原剂及反应物，最后再用酒精洗涤 2～3 次，低温烘干，其平均粒度为 0.1～0.5 μm。

用硫酸亚铁、亚硫酸盐、草酸（$H_2C_2O_4$）、抗坏血酸（VC－$C_6H_8O_6$）作还原剂从三氯化金水溶液（氯金酸）中还原时，发生的化学反应如下：

$$HAuCl_4 + FeSO_4 \longrightarrow Au\downarrow + Fe_2(SO_4)_3 + FeCl + HCl$$

$$HAuCl_4 + Na_2SO_3 \longrightarrow Au\downarrow + H_2SO_4 + NaCl + HCl$$

$$HAuCl_4 + H_2C_2O_4 \longrightarrow Au\downarrow + CO_2 + HCl$$

$$HAuCl_4 + C_6H_8O_6 \longrightarrow Au\downarrow + CO_2 + HCl + H_2O$$

用不同的还原剂制备的金粉，其形貌差别很大。用二氧化硫及亚硫酸盐还原时，反应取决于 pH、反应温度、亚硫酸盐使用量及加入方式等条件，产出的金粉几乎完全是球形的（见图 5－4）。但若反应温度较高，制得的金粉为球状与扁平片状颗粒的混合粉，且表面较为粗糙；用 VC 还原出的金粉球形度较好且表面光滑（见图 5－5）；用草酸还原出的金粉呈鳞片状（图 5－6）。

图 5－4　亚硫酸钠还原制备的球状金粉

图 5－5　VC 还原制备的球形金粉

图 5－6　草酸还原制备的鳞片状金粉

改变还原剂种类，金粉的形貌和尺寸截然不同。这主要是因为还原剂的种类可直接改变晶体的成核和长大环境。在成核阶段，由于晶体特殊的对称性使晶体形成固有的形貌。随后的晶体生长阶段受其他动力学和热力学条件控制，随温度、pH 和浓度等反应参数的变化，使金生长出具有复杂形状的晶体。此外，成核与生长速率之间的差异是影响晶粒尺寸的重要因素，成核速率相对较大、生长速率相对较小时，生成的晶粒尺寸较小，反之晶粒尺寸较大。用乙二醇法还原制取分散的金颗粒，温度大于120℃，温度越高，还原沉淀的金颗粒越小。

在还原沉淀时，通常还使用胶体材料（如阿拉伯胶或聚乙烯醇）防止颗粒间黏附与长大，控制形成聚集团粒，制取较易分散的金粉。在应用金粉时，为了控制粒度并起润滑作用，可用脂肪酸、脂肪酸醇及脂肪酸胺作为金粉颗粒的涂料，如用PVP（聚乙烯吡咯烷酮）在乙二醇中涂敷金粉颗粒。

还可用机械法制取片状金粉，即用碾压与锤制成厚度为0.01～0.02 mm的金箔，继续锤击展薄成厚度为0.2～0.5 μm的薄金片。为了能够将它们制成细金粉，可用标准的球研磨将这些薄金片进一步粉碎。机械法制备的片状金粉见图5－7。

图5－7　机械法制备的片状金粉（SEM）

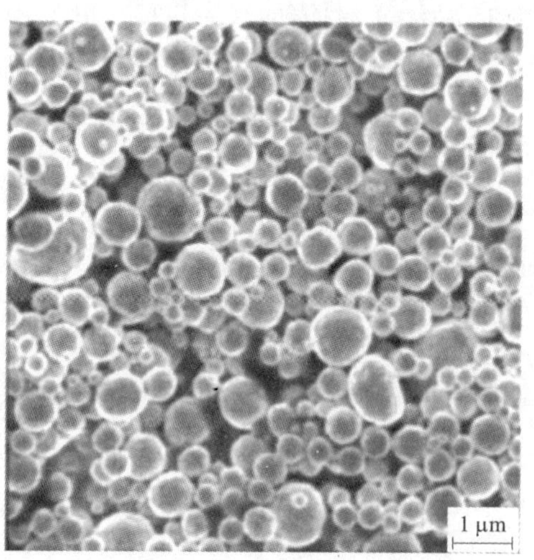

图5－8　喷射热分解法制取的金粉（SEM）

喷射热分解同样可制备纯度高的球形金粉。该法是将含金水溶液雾化成液滴（气溶胶）并喷射穿过加热的炉子，液滴在炉子内蒸发失去水分，随后金盐颗粒分解成球形的、完全密实的金颗粒，用过滤器将金粉颗粒收集起来即可，不再进行任何后续加工。该法可制取微米与亚微米级球形金粉颗粒（见图5－8）。

3. **超细铂粉**

超细铂粉在电子工业中主要用作单层或多层混合集成电路的导体浆料。在要求高可靠、高分辨的电子电路中有重要应用。不同的方法和条件可以制得多边形、球形和片状的超细铂粉。

制取铂粉最常用的原料是氯铂酸 H_2PtCl_6，用氢氧化钠、氢氧化钾、氨水或钠、钾及铵的碳酸盐溶液调节溶液的 pH。在特定的 pH 条件下加热，强烈搅拌下加入适当的分散剂，用甲酸钠、甲酸、硼氢化钠、亚硫酸氢钠、连二磷酸及水合肼等还原剂使铂还原沉淀为铂粉，静置冷却，将上清液抽出检查无铂离子则弃去，得到的超细铂粉用热水充分洗涤干净，烘干即得平均粒度 0.5 ~2 μm 的多边形或球形超细铂粉(见图 5 -9)。

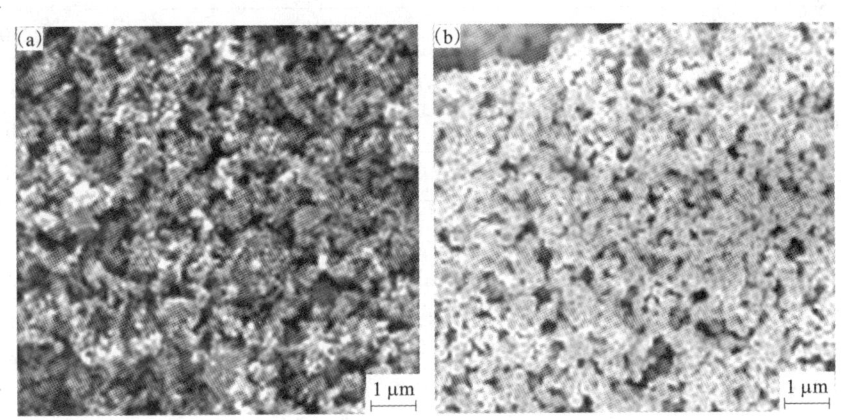

图 5 -9　铂粉的形貌(SEM)

用硼氢化钠还原的反应如下：

$$H_2PtCl_6 + NaBH_4 + H_2O \longrightarrow Pt\downarrow + H_3BO_3 + HCl + NaCl + H_2$$

采用该方法可制取粒度约 30 nm 的铂粉，为防止这些细小铂颗粒凝聚，通常要加入一种有机防护剂，如聚乙烯吡咯烷酮。

还原法制取超纯铂粉的含铂水溶液，除氯铂酸体系外，还可用其他配合物体系，如用氨与氯铂酸配位生成二氯二氨合铂，然后用适当的还原剂(诸如肼)进行还原：

$$2H_2PtCl_6 + 12NH_3 \cdot H_2O + 4H^+ \longrightarrow 2Pt(NH_3)_2Cl_2 + 12H_2O + 8NH_4Cl$$

$$2Pt(NH_3)_2Cl_2 + N_2H_4 + 4OH^- \longrightarrow 2Pt\downarrow + 4NH_3 + N_2\uparrow + 4H_2O + 4Cl^-$$

气溶胶热分解法，即将氯铂酸溶液(H_2PtCl_6)或其他合适的溶液制成液滴状溶胶，喷射到 1100℃的高温炉中加热分解，即可制成粒度分布范围窄、高度结晶的球形且很密实的纯铂颗粒。也可用这个方法制取铂 - 钯合金。

某些典型的铂粉性能指标见表 5 -4。

使用含多种金属的混合溶液，用上述类似方法可生产铂与金或铂与钯的合金粉末。制备钌 - 铂，铂 - 钯，铂 - 铑及铂 - 铱合金粉末时，也可选用氢硼化钠作为还原剂。

表 5-4 超细铂粉的性能指标

牌号	粒子形貌	松装密度/($g\cdot cm^{-3}$)	振实密度/($g\cdot cm^{-3}$)	粒子尺寸/μm	比表面积/($m^2\cdot g^{-1}$)
806	无定形	0.61~0.98	1.8~2.0	0.2~0.45	4.0~7.0
820	无定形	1.77~2.44	3.0~4.5	0.80~2.20	0.4~1.5
850	无定形	0.55~1.10	0.9~1.7	0.13~0.30	9.0~12.0
852(铂黑)	无定形	0.37~0.98	1.0~1.5	0.10~0.30	15.0~22.0
856(铂黑)	无定形	0.49~0.79	0.8~1.4	0.1~0.25	4.0~7.0
FPt-1	无定形	1.1~1.5	1.5~2.5	0.1~0.5	0.5~5.0

4. 超细钯粉

超细钯粉是在电子工业中用量最多的铂族金属粉末材料，其品种规格自成体系。钯粉用于汽车、电信等高技术集成电路块中的电阻器，电阻器电路及混合电路导体，制作多层陶瓷电容器的钯浆料。

从含钯水溶液中还原法制备超细钯粉可以在不同条件下进行。含钯溶液有硝酸钯、氯化钯、溴化钯或多种配位体的配合物溶液，最常用的是氯钯酸(H_2PdCl_4)溶液。用于还原沉淀金或铂有效的还原剂均适用于还原制取钯粉，如肼、甲醛、连二正磷酸、对苯二酚、联胺、抗坏血酸、氢硼化钠、甲酸及甲酸钠等。

用甲酸还原氯亚钯酸溶液沉淀钯发生如下的化学反应：

$$H_2PdCl_4 + HCOOH \longrightarrow Pd\downarrow + CO_2 + 4HCl$$

或将氯亚钯酸氧化为氯钯酸溶液，加氨水配位生成可溶性二氯四氨合钯——$Pd(NH_3)_4Cl_2$，然后加入分散剂，在加热搅拌下加入还原剂，沉淀完全后用热水充分洗涤至中性，过滤烘干即可得平均粒度 <0.5 μm 的超细钯粉。分散剂可选用松香、甘油、钠盐、高分子聚合物(如聚丙烯酰胺)等。也可通过配位反应生成二氯二氨合钯沉淀物，用还原剂还原。反应基本原理如下：

$$H_2PdCl_4 + NH_3\cdot H_2O \longrightarrow Pd(NH_3)_2Cl_2 + H_2O$$

$$Pd(NH_3)_2Cl_2 + N_2H_2 + OH^- \longrightarrow Pd\downarrow + N_2 + NH_3\cdot H_2O + Cl^-$$

影响还原过程和钯粉质量的重要因素有：选择的含钯溶液或钯盐的种类、配合物种类、加入的添加剂或表面活化剂种类、还原剂种类和使用的浓度、pH、反应温度、溶液搅拌方式与强度等。各种参数的微妙变化都可能使制备的钯粉质量发生变化。如粒度可从小于 0.1 μm 到大于 5 μm，形成的颗粒有瘤状、树枝状、不规则状及球形等形态。图 5-10 为钯粉的形貌。

实际生产中，金属钯多采用硝酸或王水溶解制得钯盐，即硝酸亚钯$Pd(NO_3)_2$

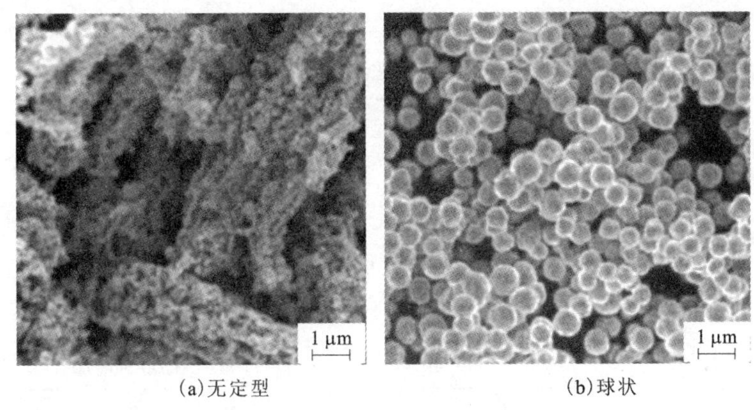

(a)无定型　　(b)球状

图 5 - 10　钯粉的形貌(SEM)

或氯亚钯酸 H_2PdCl_4，作为超细钯粉的起始反应溶液。用加入氨水、氢氧化钠或氢氧化钾、碳酸钠或碳酸钾，或类似化合物来调节反应物水溶液的 pH。但有些电子产品对超细钯粉的氯离子含量限制得很严格，采用硝酸钯盐则比较可靠。在用共沉积法制取含银的贵金属粉时，也应避免使用氯化物盐，因为它会立即沉淀出银离子，形成不溶的氯化银。如用共沉积法制备银钯粉时，应使用钯与银的硝酸盐作为原料。

用金属粉末(如锌粉或铜粉)，从酸性溶液中置换沉淀制取钯粉，反应原理为：

$$H_2PdCl_4 + Zn \longrightarrow Pd\downarrow + ZnCl_2 + 2HCl$$

但产出的钯粉粒度大，呈不规则颗粒状并倾向于团聚，纯度低，还需进行后续处理以减小杂质含量。

用喷射热分解法同样可制取密实的球形钯粉末。用气溶胶发生器雾化前驱体钯盐溶液(如硝酸钯)，喷射到高温炉使液滴在炉内受热蒸发并发生分解反应，可生产出平均粒度范围为 0.1 ~5 μm、密实的球形钯颗粒。某些超细钯粉的性能见表 5 -5。

5. 超细钌粉

虽然钌粉目前的应用范围与银粉、金粉等其他贵金属粉末相比没那么广泛，但其在集成电路、有机合成反应及钌系厚膜电阻浆料等方面的特殊作用是不可用其他材料替代的。当前钌粉的最大用途是生产钌靶材，并以钌靶材作为计算机硬盘记忆材料，同时作为电容器电极膜大量应用在集成电路产业中。2005 年末仅在集成电路产业中的用量就达到 8 t。钌靶材因用量大，附加值高而引起极大的重视，Heraeus 公司、昭荣、助友和贵研铂业股份有限公司等国内外公司都在大力发展钌粉及钌靶材产业。

表 5－5　某些超细钯粉的性能

序号/型号	颗粒形态	松装密度/($g \cdot cm^{-3}$)	振实密度/($g \cdot cm^{-3}$)	颗粒尺寸/μm	比表面积/($m^2 \cdot g^{-1}$)
1	无定形	0.31～0.55	0.60～1.00	0.40～0.80	0.5～3.0
2	无定形	0.73～0.92	1.00～1.90	1.20～1.80	1.0～2.0
3	无定形	1.16～1.71	2.00～3.00	1.00～2.00	0.5～2.0
4	无定形	0.49～0.70	1.0～1.35	0.60～1.10	1.2～1.7
5	无定形	1.10～1.34	1.6～2.20	0.60～0.80	1.5～2.5
6	无定形	0.43～0.61	0.85～1.20	0.40～0.80	2.0～5.0
7	无定形	0.31～0.43	0.60～0.85	0.45～0.65	2.2～3.4
8	无定形	0.37～0.55	0.75～1.50	0.25～0.55	3.5～6.5
9	无定形	0.40～0.58	0.60～1.10	0.15～0.30	9.0～12.0
10	无定形	0.31～0.49	0.5～0.85	0.18～0.25	9.5～13.5
11	无定形	0.18～0.37	0.30～0.60	0.10～0.30	20.0～30.0
12	鳞片状	1.16～1.53	2.00～3.50	0.10×3.00	—
13	鳞片状	1.07～1.19	2.00～3.50	0.15×2.00	—
14	鳞片状	0.67～0.95	1.60～2.00	0.35～0.48	3.3～5.2
15	无定形	0.55～0.79	1.50～2.10	0.90～1.50	1.2～2.0
16	无定形	0.98～1.46	1.75～2.25	1.00～2.50	0.5～1.5
17	无定形	0.61～1.22	1.40～2.60	0.40～0.80	2.0～3.0
18	无定形	0.55～0.92	0.90～1.60	0.3～0.50	4.0～6.0
PD—IA(Y)型 (北京有色院金属研究总院)	无定形	0.38～0.41	0.57～0.62	0.15～0.20	11～19
Degussa 4 A (Degussa 公司)	无定形	0.43～0.67	0.65～1.10	0.15～0.30	9～12

集成电路产业对溅射靶及溅射薄膜的需求量在全球靶材市场上占较大份额，而且对其性能和质量的要求最为苛刻。制备出沉积薄膜厚度均匀且分布好的靶材是保证集成电路可靠性的关键因素。溅射靶材的晶粒尺寸必须控制在100 μm以

下，甚至其结晶结构的趋向性也必须受到控制。在靶材的化学纯度方面，对于 0.35 μm 线宽工艺，要求靶材的化学纯度在 4N5（99.995%）以上，0.25 μm 线宽工艺，溅射靶材的化学纯度则必须在 5N（99.999%），甚至 6N(99.9999%)以上。可以说，是钌靶材对钌粉纯度的苛刻要求带动了高纯钌粉末制取技术的研究热潮，并导致了高纯钌粉末生产技术的进步。

钌粉在室温下易被空气氧化成挥发性很强的四氧化钌(RuO_4)，因此采用氢气热还原钌氧化物，并在氢气或惰性气体保护下冷却至室温获得金属钌粉，是制备钌粉最简单的方法。氢还原制取的典型钌粉末形貌见图 5 - 11。

钌化合物的纯度、干燥度及热还原的温度，对最终得到的钌粉纯度、粒度、分散程度等物理化学性能有重要影响。对 O、N、C、Na、K、Fe、Ni、Cr、Cu 等杂质元素含量、颗粒度和振实密度等指标都有严格的要求。如在集成电路中，钌粉中含有的 Na 和 K 杂质可以从绝缘体中游离出来，引起金属氧化物半导体集成电路(MOS - LSL)表面质量恶化，过渡金属元素 Fe、Ni、Cu 和 Cr 会导致材料表面可焊性变差。

(a)海绵状钌粉

(b)颗粒状钌粉

图 5 - 11　氢还原制取的典型钌粉末形貌(SEM)

日本在 20 世纪 80 年代初到 90 年代末使用、现在仍有相当多的企业使用的生产钌粉工艺如下：用熔融的 KOH 和硝酸钾氧化和溶解钌金属，使钌金属转变为可溶的钌盐——Na_2RuO_4。用水浸出钌盐，加热含钌水溶液并通入氯气使钌离子氧化为 RuO_4 挥发，再用稀盐酸和乙醇的混合液吸收 RuO_4，向溶液中加入氯化铵沉淀出氯钌酸铵——$(NH_4)_2RuCl_6$，过滤后干燥沉淀物，在通入氧气的条件下高温焙烧固体钌盐，获得 RuO_2，最后高温下氢还原 RuO_2 得到钌粉。该工艺简单，可规模化制备钌粉，但钌粉中 Na、K、Fe 杂质含量偏高，不能满足集成电路的要求。为了提高钌粉纯度以满足集成电路产业的发展要求，国内外都在积极研发制备高纯钌粉的工艺，并取得了显著的成就。

在用稀盐酸和乙醇混合液吸收 RuO_4 时，控制吸收液的氧化还原电位可使生成的钌配合物呈不同的价态 Ru(Ⅲ)、Ru(Ⅳ)，在氧化还原电位 < 0.83 V 时，Ru(Ⅲ) 的配合物为 $[RuCl_5(H_2O)]^{2-}$，升高电位后以 Ru(Ⅳ) 的配合物 $[Ru_2OCl_{10}]^{4-}$ 为主。永井燈文等利用氯化铵直接沉淀 Ru(Ⅲ) 配合物，生成 $(NH_4)_3RuCl_6$，煅烧分解再氢还原得到 99.99% 的高纯钌粉。这样制得的钌粉比较细，但操作复杂，而且 $(NH_4)_3RuCl_6$ 水溶性很大，沉淀不完全，钌的回收率不高。Yuichiro 等用杂质金属含量较多的粗钌粉为原料，在用次氯酸溶解粗钌粉时通入含 O_3 的气体，使绝大部分粗钌粉转变为 RuO_4。再用盐酸吸收 RuO_4，直接蒸发浓缩吸收液得到 $RuOCl_3$ 晶体，经煅烧，300 ~ 1200℃ 温度下热还原可得到纯度高达 99.999%、符合溅射靶材要求的钌粉，并可通过调节热还原温度制备不同粒径的钌粉。Hisano 等首次使用电化学方法，对 3N(99.9%) 级钌粉再加工得到 4N(99.99%) 级钌粉。其工艺如下：将 3N 级钌粉置于阳极框内，使用隔膜固定。以石墨作阴极，在硝酸电解液中通入直流电电解除去钌粉中的杂质元素。电解精制 20 h 后将钌粉从阳极框移出，洗涤、干燥即得到 4N 级钌粉。该工艺简单，效果优异，工艺条件易控制。

国内一般采用 $H_2SO_4 + NaClO_3$ 两次氧化蒸馏提高四氧化钌的纯度，最终吸收液蒸发浓缩结晶出 $RuCl_3 \cdot 3H_2O$ 晶体，煅烧氢还原产出纯度为 99.90% 及 99.95% 的钌粉。2010 年，昆明贵金属研究所改进了制备 $(NH_4)_2RuCl_6$ 及煅烧氢还原的方法，批量生产 30 kg 靶用钌粉，钌的回收率为 94%。获得的钌粉颜色、粒度、振实密度等指标均达到靶材用钌粉的要求。

随着金属钌粉应用领域的不断扩展及市场需求量的逐渐增加，不仅要求钌粉产品高纯、超细，还要求生产工艺批量大、可靠和简便。目前国内高纯钌粉(如光谱纯级)的产量还远远跟不上靶材及集成电路发展的需求，因此加强批量化生产高纯钌粉工艺的研究势在必行，同时还应加强钌粉应用及钌粉回收技术的研究。

6. 超细铑粉

将纯铑溶解制备成一定浓度的氯铑酸或氯铑酸钠溶液，调整 pH = 4，此时有大量的氢氧化铑析出，向纯净的沉淀中加入甲酸并加热至 60℃ 左右，几分钟后体系中产生大量气泡，铑粉也随之被还原出来，煮沸并调 pH 为 11 ~ 12，溶液由绿色逐渐变为透明无色。将粉末过滤、洗涤干净，最后用无水乙醇洗涤 2 ~ 3 次。过滤、烘干可得平均粒度为 0.25 ~ 1 μm 的超细铑粉。

7. 超细铱粉

将铱溶解为氯铱酸溶液，中和水解出氢氧化铱，过滤后沉淀用水洗涤至无钠离子，过滤烘干在氢气氛下还原，并在二氧化碳气氛保护下冷却至 200℃ 以下出炉，即可得到平均粒度 <0.5 μm 的超细铱粉。

8. 铂族金属纳米粉末及催化材料[29-44]

铂族金属纳米材料广泛应用于特种催化剂、特种功能薄膜的制备。铂纳米微粒是制造扫描隧道显微镜纳米探针的重要材料。制备铂族金属纳米材料的方法如下。

1）还原法

还原法包括醇类有机还原、柠檬酸三钠还原、水合肼还原、硼氢化钠还原等。

①醇类有机物还原。将铂族金属氯配合物，如 $RuCl_3 \cdot 3H_2O$、$RhCl_3 \cdot 3H_2O$、$PdCl_2$、$H_2PtCl_6 \cdot 6H_2O$、H_2PdCl_4、$H_2IrCl_6 \cdot 6H_2O$ 等，与乙醇溶液混合，加入适量稳定剂，适当加热即可还原产出平均粒径 1.2～3.6 nm（相对偏差 <24%）的原子簇（微粒）。可用作稳定剂（分散剂）和表面活性剂的有机物包括聚乙烯基吡咯烷酮（PVP）、聚乙烯基吡咯烷酮共丙烯酸、聚丙烯聚乙烯醇芳香膦衍生物（三苯基膦、单磺酸三苯基膦、三磺酸三苯基膦、苯胺）、季铵盐阳离子表面活性剂和苯磺酸钠阴离子表面活性剂。如将 1.295 g 氯铂酸溶入 1200 mL 乙二醇中，13.89 g 聚乙烯基吡咯烷酮溶入 500 mL 乙二醇中，两种溶液混合均匀后加入浓度为 0.04 mol/L 的 NaOH 乙二醇溶液 500 mL，橙黄色透明溶液连续通过置于微波加热炉中的反应管，在 2450 MHz 微波辐照 25 s 的条件下，溶液被还原并转变为含铂原子簇的黑色溶液。聚乙烯基吡咯烷酮作为保护膜使原子簇（微粒）稳定。向黑色溶液中加入丙酮即沉淀出纳米级铂原子簇产品。该法重现性好，可批量生产。

李灿改进并简化了乙醇还原法。即以醇类为还原剂，以水溶性低分子量聚乙烯醇（PEG）或聚丙烯酰胺为稳定剂，加入弱极性或非极性絮凝剂，从含铂族金属的水溶液中还原产出分散的、带稳定剂的金属纳米粒子。用作还原剂的醇可以是低碳链到中等碳链的一元醇、二元醇或多元醇，其中低碳链一元醇更便于分离操作。稳定剂聚乙烯醇的平均分子量为 5000～10000，聚丙烯酰胺的平均分子量为 500000 以上。弱极性或非极性絮凝剂是甲苯或烷烃（如沸程 60～90℃的石油醚、庚烷或辛烷）。如将 0.20～0.25 g PEG 溶于体积浓度为 50%～83.3% 的乙醇水溶液中，加入 10 mg 氯铂酸升温至 80℃，溶液变为棕色后继续反应 0.5 h，冷却至室温后加入 10 mL 甲苯，升温至 60℃恒温 0.5 h，搅拌下冷却至室温并静置 1 h。还原产出带稳定剂的铂纳米粒子（粒径 3.5～4.5 nm）絮凝于甲苯和水两相之间。倾倒分离甲苯，从水相中过滤出铂纳米产品。上层甲苯、下层醇—水溶液加入氯铂酸及稳定剂后皆可循环复用。铂纳米产品可直接用作碳—碳双键加氢或碳—氧双键加氢反应的催化剂。用氯化铑和氯化铱为原料，同样可分别制备铑、铱的纳米粒子产品。

用 X 射线或 γ 射线辐照，也可制备贵金属单金属簇或双金属簇，条件基本相似。如用含 Pt（Ⅳ）+ Rh（Ⅲ）浓度为 6.6×10^{-4} mol/L 的 H_2PtCl_6 和 H_3RhCl_6 混合水溶液，与聚乙烯基吡咯烷酮（PVP）- 乙醇溶液混合，混合液在氮气保护下回流加热，即还原产出稳定的暗褐色、粒径 10 ~ 20 nm 的 PVP – Pt – Rh 双金属胶体。

②柠檬酸三钠还原。用相应的无机金属化合物或配合物溶液，加入柠檬酸三钠作还原剂，聚丙烯酰胺作稳定剂，用微波高压液相合成可制备 Au、Ag、Pt、Pd 等纳米粒子。研究发现柠檬酸三钠 – Pt(Ⅳ)体系在常压下不发生还原反应，但在高压(1.5 MPa)条件下 3 min 即还原生成粒径 10 nm 球形铂纳米粒子。聚丙烯酰胺稳定剂吸附在铂纳米粒子表面，可防止铂纳米粒子之间相互聚集和沉淀，保持其分散状态。

③水合肼还原。用 0.05 mol/L 浓度的纯$[Pd(NH_3)_4]Cl_2$溶液(pH = 8 ~ 9)，在快速搅拌下滴入加有分散剂(稳定剂)的水合肼溶液中，升温至 40 ~ 70℃即可获得粒径 6 ~ 10 nm 的灰黑色纳米钯粉。与银粉一起制备的 Pd – Ag 厚膜导电浆料烧成膜表面致密、附着力好、抗焊料侵蚀性强。

④硼氢化钠还原。以粒径 2 ~ 50 nm 的金纳米粒子为晶种，用硼氢化钠水溶液还原氯铂酸溶液，可产出平均粒径 20 ~ 600 nm、均匀和分散性好的球形铂颗粒。这种引晶生长法通过控制金纳米粒子粒径、铂浓度和还原剂浓度，可控制球形铂粒子的粒径。如将平均粒径 20 nm 的金纳米微粒，按 1.4×10^{-4} g/L 浓度分散至纯水中，搅拌呈悬浮液。向悬浮液中同时加入浓度为 6×10^{-4} mol/L 的氯铂酸溶液和浓度为 8×10^{-3} mol/L 的硼氢化钠溶液。混合后的溶液中金晶种的质量体积比降为 1.4×10^{-5} g/L，氯铂酸和硼氢化钠浓度分别降为 2×10^{-4} mol/L 和 5×10^{-3} mol/L。40℃下搅拌 2 h 得到黑色悬浮液。离心分离后的黑色沉淀烘干，即为平均粒径 163 nm 的球形铂颗粒。

2)活性炭纤维还原制备贵金属纳米材料

活性炭纤维(ACF)是一种固体还原剂，利用纤维表面特有的 C—OH、—C ═ O、C—H 等还原性官能团，在与 pH 4 ~ 6、贵金属浓度为 1 ~ 10 g/L 的溶液直接接触中发生吸附还原作用。还原过程在振荡或搅拌下进行，温度 40 ~ 80℃，时间12 ~ 24 h，分离出从 ACF 上脱落的絮状还原产物，干燥后即为纳米贵金属微粒。由于活性炭纤维是由纳米级类石墨微晶片乱层堆叠而成的微孔材料，其表面有很多纳米级的物理起伏，从而使贵金属离子在固液两相界面的还原成核及长大受到空间限制，贵金属粒子的粒径被控制在纳米尺度范围内，比较均匀。该方法不添加任何保护剂和活性剂，产品纯度高，试剂消耗少，工艺简便，条件温和，易生产实施。

①用剑麻基活性炭纤维还原。剑麻纤维用 5% NaOH 和 5% 磷酸氢二铵溶液浸泡后，在氮气保护下 650 ~ 950℃碳化，再用水蒸气活化，或剑麻纤维用 5% NaOH 溶液浸泡后，用磷酸处理，在氮气保护下 650 ~ 950℃碳化活化，可制成比表面积 $S_{BET}\approx1217$ m^2/g 的剑麻基活性炭纤维。分别与金属离子浓度为 1 g/L、pH = 5 的 H_2PtCl_6、$PdCl_2$、$AuCl_3$、$AgNO_3$水溶液以固液比 1:10 混合，在 40 ~ 50℃水浴中振

荡或搅拌24 h。拣出活性炭纤维，过滤出脱落的絮状物，干燥后即为贵金属纳米微粒产品。Pt、Pd、Au、Ag的还原转化量(mg/g ACF)分别为113、162、1295和140，晶粒平均尺寸(nm)分别约为13、28、46和35。

②用其他种类活性炭纤维还原。聚乙烯醇基纤维、聚丙烯腈基纤维、沥青基纤维、黏胶基纤维可制成相应种类的活性炭纤维，皆可作还原剂从贵金属溶液中还原出贵金属纳米颗粒。相应的活性炭纤维制法是：聚乙烯醇基纤维用磷酸氢二铵溶液浸泡，加热至180～250℃稳定后，在氮气保护下650～950℃碳化，再用水蒸气活化，活性炭纤维的$S_{BET}\approx 1358\ m^2/g$；聚丙烯腈纤维在210～260℃稳定后，在氮气保护下650～950℃碳化，再用水蒸气活化，$S_{BET}\approx 631\ m^2/g$；半碳化的沥青纤维快速升温至活化温度后用水蒸气活化，$S_{BET}\approx 1370\ m^2/g$；黏胶纤维经5%磷酸氢二铵溶液浸泡，氮气保护下650～950℃碳化，再用水蒸气活化，$S_{BET}\approx 1290\ m^2/g$。

它们分别与pH=5、浓度为1 g/L的$AgNO_3$溶液接触，40℃恒温水浴中振荡或搅拌24 h，获得纳米级金属银产品。还原转化量(mg/g ACF)分别为145、121、122和127，晶粒平均尺寸(nm)分别约为35、32、33和44。

③制备Pt/C催化剂。若将溶解有H_2PtCl_6的乙醇溶液浸渍在活性炭中，吸附平衡后加入Nafion聚合物(全氟磺酸－聚四氟乙烯共聚物)，通入脉冲直流电，使Pt(Ⅳ)还原为Pt(Ⅱ)，并还原形成粒径2～5 nm的Pt纳米粒子，直接制备出化工用的纳米Pt/C催化剂或燃料电池用的纳米Pt/炭黑催化剂。若在碳载体上用电化学方法再处理铂纳米球，可使其转化为4×6面体结构(24面体)的铂纳米晶，其单位面积的催化活性是普通商售铂催化剂的4倍。通过变化施加于纳米晶上的“方波”电势的次数可以调整纳米晶的大小。因拥有高能量表面，包括“悬挂键”和“原子阶梯”，可提高一些催化反应过程的效率。这种铂纳米晶在800℃以上仍保持稳定，在高温催化反应中使用寿命长，也便于再生回收。

④制备Pd/C催化剂。用不同浓度的含Pd溶液浸渍活性炭，可直接还原制备纳米Pd/C催化剂。活性炭载体的比表面积、孔容及孔径越大，制备的催化剂活性越好。张晓梅研究制备的Pd/C催化剂中钯粒子粒径3～10 nm，用于松香的歧化反应。用歧化反应产品——脱氢松香酸含量(%)衡量，催化活性达66%。

3)等离子束溅射沉积法(IBAD)制备纳米催化剂

以石墨纤维布为基底，经高真空条件下离子束清洗后，用惰性气体氩的高能等离子束轰击Pt靶材，可溅射制备Pt/C催化剂。Pt/C催化剂用作电解H_2S制H_2(副产硫磺)的催化电极，在槽电压1.7 V时，电流密度高达200 mA/cm^2。轰击双金属靶材可溅射制备Pt－Ru/C、Pt－Ti/C、Pt－Ni/C等催化剂。Pt－Ru/C催化剂中金属合金部分呈Pt－Ru50固溶体合金，纳米颗粒的平均粒径5 nm，在载体表面分布较均匀。

5.3 贵金属复合粉末材料[45-53]

有两种或两种以上组元的混合物粉末，称为复合粉末。贵金属与其他金属或其氧化物、氮化物、碳化物、硫化物、硒化物及C，均可组成复合粉末，如：Ag/Pd、Ag/Ni、Mo/Ru、Ru/Cu、Ag/C、Ag/CdO、Pt/ThO_2、Ag/TiN、Ag/WC、Ag/MoS_2、Ag/MoS_2/C、Ag/$NbSe_2$/C等，粉末冶金所需的贵金属粉末多属此类。这些粉末一般可由混合法和化学共沉淀法制备。

5.3.1 机械混合法制备贵金属复合粉末

机械混合法是制备复合粉末最基本的方法，适应性广，工艺简单。该法把研磨工序和混合工序合在一起。小批量贵金属粉末可在玛瑙钵中研磨。大批量生产多使用球磨机和振动球磨机，一般球磨机的筒体直径D与长度L之比小于3，物料最佳体积为筒体容积的10%～20%，球的总体积占筒体容积的40%～50%，球与物料重量比为2.5∶1，球径5～8 mm。技术和机械产品皆十分成熟。

化学混合法：当一种金属添加剂的水溶液与基体金属粉末一起搅拌时，添加剂从溶液中沉淀到基体金属颗粒表面，将水蒸发后得到混合粉。例如铂与少量$Y(NO_3)_3$水溶液湿磨制备Pt/Y_2O_3复合粉末就是化学混合法。

混合法的缺点是粉末颗粒粗大，偏析严重，难于制备成分均匀的复合粉末。

5.3.2 化学共沉淀法制备贵金属复合粉末及其研究进展

颗粒复合材料是贵金属复合材料中的重要类型。其基本特征是在贵金属基体中嵌镶着均匀分布的另一种细颗粒金属相或者氧化物相。它与一般熔炼、机加工制备的材料相比，具有特殊的综合性能，广泛用于低压电器的电接触材料。

化学共沉积法的基本原理是按要求的成分比例制备可溶性化合物的混合水溶液，然后添加沉淀剂产生沉淀，经洗涤、过滤、烘干、研磨、焙烧或还原制成复合粉末。如Ag/Ni、Ag/CdO、Ag/SnO_2复合粉末皆可用该法制备。

1. Ag/Ni **复合粉末**

用粉末冶金方法制造的含镍10%～20%的Ag/Ni烧结材料，耐烧损、有良好的熄弧性、接触电阻稳定，而且具有很好的抗熔焊性。因此Ag/Ni烧结材料已经代替了很大一部分用熔化和机加工方法制造的纯Ag和硬银（Ag-3Cu合金），并大量用作家用电器开关、设备开关、辅助电流开关和继电器的电接触头。在大多数情况下，这类材料使用的电流范围为10～100 A。

Ag/Ni复合颗粒材料中，Ni粒子尺寸对触头性能有很大影响。Ni粒子越细，在电接触时发生材料转移的几率越小。但粉末冶金法制造的Ag/Ni复合材料中，

Ni粒子粒径较粗(一般大于10 μm)，电性能方面受到一定影响。因此细化Ni粒子粒径是提高该种材料电接触性能的关键因素。化学共沉淀法可制备出Ni粒子粒径小于1 μm的复合材料。

工艺上，首先制备$AgNO_3$和$Ni(NO_3)_2$的混合溶液，用Na_2CO_3溶液中和至pH为8～9，生成Ag_2CO_3和$NiCO_3$的混合碳酸盐，过滤出沉淀，用pH=7的纯水洗涤，过滤后于90～100℃干燥，450℃用氢气还原2 h，产物粉碎后筛分，80目筛下产品即为Ag/Ni复合粉末。发生的基本化学反应为：

$$2AgNO_3 + Na_2CO_3 \longrightarrow 2NaNO_3 + Ag_2CO_3\downarrow$$

$$Ni(NO_3)_2 + Na_2CO_3 \longrightarrow 2NaNO_3 + NiCO_3\downarrow$$

$$Ag_2CO_3 \xrightarrow{\triangle} Ag_2O + CO_2\uparrow \quad Ag_2O + H_2 \longrightarrow 2Ag + H_2O$$

$$NiCO_3 \xrightarrow{\triangle} NiO + CO_2\uparrow \quad NiO + H_2 \longrightarrow Ni + H_2O$$

该复合金属粉末中，Ni分布均匀，颗粒尺寸小于1 μm，仅为粉末冶金法制造的复合材料中Ni粒子粒径的1/10。

使用其他镍粉体原料，如用非常细的羰基Ni粉和电解Ag粉混合，压结、烧结、复压方法制造的Ag/Ni电接触材料，具有Ni以细颗粒形态嵌镶在Ag基体中的组织结构特征，也可改善其电接触性能。

2. Ag/CdO **复合粉末**

在金属—氧化物系中最有代表性、应用最广的是Ag/CdO材料(含CdO 10%～15%)，它具有极好的电接触性能。在30 A至几千安电流的低压开关设备中曾长期使用这种材料。其制备方法有粉末冶金法、共沉淀法及共沉淀－粉末冶金结合法。

最初生产Ag/CdO触头材料的方法是粉末冶金法，即把Ag和CdO粉末均匀混合，压结、烧结，最后复压成单个的触头产品。但这种触头产品脆而多孔隙，而且嵌镶的氧化物比较粗。虽经多次烧结和复压能提高密度，但触头块仍然很脆。

后来发展了内氧化法，即在均匀熔化的Ag－Cd合金内使Cd氧化为CdO制取Ag/CdO复合材料。还研究过很多方法以改善内氧化法Ag/CdO材料的组织结构，如：在Ag－Cd中添加Ni(0.1%～0.3%)，可使CdO沉淀物改变颗粒形状，从针状变为球状，从而提高了材料的塑性；添加Al、Si、Li和Ca可使CdO细化。但内氧化法Ag/CdO触头材料也有其缺陷，特别是在开关电弧作用下，触头块会经常出现深的晶间裂纹，或者沿晶界断裂。

共沉淀法是将$AgNO_3$和$Cd(NO_3)_2$溶液混合，采用制备Ag/Ni粉末相同的过程和条件，可制备出Ag/CdO粉末。发生的基本化学反应为：

$$2AgNO_3 + Na_2CO_3 \longrightarrow 2NaNO_3 + Ag_2CO_3 \downarrow$$

$$Cd(NO_3)_2 + Na_2CO_3 \longrightarrow 2NaNO_3 + CdCO_3 \downarrow$$

$$Ag_2CO_3 \xrightarrow{\triangle} Ag_2O + CO_2 \uparrow \quad Ag_2O + H_2 \longrightarrow 2Ag + H_2O$$

$$CdCO_3 \xrightarrow{\triangle} CdO + CO_2 \uparrow$$

为了获取晶粒细小的 Ag 基体和颗粒细小的弥散嵌镶氧化物，又发展了共沉淀－粉末冶金相结合的方法。首先从硝酸银和硝酸镉混合溶液中共沉淀出 Ag 和 Cd 的碳酸盐，加热后转化成金属 Ag 和 CdO 混合粉末，其中氧化物颗粒细小且分布均匀。混合粉末压结成大块材料后按预定的温度－时间工艺制度烧结，接着以大于95%变形度的热变形和冷变形加工成有延展性的片、棒或线材。用此方法获得的复合材料非常致密，氧化物颗粒很细小，而且分布均匀。使用中的电弧烧损比用内氧化法制备的材料小。

3. Ag/Fe **复合粉末**

$AgNO_3$和 $Fe(NO_3)_2$溶液混合，用 Na_2CO_3溶液中和至 pH 8～9 生成 Ag_2CO_3和 $Fe(OH)_3$的混合物，过滤后沉淀用 pH＝7 的纯水洗涤，过滤后于 90～110℃干燥，筛分后于500℃焙烧1.5 h，再用氢气于600℃还原2 h，产物粉碎后过筛，80 目筛下产品即为 Ag/Fe 复合粉末。发生的基本化学反应为：

$$Ag + 2HNO_3 \longrightarrow AgNO_3 + H_2O + NO_2 \uparrow$$

$$Fe + 4HNO_3 \longrightarrow Fe(NO_3)_3 + H_2O + NO_2 \uparrow + H_2 \uparrow$$

$$2AgNO_3 + Na_2CO_3 \longrightarrow 2NaNO_3 + Ag_2CO_3 \downarrow$$

$$Fe(NO_3)_3 + Na_2CO_3 + H_2O \longrightarrow Fe(OH)_3 \downarrow + NaNO_3 + CO_2 \uparrow$$

$$Ag_2CO_3 \xrightarrow{\triangle} Ag_2O + CO_2 \uparrow \quad Ag_2O + H_2 \longrightarrow 2Ag + H_2O$$

$$2Fe(OH)_3 \xrightarrow{\triangle} Fe_2O_3 + 3H_2O \uparrow \quad Fe_2O_3 + 3H_2 \xrightarrow{\triangle} 2Fe + 3H_2O$$

4. Ag/W **复合粉末**

$AgNO_3$和 H_2WO_3溶液混合，用 Na_2CO_3溶液中和至 pH 8 生成 Ag_2WO_4和 Ag_2CO_3混合物沉淀，过滤后沉淀用 pH＝7 纯水洗涤，过滤后于 120℃干燥，粉碎后筛分，小于100 目的粉末于450℃焙烧0.5 h，过筛后小于 180 目的粉末用氢气于700℃还原8 h，再过筛后小于180 目的粉末提高温度至880～900℃用氢气还原 8 h，180 目筛下产品即为 Ag/W 复合粉末。发生的基本化学反应为：

$$3Ag + 4HNO_3 \longrightarrow 3AgNO_3 + 2H_2O + NO \uparrow$$

$$2AgNO_3 + H_2WO_4 \longrightarrow 2HNO_3 + Ag_2WO_4 \downarrow$$

$$2AgNO_3 + Na_2CO_3 \longrightarrow 2NaNO_3 + Ag_2CO_3 \downarrow$$

$$Ag_2CO_3 \xrightarrow{\triangle} Ag_2O + CO_2\uparrow \quad Ag_2O + H_2 \longrightarrow 2Ag + H_2O$$

$$Ag_2WO_4 \xrightarrow{\triangle} WO_3 + Ag_2O \quad WO_3 + 3H_2 \xrightarrow{\triangle} W + 3H_2O$$

5. Ag/SnO_2复合粉末

Cd 的毒性使 Ag/CdO 材料正在退出历史舞台。研发电接触性能至少与 Ag/CdO相当且没有毒性的其他材料是一项迫切的任务。曾研究过 Ag 与 NiO、CuO、PbO 和 ZnO 的复合材料，但截至目前，能实际应用的仅有 Ag/SnO_2复合材料。

用含 Sn 质量百分比为 10% 的 Ag－Sn 合金经内氧化制备Ag/SnO_2复合材料的困难是会生成钝性的氧化物覆盖层，阻止了进一步的内氧化。近期的研究证明，如果在合金中添加少量 In 或 Bi，可促进并完成内氧化过程。这种新材料在日本和德国研究成功并已应用。

昆明贵金属研究所采用机械合金化(Mechanical Alloying，MA)制备了 Ag/SnO_2材料。即通过球磨机使混合粉末不断地碎化，晶粒尺寸逐渐减小，因 Ag 粉的塑性、韧性较好，球磨时变成片状或碎片，球磨机中钢球产生的巨大冲击作用使硬而脆的 SnO_2钉扎入银基体中，或分布在 Ag 粉末的交界处，SnO_2 颗粒与片层状的 Ag 粉末冷焊在一起形成层状的复合颗粒，继续球磨时复合粉末被反复破碎和焊合，不断产生大量新鲜的结合界面，形成细化的多层状复合颗粒。同时，由于塑性变形产生的内部缺陷(空位、位错等)也导致粉末进一步细化，从而实现了 SnO_2变细小并且均匀弥散镶嵌分布于 Ag 基体中。粉末形貌及金相组织如图 5－12 所示。

SEM 200×　　SEM 1000×　　金相腐蚀400×

图 5－12　机械合金法制备的 Ag /SnO_2粉末金相组织

Ag /SnO_2复合粉末的颗粒形状不规则，呈扁平状及多层片状银的叠加，粒径范围在 20～50 μm。高能球磨法还可制备纳米级 Ag/SnO_2电触头材料，其组织均匀弥散，密度、硬度和导电性等性能均得到明显提高。

Ag/SnO_2复合粉末经机械合金化、冷等静压烧结、复压复烧、热挤压及后续机加工可获得丝材，其 SnO_2颗粒细小，组织均匀，抗拉强度、硬度均满足 JB/T

8444—1996 标准要求。

5.4 贵金属预合金粉末材料[53-61]

5.4.1 贵金属预合金粉末材料的制备

近年来预合金粉末在制备新型材料方面有很大的进展。预合金粉末指含两种或两种以上组元的合金粉末，如 Ag-Cu、Ag-Cu-Zn(Cd, Ni)，Au-Ag-Cu-Zn(Cd, Ni)焊料，Ag-Sn-Zn-Cu 牙科粉末及 Ag-Cd 预合金电接触头粉末等。多组元预合金熔体在雾化过程中形成预合金粉末，伴随内氧化作用使银颗粒里的多种氧化物细小而均匀。预合金粉末经粉末冶金工艺和压力加工所获得的电触头材料具有最佳的电接触特性。

预合金粉末通常用气体雾化法、水雾化法及高温等离子枪直接熔喷雾化法制备。

1. 气体雾化法制备 Ag 基预合金粉末

利用亚音速或超音速的气体(如 N_2、Ar 或空气)，形成高速射流使熔融金属合金分散细化，形成的金属颗粒淬冷($10^2 \sim 10^3$℃/s)定形。雾化装置的关键设备是喷嘴，其形状多种多样，有环孔、环缝、V 形等。由于贵金属价格昂贵，雾化装置必须保证有高的粉末实收率。一系列相互联系的工艺参数支配着整个雾化过程，其中包括射流距离、射流压力、喷嘴几何形状、气体的流速及熔融金属的过热温度。雾化条件与制备的粉体粒度和形貌有密切的关系，一般来说，形成的粉末多为光滑球形，颗粒的平均尺寸与气体压力呈幂函数关系，射流压力越高及射流距离越小，产生的粉末越细。

Ag/Cd(Ni, Mn)预合金经气体雾化和内氧化作用制备的 Ag-CdO 粉末材料，其电学性能更好。其制备工艺如下：四向切线进风的环缝喷嘴，交角45°，喷雾介质为空气，压力约 0.7 MPa，合金熔体温度 1180~1200℃，粉末落入不锈钢桶内水中聚集，所得粉末的粒度和成分见表 5-6。

表 5-6　气雾法制备的 Ag/CdO/Al 粉末的粒度和成分

粒度范围/目	喷嘴直径为3.5 mm时的粒度分布/%	喷嘴直径为5.5 mm时的粒度分布/%	成分/%		
			Ag	Cd	Al
+40	2.59	1.60			
-40 +60	2.10	5.80			
-60 +80	1.90	8.10	91.66	7.51	0.039
-80 +100	2.10	6.20	91.96	7.48	0.038
-100	91.30	78.30	91.14	7.14	0.195

2. 水雾化法 Ag 基预合金粉末

高压水比同等流速的气体具有更大的射流质量和雾化效率，且生成的预合金颗粒的淬冷速度更快($10^4 \sim 10^5$℃/s)。生产的有利条件是：针对低黏度、表面张力小及过热度较高的熔融合金，使用高的水流速度、短的喷流长度可制备细粒合金粉末。该法的缺点是粉末颗粒形状大都不规则，它不适合于制备贵金属和高活性金属组成的合金粉末(如 Ag-Cu-Ti 粉末等)。

3. 高温熔喷制备铂基预合金粉末

主体金属铂或铂合金粉末，或与细小氧化物粉末(小于 0.1 μm)的混合物，或把化学法获得的复合粉末，通过粉末冶金工艺制成金属线装进等离子喷枪或乙炔焰喷枪里，火焰以 50 m/s 速度喷出使金属线熔化并雾化，生成的粉末被吹进铜金属模具里冷却并直接堆积成锭。取出锭子并热锻得到接近理论密度的粗坯，然后冷轧及晶粒稳定化处理，即得到适合高温应用的、晶粒稳定化的弥散强化铂合金(牌号为 ODSPt、ODSPtRh、ODSPtAu、ZGSPtRh、ZGSPtAu)，及在整个铂基体上有尺寸细小、分布均匀的难熔氧化物弥散相的 Pt/Y_2O_3、Pt/ZrO_2 等。此种材料具有极好的高温力学性能，广泛用于制备化学玻璃器具、晶体生长坩埚、玻纤漏板、电阻发热丝及制备 X 射线荧光分析样品的器具。该法把贵金属粉末冶金、喷射喷涂、压力加工综合为一体，不仅新颖而且应用前景广阔。

5.4.2　贵金属预合金粉末材料的研究进展

1. 银铜合金粉末

银系导电涂料是开发最早的导电材料之一，它的性能稳定，导电效果好。美国军方早在 20 世纪 60 年代就将银系导电涂料用作电磁屏蔽材料，但因价格昂贵，只能用于某些特定的场合。铜系导电涂料成本低、导电性好，但其抗氧化性能差，暴露在空气中易氧化。为了改善铜系涂料抗氧化性，并提高导电性能，近年来，采用快速凝固雾化技术制备了 Cu - Ag 系列合金粉末，还结合化学镀方法制备了镀银铜银合金——Ag/(Cu - Ag)包覆粉末。在超细 Cu - Ag 合金粉末表面镀银，形成一定厚度的镀银层，既克服了 Cu - Ag 合金粉末易氧化的缺陷，又解决了纯银粉价格贵、电子易迁移等问题。Ag/(Cu - Ag)粉末因具有导电性好、化学稳定性高、不易氧化、价格低等特点，成为一类很有发展前途的新型导电材料。

Ag/(Cu - Ag)粉末的制备工艺过程如下：以纯度大于99.95%(质量分数，下同)的银和铜金属为原料，氮气(纯度大于99.99%)为雾化介质，根据合金成分设计要求，采用气体雾化技术制备 Cu - Ag 合金粉末，并通过控制熔炼温度、气体压力、真空度等工艺参数，使获得的 Cu - Ag 合金粉末比表面积大、粒度分布合理、形貌为球形或近球形、含氧量低(0.05%)；将粉末筛分，-400 目粒级的细粉用 1 ~5 g/L 的稀硫酸对粉末表面进行活化处理去除表层氧化物，蒸馏水洗涤至中性；用含硝酸银 10 ~20 g/L、NaOH 10 ~20 g/L、葡萄糖 5 ~20 g/L 及适量氨水和无水乙醇的镀银液，在 10 ~40℃常温下浸泡进行化学镀银。

经过化学镀银后的 Cu - Ag 合金粉末，实际银含量增加 2% ~5%(质量分数)。Ag/(Cu - Ag)粉末的表面 Ag 镀层致密、Ag 包覆层均匀，粉末粒径小于 20 μm。Ag/(Cu - Ag)粉末的化学成分和粒度见表 5 -7。

表 5 -7　Ag/(Cu - Ag)粉末化学成分及性能

合金粉末	成分		平均粒度/μm
	Ag/%	Cu/%	
Ag/(Cu -10Ag)	10	90	5 ~20
Ag/(Cu -15Ag)	15	85	10 ~30
Ag/(Cu -20Ag)	20	80	10 ~30
Ag/(Cu -25Ag)	25	75	15 ~35
Ag/(Cu -30Ag)	30	70	20 ~40

Cu - Ag 合金粉末及 Ag/(Cu - Ag)粉末的形貌见图 5 -13、图 5 -14，均为球形或近球形。

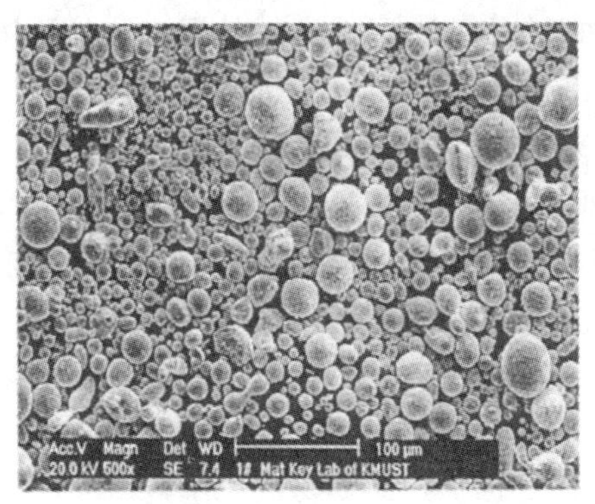

图 5-13　Cu-Ag 合金粉末的形貌

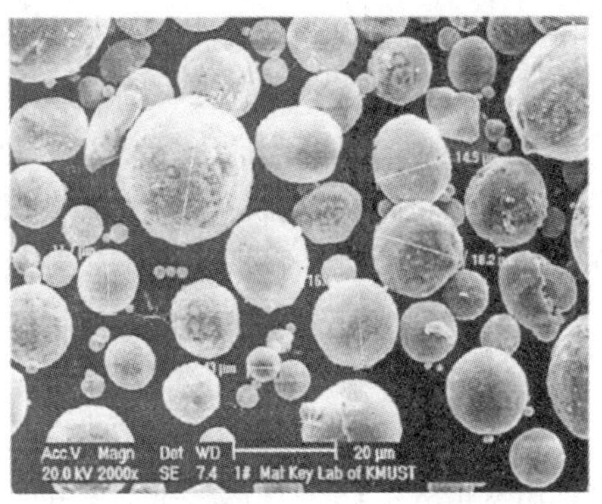

图 5-14　Ag/(Cu-Ag)粉末的形貌

2. 银稀土合金粉末

采用超音速气体离心雾化装置制备的 AgRE 合金粉末，其粒度符合正态分布规律，与传统的水、高压气体、离心旋转和气水组合等雾化法相比，粉末平均粒径更细小。银稀土合金粉末形貌见图 5-15。当雾化压力较低时，粉末形貌基本上为球形[图 5-15(a)]；随着雾化压力的增加，不规则形貌的粉末增多[图 5-15(b)]。

图 5-16 为冷却介质压力 0.4 MPa、雾化气体压力 1.3 MPa、旋转盘转速 7000 r/min、过热温度 300℃条件下制备的 AgRE 合金粉末金相组织，其显微组织为晶内无偏析的细小等轴结晶。显然，快速凝固充分抑制了稀土元素在晶内的偏析和偏聚，可获得组织均匀和高度弥散的第二相，实现了粉末组织的均匀化。

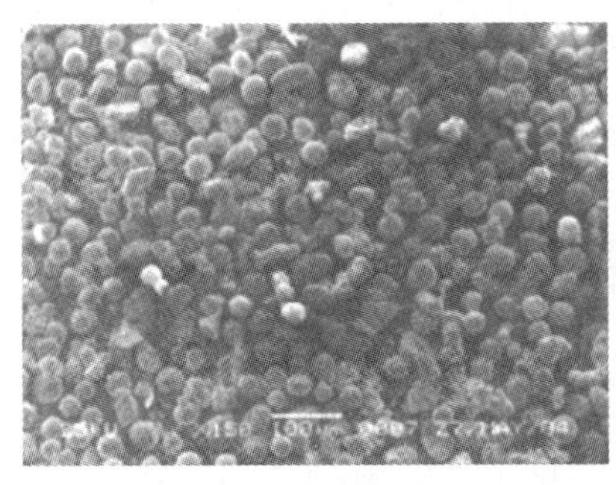

(a)低压雾化粉末形貌（200×）

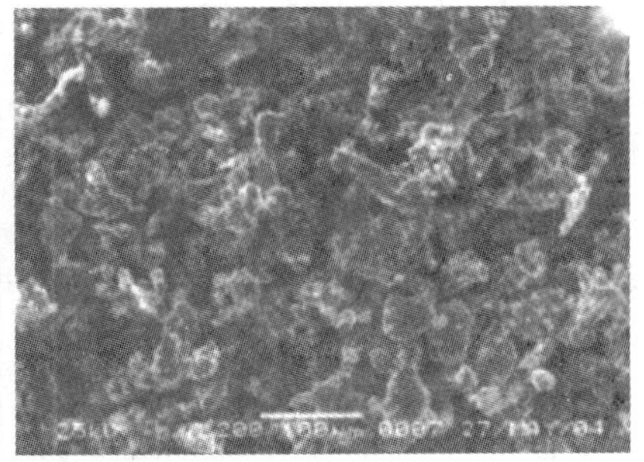

(b)高压雾化粉末形貌（400×）

图 5-15　银稀土合金粉末形貌

3. 铝钌合金粉末

Raney 最早用 NaOH 溶液处理 50% Ni-Al(质量分数)合金得到一种镍骨架的

加氢催化剂。之后，人们开始将目光转向其他的合金系，其中有铁、钴、铜、铂、钯和钌。研究发现骨架钌是一种高活泼的加氢催化剂，可以在较低温度和较低压力下催化多种不饱和键的加氢反应。

钌的熔点高达2310℃，和 Al 的熔点(660℃)相差很大，所以很难通过普通熔炼的方法制备铝钌合金。最初曾用电弧熔炼法制备 Ru－Al 合金，但该法所用设备昂贵、成本较高。后来发展了机械合金化(MA)技术，通过粉末颗粒与磨球之间长时间激烈的冲击、碰撞，使粉末颗粒反复冷焊、断裂，促进粉末中的原子扩散，从而获得合金粉末。它的优点是在固态下实现合金化，不使用气相或液相物质，不受其蒸气压、熔点等物理性质的制约，还避开了复杂的凝固过程，成为使熔点相差很大的两种金属形成合金的重要方法，且工艺简单易行、成本低。

具体工艺如下：采用纯度为99.95%的钌粉以及分析纯铝粉，将两种金属粉按质量比为1∶1 均匀混合后放入行星式球磨机的球磨罐，按照20∶1 的球料比加入 ϕ1 mm 和 ϕ6 mm 的两种不同直径的磨球，添加适量的乙醇，在 500 r/min 转速下连续球磨 30 h。制备的合金粉末在管式电阻炉中氩气保护 550℃退火，保温时间分别为 30 min 或 60 min。

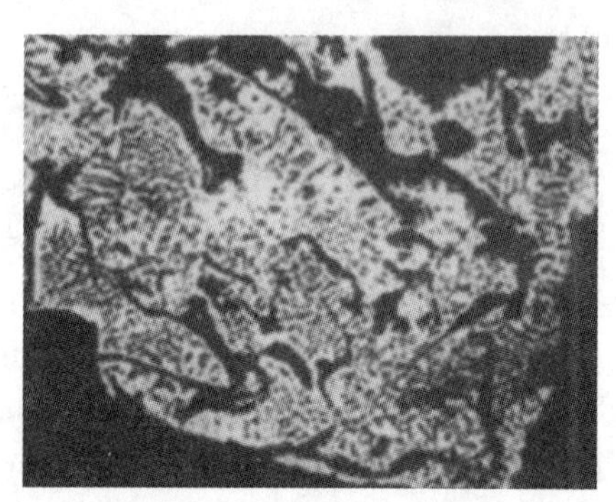

图 5－16　AgRE 合金粉末金相组织(400×)

图 5－17 为不同热处理工艺下合金粉的 SEM 形貌。原始混合金属粉末的颗粒度较大，其中团聚状 Ru 的颗粒大约 50 μm，而颗粒状 Al 的尺寸也有 20 μm 左右，Al 粉和 Ru 粉仅发生机械混合，没有发生相互反应[见图 5－17(a)]。经球磨 30 h 后大块的 Al 粉和 Ru 粉已经消失，合金颗粒明显减小，平均颗粒度已不足 5 μm,但颗粒大小不均匀[见图 5－17(b)]。这主要是由于在球磨时粉末变形不均匀，总有某些较大颗粒残留在新相的基体上。经退火处理后合金粉会发生不同程度的烧结现象，并且退火保温 60 min 的合金粉烧结较为严重[见图 5－17(c)]和[见图 5－17(d)]。

室温下球磨 30 h 后 Al 原子进入了 Ru 原子晶格中形成 Ru－Al 固溶体，经 550℃退火后可得到以 Al_2Ru 为主的粉体，晶粒尺寸在 50～60 nm，其中含有少量的 $Al_{13}Ru_4$和 Al_5Ru_2合金，以及部分被氧化成的 Al_2O_3(见图 5－18)。在 550℃温度下退火处理时，保温时间(30 min 和 60 min)对合金相的生成以及晶粒尺寸的影响不明显。

(a)机械合金化前的粉末形貌　　(b)机械合金化30 h后的粉末形貌

(c)550℃退火30 min　　(d)550℃退火60 min

图 5-17　不同热处理工艺下合金粉的 SEM 形貌照片

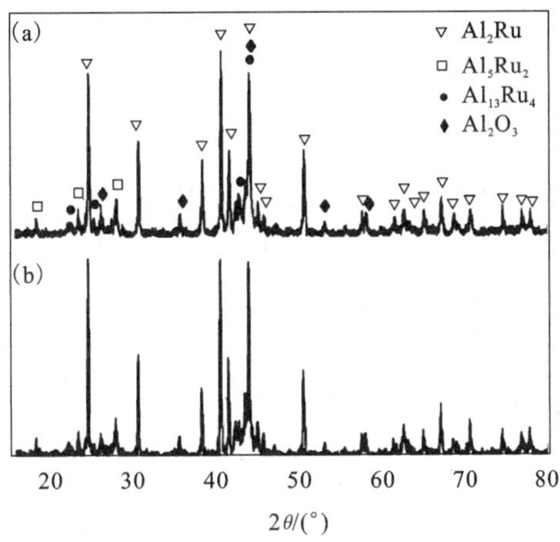

图 5-18　铝钌合金粉 550℃保温不同时间后的 XRD 图谱

(a)30 min；(b)60 min

5.5 快速凝固法制备贵金属粉末材料[63-67]

快速凝固技术是20世纪后半期金属材料制备方法的重大突破，用此技术制备了一系列新型非平衡态的金属材料，即非晶、准晶、微晶和纳米晶金属及合金材料。昆明贵金属研究所和中南工业大学等单位率先开展了快速凝固制粉设备与技术的研究工作。

快速凝固技术的主要优点在于可扩大亚稳态固溶度，产生新的亚稳相，减少偏析和形成非晶、准晶、微晶和纳米晶等结构。这些特殊的组织结构赋予了材料优良的性能，如：提高了强度、塑性、耐磨性、耐蚀性和磁性能，增强了催化活性及提高了触媒性能。快速凝固制粉技术几乎涉及黑色金属和有色金属的所有领域，应用该技术制备贵金属电工合金（如 Ag－CuO、Ag－SnO_2、Ag－CdO、Ag－Ni、Ag－W 和 Ag－C 等）、钎料（Ag－Cu－Zn、Au－Ni 等）、电子浆料（Ag 浆、Ag－Al 浆等）用的微细银粉原料，已成为一个新的研究领域。

另外，随着热等静压、冷等静压、真空温压和挤压等粉末成型技术的发展，进一步推动了金属粉末制备技术的进步，加快了快速凝固新材料产业化的步伐。同时，快速凝固技术的关键条件之一是冷却速率，只有高的冷却速率才能细化粉末的平均粒度，降低含氧量，这也是开拓雾化法制备高质量微细粉末的新途径。

昆明贵金属研究所开发的快速凝固制粉技术，综合了高压气体雾化法、超声雾化法和高速离心雾化等的特点，自行研究、设计和加工了一套高压气体高速离心旋转雾化制粉设备，其结构原理如图5－19所示。

全套设备包括熔炼系统（中频炉、坩埚、雾化喷嘴等），离心雾化系统（金属旋转盘、变速机构等）和粉末收集系统三个单元。

快速凝固制粉技术工艺为：金属或合金成分设计→真空或惰性气氛下熔炼→高压气体雾化→高速离心旋转雾化→粉末液相分级→粉末脱水→真空干燥→性能检验分析→粉末钝化→处理和包装→成品或半成品。其特点是：强化了粉末细化过程，即首先将熔融金属引入高压气体雾化喷嘴，雾化成细小液滴，再经高速旋转的金属圆盘二次粉碎并凝固成微细粉末；在粉末形成过程中，除气体传热外，又增加了冷却介质的液体传热和接触圆盘的固体传热，有效地提高了金属的冷却速率，降低氧含量；通过控制雾化系统及工艺过程中的各项相关技术参数（如喷嘴结构、雾化气体压力、离心雾化速率和冷却速率等），可以获得平均粒度、粒度分布、形状等性能不同，且含氧量较低的金属粉末。

全套设备运行平稳，操作方便，无环境污染和安全等问题，具有成本低、生产效率高、节约能源等优点。设备运行状态的动平衡指数≤4～5 μm，振动噪音≤100 dB，达到机械工业对高速旋转装置制定的行业标准。

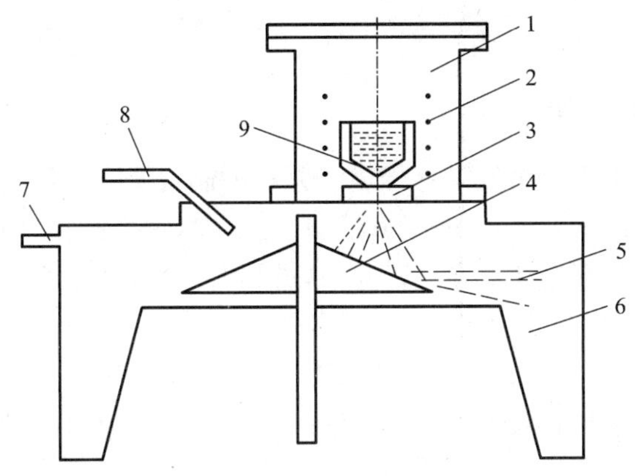

图5-19　高压气体离心旋转雾化制粉设备示意图

1—感应熔炼室；2—感应炉；3—喷嘴；4—离心转盘；5—合金粉末；6—粉末收集室；7—抽气阀；8—冷却介质输管；9—金属熔液

在雾化介质压力1.0～3.0 MPa，冷却速率10^5～10^6 K/s，旋转盘雾化转速3500～7000 r/min等条件下，获得的粉末形状为球形和类球形，粉末平均粒度≤10 μm，含氧量≤0.08%。平均日产粉末量≥100 kg，金属损耗≤0.5%。

昆明贵金属研究所快速凝固技术与国内外同类技术的综合性能比较见表5-8。结果表明，昆明贵金属研究所在快速凝固设备性能和制备粉末的技术指标两方面均已达到国内外先进水平。

表5-8　高压气体离心旋转雾化与国内外快速凝固制粉技术的性能特征比较

单位	方法	冷却速率 /($K \cdot s^{-1}$)	平均粒度 /μm	雾化压力 /MPa	粉末形状
美国麻省理工学院	超声雾化	10^4～10^5	22	8.3	球形
瑞典金属研究所	超声雾化	10^4～10^5	45	5.2～5.9	球形
英国伦敦帝国大学	上喷法	10^3～10^4	25	2.15	类球形
美国普拉特惠特尼公司	旋转盘雾化	10^5～10^6	25～80	—	球形、类球形
日本东京大学	旋转罩雾化	10^4～10^5	20～30	0.6～0.8	不规则
中国东北101厂	高压气体雾化	10^2～10^3	30～50	1.0～2.0	球形、类球形
中南大学	多级雾化	10^5～10^6	5～15	0.6～0.8	球形、类球形
昆明贵金属研究所	高压气体旋转雾化	10^5～10^6	5～10	1.0～3.0	球形、类球形

上述高压气体旋转雾化快速凝固制粉技术已成功应用于 Ag、Ag/Ni 等超细粉末的批量化生产。

5.5.1 银粉末的制备

粉末冶金银基电工合金和某些微电子浆料的制备要求使用纯银粉，并以此银粉生产不同牌号的 Ag－Fe、Ag－Ni、Ag－W、Ag－C、Ag－CuO、Ag－CdO、Ag－SnO_2、Ag－ZnO 等电工合金，以及某些银和银合金电子浆料等。然而，制备纯银粉的传统方法(化学法或电解法)成本高、生产周期长、污染环境，不利于规模化生产。快速凝固制粉技术生产周期短、能耗小、成本低、生产效率高，操作简单，无污水废酸废碱溶液排放，金属损耗少，产品易于进行再回收利用。

快速凝固制粉技术生产的银粉具有纯度高、含氧量低、粒度细微、粉末粒度分布及组成合理、粉末形状为球形和类球形等特征。快速凝固银粉的特性见表 5－9，外观形貌见图 5－20。

表 5－9　快速凝固银粉特性

名称	粉末平均粒度 $D50/\mu m$	粉末松装密度 $/(g \cdot cm^{-3})$	粉末含氧量/%	粉末形状
银粉	≤7.99	3.01	≤0.01	球形、类球形
微细银粉	≤1.0～4.0	1.5～2.0	≤0.01～0.02	球形

快速凝固制粉技术生产的微细银粉末已经成功应用于微电子行业中的某些导体浆料、电极浆料等。快速凝固银粉作为粉末冶金法的原料，已成功生产出 Ag－Fe、Ag－Ni、Ag－W、Ag－C、Ag－CuO、Ag－CdO、Ag－CdO、Ag－SnO_2、Ag－ZnO 等不同牌号的电工合金，它们的物理性能和电学性能均达到国家标准，以及国内外同类产品的先进技术水平。所生产的电工合金综合性能列于表 5－10。

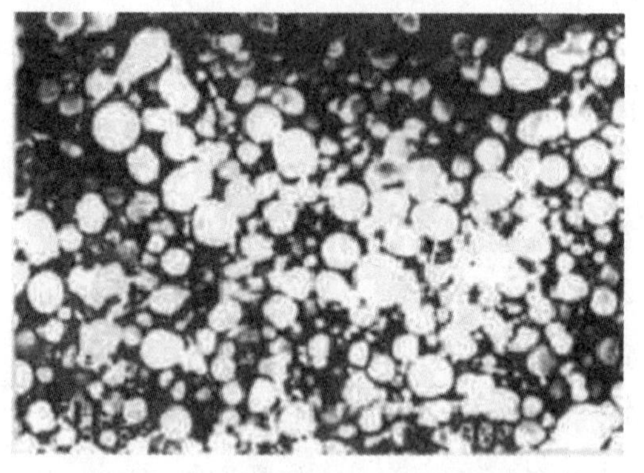

图 5－20　快速凝固银粉外观形貌

表5-10　快速凝固银粉制备的银基电工合金综合性能

合金	开始熔化温度/℃	密度/($g \cdot cm^{-3}$)	电阻率/($10^{-8}\Omega \cdot m$)	硬度(HV)	
				退火态	加工态
Ag-10Ni	968	10.2	1.98	62	110
Ag-30Ni	1068	9.8	2.6	71	128
Ag-40W	—	12.8	2.75	73	128
Ag-3C	—	9.0	2.9	40	60
Ag-5C	—	8.4	3.4	48	70
Ag-$10SnO_2$	—	9.85	2.2	84	117

5.5.2　银/镍复合粉末的制备

由于Ag和Ni在固态不能互溶，液态也只是有限互溶，因此多采用化学法或电解法先制备出银粉，再与镍粉机械混合的方法生产银镍合金粉末。利用快速凝固制粉技术可以生产Ag/Ni复合粉末，其组织形貌见图5-21，图中黑色颗粒为Ni，白色颗粒为Ag。再通过粉末冶金方法加工成Ag-(10%~40%)Ni电接触材料，应用结果表明，快速凝固Ag-Ni合金的综合性能优于传统化学法或混粉法制备的合金。

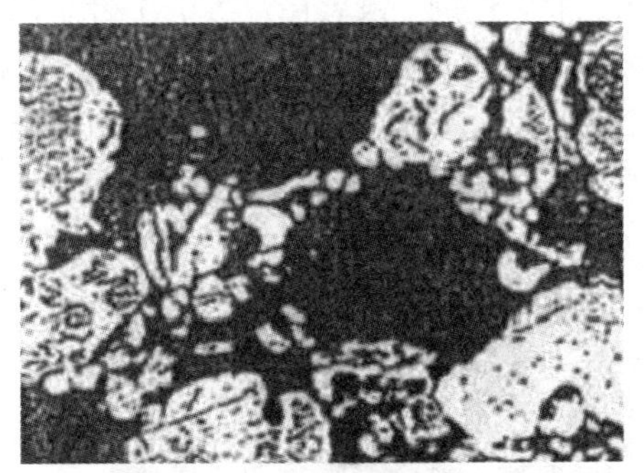

图5-21　快速凝固银镍合金粉末的金相组织(200×)

5.5.3　细晶银稀土粉末的制备

在银基电工合金中，加入微量金属镍或稀土元素会明显改善材料的抗熔性，提高材料的耐电弧烧损能力。以快速凝固技术制备的Ag-RE粉末为原料，再通过粉末冶金方法制备成Ag-RE-Ni(石墨、氧化锡)等新材料，其电接触性能均优于传统的Ag-Ni(石墨、氧化锡等)，合金的室温力学性能比较见表5-11。根据ASTM标准考核，在220 V、32 A条件下Ag-Ni-RE系合金的抗熔焊性能、耐电弧烧损性能和运行寿命等电性能均优于Ag-Ni系合金。

表 5-11 银镍系合金和银镍稀土系合金的力学性能比较

合金	硬度（HV）	抗拉强度/MPa	伸长率/%	合金	硬度（HV）	抗拉强度/MPa	伸长率/%
Ag-10Ni	103.3	456.3	2.7	Ag-10Ni-Y	115.6	469.5	3.2
Ag-20Ni	114.6	470.8	2.6	Ag-20Ni-Y	126.8	489.7	3.1
Ag-20Ni	118.9	587.3	2.0	Ag-30Ni-Y	132.8	599.0	2.9

5.5.4 银镉、银锡、银铜和银锌合金粉末的制备

根据合金相图，Cd、Sn、Cu、Zn 等金属元素在固态银中均具有一定的固溶度，采用快速凝固制粉技术可以获得组织细微、成分均匀、无偏析的 Ag-Cd、Ag-Sn、Ag-Cu、Ag-Zn 合金粉末。它们是利用内氧化法制备银氧化镉、银氧化锡、银氧化铜、银氧化锌等电工合金的原始材料。合金粉末粒度越细越有利于合金内氧化过程的进行，甚至可以形成纳米级的氧化物弥散第二相，不仅改善了合金物理性能和电性能，而且改善了合金的加工性能。粉末内氧化 Ag-SnO_2 合金的金相显微组织见图 5-22。

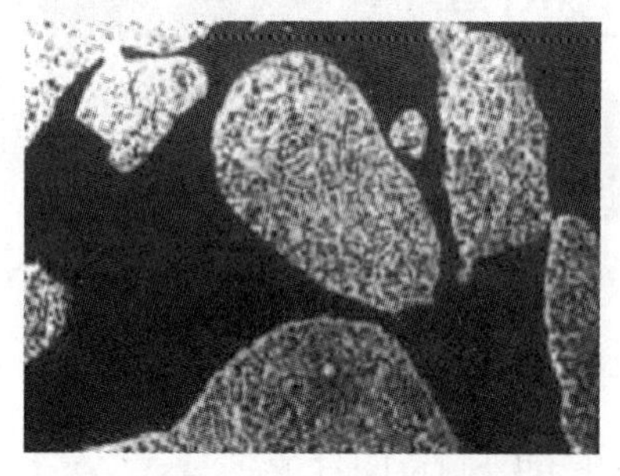

图 5-22 Ag-SnO_2 合金的金相显微组织（200×）

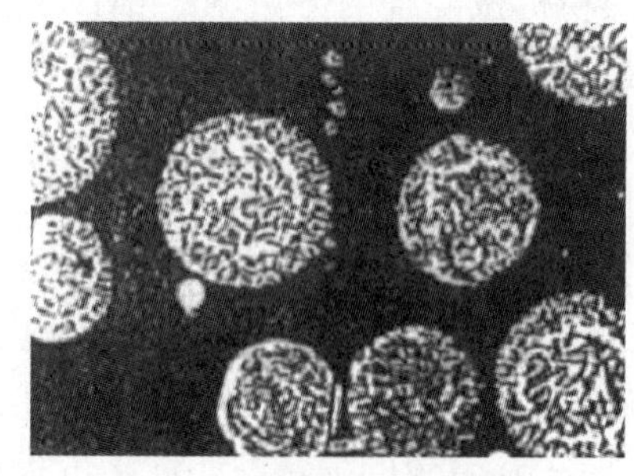

图 5-23 Ni-Au 粉末的金相组织（200×）

5.5.5 银铜系、镍金系钎料粉末

高温钎料 Ag-Cu-In（锡、锌）合金存在成分偏析、组织粗大等问题。特别是镍金系，因具有比较复杂的相组成和相结构（如镍基固溶体、化合物等），这些金属间化合物的硬度都很高，成分偏析严重，影响焊接性能。利用快速凝固技术可以有效克服这些问题，制备出合金组织细化、各个物相分布均匀的合金粉末。

快速凝固技术制备的 Ni－Au 合金粉末的组织形貌见图 5－23，粉末颗粒组织细小，各物相分布均匀，具有优异的焊接性能。

综上所述，采用高压气体离心旋转雾化制粉技术成功地生产了贵金属电工合金用纯银粉和银合金粉末，有利于改善传统电工合金的性能和研制开发新型电工材料。高压气体离心旋转雾化制备的微细银粉及银合金粉末可满足微电子行业专用电子浆料的性能要求。快速凝固制粉技术在贵金属领域的应用，必将推动贵金属电工材料、电子浆料、钎料以及其他相关行业的发展，将产生显著的经济效益和社会效益。

5.5.6　铂、钯系金属玻璃制备

铂基和钯基金属玻璃是一种无结晶结构的非晶态金属，兼具高强度、高硬度、高耐腐蚀性、低弹性系数、低阻尼振动等特性，已有重要应用。

通常制造金属玻璃的方法是铸造法，即熔融金属注入铸模后快速冷却凝固。该法的缺点是：制备不同形状的元件需使用不同形状的铸模；制备冷却速度要求特别快的金属玻璃时，需使用导热系数很高的金属制造铸模并加工成复杂的形状。这不仅降低了生产效率、增加成本，还使金属玻璃元件产品的形状受到很大限制，不能满足对特殊形状产品的要求。日本田中公司 2014 年发明了一种铂系粉末材料，用自主开发的加工设备对粒径及流动性等性能进行调整，用粉末烧结积层法的金属 3D 打印机可使这种粉末用于造型，即通过 3D 打印机按形状要求打印出 60 μm 的薄层，在适合粉末材质及形状的激光照射条件下，使粉末层烧结熔融、凝固成型并急速冷却，反复实施这一步骤完成造型。这个方法可制造以前难以用常规技术制造且形状复杂的部件，还可用熔融温度不同的金属或其他异种材料，制备成具有特殊形状和特种功能的复合材料元器件。这种新型铂基金属玻璃有望用于制备要求高耐蚀性的医用器件，及要求高耐热性的航空航天领域用的特殊部件。

参考文献

[1] 韩凤麟. 贵金属(金，铂，钯，银)粉末的开发、制取及应用[J]. 粉末冶金工业，2010(5)：1－12

[2] 李启厚，吴希桃，黄亚军，刘志宏，刘智勇. 超细粉体材料表面包覆技术的研究现状[J]. 粉末冶金材料科学与工程，2009(1)：1－69

[3] 铁生年，李星，李昀珺. 超细粉体材料的制备技术及应用[J]. 中国粉体技术，2009(3)：68－729

[4] R EN Jun, LU Shouci, SHEN Jian, et al. Research on the composite dispersion of ultrafine powder in air[J]. Materials Chemistry and Physics, 2001, 69: 204－209

[5] 张国旺. 国内外超细搅拌磨机的研究现状和发展[J]. 中国非金属矿工业导刊, 2006(增刊): 119 – 123

[6] 陶珍东, 郑少华. 粉碎工程与设备[M]. 北京: 化工工业出版社, 2003

[7] 张国旺. 破碎粉磨设备的现状及发展[J]. 中国粉体技术, 1998, 4(3): 37 – 42

[8] 孙成林. 近年我国超细粉碎及超细分级发展及问题[J]. 矿业快报, 2002(增刊): 65 – 70

[9] 杨圣品, 施雨湘. 高能球磨法制备金属微粉的研究[J]. 焊接设备与材料, 2002, 31(3): 43 – 44

[10] Taubenblat P W. Precious Metals: A Valuable Powder Metallurgy Player[C]. International Journal of Powder Metallurgy, 2009, 45(5): 15 – 20

[11] 赵科良, 田发香, 王大林, 等. 亚微米球形金粉的制备与应用[J]. 电子元件与材料, 2013(10)

[12] 郑杰, 吕镇和. 优质超细钯粉的研制[J]. 粉末冶金技术, 1995(2): 112 – 115

[13] Howard D. Glicksman. The Manufacture of Platinum, Gold, and Palladium Powders[C]. International Journal of Powder Metallurgy, 2009, 45(5): 29 – 36

[14] Sean Frink and Phil Connor. Precious Metal Powder Precipitation and Processing[C]. International Journal of Powder Metallurgy, Vol. 45, Issue 5(2009): 37 – 42

[15] Glicksman H D. Production of Precious Metal Pow – ders: Silver, Gold, Palladium and Platinum [M]. ASM Handbook, Powder Metal Technologies and Applications, 1998, ASM International, Materials Park, OH, 1998, 7: 182 – 187

[16] 吴超, 叶红齐, 董虹, 等. 电子浆料用微米级银粉的分步还原制备及其晶体生长特征[J]. 稀有金属与硬质合金, 2011, 39(3): 31 – 34

[17] 李世鸿. 厚膜金导体浆料[J]. 贵金属, 2001, 22(1): 57 – 62

[18] WANG H S, QIAO X L, CHEN J G, et al. Preparation of silver nanoparticles by chemical reduction method[J]. Colloid Surf A – Physicochem Eng Aspects, 2005, 256(2/3): 111 – 115

[19] WANG H S, QIAO X L, CHEN J G, et al. Mechanisms of PVP in the preparation of silver nanoparticles[J]. Mater Chem Phys, 2005, 94(2/3): 449 – 453

[20] Rhys DW. The fabrication and properties of ruthenium[J]. Less Common Met 1959, 1: 269 – 91

[21] Sean Frink, Phil Connor. Precious metal powderprecipitation and processing[J]. International Journal of Powder Metallurgy, 2009, 45(5): 37 – 42

[22] 吴松, 熊晓东, 王胜国. 钌催化剂在有机合成中的应用[J]. 稀有金属, 2007, 31(2): 237 – 240

[23] P. Angerer, J. Wosik, E. Neubauer, L. G. Yu, G. E. Nauer, K. A. Khor. Residual stress of ruthenium powder samples compacted by spark – plasma – sintering (SPS) determined by X – ray diffraction[J]. Int. Journal of Refractory Metals&Hard Materials, 2009, 27: 105 – 110

[24] 永井燈文, 织田博. 制备钌粉末的方法. CN1911572A[P]. 20070201

[25] 永井燈文, 河野雄仁. 六氯钌酸铵和钌粉末的制造方法以及六氯钌酸铵. CN 101289229A [P]. 20081022

[26] Yuichiro Shindo. Process for producing high – purity Ruthenium. US6036741[P]. 20000314

[27] Hisano, Akira, et al. High – purity Ru powder, sputtering target obtained by sintering the

same, thin film obtained by sputtering the target and process for producing high - purity Ru powder. US 7578965[P], 20090825

[28] 韩守礼, 贺小塘, 吴喜龙, 等. 用钌废料制备三氯化钌及靶材用钌粉的工艺[J]. 贵金属, 2011, 32(1): 68 - 71

[29] 刘汉范, 涂伟霞. 一种纳米级铂族金属簇的制备方法. CN1299720A[P]. 200106 20

[30] 李灿, 姜鹏, 李晓红, 应品良. 便于分离和回收利用的贵金属纳米粒子的制备方法. CN1526498A[P]. 20040908

[31] 李灿, 姜鹏, 关业军. 一种纳米贵金属的制备方法. CN1180911C[P]. 20041222

[32] Hashimoto T, Saljo K, Toshima N. Small - angle X - ray scattering analysis of polymer - protected platinum, rhodium and platinum - rhodium colloidal dispersions[J]. J. Chem. Phys., 1998, 109(13): 5627 - 5638

[33] Thiebaut B. Palladium colloids stabilized in polymer[J]. Platinum Metals Review. 2004, 48(2): 62 - 63

[34] 罗杨合, 蒋治良, 刘凤志. 铂纳米微粒的微波高压液相合成及光谱特性研究[J]. 贵金属, 2003, 24(2): 19 - 23

[35] 余青志. 纳米钯粉的二步化学法制备及应用前景[J]. 贵金属, 2010, 31(2): 57 - 59

[36] 唐芳琼, 任湘菱. 利用引晶生长法制备均匀球形铂颗粒的方法. CN1522814A[P]. 20040825

[37] 曾戎, 岳中仁, 曾汉民. 活性炭纤维对贵金属的吸附[J]. 材料研究学报, 1998, 12(2): 203 - 206

[38] 陈水挟, 黄镇洲, 梁瑾. 银在活性炭纤维上的吸附及分布[J]. 新型炭材料, 2002, 17(3): 6 - 10

[39] 曾汉民, 曾戎, 岳中仁. 制备纳米贵金属微粒的方法. CN1094404C[P]. 20021120

[40] Adora S, Oldo. Olivier Y, Faure R, et al. Electrochemical preparation of platinum nanocrystal - lites on activated carbon studied by X - ray absorption spectroscopy[J]. J. Phys. Chem. B, 2001, 105(43): 10489 - 10495

[41] Ralph T R, Hogarth M P. Catalysis for low temperature fuel cell[J]. Platinum Metals Review. 2002, 46(1): 3 - 14

[42] 张晓梅, 杨懿昆, 雷闽昆, 等. 碳载纳米钯催化剂半工业级制备工艺研究[J]. 贵金属, 2002, 23(3): 35 - 38

[43] 林寒, 杨滨, 李阳. 离子束溅射制备 Pt 及 Pt 合金催化电极材料[J]. 贵金属, 2005, 26(1): 26 - 29

[44] 李阳, 杨滨, 昝林寒. 离子束溅射技术制备 Pt - Ru 纳米合金薄膜载体催化剂材料及其结构表征[J]. 贵金属, 2004, 25(4): 40 - 44

[45] 陈敬超, 孙加林, 杜焰, 周晓龙, 甘国友. 反应合成银氧化锡电接触材料导电性能研究[J]. 稀有金属材料工程, 2003, 32(12): 1053

[46] 陈振华, 陈鼎. 机械合金化与固液反应球磨[M]. 北京: 化学工业出版社, 2006

[47] 刘海英, 王亚平, 丁秉钧. 纳米 Ag/SnO_2 触头材料的制备与组织分析[J]. 稀有金属材料

与工程，2002，31(2)：122

[48] 简德湘. 高能球磨法制备 Ag/SnO_2 电接触材料的研究[D]. 天津：天津大学，2004

[49] 谢自能. 贵金属颗粒覆合材料[J]. 贵金属，1990(1)：44－52

[50] 陈永泰，谢明，杨有才，等. 机械合金化法制备 Ag/SnO_2(12)材料的组织与性能研究[J]. 稀有金属，2010，34(4)

[51] 叶家健，熊惟皓，徐坚，等. 低压继电器用 $AgSnO_2$ 触头材料的研究进展[J]. 材料导报，2007(2)：87－90

[52] 乔秀清，申乾宏，陈乐生，等. $AgSnO_2$ 电接触材料的研究进展[J]. 材料导报，2013(1)：1－6

[53] 谢明，杨有才，黎玉盛，等. 常用银基电工触头材料及无镉新材料的开发[J]. 贵金属，2006，27(4)：61－66

[54] 谢明，赵玲，杨有才，等. 高导电特种粉体材料及导电涂料研究[J]. 贵金属，2009，30(3)：16－20

[55] 陈力，谢明，陈江，等. 超音速气体离心雾化工艺参数对银稀土合金粉末性能的影响[J]. 贵金属，2004，25(4)：31－34

[56] 谢明. 粉末冶金快速凝固技术与材料[J]. 云南冶金，2000，29(3)：32－38

[57] Zheng Fuqian, Xie Ming, Liu Jianliang, et al. Investigation on Making Technology of New Materials[C]. Kunming Institute of Precious Report, 1991, China

[58] Zheng Fuqian, Xie Ming, Liu Jianliang, et al. Study of rapidly solidified atomization technique and production of metal alloy[J]. Powders Materials Science and Engineering, 2001, A304－306: 579－582

[59] 周尧和，胡壮麒，乔介石. 凝固技术[M]. 北京：机械工业出版社，1998：244－261

[60] 柴宗霞，白富栋，李廷举，等. 机械合金化法制备 Al－Ru 合金[J]. 稀有金属材料与工程，2009，38(5)：909－913

[61] 白富栋. 骨架钌催化剂母合金的制备及添加载体的研究[D]. 大连理工大学，2011

[62] 郑福前，谢明，等. 新型材料特种制备技术研究(非晶、准晶、微晶)报告[R]. 昆明贵金属研究所(内部资料)，1992

[63] 谢明，刘建良，邓忠民，等. 超音速气流多级旋转雾化设备及制备微细粉末技术的研究报告[R]. 昆明贵金属研究所(内部资料)，2000

[64] Fuqian Zheng, MingXie, et al. Study of advancedAg－Ni electricial contactmaterials[C]. 中俄双边会议论文集. 1994

[65] 何纯孝，王永立，等. 贵金属材料加工手册[M]. 北京：冶金工业出版社，1978

[66] 郑福前，谢明，刘建良，等. 贵金属快冷粉体材料[C]. 中国有色金属学会第三届学术会议文集，1997

[67] 黄伯云，易健宏. 现代粉末冶金材料和技术发展现状(二)[J]. 上海金属，2007，29(4)：1－5

第 6 章　贵金属电子信息材料

6.1　贵金属靶材

6.1.1　概述

随着电子信息产业的飞速发展，高技术材料逐渐由块体向薄膜转移，镀膜器件随之快速发展起来。溅射法是制备薄膜材料的主要技术之一，溅射沉积薄膜的源材料即为靶材，材料化学成分含有贵金属元素的靶材统称为贵金属靶材。贵金属靶材是一种具有高附加价值的特种电子材料，在信息存储产业、微电子产业、新能源产业等技术领域，都需要通过溅射技术并采用不同的靶材制备出各种不同材质的薄膜，来达到产品的磁、电、光、压电等性能要求[1-5]。贵金属靶材市场规模日益扩大并已蓬勃发展成一个专业化的朝阳产业。

贵金属靶材(见表 6-1)主要包含 Au 及 Au 合金靶材、Ag 及 Ag 合金靶材、Pt 及 Pt 合金靶材、Ru 及 Ru 合金靶材、Pd 及 Pd 合金靶材、Rh 及 Rh 合金靶材、Ir 及 Ir 合金靶材、Os 及 Os 合金靶材等。

表 6-1　常用贵金属靶材及应用

靶材分类	材料	应用
信息存储靶材	Ru、CoRu、CoCrPtB、CoCrPtB - Me、CoCrPt - Oxide、CoPtRu - Oxide	硬盘用垂直磁记录薄膜
	FePt	新一代超高密度磁记录薄膜
	CoPt、CoPd	人工晶体薄膜
	Au、Au 合金、Ag、Ag 合金	光盘保护膜
微电子靶材	Au、AuGe、AuGeNi、AuBe、AuGd Au、Ag、Pt、Pd 及其合金	半导体焊接、发光二极管电极 IC、LSI 电极、布线膜等
新能源靶材	NiPt、AuCu、AuNi	肖特基芯片　欧姆接触

溅射镀膜技术、溅射用靶材及其制备技术目前多集中在国内外的靶材公司，

如德国贺利氏、中国台湾光洋、日矿金属、田中贵金属等。它们引领着国际靶材技术方向，也占据着全球大部分靶材市场。

溅射靶材在中国是一个较新的行业。近年来，中国在溅射靶材的技术及市场方面取得了长足进步，但与国际先进水平相比，仍存在较大的差距，还没有一家专业化并有一定规模的靶材公司在全球高端靶材市场占有一席之地。随着市场的快速发展，对靶材品种要求越来越多，更新换代越来越快。加强研发制备靶材新工艺，同时解决尺寸、平整度、纯度、密度、杂质氮/氧/碳/硫(N/O/C/S)含量、晶粒尺寸与缺陷控制、表面粗糙度、电阻值、异物含量、导磁率等产品质量问题，任重而道远。

6.1.2 贵金属靶材的制备工艺

贵金属溅射靶材的制备工艺流程见图6-1。按制备技术和生产工艺分为熔炼铸造法和粉末冶金法两大类，熔炼铸造法主要用于塑性较好，或不需压力加工的纯金属和合金靶材，如：Au靶、Ag靶、Pt靶、Pd靶、Ru靶、Ag合金靶、AuCu靶、AuNi靶、AuGe靶、AuGeNi靶、AuBe靶、AuGd靶、NiPt靶、FePt靶、CoCrPtB靶等；而粉末冶金法主要制备难熔或塑性较差的贵金属纯靶及其合金靶材，如Ru靶、Ir靶、CoRu靶、CoCrPtB靶、CoCrPt-Me靶、CoCrPt-Oxide靶、CoPtRu-Oxide靶等。

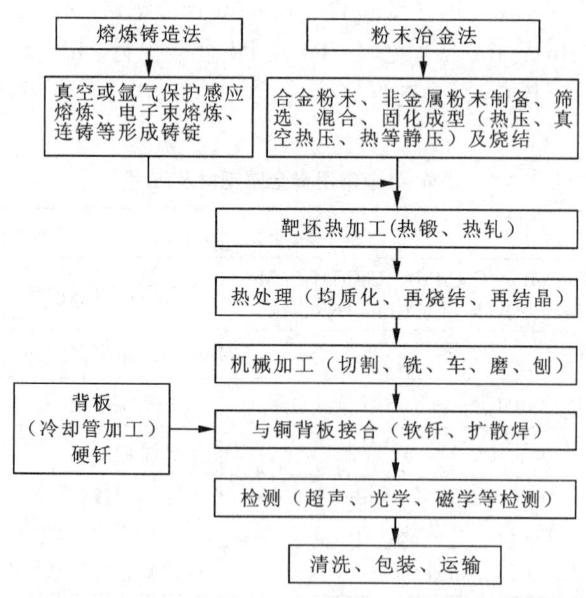

图6-1 贵金属靶材制备工艺流程图

1. 熔炼铸造法

熔炼铸造法是将一定成分配比的合金原料熔炼、浇注于模具中形成铸锭，经过热轧、冷轧等压力加工，采用热处理调整材料组织结构，最后经机械加工制成靶材[6-10]。常用的熔炼方法有真空感应熔炼、真空电弧熔炼和真空电子轰击熔炼等。其优点是靶材杂质含量低，密度高，可大型化。缺点是对熔点和密度相差较大的两种或两种以上金属，熔炼法难以获得成分均匀的合金靶材。

为保证铸锭中杂质元素含量尽可能低，通常其冶炼和浇注是在真空或保护性气氛下进行。但浇注过程中材料组织内部难免存在一定的孔隙率，这些孔隙会导致溅射过程中的微粒飞溅，从而影响溅射薄膜的质量。熔炼铸造方法主要工艺流程包括合金熔炼、铸造成靶坯、热加工、热处理、冷加工、整形、机加工、绑定为靶材，清洗和包装等工序。

日矿金属株式会社通过铸造的方法制备了钌合金靶[9]。除了钌以外还含有 $(15 \sim 200) \times 10^{-6}$ 的铂族元素。制备过程为首先将粉末混合，然后加压成形得到成型体，将该成型体进行电子束熔化得到锭坯，并且对该锭坯锻造加工从而得到靶材。锻造温度一般为 1400 ~ 1900℃，温度高会使晶粒变大，为了实现晶粒微细化，锻造温度应较低。但低于 1400℃，则变硬而使锻造困难。高于 1900℃，则出现液相，无法进行压力加工。溅射实验发现含有其他铂族元素的钌靶比 1500℃溅射的纯钌靶溅射的晶粒更细小。

2. 粉末冶金法

由于粉末冶金法具有制备多组元靶材的特点，目前已成为溅射靶材的主要制备方法之一。采用粉末冶金方法制备的靶材主要针对难熔金属及其合金靶材(如 Ru 靶、Ir 靶)，此类靶材由于熔点高且不易压力加工，难以采用熔铸法生产；某些二元或多元合金靶材由于组元间熔点差别大(如 CoCrPtSiO 靶等)，熔铸法难以得到成分均匀的铸锭，皆需用粉末冶金法制备。

粉末冶金法制备靶材的关键在于：选择高纯、超细粉末作为原料；选择能实现快速致密化的成型烧结技术，以保证靶材的低孔隙率，并控制晶粒度；制备过程严格控制杂质元素的引入。常用的粉末冶金工艺[11-25]包括热压、真空热压、热等静压、等离子烧结等。制备靶材的主要工艺流程包括粉末原料准备、粉末筛选、混粉、装模、压力成型、烧结成型、机加工、绑定为靶材，清洗和包装等工序。

1) 真空热压法

真空热压法(简称：HP 法)是制备粉末靶材常用的方法[11-15]。该方法的优点在于制备工艺简单，可以双向施压，靶材致密度高且均匀，可实现多片压结，生产效率较高。为了保证靶材具有较高的纯度，真空热压制备过程中不应添加任何成型剂，直接将高纯度贵金属原料粉末装入石墨模具。

真空热压法的制备工艺通常为：①将装入原料粉末的模具置于真空热压炉

中。②升温烧结过程可分成两个阶段：第一阶段采用快速升温，并在升温开始阶段施加初始压力，在这阶段粉体尺寸基本保持不变，粉末吸附的气体和水分逐渐挥发；第二阶段为慢速升温，以降低锭坯表层和中心部位温度梯度，提高粉体内部温度均匀性，进而提高靶材内部微观组织的均匀性，再保温一定时间，使混合粉末热压烧结成型形成合金靶材锭坯。③烧结结束后，锭坯随炉冷却降温，降温过程不能太快，否则会导致靶材内部存在残余应力，甚至会引起靶材的碎裂，温度降至300℃以下可出炉。

日本能源公司[16]通过真空热压的方法制备了 Ru 靶，模具为石墨模具，热压温度为1500～2000℃，压强为 18～35 MPa，保压 1～5 h，真空度为 10^{-3} Pa。Ru 靶的密度可以达理论值的98%以上。

2)放电等离子烧结法

放电等离子烧结(简称 SPS 法)的特点是烧结速度快，加工成本低，生产效率高，具有“近净尺寸”生产优点，适应大规模生产，但是设备造价昂贵[17-23]。目前德国贺利氏、中国台湾光洋、日矿金属、田中贵金属等贵金属靶材制备商均采用放电等离子烧结制备贵金属靶材。

SPS 法的工艺流程与真空热压法相似，但二者的加热方式不同。真空热压烧结主要由通电产生的焦耳热和加压造成的塑性变形这两个因素来促使烧结过程的进行。而 SPS 过程除了上述作用外，在锭坯上施加了由特殊电源产生的直流脉冲电压，并有效利用了粉体颗粒间放电产生的自发热作用，图6－2 为 SPS 法烧结时脉冲电流通过粉末颗粒时的示意图。在 SPS 法过程中，电极通入直流脉冲电流时瞬间产生的放电等离子，使烧结体内部各颗粒均匀地自身产生焦耳热并使颗粒表面活化。SPS 法有效利用粉末内部的自身发热作用进行烧结，热效率极高，且放电点的弥散分布能够实现均匀加热，利于制备出均质、致密、高质量的靶材。

3)热等静压法

热等静压也是制备贵金属粉末冶金靶材的主要方法[24-25]。该方法制备的贵金属靶材具有纯度高、尺寸大、生产效率高等特点。热等静压主要制备难熔或塑性较差的贵金属合金靶材。其制备工艺为：①首先将原料粉末或预制粉体装入钢等耐高温材料的包套，装粉过程中可采用振动方法提高粉末的振实密度；②高温下抽真空，密封包套；③将包套放入热压炉中进行热等静压烧结，热压温度视材料而定，一般保温 1～8 h；④热等静压后用稀酸洗去包套，取出靶材；⑤用线切割或水刀切割靶材，获得所需尺寸的产品。

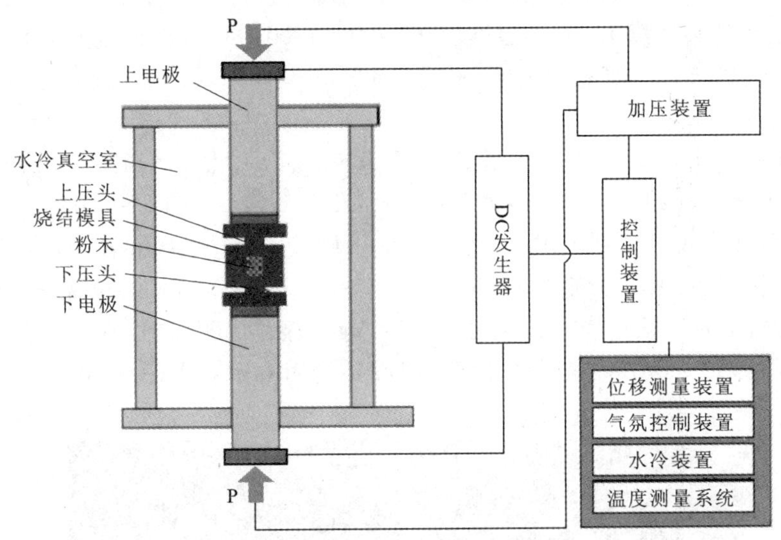

图 6-2 SPS 系统示意图

6.1.3　影响贵金属靶材性能的因素

1. 制备方法对 Ru 靶性能的影响

罗俊锋等[25]采用 HP 法、直接热压(简称 DHP 法)、SPS 法三种方法成功制备出 Ru 靶，研究了制备工艺对 Ru 靶密度、晶粒度以及氧含量的影响。

1)密度及晶粒度

密度是影响溅射镀膜质量的关键因素之一。为了得到较高的致密度，对三种方法的制备工艺进行研究与优化，图 6-3 中给出了三种加工方法制备的 Ru 靶的密度随温度的变化。使用 HP 法和 DHP 法工艺时，从 1400～1600℃，随着温度的上升密度升高，高于 1700℃时随着温度的上升密度反而下降，这可能是由于粉体凝聚速度加快，气孔不容易

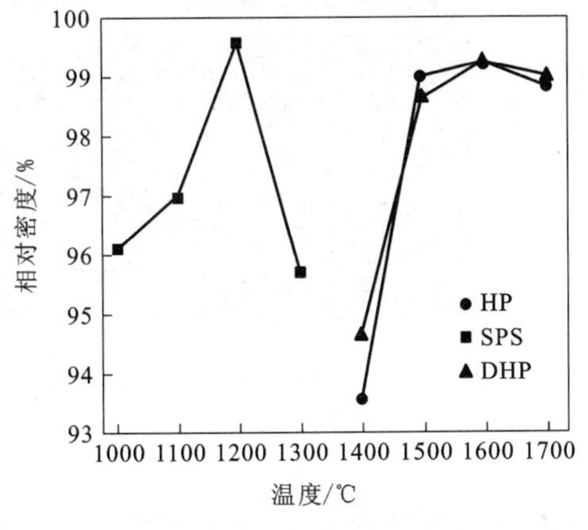

图 6-3　温度对钌靶密度的影响

排出所致。在1600℃时得到的靶密度达到理论密度99%以上。温度在1400℃时所得到的靶密度低于95%。密度过低会使溅射薄膜性能下降，因此利用HP和DHP方法制备高密度Ru靶的温度应在1400~1700℃。用SPS工艺在1200℃时就能够得到99%以上密度的靶材，相对于HP法和DHP法，SPS法致密化的温度更低。

图6-4(a)至(f)分别为利用HP法、SPS法、DHP法得到的Ru靶显微组织图，其中图6-4(a)、(b)、(c)为Ru靶坯表面微观组织，图6-4(d)、(e)、(f)为Ru靶坯中心位置微观组织。HP方法和DHP方法制备的Ru靶靶坯表面位置形成晶粒粗大层，厚度分别为1.0 mm和0.2 mm；Ru靶靶坯中心位置晶粒度比较细小。两种制备方法在烧结温度低于1600℃时，晶粒比较细小，在5~15 μm，当烧结温度达到1700℃时，晶粒度快速增加，达到40 μm以上(见图6-5)。

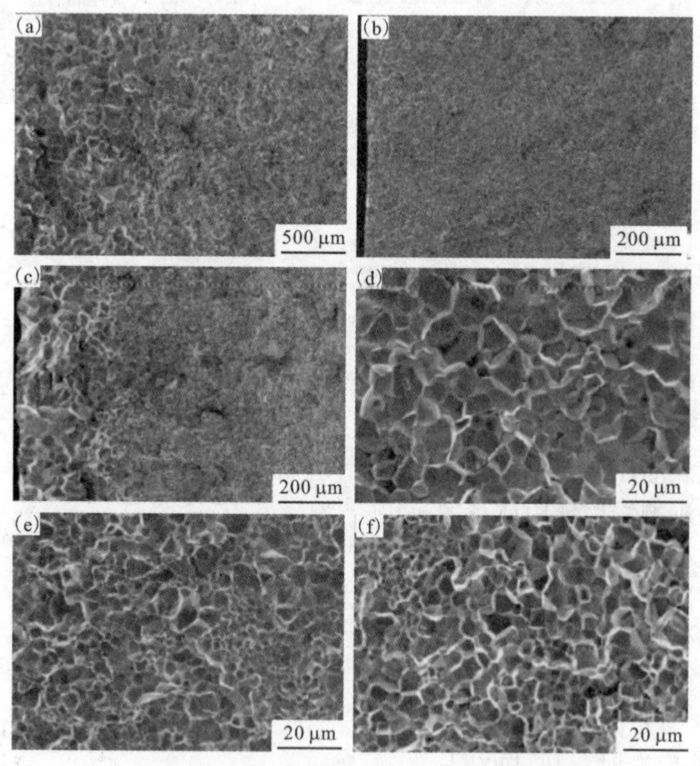

图6-4　不同制备工艺条件的Ru靶SEM图

(a、d为HP法，b、e为SPS法，c、f为DHP法)

SPS方法制备的Ru靶晶粒度细小，均在5~15 μm。显微组织均匀，无明显的晶粒粗大。可见SPS更适合类似钌这样的贵金属靶材的制备。

2) 氧含量

氧含量对 Ru 靶溅射薄膜的稳定性具有很大的影响，因此必须对 Ru 靶内部氧含量进行控制。三种方法得到的靶坯都有氧含量随热压温度升高而下降的规律。这表明粉末中的氧主要为吸附氧，随着温度的升高，加热时间的延长，氧气脱附的程度增大，因此氧含量降低。同时，这意味着如果要得到较低的氧含量，应尽量选择较高的制备温度。

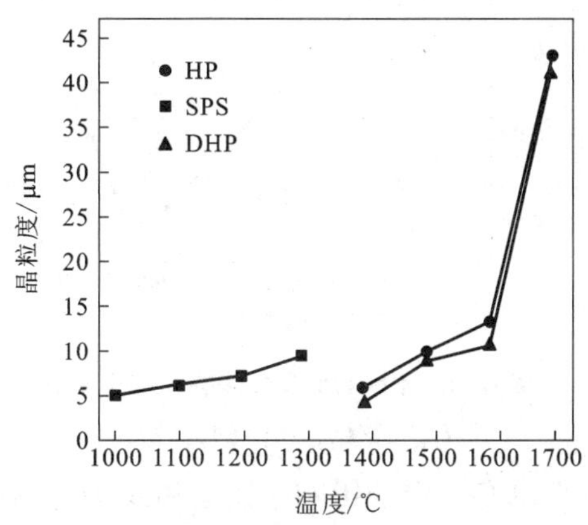

图 6－5　烧结温度与 Ru 靶晶粒度关系

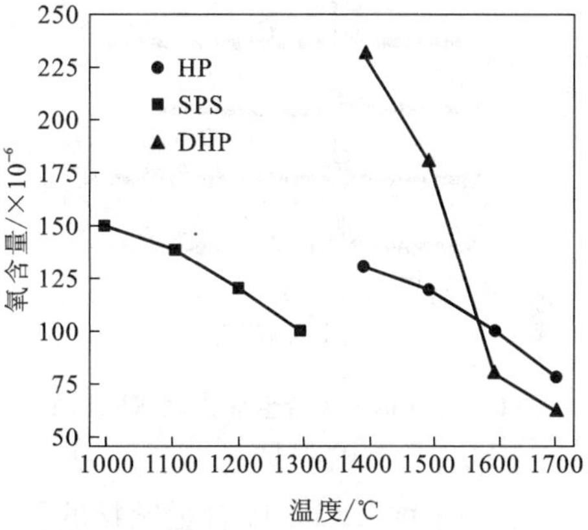

图 6－6　烧结温度与 Ru 靶氧含量关系

2. 制备工艺对 CoCrPt 合金靶的影响

张俊敏等[26]用真空熔炼法制备得到的 CoCrPt 合金靶，研究了不同热处理和轧制工艺对 CoCrPt 合金靶材显微组织的影响。

CoCrPt 合金靶材铸态物相是两相结构，即由高温相面心立方固溶体(αCo)和低温相密排六方固溶体(εCo)组成，其中 αCo 的(111)面和 εCo 的(002)面重叠。铸态合金经过 980℃/5 min、1100℃/5 min、1230℃/30 min 退火及水淬的工艺处理后，基体仍然由低温相 εCo 固溶体组成，但是与铸态相比，αCo 相的(200)面峰强随淬火温度的增加而减弱(如图 6－7 所示)。

由于 Co 基合金中密排六方的(εCo)相相对于面心立方固溶体(αCo)相具有很大的磁性各向异性[27]，增加密排六方(εCo)相体积比例是提高 CoCrPt 合金靶材磁学性能的主要手段。通常通过比较(αCo)固溶体(200)面和(εCo)固溶体(101)面的积分强度而得到(αCo)所占体积百分比[28]。

图 6－8 给出了 CoCrPt 合金不同条件淬火与铸态的 $I_{fcc(200)}/I_{hcp(101)}$ 值。淬火后的 $I_{fcc(200)}/I_{hcp(101)}$ 值比铸态值有明显降低，说明淬火后的 CoCrPt 合金靶材中密排六方(εCo)相体积比例明显提高。但淬火条件对 CoCrPt 合金中密排六方(εCo)相体积比例有明显影响，即随着淬火温度的提高，密排六方(εCo)相体积比例先增

加后减少，而980℃/5 min 水淬与铸态相比，密排六方(εCo)相体积比例明显增大，1100℃/5 min 水淬体积比例达到最大值，从而判断淬火温度存在一个最佳值。

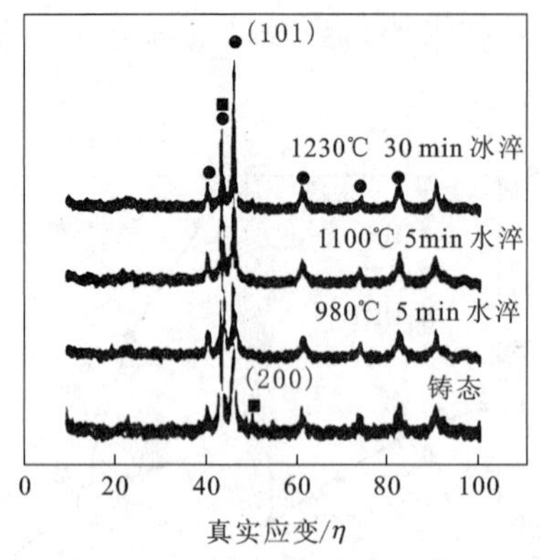

图6-7　CoCrPt 合金淬火后 XRD 图

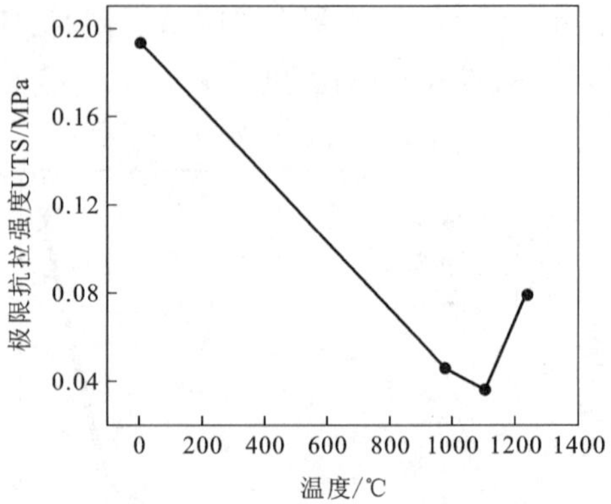

图6-8　CoCrPt 合金铸态和淬火态 $I_{fcc(200)}/I_{hcp(101)}$ 的比较

轧制条件对 CoCrPt 合金靶材的显微组织也有一定的影响。铸态组织为蜂窝状结构，组织均匀，呈现明显的等轴晶结构，晶粒尺寸在20~40 μm 的范围内；采用1000℃热轧加工后，CoCrPt 合金仍呈明显的等轴晶结构，晶粒长大至50~60 μm。

3. 添加元素对 AuGe 靶材组织性能的影响

谢宏潮[29]等采用熔炼铸造-包覆轧制工艺制备了 Au-12Ge 合金靶材，研究了添加元素 Ni 含量对 Au-12Ge 合金靶材组织、性能的影响。

Au-12Ge 合金组织是由富 Au 固溶体和纯 Ge 组成的共晶体[图6-9(a)]，Ge 在 Au 中呈细小均匀分布，硬度及强度较高。Ni 元素加入后，Ni 与 Ge 形成晶粒粗大 GeNi 化合物，扰乱 Ge 在 Au 中均匀分布，合金组织由富 Au 固溶体和纯 Ge 组成的共晶体以及 GeNi 化合物等组成。Ni 含量越多分布越不均匀，并有明显集聚倾向。同时合金晶粒明显粗大，出现偏析，随 Ni 含量增加，晶粒尺寸随之增大[图6-9(b、c、d)]。

不同 Ni 含量的 Au-12Ge 合金共晶点在363~365℃之间，有明显吸热峰，峰值在365.4℃。纯 Au-12Ge 合金只有一个吸热峰，熔化温度范围较窄。由于 Ni 元素加入后产生了 GeNi 化合物，GeNi 化合物与 AuGe 共晶体混在一起，形成熔点约550℃的混合物，因此在约546℃再次产生吸热峰，峰值在546℃，随着 Ni 含量增加，二次吸热峰明显，合金熔化温度范围变宽(图6-10)。

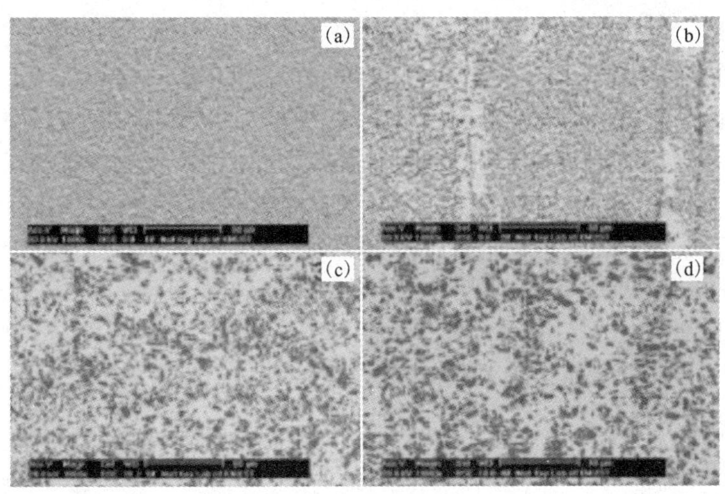

图6-9　Ni含量分别为0、1%(b)、3%(c)、5%(d)的Au-12Ge合金显微组织

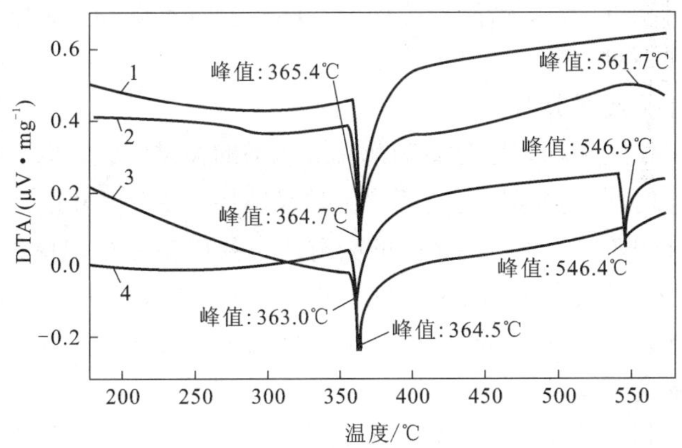

图6-10　Ni含量对Au-12Ge合金的DAT曲线的影响

6.1.4　提高贵金属靶材质量的研究方向

1. 纯度

高纯度是对贵金属溅射靶材的基本要求。靶材纯度与薄膜纯度的关系极大，半导体产业中过去使用99.995%(简称4N5)纯度的Au靶、Ag靶，或许能够满足半导体厂商0.35 μm工艺的需求，但是却无法满足目前0.25 μm的工艺要求，而未来的0.18 μm工艺甚至0.13 μm工艺，所需要的靶材纯度将要求达到5N甚至

6N 以上。

2. 杂质

靶材作为溅射中的阴极源，固体中的杂质、气孔中的氧气和水汽是沉积薄膜的主要污染源。在电子行业中，由于钠、钙等碱金属离子易在绝缘层中成为可移动性离子，降低元器件性能；铀、钛等元素会释放 α 射线，造成器件产生软击穿现象；铁、镍离子等会产生界面漏电及氧元素增加等情况。

因此在贵金属靶材的制备过程中，需要严格控制并最大程度地降低杂质元素在靶材中的含量。如 CoCrPtB 靶材中，钛元素应控制在 300×10^{-6} 以内；Ru 靶中铁元素应小于 50×10^{-6}、碳元素小于 10×10^{-6}、氮元素不得检出；Au 靶中有害元素铁、铅、铋、锑等应小于 0.3×10^{-6}。

3. 致密度

溅射镀膜的过程中，由于靶材内部孔隙内存在的气体受到电子轰击会突然释放，造成大尺寸的靶材颗粒或微粒飞溅，或成膜之后膜材受二次电子轰击造成微粒飞溅，降低薄膜品质。为了减少靶材固体中的气孔，提高薄膜性能，一般要求贵金属靶材，特别是粉末冶金法制备的靶材应具有较高的致密度。靶材的致密度主要取决于靶材制备工艺，熔融铸造法制备的靶材致密度高，而粉末冶金法制备的靶材致密度则相对较低。

4. 晶粒尺寸及尺寸分布

靶材的晶粒尺度和均匀性是影响薄膜沉积率的关键因素，也直接影响沉积薄膜厚度分布的均匀性。贵金属靶材通常为多晶结构，晶粒尺寸范围从微米到毫米量级。同一成分的靶材，晶粒细小靶的溅射速率要比粗晶粒靶快，因此晶粒尺寸增大，将降低薄膜沉积速率；同时晶粒尺寸相差较小的靶，淀积薄膜的厚度分布也较均匀。如 NiPt 合金靶材的晶粒尺寸控制在 100 μm 以下，其溅射所得薄膜的质量可得到大幅度改善。

粉末冶金法制造的靶材，主要是通过粉末粒径和制备工艺参数来控制晶粒度。采用熔炼方法制造的靶材，可通过控制熔炼和浇注工艺确保靶材内部无气孔存在，可以通过调节轧制和热处理工艺来控制合金的晶粒尺寸。

5. 结晶取向

由于溅射时靶材中金属离子容易沿原子六方最紧密排列方向择优溅射出来，通过改变靶材结晶结构可以增加溅射速率。在合适的晶粒尺寸范围内，晶粒取向越均匀越好。当靶材晶粒尺寸超过合适的范围时，必须严格控制靶材的晶粒取向。不同成分的靶材具有不同的晶体结构，所以需要通过不同的成型工艺、控制热处理条件，获得靶材较好的晶粒取向。通常对靶坯取样进行 XRD 织构分析，或采用 EBSD 进行微区晶粒取向分析。

6. 磁透率值

为了保证能够启辉溅射，贵金属靶材在进行溅射时要求有足够的磁力线透过靶材，因此需要测量靶材的磁透率数值(简称 PTF 值)。PTF 值除了与靶材尺寸和形状有关外，主要与靶材的相组成、显微结构和内部缺陷分布有密切关系。必须通过具体工艺和热处理条件调控这些参量，从而控制 PTF 值的大小。对于 CoCrPt 系靶材和 NiPt 靶材要求 PTF 值 $>50\%$。

7. 表面质量

主要体现在加工精度和加工质量方面，如表面平整度、粗糙度等。如靶材表面分布着丰富的凸起尖端，在尖端效应的作用下，这些凸起尖端的电势将大大提高，从而击穿介质放电，但是过大的凸起对于溅射的质量和稳定性不利。

6.2　贵金属布线与连接材料

6.2.1　半导体集成电路用贵金属布线与连接材料

1. 电子封装技术概述

电子技术是发展航空航天、信息、激光、自动化等的关键性基础技术，是高科技的重要领域之一。现代电子技术离不开集成，1958 年第一块半导体集成电路问世以来，微电子技术的核心代表——集成电路(IC)的发展经历了小规模(SSI)、中规模(MSI)、大规模(LSI)、超大规模(VLSI)和巨大规模(ULSI)5 个时代[30-31]。

在集成电路制造过程中，各个器件之间在电学上相互隔离，但需根据电路的要求，通过接触孔和互连材料将各个器件连接起来，实现电路功能。微电子器件有源区形成后，各个有源区通过金属薄膜线在芯片表面经过适当的连接实现器件功能。这种通过对金属薄膜的微细加工，实现各个相互隔离的器件连接的工艺称之为布线。经过布线，器件才能构成一个完整的电路并具有完整的功能。但单独的器件还容易受外界环境的干扰和破坏，可靠性低，不能满足实用化的要求。必须通过适当的组装将器件保护起来。组装技术主要包括芯片输入/输出(I/O)端的引出和芯片的封装。因此布线与组装技术主要涉及以下几个方面：欧姆接触、布线技术、键合技术、封装技术。不同的技术过程对材料的要求不同，但上述技术领域皆离不开贵金属材料。

1)欧姆接触

金属与半导体接触，在电学特性上既可形成整流特性，又可形成欧姆特性。对布线金属层与半导体接触性能的基本要求是欧姆接触。所谓欧姆接触是指金属与半导体间的电压与电流的关系具有对称性和线性关系，且接触电阻很小，不产

生明显的附加阻抗。欧姆接触特性可用单位电流密度所引起的电压降，即比接触电阻R_c来表征

$$R_c = (\frac{\partial J}{\partial U}) - 1 |_{U-0} \quad (6-1)$$

R_c的单位是$\Omega \cdot cm^2$。对于硅砷化镓等半导体材料，载流子平均自由程较大，用热电子发射理论来描述金属-半导体接触。在掺杂浓度低时，比接触电阻可表示成：

$$R_c = (k/qA^* T)\exp(qU_b/kT) \quad (6-2)$$

式中：A^*为查理逊常数；qU_b为接触势垒高度。$qU_b = kT$时，

$$R_c = (k/qA^* T) \quad (6-3)$$

低接触势垒高度可形成良好的欧姆接触。在$qU_b = kT$的情况下，将形成肖特基接触。在半导体掺杂浓度较高（大于或等于10^{12} cm^{-3}）的情况下，势垒高度减小，势垒宽度变窄，此时除热载流子发射外，还有大量的载流子以隧道效应穿过势垒。当隧道效应为主时，比接触电阻为：

$$R_c \propto \exp(4\pi U_b \sqrt{\varepsilon_s m^*}/h \sqrt{N_s}) \quad (6-4)$$

式中：ε_s是半导体介电常数；N_s是表面掺杂浓度；m^*是荷电载流子的有效质量；h是普朗克常数。显然，$N_s \geqslant 10^{12}$ cm^{-3}时，R_c很小，可形成良好的欧姆接触。

半导体器件电极的欧姆接触，是一种金属-半导体接触体系。由于金属-半导体接触一般都将形成肖特基（Schottky）势垒的整流接触，所以要获得欧姆接触，必须采取措施消除肖特基势垒。基本方法有三种：半导体高掺杂接触，低势垒高度接触，高复合中心接触。

（1）半导体高浓度掺杂欧姆接触。掺杂是控制和改变半导体性能、制作半导体器件的一种重要手段。它可以改变载流子浓度，增大电离杂质中心散射载流子的几率。半导体掺杂浓度越高，载流子浓度越大，使得半导体电导率增大。在半导体表面高浓度掺杂，可使Schottky势垒变得很薄，通过隧道效应作用，破坏了Schottky势垒的整流作用，从而形成欧姆接触。由于隧道穿通几率与势垒宽度密切相关，而势垒宽度又取决于半导体表面层的掺杂浓度，因此，该方式的接触电阻随掺杂浓度的变化而变化，在器件制造中常采用此方法。

（2）低势垒高度欧姆接触。当金属功函数大于p型硅或小于n型硅的功函数时，金属-半导体接触可形成理想的欧姆接触。但是由于金属-半导体界面表面态的影响，可能会在半导体表面产生感应空间电荷层，形成势垒接触。因此，在导体表面掺杂浓度低的情况下，很难形成理想的欧姆接触。由式（6-2）可见，在U_b较小的情况下，可把这种接触近似为欧姆接触，实际上它是一种低势垒高度肖特基接触，不同的金属与半导体接触势垒高度不同，金、银、铂与p型硅可形成这种低势垒高度肖特基接触（见表6-2）。

表6-2 肖特基势垒高度(qU_b)/(eV)

材料	Au	Ag	Pt	Al	W	Cr	Ni	Ti	$PtSi_2$	$NiSi_2$	WSi_2	$TiSi_2$	$TaSi_2$
n-Si	0.80	0.78	0.90	0.72	0.67	0.61	0.61	0.50	0.84	0.7	0.65	0.60	0.59
p-Si	0.32	0.54	0.2	0.58	0.45	0.50	0.51	0.61					
n-GaAs	0.86	0.88	0.86	0.8			0.83						

(3)高复合中心欧姆接触。在半导体表面引入大量复合中心(杂质或者缺陷),使得反向和正向的复合电流都很大,从而破坏了Schottky势垒的单向导电性,形成较好的欧姆接触。当半导体表面具有较高的复合中心密度时,金属-半导体间的电流传输主要受复合中心的产生-复合机构控制,使接触电阻明显减小,伏安特性近似对称,半导体与金属形成欧姆接触。电力半导体器件接触电极及IC背面金属化,常采用这种方式形成欧姆接触。引入高密度复合中心的方法很多,如喷砂、离子注入、扩散引入原子半径与半导体原子半径相差较大的杂质等。

2)布线技术

导体布线由金属化过程完成。基板金属化是为了把芯片安装在基板上和使芯片与其他元器件相连接。为此,要求所选的金属具有低的电阻率和好的可焊性,而且与基板接合牢固。随着微电子器件特征尺寸的缩小,芯片面积和集成密度的日益增大,对互连和接触技术的要求不断提高。无论采用什么方法沉积金属膜,除要求接触具有良好的欧姆特性外,对布线互连的基本要求还有:布线材料具有低的电阻率和良好的稳定性;布线材料可被精细刻蚀,并具有抗环境侵蚀的能力;布线材料易于沉积成膜,黏附性好,沉积的膜对异形表面的覆盖性好;布线具有强的抗电迁移的能力,并且具有良好的可焊性。

金属化的方法有薄膜法和厚膜法,前者由真空蒸镀、溅射、电镀等方法获得,后者由丝网印刷、涂布等方法获得。相对薄膜而言,烧结后其厚度约为14 μm的膜称为厚膜,其体积小,重量轻,能承受大功率,稳定可靠,尤其能满足军品的一些特殊要求。铝是半导体集成电路中最常用的薄膜导体材料,但其缺点是抗电子迁移能力差。铜导体是近年来多层布线中广泛应用的材料。

金属膜经图形加工后,形成互连线。但是,还必须对互连金属层进行热处理,使金属牢固附着于晶片表面,并且与半导体形成良好的欧姆接触,这一热处理工艺称之为合金化工艺。合金化的原理是:增强金属对氧化层的还原作用,提高黏附结合力;利用半导体元素在金属中存在一定的固溶度实现合金化。通过热处理使金属与半导体接触界面形成薄合金层或化合物层,并通过这一薄层与表面重度掺杂的半导体形成良好的欧姆接触。

在未来十年中，布线技术要面对单个芯片高达数百兆个晶体管及高达7、8层的多层布线问题，芯片的时延、功耗、串扰性能对互连金属材料提出了更高的要求，必然推动布线材料向高导热率、高抗电迁移、低电阻率方向发展。

3）键合技术

用导电金属丝、薄片将芯片I/O端与框架或基座的外引线端相连接的加工过程称之为键合。主要的引线键合方法有：热压键合（针压键合、金丝球键合）；超声键合（用于铝－铝键合）、载带自动键合。

在超大规模集成电路（ULSI）芯片与外部引线的连接方法中，引线键合是芯片连接的主要技术手段，也是实现集成电路芯片与封装外壳电连接中最通用，也是最简单而有效的一种方式。引线键合工艺中所用导电丝主要有金丝、铜丝和铝丝[32]，要求具有电导率高、强度高、易于加工成几乎无缺陷的长丝、良好的球形和键合性能等性能。随着半导体器件的封装向多引线化、高集成度和小型化方向发展，要求键合丝的直径更细、强度更高，并且，要求键合金丝有更小的热影响区来满足超低弧键合的要求。

4）封装技术

完成集成电路的所有制造工艺，并经初步测试合格后，需进行的下一步工作就是封装，没有封装的集成电路一般不能直接使用。电子封装材料主要包括基板、布线、框架、层间介质和密封材料。封装对芯片具有机械支撑和环境保护作用，使其避免大气中的水汽、杂质及各种化学气氛的污染和侵蚀，辅助传导扩散电路工作中产生的热量，从而使IC芯片能稳定地发挥正常电气功能。因此封装对器件和电路的电、热性能乃至可靠性起着举足轻重的作用。作为理想的电子封装材料必须满足以下几个基本要求：①低的热膨胀系数；②导热性能好；③气密性好，能抵御高温、高湿、腐蚀和辐射等有害环境对电子器件的影响；④强度和刚度高，对芯片起到支撑和保护的作用；⑤良好的加工成型和焊接性能，以便于加工成各种复杂的形状；⑥对于应用于航空航天领域及其他便携式电子器件中的电子封装材料的密度要求尽可能的小，以减轻器件的质量。

如果说当前限制半导体IC产业发展的主要障碍已不是芯片的制造技术而是芯片封装，那么芯片封装的重要支撑则是封装用的电子结构材料。芯片封装材料有电子封装材料、引线框架材料、互连金属材料和键合金丝材料等。

厚膜技术是集电子材料、多层布线技术、表面微组装及平面集成技术于一体的微电子技术。在满足大部分电子封装和互连要求方面，厚膜技术的应用已有悠久的历史。贵金属中除锇（Os）外的七种元素均被作为厚膜材料使用。特别是在高可靠小批量的军用、航空航天产品以及大批量工业用便携式无线产品中，贵金属材料发挥了非常重要的作用，比其他材料有显著的优势。

2. **贵金属布线与连接材料**

贵金属具有良好的化学稳定性，高电导率和热导率，特有的电学、磁学、光学等性能，广泛用于半导体器件的欧姆接触、布线、键合、封装等，成为提高半导体器件性能必不可少的金属材料。微电子材料向多功能化、复合化、低维化和智能化方向发展，也促使贵金属新材料的迅速开发和发展。

1)欧姆接触用贵金属材料[33]

元素周期表中ⅢA 族 B、Al、Ga、In、Tl，第Ⅳ族 C、Si、Ge、Sn、Pb 及Ⅴ族的 N、P、As、Sb、Bi 中的一些元素及化合物半导体是当代微电子及光电子产业的关键材料。半导体器件的发展趋势是体积小、速度快、功耗低，要求触点的接触电阻低、在较宽温度范围内热稳定性好、附着好、横向均匀、扩散层薄。为了连接半导体器件的活性区与外电路，要求使用的材料触点电阻低，实现欧姆接触(理想的比接触电阻 $R_c = 10^{-6} \sim 10^{-7}\ \Omega \cdot cm^2$)。金属 - 半导体欧姆接触可采用多种方法形成，最常用的方法是采用非合金化触点或合金化触点，在邻近金属的半导体表面形成高度掺杂的(大于 $5 \times 10^{18}\ cm^{-3}$)半导体薄膜，在金属 - 半导体界面生成很薄的耗尽层，产生场发射或载流子隧道，得到在 0 偏压时非常低的电阻。贵金属，特别是铂族金属(PGM)易于沉积、抗氧化性能好、与Ⅲ ~ Ⅴ 族元素及其化合物半导体形成合金化的温度低，有利于改善触点的稳定性和器件的可靠性，因此，在欧姆接触中得到广泛应用。

(1)欧姆触点中的 Au。Au 是理想的低电阻接触材料，早期的Ⅲ ~ Ⅴ 族元素半导体欧姆接触主要用 Au 基合金。然而由于其稳定性和界面均匀性差，近几年来纯金薄膜材料逐步得到应用。如民用视听装置光存储器和计算机硬盘存储器需要从蓝到紫外波段的固体激光，GaN 是首选材料。为了提高总效率，要求导线和半导体之间具有低接触电阻。研究表明，通过在金属和半导体之间形成中间半导体薄层，或通过高度掺杂 GaN 表面层可以降低势垒高度，使 R_c降低到 $10^{-4}\ \Omega \cdot cm^2$。金基复合层对高度掺杂的 GaN 低电阻接触显示了广阔的应用前景，如在 n - GaN 表面先后沉积 Ti 黏附层和厚度为 300 nm 的 Au 接触层，$R_c = 3.6 \times 10^{-8}\Omega \cdot cm^2$[34]。

(2)欧姆触点中的 Pd。Pd 可与 III - V 族半导体形成欧姆接触(如 Pd/n - InP，$R_c = 7 \times 10^{-5}\ \Omega \cdot cm^2$)，其显微结构特征是 Pd 与Ⅲ ~ Ⅴ 族半导体反应首先形成三元相，然后分解为二元相。Pd/InP 系中，300 ~ 350℃退火时在 InP 上存在的唯一相为 Pd_2InP(Ⅱ)；在≥400℃退火时该相分解为 PdIn 和 PdP_2，它们是与 InP 接触的平衡相。在 Pd/GaAs 系中，300 ~ 325℃退火时生成 $Pd_5(GaAs)_2$；继续退火三元相分解，PdGa 和 $PdAs_2$是与 GaAs 接触的稳定相。对于 Ge/Pd - GaAs，在加工中形成 Pd_4GaAs，Ge 向内扩散使该三元相分解并与 Pd 生成稳定的 PdGe，形成高度掺杂再生长的半导体层，$R_c = 5 \times 10^{-7} \sim 1 \times 10^{-6}\ \Omega \cdot cm^2$。为了得到均匀而稳定的接触，须保持 Ge · Pd(原子比)略大于 1，以使唯一稳定的相是 PdGe。对于

Pd/Ge - InP，先形成 Pd_2InP，后分解为 PdGe，继之 InP 再生长，$R_c = 10^{-6}\ \Omega \cdot cm^2$。Pd/Ru 触点用于经表面处理的 p - GaN，经 500℃氮气氛保护退火，$R_c = 2.4(\pm 0.2) \times 10^{-5}\ \Omega \cdot cm^2$[35]。

(3)欧姆触点中的 Pt。Pt 主要用作非合金化触点，通常含有相继沉积在半导体上改善黏接的 Ti 层、防止 Au 扩散的 Pt 层和起键合、焊接作用的 Au 层。Pt/InP 系中的反应类似于 Pd/InP 系，但反应温度稍高，在温度 >450℃ 退火时存在的相是 $PtIn_2$ 和 PtP_2。Pt/GaAs 的反应类似于 Pt/InP，在约 550℃时形成 $PtAs_2$ 和 PtGa。

2)半导体集成电路用贵金属材料

半导体集成电路(ICs)的可靠性在很大程度上取决于线路结构、连接的材料及加工技术。许多元件，如半导体三极管、二极管、电阻器和电容器等在硅基片上形成。这些元件要用导线联结起来或用绝缘体分隔开。在硅片上这些元件的形成以及布线和绝缘，最初是通过各种材料的真空沉积或溅射实现的。这些材料中用于导线与电极的材料要求如下性能：低电阻、低电迁移性(以免造成短路)、对硅基体的附着性好、易键合和易成膜等。

贵金属薄膜是半导体 ICs 集成电路中必不可少的，能保证获得高可靠性及特殊性能的线路和电极材料。通常采用高质量的靶材，通过真空蒸发、气相沉积或溅射法等制备薄膜电路材料。如：铂族金属(PGM)与 Si 反应形成的化合物，在器件工作温度下稳定并主要表现金属型导电性能；由于半导体集成电路通常在高频下工作，对线宽和可靠性的要求日益严格，与 Si 生成化合物的 Pt、Pd、Ti 及稀有高熔点金属逐步替代了不生成化合物的 Al、Ag 及 Au，使 PGM 成为半导体重要的金属化材料，如 n - GaAs 用 Pd/Ge/Ti/Pt、InGaP/GaAs 异质结双极晶体管(HBT)用多层 p - 触点 Pd/Pt/Au/Pd，InP 基激光和光波导器件用 Ti/Pt/Au p - 金属化层等。某些贵金属多层导体材料见表 6 - 3。

表 6 - 3　贵金属多层导体材料

结构	每层膜厚度/μm
Ni - Cr/Au	Ni - Cr：0.05；Au：1
Cr/Au	Cr：0.07
Ni - Cr/Pd/Au	Ni - Cr：0.05；Pd：0.3；Au：1
Ni - Cr/Cu/Pd/Au	Ni - Cr：0.05；Cu：0.5；Pd：0.3；Au：1
Mo/Au	Mo：0.3；Au：0.7
Ti/Pd/Au	Ti：0.075；Pd：0.3；Au：1
Ti/Pt/Au	Ti：0.15；Pt：0.35；Au：1.25

3)电子封装用贵金属焊料[36]

焊料是真空电子器件和微电子、光电子器件封接和封装不可缺少的重要结构材料，主要用于金属间的钎焊，金属与陶瓷、陶瓷异材封接。适于真空电子器件用的焊料有数百种。常用的电真空焊料见表 6－4。

表 6－4　常用电真空焊料

名称	成分	熔点/℃
纯银	Ag99.99	960.5
无氧铜	Cu100	1083
金镍	Au72.5Ni17.5	950
锗铜	Ge12Ni0.25Cu87.75	890
金铜	Au80Cu20	910
金银铜	Au20Ag60Cu20	835
银铜	Ag50Cu50 或 Ag72Cu28	779，779
银铜锡	Ag59Cu31Sn10	602
钯银铜	Pd10Ag58Cu32	824
钯银铜	Pd15Ag65Cu20	850
钯银铜	Pd20Ag52Cu28	879
金锡	AuSn20	280
金银锡	Au30Ag30Sn40	411
金硅	Au98Si2	370

贵金属焊料可分为金基焊料、银基焊料和钯基焊料三大类，广泛应用于真空电子、微电子、激光和红外技术、电光源、高能物理、宇航、能源、汽车工业、化学工业、工业测量和医疗行业，主要用于低温金属化(小于 1300℃)的场合。特高温(大于 1600℃)、高温(1450～1600℃)、中温金属化的浆料体系则主要使用 W、Mo 等高熔点金属。陶瓷和金属的封接则多采用 Ti－Ag－Cu 活性金属法(大于 1073℃，真空，惰性气氛)，35Au－35Ni－Mo 金属法(大于 883℃ 真空或惰性气氛)。对于非氧化物陶瓷如 SiC、Si_3N_4、AlN、BN 主要仍以采用活性金属法为主。

(1)金基焊料。电子工业用金基焊料主要是 Au－Si、Au－Ge、Au－Sn、Au－Sb、Au－In 等低熔点共晶型焊料。金基焊料具有优良的流动性与浸润性、优良的导电导热性以及耐热蚀性，容易与半导体 Si 或 GaAs 芯片形成共晶键合，能满足微电子元器件与电路高可靠性的要求，主要用作封焊元器件和 Si 芯片或基体的模片键合。主要金基焊料列于表 6 – 5。

表 6 – 5　电子工业中使用的典型金基焊料[37]

焊料成分(质量分数)	熔化温区/℃	
	固相线	液相线
AuGe7	356	780
AuGe12	356	356
AuSi	363	1000
AuSi2	363	800
AuSi3.5	363	363
AuSn10	489	720
AuSn20	280	280
AuSn25	280	330
AuSb	360	1020
AuSb25	360	360
AuGa	1025	1030
AuGa15.4	341	341
AuIn26.7	451	451
AuSn15Pb9	246	383
AuSn20Ag20	300	360
AuSn40Ag30	411	412
AuSn19.3Ga3.4	255	308

(2)银基焊料。银基焊料中主要的合金元素是铜(Cu)、锌(Sn)、镉(Cd)、铟(In)、锡(Sn)、锰(Mn)、镍(Ni)、锂(Li)、磷(P)等。Ag – Cu 系焊料，在电子工业中应用最为广泛。添加其他元素可形成新品种焊料。如：铟和锡熔点低，不易挥发，能大大降低银 – 铜合金的熔点，所以也常作为电真空器件用银焊料的组元；Ag – Cu – In 系和 Ag – Cu – Sn 系焊料能组成熔点在 550 ~ 750℃ 的一系列银焊料；在某些 Ag – Cu – Zn 焊料中添加少量的 Ni，可提高焊料的强度、耐热性和耐蚀性；添加少量 Sn 可改善焊料的浸润性和填充间隙的性能。电子工业中应用的主要银基焊料列于表 6 – 6。

表 6-6　电子工业用典型的银基焊料[38]

焊料成分(质量分数)	熔化温区/℃	
	固相线	液相线
AgCu7.5	780	890
AgCu28	799	799
AgCu27.5Li0.5	766	766
AgCu27.5 Ni1Li0.5	780	800
AgCu50	779	850
AgCu16Zn4	738	793
AgCu20Zn5	732	744
AgCu26Zn4	730	755
AgCu15Zn25	675	677
AgCu22Zn17Sn5	620	650
AgCu40Zn5Ni	777	799
AgCu27Sn5	730	755
AgCu28Sn10	660	700
AgSn90	221	295
AgIn90	230	—
AgCu30In5	770	800
AgCu27In10	685	710

TiAgCu 焊料为活性焊料，陶瓷不必预先金属化，用此焊料可实现金属－陶瓷间的封接。InAgCu 焊料熔点较低(630℃)，一般用于真空电子器件阶梯焊时的末次焊接用焊料，也可作为真空电子器件的补焊焊料和封口焊料。

(3)钯系焊料。钯系焊料对基体金属侵蚀小，多用于钎焊薄细零件。因各种温度下钯的蒸气压比金、铜低，在焊料(尤其在银铜焊料)中引入钯，会降低蒸气压，同时其可塑性、填充性好，钎焊强度高，因此钯银铜焊料的流散浸润性、气密性均比 AuCu、AuNi 焊料好。如钯铜镍 Pd35Cu50Ni15 焊料(熔点 1171℃)，主要用于磁控管阴极结构的焊接。

6.2.2　集成电路用键合金丝材料

在微电子工业中，超细金丝主要用作连接引线将晶体管、集成电路或大规模集成电路导体元件与外部引线连接起来。键合法是半导体工业中应用最广泛和最成熟的方法。装配的方法大体上可以分为两类：使用金丝热应键合的树脂封接式和使用 Al - Si 丝超声键合的真空密封陶瓷封接式。

高纯金(99.99%)是化学性质最稳定的金属之一，它不氧化和不吸附气体，熔融态形成稳定球形，具有好的延性，易生产直径 20 ~ 50 μm 的细丝。在热压点形成的金球可塑性变形，具有一定的强度和良好的导电性能。因此金丝至今仍是引线键合丝的主要材料。但普通金丝不能满足高速键合的要求，还必须对其进行微量元素合金化，研究添加其他微量元素的作用和效果，设计最佳合金化成分，提高金丝强度，细化晶粒和提高再结晶温度。合金化时还需考虑微量元素对金丝键合特性，如金丝的成球性能及键合时的回线高度与形状等的影响。

近年来，随着半导体器件集成度的进一步提高，器件上的电极数增多，电极间距变窄及键合过程高速化，要求键合球径小型化或加长键合丝的长度。键合金丝的细线化是解决电极间距窄化和球径小型化的有效办法，通过细线化还可达到降低成本的目的。

1. **高纯金丝**

1)键合金丝的性能要求

根据金丝的键合过程和工作条件，对键合金丝的性能有特定的要求：①足够的纯度，由于微合金化以后的金丝仍然必需保持 99.99% 的纯度，所以在 99.999% 金中加入的合金元素一般不得超过 100×10^{-6}，以保证良好的导电性和热压性能；②高的尺寸精度与表面质量，表面平滑光亮，无外来夹杂及润滑剂残余物，无表面缺陷和擦伤等；③金丝平直不蜷曲；④具有一定的机械性能，破断负荷与延伸率应在规定范围内；⑤键合后应有足够而均匀的键合强度；⑥键合后形成均匀一致的回线形状。前 3 项要求是维持高效自动热键合稳定生产所必需的条件，后 3 项则与金丝的微量元素合金化及加工工艺有关。尤其是保持具有适当高度的良好回线形状是直接影响器件性能与寿命的关键因素。

2)微量合金元素对金丝性能的影响

此影响包括力学性能、再结晶温度、成球性、回线形状等多个方面[37]

(1)对力学性能的影响。许多合金元素在金中都有相当的固溶度，具有较好的固溶强化作用，但合金元素加入量一般都远小于它们在金中固溶度。很多微量元素都可强化 Au 丝，如在高纯金中添加 0.0001% ~0.1% Mn 及 0.0001% ~0.04% 的 La 或 Y、Gd、Be、Ca、Eu，或者添加一定数量的 Co 和 Mn 以及 0.02% ~2.0% Pd 或 Pt、Cu、Ag、Ni，可提高金合金丝在高温环境下的长时间放置性能，且键合球的正圆度好，振动断裂率低，IC 芯片不易产生裂纹，用该金丝可进行丝焊和球焊[39, 40]。

(2)对再结晶温度的影响。冷变形量达99%的99.999%高纯金丝的再结晶温度为150℃；添加50×10^{-6}Si或Ag、Ni、Pd、Pt的金丝再结晶温度约300℃；添加50×10^{-6}Co或Cu、Fe、Ga、Ge、Li等金属的金丝再结晶温度达到350℃；而添加50×10^{-6}Al或Be、Ca、Pb、Sn、Ti等金属的金丝再结晶温度提高到400℃以上。可见微量合金元素对金丝再结晶温度有明显影响，但影响程度不同。

(3)对成球性能的影响。金丝纯度越高，所形成金球的圆度与均匀性越好，99.999%纯金可形成十分完美的球形，但添加合金元素对金丝的成球性均有不利影响。添加不同的合金元素(量为100×10^{-6})会产生不同的影响：Al、Si、In、Sn使金丝不易成球；Pd、Pt会使金球形状歪曲；Pb、Tl会使金球表面产生褶皱；Cu、Fe、Co、Mn、Ga使金球表面形成氧化膜。微量添加元素对金丝成球性能的影响与其形成氧化物倾向性和它们对液态金表面张力的影响有关。

(4)对键合回线形状与强度的影响。金丝键合时所形成的回线与键合机的性能与操作有关，亦与金丝本身的性能有关。在使用相同键合机及相同键合工艺条件下，对回线高度及形状影响的最大因素是金丝的延伸率。一般认为，金丝受键合热效应作用后最好具有4%~8%的延伸率。实践经验表明，微量添加元素Pb、Al、Ga、Tl和Bi常导致球颈处破断，Pb、Sn、In常使回线下塌，而Pt、Pd、Ag、Si会产生拖尾。

显然，微量合金元素对金丝的物理性能和键合性能的影响有利也有弊，正确选择微量元素，实现力学性能与键合性能的最佳优化组合，是制备优质键合金丝的关键技术之一。

3)微量元素强化高纯金丝的研究进展

微量元素强化高纯金丝的研究方向主要集中在以下两个方面：

(1)改变晶格结构。在高纯金中添加Ca、Y、Sm、Be、Ge，使金的晶格发生变化，从而提高了再结晶温度。由于添加元素在晶界析出，提高了常温机械强度和耐热性能，不仅降低了键合时的回线高度，焊球可进一步的小球化、细线化，键合时弧不塌陷或变形，还可进行半导体器件的长间距多引线键合，解决了以往金丝由于球颈部再结晶温度低、耐热性差、强度不足等缺陷造成的断线问题。但添加元素的添加量要严格控制，不能超出添加范围，否则适得其反。5种元素的合计添加范围在20×10^{-6}~200×10^{-6}，低于20×10^{-6}不能充分提高强度，高于200×10^{-6}弧形歪曲，接合可靠性低，最佳范围在40×10^{-6}~150×10^{-6}[39, 41]。

(2)控制界面扩散。为防止高温下Au丝与芯片上的铝电极键合时产生脆性的Au-Al化合物(紫斑)，以及Au向Al中扩散形成Au_2Al(白斑)而在接触面形成空洞的现象，将微细Au丝的纯度提高至4N以上，或通过调整微量元素的种类和数量，延迟Au和Al的相互扩散以控制紫斑和白斑的形成。

另外，严格控制原料纯度和生产环境(如生产环境中大于0.5 μm的微粒子在每立方英尺环境气氛中不得多于1000~5000个)、严格规章制度、规范生产工艺流程与技术条件，都是保证生产高质 Au 丝的必备条件。

2. **合金化金丝**

目前半导体器件用的金丝大部分为 99.99% 的纯金丝，微量元素总量小于 0.01%，以保持 Au 的特性，即使在高智能化芯片的开发中，主原料 Au 的成分范围也没有大的变化。仍在努力研发添加合金元素到百分之几至几十的 Au 合金丝用作热压键合丝材，但至今研制最成功的是 AuTi1 合金细丝作为键合丝材[37]。AuTi1 合金(俗称 990Au)最初开发用作饰品合金，由于它的高强度和高稳定性，也被用作热压键合材料。两种强化机理提高合金强度：一是沉淀硬化机制，即高温状态下 Ti 在 Au 中有高的固溶度，高温淬火可获得过饱和固溶体，低温时效析出稳定的 AuTi 化合物，使 Au 获得明显强化；二是弥散氧化物强化机理，即除形成 Au、Ti 沉淀强化相外，还形成 TiO_2 弥散沉淀相，使 Au 丝得到进一步强化。AuTi1 高强键合丝材符合现代高速自动键合技术的要求。将该合金丝材外面包覆纯 Au 可以进一步改善丝材的交流电导率，促进形成完好的熔融金球和回线形状，改善超声键合质量。

日本、德国还相继开发出 Au－Ag、Au－Ni、Au－Sn、Au－Cu 等微细丝。

(1) Au－Cu－Ca 系。Cu 作为添加元素比较有效，但要获得较好的效果，含量必须在 1%～5%。

(2) Au－Ag 系[42－46]。Ag 与 Au 在液态和固态都能无限互溶，其固相线与液相线间隔较窄，Ag 是提高键合金丝强度的元素。添加 20%～50% Ag 的 Au－Ag 细丝，其强度、耐热性和成球性可满足丝材微细化加工的要求。19%～59% Ag 和 0.0003%～0.1% Pd 或 Pt、Rh、Ir、Os、Ru 并用的组成，可提高高温机械强度，特别是断裂强度。然而，添加大量 Ag 虽提高了细丝强度，但缺点是降低了与半导体器件上电极的接合可靠性。

(3) Au－Ni 系。德国贺利氏公司开发一种含 Ni 的键合金丝，具备良好的强度/延伸关系。该合金含 Ni，含至少一种碱土金属(碱土金属优先采用 Be、Mg、Ca 或由至少 2 种该碱土金属组成的混合物)和/或稀土金属(稀土金属优先采用 Ce)，余量 Au。当金合金中 Ni 含量为 0.7%～1.5% 时，金丝性能特别好。碱土金属和/或稀土金属含量优选范围为 0.001%～0.01%。如果采用 Be 与 Ca 的混合物，则 Be 与 Ca 的用量最好各占 50%。某些情况下，在 Au－Ni 合金中加入 Ag、Pt、Pd、Zr、Cu、Co、Fe、Cr 和/或 Mn 还可提高其再结晶温度。

(4) Au－In、Au－Sn 系。在纯度大于 99.99% 或 99.995%，最好是大于 99.999% 的高纯金中添加一定量 Sn 和/或 In，可增加弧高，并能降低热循环后的断线率和提高抗剥离强度及抗振动破断性能。

(5) Au－Pt、Au－Pd 系。在 Au 中添加铂族金属(Pd、Pt、Rh、Ir、Os、Ru)，可提高丝的接合强度，降低高温损失。如含 1%～30% Pt，0.0001%～0.05% Sc、

Y 或稀土金属，0.0001% ~0.05% Be 和/或 Ca、Ge、Ni、Fe、Co、Ag 的键合金丝，适当的固溶和退火处理后，可得到比固溶型合金相强度更高的键合金丝。

3. **复合化键合丝材**[47-49]

键合金丝技术已十分成熟，业界在积极研究开发性价比更高的复合化键合丝材。

1)镀钯铜丝。2009 年研制了 $\phi25\ \mu m$ 的镀钯铜丝 CLR-1，该产品在 85℃、85% 的湿度下放置 60 h 不会氧化。价格低廉，键合性能优异，铜丝上的镀钯层可以在保持第一次键合质量的同时提高第二次键合的强度，在小型化、多功能化集成电路领域具有应用前景。但成球性较金丝差，键合时还需考虑材料表面的浸润性和扩散对性能的影响，目前还不具备批量使用的条件。

2)其他复合丝材。如金包钯复合丝、钯包金复合丝、铂包钯复合丝、钯包铂复合丝、金包铂复合丝、铂包金复合丝、金包银复合丝、银包金复合丝、钯包银复合丝、银包钯复合丝、铂包银复合丝、银包铂复合丝等，皆有研究。但从加工技术、使用性能及经济性等各方面比较，其应用前景尚不明朗。

6.3　贵金属浆料

6.3.1　电子浆料概述

电子浆料是集材料、冶金、化工、电子技术于一体的电子功能材料，它作为基础材料应用于混合集成电路、敏感元件、表面组装、电阻网络、显示器，以及各种电子分立元件的制造。它主要由导电相(功能相)、黏结相(玻璃相)和有机载体三部分组成，是一种由固体粉末和有机溶剂经过轧制混合均匀的膏状物。电子浆料经丝网印刷、流平、烘干、烧结等工艺，可以在陶瓷等基片上固化形成导电膜，并制成厚膜集成电路、电阻器、电阻网络、电容器、多层陶瓷电容器(MLCC)、导体油墨、太阳能电池电极、LED 冷光源、有机发光显示器(OLED)、薄膜开关/柔性电路、导电胶、敏感元器件及其他电子元器件。广泛应用于航空、航天、电子计算机、测量与控制系统、通信设备、医用设备、汽车工业、传感器、高温集成电路、民用电子产品等诸多领域。

电子浆料有多种分类方法，按用途可分为导体浆料、电阻浆料、介质浆料、磁性浆料；按主要材料与性能可分为贵金属浆料(银钯系、钌系和金系等)、贱金属浆料(钼锰浆料)；按热处理条件可分为高温(>1000℃)、中温(1000~300℃)及低温(300~100℃)烧结浆料(又可称为导电胶)。

1. **电子浆料的成分及特点**

1)导电相(功能相)

导电相(功能相)通常以球形、片状或纤维状分散于基体中，构成导电通路。导电相决定了浆料的电性能，并影响着固化膜的物理和机械性能。电子浆料用的导电相有碳、金属、金属氧化物三大类[50-51]：①碳类材料中石墨的导电性与产地有关，并且很难粉碎和分散，给应用带来很大困难；炭黑的导电性虽然很好，但属于亲油性碳素材料，在水性浆料中分散性较差，易形成团聚颗粒；②常用的金属导电相多为电阻率较低的 Au、Ag、Cu、Ni 等金属粉末，性能最好的是 Au 粉末，但价格昂贵。Ag 粉末的价格相对较低，但在电场作用下 Ag 会产生电迁移现象，使导电性降低，影响使用寿命。Cu、Ni 粉末价格较便宜，在电场下不会产生迁移，但当温度升高时，会发生氧化，导致电阻率增大，因此只能在低温下使用。③TiO_2、PdO 等金属氧化物导电性较差，难以制作高质量的电极。

有些低温浆料中还加入某些低熔点合金，在固化过程中，随温度的升高，低熔点合金可在金属颗粒之间形成连接通道，达到降低电阻改善其导电性的目的。

2)黏结相(玻璃相)

黏结相通常由玻璃、氧化物晶体或二者的混合物组成，其主要作用是使固化膜层与基体牢固结合起来，黏结相的选择对成膜的机械性能和电性能有一定的影响。黏结相有玻璃型、无玻璃型、混合物型三类。玻璃指的是某些金属或非金属氧化物，其主要作用是在厚膜元件的烧结过程中连接、拉紧、固定导电相粒子，并使整个膜层与基片牢固地黏结在一起。根据在玻璃中的主要作用，氧化物大致可分为三类：①构成玻璃基本骨架的氧化物，如 SiO_2、B_2O_3等，它们能单独形成机械性能和电性能优良的玻璃；②调节玻璃物理、化学性能的氧化物，如 Al_2O_3、PbO、BaO、ZnO，它们可改善玻璃的热膨胀系数、机械强度、热和化学稳定性等；③改进玻璃性能的氧化物，如 PbO、BaO、B_2O_3、CaF_2，它们能降低玻璃的熔化温度，同时维持和改善玻璃的电性能和化学性能。

无玻璃黏结相主要是通过氧化物与基片起化学反应而结合，这种黏结相一般为铜的氧化物，常用的是 CuO 或 Cu_2O，有时加入一些 Cd，形成 Cu - Cd 铝酸盐，使反应温度降低。混合物黏结相就是将上述两种玻璃型与无玻璃型相混合，发挥其各自的优点。

3)有机载体

有机载体是溶解于有机溶剂的聚合物溶液，它是功能相和黏结相微粒的运载体，起着控制浆料的流变特性，调节浆料的黏稠度，使固体形态的导电相、黏结相和起其他作用的固体微粒混合物分散成具有流体特性的浆料，以便于转印到基板上，形成所需图形。有机载体主要由有机溶剂和增稠剂组成[52]，为了改善其流动性，可加入表面活性剂；为了控制烧成时容易出现的二次流动现象，应加入流延性控制剂；为了提高浆料的触变性，要加入触变剂、胶凝剂等；为了减少介质浆料在印刷后产生的气孔，保证绝缘性能，还需要加入消泡剂。

有机溶剂主要有松油醇、丁基卡必醇、丁酸丁基卡必醇、异丙醇或甲苯等，含量要求为91%～95%。增稠剂也称为有机黏结剂，其作用是提高浆料的黏度，覆盖固体微粒以阻止微粒的凝聚、结块和沉淀，并赋予浆料合适的流变特性，在浆料印刷、干燥后，使固体微粒黏结在一起，具有一定的强度。常用的增稠剂有乙基纤维素、硝基纤维素、丙烯酸树脂、丁醛树脂、聚异乙烯、聚已烯乙醇、聚α-甲基苯乙烯、聚已烯醋酸酯和苯乙烯等[53]。在有机溶剂中还可以加入硅酸甲脂、硅酸四乙酯或苯甲基硅油等作为消泡剂。另外，加入聚甲基丙烯酸酯或邻苯二酸二丁酯可以改善介质浆料的成型和流平性[54-55]。

2. **电子浆料的制备方法**

电子浆料制备工艺如图6-11所示。

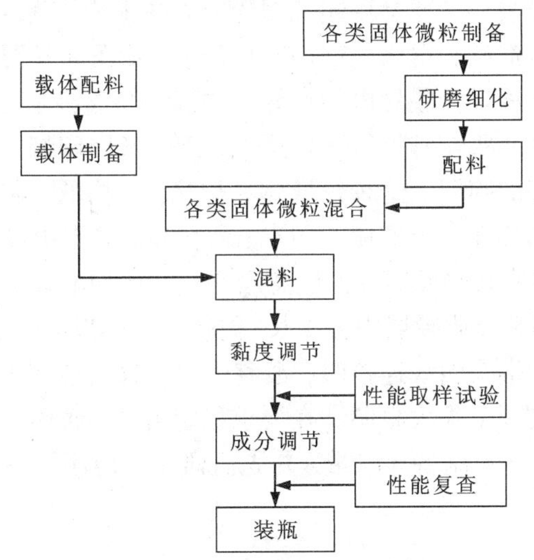

图6-11　电子浆料的制备方法

将金属粉末、玻璃粉末、有机载体分别准备完毕后，就可对其进行混合与分散。为了使金属粉末和玻璃与有机载体组成均匀而细腻的浆料，混合粉料必须先与载体混合，然后进行研磨，使其均匀地分散在载体中。浆料要反复地研磨，直至获得符合要求的分散体[36]。

6.3.2　贵金属导体浆料

贵金属厚膜浆料具有很高的稳定性和可靠性，所以绝大多数导体浆料都用贵金属制成。

1. **银及银合金导体浆料**[56]

银在所有导体中电导率最高，价格较低，其可焊性，端接性以及与陶瓷的附着力都比较好。因此银及其合金浆料是厚膜工艺中使用最早、最重要且比较经济的导电浆料。厚膜浆料一般由 0.1 ~ 50 μm 的合金粉粒与有机黏合剂配制而成，该浆料经丝网印刷并烧结，可形成 10 ~ 20 μm 厚的金属导电膜。厚膜浆料与基片间的结合力取决于玻璃基体产生的物理吸附力，以及由原料中的 MnO、CaO、NiO 和 SiO_2 等氧化物与 Al_2O_3 生成尖晶石而形成的化学附着力。银及其合金浆料在偏压下及潮湿环境中有电迁移问题，抗焊料侵蚀性差，在 Ag 中加入 Pd 或 Pt 有助于解决上述问题，但要以增加成本和降低电导率为代价。

1）银浆

针对不同使用目的银浆可分为低温固化银浆、中温和高温烧结银浆。低温银浆可用作固体钽电容器的负极过渡层，也可作为修补电路的黏接银浆或在有机基底材料上作印刷电极浆料。通常用超细银粉或光亮银粉作为导电相，然后与溶有特殊树脂的有机黏合剂调和混匀。使用时用浸渍、涂覆和丝网印制的方法可得到牢固的导电银膜。此种导电膜导电性良好。中温和高温银浆一般是用超细银粉与玻璃相和添加剂、有机黏合剂调和研磨而成，经过丝网印制，中温或高温下烧成即可得到导电性良好的膜层。这种银导体易焊接，价格低，在导体浆料发展初期应用较多。但银导体存在一个致命的弱点，即在高温高湿电场作用下易发生银离子迁移，造成短路或使某些元器件性能急剧恶化。例如电容器的银电极由于银离子的迁移，可能在相邻介质膜层中会生长“银须”从而破坏介质的绝缘性。又如银导体用作厚膜电阻的端头引线连接时，银离子的迁移会造成电阻器阻值下降，因此银浆的推广应用受到了很大限制。在要求稳定可靠，而环境条件非常恶劣的场合，基本上不选用银浆来制备导电带，并先后研制和应用了一系列以银为基的贵金属厚膜导体浆料。

2）银钯浆料

银钯浆料是混合集成电路（HIC）及多层陶瓷电容器（MLCC）生产中使用最多的浆料，它具有很好的初始附着力，良好的可焊性，能与铝丝或金丝热压焊，在抗焊料浸蚀能力方面随着钯含量的增加而增大。另外它还具有良好的印刷性能，可用于机械自动化印刷。适用于氧化铝陶瓷、氮化铝、氧化铍等基片，及高性能厚膜集成电路、汽车电子、军用品等特种电路的内部连接或端电极。银钯导体浆料一般方阻可控制在 5 ~ 100 mΩ。

钯的加入使导电膜在高温高湿电场作用下银离子的迁移在一定程度上受到抑制，含钯量越高，效果越好，但其电阻率将随之增大。钯含量低时，与钌系电阻可同时烧成，兼容性良好。实际应用中可根据不同技术要求及成本等因素选配各种不同钯含量的银钯导体浆料，通常钯含量为 20% 较为适宜，表 6 – 7 是各种不同配比的银钯导体浆料。

表 6-7　银钯导体浆料于 850℃烧成的性能

Ag∶Pd 质量比	烧成膜厚/μm	方阻/mΩ	附着力/(N·mm^{-2})		抗焊性(浸焊次数)	与电阻兼容性	
			初始	老化		银钯系	钌系
∞	6	8	22.5	2.6	1	不推荐	不推荐
3.5	12	28	17.6	4.4	3	预烧	预烧
2.5	12	37	17.6	4.4～8.8	3	预烧	预烧
2	12	52	17.6	4.4～8.8	4	同烧	预烧
4	11	25	22.5	4.4	4	预烧	预烧
3	11	29	22.5	4.4～8.8	5	预烧	预烧
2	15	68	22.5	4.4～8.8	5	同烧	预烧
12	13	10	22.5～26.5	8.8	2	不推荐	预烧
2.5	16	25	22.5～26.5	17.6	5	预烧	同烧
2	16	35	22.5～26.5	17.6	8	同烧	预烧

注：预烧指先烧导电带后再烧电阻，两者兼容性较好。同烧指印制导电带后再印制电阻，两者一同烧成。

银钯导体浆料性能的好坏主要取决于：①原材料性能与配方工艺；②使用浆料的工艺技术规范；③基片的物理化学性能。使用浆料烧成导电膜的过程一般是通过 200～325 目丝网印制，然后流平烘干，并在隧道炉中烧成导电带，整个烧成过程需 45～60 min，峰值烧成温度为 850℃，时间 8～10 min。烧成的试样放置一段时间(约 12 h)，然后用表面计或精密测厚装置测定其平均厚度，并在一定面积上(如 100 或 200 m^2)准确测定平均方阻值。在浆料性能的测试中要求基片具有稳定重现的物理化学性质，对基片的结晶状态、主成分及杂质含量、几何尺寸、挠曲程度等要求极为严格。因为这些因素强烈地影响其附着力和焊接性，所以使用浆料时必须确定一个标准的工艺方法和相关材料的技术规范，才能保证导电膜的使用性能和有效工作。

银钯导体浆料虽具有很多优点，但它也存在两个明显的缺点：一是在导电带烧成过程中金属钯在 400～700℃间有一个氧化和脱氧过程，工艺技术处理不好，将使导体膜的可焊性变差，钯含量越高这种现象越易发生，所以必须使银钯在所定工艺条件下充分合金化或尽快缩短这期间的升降温过程；二是在焊接后高温老化时，钯会与焊料中的锡(Sn)生成 $PdSn_3$，从而降低了导电带与基片间的附着强度。

浆料与基片的附着力主要与基片有关，随着基片材质的不断改善，这个问题近年来已有很大改进。当基片中杂质较少，Al_2O_3晶粒一致时，多次烧结有利于无机黏结剂和Al_2O_3发生反应，可使附着力适当增加。此外，厚膜混合集成电路进行再流焊时，其焊膏应选择含银的焊膏，可避免厚膜导体中银粒子扩散、侵蚀、迁移到再流焊焊膏中去，减少“吃银”现象。一般可选择含银2%左右的含银焊膏。

3）银铂浆料

银钯导体浆料对银离子的迁移有所抑制，并具有一般导体浆料的优良性能。但含钯较高时将增加成本。仅含铂1%～2%的银铂导体浆料受到人们重视。少量铂的加入既可抑制银离子迁移，而且价格比银钯导体浆料低。银铂导体浆料已成为混合集成电路及元件端头连接中应用较广的浆料。银铂导体浆料一般都在850℃左右烧成，烧成膜厚15～20 μm时，方阻为2～5 mΩ，最高可达60 mΩ，线分辨率为200 μm左右。由于银铂在烧结中形成抗氧化的合金导电膜，具有良好的可焊性及抗焊料浸蚀能力，特别是含铂量高时耐焊性更好。银铂导体浆料初始附着力较高，在150℃老化100 h附着力下降也不多，但长期老化（如1000 h）其附着力则会显著恶化。此外银铂浆料不宜与硅片进行低熔共晶焊。表6－8列出通用的银铂导体浆料的主要性能。

表6－8 银铂浆料的主要性能

牌号	烧成温度/℃	方阻/mΩ	膜厚/μm	线分辨率/μm	耐焊性	老化附着力/（$N\cdot mm^{-2}$）
9770	850	2.5	18	175	5	27
A－3838	850～925	4～7				

4）银镉浆料

这是一种已供实用的新型导体浆料。它不采用铂族金属，成本大大降低。银镉浆的焊接性、热压焊连接性和银浆一样好。超声波焊连接性、二次烧成后的可焊性比纯银差，与钯银浆相同。抗迁移、与电阻端接性能都比银浆要好。缺点是存在镉的环境污染隐患。

2. 金及金合金导体浆料

金是现代通讯仪器和电子接触器中的关键材料，在尖端的航空航天设施中无例外地大量使用黄金。金在电子器件，特别是集成线路电镀方面的应用增长较快，在印刷线路板中，平均每平方米消耗1 g左右的金。利用金具有的特殊光学性质（对红外线有强烈的反射作用），已用于使用红外探测仪的反导装置上。

1）金浆

金导体浆料形成的导电膜可与半导体管芯、集成电路芯片进行低熔共晶焊，也可与铝丝(或硅铝丝)进行超声热压焊。因此金浆可用于多层布线、单片集成电路的互连以制造更复杂的集成电路。金导体浆料不会发生金离子的迁移现象，而且导电性良好，因此作为细线工艺的优良导体极为合适。金导体浆料的烧成温度在 825 ~ 980℃之间，方阻一般为 2 ~ 5 mΩ，印刷性能良好。线宽可达 50 μm，线间距为 75 μm。金浆可分为玻璃黏结型、无玻璃黏结型及混合黏结型 3 种。玻璃型含金 90% 以上，无玻璃型的含金 99%。玻璃型金浆的导电膜是由玻璃与基片作用而牢固附着，而无玻璃黏结金浆是以金属氧化物(例如氧化铜、氧化镍、氧化镉等)作为高温黏结剂，在烧成过程中它们与基片组分形成尖晶石结构，从而使导电膜与基片牢固地附着在一起。为了保持较高的导电性和一定的附着强度采用混合黏结的金浆可以性能互补。金导体浆料的主要性能见表 6 - 9。

表 6 - 9　金导体浆料主要性能

黏结形式	膜厚 /μm	线分辨率 /μm	方阻 /mΩ	烧成温度 /℃	芯片低熔共晶焊	
					初始	修补
混合	13	125	3.0	950	极好	好
氧化物	9	175	4.5	950	好	差
混合	13	125	6.5	950	极好	极好

但金导体也存在缺点：一是 Au 易熔于 Sn，焊接时易向 Sn 中扩散而生成脆性的金属间化合物，结果降低了膜与基片间的附着强度，所以金导体不能与 Sn 焊料焊接；二是金含量高，价格昂贵，一般比银导体浆料贵 5 ~ 10 倍。虽然如此，在混合集成电路中要求高可靠、高稳定的地方仍必需使用金导体浆料。

2)金铂浆料

金导体浆料抗铅锡(Sn)焊料浸蚀能力较差，如果向其中加入扩散系数小的金属铂，则抗焊料浸蚀能力在贵金属厚膜导体浆料中为最优。特别适用于某些复杂电路中常需更换元件的地方。金铂导电浆料能与钌系电阻充分兼容，它对电阻体的扩散小，阻值误差可控制在最小限度，作为电阻端头连接性最好。所以在军事技术上要求高可靠、高稳定、万无一失的电路导流中，要尽量避免使用含银导体，而多采用金铂(或金钯)导体。金铂导体浆料通常在 850℃下烧成，其方阻为 15 ~ 18 mΩ，随着含铂量的增加，方阻随之增大。表 6 - 10 列出两种金铂导体浆料的典型性能。金铂导体浆料的缺点是价格太高，因此只能用于高可靠、高稳定的地方。另外初始附着力比银钯或银铂导体浆料低，方阻较高。

表 6－10　两种金铂导体浆料

Au∶Pt 质量比	烧成膜厚/μm	方阻/mΩ	附着力/(N·mm^{-2})		抗焊性(浸焊次数)	与电阻兼容性	
			初始	老化		PdO－Ag 系	钌系
3.5	13	150	8.82	8.82	11	预烧	预烧
3.5	17	90	22.5	17.6～22.5	30	预烧	预烧

3)金钯浆料

金铂导体浆料虽具有很好的稳定性和可靠性，但价格太贵。金钯浆料性能极为稳定可靠，价格比金铂导体稍低。金钯导体浆料方阻可达6～100 mΩ。用含Sn高的焊料焊接，经热老化后其附着强度降低的程度比银钯导体浆料低，对不含银的焊料其抗浸蚀性能较好，可适于金丝球焊和低熔共晶焊。在与硅片焊接后如果处于高温下老化，导体与基片的附着力仍会有所降低，其主要性能见表6－11。金钯导体浆料中一般金含量为55%～84%，钯含量为8%～25%，钯含量低于8%则焊接性能不好，会导致附着力严重下降。因此，加入少量玻璃以兼顾其导电性能和附着强度。金钯导体浆料多使用于多层布线中高精度电阻端头和引线端头连接。

表 6－11　金钯导体浆料在850℃烧成的主要性能

Au∶Pd 质量比	烧成膜厚/μm	方阻/mΩ	附着力/(N·mm^{-2})		抗焊料浸蚀性能力/次	与电阻兼容性	
			初始	老化		PdO－Ag 系	钌系
2.5	14	100	17.6	13.7	5	预烧	预烧
2.5	11	73	22.5	17.6～22.5	4	预烧	预烧
3.0	10	83	22.5	17.6～22.5	7	预烧	预烧
2.5	13	56	19.6	17.6	5	预烧	预烧

3. 铂系和钯系导体浆料

金在烧成过程中的扩散速度由于添加了扩散系数小的铂而得到适当控制。对电阻材料的扩散小，阻值误差被控制在最小限度。铂金浆料烧成初期对基片的附着力略小，焊接后高温放置时，对基片附着力的下降程度可控制在钯银系的二分之一以下，二次烧成的特性优良。此系浆料高温烧成的性能好，但难于与较低温度烧成的电阻浆料同时烧成。

4. 三元贵金属导体浆料

金钯导体浆料和银钯导体浆料虽在多层布线、高精度电阻端头和引线端头连接方面得到很好应用，但其性能仍不令人满意。若在其中加入适量的金属铂即可得到性能更好的金钯铂和银钯铂导体浆料。它们都具有极好的焊料浸润性和抗焊料浸蚀性。另外，金银钯三元导体浆料还可制造高烧独石电容器的电极，其性能良好，工艺稳定，已在生产实践中得到了应用。在混合集成电路中使用的金钯铂和银钯铂导体浆料其性能见表 6－12。

表 6－12　三元导电浆料性能性能

三元贵金属浆料	相对成本	方阻 /mΩ	烧成膜厚 /μm	线分辨率 /μm	抗浸蚀性 /次	老化附着力 /(N·mm^{-2})
银钯铂导电浆料	次高	40	15	175	15	24
金钯铂导电浆料	最高	80	15	150	35	23

用钯代替部分铂构成的金钯铂浆料，可改善烧成初期对基片的附着力，但铂金和金钯铂导体的方阻值都比较高，在要求可靠性高的设备中，不允许采用导体膜被焊锡全部覆盖的工艺。设计电路时必须将导体膜的阻值计算在内。铂金系和金钯铂系两种浆料使用在军事、宇航等条件严苛，要求特别可靠的场合。

6.3.3　贵金属电阻浆料[57]

在 20 世纪初期(1920 年)贵金属的应用从以金水、银水装饰陶瓷饰品向电子元器件上转移，当时主要用于制造云母、陶瓷电容器。到 20 世纪 50 年代，杜邦公司首先将 Pd/(Ag·PdO)厚膜电阻浆料用于 IBM 360 计算机上。20 世纪 60 年代 RuO_2电阻浆料诞生，70 年代出现了钌酸盐系电阻浆料。80 年代贱金属如 Cu、Ni 电阻浆料成为各国研究的热点。厚膜电阻浆料的发展推动了分立元件如各类厚膜电阻和电位器的发展，也为 SMT(表面组装技术)和 MCM(多芯片组件)的发展奠定了坚实的基础。

电阻浆料中电阻材料的发展很迅速，其中的导电成分原来用银，现在开始采用扩散速度更大、化学稳定性更高的金。而电阻成分原来采用氧化钯，进展到采用硫化钯、氧化钌、硫化钌、钌酸盐、氧化铱和铂族金属混合物。此外还发展到采用高分子有机化合物——树脂酸盐、软脂酸盐、硬脂酸盐。电阻材料的选择和处理对浆料性能有很大的影响，部分贵金属厚膜电阻浆料的特性见表 6－13。

表 6-13　贵金属厚膜电阻浆料

浆料	烧成温度/℃	方阻/Ω	电阻温度系数 $\alpha_\rho \times 10^{-6}$(1/℃)	噪音(分贝/频率数量级)	高温特性 150℃1000h $\Delta R/R$/%
Pd-Ag-玻璃	690~720	100~100 k	-200~+300	-25~+20	0.2~2
RuO_2-玻璃	680~780	100~10 M	-400~+200	-35~+25	0.1~0.2
IrO_2-玻璃	700~800	100~100 k	-50~+50	-30~+10	0.1~0.3
RhO-玻璃	700~780	100~50 k	-150~0	-30~±10	0.1~0.3
RuO_2-IrO_2-RhO-玻璃	—	1~1 M	-275~+200	-25~+10	0.2
含铂、金、铱浆料 Pt、AuIr 系电阻浆料	1050	10~10 M	<200	-20~+1	<0.1
含钌浆料(Ru 为主要成分)	750~860	10~1 M	<100	-30~+5	<0.2
含 RhRu 浆料	875	100~1 M	-50~+50	-35~+4	—

厚膜电阻浆料的功能相如 Ag、Pd、RuO_2、$M_2Ru_2O_x$($x=6\sim7$，M 为碱金属)，构成电阻膜的导电颗粒；胶黏相为铅、硼硅酸盐玻璃等，形成导电颗粒间的玻璃膜。在电阻膜中，导电颗粒(电阻值记为 R_m)相互“接触”，形成导电链，但这种接触并非真正的直接的相互接触，而是被极薄的玻璃膜隔开，形成一个势垒电阻 R_b，电阻膜之总电阻为：

$$R=\sum_n (R_m+R_b)_n \tag{6-5}$$

R_m之温度系数为正，R_b为负温度系数，在某一温度 T_m下，R_m几乎与 R_b相等，此时电阻膜之阻值最小。金属的电阻率：

$$\rho_m=\rho_i+\rho(T)=\rho_i+T\frac{d\rho_m}{dT} \tag{6-6}$$

$$R_m=R_i+T\frac{dR_m}{dT}=f_m(T) \tag{6-7}$$

电阻浆料主要用于模拟或数字 HIC 电路，一般要求：方阻 $1\sim10^6$ Ω(1 Ω~1 MΩ)，与基体和元件导体端点有良好的匹配，电阻温度系数低，电阻间有良好的温度系数匹配和低的电阻电压系数(CVR)。在各种环境试验条件下，材料的飘移小，整体稳定性在 0.1%~0.5%；因缺陷、热点或其他非均匀造成的电流噪声应很小；通过混合能形成中间阻值的电阻膜。对于导体浆料，一般要求：方阻 0.002~0.15 Ω，结合性好，可焊性佳，工艺稳定性和储存性能好，丝网印刷分辨率高。

在电子浆料配制过程中，必须严格控制原材料的纯度、杂质含量和粉体特性（如比表面积、密度、粒度、粒度分布和形貌），控制有机材料的黏度、颜色、透明度亦很重要。用电子浆料制作厚膜电阻、导体等混合集成电路（HIC）重要单元时，选用的陶瓷基片必须符合厚膜电路使用要求；同时要对丝网印刷、烧结、调阻等工艺进行严格的控制。

1. 银钯电阻浆料

银钯电阻浆料是由超细钯粉与超细银粉、高温黏合剂、添加剂及有机黏合剂研磨调制而成，在烧成过程中银与钯合金化并使电阻体形成一网络结构。导电粒子的相互扩散和合金化对电阻器的性能改善起着重要作用。如用氧化钯与银组成电阻的导电物质，其导电为 p 型半导体的空穴导电。

银钯电阻浆料方阻值一般范围是 1 Ω ~ 1 MΩ，比较实用的方阻值为 100 Ω ~ 50 kΩ，温度系数（正）$<250\times10^{-6}$/℃，噪声为 −22 ~ +20 db，额定功率可达 4 W/cm^2，耐热稳定性（150℃，1000 h）$\Delta R/R$ 为 0.5% ~ 3%。方阻在 100 Ω 以下和 50 kΩ 以上时对烧成工艺条件极为敏感。烧成过程中因银钯合金和氧化钯之间的平衡受温度影响大，烧成温度的微小变化也会引起阻值大幅度的变化。在低阻或高阻范围内要使温度系数控制在 $\pm100\times10^{-6}$/℃ 以内是极为困难的。当阻值为 10 kΩ 以上时电阻噪声甚大。此外银钯电阻还有一个最大的弱点，即浆料中发挥电阻作用的导电物质 PdO 抗还原性较差，在烧成或封装过程中遇到还原性气氛，PdO 会还原为金属 Pd，阻值会急剧下降。为了克服此缺点，可向银钯电阻中加入其他贵金属，并可克服与电阻接触的端头处产生气泡。Ag − Pd 系属第一代成功的电阻浆料系列。在 Ag − Pd 浆料中加入 Au，其电阻值范围、电阻温度系数和热稳定性都得到很大改善。

2 钌系电阻浆料

钌系电阻浆料克服了银钯电阻对还原性气氛的敏感性，改进了电阻温度系数和电阻的稳定性，扩大了电阻的阻值范围。钌系电阻浆料可用于制造混合集成电路、电阻网络、电阻器、高压电阻器及某些特殊用途的电阻器和电极。

钌系电阻浆料按使用的导电相不同，可分为二氧化钌系和钌酸盐系。

1）二氧化钌系浆料

二氧化钌是蓝黑色具有金红石结构的正方晶系物质，密度为 7.1 g/cm^3，晶格常数 $a=4.51$ Å，$c=3.11$ Å，$a:c=1:0.689$。其电阻率为 5×10^{-5} Ω · cm。在空气中加热至 1000℃ 也不分解，也不受环境气氛的影响，其结构性能极为稳定。在较大电流下工作时其结构也不发生变化。

二氧化钌电阻浆料通常在 850℃ 烧成，稳定性好，对工艺过程不敏感，功率负荷密度高，电阻温度系数及噪声都较小。

2）钌酸盐系浆料

钌酸盐系电阻浆料是在二氧化钌电阻浆料的基础上发展起来的，其性能比二氧化钌更稳定，并可节省二氧化钌的用量。

钌酸盐有钙钛矿型和立方烧绿石型两类化合物，$CaRuO_3$、$SrRuO_8$及$BaRuO_3$为钙钛矿型化合物，$Tl_2Ru_2O_7$、$Bi_2Ru_2O_7$及$Pb_2Ru_2O_6$为立方烧绿石型化合物。它们的导电性良好，室温下电阻率为10^{-2}～10^{-3} Ω·cm，并具有正温度系数。常用的钌酸盐有钌酸铋、钌酸铅及其衍生物，这些物质均可作为电阻浆料的导电相。

3）铱和铑系电阻浆料

铱电阻浆料是以二氧化铱作为浆料的导电组分，另加高温黏合剂、添加剂及有机载体组合而成。二氧化铱是具有金红石结构的最稳定高价氧化物，其晶格常数$a=4.49$ Å，$c=3.14$ Å，$a:c=1:0.699$，导电性比二氧化钌低。二氧化铱电阻浆料性能非常稳定可靠，可承受大功率，噪声较低，适合于要求高稳定低噪声的场合使用。

二氧化铱电阻浆料一般在700～850℃烧成，方阻达30 Ω～1 MΩ。在100 Ω～1 MΩ间电阻温度系数（TCR）可控制在$\pm 50\times10^{-6}$/℃，噪声在+5 dB以内，热稳定性也较好。但二氧化铱比二氧化钌贵得多，因此大大限制了它的推广应用。为了降低成本，改善某些电学性能指标可用银或金部分地取代二氧化铱，而TCR可控制在100×10^{-6}/℃以内。采用渗杂（如加MnO_2）也可调整TCR，使用含铜玻璃可降低TCR或噪声，同时还可提高电阻的稳定性。

铑电阻浆料使用的导电组分是一氧化铑，它在1121℃才会分解。也可直接用铑粉作为导电相，此种浆料也具有较高的稳定性。铑电阻浆料的特点在于可使电阻的TCR控制在负值或很小的正值，热稳定性良好。用铑（或一氧化铑）和二氧化钌制成的铑钌电阻浆料其性能特别好，阻值达1 Ω～100 MΩ，电压温度系数几乎等于零，TCR小于$+50\times10^{-6}$/℃，噪声低，长期稳定性好，每平方厘米可负荷23 W，100 h后变化率≤0.35%。加1.6 W/cm^2负荷，1000 h阻值几乎不变化。在150℃热老化1000 h其$\Delta R/R\leq 0.15\%$。

除钌、铑、铱外，金属铂性能稳定，也可与其他导电材料组成电阻浆料的导电相。例如在钌系电阻中加入金、银、铂或在铱电阻中加入金、铂等，也可以用银金铂或单金属铂直接配制成某些特殊用途的电子工业用浆料。这类浆料性能稳定良好，它们的导电相可以是单元或多元的。另外为了改善电阻浆料的性能可将这些铂族元素制成树脂酸盐（或者制成高分子金属有机化合物），然后再按一定配方加入玻璃粉、添加剂调制成浆料。这种方法是制备性能优良的电阻或导体浆料的有效新方法。

德国德古萨公司、英国英格哈德公司、日本住友金属矿山公司是全球著名的电子浆料生产商。日本住友金属矿山公司生产的R－G_x系电阻浆料（RuO_2基电阻浆料）主要用于混合集成电路，具有阻值范围宽、电阻温度系数（TCR）低、稳定性好等优点，同时也适于制造电阻网络。R－VT 系以 RuO_2、$Pb_2Ru_2O_6$ 为主要成分，主要适于制造片状电阻，具有阻值范围宽、工艺影响小等特点。R－K 系电阻浆料以 $Pb_2Ru_2O_6$ 为基，阻值范围宽，是制造高压电阻、电位器的电阻浆料[36]。英格哈德公司典型电子浆料产品的成分和性能列于表 6－14。

表 6－14　英格哈德公司典型电子浆料

浆料编号	贵金属层含量 /%			基片	方阻 /Ω	电阻温度系数 $/10^{-6}K^{-1}$
	Au	Pd	Pt			
Au	25			上釉基片	0.15	
Au6125	10			上釉基片，玻璃	0.6～0.7	1000
Pd4183	4.5	1.5		上釉基片	10	400
Pd7120	4.5	1.5		上釉 Al_2O_3 瓷	30	650
Pd7228	2.9	1.0		上釉 Al_2O_3 瓷	4000	300
Pt6618	5.54	0.31	1.75	上釉 Al_2O_3 瓷	5	350
Pt7278	3.92		0.98	上釉 Al_2O_3 瓷	7000	－100
Pt7246			4.23	上釉 Al_2O_3 瓷	450	450

6.3.4　贵金属电极浆料

在 6.3.2 节中介绍的多数导电浆料，由于具有优异的导电性、可焊性及抗焊料腐蚀性，都可同时作为电极浆料使用。

1. 银及银钯电极浆料

按烧成温度分为高温银浆和低温固化银浆两类。按成分分为纯银及银钯两类。高温银浆（≥700℃以上温度烧成用的浆料）主要用作电路内部连接、端头引出线、半导体陶瓷电极、微型电位器电极、集成电路导电带、混合电路内部连线、分离元件互连线、电位器电极、压电陶瓷电极材料等。各种高温银浆的固体含量为 74%～85%，浆料细度 7～10 μm，方阻小于 5 mΩ，烧结温度都在 700～850℃。可根据用途和烧成材料的性能要求选用不同的高温银浆[58]。银－钯（Ag－Pd）厚膜导体浆料（主要性能指标见表 6－7）在混合集成电路中得到广泛应用，烧成温度范围为 700～1000℃。一些厚膜银－钯导体浆料可作为电极浆料使用。

低温固化银浆是将银粉、树脂和溶剂混合，在 300℃或更低温度下进行固化处理，不用烧结。通常使用片状银粉以增加电导率。这些浆料形成导电膜不使用玻璃料作为黏合剂。低温固化银浆广泛用于电子工业制作电极、印刷线路、碳膜电位器端头电极、端电极或接触线路等。固化后的导电层有良好的附着力及导电性，有的还有良好的耐磨性、良好的耐溶剂腐蚀性及抗硫化性能。特别是在膜开关、软性基片和非晶质太阳能电池领域的应用在迅速扩展。一些低温聚合物银浆的主要技术性能列于表6－15。

表6－15 一些低温固化银浆的主要技术性能

浆料	固体含量/%	细度/μm	黏度/(Pa·s)	固化温度/℃	固化时间/min	电极膜厚/μm	方阻/mΩ	附着性能
1	60～67	<30	15～50	150～200	10～20	8～10	<40	良好
2	60～67	<30	30～150	190～210	10～20	8～10		良好
3	70～73			150～170	25～30	8～10		良好

对片式电阻器的电性能要求很高，电极浆料的优劣将直接影响到片式电阻器的可靠性和长期稳定性。制作片式电阻器的表电极通常采用银钯浆料，里电极则采用银浆。常用片式电阻器表电极浆料和里电极浆料的成分和性能列于表6－16。

表6－16 片式电阻器用表电极浆料和里电极浆料的成分和性能

浆料序号		成分(Ag/Pd)	固体含量/%	浆料细度/μm	黏度/(Pa·s)	烧结条件/℃	方阻/mΩ	可焊性
表电极浆料	1	99/1	70～80	≤5	160～220	850	6	优
	2	95/5	70～80	≤5	160～220	850	6.5	优
	3	92/8	70～80	≤5	160～220	850	6.5	优
里电极浆料	1	100/0	70～80	≤5	160～220	850	6	优

孟淑缓研究的多层瓷介质电容器银钯内电极浆料[59]，用银钯质量比为3∶7的混合金属粉作为导电材料，添加乙基纤维素、有机溶剂、氧化物添加剂等物质组成。该浆料性能虽好但烧结温度较高，并含有危害人类身体健康的铅元素。在限制使用铅保护生态环境及电子信息产业已成为全球经济的重要增长点的背景

下，如何解决这个矛盾已成为电子信息产业面对的重要课题。张宇阳研究了多层瓷介质电容器用无铅化内电极浆料的制备方法[60]，选择无铅硼铝硅酸锌体系玻璃粉末，并可根据瓷介质基体的物理性能调整玻璃粉末的成分，使两者的物理性能如膨胀系数、转变温度等基本相同或接近，从而得到较强的附着力。在多层陶瓷介质电容器的制备工艺方面，田相亮研究了700～850℃下的共烧技术，可得到光滑且电性能优良的内电极表面[61]。

2. 金及含其他贵金属的电极浆料

Au浆作为底层导体用于导电电路中，通过Au－Si共晶连接，将硅片直接连接在厚膜基片上。金浆也可以与铝丝或铝硅丝进行超声热压焊。因此，金浆可用于多层布线和模片固定。金导体浆料不会发生Au离子迁移现象，导电性良好，因此作为细线工艺的优良导体电极极为合适。金浆也可用于制备厚膜电容器的内电极[37]。金浆的缺点是易与含Sn的焊料发生反应，焊接时易向Pb－Sn焊料中扩散形成脆性金属间化合物，从而降低膜与基片间的附着强度。因此。金浆不能与Pb－Sn焊料焊接，但这一缺点可通过采用其他焊料如In合金焊料克服。

除单金属金浆之外，还有金基合金型浆料Au－Pt、Au－Pd和Au－Pt－Pd浆料。Au导体浆料抗Pb－Sn焊料侵蚀能力差，加入Pt后形成的Au－Pt浆料，可大大改善抗焊料侵蚀能力，特别适用于某些复杂电路中需经常更换的元件。Au－Pt导电浆料能与Ru系电阻充分兼容，对电阻体的扩散小，阻值误差可控制在最低限度，可作为电阻端头的连接体。Au－Pt导体浆料通常在850℃烧成，其方阻为15～18 mΩ，并随Pt含量增高而增大。Au－Pt浆料稳定性好，可靠性高，缺点是价格太高。Au－Pd导体浆料的性能也极为稳定可靠，可作为Au－Pt浆料的代用品。Au－Pd导体浆料中Au含量为55%～84%，Pd含量8%～25%，Pd含量低于8%焊接性能则变差，附着力下降。因Pd含量不同，浆料的方阻可介于6～100 mΩ，加入少量玻璃可兼顾浆料的导电性和附着强度。Au－Pd导体浆料适用于Au丝球焊和低熔共晶钎焊，多用于多层布线中高精度电阻端头和引线端头连接。Au－Pt－Pd导体浆料具有极好的综合性能，用于混合集成电路中。Au－Ag－Pd导体浆料也可用于多层陶瓷电容器(简称MLCC)作电极，其性能良好。

对于Si大规模集成电路，主要电极材料是多晶硅膜和铝膜。铝膜的抗电子迁移性差，晶粒粗大，精细加工困难，可用钼膜代替铝膜。多晶硅膜常用作线路材料和栅极材料，但它的方阻较高，很难得到方阻低于20 Ω的硅膜。对于某些精细结构，如光栅低于2 μm的结构，低的方阻是必要的，因此，具有低方阻(降低一个数量级)的化合物膜或其他金属膜成为替代硅膜的备选者，如Au和其他贵金属以及它们与Si形成的化合物等。表6－17列出Au与其他贵金属硅化物的性质。

表 6－17　Au 与其他贵金属硅化物的性质

材料	Au	Ag	Pd	Pt	Pd_2Si	PdSi	Pt_2Si	PtSi	RhSi
电阻率/(μΩ·cm)	2.3	1.6	10.8	10.6	30～35	20	—	28.35	—
相对于 N－型(100)Si 的势垒高度/eV	0.80	0.66	0.71	0.85	0.745	—	0.78	0.87	0.69
功函/eV	4.70	4.31	4.95	5.48	4.95～5.2	—	5.54～5.71	5.15～5.75	4.8, 4.96～4.97

单晶 Au、单晶 Ag 或某些金属硅化物如 Pd_2Si 或 PtSi 等，可用作硅基体上的屏障层，使其他金属在其界面上生长。

6.3.5　贵金属低温浆料

很早以前，人们用金、银的有机化合物（金水、银水）涂于陶器上，经高温煅烧分解产生绚丽多彩的金膜或银膜，并牢固地附着在陶器表面装饰陶器。受其启发，20 世纪 80 年代，人们开始探讨该类化合物在电子材料中的应用，并研制出一系列树脂酸盐浆料，也称为有机贵金属浆料。该类浆料由金属树脂酸盐、连接料、溶剂三部分组成。其主体为金属树脂酸盐，由金属可溶盐与树脂酸（或树脂酸钠）相互作用而成[62－63]。

树脂酸盐包括中心金属离子和有机或无机分子配位体，通过杂原子架桥键连接而成。长链有机分子（碳原子数一般为 8～20）与金属离子形成的主要配合物结构式见图 6－12：

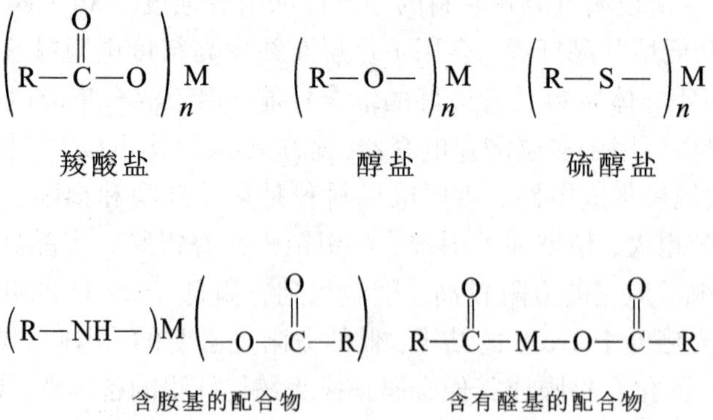

$(R-C(=O)-O)_nM$　　$(R-O-)_nM$　　$(R-S-)_nM$

羧酸盐　　醇盐　　硫醇盐

$(R-NH-)M(-O-C(=O)-R)$　　$R-C(=O)-M-O-C(=O)-R$

含胺基的配合物　　含有醛基的配合物

图 6－12　主要的金属有机配合物

其中的中心离子 M 可以是 Ag、Au、Pt、Pd、Ru、Ir 等贵金属，也可以是 Bi、V、Cr、Al、Ti、W、Cu、Sn 和 Sb 等贱金属。这些有机配合物都能均匀地溶解在有机溶剂中。在高温下，贵金属有机配合物分解形成单质导电体或氧化物电阻体（如氧化钌、氧化铱等），而贱金属有机配合物则分解成氧化物并起黏合剂和改性剂作用。

把贵金属、贱金属有机配合物溶解在有机溶剂中形成真溶液，调整溶液黏度到适当的流变形态——液状或膏状——就可以制得满足各种涂覆要求的树脂酸盐浆料。在使用树脂酸盐浆料时，除可丝网印刷外，还可刷涂、喷涂、滚筒涂和喷描。由于真溶液的分散性好，可以减少黏接剂的用量，因而烧结膜的纯度高、致密，且与基片的附着力大。树脂酸盐浆料中不含任何固体颗粒，能获得0.5 μm的薄膜。树脂酸盐浆料比质量相等的厚膜浆料的涂覆面积大 5 ~ 10 倍，显然，前者的费用比后者低许多。

树脂酸盐浆料中还可加入光敏剂，以便采用光刻技术制成任意图形，所得图形的分辨率高，线宽可达 25 μm。与化学溅射法相比，光刻法更方便且应用更广。树脂酸盐的烧结温度低，可用于制作多层混合集成电路，这就使得电路设计大大简化。应用有机贵金属浆料作薄膜浆料，在热印字头（以通电发热元件做印字头并在热敏纸上印出字符）、图像传感器等导体电路和电子元件产品生产方面，发展很快。因为这类产品组装密度高，与电阻的兼容性要求极高，而树脂酸盐浆料恰恰具有这方面的优势。此外，树脂酸盐浆料还在混合集成电路印刷基片或电阻，以及太阳能电池等方面也有广泛应用。

6.3.6　贵金属新型浆料

电子浆料的发展主要经历 3 个阶段：第一阶段是 20 世纪 70 年代末以前，主要研制满足特殊军工用途的浆料，在电子元器件中应用较少，如用银、金、锗、氧化钌等贵金属粉末形成导体浆料和电阻浆料；第二阶段自 20 世纪 70 年代后期到 90 年代初期，电子工业迅猛发展，集成电路板从单片逐渐发展为多层布线，形成混合集成电路模块及多层片式电容和片式电阻元件，生产成本大幅降低，使高精尖的电子产品从军用逐渐扩展到民用电器，带动电子浆料迅速发展。在混合集成电路 HIC（Hybride intergrate circuit）、新型多层陶瓷电容器内电极与端电极浆料、多层布线导体浆料、通孔浆料、表面组装技术（SMT）用浆料以及电磁屏蔽膜浆料等领域，开发新的浆料品种并提高其性能；第三阶段，随着高密度连接技术（High density interconnect（HDI））的竞争优势日益凸显，高集成高密度的精密电路对具有高分辨率高性能的电子浆料提出了新的要求，即能满足改善线间距、性能稳定、耗能小的集成片所需的浆料，并通过合适的包封技术及电路设计（包括应用光刻厚膜、球焊丝阵列），使 HDI 可以生产尺寸小和低成本的智能设备，集成包括母板、数字信号处理器和微控制器的机电一体化仪器，并在研发的同时建立规模化生产线。

目前在美、日、欧已建有30余家大型的电子浆料生产企业，如美国的ESL、Englehard、Cermalley、Ferro、EMCA、Heraeus、IBM、蕾切斯、通用电气等20多个公司，欧洲的德古萨、菲利浦，日本住友金属矿山、昭荣化学、田中贵金属所、村田制作所、太阳诱电、日立化学、东芝化学、福田金属粉、三菱金属、NEC、TDK等。中国国营4310厂、昆明贵金属研究所等单位，从20世纪60年代末开始电子浆料的研发，试制并应用了贵金属厚膜浆料，为国内电子浆料的发展打下了基础。20世纪70年代后昆明贵金属研究所先后开发了电阻浆料、导体浆料、电极浆料、黏结浆料等系列产品，并建立了微电子用贵金属厚膜浆料生产线，形成了一定规模的Ag浆、Ag-Pd浆料和Ru系电阻浆料的生产能力。但中国在电子浆料的品种、产品质量的稳定性、工艺控制及生产规模等方面与国外还有差距，国内市场占有率不高，不少特殊性能的浆料仍需进口。

新型贵金属电子浆料的发展趋势是功能导电组分金属纳米化、成分合金化和复合化、玻璃无铅化、树脂化、减少贵金属用量的低成本化。这是实现电子元器件微型化、片式化、薄膜化、半导体巨大规模集成化(VLSI)、充分利用太阳能等目标的重要条件。

1. 功能导电相纳米化、合金化及复合化

(1)纳米化。随着银、金、铂等贵金属粉末为主要导电功能相的电子浆料(导电涂料、导电胶)的需求越来越多，目前的导电浆料中导电相的尺寸(微米或亚微米超细粉体)已不能满足低温烧结和多层布线的要求，国内外都在开展导电浆料贵金属纳米化(10~100 nm金属粉末)的研究。已应用的有纳米银粉(代替超细银粉)、纳米金粉(代替超细金粉)、纳米铂粉(代替超细铂粉)和纳米氧化银(代替普通氧化银)，并制备了厚膜纳米金电极浆料、纳米银导体浆料等产品。

用纳米粉替代当前工业的超细粉(微米级)的突出优点有：①纳米粉所生产的电子浆料的颗粒度更小(前提是制备浆料用的其他材料也必须是纳米级的)，可用孔径更小的丝网进行印刷，在得到更致密的表面涂层的同时还可以提高丝印操作的工效；②在不降低器件性能的前提下使单元器件的贵金属耗量下降，大大降低生产成本；③超微颗粒的熔点通常低于粗晶粉末，用纳米粉制成的导电浆料，可在低温烧结，于是可以不用高温陶瓷材料作基片，甚至可用塑料等低温材料作基片，简化了生产过程。

导电相贵金属纳米粉体颗粒的形状以球形为主，除化学成分、主体金属含量和杂质元素含量应符合一般产品的标准外，颗粒分布是一个重要的指标。不仅要求良好的分散性，粒径分布范围应越窄越好。最近人们对非球形贵金属纳米粉体的一些特性产生了极大的兴趣，棒状、树枝状、管状和片状等非球形纳米粒子均获得了一定的应用。如纳米片状银粉可改善电子浆料的电性能及降低浆料烧结温度，片状粉末代替球状粉末可在不影响甚至提高后续产品性能的前提下节省大量贵金属。目前，片状粉体的厚度可达到纳米级，而粒径为微米级，从而兼顾了纳米与微米粉体的双重功效，其表面活性适中，既能与其他活性基团有效结合，又不易团聚而便于有效分散。同时与纳米粉体相比，片状粉体更易于工业化生产。

纳米化改变了浆料的微观结构，从而改变了浆料的导电性能、印刷性能和连接牢靠性，大大扩展了金、银电极浆料在电子元器件，特别是高精密电子元器件中的应用[64-65]。

(2)合金化及复合化。贵金属浆料价格昂贵，目前多用于要求高可靠性的军事领域。要扩大其应用领域必需降低贵金属用量，贵金属与贱金属复合或合金化是浆料导电相研究的新方向。如铜的导电性能仅次于银，而抗迁移能力大大优于银，且来源广、价格低廉(仅是银的二十分之一)，但是由于铜很活泼，超细铜粉很难稳定存在，聚集、氧化等现象严重，不适合直接用作导电涂料。为了充分发挥银的高导电性和抗氧化性，以及铜的低成本、良好导电性等性质，在铜粉表面包覆一层银，使之成为电子浆料的复合导电功能相，这种银包铜粉具有极高的性价比，可达到节约贵金属，保护环境的目的。

贵金属合金粉末的制备方法很多[66-72]，主要有：机械混合(混合球磨法)、熔融雾化法、电化学沉积、化学还原、化学镀、喷雾热解等。机械混合法耗时长、混合不易均匀且易受混合介质污染，使用过程中银钯浆料中粉体分层而降低导电浆料性能；电化学沉积法制造的粉体不均匀，成本也较高；喷雾热解制造的合金粉尺寸较大，尺寸分布宽而且成品收率较低。

化学还原法合成粉末的形态好(呈球形)，尺寸与形状均匀，合成技术路线相对简单，成本较低，较适于批量制造。在均相溶液中同时还原(co - reduction)2 种或多种贵金属离子是制备贵金属合金纳米粒子最常见的方法。用化学还原法制造银钯合金粉末时，影响粉末形态的因素很多。合成反应温度、溶液反应体系浓度和初始酸碱度、氧化剂与还原剂溶液混合方式和混合速率、还原剂类型和浓度、分散剂类型和浓度、搅拌速率、陈化温度和时间等都对制造的银钯合金粉末或共沉淀粉末的物理化学性质有重要影响。如银、钯的电化学反应电极电位不同造成还原时两种金属元素分别被还原，形成的是金属混合物粉末而不是合金粉末，若以氨溶液调节金属盐溶液的 pH 到 2 附近，形成贵金属氨合离子可减小银钯两种金属的化学还原电位差值，使两者能够以金属合金的形式沉淀。又例如，氧化剂与还原剂溶液混合速率对颗粒尺寸影响很大，高的混合速率有利于获得细颗粒银钯合金粉末。因影响因素甚多且复杂，批量制造银钯合金粉末时，必需综合控制各种条件，才能获得尺寸、形状以及尺寸分布及化学组分均匀的合金粉末。

由于纳米材料的尺寸、形貌、组成和结构顺序的改变都会带来独特的光学、电学和化学等性能，近年来人们开展了大量的具有特殊功能纳米材料的研究。特别是设计和构筑具有特殊性能的贵金属复合纳米粒子已成为材料科学研究领域中的一大研究热点。贵金属复合纳米粒子由 2 种或 2 种以上不同的贵金属组成。一般而言，根据它们混合模式(或称化学顺序)和几何结构的不同，可以分为具有核壳、异质结构以及合金结构的贵金属复合纳米粒子(见图 6 - 13)。在核壳结构[图 6 - 13(a)]中，1 种金属元素形成内核，另外 1 种元素在核外完全包裹形成了壳层。当 2 种金属分别成核并长大，存在共同的界面或者通过化学键连接在一起时，称为异质结构的复合纳米粒子[图 6 - 13(b)]。在原子水平上的有序或无序混合形成的纳米结构称之为金属合金[图 6 - 13(c)]。Au - Ag、Au - Pd、Au - Pt、Pd - Pt、Pt - Pd、Pd - Ag、Pd - Au 和 Ag - Au 等核壳结构的贵金属纳米粒子都已成功制备。在合成过程中，光辐射、微波、电化学和超声等技术都被成功地运用。多层贵金属复合纳米粒子(Pd - Au - Pd，Au - Ag - Au 等)的出现更是丰富了核壳结构纳米粒子的研究内容。

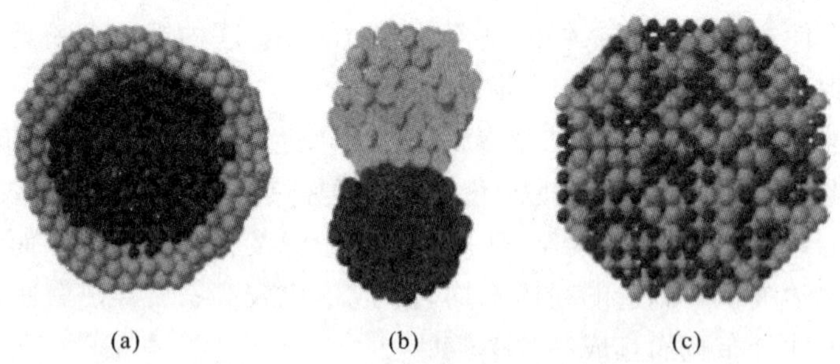

图 6 - 13　贵金属复合纳米粒子

除了粉末的粒径、粒径分布、比表面积、分散程度、形态、微观结构等物理特性外，如何制备具有特殊结构的功能相，得到性能一致的烧结膜，都是科研工作者努力的目标。

2. 玻璃相无铅化[73-76]

电子浆料生产中采用含铅玻璃粉会导致生产环境的污染，在烧结过程中铅还会与其他元素发生反应而改变电子元器件的性能，废旧器件的回收也较为困难。2006 年欧盟宣布全面禁止含铅电子产品的输入，2007 年日本在电子产品中禁用铅，我国也公布了《电子信息产品的污染防治管理办法》。显然，电子产品无铅化，研发不含铅且具有良好性能及价格低廉的电子浆料已势在必行。

杜邦公司也研发了一类无铅、无铬的钡硼硅酸盐玻璃，用于制造 10 ~ 30 Ω 低电阻值的厚膜电阻的浆料。

在无铅化玻璃方面，目前较有前途的是碱金属、碱土金属的氧化物、磷酸盐、钒酸盐、$Bi_2O_3-B_2O_3-SiO_2$，$ZnO-B_2O_3-SiO_2$等体系。如：成分为$SiO_2-B_2O_3-SnO_2$的黏接玻璃，烧结温度在800～900℃，适用于高温烧结；$Bi_2O_3-ZnO-Al_2O_3-SiO_2$系玻璃(可添加少量MgO及$MnO_2$)，封接温度为540～670℃，适用于中低温烧结的电子浆料。

中国开发了一些无铅玻璃品种。如：在$Bi_2O_3-B_2O_3-SiO_2$中添加Li_2O、NaF等玻璃助熔剂和Al_2O_3、ZnO等性能调节剂，研制出了性能良好的低熔点无铅玻璃料，烧结温度580℃；为克服目前取代铅后制备玻璃粉所产生的化学稳定性和润湿性下降、熔封温度和软化温度升高、膨胀系数不匹配等问题，在$Bi_2O_3-B_2O_3-SiO_2$中添加TiO_2、SrO、Na_2O、ZrO、CaO、SnO、Al_2O_3、Sb_2O_3、CaF_2等混合物作为玻璃料，可降低玻璃软化点和熔点、提高化学稳定性、耐酸碱和耐磨性，且烧结温度范围宽(580～750℃)；昆明贵金属研究所以B_2O_3、SiO_2、Bi_2O_3、ZnO、Al_2O_3为基础成分，引入BaO、MgO、Na_2O等氧化物替代PbO，制备了软化温度为420℃、热膨胀系数为$11.8\times10^{-6}/℃$的低温无铅玻璃用于PTC热敏电阻银浆中，及软化温度为700℃、热膨胀系数为$1.9\times10^{-6}/℃$的高温无铅玻璃用于晶体硅太阳能电池银浆中。

3.新型浆料

1)多层片式电子元器件用的电子浆料[77-80]

世界电子元件片式化率已大于70%，进入了元器件以片式为主，取代传统引线型的新时代。尤其是片式多层陶瓷电容器已向微型化、高层数、高容值发展，迭层数由40层增加到400层，电容量由0.7 μF增加到100 μF，额定电压由50 V降至5 V，膜厚由20 μm降至3 μm，这些变化对浆料提出了新的要求。为适应高精度迭层印刷技术的要求，内电极Ag-Pd浆料的研磨细度已≤1 μm。该技术于20世纪90年代以后在电脑、彩电、手机制造中获得了广泛应用。在军事和航空航天用的各类高技术电子系统中，电子元器件所处环境非常恶劣，易受高温、低温、高温高湿、淋雨、盐雾和霉菌等气候环境的影响，同时还更容易受到冲击、颠震、摇摆等各种机械因素的影响，因此不仅要求其电性能好，而且还要求电子元件的性能更稳定，耐环境性能更好。

常规方法制备银钯浆料，是将银粉和钯粉经长时间的机械混合实现相互均匀分散。但这种方法避免不了混合物微观组织结构的不均匀性，而且这种混合粉末在烧结过程中由于钯产生氧化以及氧化钯的分解，会引起体积发生变化，造成MLCC电容器、片式电感等元器件产生开裂和起泡等严重不良后果。传统方法已不能充分满足片式电子产品性能的要求。研发超细银钯合金粉作为电子浆料的导电相是解决这些问题的根本方法，因此研制满足内电极浆料用的银钯合金粉末已成为热点及重点。

2）硅太阳能电池用电子浆料[81-84]

太阳能是一种重要的绿色环保能源，利用太阳能直接发电的硅太阳能电池得到深入研究与快速发展。硅太阳能电池电极由3种浆料印刷烧结而成：背场铝浆、引线银浆，正面栅极银浆。

为达到最好的光电转化效率，在保证烧成后栅极银线具有良好的欧姆接触外，同时要求银浆具有良好的印刷性能，以确保银层表面平整致密，无断线与明显缺陷，电阻最小。太阳能电池正极栅线极窄（线宽0.15 mm），银浆银含量高（78%左右），烧结温度高（高温区达到930℃），时间短（全程50～60 s），在高温区只有5～8 s，对银粉的性能要求十分苛刻。若银粉粒径过大，短时间无法烧结致密，粒径小的银粉则难以提高银浆的银含量，因此要求银粉粒径小密度大。国内普遍使用的进口银浆采用平均粒径为1 μm，结构致密的球形或类球形银粉为原料。

国外的电子浆料生产企业，在浆料主体功能相（各种贵金属粉末）制备方法的研制和开发方面，有完善的研发和质量检测体系，生产技术已相当成熟。高性能、高可靠性导体浆料层出不穷：如，适应片式化元器件生产要求研制了阻容元器件使用的Ag-Pd浆料、纯银浆料乃至贱金属浆料；采用贱金属（Ni、Al）为基础粉末，与银粉末制成混合粉末或复合粉末，大大降低了浆料成本；端电极浆料由银浆料转向铜浆；在高端产品中使用的高电导率、高附着强度及高可焊性贵金属导体浆料，用作厚膜导体和多层布线；使用在薄膜开关、柔性线路等相关产品上的高附着强度、低固化温度聚合物导电浆料等。

随着电子元件向微型化、薄膜化、自组装方向发展，纳米级Ag、Au、Pt金属粉和贵金属合金粉末已经开始替代微米级粉末用于制备电子浆料，并相应开发了许多制备Au纳米丝、Au纳米片与膜、Ag、Pt纳米自组装膜的技术流程。因纳米粒子浆料颗粒更细小滑润，具有降低烧结温度、减少贵金属用量、细化布线宽度和提高布线精度、提高丝网印刷操作工效等诸多优点，是电子浆料的发展方向。

3）贱金属浆料[85-87]

贵金属昂贵稀少，用贱金属代替贵金属是一个自然的取向，如：在多层片式陶瓷电容器中，在保护气氛下用烧结镍、铜浆料作为内电极可以取代Ag-Pd内电极；在发热材料中，用Ni-Cr浆料取代RuO_2及PdO浆料，可大大降低制造成本。其次，在某些情况下贱金属浆料的电性能可能优于贵金属浆料，这方面的例子很多，如：①在微波线路中铜的微波特性比金好；②在中频压电滤波器中，镍的压电特性比银优（但在空气中烧结的镍浆一致性差，如果取代银浆，还有待进一步提高镍浆的稳定性，其中玻璃成分是关键）；③在半导体元件中，Zn、Ni、Al、Sb等浆料烧结后能使电极与半导体形成欧姆接触，这是贵金属无法相比的；④在掺磷的单（多）晶硅太阳能电池中，只能用铝浆作背场电极；⑤在发展中的PDP板，直流板用镍浆作阴极而不用银浆，因在直流电场下，镍耐电子"轰击"，而银易发生溅射导致电极短路；⑥发热材料 Ni - Cr 浆料烧结后的高电阻温度系数，其工作态的电阻比非工作态高 1.5 ~ 2.0 倍，有利发热体自身控制功率增大，延长发热体寿命，而 RuO_2 及 PdO 不具备这一优点；⑦耐高温材料 Mo - Si - B 合金可以在 1000℃以上空气中长期工作不氧化，如果要将它加工成板、线材，还必须解决合金由脆性向韧性转变的关键技术问题，而粉碎成粉末制成电子浆料恰可利用它的脆性。在加工技术方面，一次共烧生产发热元件技术已突破，产品已投放市场。这种电阻器表面发热快、温度高达 500℃、不含铅、连续工作寿命 >5000 h，同时还可做成功率数百瓦的发热元件，有人把它喻为发热材料的一场革命。这个技术成就将冲击 PTC 热敏电阻加热片市场。

显然，开发贱金属浆料产品取代贵金属，始终是电子浆料科技领域的一个研究方向。

6.4　贵金属磁性材料

6.4.1　概述[88]

人类和自然界的各种生物一直生活在永恒的地球磁场中，是中国人最早发明了利用地球磁场的指南针。但磁学科技领域和磁性材料的快速发展，并渗透到人类社会的各个方面则是近 50 年发生的事情。人类建立并丰富了磁学理论，开发了各种磁性材料，利用磁 - 电、磁 - 力、磁 - 热、磁 - 光等交叉效应发展的新学科为开发新的磁性功能材料提出了更高的要求。

磁性材料是功能材料的重要分支。利用磁性材料制成的磁性元器件具有转换、传递、处理信息、存储能量、节约能源等功能，广泛地应用于能源、电信、自动控制、通讯、家用电器、生物医学、医疗卫生、轻工、探矿和矿产开发、军工等领域，尤其在信息技术领域已成为不可缺少的重要功能材料。信息技术发展的总趋势是元器件的小、轻、薄及多功能、数字化、智能化，从而对磁性材料提出了更高的标准，要求磁性材料制造的元器件不仅要容量大、型体小、处理速度快，而且还应具有高可靠性、耐久性、抗振动和低成本的特点。

磁性材料是磁学科技领域发展的基础。20 世纪 40—50 年代发展了铁氧体软、硬磁材料，磁记录材料，60—90 年代开发了石榴石磁性材料、微波磁性材料和 $SmCo_5$ 快淬、吸氮及纳米晶复合稀土永磁材料。磁性薄膜的研究和开发是磁性材料发展的新阶段，现在很多具有优异和独特性能的磁性材料都是薄膜形态，并已广泛应用于磁记录和磁光存储技术，形成了巨大的产业。

磁性材料按成分可分为贵金属磁性材料和非贵金属磁性材料，按应用类型可分为永磁材料、软磁材料、磁记录材料。Pt - Co、Fe - Pt、Fe - Pd、Co - Cr - Pt 等合金材料是主要的贵金属永磁薄膜材料。

磁场中金属产生的磁矩 M 正比于磁场强度，其比例系数称为体磁化率χ_v，而比磁化率$\chi_m=\chi_v/\rho$，ρ 是金属的密度。当$\chi_m=0$ 时，金属具有抗磁性，如 Ag 和 Au；当$\chi_m>0$ 时，金属具有顺磁性。所有铂族金属都是 d 电子层未填满的过渡金属，它们具有高的费米面态密度和非平衡的自旋磁矩，作为一个整体原子具有固有磁矩，因此都呈现顺磁性。在室温时，铂族金属的χ_m(cm^3/g)值分别为：0.427×10^{-6}(Ru)、0.9903×10^{-6}(Rh)、5.231×10^{-6}(Pd)、0.052×10^{-6}(Os)、0.133×10^{-6}(Ir)和0.9712×10^{-6}(Pt)，其中 Pd 的磁化率最大，其次是 Pt。

铂族金属是顺磁性的，但合金化后，特别是与铁族(Fe、Co、Ni)元素的合金化，可以使其 3d 电子能带磁化而变成铁磁性。例如，Pd 与质量分数为 0.1% 的 Co 合金化，围绕 Co 原子的 Pd 原子被强烈磁化，产生约 10 M_B(波尔磁矩)的强磁性(超过 Co 的 1.7 M_B)。Pt 与 Fe 族元素形成金属间化合物的磁性特征见表 6－18。

表 6－18　Pt 与 Fe 族元素形成金属间化合物的磁性特征

金属间化合物	晶体结构	磁性特征①
CoPt	四方	铁磁性
$CoPt_3$	立方	铁磁性，$T_C^\ominus=290K$
CrPt	四方	反铁磁性
$CrPt_3$	立方	铁磁性 $T_C^\ominus=687K$
FePt	四方	铁磁性 $T_C^\ominus=750K$
$FePt_3$	立方	反铁磁性
Ni_3Pt	立方	铁磁性 $T_C^\ominus=288K$
Mn_3Pt	立方	铁磁性 $T_C^\ominus=370K$

注：$T_C^\ominus$ 是有序态居里温度。

6.4.2　Pt－Co 合金[89－92]

1. Pt－Co **合金永磁材料**

Pt－Co 合金与其他永磁材料相比，具有较高的磁性能、良好的机械加工性能、极低的温度系数以及出众的耐氢性。在所有可加工永磁合金中，Pt－Co 合金的矫顽力最高——多晶试样达 430 kA/m，沿[111]方向从单晶上切取的试样达 557 kA/m，Pt－Co 合金单晶的磁能积达 113.6 kJ/m^3。此外，Pt－Co 合金的高塑性使它有利于制造任何形状和尺寸的微型器件，极低的温度系数可以使它用于较高温度的环境下，出众的耐氢性使其能满足特殊环境的使用条件。

Pt－Co合金是完全的固溶体(见图6－14)，但成分及热处理条件变化将产生不同的微观结构：在低钴含量范围内(原子分数x小于23%)，高温下稳定的面心立方(fcc)相将发生马氏体型转变，变为有序的六方(hcp)相结构。在x(Pt)40%～75%的成分范围内，延长600～720℃的回火处理时间，无序的面心立方(fcc)相可转变为有序的面心四方(fct)相。在x(Pt)>75%的合金中fcc相的无序—有序转变也可以清楚的观察到。面心四方相是硬磁性相，具有单轴各向异性。

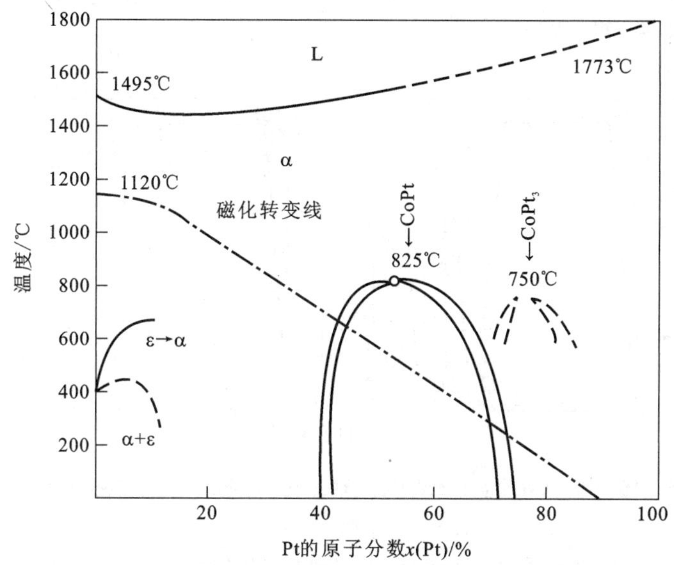

图6－14　Pt－Co合金的相图

四方相的形成并具备好的微观结构是Pt－Co合金产生永磁性的必要条件。Hadjipanayis等用电子显微镜对最佳、中间及过时效状态Pt－Co合金的微观结构进行了研究，发现Pt－Co合金在后续时效阶段存在大量的四方相结构：最佳状态中存在直径约20 nm的单个晶粒，取向与晶体中的[2－2 1]和[－2－21]方向平行，同时这些方向与(110)和(1－10)面的交界相一致，c轴方向与这两个面成45°；在中间状态，[2－2 1]和[－2－2 1]两个方向的取向仍然很明显，但相互耦合作用更强，晶粒尺寸为20 nm；在过时效状态中，基本上已观测不到单个晶粒，但是反相晶界却很明显，晶粒尺寸为20～100 nm，相互耦合作用减弱。结果证明，Pt－Co合金的永磁性与两相的晶粒尺寸和晶粒取向排列有密切关系。

等原子比Pt－Co合金是广泛应用的高磁能积永磁材料，其永磁性能主要由于晶格常数不同的有序相和无序相并存，引起晶格扭曲，产生很大的内应力，使矫顽力增加。

由于 Pt – Co 合金的结构变化对磁性能的影响十分敏感，所以该合金的制备工艺，尤其是热处理工艺对其磁性能的影响也十分明显。Pt – Co 合金的传统热处理工艺[图 6 – 15(a)]可分为以下 3 步：第 1 步，固溶处理。将合金置于氩气中，在 1000 ~ 1100℃保温若干小时，获得均匀一致的立方相结构；第 2 步，高温时效处理。将固溶后的合金在 660 ~ 720℃处理 2 ~ 30 min，然后迅速淬入冰水中；第 3 步，低温时效处理。将合金在 580 ~ 620℃处理 0.5 ~ 5 h，再迅速淬入冰水中，形成具有永磁性能的组织结构。采用传统工艺得到的磁体的磁能积一般为 79.6 kJ/m^3，矫顽力为 318 ~ 398 kA/m。

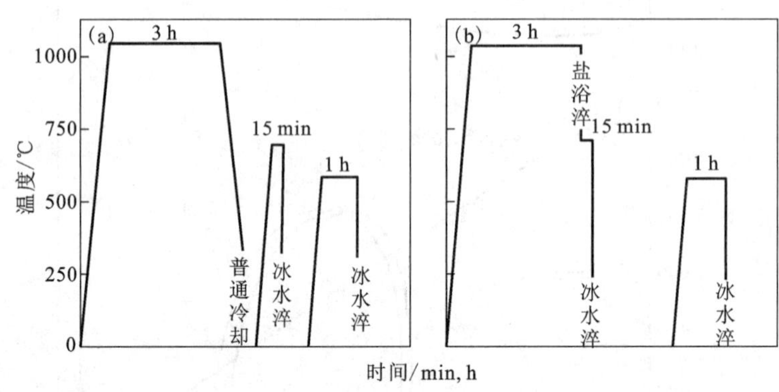

图 6 – 15　Pt – Co 合金的传统热处理工艺(a)和改进后的热处理工艺(b)

改进热处理工艺(见图 6 – 15(b))可以得到磁能积为 99.5 kJ/m^{3}的 Pt – Co 永磁合金，工艺也分为 3 步：第 1 步，高温时效热处理。即固溶后从固溶温度(1100 ~ 1200℃)淬火到中间温度(680 ~ 720℃)；第 2 步，在该中间温度保温 15 min 后将合金在冰水中淬火；第 3 步，低温时效处理。在 600℃下再时效 1 h 后继续在冰水中淬火。改进工艺有助于更好的控制有序相的颗粒尺寸，获得最佳的组织结构，有利于提高软硬磁相之间的交换耦合作用，提高磁性能。热处理工艺中，高温时效热处理对合金的磁性能，尤其是矫顽力的影响最显著。

曾研究过添加适当的其他微量合金化元素，如 C、Cu、Ni、La、Zn、Cr、Ag、P、Gd、Sn、Pb、Sb、Bi、B、Zr、Au 等，以提高 Pt – Co 永磁合金的磁性能。如：添加第三元素制备用于高密度磁记录材料的 Co – Pt 合金薄膜，可获得一定晶体学取向的 $L1_0$有序结构，控制平均晶粒尺寸，提高合金的磁晶各向异性和磁记录密度，减小磁记录过程中的噪音；添加第三元素制备 Co – Pt 永磁合金薄膜，可增强交换耦合作用，提高其永磁性能，同时使磁体具备较高的抗氧化性能。

研究较充分的是添加 Fe、Ni、Pd、Cu 等元素合金化，同时配以相应的热处理工艺，可提高 Pt – Co 合金的最大磁能积$(BH)_{max}$(见表 6 – 19)。

表6-19 Pt-Co合金的化学成分、热处理工艺和磁性能

元素含量(原子分数 x)/%						热处理工艺	Hc/(kA·m^{-1})	Br/T	$(BH)_{max}$/(kJ·m^{-3})
Pt	Co	Pd	Fe	Ni	Cu				
47.5	52.5	—	—	—	—	从1000℃到600℃等温淬火，保温15~50 min	310	0.79	93
49	51	—	—	—	—	从1000℃到680~720℃等温淬火，在600℃回火，保温20~60 min	398~414	0.7~0.72	95.5~99.5
48~45	5	2.5	—	—	—	从1000℃以14~20℃/min冷却到600℃，保温1~5 h	318~398	0.62~0.72	78~84
50	40~45	—	5~10	—	—	—	334~382	0.71~0.74	87.5~95.5
20~50	20~50	—	5~10	—	—	从900℃到620℃等温淬火，在600~650℃回火	318~350	0.77~0.80	83.5
49.5	44.5	—	—	1	—	从900℃到620℃等温淬火，在600~650℃回火	—	—	107.4
49.45	44.5	—	—	1	0.05	从900℃到620℃等温淬火，在600~650℃回火	—	—	115.4

Pt－Co 永磁合金具有优异的可加工性、较强的耐腐蚀性，在可加工永磁合金中具有最高的矫顽力和较高的综合磁性能，使其在特殊使用环境及要求高可靠性的某些精密、贵重仪器仪表中作为重要磁性元件，有不可被其他材料替代的应用价值(如航空器中的陀螺仪)。

2. Pt－Co **合金永磁薄膜**[93－101]

近年来，随着纳米科学技术的发展，磁性纳米材料以其优异的磁性能和独特的结构特点，引起了国内外的广泛重视，成为研究热点。

Kneller 等最早提出制备永磁材料的新方向，指出当具有纳米尺度的软磁相晶粒与硬磁相晶粒共格形成复合材料时，晶粒间将产生交换耦合作用，促使剩磁增强效应出现，产生高的磁能积。当时的研究重点集中于 $Nd_2Fe_{14}B/\alpha-Fe$ 双相复合材料。但构成这种材料的软、硬磁相在晶体学上并不共格，致使磁性能的理论值与实际值存在差距。新的研究发现，Pt－Co 永磁合金是具有纳米双相耦合磁结构的永磁材料，其软、硬磁相很好的满足共格条件，因此该永磁合金便成为详细研究纳米交换耦合作用的理想材料。在 Co－Pt 合金的研究逐步深入和成熟的基础上，Pt－Co 纳米晶永磁材料，尤其是薄膜材料在纳米尺度所表现出的特殊磁性能，已成为材料研究的热点之一。

制备薄膜的常用方法，如磁控溅射、离子束溅射、化学气相沉积、电化学沉积等均被用于制备 Co－Pt 薄膜，目前多采用磁控溅射、气相沉积等物理方法。

磁控溅射技术具有沉积速率高、基片温度低、成膜黏附性好、易控制、成本低、能实现大面积制膜的优点，已成为当今工业化生产中研究最多、最成熟、应用最广的一种成膜技术，也是发展 Co－Pt 薄膜制备技术的研究热点。磁控溅射法制备 Co－Pt 薄膜时，影响其性能的因素很多，如溅射电压、沉积速率、基片温度、溅射压力以及靶材的组分比等。实际应用中多采用直流磁控溅射(DC)法及射频溅射(RE)法，并尽可能降低溅射电压。因为高电压条件下磁控溅射等离子体中的负离子被阴极(靶)电压加速并与加速电压成正比，入射到基片表面能量很高，可使透明导电薄膜因受离子轰击而损伤，使薄膜电阻增大。溅射用的 Co 靶和 Pt 靶的纯度不低于99.9%，溅射介质采用高纯氩气(99.99%)，基片的选择视具体要求而定。溅射前样品室抽真空，基片的水冷板始终通水冷却。典型的溅射工艺条件为：$P_{Ar}=2$ Pa，$V=300\sim500$ V，$P=100\sim200$ W，采用干涉法测定膜层厚度后计算 Co 层及 Pt 层的沉积速率。一般的沉积速率：Co 约0.067 nm/s，Pt 约0.34/s。通过控制溅射时间调节每层厚度，进而控制 Co－Pt 永磁薄膜的成分。溅射生成的 Co－Pt 多层膜在 700～825℃退火处理后淬火到室温。磁控溅射技术制得的薄膜具有较好的性能，缺点是设备复杂昂贵，加工成本高。电化学制备方法有设备简单，成本低廉，薄膜的生长速度较快，基片可以是任意形状，生成的合金薄膜不需经过高温退火就具有高的磁矫顽力，可大规模制备等优点，已受到广泛关注。该法可使用酸性电镀液体系，如$H_2PtCl_6 \cdot 6H_2O$和$CoCl_2 \cdot 6H_2O$溶解液或H_2PtCl_6、$CoSO_4$溶液，也可使用碱性电解液体系，如$Pt(NO_2)_2(NH_2)_2$。在恒电流条件下电沉积并结晶出Co－Pt合金薄膜。该法的缺点是：影响电镀过程的控制因素较多，所获得的薄膜大多为多晶，仅在少数情况下可通过外延生长技术获得单晶。

薄膜的用途不同，对薄膜的结晶取向、表面平整度、导电性、磁光性能等有不同的要求，而薄膜的这些特性是由制备过程中的工艺参数所决定的。因此，确定合理的工艺参数并提高控制精度是完善薄膜性能、降低制备成本和适应集成化要求的研究方向。

6.4.3　Fe－Pt合金

1. Fe－Pt合金永磁材料

Graf首先发现Fe－Pt具有较高的永磁性能。20世纪80年代前Fe－Pt系永磁合金最大磁积能只有24 kJ/m³(3MGOe)，比相同转变型的Co－Pt永磁合金的磁积能96 kJ/m³(12MGOe)要低得多，但造就永磁特性的基本条件—晶体磁各向异性却高出Co－Pt永磁合金。

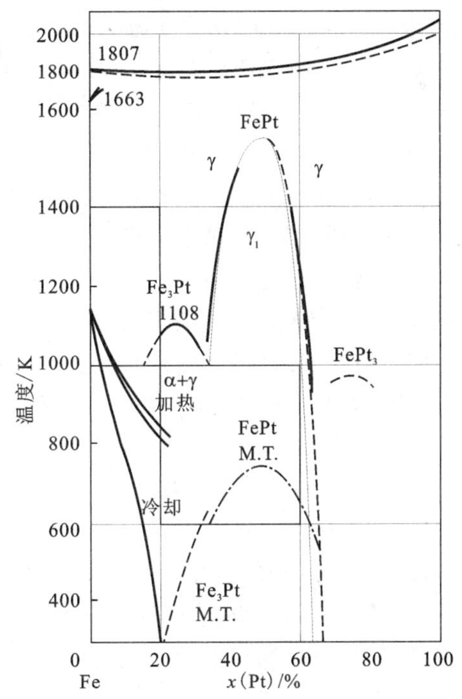

图6－16　FePt合金的平衡状态图
(M.T.磁性转变)

Fe－Pt合金的平衡状态图见图6－16。Fe－50%Pt合金有序－无序转变的温度非常高(1300℃)，高温的无序相γ相(面心立方晶体A－1型)经冰水中急冷能转变为很稳定的$γ_1$相($L1_0$型)，所以Fe－Pt合金不具备Co－Pt磁体那样有序－无序相共存的优良特性。要得到高矫顽力，热处理工艺要求比较苛刻。

Fe－Pt系合金的一般制备工艺如下：将高纯原料加热至1000～1350℃，固溶化后置入冰水中急冷，或用50 K/h的速度缓慢冷却，再加热到450～750℃保温10～800 h。34%～67.5% Pt的永磁性—$(BH)_{max}$与Pt含量关系见图6－17。Fe－34%Pt合金永磁性极差，但随Pt含量的增加而急剧升高，在含38.5%Pt时出现极大值，随后又降低。Fe－38%Pt合金的$(BH)_{max}$达到20 MGOe。

由于Fe－Pt合金具有良好的永磁性能，非常优良的耐磨性以及耐腐蚀性，还可进行拉丝、轧制、切削等加工，因此这种合金在微电机械和医疗器械领域有良好的应用前景。但其应用仍不如Pt－Co广泛。

2. Fe－Pt **永磁薄膜**

Sabiryanov研究了纳米复合FePt/Fe永磁合金多层薄膜的磁性[102]，其最大理论磁能积可达到约720 kJ/m^3(90.5 MGOe)，还有抗氧化性强、饱和磁矩高和磁晶各向异性强等优点，是一种很有发展前景的永磁薄膜材料。此外，将Fe－Pt合金与氧化物或氢化物等进行纳米复合改性，还可获得磁矫顽力高、磁绝缘好的纳米晶结构，使其在未来的超高密度磁记录领域具有良好的应用前景。纳米双相Fe－Pt合金与Pt－Co合金一样，能很好的满足共格的条件，使其成为详细研究Kneller和Hawig模型最理想的材料。

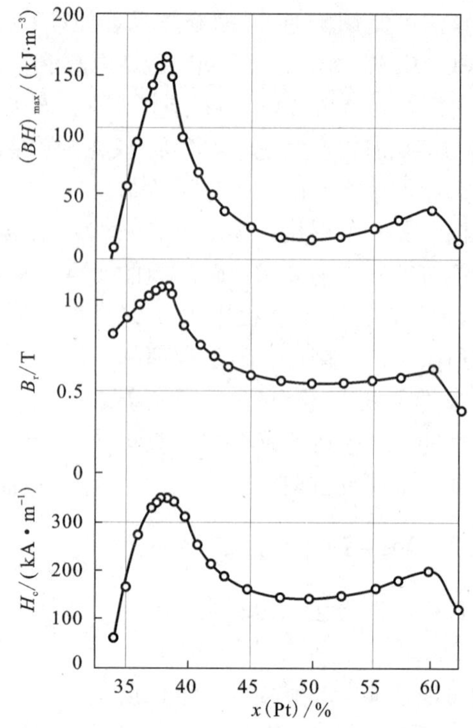

图6－17　Fe－Pt合金的永磁特性

目前，Fe－Pt合金薄膜的研究工作主要集中在纳米晶材料的微观结构，软、硬磁双相的交换耦合作用机理，以及不同的制备工艺和各种元素的添加对合金磁性能的影响等方面。

1)Fe－Pt合金的微结构及交换耦合作用

微结构是影响Fe－Pt永磁合金性能的重要因素。在制备Fe－Pt永磁合金时，有序化相转变过程中形成的纳米双相结构与合金的磁性能之间存在着密切的关系。熔炼法制备的Fe－Pt合金主要是以无序的面心立方结构(fcc)的固溶体形式存在。但在近等原子比成分时，等温退火往往会促使合金由面心立方结构向面心四方结构(fct)转变，使合金以有序的fct结构形式(Ll_0)存在。由于Ll_0的γ_1相具有非常高的磁晶各向异性($Ku=7\times10^6$ J/m^3)，它可以提供形成永磁体所需要的高矫顽力。因此，Fe、Pt原子比为1∶1的Fe/Pt合金并存2种不同的晶体结构fcc和fct(见图6－18)，其硬磁特性得到明显改善[103－104]。

但达到上述目标还有一些实际困难，因Fe－Pt合金的无序－有序转变温度高达1570K，高温下有序化过程进行得很快，相转变几乎是瞬间完成，无法有效控制，只能获得组织粗大的单一γ_1相。在这种结构中，对磁畴壁运动的阻碍作用还难以提供一个高的矫顽力。

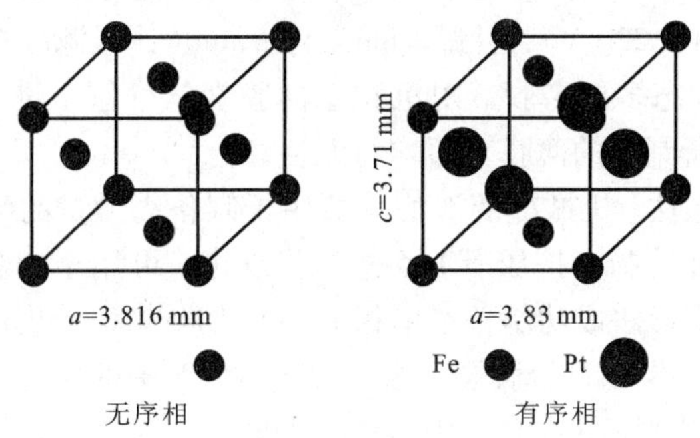

图 6－18　Fe/Pt 有序结构与无序结构示意图

Fe－Pt 永磁合金薄膜是由具有纳米双相结构的合金多层膜构成。研究发现，Fe/Pt 多层膜未经热处理时其磁矫顽力几乎为零，但在 773K 真空热处理后，即可使矫顽力大大提高。这是因为热处理以后形成了大量的硬磁相 γ_1－FePt(晶粒尺寸约为 30 nm)，与少量的 fcc 结构的富铁软磁相 γ_2－Fe3Pt(晶粒尺寸约为 10 nm)并存。由于硬磁相与软磁相之间的交换耦合作用，使软磁相也具有一定的硬磁性，其磁矩沿着相邻硬磁相的易磁化方向排列，因此剩磁显著增强，这是纳米双相结构永磁材料的普遍特征之一[102]。Fe－Pt 合金薄膜具有高的磁矫顽力和高的极向磁光效应，这些特性使其在高密度磁光记录材料和各式各样的微电器件中有很好的应用前景。

2)Fe/Pt 薄膜的主要制备方法

目前制备 Fe/Pt 薄膜的主要方法有磁控溅射法、真空电弧离子法、机械冷变形法和化学合成法等。

(1)磁控溅射法。采用直流溅射技术制备纳米结构的 Fe/Pt 薄膜，然后利用退火获得各向同性的纳米晶 Fe/Pt 永磁薄膜。溅射用的 Fe 靶和 Pt 靶的纯度高于 99.9%，真空室达到本底真空，溅射时样品室通入高纯氩气，其氩气压约为 0.16 Pa。在溅射过程中，黏附基片的水冷板始终通水冷却。用高能离子轰击清洗试样表面，然后沉积 Fe，再沉积 Pt，以 1 nm/s 的速度间隔溅射一层 Fe，一层 Pt。每层膜的厚度由溅射时间控制，以调整 Fe/Pt 薄膜的成分。最后溅射的 Fe/Pt 多层膜在氩气气氛中进行 350～650℃，5～30 min 的退火处理。

(2)真空电弧离子法(AIP 法)。用在玻璃基片上沉积 Fe/Pt 薄膜。基片经金属清洗液清洗后，再用乙醇进行超声波清洗，然后用水冲洗，烘干后置于基片架上。使用纯度均高于 99.99% 的 Fe 靶和 Pt 靶(靶基距 90 mm)，用电弧交替蒸发 Fe 靶和 Pt 靶沉积 Fe 膜与 Pt 膜。通过控制沉积时间来控制膜层厚度。溅射室本底真空度为 1.9×10^{-2} Pa，加热至 160℃后通入纯度为 99.99% 的高纯氩气，溅射室内气压保持在2.5～5 Pa，偏压为550 V，先对试样进行辉光清洗5～10 min，然后将偏压转到镀膜档(220 V)，引弧3 min，停5 min(让弧源冷却)，如此反复3～5次，即可得到沉积态多层薄膜。对沉积态薄膜在氩气氛下进行热处理(氩气流量500 mL/min)，所制得的薄膜表面均匀无裂缝。

(3)机械冷变形法。机械冷变形法一般用于制备高质量的纳米金属，将传统的机械变形技术(如冷拉、挤压等)经过工艺改进，可用于制备新型纳米材料。Hai 等应用机械冷变形法成功制备了单相 Fe/Pt 纳米薄膜。初始 Fe、Pt 金属薄片通过循环辗轧形成多层的复合膜层。为了使 Fe 和 Pt 中的应力释放，将多层复合膜层置于密闭的石英管内，在真空中500℃退火。

(4)化学合成法。Sun Shouheng 等人首先提出用化学合成方法制备 Fe/Pt 磁性纳米粒子。首先将 197 mg 的乙酰丙酮铂、390 mg 的1，2－十六烷二醇和 20 mL 的二辛醚放入 100 mL 的三口烧瓶中，加热到 100℃，充分溶解后向其中加入0.16 mL 油酸、0.17 mL 油胺和0.13 mL 羰基铁，再加热到回流温度 297℃，并在此温度保持30 min。为了避免铁被氧化，在整个制备过程中，需用氮气保护。冷却后将得到的产物经过多次离心分离，把最后制得的产物溶于已烷中。向产物中加入一定量的油酸和油胺，将处于自由状态的纳米粒子表面改性，嫁接具有功能团的有机分子，制成一定浓度的有机溶液，再均匀分散在反极性液体表面，在液面上形成均匀分散的混合单分子层，经挤压、排列和完成分子振动取向后，使纳米粒子在混合单分子层内达到规则排列。最后将液面上的混合单分子层转移到经过处理的玻璃基底上，制备出高密度有序排列的磁性纳米粒子单层膜和多层膜。

3)影响 Fe/Pt 薄膜磁性的因素。

影响因素主要有以下几个方面：

(1)热处理工艺。热处理对 Fe/Pt 合金磁性能的影响很大。通过改变热处理工艺参数(温度、时间等)，可以有效地控制合金的微观结构，从而改变合金的磁性能。退火温度主要影响 Fe/Pt 晶粒的大小以及向 $L1_0$相的转变。退火温度过低，合金硬磁相析出不充分，无序－有序相转变没有完成，交换耦合作用弱，合金主要表现出软磁性特征；退火温度过高，虽然合金硬磁相已经完全析出，无序－有序相转变完成，但会造成晶粒过度长大，软、硬磁相之间的耦合不足，影响合金的磁性能。500℃真空退火 30 min 时，Fe/Pt 合金薄膜的硬磁相与软磁相之间有较好的铁磁交换耦合作用，使软磁相也具有一定的硬磁性，获得各向同性的Fe/Pt 磁性膜，其磁性能$(BH)_{max}=120$ kJ/m^3，$B_r=0.63$ T，$\mu_0H_c=1.2$ T。退火时间的选择，一方面要保证合金硬磁相充分析出，得到最佳的永磁性能；另一方面要防止晶粒过度长大，软、硬磁相之间耦合不足。

(2)掺杂元素。溅射态的 Fe/Pt 合金薄膜是无序 fcc 相。要获得有序的 $L1_0$相，就需要对溅射态的 Fe/Pt 合金薄膜加温或真空退火，通常退火温度都在 500℃左右。由于高温热处理对目前超高密度磁记录介质的生产工艺不利，所以要降低 Fe/Pt 从 fcc 相到 fct 相的退火温度。研究表明，掺杂元素(Ag，W，Ti，Cu，Ta 等)可诱导 Fe/Pt 薄膜 fct 相的生成，从而降低退火温度，使热处理工艺更为优化。

Sato 等研究发现，掺杂 Ag 后，Ag 原子部分占据 Pt 原子位置，产生了少量的晶格畸变，由于 Ag 原子半径(0.144 nm)，大于 Pt 原子半径(0.139 nm)，掺杂后的 Fe/Pt 晶格比原先开阔，晶格间隙增大，相变时原子扩散速率增大，有序化进程加快，使有序化温度降低至 400℃。Fe/Pt 合金中加入 Cu 可以降低退火温度，在不同退火温度下都出现最大矫顽力，经 350℃退火后可使面内矫顽力($H_{c//}$)达到 200 kA/m，垂直矫顽力($H_{c\perp}$)达到 280 kA/m 左右。但是 Cu 元素不能有效降低晶粒间交换耦合作用。$(Fe/Pt)_{1-x}Cu_x$在 400℃退火可以得到小至 10 ~ 24 m^3的磁激活体积。

掺杂元素同时对 Fe/Pt 薄膜磁性也有一定的影响。W 和 Ti 的加入可以减少退火合金薄膜的晶粒尺寸，同时降低薄膜的磁矫顽力，从而有力提高薄膜的磁记录密度。Fe/Pt 薄膜中添加 Ta 缓冲层，对薄膜的 $L1_0$有序相转变及矫顽力都有影响。表现为：Ta 缓冲层为非晶态，且较为粗糙，因此使 Fe/Pt 在界面产生较多的缺陷并导致较高密度的晶界；非晶 Ta 原子所受束缚相对较弱，在退火过程中比较容易沿 Fe/Pt 的缺陷和晶界处向 Fe/Pt 层扩散，使 Fe/Pt 在相变过程中产生的应力比较容易释放；Ta 在扩散过程中产生的缺陷降低了 Fe/Pt 有序化的转变势垒，有利于形成低温有序相；Ta 缓冲层厚度必需控制，若过厚会改变其晶态结构，Ta 原子大多被自身晶格束缚，常达不到促使 Fe/Pt 生长、有序相转变及提高磁矫顽力的目的。因此，研究掺杂元素对降低 Fe/Pt 薄膜从 fcc 相到 fct 相的转变温度、退火温度及对磁性的影响具有重要的意义。

参考文献

[1] 储志强. 国内外磁控溅射靶材的现状及发展趋势[J]. 金属材料与冶金工程，2011，38(4)：44 - 49

[2] 吴丽君. 发展中的溅射靶材[J]. 真空科学与技术，2001，21(4)：342 - 347

[3] 王永明，吕超，夏乾坤. 光记录用靶材的应用、性能要求和制造方法[J]. 材料导报，2012，26(20)：229 - 231

[4] 尚再艳，江轩，李勇军，等. 集成电路制造用溅射靶材[J]，稀有金属，2005，29(4)：475 - 477

[5] 迟伟光，张凤戈，王铁军，等. 溅射靶材的应用及发展前景[J]. 新材料产业，2010，11：1 - 9

[6] 加藤和照，林信和，等. CoCrPt 系溅射靶及其制造方法. CN 101495667A[P]. 20120926

[7] Oda K. Ruthenium - alloy sputtering target. U. S. Patent Applrcation 11/916, 860

[P]. 20060516

[8] Hui J, Lis, Long D, et al. Ultra – high purity NiPt alloys and sputtering targets comprising same. U. S. Patent Application 11/880, 847[P]. 20070723

[9] Shindo Y, Suzuki T. Process for producing high – purity ruthenium. U. S. Patent 6036741[P]. 20000314

[10] Das A, Racine M. Ruthenium alloy magnetic media and sputter targets. U. S. Patent Application 11/353. 141[P]. 20060214

[11] Chung H Y, Weinberger M B, Levine J B, et al. Synthesis of ultra – incompressible superhard rhenium diboride at ambient pressure[J]. Science, 2007, 316(5823): 436 – 439

[12] La Placa S, Post B. The crystal structure of rhenium diboride[J]. Acta Crystallographica, 1962, 15(2): 97 – 99

[13] Cumberland R W, Weinberger M B, Gilman J J, et al. Osmium diboride, an ultra – incompressible, hard material[J]. Journal of the American Chemical Society, 2005, 127(20): 7264 – 7265

[14] Sea – Hoon Lee. Processing of carbon fiber reinforced composites with particulate – filled precursor – derived Si – C – N matrix phases[D]. University Stuttgart. PhD thesis. 2004, 6

[15] Gorge A, Plaga K, Olbrich A, et al. Cobalt metal agglomerates, process for producing the same and their use. U. S. Patent 6, 019, 813[P]. 20000201

[16] Paul Tylus, Daniel Zick, Jonathan Hall. Fabrication of ruthenium and ruthenium alloy sputtering targets with low oxygen content. WO2007/062089A1[P]

[17] 杨俊逸，李小强，郭亮，等. 放电等离子烧结(SPS)技术与新材料研究[J]. 材料导报，2006，20(06)：94 – 97

[18] 白玲，葛昌纯，沈卫平. 放电等离子烧结技术[J]. 粉末冶金技术，2007(3)：217 – 223

[19] 岳明，刘卫强，张东涛，等. 放电等离子烧结技术制备复合梯度靶材的研究[J]. 功能材料与器件学报，2004，3：318 – 322

[20] 徐成宇. 放电等离子烧结高强度铝合金的组织与性能[D]. 吉林：吉林大学，2005

[21] Kim K H, Shim K B. The effect of lanthanum on the fabrication of ZrB_2/ZrC composites by spark plasma sintering[J]. Materials Characterization, 2003, 50(1): 31 – 37

[22] Angerer P, Yu L, Khor K, et al. Spark – plasma – sintering (SPS) of nanostructured titanium carbonitride powders[J]. Journal of the European Ceramic Society, 2005, 25(11): 1919 – 1927

[23] 高濂，宫本大树. 放电等离子烧结技术[J]. 无机材料学报，1997，12(02)：129 – 133

[24] Paul Tylus, Daniel Zick, Jonathan Hall. Fabrication of ruthenium and ruthenium alloy sputtering targets with low oxygen content. WO2007/062089A1[P]

[25] 罗俊锋，丁照崇，董亭义，等. 钌金属溅射靶材烧结工艺研究[J]. 粉末冶金工业，2012，21(1)：28 – 31

[26] 张俊敏，闻明，李艳琼，等. 磁记录用 Co – Cr – Pt 合金的制备及其表征[J]. 贵金属，2011，32(1)：29 – 34

[27] Abdelouahab Ziani, Chandler, Bernd kunkel, et al. Enhanced sputter target manufacturing method. US, 0269330[P]. 20071122
[28] Kyuzo Nakamura, Yoshifumi Ota, Yachimata, et al. Co based alloy sputter target and process of manufacturing the same. US, 4832810[P]. 19890523
[29] 谢宏潮，阳岸恒，庄滇湘，等. Ni对AuGe12合金组织和性能的影响[J]. 贵金属，2011，32(1)：35－39
[30] 杨邦朝. MCM技术及应用[M]. 北京：电子科技大学出版社，2001：181
[31] 田民波. 电子封装技术和封装材料[J]. 半导体情报，1995，(4)：42－611
[32] 田春霞. 电子封装用导电丝材料及发展[J]. 稀有金属，2003，27(6)：782－787
[33] Ivey D G. Platinum metals in ohmic contacts to III－V semiconductors[J]. Platinum Metals Review, 1999, 43(1): 2－12
[34] Jin Wook Bum, Kenneth Chu, William A Davis, et al. Ultra－low resistive ohmic contacts on n－GaN using Si implantation[J]. Appl. Phys. Lett., 1997, 70: 464
[35] JA.－Soon Jang, Chang－Wonlee, Seeng－Ju Park. Low－resistance and thermally stable Pd/Ru ohmic contact to p－type GaN[J]. J. Electron. Mater., 2003, 31(9): 903－906
[36] 周全法. 贵金属深加工及其应用[M]. 北京：化学工业出版社，2002
[37] 赵怀志，宁远涛. 金[M]. 长沙：中南大学出版社，2003
[38] 黎鼎鑫. 贵金属材料学[M]. 中南工业大学出版社，1991：327
[39] 朱建国. 键合金丝的最新进展[J]. 新材料产业，2001，12(7)：33
[40] 高浦伸. 金合金焊丝及其应用. CN1236691[P]. 19991201
[41] 杨国祥. 一种半导体封装用键合金丝的研制[J]. 贵金属，2010，31(1)：13－16
[42] 赫尔克罗茨 G，罗伊尔 J，施莱普勒 L，et al. 金合金细导线及制造方法和应用. CN12335376[P]. 20040922
[43] 马鑫，何小琦. 集成电路内引线键合工艺材料失效机制及可靠性[J]. 电子工艺技术，2001，2(5)：185
[44] 杜连民. 键合金丝及其发展方向[J]. 电子材料，2002，1(2)：1
[45] Nobawe r G T, Mbser H. A nalytical approach to temperature evaluation in bonding wires and calculation of allowable current[J]. IEEE Trans Adv Packaging, 2000, 23(3): 426
[46] 井手兼造. 半导体用金合金线. 日本，特开平Ⅱ－307574[P]. 1998
[47] 张玉奎. 国外半导体器件用复合键合丝的开发[J]. 有色金属与稀土应用，1996(4)：25
[48] 丁雨田，曹军，许广济，等. 电子封装Cu键合丝的研究及其应用[J]. 铸造技术，2006，27(9)：971
[49] Shinggo Kaimori, Tsuyoshi Nonaka, Akira Mizoguchi. The development of Cu bonding wire with oxiation resistant metal coating[J]. IEEE Trans Adv Packag, 2006, 29(2): 227
[50] 李言荣，恽正中. 电子材料导论[M]. 北京：清华大学出版社，2001
[51] 张勇. 厚膜导电浆料技术[J]. 贵金属，2001，22(4)：65
[52] 陶文成，苏功宗，张代瑛，等. 电阻浆料有机黏合剂[J]. 贵金属，1995，16(1)：34
[53] Morris J E. Forward: electrically conductive adhesives[J]. IEEE Trans Compon, Packg Manuf

Technol Part B, 1995, 18(2): 282

[54] 李同泉. 厚膜电阻浆料有机载体的改进[J]. 电子元件与材料, 1997, 16(2): 47 - 49

[55] Schoch K F. Conductive adhesives for electronics packaging[J]. IEEE Electrical Insulation M agazine, 2003, 19(2): 46

[56] 李东亮. 银、金、铂的性质及其应用[M]. 北京: 高等教育出版社, 1998

[57] 黎鼎鑫. 贵金属材料学[M]. 长沙: 中南工业大学出版社, 1991: 598

[58] 宁远涛, 赵怀志. 银[M]. 长沙: 中南大学出版社, 2005

[59] 孟淑缓, 梁力平, 庞溥生. 多层瓷介质电容器银钯内电极浆料. CN1212441A [P]. 19990331

[60] 张宇阳. 一种多层瓷介质电容器用无铅化内电极浆料的制备方法. CN101697317A [P]. 20100421

[61] 田相亮, 刘继松, 赵玲. 共烧内电极用银钯浆料的研究进展[J]. 贵金属, 2012, 33(2): 75 - 78

[62] 江敦润, 王伟. 贵金属树脂酸盐在薄膜材料中的应用简述[J]. 贵金属, 1995, 16(1): 51 - 53

[63] 郎书玲. 有机贵金属浆料的研制[J]. 电子元件与材料, 1995, 14(2): 19 - 22

[64] 张宇阳. 一种厚膜纳米金电极浆料及其制备方法. CN101436441B[P]. 20110615

[65] 一种纳米银导体浆料及其制备方法. CN101872653A[P]. 20101027

[66] Yoshinaga H, Arami Y, Kajita O, et al. Highly densed - MH electrode using flaky nickel powder and gas - atomized hydrogen storage alloy powder[J]. Journal of Alloys and Compounds, 2002, 330: 846 - 850

[67] 朱晓云, 杨勇. 片状镀银铜粉的制备及性能研究[J]. 昆明理工大学学报, 2001, 26(6): 118 - 120

[68] Xu Z, Yu X, Shen Z. Coating metals on micropowders by magnetron sputtering[J]. China Particuology, 2007, 5(5): 345 - 350

[69] Xu X, Luo X, Zhuang H, et al. Electroless silver coating on fine copper powder and its effects on oxidation resistance[J]. Materials Letters, 2003, 57(24): 3987 - 3991

[70] Shukla S, Seal S, Rahaman Z, et al. Electroless copper coating of cenospheres using silver nitrate activator[J]. Materials Letters, 2002, 57(1): 151 - 156

[71] 郭文利, 梁彤祥, 闫迎辉. 一种铜粉表面化学镀银的方法. CN1876282[P]. 20061213

[72] 马喜宏. 超细银钯合金粉的制备方法[J]. 测试技术学报, 2004, 18(z6)

[73] 李胜春, 陈培. 玻璃料浆料用低熔点无铅玻璃粉及其制备方法与用途. 中国, CN101376561B[P]. 20101222

[74] 骆相全. 一种低熔点无铅玻璃粉及其制备方法和用途. CN101712532B[P]. 20110928

[75] 付明, 刘焕明. 用无铅玻璃料研制环保型导电浆料[J]. 华中科技大学学报(自然科学版), 2007, 7: 17

[76] 赵玲, 田相亮, 熊庆丰, 等. 银电子浆料用无铅玻璃的研制[J]. 贵金属, 2012, 33(1): 1 - 4.

[77] 反田晴规. 积层セラミックチップコンサ[J]. 电子材料, 1999, 38(4): 41 -45

[78] 毛利黑. 超小型积层セラミックチップコンデンサ[J]. 电子材料, 1998, 40(12): 20 -21

[79] 谭富彬, 谭浩巍. 电子元器件的发展及其对电子浆料的需求[J]. 贵金属, 2006, 03(27): 65

[80] 陆锁链. 从数字看发展片式电容器面临的机遇与挑战[J]. 电子元件与材料, 2003, 22(6): 48 -53

[81] 严陆光, 崔容强. 21世纪太阳能新技术[M]. 上海: 上海交通大学出版社, 2003: 48

[82] 谢明, 赵玲, 符世继, 黄富春, 等. 太阳能电池浆料用微细铝银粉、铝粉研究[J]. 贵金属, 2007 2 8 (S 1)

[83] 黄富春, 赵玲, 张红斌, 等. 太阳能电池浆料用银粉的制备[J]. 贵金属, 2011, 32(4): 48

[84] 宁远涛. Au与Au合金材料近年的发展与进步[J]. 贵金属, 2007, 28(2): 57 -6448

[85] 谭富彬, 赵玲, 王昆福, 等. 以镍代银的空气烧结镍导电浆料[J]. 贵金属, 2000, 21(1): 22 -25

[86] 谭富彬, 赵玲, 陈亮维, 等. 单晶硅太阳能电池硅与电极间的欧姆接触[J]. 贵金属, 2001, 22(1): 12 -16

[87] 王崇愚. 2003年材料技术发展综述[C]//高技术发展报告. 北京: 中国科学院, 2004

[88] 毕见强, 孙康宁, 尹衍升. 磁性材料的研究和发展趋势[J]. 山东大学学报(工学版), 2003, (3)

[89] Bolzoni F, Leccabue F, Panizzier R, et al. Magnetocrystalline anisotropy and phase transformation in Co - Pt alloy[J]. Magnetics, IEEE Trans Magn., 1984, 20(5): 1625 -1627

[90] Darling A S. Cobalt - Platium alloys[J]. Platium Metals Review, 1963, 7(3): 96 -104

[91] Hedjipanayis G, Gaunt P. An electron microscope study of the structure and morphology of a magnetically hard Pt - Co alloy[J]. 1979(3)

[92] Kaneko H, Homma M, Suzuki K. A new heat - treatment of Pt - Co alloys of high - grade magnetic properties trans[J]. JIM, 1968, 9: 124 -129

[93] Kneller E F, Hawig R. The exchange - spring magnet: a new material principle for permanent magnets[J]. IEEE Transactions on Magnetics, 1991, 27: 3588 -3560

[94] R S, JM. C. Giant energy product in nanostructured two - phase magnets[J]. Physical Review. B: Condensed Matter, 1993, (21): 15812 -15816

[95] Xiao Q F, Brück E, Zhang Z D, et al. Remanence enhancement in nanocrystalline CoPt bulk magnets[J]. Journal of Alloys and Compounds, 2002, 336: 41 -45

[96] F. Xiao Q, Bruck E, D. Zhang Z, et al. Phase transformation and magnetic properties of bulk CoPt alloy[J]. Journal of Alloys and Compounds, 2004

[97] 江民红, 顾正飞, 刘心宇, 等. 射频磁控溅射法制备(111)取向Pt薄膜[J]. 微细加工技术, 2006(2): 33 -36

[98] 张永俐, 李晖云, 赵辉, 等. Co - Pt系多层膜高密度磁光存储材料[C]. 中国有色金属学会学术年会. 2000

[99] Franz S, Bestetti M, Cavallotti P L. Co - Pt thin films for magnetic recording by ECD from acid-

ic electrolytes[J]. Journal of Magnetism and Magnetic Materials, 2007, 316: 173 - 176

[100] Wang F, Hosoiri K, Doi S, et al. Nanostructured L1 0 Co - Pt thin films by an electrodeposition process[J]. Electrochemistry Communications, 2004, 6: 1149 - 1152

[101] 杨祎. L1 <, 0 >型(超晶格结构)Co - Pt 合金超高密度磁性记录薄膜的电化学制备及其性能研究[D]. 北京化工大学, 2009

[102] 杨治军, 于振涛, 李争显, 等. Fe/Pt 磁性薄膜的研究进展[J]. 稀有金属快报, 2007, 26(2)

[103] Hu Xuerang(胡学让). Fe/Pt 薄膜氧化的电子显微学特征[J]. Journal of Chinese Electron Microscopy Society(电子显微学报), 2005, 24(2): 85 - 90

[104] Whang S H, Feng Q, Gao Y Q. Ordering, Deformationand microstructure in L10Type FePt [J]. Acta Mater, 1998, 46: 6485 - 6491

第 7 章　贵金属电接触材料

“电接触”是指电力及负载电流电器(如电器开关、继电器、启动器及仪器仪表等)中，电流接通或断开的传输与转换过程。在现代社会中，从最普通的家居生活至所有的工业部门，乃至军工、航天等高技术领域，电接触过程无处不在。电接触过程分很多类别，如：按接触类型不同，有固定接触，接插件(可拆分电器连接)，可分合接触(频繁发生闭合和断开)，滑动接触；按载荷类型及大小不同，有大至 10^6 A 的大功率电力电路、小至 10^{-6} A 的电子电路的接通和断开；按接触形式不同，有无弧接触和有弧接触；按使用环境不同，有真空、大气或惰性气体保护等环境。这涉及接触电阻理论，电接触材料，电接触可靠性分析及电弧侵蚀、腐蚀、氧化机理，滑动电接触中的摩擦磨损机理等一系列理论和技术问题。电接触已成为一门独立的学科。文献[1－4]对上述问题进行了详细的介绍。

实施电接触过程需要电接触功能材料，它们制成的触点、电刷、滑环、换向片、整流片和接插件等元件，是执行通、断电控制的核心组件，材料性能决定了器件开、关电流的能力及整个设备、仪器、仪表的可靠性、精度和寿命。显然，电接触材料是电接触科学领域中的核心问题，对其物理性能(如导电导热性、电阻率、温升及抗熔焊性能)、力学性能(硬度、密度及机加工性能等)和化学性能(抗化学腐蚀、氧化及烧损性能)均有特殊的要求。针对不同的使用条件和环境，需要不同的电接触材料，涉及材料的成分及性能检测、冶金及加工技术研究、器件设计生产等工程技术问题。

电接触材料都使用具有良导电性的贱金属(如铜)和贵金属(如 Ag、Au、Pt)的合金及其复合材料。不同负载的电器，需要各种不同性质的电接触材料。航空、航天、船舶、电子等高科技领域，特别要求使用寿命长和可靠性高的电接触材料。贵金属由于具有其他金属无法比拟的综合优异性能，如：良导电性、导热性及电热稳定性等优异的物理性能；极好的抗氧化性、抗腐蚀性等化学性能；良好的机加工性能(可加工成片、带、丝、管、棒等形状和各种需要尺寸)，是应用最广泛、最可靠的电接触材料。在重要的民用领域及绝大多数武器系统或装备中，都离不开贵金属电接触材料的支撑。如航天领域的火箭发动机点火装置，军事侦察及通讯卫星的信号传输控制，航空领域的飞机发动机点火器，舰船及雷达跟踪系统等高可靠长寿命要求的装备，都需使用贵金属电接触材料。

贵金属电接触材料有银系、金系和铂族金属系三个系列。银系材料具有高的导电导热性，接触电阻低，加工性能好，价格较其他贵金属便宜，是应用最广的电接触材料，常用的有 AgCu、AgCd、AgNi、Ag/SnO_2系合金。金系材料适用于低接触压力、弱电流、小功率的精密触点、滑动触点、电刷材料和导电环材料，常用的有 AuCu10，AuNi9，AuNi7.5Cr1.5 等。铂族金属电接触材料具有耐蚀、耐磨、可靠性高和工作寿命长等特点，主要用于要求高可靠性及其他贵金属材料不能胜任的场合，常用的有 PtIr，PtRu，PdAg，PdCu，PtW，PtNi 等。

7.1 贵金属电接触材料的特性

贵金属能成为使用最普遍及最可靠的电接触材料，是由于它们具有其他金属无法比拟的一系列优异的综合特性。

7.1.1 一般特性

1. **化学特性**

贵金属具备高的化学稳定性，即对使用环境中的 O_2、SO_2、H_2S、CO_2等具有较高的抗氧化、抗腐蚀能力，不易在触点表面生成氧化物、硫化物和碳化物等绝缘薄膜。即使高温条件下局部发生反应，表面生成的氧化物薄膜，也易挥发[2]。不会对导电性能产生严重影响。

2. **物理特性**

硬度、弹性模量、电导率、接触电阻、热传导性(比热容)、熔点、沸点、汽化和分解潜热、塑性和焊接性能都是电接触材料的重要物理性质。研究表明：较小的硬度在一定接触压力下可增大接触面积，减小接触电阻、降低静态接触时的触点发热和静熔焊倾向，并且可降低闭合过程中的动触点弹跳。较高的硬度可降低熔焊面积和提高抗机械磨损能力；弹性模数较高容易达到塑性变形的极限值，触点的表面膜容易破坏，有利于降低表面膜电阻，弹性模量较低则可增加接触面积；高的电导率可降低接触电阻，低的二次发射和光发射性能可降低电弧电流和燃弧时间；闭合触点间由于接触电阻的存在会产生接触温升，电器中用的金属材料和绝缘材料在温度超过一定值后其机械强度和绝缘强度会明显下降，因此要求材料有较高的导热性，使电弧或焦耳热源产生的热量尽快输至触点底部，以降低触点温升；高的比热容，高的熔化、汽化和分解潜热，高的熔点和沸点可降低燃弧的趋势；低的蒸气压可限制电弧中的金属蒸气密度；良好的塑性，可保证材料具有良好的耐磨性和加工性能，易于零件成形；焊接性能好，将有利于实现元器件的制备和组装等[8-10]。

贵金属在上述各个方面皆可满足特定条件和特定环境的要求，制成各种可靠的电接触材料。

7.1.2　贵金属电接触材料的接触电阻

1. 接触电阻的物理意义及表征

接触电阻是电工触点材料最重要的性能参数之一，根据弱电接触的接触机理，当一对触点相对接触时，允许一恒定电流通过，跨过基础表面及其邻近区域产生一个电压降，这种类型的电阻叫做接触电阻。一般都要求电触点在工作中具有低而稳定的接触电阻[8-10]。

触点材料之间的接触电阻与材料的化学、物理性能(电阻率、表面膜电阻)，接触状态和接触压力，负荷大小和触点的几何形状，温升等因数有关。表现为：通过电流时产生焦耳热使触点温度升高，增大了材料的电阻系数，束流电阻与接触部位的温度和接触材料的电阻率成正比关系。而进一步升温会使金属软化，使接触面积变大，导致接触电阻产生一定的突降；表面膜的形成及膜电阻率的大小与触点材料的化学稳定性有关；接触状态与触点的弹性模量、硬度等力学性能有关。

接触电阻不仅取决于接触点的数目与面积，而且取决于它们的分布，接触电阻(R_c)通常由金属的束流电阻(R_s)和表面膜电阻(R_f)组成：

$$R_c = R_s + R_f \tag{7-1}$$

其中：

$$R_s = \rho_m / 2r_a \tag{7-2}$$

式中：ρ_m 为接触金属的比电阻；r_a 为接触表面的半径。

当有 n 个接触点真正接触时，假定接触半径为 r_a，则

$$R_s = \rho_m / 2nr_a \tag{7-3}$$

表面膜电阻由下式求得：

$$R_f = \rho_f / nr_a^2 \tag{7-4}$$

式中：ρ_f 为表面膜的比电阻。

因此，总的接触电阻应为束流电阻和表面膜电阻之和：

$$R_c = \rho_m / 2nr_a + \rho_f / nr_a^2 \tag{7-5}$$

对于球形触点，假定曲率半径为 r_b，接触压力为 P，材料的弹性模量为 E，则式(7-5)中的 r_a 可以写成：

$$r_a = 0.86(Pr_b/E)^{\frac{1}{3}} \tag{7-6}$$

可见，接触压力 P 和接触曲率半径 r_b 越大，接触电阻越小，材料的弹性模量(或硬度)越高，则接触电阻越大。

2. 贵金属的接触电阻特性

Au、Ag、Pt、Pd 等贵金属元素及其合金，具有较低的电阻率，低的弹性模量和低的屈服强度，这是成为低接触电阻的必要条件。

氧化作用是接触材料表面氧化膜形成的直接因素。在大气或氧化气氛中，贵

金属元素 Au 是唯一直至高温都不形成氧化膜的金属，其余贵金属元素在常温大气中不与氧发生反应，但是在高温下会形成氧化膜，其中 Ru、Ir、Os、Rh 的氧化物电阻率很低，Pt 的氧化物电阻率较低，Ag 和 Pd 的氧化物电阻率则较高(见表 7-1)。但即使形成了具有高电阻率的氧化物表面膜，也易分解和挥发，因此，贵金属电接触材料的表面膜电阻 ρ_f 极小，从而保证了较低且稳定的接触电阻。

表 7-1 部分金属、金属氧化物的电阻率[10]

金属	$\rho_{273K}/10^{-6}\Omega\cdot cm$	金属氧化物	$\rho_{298K}/\Omega\cdot cm$
Au	2.06	—	—
Ag	1.49	Ag_2O	$10^2 \sim 10^3$
Pd	9.77	PdO	1400 ~ 4000
Pt	9.81	PtO_2	2.1
Rh	4.35	Rh_2O_3	$<10^{-2}$
Ru	7.16	RuO_2	4×10^{-3}
Ir	4.93	IrO_2	6×10^{-3}
Os	9.5(293K)	OsO_2	6×10^{-3}
Cd	7.73(//c); 6.36(⊥c)	CdO	10^{-2}
Al	2.5	Al_2O_3	$>10^{14}$
Zr	41	ZrO_2	0.59(2000℃)
Cu	1.55	CuO	10^6
Ni	6.14	NiO	10^7
Co	5.57	CoO	10^8
W	4.89	W_2O_5	10^2
Mo	5.03	MoO_2	—

7.1.3 熔焊与黏着现象

1. 熔焊

当一对触点在工作时，在温度场、重力等因素作用下，有时金属熔化或半融化状态导致触点不能断开称为熔焊。熔焊一旦产生，后果极其严重。发生熔焊的原因是：①触点的接触电阻高，产生焦耳热导致金属熔化或处于半熔化状态，或触点在闭合位置受到短路电流冲击，接触部位的热量突然增加，这时如果断开弹力小于黏合力，触点之间就不可能分开而发生熔焊；②触点断开时，短路电流冲击使金属熔化，导致断开速度不快或断开弹力不够而产生熔焊；③触点间开闭间隙过小，电路中的瞬间大电流或电弧放电，使金属高温熔化而导致熔焊；④触点材料因本身抗熔焊性能差，如熔点低、热稳定性差等，也容易出现熔焊现象。

2. 黏着

当电流通过一对触点时，由于接触电阻产生焦耳热使触点升温，当温度达到材料的软化温度时，触点表面分子间的结合力或相互扩散导致触点间洁净金属表面相互黏合在一起而不能断开，这种使开闭动作失效的现象称之为“黏着”。电接触材料的化学稳定性较高、硬度和软化温度较低时易发生黏着现象。

3. 贵金属的熔焊黏着现象

Ag、Au 及其合金由于相对低的软化与熔化温度以及较低的硬度，在滑动接触条件下，容易产生黏连。在断开接触条件下，侵蚀和金属转移严重时可能使触点焊死。为了避免这种现象产生，可以通过合金化强化 Ag、Au 及其合金，也可以通过各种表面处理措施，使表面发生硬化，或添加陶瓷组分，制备成复合材料，提高抗熔焊能力。

Pt、Pd 及其合金材料由于具有较高熔点、高的起弧电压，一般具有较强的抗熔焊和黏着的能力。

7.1.4　电弧侵蚀

电接触材料的电弧侵蚀是指电接点或电极表面受电弧热力作用发生汽化蒸发、液体喷溅或固态脱落等引起材料损失[11-12]。汽化蒸发是在电弧能量作用下，触点表面材料发生固-液及液-气相变，以蒸气的形式脱离触点本体。液态喷溅是在电弧能量的作用下，触点表面微区熔化形成液池，液池内的金属液体以微小液滴飞溅离开触点本体。这是触点材料耗损的主要形式。

1. 电弧侵蚀的机理及特点

电弧侵蚀过程及机理较为复杂，涉及两方面的问题：一方面与负载特性、触点间距、电极运动速度、环境气氛等电接触特性及材料的成分、组织结构及理化性能等直接相关；另一方面与电路设计及电路中的电流、电压、电感、电容、电阻等参数变化有关。

(1)在触点开闭接触情况下，电弧侵蚀作用是高能热量短时作用在触点表面层的过程。电弧热和力的双重作用使触点快速加热软化，发生熔化、汽化相变，流动。与单相匀质触点材料相比，多组元触点材料因其成分和组织结构的多元化使电弧侵蚀的动力学特性完全不同。

(2)闭合滑动电接触情况下，因在阴极触点和阳极触点之间施加电压，在两极之间形成电场，电场强度的大小等于电势差与电极间距的比值。当电场强度很大时，触点表面会游离出电子及金属离子，游离的电子及金属离子又会和周围的气体分子反应而游离出气体离子，这些电子及游离的离子在两极间形成电流连通，因而形成闭合电弧。在闭合期间，由于电触点间的撞击、弹跳以致触点产生类似重复分断的动作，这也是闭合电弧产生的重要原因。

(3)在电阻电路中，电侵蚀主要由断开过程引起。而在电容电路中，电侵蚀主要由闭合过程引起。

(4)电接触材料的理化性质，如熔点、沸点、导电性、导热性、起弧极限电流电压等也有重要影响。熔点和沸点越高，所要求的熔化电压则越高，有利于抑制金属液桥形成、减少电弧侵蚀和金属汽化损耗并提高触点的抗熔焊能力。高的电导率和热导率有利于减小压缩电阻和焦耳热的产生，从而减少电侵蚀。

详细情况对比列于表 7－2。

表 7－2　接触元件负载和电侵蚀类型[8]

负载大小	回路特性	电弧电压电流		断开		闭合		转移方向
		电弧极限电压（E 极限）	电弧极限电流（E 极限）	侵蚀因素	侵蚀效应	侵蚀因素	侵蚀效应	
弱电流	电阻	$<E$ 极限	$<I$ 极限	熔化	小刺	阳极材料被电场拉出	阳极侵蚀	阳极→阴极
	电感	$<E$ 极限	$<I$ 极限	液桥	阳极侵蚀		阳极侵蚀	阳极→阴极
中等负载	电阻	$>E$ 极限	$>I$ 极限	电弧汽化	阴极侵蚀	阴极侵蚀	阴极侵蚀	阳极←阴极
	电感	>300 V	$<$I 极限	辉光放电	阴极雾化	辉光放电	阴极雾化	阳极←阴极
大功率	电阻	$>E$ 极限	$\gg I$ 极限	电弧	阴极阳极熔化汽化	缺电弧	阳极和阴极侵蚀	喷射、溅射、汽化导致两极消耗
	电感							

2. **贵金属电接触材料的电弧侵蚀特点**

部分金属电接触材料在大气中的最小起弧电压 U_m 和起弧电流 I_m 列于表7－3。因 Ag、Au 的熔点与沸点相对较低，伏安特性较差，熔化电压与起弧电压较低，故 Ag、Au 及其合金触点材料容易形成桥式侵蚀。即当达到熔化电压时，低的熔点使材料熔化形成液滴，在触点断开时，金属液滴被拉长而形成液体桥，这又使得触点接触面积减少，电流密度急剧增加；当达到沸腾电压时，金属被汽化，液桥被破坏。Pt 及 Pt 合金触点材料由于具有高熔点、高热导率和高密度，因而具有高的抗熔焊能力。

表7－3　部分金属电接触材料在大气中的最小起弧电压 U_m 和起弧电流 I_m [9]

参数	电接触金属								
	Ag	Au	Cu	Fe	Ni	Pd	Pt	Mo	W
U_m/V	8～12.5	9.5～15	8～12.6	8～15	6～14	约8	14～17.5	10～17	10～16
I_m/A	0.4～0.9	0.3～0.42	0.4～1.15	0.4～0.73	0.2～0.5	约0.4	0.4～1.5	0.5～0.75	0.3～1.27
K_h/W	约0.6	约0.8	约0.7	约0.9	约0.9	—	1.49	—	1.48

7.1.5　材料转移

电触点之间产生的电弧，除导致触点表面熔化、汽化甚至溅射等侵蚀现象外，还发生接触点之间的材料转移，材料转移的直接结果是改变了触点的成分及某些性能。文献[12－13]详细研究了材料转移的特点。

相同材料的触点，因电弧产生的材料转移同时发生在一对触点表面，对触点成分及电接触性能影响不大。

当A、B两种材料发生电接触时，由于其热物理性质、电弧能量大小和热流密度不同，引起电侵蚀的特点及两触点材料的耗损也不同。触点A材料除部分脱离本体散失于周围空间耗损外，还有部分沉积到触点B的表面。根据材料转移的方向与触点两端的电压和通过的电流关系，可把材料转移分为如图7－1所示的 α、α'、β、γ 四个区域。其中 α 区是桥转移区，α'、β、γ 是弧转移区，弧转移区又分为短弧转移区和长弧转移区。α' 区为短弧转移，它发生在极间间隙只有电子自由行程数量级（10^{-4} cm）的区域，此时，电子直接轰击阳极触点使其发热，并产生从阳极向阴极的材料转移。β、γ 区域属于长弧转移，发生在极间间隙大于 10^{-4} cm的区域。

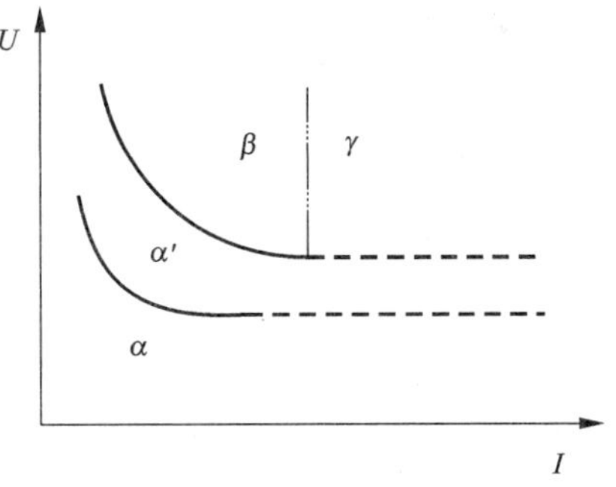

图7－1　触点材料转移示意图

β 区材料转移的方向从阴极转向阳极，它是正离子集中轰击阴极表面，由阴极材料蒸发造成的，γ 区材料转移方向从阳极到阴极，并且转移量和损耗总量都较大。这是因为当电流较大时，输入阳极的能量较大，阳极表面出现显著的熔化蒸发，同时阳极弧会向熔化区集中形成阳极斑点，使阳极材料的蒸发进一步增强导致材料转移的方向是从阳极到阴极。

触点工作过程中，各种热力学因素的不对称是材料转移的主要原因，这些不对称包括：①两电极上产生的或输入的热能不对称。在对称配对触点分断直流电路时，由于电弧输入两电极能量和能量密度的固有不对称而产生了材料转移。②作用力(外力)不对称。如果作用在阴极、阳极上的斑点压力、电场力等不相同，可使两电极上主要侵蚀机理不同而产生不同的侵蚀率。③电极热特性的不对称。如在材料非对称配对时，因材料热特性不同而产生材料转移，当电极尺寸、形状等不对称时，会使两极的侵蚀率不对称。④电极力学特性的不对称。⑤冷却条件的不对称。

材料转移还与使用条件有关。在直流条件下，材料大都是阳极转移到阴极。由于触点极性不变，通过电弧产生的金属离子除飞溅外，其余直接迁移到阴极，导致阴极物质增加。

贵金属中 Ag 的熔点低，与其他金属形成固溶合金的倾向大，容易发生材料转移现象。Au、Pt、Pd 发生材料转移的现象不明显。

7.1.6　材料摩擦与磨损

摩擦与磨损常发生在接插件与滑动触点之间，它是由机械作用(黏结磨损、碾磨磨损、剪切和脆性断裂)使触点金属呈离散颗粒形状所造成的损失，其金属损失量仅次于电侵蚀。

黏结磨损是由触点材料在工作中的重复熔化、固化，以及焦耳热和触点间的摩擦热使材料断裂所引起的，并伴随材料转移。碾磨磨损是机械磨损，主要产生于两种匹配材料的硬度存在较大差异，或在一种材料中含有硬质组元的情况下，经滑动摩擦引起的磨损[9-10]。

一对滑动触点在运动时形成摩擦副，当界面结合强度小于触点材料本身强度时，滑动将产生；反之，触点材料将在整体上受剪切。因此，降低界面结合强度和增大材料本身强度都有助于改善摩擦与磨损特性。滑动触点的摩擦与磨损可用以下公式表示：

$$f = \tau / \sigma_y \qquad (7-7)$$

式中：f 为摩擦系数；τ 为滑动时金属连接点的剪切强度；σ_y 为触点材料的屈服强度。

$$W = KPL/H \qquad (7-8)$$

式中：W 为磨损量；P 为接触压力；L 为滑动距离；H 为触点材料的硬度；K 为系数(与材料性质、接触表面状态有关，也是度量两个滑动金属之间连接性质的常数)。

因为金属材料的屈服强度与硬度之间存在 $\sigma_y = H(0.1)^{m-2}/3$ 的关系，故式(7-7)可以表示为：

$$f = K_f(\tau/H) \tag{7-9}$$

式中：系数 $K_f = 3/(0.1)^{m-2}$。

由此可以看出，滑动金属之间的摩擦系数、磨损量与触点间的黏结强度成正比，与触点材料的硬度呈反比。摩擦副的摩擦系数、磨损量既取决于触点材料本身的性质，也取决于摩擦副的良好匹配。

平面与触点装置中贵金属摩擦副的平均摩擦系数和磨损量（载荷为 500 g）列于表 7-4[14]。由于贵金属材料中纯金属的屈服强度和硬度比较低，一般具有较大的摩擦系数和磨损量。在以 Au 为触点和以铂族金属为平面的滑动装置中，发现总是 Au 向铂族金属转移，且 Au 对铂族金属的摩擦系数按下列顺序递减：Pt > Pd > Rh = Ru > Ir。

表 7-4　平面与触点装置中贵金属摩擦副的平均摩擦系数和磨损量（载荷为 500 g）

金属匹配		平均摩擦系数 μ	触点/平板总磨损量 $\times 10^{-9}cm^3/cm\cdot g$
平面材料	触点材料		
Au(68)①	Au(63)	1.87	0.91
Au(68)	Rh(50)	1.49	0.34
Ag(58)	Ag(81)	1.04	0.25
Pd(123)	Pd(139)	1.06	0.80
Pt(176)	Au(63)	0.81	0.43
Pt(176)	Pt(176)	0.74	0.79
Rh(504)	Au(63)	0.95	Au 转移到 Rh
Rh(504)	Rh(371)	0.39	0.03

注：①括号中数值为 250 g 负载下测定的金属硬度值。

至今尚无有效理论来指导贵金属电接触材料摩擦副匹配的选择，只能依赖经验分析和实验研究。由式(7-8)和式(7-9)可知，提高贵金属合金的强度和减少金属界面结合力的措施有利于降低贵金属合金滑动接触的摩擦系数和磨损量。这些措施包括：①采用固溶强化、沉淀强化、弥散强化等途径提高贵金属电接触材料的强度。②选择合理的摩擦副匹配，也就是选择合理的硬度匹配。实验表明硬度相当的摩擦副磨损量最小。③赋予摩擦副材料特殊的晶体结构或具有自润滑作用，合适的表面结晶方位或取向可明显减少摩擦与磨损。④采用适当的润滑剂，如 MoS_2、$NbSe_2$、石墨喷涂等。

Au 及 Au 合金仅适合制作接触压力小和电压低的精密触点，在 Au 表面涂上一种特殊的 18 胺氯氢化合物润滑剂，可以提供低摩擦系数、长寿命的接触电阻。Pt 及 Pt 合金由于具有高熔点、高电导率和导热率、高强度和高硬度、高耐腐蚀性及高耐电弧性，在选择适当的摩擦副匹配条件下，都可以保持较小的摩擦系数和磨损。

7.2 贵金属电接触材料的种类和用途

7.2.1 贵金属电接触材料的组成与分类

贵金属、贵金属合金以及贵金属复合材料是很好的电接触材料，尤其是在轻负载小接触压力条件下使用更显示其优良的特性，目前广泛应用的贵金属电接触材料主要有 Ag、Au、Pt、Pd 为基的合金以及它们的复合材料。其分类如下：

(1)按材料成分分为：

纯金属：用得最多的是 Ag，其次是 Au、Pt、Pd 和 Rh 等。

合金材料：主要是 Ag 基合金、Au 基合金、Pt 基合金和 Pd 基合金，包括固溶体合金、金属间化合物合金、烧结合金。

复合材料：主要是 Ag 基复合材料、Au 基复合材料、Pt 基复合材料等。复合材料既保留了贵金属基材的特点，又能通过复合效应获得原组分所不具备的特性，互相兼顾补充，取长补短。这类材料又可分为颗粒或纤维弥散增强复合材料和层状或涂层材料两类。

(2)按材料的用途分为触点材料、滑动触点材料、电刷材料、绕组材料、导电环材料、换向片或整流片材料、接插件材料等。

(3)按工作条件分为：

弱小电流功率接触材料：大多采用 Au 基合金、Pt 基合金、Pd 基材料。

中等功率接触材料：主要应用 Ag 基合金、Ag－MeO 材料。

大功率接触材料：主要有 Ag/W、Ag/Mo、Ag/C、Ag/WC 等 Ag 基烧结合金。

(4)按接触元件结构分为固定接触材料、断开接触材料、滑动接触材料、弹性接触材料。

(5)按材料制造工艺分为压力加工变形合金接触材料、粉末冶金接触材料、原位合成接触材料、复合电接触材料、电镀接触材料等。

7.2.2　贵金属断开接触材料

1. Ag 基触点接触材料

Ag 基触点大量用于中等负载或重负载电器中，如各种开关、继电器、接触器等。中等功率和大功率触点的工作条件比较恶劣，其工作电压和工作电流多在产生电弧的极限电压或极限电流以上。因此触点材料经常处于电弧的强烈热作用下，熔化、汽化甚至喷溅等电侵蚀现象比较严重。所以要求触点材料具有良好的导热性、导电性，以及良好的抗电弧侵蚀能力。

Ag 在所有金属中导电性最好，加工性极好，有较高的抗氧化能力，在存在有机蒸气条件下，Ag 触点的接触电阻仍然较低，适用于中等功率和大功率触点电器中，是最重要的贵金属接触材料。但是 Ag 的硬度不高，熔点低、不耐磨，在潮湿和较高温度下，在含硫和硫化物介质中表面容易形成硫化银薄膜。在直流条件下，容易形成电侵蚀尖刺。在超大负荷条件下，Ag 触点元件容易产生电弧，使其熔焊，需通过合金化、复合化等技术改善其性能。

(1) Ag 基合金

通过合金化手段，即添加其他纯金属作为弥散强化相改善 Ag 的性能。加入 Ni 元素可以细化晶粒，为了提高硬度往往加入 Cu 元素，为防止电弧形成而加入 Cd 元素，加入 V 元素可以提高机械性能、耐腐蚀性能、焊接性和抛光性，添加 Au、Pd、Sn、Zn 等元素等可以改善抗硫化性。基于以上目的，开发了一系列 Ag 基触点接触材料，产品已经系列化。目前中国 Ag 基触点接触材料产量约 5000 t。一些 Ag 合金触点接触材料的基本性能见表 7－5。

表 7－5　一些 Ag 基合金触点材料的性能

合金的组成	添加元素及含量(质量分数)/%	密度	熔点	沸点	电阻率	热导率	硬度
		g/cm^3	℃	℃	μΩ · cm	W/(cm · K)	退火态 HV
Ag－Au	10	11.0	970	—	3.6	—	29
Ag－Cu	5	10.4	870	2200	1.9	3.34	54
	10	10.3	878	2200	1.9	3.34	62
	20	10.2	810	2200	2.0	—	—
Ag－Pd	22	10.79	1070	2200	10.2	2.42	35
	30	10.94	1175	2200	15.0	2.51	60
	40	11.10	1225	2200	20.0	1.91	65

续表 7-5

合金的组成	添加元素及含量(质量分数)/%	密度	熔点	沸点	电阻率	热导率	硬度
		g/cm^3	℃	℃	μΩ·cm	W/(cm·K)	退火态 HV
Ag-Pt	5	10.5	965	—	3.8	2.22	33
	10	10.6	968	—	5.8	1.42	40
	12	11.23	970	—	12.0	—	—
Ag-Ce	0.5	10.45	960	—	1.80	—	109
Ag-Mg-Ni	0.25、0.25	10.5	960	—	2.4	—	—
Ag-Pd-Mg	20、0.3	10.7	1070	—	12.1	—	—
Ag-Au-Mg-Ni	2、0.3、0.2	10.6	963	—	2.8	—	—

①细晶 Ag。在 Ag 中添加少量合金元素(如添加 0.1% 的 Ni)形成 Ag-Ni合金，细化了银基体的晶粒，提高了材料的强度、抗熔焊性及耐电弧烧损性能，同时又具有纯银电导率高、接触电阻低等优点。通常适用于工作电流 10 A 以下的低压电器，如通用继电器、热保护器、定时器等，且几乎所有应用纯银的场合都可由它来代替。

图 7-2 细晶 Ag 的显微组织

②Ag-Au 合金。Ag 与 Au 在液态和固态都能互溶，形成连续固溶体。含 Au 10% ~70% 的 Ag-Au 合金和 Au-Ag 合金，具有良好的导电性、导热性和耐蚀性，接触电阻低、稳定性好，适用于强腐蚀介质中工作的轻负荷触点，其中 Ag-10% Au 合金被大量用在电讯设备的调节器和替续器上。

③Ag-Cu(Ni、Be、V)合金。Cu 在 Ag 中有较大的固溶度，共晶温度下 Cu 在 Ag 中的最大固溶度为 8.8%(质量分数)。作为触点接触材料的 Ag-Cu 合金，其 Cu 含量一般不超过 15%。它们具有比纯 Ag 触点较好的机械性能、耐磨性和抗熔焊性，但会使熔点、导电性和导热性、抗氧化性都显著降低，容易氧化变色，并有较大的接触电阻。

添加少量 Ni、Be、V、Li 等元素形成的三元合金，可克服 Ag-Cu 合金的某些性能缺点。如添加 0.5% 的 Be 能提高硬度、抗转移和耐电弧性能，添加 0.4% 的

V 除了可以提高强度和硬度外，还能显著提高其对 H_2S、SO_2、NH_3、盐雾及潮湿气氛下的化学稳定性。Ag - Cu 系合金常用作高压和大电流继电器触点，在轻负荷和中负荷的回路中用作空气断路器、电压控制器、继电器、启动器的触点。

④Ag - Pd 合金。Ag 和 Pd 在液态和固态都能形成固溶体。一般使用的 Ag - Pd 合金含 Pd 10% ~30%，主要用于通讯装置中的继电器和连接器。当 Pd 含量达到60%时，合金的电阻率达到最高值；Pd 达到70%时，合金的硬度和抗拉强度达到最大值。

⑤Ag - Pt 合金。在固态合金中，Pt 在 Ag 中的溶解度可达 20%，形成固溶体。在封闭的替续器和调节器中，常用 Ag - Pt 合金做触点材料。

⑥Ag - Ce 合金。稀土元素在 Ag 中的固溶度甚微，在室温下甚至不固溶，Ag - Ce合金就是Ag - RE系列中的代表。添加微量 Ce 熔炼成 Ag - 0.5% Ce 合金，其相结构为(Ag) + Ag_5Ce，Ag_5Ce 的结构类似 $MgZn_2$ 结构。Ag - 0.5% Ce 合金的特点是：(Ag)保持了纯 Ag 的高导电性和高导热性以及高抗氧化性；而 Ag_5Ce 的分解温度为 835℃，低于纯 Ag 的熔点，能起到显著提高抗熔焊性的作用。基于 Ag - 0.5% Ce 合金良好的电接触性能，先后开发并推广应用了一系列三元(Ag - In - Ce、Ag - Cu - Ce、Ag - Zr - Ce、Ag - Re - Ni)和四元(Ag - Sn - Ce - La)电触点合金材料。

(2) Ag 基烧结材料

Ag 基/金属间化合物复相合金是触点接触材料发展的一个新途径，可运用烧结技术产生的特殊结构，制备出其他新材料。Ag/金属烧结材料是指在正常工艺温度下，Ag 和其他金属之间的互溶度甚微，甚至完全不能互溶，只能采用粉末冶金工艺将 Ag 和其他金属烧结在一起，形成“烧结复合材料”。Ag 与 Ni、Fe、W、Mo 等金属或非金属 C 等形成的烧结“合金”作为电接触材料已经广泛应用，特别是 Ag/Ni 烧结合金的用量最大。

①Ag - Ni 烧结材料。根据 Ag - Ni 二元相图(见图 3 - 31)，在液态，Ni 在 Ag 中的有限溶解形成富 Ag 熔体 1，Ag 在 Ni 中的有限溶解形成富 Ni 熔体 2，它们可保持到 Ni 的熔点以上，以致两个液态相(富 Ag 液相和富 Ni 液相)在相当宽的范围内共存。凝固时发生偏晶反应，两组元在固态几乎不能互溶。

在电弧作用下，Ag/Ni 烧结材料不会产生纯 Ag 熔池，Ni 的转移不可能在对应的触点表面上生成固溶体而被固定下来，仅在表面形成 NiO 而被消耗，因此不存在材料转移现象。当熔池冷却下来，Ni 会再次沉淀，根据材料中 Ni 含量和使用的电负荷以及可达到的冷却速度不同，电弧作用后的表面显微组织有两种形态：①低 Ni 高冷却速率，其组织是 Ni 以高度精细弥散形式分布在 Ag 基体中；②高 Ni 低冷却速率，其组织中将产生粗大的球状富 Ni 粒子或富 Ni 层片状结构。实验结果表明，Ag/Ni10 材料在使用过程中，经历熔化、冷却后，Ni 粒子通常以高度细小弥散形式沉淀在 Ag 中，使得材料的电侵蚀损耗变得小而稳定。

用作触点的 Ag/Ni 烧结材料，Ni 的含量一般为 10% ~40%（质量分数），这类材料具有较好的导电性、导热性，抗材料转移和抗电弧侵蚀能力强，耐磨性好，并具有良好的塑性和加工性能。Ag/Ni 烧结材料是低、中载荷触点的重要材料，其基本物理性能见表 7 -6。

表 7 -6 Ag/Ni 烧结材料的物理性能

Ni 含量	密度	硬度(HB)		导热系数	电阻系数	电导率
%	g/cm^3	退火态	硬态	W/(cm · K)	μΩ · cm	% IACS
0.1	10.5	37	90	—	1.8	>80
10	10.1	56	90	—	1.8	>80
20	9.9	60	95	—	2.0	—
30	9.7	65	05	3.1	2.4	>55
40	9.5	70	115	—	2.7	>44

②Ag/W 烧结材料。无论在液态还是固态，Ag 和 W 都不互溶。Ag/W 烧结材料中 W 质量分数一般为 10% ~80%，其中 W 含量 10% ~30% 的材料可作为中等负荷触点材料，W 含量 40% ~60% 的材料可作为重负荷触点材料。Ag/W 烧结材料在电弧作用下的特点是通过表层 Ag 的蒸发来冷却材料，以减少材料在重负荷条件下的损耗。由于 Ag 的蒸发喷射产生许多孔洞，成为应力集中处，使得 Ag/W 具有特别好的抗电弧侵蚀和熔焊能力。Ag/W 烧结材料的性能见表 7 -7。

表 7 -7 Ag/W 烧结材料的物理性能

W 含量/%	密度 /(g · cm^{-3})	硬度(HV) (退火态)	导热系数 /[W · (cm · K)$^{-1}$]	电阻系数 /(μΩ · cm)
30	11.9 ~ 12.2	60	—	2.3
60	14.0 ~ 14.4	140 ~ 160	2.76	3.4
70	15.0 ~ 15.4	160 ~ 190	2.55	3.7
80	16.1 ~ 16.5	180 ~ 220	2.38	4.6

③Ag/Fe 烧结材料。Ag 和 Fe 不互溶，只能制成烧结材料，目前主要应用的是 Ag/Fe7 烧结材料，适用于启动频繁、断开次数较多、重负载的交流接触器中的

触点。其特点是接触电阻低而稳定，有良好的抗烧损性、抗熔焊性和耐磨性，使用寿命长，并能在不同的气氛环境中工作。

④Ag/Mo 烧结材料。在 1600℃时，Mo 在 Ag 中的溶解度为 5%，但在固态下不互溶。与 Ag/W 相比，Ag/Mo 具有良好的耐磨性、延展性和小的接触电阻，且不起膜。但是耐电蚀性、耐熔焊性不及 Ag/W 烧结材料。Ag/Mo 烧结材料主要用作重负荷的开关、继电器和大型电动机启动器触点，Mo 含量一般为 30% ~70%。

⑤Ag/C 烧结材料。以石墨为弥散强化相的银/石墨复合材料，导电性及滑动性能好，接触电阻低，抗熔焊性强，即使在短路电流下也不会熔焊。缺点是：易被电烧损，灭弧性差，性脆较难焊接(见 7.2.4)。主要应用于大触头的低压断路器、线路保护开关、滑动电刷、铁道信号继电器。

(3) Ag/MeO 弥散强化材料

Ag/MeO 触点材料是以金属氧化物(MeO)弥散分布在 Ag 基体中的颗粒增强型功能复合材料，是由性质显著不同的组元组成的、具有高的抗电弧侵蚀和高导热性为特征的电触点材料。其中 Ag 基体具有高导电性、高导热性和高抗氧化性；MeO 在电弧作用下具有抗电侵蚀的能力，通过未分解的 MeO 颗粒悬浮在 Ag 熔液中，增加 Ag 熔液的黏度以减少 Ag 的飞溅和喷射损耗，MeO 的易挥发和易分解提高了 Ag/MeO 复合材料的抗熔焊性。Ag/MeO 复合材料大量用于中、重负荷电器中。

①Ag/CdO 材料。Ag/CdO 材料是 Ag/MeO 触点材料中最具代表性的材料，是中等功率和大功率触点中应用最广、使用历史较长的材料。Ag/CdO 材料在电弧作用下具有优异的抗熔焊性能，这与 CdO 的特性密切相关。CdO 的分解温度为 900℃，比 Ag 的熔点低，但是 CdO 在相当低的温度下就可升华，在 800℃就开始显著挥发。在电弧作用下，CdO 剧烈分解、蒸发使触头表面冷却，起到降低电弧能量和熄弧的作用。

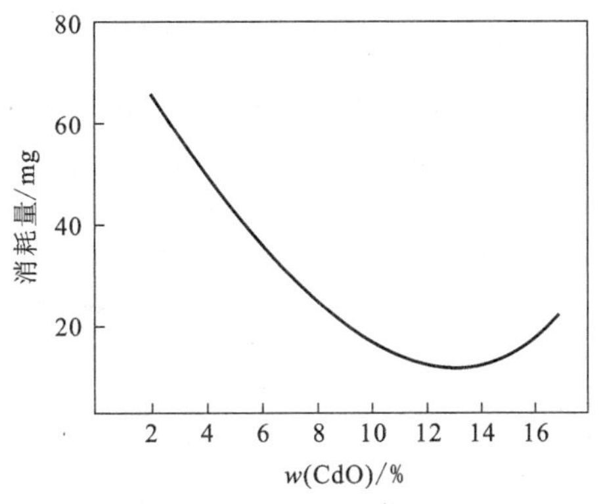

图 7-3　Ag/CdO 的损耗特性

实验条件：电压 200 V，电流 59 A，接触力 1.5 N
断开力 3.0 N，开闭次数 1 万次，功率因数 0.36

Ag/CdO 材料的抗侵蚀性能与 CdO 含量的关系如图 7-3。CdO 含量过低时，侵蚀损耗量大，接触电阻不稳定，CdO 含量过高时，大颗粒的 CdO 粒子增多，材料耐电侵蚀性能和抗熔焊性能反而降低、接触电阻增加和接触性能恶化。当 CdO 含量在 12% ~13%时，侵蚀损耗量最小。一般使用的接触电阻低、耐电腐蚀性能好、抗熔焊性强的 Ag/CdO 材料含 CdO 为 8% ~15% 。

Ag/CdO 材料的使用条件很宽，电流可从几十安到几千安，电压从几十伏到上千伏，大量应用于中大容量继电器、接触器、交直流开关及中小容量断路器中，特别适合于中大容量交流接触器。常用 Ag/CdO 材料的物理性能见表 7 -8。

表 7 -8　Ag/CdO 材料的物理性能

CdO/%	熔点 /℃	密度 /$(g \cdot cm^{-3})$	硬度(HV) (半硬态)	电阻系数 /$(\mu\Omega \cdot cm)$	电阻温度系数 /K^{-1}
Ag/CdO(8)	960	10.1	56	2.1	—
Ag/CdO(10)	960	10.1	80 ~ 90	2.1	0.0036
Ag/CdO(12)	960	10.0	85 ~ 95	2.15	—
Ag/CdO(15)	960	10.0	85 ~ 95	2.2	0.0035

CdO 的晶粒大小和分布状态对触点的使用寿命和使用性能有很大的影响。CdO 在 Ag 中晶粒细化和分布均匀，可以提高 Ag/CdO 材料的耐磨性、抗电弧性以及其他性能。改进其分布状态的途径有二：对于内氧化方法而言，添加少量其他元素使内氧化后的 CdO 组织细微化和分布均匀；二是改进制备工艺，以改善 CdO 的分布状态。

Ag/CdO12 和 Ag/CdO15 的显微组织见图 7 -4。

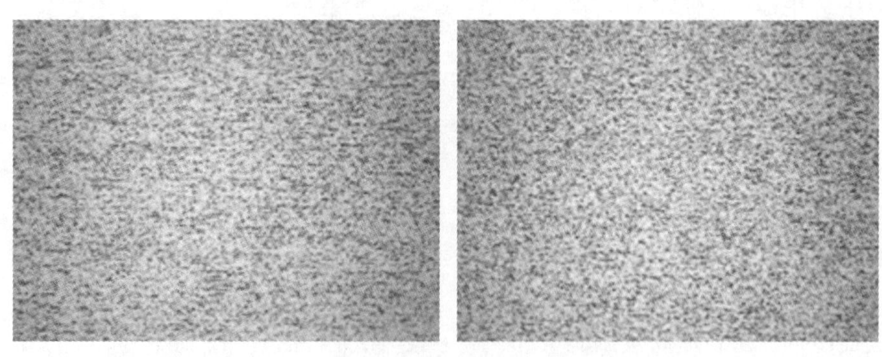

图 7 -4　Ag/CdO12 和 Ag/CdO15 的显微组织(200 倍)

对于 Cd 含量低的材料，可添加 Al、Bi、Zn 等用于促进内氧化，实现 CdO 粒子均匀化分布。添加 Ni、Sn 等，能生成 NiO、SnO_2等，可以提高材料的耐消耗性、抗熔焊性，抑制材料转移，保证接触电阻稳定。添加 Bi、Zn 等可以生成易升华、易分解的 MeO 来吸收电弧热，抑制材料温升，提高材料的耐消耗性。

对于 Cd 含量高的材料，添加元素可以抑制内氧化时大颗粒 CdO 的生成，同时使 CdO 颗粒均匀分布，进一步提高材料的耐电弧性和抗熔焊性。利用添加元素的氧化物在表面升华可抑制温升或改善材料的加工性能。

②Ag/SnO_2材料。长期以来，在中等负荷的低压接触器、小型开关和功率继电器等领域，Ag/CdO材料被认为是最好的触点材料，曾被称为"万能触点"。但 Cd 对人体和环境有毒，随着对环境保护的重视，特别是欧盟立法颁布《2002/95/EC－RoHS 指令》和《2002/96/EC－WEEE 指令》限制其应用，以及电器负荷指标的不断提高和电气设备小型化、节银的要求，迫切需要开发代替 Ag/CdO 的触点材料。Ag/SnO_2材料已是公认的、在大多数场合下可替代 Ag/CdO 的材料，并已在各种低压电气设备中得到广泛应用。

Ag/SnO_2触头材料是无毒无害、环境友好的电触头材料，具有更强的抗电流冲击能力(即优良的耐电弧侵蚀性)，良好的热稳定性和耐磨损性，较好的抗材料转移能力及优异的抗熔焊性[22]。具体而言，抗熔焊及温升性能与 Ag/CdO 相当；在较大电流条件下的电弧烧蚀量比 Ag/CdO 材料少约 50%；在交流阻性负载下，Ag/SnO_2比 Ag/CdO 的接触电阻稍高，但在直流负载下，却表现出低而稳定的接触电阻；Ag/SnO_2材料转移性能更好，使用寿命约延长 2 倍。

目前常用的 Ag/SnO_2触点材料中 SnO_2含量为 8%～15%，其物理性能如表 7－9 所示。

表 7－9　常用 Ag/SnO_2材料的物理性能

产品名称	制备工艺	状态	抗拉强度 /MPa	延伸率/%	密度 /(g·cm^{-3})	电阻率 /(μΩ·cm)	硬度 HV
Ag/SnO_2(10)	雾化法	退火	290～330	25	9.85	2.20	90～110
Ag/SnO_2(12)	雾化法	退火	295～335	20	9.75	2.30	95～115
Ag/SnO_2(15)	雾化法	退火	310～350	18	9.68	2.45	100～120
Ag/SnO_2(10)	粉末冶金	半硬	220～250	23	9.85	2.15	65～80
Ag/SnO_2(12)	粉末冶金	半硬	225～255	20	9.75	2.25	70～85
Ag/SnO_2(7)－In_2O_3(3)	内氧化	退火	260～290	25	9.80	2.20	80～90

Ag/SnO_2材料并非十全十美，也还存在接触电阻大、温升高、塑性及延展性较差、不易加工成型等缺点，因此将 Ag/SnO_2改性以扬长避短，一直是业界关注和努力的方向。除在制备工艺方面(详见 7.4.1)优化外，加入新组分(添加剂)开发

新复合材料体系，设计新的复合结构(如表面包覆改性)和纳米技术改性，以强化材料的性能，是今后研究的内容。

通过添加其他组分(多是其他金属氧化物 - MeO)形成的多组元改性材料，除 SnO_2 发挥主要功能外，其他金属氧化物在触头中发挥不同的辅助功能，可满足对触头性能多样化的要求。理想的添加剂应具有以下性质：良好的润湿性，强化液态 Ag 对 SnO_2 的润湿能力使其细化和分布均匀；热稳定性较高，可作为电弧作用下体系中分散性的熔质；良好的化学稳定性，不与主体组分发生化学反应，即使发生反应产生的新物质应热稳定性低且导电性良好。一些研究结果列于表 7 - 10 中[23]。

表 7 - 10 添加剂对 Ag/SnO_2 材料改性的研究结果

添加剂	作用原理	显微结构特点	润湿性变化	电气性能
Bi_2O_3	与 SnO_2 反应生成 $Bi_2Sn_2O_7$	SnO_2 分布于基体中形成细胞状组织结构，而非聚集于表面形成氧化层，降低接触电阻	改善润湿性，但不显著	抗熔焊抗侵蚀性好，接触电阻小
Sb_2O_3	与 Ag 反应生成 $AgSbO_3$	Ag 区中形成微孔		抗熔焊性较好，抗侵蚀性较差，接触电阻小
WO_3	与 SnO_2 反应生成化合物	蜂窝状和纯银层	改善润湿性，但不显著	抗熔焊性好，抗侵蚀性差，接触电阻小
MoO_3	与 Ag 反应生成 $AgMoO_3$	Ag 区中形成微孔	润湿角小于90°	抗熔焊性好，抗侵蚀性较差，接触电阻小
CuO	促进 SnO_2 向 Ag 区的扩散	界面形成过渡层，利于氧化物与 Ag 相互扩散、渗透	润湿角从 90° 减小至 20°	抗熔焊性好，抗侵蚀性差，接触电阻小
TiO_2	形成固溶体提高电导率和润湿性	使 SnO_2 形成纳米颗粒，分布弥散均匀	提高润湿性	抗熔焊性好，抗侵蚀，接触电阻小
稀土元素	增大 Ag 的液黏度减少其电弧侵蚀和飞溅损失	晶粒细化，稀土金属及其氧化物沿晶界及晶内均匀分布	提高润湿性	合金内氧化
TeO_2	与 SnO_2 反应生成化合物	形成网络和微孔结构	润湿角小于 90°	抗熔焊性好，抗侵蚀，接触电阻小

通过纳米技术制备超细 SnO_2 使 Ag/SnO_2 材料改性，制成的超细晶粒电接触材料，其电导率、强度、硬度、耐磨性、加工性能、抗电弧烧蚀及使用寿命等一系列重要性能将得到改善和强化。已有的一些研究表明，可通过物理或化学的方法制备纳米级 SnO_2 颗粒。物理方法，如高能球磨超细磨制备小于 50 nm 的 SnO_2 颗粒。化学方法，如：溶胶－凝胶法制备 70 nm 的 SnO_2 复合粉体；水热法制备平均粒度 75 nm 的 AgSnO_2 复合粉末；化学共沉淀和高能球磨结合制备 20 nm 的 SnO_2 粉末；用 Ag_2O 为中间体通过低温分解制备纳米级 Ag/SnO_2 材料等，然后用特定的方法（如表面包覆改性技术）使纳米 SnO_2 颗粒与 Ag 基体牢固结合，可从根本上解决 Ag 与 SnO_2 颗粒之间的润湿性问题。这方面的研究方兴未艾，应予特别关注。

③其他 Ag/MeO 材料。曾做过系统研究的 Ag/MeO 体系还有 Ag/ZnO、Ag/CuO、Ag/Bi_2O_3、Ag/In_2O_3、Ag/NiO 等。

Ag/ZnO 材料具有抗熔焊、耐电磨损性好、燃弧时间短、分断性能高、抗大电流冲击能力强的特点。材料中 ZnO 含量一般为 8%～12%。与 AgCdO 触头材料相比，Ag/ZnO 材料具有更好的抗熔焊性，在 3000～5000 A 的分断电流条件下，具有更理想的抗电弧侵蚀能力。主要应用于额定电流在 200 A 以内的中小容量低压断路器和某些大容量开关。

Ag/CuO 材料是一种环保型电触点材料，材料中 CuO 含量一般为 8%～15%。其抗熔焊性高，特别是在直流接触器方面的使用性能明显优于 Ag/SnO_2 和 Ag/Ni 材料，主要应用于中等或重负载低压的开关、继电器和接触器中。

Ag/Bi_2O_3 也是研究比较系统的体系。Bi_2O_3 熔点（820℃）比 Ag 低，在电弧作用下 Bi_2O_3 优先于 Ag 熔化、蒸发，抑制了触点表面的温升，净化了触点表面，使接触电阻低而稳定，主要用作中等负载触点材料。但在大电流下，电弧损耗大、易熔焊、寿命短，为提高性能，还需要在其中掺杂其他 MeO，以弥补性能缺陷。

Ag/NiO 材料可作为中等负载触点材料使用，Ag/NiO（7.5）具有比 Ag/CdO（12）更好的抗熔焊性，但是比不上 Ag/SnO_2。

Ag/In_2O_3、AgLa_2O_3 也有人做过一些研究。

2. Au 基触点接触材料

Au 具有良好的导电性、导热性及化学稳定性，难以形成氧化物和硫化物，也不与有机物气体作用，因而接触电阻低而稳定。但是 Au 的伏安特性较差，熔化电压与起弧电压低，易黏接，金属转移大并易形成尖刺。同时，Au 的熔点、强度、硬度、弹性模量等指标较低，使用中磨损大，因此纯 Au 很少直接作触点使用。以 Au 为基体，添加 Ag、Ni、Pt、Pd、Cu、Fe、Co 等对 Au 强化作用好而对其电阻率影响较小的元素制成合金，不但保持了纯 Au 的化学稳定性，并改善了纯 Au 的电接触性能。对于接触电阻小而电压低的精密触点，尤其是电流在 1～10 μA，电压在 1～50 V 的条件下，金基合金是较为理想的材料。

(1) Au - Ag 合金

在 Au 基体中加入 Ag 可以适当提高合金的强度，因而提高了材料的抗黏接性能。随着 Ag 含量的增加，合金的抗硫化性能降低，硫化物形成倾向性和接触电阻随之增加，所以 Ag 含量一般控制在 20% 以内。添加第三组元 Cu、Ni、Pt、Pd 等可以进一步强化 Au - Ag 合金和改善其抗硫化、抗电侵蚀性，提高耐磨性。

(2) Au - Ni 合金

Ni 对 Au 是一种很强的硬化剂，添加百分之几的 Ni 就可使 Au 的硬度提高数倍，从而提高合金的耐磨性和抗黏连性。同时还具有较低的电阻温度系数和热电势、优良的化学稳定性、电侵蚀小、接触电阻低而稳定等优点。这是因为 Au - Ni 相图中固相线以下存在亚稳相区，低温时效热处理时，固相分解作用使合金的物理和机械性能得到显著提高。在 Au - Ni 合金中添加 Y、Rh、Zr、Cr 等元素，会生成金属间化合物并富集在晶界上，可进一步提高合金机械性能降低温度系数、提高再结晶温度以及抗电侵蚀性和耐磨性。Ni 含量 5% ~16% 的 Au - Ni 合金广泛用于低、中负荷点触点材料。常用 Au - Ni 合金性能见表 7 - 11。

表 7 - 11 常用 Au 基合金性能[10]

合金成分 /%	熔点 /℃	密度 /(g·cm^{-3})	电阻率 /(μΩ·cm)	抗拉强度/MPa	硬度 HV	特征
Au - 8Ag	1058	18.0	约 6.0	约 140	30	固溶强化、加工硬化
Au - 10Ag	1055	17.9	约 6.5	约 150	30	
Au - 20Ag	1045	16.6	约 9.0	约 180	33	
Au - 25Ag	1029	16.1	约 10.1	约 190	35	
Au - 35Ag - 5Cu	950	—	12.0	约 650	180	时效强化
Au - 20Ag - 30Cu	850	12.75	13.5	900	250	
Au - 22Ag - 3Cu - 1Ni	—	—	12.0	1000	200	
Au - 30Ag - 7Cu - 3Ni	—	14.4	13.0	1050	230	
Au - 5Ni	1020	18.3	12.3	980	200	调幅分解强化
Au - 9Ni	960	17.2	19.0	1000	270	
Au - 9Ni - 0.5Y	990	17.5	21.2	1150	290	固溶强化
Au - 9Ni - 0.5Gd	990	17.5	20.5	1150	280	
Au - 9Ni - 1.0Nb	约 990	17.5	19.0	—	230	
Au - 7.5Ni - 1.5Cu	约 100	17.5	18.5	950	245	时效强化
Au - 10Ni - 15Cu	约 950	—	28.0	1350	310	
Au - 22Cu - 2.5Ni - 1Zn	915	14.7	20.0	1100	280	时效强化
Au - 17Cu - 2Ni - 0.7Zn - 1Mn	—	15.0	30.0	1200	—	

续表 7－11

合金成分 /%	熔点 /℃	密度 /(g·cm^{-3})	电阻率 /(μΩ·cm)	抗拉强度/MPa	硬度 HV	特征
Au－30Ag－45Pd－5Pt	1371	12.8	39.4	500	95	沉淀强化
Au－10Ag－5Pt－Cu－Ni	955	15.9	13.3	1400	290	
Au－30Ag－35Pd－10Pt－Cu－Zn	1190	11.9	31.6	1400	300	
Au－14Cu－10Pt－10Pd－Rh－Ni	1124	15.1	27.0	1100	380	时效强化

(3) Au 基多元合金

近年来，作为电接触材料使用的 Au 基合金向多元化发展，以求获得更好的综合性能。如：添加 Zr、Ni、Fe、Cr、Co、Pd、Pt 等强化元素可增强机械性能；添加 Cr、Mn、V、Fe、Co 等元素可增加电阻率。添加 Zn、Mn、Al、Ti、Bi、In、Ga、稀土等元素可以起到脱氧、除气和进一步改性等作用。依据不同的使用环境和条件，已开发出了一系列具有不同电学、力学性能的多元合金。目前常用 Au 基多元电触点材料有：Au－Ag－Cu 系中添加 Pt、Pd、Ni、Rh、Zn、Mn 等，Au－Ni－Cr 系中添加 Zr、RE、Zn、In 等，Au－Cu－Ni 系中添加 Pd、Rh、Mn、Zn 等。部分常见 Au 基多元合金电接触材料性能见表 7－11。

3. Pt 基触点接触材料

纯 Pt 具有高的抗化学腐蚀性和高的抗电弧侵蚀性，但因其强度较低，除镀层外一般不直接用作触点材料。为了提高 Pt 的硬度、抗电弧性和耐熔焊性，常加入 Ag、Ni、Ir、Ru、W、Rh 等元素合金化，以提高其强度、电接触性能、抗电弧侵蚀性，减少由机械晃动和电侵蚀引起的磨损。Pt 合金既可用作断开触点，也可用作滑动触点，主要用于弱电流装置和仪表中，凡是 Ag 基、Au 基和 Pd 基合金触点材料不能胜任的苛刻工作环境，特别是在航天、航空等要求高可靠性的仪器仪表中，采用 Pt 合金触点材料是最佳选择[9, 15－17]。

(1) Pt－Ir 合金

Pt－Ir 合金在高温时为连续固溶体，含 7%～99%（原子百分数）Ir 的合金在从高温冷却到 975～700℃时会发生固相分解。Pt－Ir 合金具有高熔点、高强度和高硬度、高的抗腐蚀和抗氧化膜形成能力、高的抗电弧能力、低而稳定的接触电阻，是 Pt 合金中最重要的电触点材料，也是轻负载弱电流条件下最典型的 Pt 基触点材料。常用的 Pt－Ir 合金含 Ir 量为 5%～30%，主要用于要求高可靠、高耐磨、高耐振和高抗电弧侵蚀的电器装置中，如航空发动机的点火装置触点材料。

(2) Pt－Ru 合金

Pt－Ru 合金具有与 Pt－Ir 合金相似的电接触性，Ru 的加入可以提高 Pt 的力学性能、抗腐蚀性能和抗电侵蚀性能。含 14%（质量分数）Ru 以下的 Pt－Ru 合金可以用作从轻负载到重负载的电接触材料。缺点是合金中的 Ru 易氧化挥发，合金晶界断裂倾向比较大。高 Ru 合金不仅加工困难，也会影响性能的稳定。故 Pt - Ru 合金中 Ru 的含量一般为 3% ~14%。Pt - Ir - Ru 或 Pt - Ru - Ir 系三元合金兼有 Pt - Ir 和 Pt - Ru 合金的综合性能，可以替代 Pt - Ir 合金和 Pt - Ru 合金的使用。

(3)其他 Pt 合金

Pt - Rh 和 Pt - W 合金也具有高熔点和高抗电弧侵蚀性能，主要用作航天、航空工业电器的开关触点，Pt - Pd 和 Pt - Ni 合金主要用于开关触点，Pt - Au 合金可用作轻负荷继电器触点，Pt - Cu 合金也可作为电触点材料使用。主要 Pt 基电触点材料的基本性能见表 7 - 12。

表 7 - 12　主要 Pt 基触点材料性能[9, 15-17]

合金成分 /%	熔点 /℃	密度 /(g·cm^{-3})	电阻率 /(μΩ·cm)	电阻温度系数/K^{-1}	热导率 /[W·(cm·℃)$^{-1}$]	硬度 HV
99.9Pt	1770	21.45	9.85	0.003927	0.7	
Pt - 5Ir	1780	21.5	19.0	0.00188	—	140(HB)
Pt - 10Ir	1780	21.53	24.5	0.00133	0.30	185(HB)
Pt - 15Ir	1787	21.57	28.5	0.00102	0.23	230(HB)
Pt - 20Ir	1815	21.63	31.0	0.00081	0.17	265(HB)
Pt - 25Ir	1840	21.7	33.0	0.00066	0.16	310(HB)
Pt - 5Ru	1813	20.7	31.5	0.009	—	130(HB)
Pt - 10Ru	1833	19.9	42.0	0.0047	—	190(HB)
Pt - 14Ru	1843	19.1	46.0	0.0036	—	240
Pt - 5Au	1740	21.4	—	—	—	—
Pt - 10Au	1710	21.2	—	—	—	—
Pt - 10Pd	1660	19.9	20.0	0.0015	—	90
Pt - 20Pd	1650	18.6	25.0	0.0011	—	110
Pt - 5Ni	1740	20.0	23.6	0.00179	—	195(HB)
Pt - 10Ni	1710	—	29.8	0.00135	—	130(HB)
Pt - 25Ir - 0.2Ru	—	21.7	33.0	—	—	—
Pt - 10Ir - 2Ru	—	—	30.4	0.0096	—	—
Pt - 10Ir - 5Ru	1813	—	37.0	0.0064	—	—
Pt - 10Ir - 10Ru	—	—	—	—	—	—
Pt - 10Ru - 2Ir	—	—	44.0	0.00476	—	—
Pt - 10Ru - 5Ir	—	—	43.6	0.0045	—	—

4. Pd **基触点接触材料**

Pd密度小，价格相对于Au、Pt而言更加低廉，所以Pd基合金是比较经济的铂族金属电触点材料。Pd的电导率和导热系数均低，主要用作弱电触点材料。Pd合金触点在使用过程中会产生氧化膜，但是在一定条件下其接触特性比Pt基合金更好。主要的Pd基触点材料性能列于表7-13。常用的Pd基电接触材料有Pd-Ag、Pd-Cu、Pd-Ir合金及复合材料，以及Pd-Ag-Cu、Pd-Ag-Au-Pt等多元合金。

表7-13　主要Pd基触点材料性能

合金成分/%	熔点/℃	密度/(g·cm^{-3})	电阻率/μΩ·cm	电阻温度系数/K^{-1}	硬度HV
99.9Pd	1554	12.02	9.93	0.003927	105.110
Pd-10Ir	1555	12.6	26.0	0.00133	105
Pd-18Ir	1555	13.5	35.1	0.0075	125
Pd-5Cu	1480	11.4	21.6	0.013	55(HB)
Pd-10Cu	1420	1.7	29.4	0.008	69(HB)
Pd-30Cu	1250	10.75	44.7	0.002	80(HB)
Pd-40Cu	1200	10.60	35.0	0.0036	80(HB)
Pd-4.5Rh	1593	11.97	41.0	—	86(HB)
Pd-36Ag-4Cu	1330	—	42.0	—	—
Pd-35Cu-5Co	—	11.1	40.0	—	209
Pd-26Ag-2Ni	1382	11.5	25.0	—	90(HB)
Pd-30Ag-20Au-5Pt	1731	12.5	—	—	96(HB)

(1) Pd-Ag合金

Pd-Ag合金(Pd含量大于50%)具有良好的抗氧化性，良好的耐腐蚀性，但容易受到有机气氛污染。接触电阻低而稳定，机械性能良好，但抗熔焊性能较差。在Pd-Ag合金中添加Au、Co、Cu、Ni等元素可以提高合金的综合性能。

(2) Pd-Cu合金

Cu的加入可以提高Pd的硬度、强度和电阻系数，Pd-Cu合金在高温时形成连续固溶体，低温时出现有序-无序转变。当生成有序相时，合金的硬度和强度明显提高，电阻率下降。可以将Pd-Cu合金制备成层状或纤维复合材料，抗氧化性能较好，能承受大电流冲击，主要用于弱电触点。

Cu/Pd 复合材料是一种新型功能性复合材料，具有优异的加工性、适中的硬度和较高的电导率、导热率，电导率为 Pd – Cu 合金材料的 4 ~ 11 倍。在直流条件下，具有极好的抗材料微小迁移特性，触头寿命大幅提高，可用于继电器。

(3) Pd – Ir 合金

Ir 添加到 Pd 中能显著提高 Pd 的硬度、强度以及电阻率。Pd – Ir 合金主要用于恶劣环境下使用的触点，在一定条件下可以替代某些 Pt – Ir 合金使用。

7.2.3 贵金属滑动接触材料

用于仪器仪表中高精密长寿命的各种滑动电接触元件(如绕线电位器的绕组、电刷、导电滑环、整流片、换向片等)所使用的贵金属材料，统称贵金属滑动接触材料。

滑动接触材料必须具有良好的耐磨性能，摩擦系数小，以减少摩擦力，所以必须具有稳定的电阻，低的电阻温度系数；具有良好的抗电火花灼烧能力，而不影响接触电阻稳定性；具有良好的化学稳定性，不受氧化、硫化、盐雾潮湿气氛影响，有良好的抗有机污染能力，不生成有机摩擦聚合物；对铜热电势应尽量小，以保证输出信号精度；有足够的强度、弹性和好的加工工艺性。贵金属合金材料是很好的滑动接触材料，有 Ag 基、Pt 基、Pd 基、Au 基合金等类。

1. Ag 基滑动接触材料

Ag 基滑动接触材料可分为无弹性滑动接触材料和弹性滑动接触材料。无弹性滑动接触材料主要包括 Ag – Pd 系、Ag – Cu 系、Ag – In 系、Ag – 石墨系等。为了提高接触元件在滑动过程中的耐机械磨损和电腐蚀性能，并使接触元件在滑动过程中保持低和稳定的接触电阻，所以采用微量多元合金化方法来提高合金的性能。如：添加铂族金属元素 Pt、Pd、Ru 等能提高合金的抗氧化性，抑制接触电阻增加，提高硬度，维持材料的润滑性和提高耐磨性；添加 Li、Ca、Be、Mg、V、Ti、Sn 等元素可以抑制 Ag – Cu 合金中氧化物的生成，保持合金的高硬度、提高材料的耐磨损能力，使接触电阻低而稳定，提高材料的抗硫化性能、抗氧化性能等；添加 Sn、Al、Ti、V、Sb、Cr、Mo、Sr 等能保持 Ag – In、Ag – Mn 合金本身的润滑性，提高合金抗氧化能力，抑制接触电阻的增加，提高材料硬度，防止磨粉产生，降低接触的电噪声。常用 Ag 基滑动接触材料的组成与性能见表 7 – 14[8]。

Ag 基弹性滑动接触材料主要包括 Ag – Mg 系和一些含 Ag 的 Au 基、Pd 基合金，这类合金大多数是冷加工硬化材料和时效硬化材料，具有较好的弹性。

表7-14 一些Ag基滑动接触材料的组成与性能

合金成分 /%	熔点 /℃	硬度 /HV	电导率 /%IACS	密度 /(g·cm^{-3})	应用
Ag-30Pd	1225	60	11.5	10.9	连接器，微电机电刷等
Ag-40Pd	1290	65	8.2	11.1	
Ag-50Pd	1350	70	5.7	11.2	
Ag-7.5Cu	799	56	90	10.4	微电极换向器，滑动开关、旋转开关
Ag-10Cu	778	67	86	10.3	
Ag-24.5Cu-0.5Ni	810	135	68	—	
Ag-石墨(2)	960	30	86	9.7	信号开关，无保险开关
Ag-石墨(5)	960	30	60	8.7	

2. Au **基滑动接触材料**

Au基合金是重要的滑动电接触材料。Au的抗氧化性和耐蚀性仅次于Pt、Au合金，具有优良和稳定的化学和电学性能，低而稳定的接触电阻，低的接触噪音以及良好的抗氧化气氛污染能力，具有较好的弹性，一般采用冷加工和沉淀强化提高Au基合金性能，许多Au基合金既可以作为闭合接触材料使用，也可作为滑动接触材料使用，常见Au基滑动接触材料见表7-11。

(1) Au-Ag合金

Au-Ag合金普遍用于低阻值的电位器绕线电阻、电刷及导电环材料。添加Cu、Mn、Gd等可以提高Au-Ag合金强度，降低对铜热电势，表现出极高的耐磨性。

(2) Au-Ni合金

Au-Ni合金中添加Cr、Fe、Gd、Y、Zr、Cu等元素，可使该系合金具有低电阻温度系数、低接触噪音、长寿命、耐磨性好等特点，特别适用于低、中阻绕组，电刷材料。

(3) Au-Pd合金

Au-Pd合金是高阻材料，在合金中添加Fe、Mo、Al、V、Ni、Cu、Cr等，使合金具有较高的硬度和强度，电阻系数达到很高的数值，而电阻温度系数出现极小值，并且对铜热电势小，抗腐蚀性强等。

3. Pd **基滑动接触材料**

Pd基合金比Pt基合金有更低的电阻温度系数，抗有机污染物能力相对较强。在Pd基滑动接触材料中，Pd-Ag合金、Pd-Au合金和Pd-Ir合金占有重要地位。

(1)Pd－Ag 合金

Pd－Ag 合金由于具有很低的电阻温度系数、良好的加工性及抗蚀能力，被广泛用作绕线电阻、电刷及导电滑环等各类接触元件。在 Pd－Ag 合金二元基础上不断研究和应用了一些新型 Pd－Ag 系多元合金，如 Pd－38Ag－16Cu－1Pt－1Ni 合金为时效硬化型合金，由于具有强度和硬度高、弹性好、接触电阻低而稳定、耐磨性好、噪音电平低等优点，适用于作弹性电刷和导电环等滑动接触材料。

(2)Pd－Au 合金

Pd－Au 系多元合金是优良的滑动接触材料，用作微型精密电位器的绕线电阻。特别是 Pd－38Au－11Fe－1Al 合金的电阻系数极高，是迄今为止贵金属电阻合金中电阻系数最高值(230 μΩ·cm)，同时该合金的电阻温度系数和对铜热电势等于或趋于零。

4. Pt 基滑动接触材料

Pt 基合金的优异性能使其既可作断开接触材料，也可作滑动接触材料(见 7.2.2)。

7.2.4 贵金属自润滑接触材料

滑动接触元件大多数是因长期摩擦被磨损而使噪音电平增大，导致接触不可靠直至失效，因此减少滑动接触材料的摩擦系数，提高耐磨性，是保证接触元件可靠性和高寿命的关键。在贵金属电接触材料中加入固体润滑剂，制成自润滑电接触材料。自润滑电接触材料摩擦系数低，磨损速度慢，磨损量小，因此可以长期工作。常用的贵金属自润滑接触材料主要用 Ag 基和 Au 基材料。

1. Ag 基自润滑接触材料

Ag 和一些 Ag 合金(如 Ag－Mn、Ag－In、Ag－Sn、Ag－Zn 等)本身具有一定的润滑性，但是在使用过程中容易生成 MnO、In_2O_3、SnO、ZnO 等氧化物而使材料摩擦系数降低，增加磨损量而导致材料失效。在这些 Ag 合金中添加 Li、Be、Mg、Ca 等可以抑制 MnO、In_2O_3、SnO、ZnO 等氧化物的生成，保持这些 Ag 基合金固有的润滑性。但这些措施的作用有限，比较好的方法是在 Ag 中加入固态润滑剂制成固体自润滑材料，制成长寿命、高可靠的 Ag 基滑动接触元件。常见的 Ag 基固体自润滑材料主要有以下几类。

Ag/石墨：Ag/石墨是最常见的 Ag 基自润滑电接触材料，石墨的含量根据需要而定，一般石墨含量为 2%～5%，有些 Ag/石墨材料含石墨 50%，材料密度从 10.4 g/cm^3 降至 3.4 g/cm^3，电阻率从 1.67 μΩ·cm 增加至 100 μΩ·cm。Ag/石墨自润滑电接触材料的特点是具有良好的导电性、优良的耐磨性和润滑性，接触电阻低而稳定，不会产生熔焊和氧化膜，最适合用作滑动接触元件材料。

Ag/(Mo、Fe、W、Zn 等)硫化物：在 Ag 中添加一种或多种硫化物(含量为

0.5% ~10% 的 Mo、Fe、W、Zn 等硫化物)，采用粉末冶金技术制成 Ag + MoS_2 等固体自润滑材料，这类材料有很好的自润滑性能，在滑动过程中接触电阻低而稳定，耐机械磨损和电腐蚀。

Ag/(Nb、W)硒化物：在 Ag 中添加 Nb、W 的硒化物，使用粉末冶金技术制成的固态自润滑材料，摩擦系数低，磨损量小，磨损速度慢，可长期在大气中使用。

2. Au **基自润滑接触材料**

传统的 Au 基自润滑接触材料是将 Au 基粉末与导电的润滑剂通过粉末冶金方法制备，其润滑剂通常为石墨、硫族化合物 MX_2(M 为元素周期表中ⅤB族或ⅥB族金属，X 为ⅥA族非金属)，最常用的润滑剂为 MnS_2、$NbSe_2$等。

石墨具有良好的自润滑性，主要源于石墨具有晶格轴比为 $c/a = 2.67$ 的密排六方结构。Au - 9Ni - 8In 合金由于在低温下析出 Ni_3In 硬质相，可以减少摩擦副之间的黏结与金属转移，同时，在合金表面形成的 In_2O_3膜，它的晶格轴比为 $c/a = 3.16$，具有类似石墨型层状结构，易于润滑而降低摩擦系数。经试验验证，Au - 9Ni合金与 Au - 9Ni - 8In 合金相比，摩擦系数 μ_K 从 0.49 下降至 0.29，后者的 μ_K 数值下降了 40%，电寿命提高了 11 倍[18-19]。

7.3　贵金属电接触材料加工制备技术

按材料组元不同，贵金属电接触材料分为合金电接触材料和复合电接触材料。贵金属合金电接触材料一般采用熔炼、铸造、压力加工制备；而贵金属复合电接触材料种类繁多，不同的材料其制备方法也不同。

7.3.1　贵金属合金电接触材料的制备

1. **合金化元素的选择和杂质的控制**

贵金属合金电接触材料，应根据使用要求设计合金成分和选择合金化元素。为了保证合金的质量和性能，特别要注意控制所制备合金的纯度，既要控制原料的纯度，又要避免在熔炼、铸造、加工和热处理过程中带入杂质元素。因微量杂质会影响合金的物理性能，特别是电学性能。一般来说，贵金属合金电接触材料的杂质总量应控制在 0.01% ~0.02%[20]。

对 Au 合金而言，Pb、Te、Bi 是最有害的杂质，它们会在 Au 及 Au 合金中生成 Au_2Pb、$AuPb_2$、$AuTe_2$、Au_2Bi 等脆性相，导致 Au 及 Au 合金塑性急剧下降。Au 中 Pb 的杂质含量不得超过 0.005%，Bi 的杂质含量不能超过 0.01%。Pb、Te、Bi 对 Ag 及 Ag 合金也是有害的杂质元素。

杂质元素 Fe、Mg、Al、Ag、Cu、Pb、C、P、Si、Zn 等，对 Pt 基合金以及其他铂

族金属合金材料都是有害的，特别是 C、P、Si 等元素与 Pt 易形成低熔点共晶化合物，会影响材料的加工性。

2. **坩埚的选择**

贵金属及其合金(尤其是铂族金属)熔点高，原料纯度高，为了保证成品的性能，首先必须避免在熔炼过程中被污染。熔炼时高温金属液体与坩埚材料直接接触，增加了两者之间的反应机会。为了避免金属与坩埚发生反应而导致污染，选择合适的坩埚材料是十分必要的。

碳不会溶入熔融状态的 Au、Ag 中，也不会与 Au、Ag 发生反应生成碳化物，所以 Au、Ag 及其合金可以使用石墨坩埚熔炼。而 Pt、Pd 等铂族金属熔化后在高温下能溶入碳并形成碳化物(见表 7 – 15)，其溶解度随温度升高而增大，同时溶入的碳在金属凝固时还会在界面上以石墨状态析出，导致金属脆化。因此，熔炼 Pt、Pd 及其合金只能采用纯度较高的氧化锆、氧化铝、氧化镁、氮化硼等材料制成的坩埚。

表 7 – 15　铂族金属与碳的共熔温度[21]

金属元素	熔点，T_m/K	碳化物的固相线温度，T_s/K	T_s/T_m
Pt	2042	2009 ± 13	0.984
Pd	1825	1777 ± 17	0.974
Rh	2233	1967 ± 17	0.881
Ru	2583	2215 ± 16	0.859
Ir	2716	2569 ± 16	0.946
Os	3323	3005 ± 22	0.901

3. **熔炼与铸造**

大多数贵金属合金电接触材料的熔炼都采用感应炉。在高频或中频感应炉内，当交变电流通过感应圈时，周围产生交变电磁场，处于感应圈内坩埚中的贵金属等炉料被感应产生“涡流”，炉料因“涡流”电阻热被加热至熔化。在熔化后因感应电流的搅拌作用，使得合金成分较均匀。

在实际生产中，贵金属合金电接触材料的铸锭一般不大，很少超过 20 kg，比较适合石墨模具浇铸或水冷铜模(水冷钢模)浇铸。

由于 Ag、Pd 等贵金属的吸气性很强，而且贵金属原料多为粉末态或海绵态，多孔的原料很容易吸取大量气体。因此在熔化时，气体容易溶于金属熔体中，造成合金铸锭中的气孔和疏松。为了保证铸锭质量，通常在真空或低压惰性气体保护下，通过反复熔炼，尽量除去熔融金属中的气体。

在熔炼过程中，还应依据合金的特点制定合适的熔炼工艺，控制好金属熔体的温度，尽量缩短熔化时间，减少贵金属原料的挥发损耗。

4. **塑性加工**

Ag 基、Au 基、Pt 基、Pd 基等贵金属合金电接触材料具有良好的塑性，在冷、热状态下都可以变形加工。通过挤压、轧制、拉拔等，可制成带材(片材)、丝材、管材等型材。

贵金属合金电接触材料的加工性因其添加元素及合金组织结构不同会有很大差异。比如 Ag - Au 系、Ag - Pd 系、Pd - Cu 系等具有连续固溶体的合金材料，在全部成分范围内合金都具有良好的加工性能，可以直接采用冷加工开坯和后续加工，道次变形率一般控制在 10% 左右，两次退火间的总变形率可达到 80% ~ 90%，可以加工成很细的丝材、很薄的片材和各种型材。

Ag - Cu 等共晶系合金、Pt - Cu 等高温为连续固溶体但低温出现有序相或发生固相分解的合金、或 Ag - Pt 等包晶系合金等，会在压力加工过程中产生固态相变，因此需对合金铸坯进行均匀化处理，或采用热轧、热锻等热加工方法开坯，之后进行冷加工，两次退火间的总变形率一般控制在 50% 以下。

5. **超声波及大变形技术**

在电接触材料制备中已开发应用超声波技术，如用功率超声波制备铝基颗粒增强的复合材料时，超声波不仅可以使增强颗粒在液态金属中的分布更加均匀，而且空化效应造成的熔体局部高温高压可导致增强颗粒和金属熔体产生复杂的交互作用，使氧化物颗粒破碎至纳米级。大变形加工技术可以明显细化组织结构、改善材料均匀性、提高材料塑性，已经在铜、铝、钢铁等金属材料中得到应用。应将上述先进加工技术应用到贵金属电接触材料制备中，以推动电接触新材料的发展。

7.3.2　贵金属复合电接触材料的制备

按材料组分的空间结构特征，贵金属复合电接触材料可分为层状复合材料、纤维复合材料、颗粒复合材料。贵金属层状复合电接触材料主要采用固相连续轧制技术；贵金属纤维复合电接触材料主要采用大变形原位复合技术、大变形直接复合技术；而贵金属颗粒复合电接触材料可采用粉末冶金法、合金内氧化法、共沉淀法、反应合成法等制备。各种复合材料的制备技术、一般性质及影响因素详见第 3 章相关内容。

7.4　典型贵金属复合电接触材料的电接触特性

本节着重介绍典型的、常用的 Ag/SnO_2 和 Ag/Ni20 两种复合电接触材料的制备方法对电接触特性的影响。

7.4.1 Ag/SnO_2电接触材料的制备方法和优缺点

可用多种方法制备 Ag/SnO_2电接触材料，其优缺点对比见表 7 - 16[23]。

表 7 - 16 Ag/SnO_2电接触材料的制备方法和优缺点

方法	工艺特点	优 点	缺 点	应用情况
内氧化法(I/O)	Ag - Sn 合金—加工—内氧化	工艺简单、成本低，SnO_2质点细小、弥散分布，材料强度、密度、硬度高，耐电弧腐蚀，寿命长	产生贫氧化区，材料塑性及加工性能差	工艺成熟，应用最广
机械合金化法(MA)	SnO_2粉与 Ag 粉混合—高能球磨—成型—烧结	工艺简单、经济，材料组织弥散均匀、晶粒细小	能耗高，易造成污染，不易实现批量生产	可制备纳米级 Ag/SnO_2材料
化学共沉淀法	SnO_2粉与含 Ag^+溶液混合—还原—过滤—洗涤—烘干—压制成型—烧结	SnO_2弥散均匀分布，电性能好	制粉工艺复杂，稳定性差，有环境污染问题	应用不广泛
反应雾化法	含 Ag、Sn 的硝酸盐溶液经雾化—蒸发—分解获得 $AgSnO_2$粉末—压制成型—烧结	SnO_2粉末颗粒内的成分均匀，在电容性负载条件下使用性能好、寿命长	生产设备投资大，成本高	可依据使用要求制备具不同组成和微结构的电接触材料
预氧化合金法(PO)	AgSn 合金熔化—雾化成细粉—内氧化—压制—烧结—挤压	SnO_2颗粒在 Ag 基体中高度分散，组织均匀，耐磨性和抗熔焊性好，电导率高	材料硬度、密度不如 I/O 法工艺生产的材料	是新一代制造触头材料的工艺技术，应用前景好
反应合成法	原料混合—冷压成型—烧结—复压	工艺流程短，无污染，界面结合性好，材料易于加工，产品质量好，电阻率小	SnO_2颗粒均匀性较差	研究、开发阶段，应用前景好

注：表中除反应合成法外的其他方法参见第 3 章。

7.4.2　反应合成 Ag/SnO_2电接触材料的电接触特性

一对 Ag/SnO_2触点在电弧侵蚀作用过程中，由于电弧输入两电极的能量大小和热流密度不同会引起侵蚀的不同。其中一个触点材料耗损部分脱离本体散失于周围空间，部分沉积到另一个触点的表面即发生所谓的材料转移。在对Ag/SnO_2触点发生的材料转移方式进行定义时，若阳极质量减少而阴极质量增加，则称 Ag/SnO_2材料发生阴极转移；如果电弧侵蚀作用后阳极质量增加而阴极质量减少，则称 Ag/SnO_2材料发生了阳极转移；如果电弧侵蚀严重，将会造成两极触头均发生损耗，称为一对触点发生了净损耗。

昆明理工大学陈敬超等人[12, 29]采用反应合成法制备了不同真实应变的 Ag/SnO_2材料，进行了不同实验条件下Ag/SnO_2电接触材料的电接触试验，研究了 Ag/SnO_2电接触材料电弧侵蚀机理。

1. **反应合成 Ag/SnO_2材料在电接触中的材料转移**

图 7 - 5 为直流、阻性负载、电压 18 V 条件下，真实应变分别为 $\varepsilon_1 = 5.9$、$\varepsilon_2 = 11.7$、$\varepsilon_3 = 17.6$ 的反应合成 Ag/SnO_2电接触材料转移量随电流条件的变化而相应变化的示意图[12]。

对于反应合成技术制备的 Ag/SnO_2材料在电流 <25 A 条件下，不同的材料真实应变值对应的触点在电弧侵蚀作用下，材料转移量均较小，表现出良好的抗电弧侵蚀性能。在相同的工作条件下，不同真实应变的 Ag/SnO_2材料的材料转移方式发生转变的临界条件不同，真实应变数值越大，临界转移电流值越小。当电流小于临界转移电流值，Ag/SnO_2材料在电弧作用下发生阳极转移，电流大于临界转移电流值，材料转移方式变为阴极转移[12, 25]。

真实应变 $\varepsilon_1 = 5.9$ 的反应合成 Ag/SnO_2材料的临界电流值为 20.5 A，真实应变 $\varepsilon_2 = 11.7$ 的Ag/SnO_2材料的临界电流值为 17 A，而真实应变 $\varepsilon_3 = 17.6$ 的 Ag/SnO_2材料的临界电流值为 16 A。这是由于随着 Ag/SnO_2材料的变形量的增加，第二组分 SnO_2颗粒弥散程度更好，使材料的硬度增加，在电弧作用下，气相电弧和金属相电弧相互转变的临界点也发生了变化，从而影响了材料转移方式。对比三种不同真实应变 Ag/SnO_2材料在发生阴极转移的材料转移量时发现，对应 $\varepsilon_3 = 17.6$ 的 Ag/SnO_2材料的材料转移量更小，表现出更好的抗电弧侵蚀性能。

对真实应变 $\varepsilon_3 = 17.6$ 的反应合成 Ag/SnO_2材料进行了 18 V、8.5 V 电压条件下的电接触特性研究。结果表明，Ag/SnO_2材料的工作电流、工作电压对材料的转移方式和转移量都有显著的影响（见图 7 - 6）。

Ag/SnO_2材料在低电压条件下工作时，材料转移方式单一。反应合成 Ag/SnO_2材料在 8.5 V 工作电压、4 ~ 14 A 工作电流范围内的电弧侵蚀作用下，阳

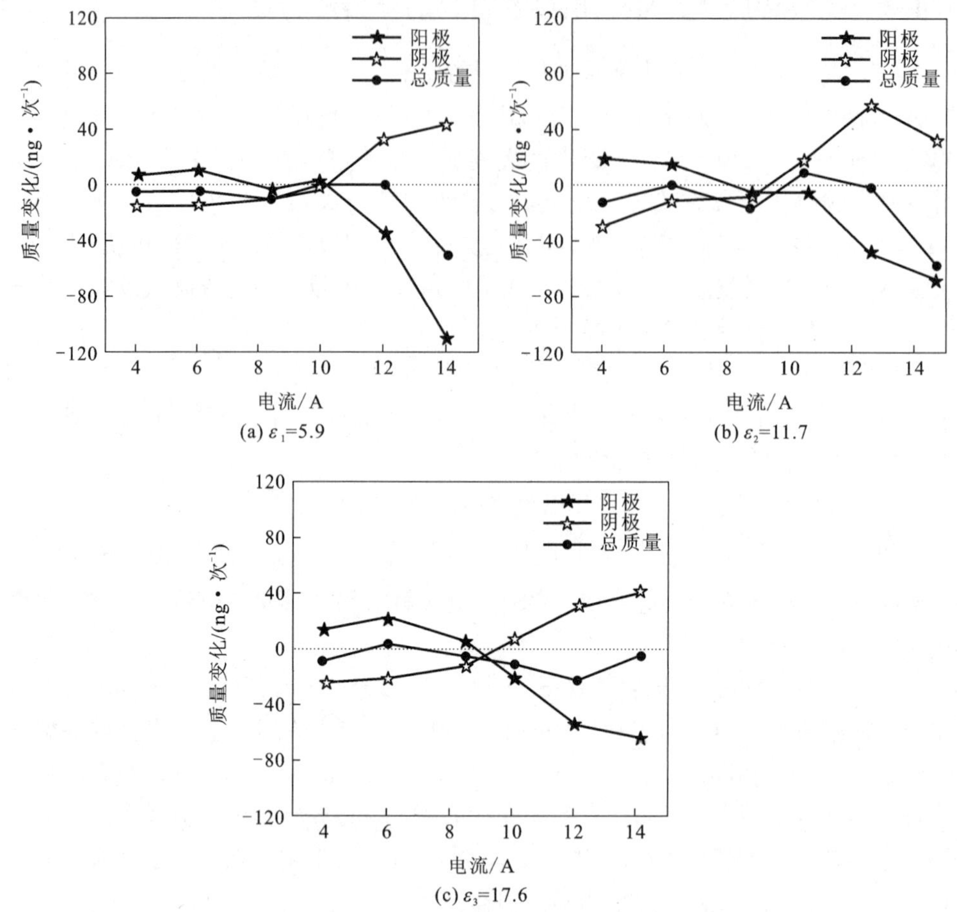

(a) ε_1=5.9

(b) ε_2=11.7

(c) ε_3=17.6

图7-5　反应合成 Ag/SnO_2 电接触材料随电流的转移

极触点质量减少，而阴极触点质量增加，即只发生阴极转移。且材料转移量与18 V工作电压条件下的相比，材料转移更低，为40 ng/次；在18 V工作条件下，反应合成 Ag/SnO_2 材料在一定电流值范围内发生阳极转移，当电流大于临界值后，材料转移方式反向。这是由于在8.5 V电压，4～14 A电流工作条件下，电弧功率相对较小，在电接触过程中机械力的作用对材料转移的影响较大，电弧作用则相对减弱了。

不同的开、闭频率对触点材料的转移量和转移方式都产生相应的影响。在开、闭频率分别为0.8 Hz、1.0 Hz、1.2 Hz条件下，Ag/SnO_2 材料的转移方式发生了转变，随电流的增大，先发生阳极转移，后发生阴极转移，临界电流值均为16 A。随着开、闭频率的增大，Ag/SnO_2 材料在材料转移方式发生反向后，阳极触

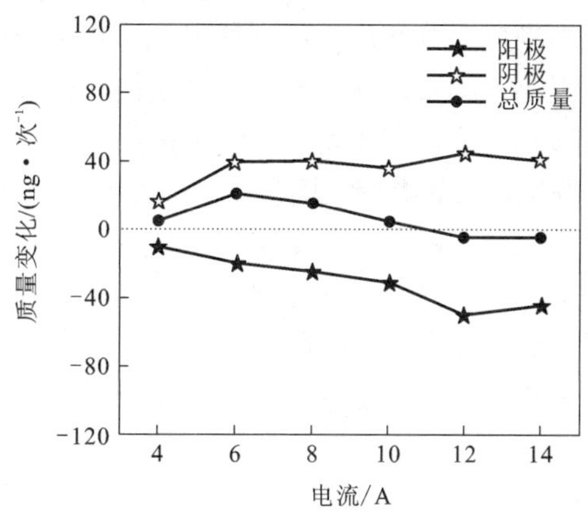

图 7-6　反应合成 Ag/SnO_2 材料在电压 8.5 V 条件下材料的转移量($\varepsilon_3=17.6$)

点质量损耗量显著增大，而阴极触点质量增加量逐渐减少，从而导致一对触点总质量的净损耗呈现逐渐增加的趋势。这是由于开、闭频率越大，触点之间开闭速度就越快，这样就会使触点表面散热时间缩短，从而导致连续和反复的电弧作用累加作用加大，增加了材料的侵蚀量。

2. 反应合成 Ag/SnO_2 材料的电弧侵蚀形貌

Ag/SnO_2 材料的表面在电弧侵蚀作用下出现一定的电弧侵蚀形貌[26-28]，这些侵蚀形貌呈现出一定的规律。反应合成 Ag/SnO_2 材料发生阳极转移后，阳极触点的表面边缘有明显的烧蚀痕迹[见图 7-7(a)]，同时显示有凝固后的熔体和熔融材料的黏附[图 7-7(b)]，表明在电弧作用下，触点的表面形成了熔池。阳极触点表面黏附有熔融的材料(主要是 Ag 富集)，是造成阳极触点质量增加的一个重

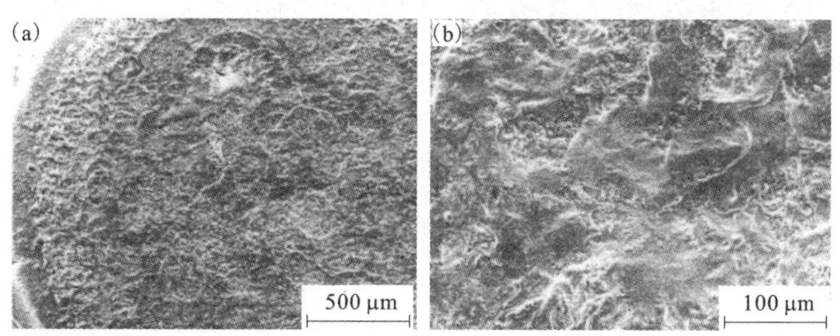

图 7-7　发生阳极转移后阳极触点侵蚀形貌

要因素；同时，在触点表面可以观察到气孔，这是在熔融金属凝固过程中，熔池吸收的气体以及材料本身成分分解产生的气体发生逸出造成的。

阴极触点表面呈现出连续且形状不规整的凹坑[见图7-8(a)]，图7-8(b)可以观察到在触点表面残留了许多小坑，表明阴极触点发生了损耗。显然，当反应合成 Ag/SnO_2材料发生阳极转移时，阳极触点形貌特征为熔融金属的流动、材料黏附及由于气体逸出而留下的气孔，而阴极触点形貌特征为坑洞。这是因为材料发生阳极转移时的电流条件相对较小，此时电弧功率较低，电弧能量也较低，所以在触点之间的高强电场作用下，阴极触点发射的电子轰击到阳极触点表面起主要作用，此时场电子发射作用大于热电子发射作用，造成了材料从阴极触点向阳极触点的转移。

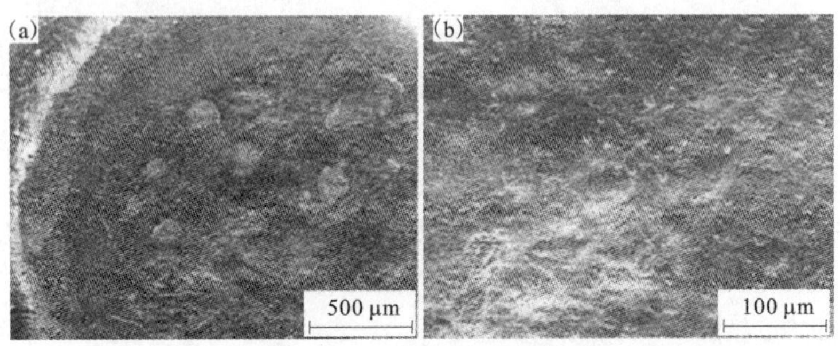

图7-8　发生阳极转移后阴极触点侵蚀形貌

反应合成 Ag/SnO_2材料发生阴极转移后，阳极触点表面电弧侵蚀严重，呈现裂纹及大量气孔特征(见图7-9)。表明触头表面在电弧作用下发生了材料的熔

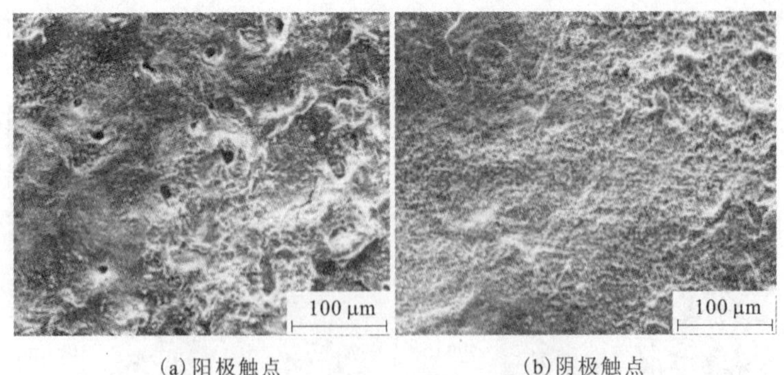

(a)阳极触点　　(b)阴极触点

图7-9　发生阴极转移后触点侵蚀形貌

化、分解，甚至沸腾，以至于凝固过程中有大量气体向外逸出，在侵蚀后的触头表面形成了气孔。在凝固过程中，由于 Ag 和 SnO_2 的膨胀系数相差较大，且凝固过程时间较短，因此在触点表面形成了裂纹。而阴极触点的电弧侵蚀形貌与阳极触点形貌相比有显著区别，呈现凸起、熔珠及网状结构三大形貌特征，表明在电接触过程中，触点之间不仅发生了喷溅，还发生了熔体的黏附及阴、阳触头间产生熔桥并随触头的分断而熔断的过程。

材料表面在电弧侵蚀作用下形成孔洞、气孔、裂纹、Ag 富集区、SnO_2 富集区等电弧侵蚀形貌，这是包含接触压力、电流和电压的变化、电弧和使用环境等许多物理参数共同作用的结果，其形成机理如下[28]。

孔洞和气孔　在电弧作用下，触点表面电弧处被快速熔化，空气中的氧气很容易被熔融状态的 Ag 吸收，溶解度超过 Ag 体积的 20 倍。在 960℃ 达到最大值，每 10 g 的 Ag 能吸收 21.35 cm^3 氧气。电弧熄灭时，熔化区因热量快速散失而冷却凝固。原来吸收的气体不能被全部排除，部分气体残留在银基体中，沿着固液相界面处有较大的气体过饱和度。气体的过饱和度越大，越易产生气泡。在电弧高温的反复作用下，气泡长大并溢出触点表面，形成表面的孔洞和气孔。

裂纹　Ag/SnO_2 材料组织中，Ag 晶界、Ag 与 SnO_2 的相界面和气孔等是产生表面裂纹的根源。由于电弧热温度很高，Ag/SnO_2 触点表面发生熔融现象，在冷却过程中，表面熔池发生液—固转变，这一过程的反复性、快速性和熔池位置的不确定性，导致触点表面区域的结构变得疏松。同时，Ag 与 SnO_2 的物理性能相差很大，两者相界面润湿性不好，产生热应力，当热应力超过界面最小断裂强度时，就会产生裂纹。

Ag 富集区　Ag 富集区在阳极熔层表面的形状为近似球形的颗粒，在阴极熔层表面为液态金属凝固后的山包状。Ag 富集区形成的原因：一是由于在电弧作用下，基体 Ag 因熔化而产生流动汇集在一起，提高了局部 Ag 的含量；另一方面 SnO_2 颗粒在电弧作用下发生升华，使 SnO_2 的含量减少，Ag 含量相对增加。熔化的 Ag 在电弧和机械力等的驱动下产生流动和喷溅等，易造成材料损耗。同时，较大的 Ag 富集区的形成增加了触点熔焊而失效的可能。所以 Ag 富集区的形成对触点材料的电寿命是不利的。

SnO_2 富集区　SnO_2 富集区相对集中在阳极和阴极表面较平的基体处。触点在电弧热作用下，表面过渡区温度迅速升高并超过 Ag 的熔点，熔化后触点表面材料改变了原来的组织结构，熔化区域的 SnO_2 颗粒上浮至表面，形成表面层的 SnO_2 颗粒富集区。触点表面 SnO_2 聚集增加了触点的接触电阻，产生高温，使与其相连的富 Ag 区熔焊趋势增加。

3. 反应合成 Ag/SnO_2 材料的电弧特性

电弧的伏安特性是电弧的重要特性之一[29]。Ag/SnO_2 材料在分断、闭合过程中电弧的伏安特性曲线如图 7－10 所示。曲线的斜率可近似地看成电弧的电阻，无论是触点分断过程还是闭合过程，电弧的伏安特性曲线都是下降的，且随电流的增加，曲线的斜率都不断减小。其原因是当电流增加时，电弧通道的截面增加，温度也升高，因此电弧电阻很快下降。对分断、闭合过程的电弧伏安特性进行对比可知，在电流值≤20 A 条件下，分断过程和闭合过程比较相近，说明曲线的斜率基本上没有随着电流的增加而改变。当电流条件为 25 A、30 A 电流条件时，两个过程的曲线特征则明显不同。在闭合过程中曲线的斜率由小变大，而分断过程的曲线斜率由大变小，这表明电弧的伏安特性变化与材料的转移方式存在一定的对应关系。

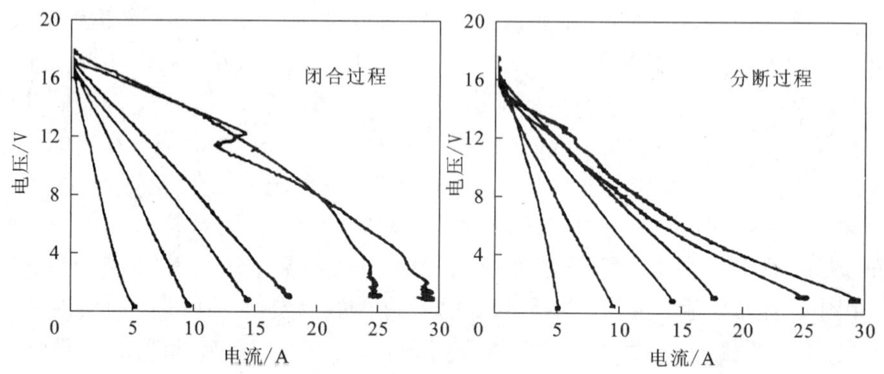

图 7－10　Ag/SnO_2触点分断、闭合条件下的伏安特性曲线

电弧的功率特性是电弧的另一个重要特性。不同电流值条件下 Ag/SnO_2材料的电弧功率示意图如图 7－11 所示。电弧的功率反映了电弧的能量，当电弧能量高过一定值时，能量的一部分使 SnO_2发生分解，另一部分将材料表面的温度迅速上升到 Ag 的熔点和沸点，Ag 液沸腾过程中快速吸收了大气中的氧气。由于液态 Ag 比固态 Ag 对氧气的吸附作用高 40 倍，所以在熔融金属液的凝固过程中，过量的氧气迅速被排出，于是形成了凹洞和气孔形貌，这些凹洞和气孔的出现会增加电弧在这些区域发生的几率，结果在电弧的反复作用下，热应力能量通过材料内的微裂纹扩展到气孔而得到释放，造成材料的转移。由图 7－11 的 25 A、30 A 功率曲线可以推测，此阶段的 SnO_2粒子已无法发挥其热稳定功能，最终 Ag/SnO_2材料被电弧侵蚀并发生严重损耗。

抗熔焊能力是衡量电接触材料寿命的重要指标。实验表明，在 18 V 工作电压、电流值 <20 A 工作条件范围内，反应合成 Ag/SnO_2材料的抗熔焊性能良好。而电流值 >20 A 时，材料的抗熔焊性能明显下降。这是由于随着电流值的不断升高，电弧能量也相应增大，对材料的电弧侵蚀作用也增大，触头表面材料中 SnO_2

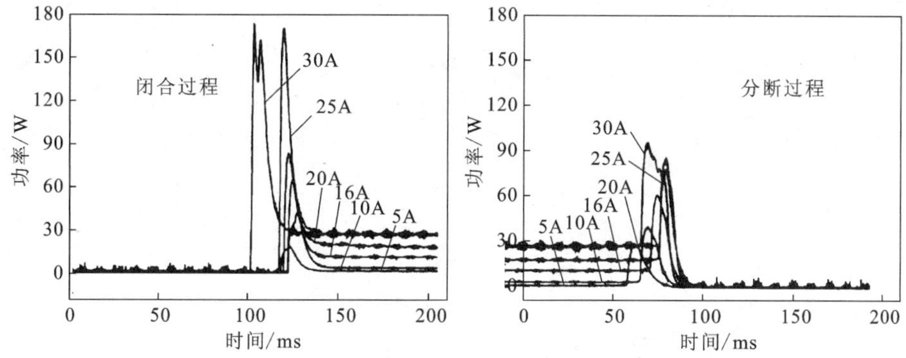

图7-11　Ag/SnO_2触点分断、闭合条件下的功率曲线

在高能量电弧作用下发生分解，导致熔池内氧化物含量降低，增大了触头接触过程中发生熔焊的可能性。

7.4.3　包覆挤压 Ag/Ni20 电接触材料的电接触特性[30-31]

张昆华等人详细研究了包覆挤压法制备 Ag/Ni20 电接触材料的工艺、真实应变对 Ag/Ni20 电接触材显微组织、力学性能的影响(详见 3.4.2)。本节主要介绍在直流 17 V、15 A、阻性负载条件下，分别对不同真实应变 Ag/Ni20 材料触点进行 0.5 万次、1 万次、2 万次寿命实验时的电弧特性和电弧侵蚀表面形貌特征。

1. Ag/Ni20 **电接触材料的瞬间电弧特性**

电弧能量是表征触点材料电弧特性的重要参数，由于直接测量电弧能量比较困难，在很多情况下，用理论计算燃弧能量。燃弧能量 W 的表达式为：

$$W = \int_0^T UI\mathrm{d}t \tag{7-10}$$

其中：U 为电弧电压，V；I 为电弧电流，A；t 为燃弧时间，ms。

电弧能量与产生电弧的电压、电流和燃弧时间有关，即电弧电压和电弧电流的乘积对燃弧时间的积分。相关参数可以由触点燃弧过程中瞬间电压、电流波形示意图取得。

许多实验表明，Ag 基材料最小起弧电压为 10 V，假设燃弧判据为：$U \geqslant 10$ V 且 $I \geqslant 0.1$ A，图 7-12 为一个操作循环的电压、电流波形理论示意图，触点燃弧过程可分为闭合前、闭合过程、接触过程、分断过程、分断后等 5 个阶段。

闭合前为触点接触的准备阶段，触点正、负极之间存在电压，由于触点没有接触，故没有电流通过，时间 $t = t_1$；在闭合过程中，触点正、负极逐渐接触，正、负极之间的电压逐渐降低，趋于零。在正、负极接触过程中电流逐渐导通，从零

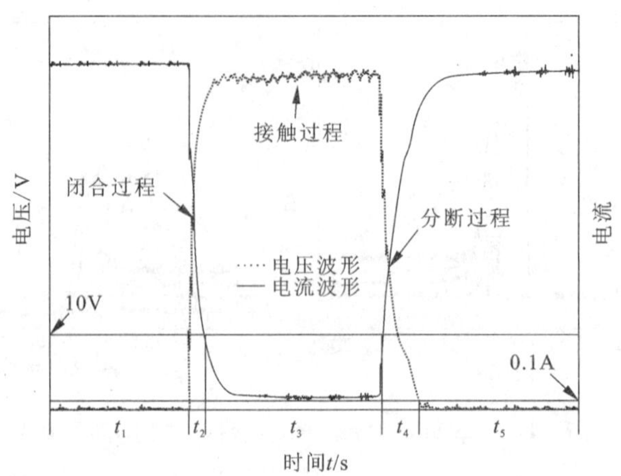

图 7－12　一个操作循环的电压、电流波形示意图

逐渐增加，并稳定于某值，闭合时间 $t=t_2$；当触点正、负极在接触压力的作用下达到稳定状态时，触点进入接触过程，此时电压为零，电流稳定在极值，接触时间 $t=t_3$；在分断压力的作用下，触点正、负极逐渐分开，随极间距离的增大，电压从零逐渐增加。电流逐渐降低为零，分断时间 $t=t_4$；分断后的电压、电流状态与闭合前相同。

图 7－13 为 Ag/Ni20 材料第 4843 次接触时的实际电压、电流和接触压力波形图。整个接触过程进行了 140 ms，其中闭合过程从 16 ms 开始，到 40 ms 结束，经历了 32 ms。由于闭合时冲力很大，导致出现弹跳过程，而且经过了多次弹跳后才能使触点稳定接触。

在闭合过程中，电压经过了 5 次弹跳，电压值从 17 V 逐渐降低到零；而电流的弹跳极限值分别为 13 A、15 A、16 A、22 A，最后稳定在 20～22 A 之间；接触压力从 2 cn 开始，在 4 ms 范围内达到极值 130 cn 后，呈正弦波形逐渐减弱为 40 cn。

在闭合前阶段，闭合电阻值为 2200～3000 mΩ。闭合开始后，闭合电阻在 1 ms时间内降到 50 mΩ，随后进行了一次弹跳，闭合电阻值极限达到4500 mΩ后迅速降低，趋于零。

分断过程用时比闭合过程短，并且无弹跳产生。从 14 ms 开始，到 16 ms 结束，用时 2 ms。分断过程结束后，电压、电流、接触压力、闭合电阻各参数又恢复到闭合前数值。

2. Ag/Ni20 **电接触材料的材料转移**

衡量触点材料损耗程度往往用触点经多次操作后的重量变化量 Δm 来表征。若 $\Delta m>0$，则触点增重，表示有材料转移过来；若 $\Delta m<0$，则触点失重，表示有

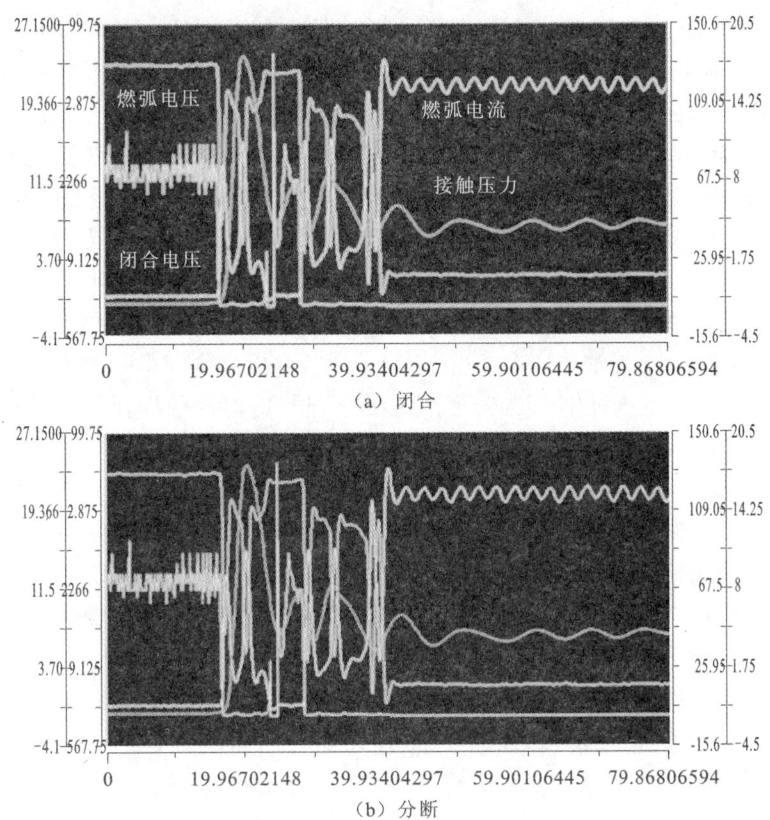

（a）闭合

（b）分断

图 7-13　实际电流、电压和接触压力波形图

材料转移出去。

Ag/Ni20 触点是典型的阳极型电弧损耗。在直流条件下，电流较大并超过某一值时(该值与触点材料、电路电压相关)，电弧输入阳极能量增大使阳极表面出现显著的熔化，熔融态触点材料集中并形成阳极斑点，阳极材料蒸发得到加强从而成为电极蒸发的主要原因。

相同真实应变条件下，Ag/Ni20 材料的操作次数越多，触点阳极材料失重越多，触点阴极增重越多。例如，真实应变 $\eta=29.88$ 时，操作次数 0.5 万次，Ag/Ni20材料触点阳极失重 0.85 mg，阴极增重 0.75 mg；操作次数为 1 万次，触点阳极失重 1.60 mg，阴极增重 1.35 mg；操作次数为 2 万次，触点阳极失重 3.45 mg，阴极增重 2.90 mg。

在相同的操作次数下，Ag/Ni20 材料的真实应变越大，触点阳极材料失重越少，触点阴极增重越少。例如，在操作次数为 0.5 万次，真实应变 $\eta=6.00$ 时，Ag/Ni20

材料阳极失重 1.05 mg，阴极增重 1.60 mg；真实应变 $\eta=13.98$ 时触点阳极失重 0.95 mg，阴极增重 1.10 mg；真实应变 $\eta=21.92$ 时触点阳极失重 0.90 mg，阴极增重 1.00 mg；而真实应变 $\eta=29.88$ 时触点阳极失重 0.85 mg，阴极增重 0.75 mg。

形成这种触点电弧侵蚀损耗特征的原因是由于 Ag/Ni20 材料触点的电弧侵蚀存在两种不同状态，寿命试验开始阶段为“调整态”，该阶段由于触点周围环境温度较低，电弧产生的能量使基体 Ag 开始形成熔池，但熔池温度较低；增强相 Ni 还没有溶解到 Ag 基体中，仅形成粗大的球状富 Ni 粒子或富 Ni 层状结构，并且熔融状 Ag 大量吸收空气，所以电侵蚀损耗相对较高。当在电弧作用下触点表面温度极高时，Ag、Ni 两种共存熔体的相互溶解度增加。在高于 Ni 熔点温度下，Ni 可以大量溶解于 Ag 熔池中，冷却后 Ni 粒子通常是以高度细小弥散形式沉淀分布在 Ag 基体中，一旦这种细 Ni 粒子沉淀形成，材料的电侵蚀损耗就变得相当小而逐步稳定。寿命试验进入“稳定态”阶段。

真实应变 $\eta=6.00$ 的 Ag/Ni20 纤维复合材料，其组织中增强相 Ni 在 Ag 基体中以厚度为 1.0 ~ 2.0 μm、宽度为 1.0 ~ 6.0 μm、长度为 20 ~ 200 μm 的片状结构存在。在电弧作用下，Ag/Ni20 纤维复合材料触点的“调整态”阶段较长，进入“稳定态”阶段的时间相对较晚，材料抗电弧侵蚀能力较低，电弧侵蚀量较大。

随真实应变的增加，Ag/Ni20 纤维复合材料 Ag、Ni 组织在变形过程中发生纤维细化、断裂、球化或颗粒化等过程，并且纤维尺度和数量逐渐降低，而颗粒状态逐渐增加。真实应变 $\eta=29.88$ 的 Ag/Ni20 纤维材料组织中的增强相 Ni 由原始厚度为 0.1 mm 的片状结构演变成短纤维和颗粒状的混合结构，大多数纤维厚度小于 200 nm，大多数颗粒直径小于 400 nm。由于其中 Ni 相的尺度细小，触点“调整态”阶段很短，较快进入“稳定态”阶段，所以经过大变形的 Ag/Ni20 纤维复合材料抗电弧侵蚀能力得到提高。

3. Ag/Ni20 电接触材料电弧侵蚀表面形貌及机理

张昆华等研究了真实应变为 $\eta=21.92$ 的 Ag/Ni20 纤维复合材料触点在直流 17 V、15 A、阻性负载条件下，操作次数为 2 万次后触点的表面形貌（见图 7 - 14 和图 7 - 15）。Ag/Ni20 纤维复合材料触点表面电弧侵蚀形貌是多种因素共同作用的结果，触点电弧侵蚀表面可以有几种形貌特征共存，各种形貌特征之间有着内在联系。一种结构可以引发另一种结构的形成，特别是气孔或孔洞、裂纹的形成常与其他特征共存。Ag/Ni20 纤维复合材料触点电弧侵蚀形貌存在浆糊状凝固物、珊瑚状结构、骨架结构、孔洞或气孔、裂纹等多种特征形貌。

（1）浆糊状凝固物

这种形貌特征是富 Ag、富 Ni 或 Ag 与 Ni 混合金属液快速凝固的产物。浆糊状凝固物的产生有两个条件：一是因为液态金属有一定黏性，二是因为液态金属的凝固速度极快，使其来不及铺展开。如图 7 - 14（d）和图 7 - 15（d）所示，可清

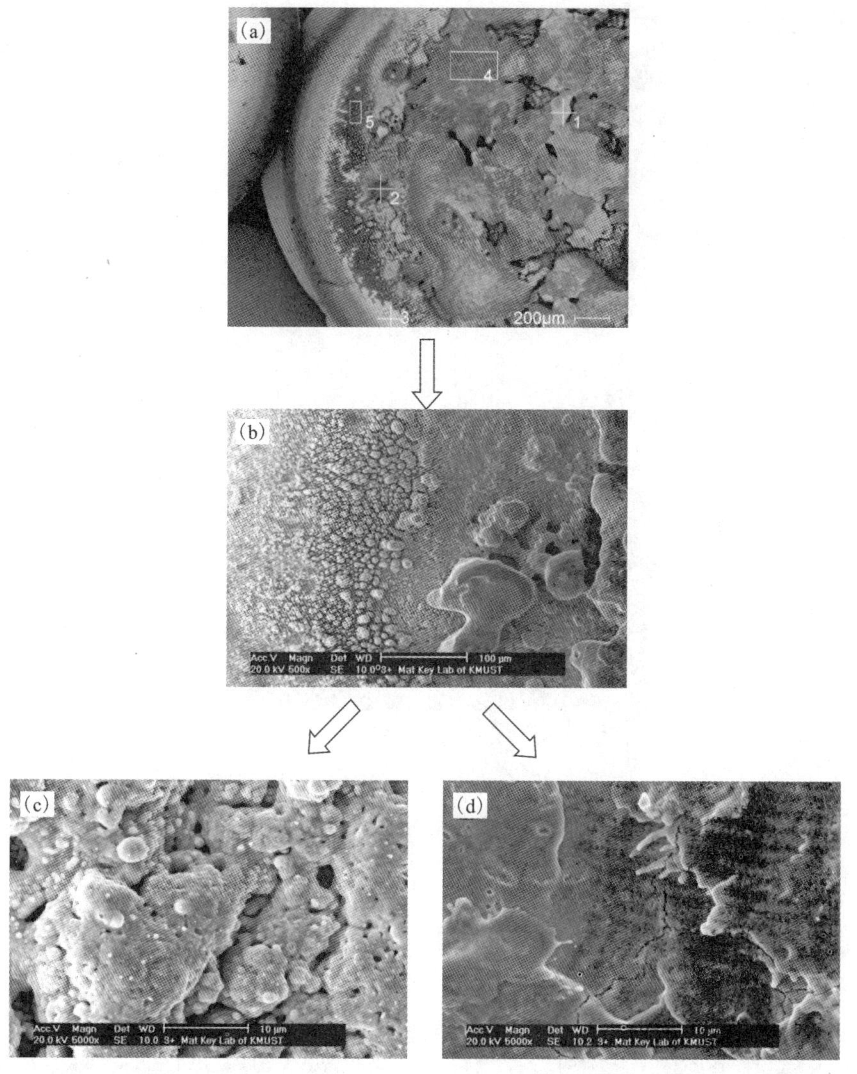

图 7－14　Ag/Ni20 纤维复合材料触点 2 万次阳极表面形貌、η = 21.92

楚地看到浆糊状凝固物的表面凹凸不平。这一方面是由于液态金属的喷溅，另一方面是因为在燃弧期间，熔融金属在电弧作用下发生流动，并且在分断瞬间产生的液桥折断而形成熔层表面的凹凸不平。由于液态金属的快速凝固，受到热应力的影响，浆糊状凝固物内极易产生裂纹。阳极触点表面的浆糊状凝固物为金属 Ni 和金属 Ag 混合物，而阴极触点表面的浆糊状凝固物以金属 Ag 为主，中间夹杂少量金属 Ni。由于浆糊状凝固物以 Ag、Ni 等金属为主，所以其存在能减少接触电阻，但是熔化的 Ag、Ni 等金属在电弧作用和机械力等作用下产生的喷溅会造成

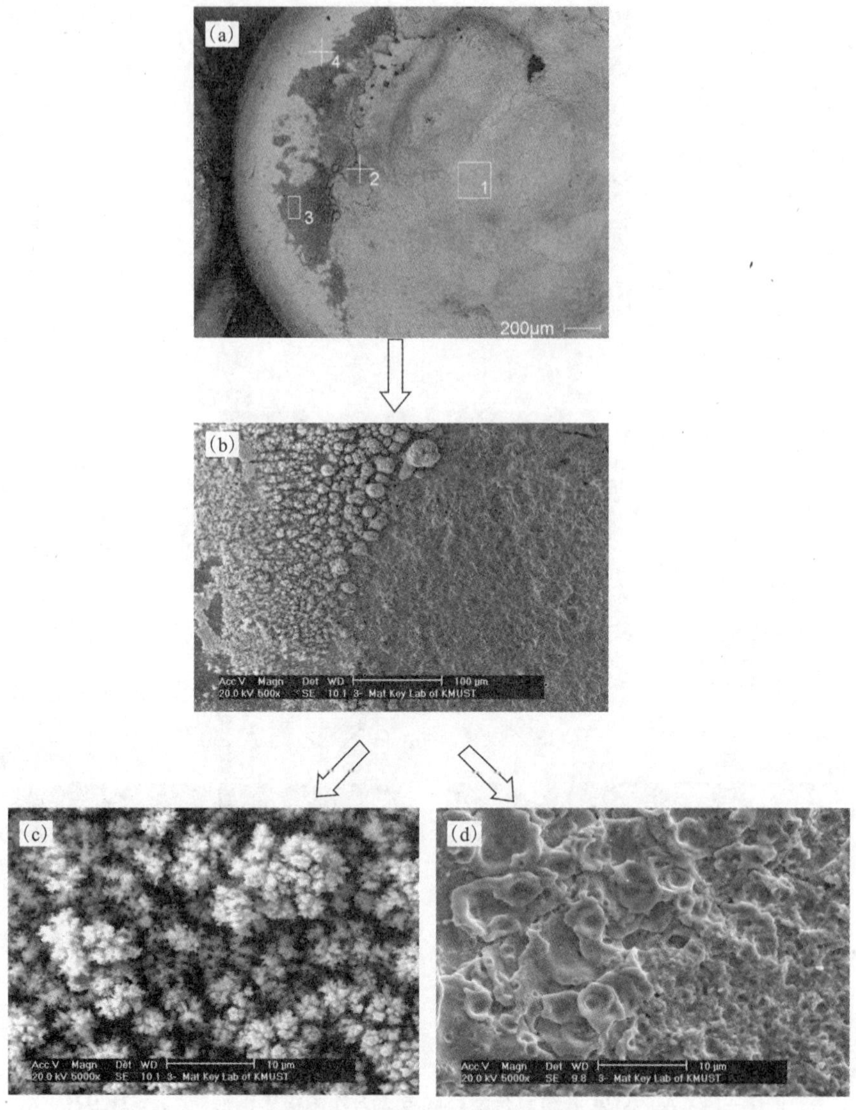

图 7-15 Ag/Ni20 纤维复合材料触点 2 万次阴极表面形貌、$\eta=21.92$

材料大量损耗，而且会增加触点因熔焊而失效的可能。

(2)珊瑚状结构

珊瑚状结构形貌是一种 200～500 nm 颗粒的聚集体，主要产生在阴极触点表面，如 7-15(c)所示。相对于浆糊状凝固物，珊瑚状结构的颗粒中 Ag、Ni 含量比较低，而 O 含量相对较高，是前一种形貌的 2 倍，所以该形貌类似于 Ag/MeO 材料中含 MeO 颗粒的难熔相聚集区。珊瑚状结构形貌形成原因是在电弧作用下，阳极触点表面材料被液化、汽化后以蒸发的形式脱离阳极表面，汽化状态的 Ag 大量吸收空气中的氧后转移到阴极触点表面快速凝固而成。

珊瑚状结构形貌的特征随 Ag/Ni20 纤维复合材料的真实应变不同而发生变化。Ag/Ni20 纤维复合材料的组织在变形过程中发生纤维细化、断裂、球化或颗粒化等过程，并且纤维尺度和数量逐渐降低，而颗粒状逐渐增加，颗粒尺度逐渐减小。复合度越大，颗粒越多，尺度越小，电弧侵蚀所需汽化启动能量越少。触点材料真实应变 $\eta=6.00$，细小颗粒弥散分布在空间，单位体积内密度较低，颗粒之间间隙较大，数量较少；触点材料真实应变 $\eta=29.88$ 时，颗粒的尺度没有发生变化，但是结构紧密，单位体积内颗粒密度较大，颗粒数量较多。

(3)骨架结构

骨架结构形貌是产生在阳极触点表面的带孔洞颗粒聚集体，如 7－14(c)所示，也是一种类似于 Ag/MeO 材料中含 MeO 颗粒的难熔相聚集区的形貌。其化学成分与阴极触点表面的珊瑚状结构形貌相近，两者的主要区别在于形成原因和结构特征不同。

骨架结构形貌形成原因是在电弧作用下，阳极触点表面材料被液化、汽化后部分金属蒸发脱离阳极表面，余下的汽态金属 Ag、Ni 吸收空气中的氧后快速凝固。在结构特征方面，骨架结构形貌与珊瑚状结构形貌相反。真实应变 $\eta=6.00$ 时，颗粒尺度较小，许多颗粒生长在骨架上，颗粒内部有截留孔洞；真实应变为 $\eta=29.88$时，骨架结构更为疏松，单位体积内颗粒密度较小，颗粒间隙较大。颗粒尺寸一般为 5～10 μm，颗粒中间有孔洞，大颗粒由许多尺寸较小的颗粒组成。

珊瑚状结构和骨架结构由于含氧量较高，电导率较差，并且脆性较大，所以容易剥离从而造成突发性材料损失。

(4)孔洞或气孔

在电弧作用下过热熔化的熔融金属从外界吸收大量的气体，特别是氧气(液态时 Ag 对于氧的溶解度为 $3000\times10^{-4}\%$，比处于固态时的 $80\times10^{-4}\%$ 大 40 倍)。电弧的燃弧时间在 20～25 ms，在如此短的时间内触点表面层弧根处金属被快速熔化，空气中的氧气迅速溶于液态银中，但是触点基体及周围空气环境都还是冷的，熔化区的热量很快散失，熔化层急剧冷却凝固，上述吸收的氧气不能马上被全部排出，在熔池结晶时，沿着固液相交界处，有较大的气体过饱和度。过饱和度越大，越易产生气泡，气泡稳定存在的临界尺寸越小。一旦气泡形成并稳定存在，周围气体可继续扩散至气泡中，气泡会长大并向外浮出。触点表面和内部产生气孔的条件可以由式(7－11)表征：

$$v_b=\frac{K(\rho_l-\rho_g)gr^2}{\eta} \tag{7-11}$$

式中：g 为重力加速度；K 为常数；ρ_l 为熔池液体密度；ρ_g 为气泡内气体平均密

度；r 为气泡半径；η 为液体黏度；v_b 为气泡浮出速度。

令 v_s 为气泡成长速度，当 $v_b = v_s$ 时，产生表面孔洞；当 $v_b < v_s$ 时，在触点内部产生截留孔洞；当 $v_b > v_s$ 时，气体到达触点表面并向外喷出，形成气体喷发坑。这两种孔洞形式主要产生在阳极的骨架结构中。

气孔或孔洞对触点的抗电弧性能有不利的影响，它们弱化了触点熔融层的机械强度，容易引起裂纹出现或促使裂纹的发展。

(5)裂纹

由于触点表面形成的各种物相的热膨胀系数不同，形成各物相之间的应力大小不等，从而产生相对滑移，形成裂纹。热膨胀系数相同的物相之间，在电弧作用下，弧根斑点处由于极大的热流密度使该处的温度梯度极高，弧根周围的物相吸收热应力而膨胀；而熄弧后伴随温度的下降材料收缩，在不断受到膨胀和收缩的反复作用下，在结合力相对较弱的相界或晶界就易形成微观裂纹或使原有裂纹扩展。

经电弧侵蚀后 Ag/Ni20 纤维复合材料触点表面裂纹主要产生在阳极的 Ag 富集区，有热应力裂纹和空穴裂纹两类。如图 7－16 中所示的 A 处和 B 处为空穴裂纹。空穴裂纹是由于熔于熔池的气体形成气泡后，在气泡长大的过程中受到电弧力的作用而破裂释放能量引起的空穴。经过一定次数的操作循环后，这些由气泡破裂形成的材料空穴最终发展成为裂缝。

如图 7－16 的 C 处是热应力裂纹。热应力裂纹是在触头材料反复受到热胀冷缩作用下形成的。在电弧作用下触头材料受热膨胀，产生自弧根指向周围扩张的力；当电弧熄灭时，熔池的触头材料开始凝固产生自周围向弧根收缩的力。这种剧烈的扩张和收缩反复进行导致触头材料疲劳，一旦这种扩展和收缩力超过触头材料本身的内聚力，便产生了热应力裂纹。

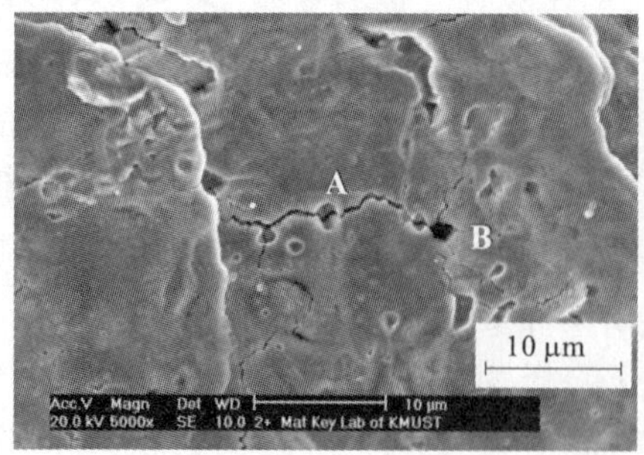

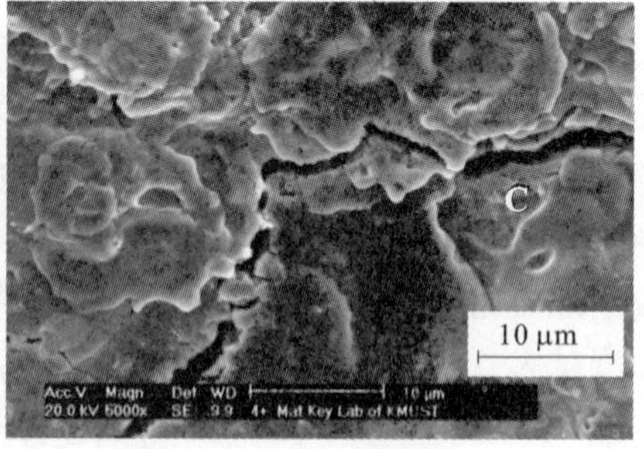

图 7－16 Ag/Ni20 纤维复合材料触点电弧侵蚀后表面的裂纹

触点表面的裂纹是十分有害的，它会导致材料表层剥离，并很容易向基体深层发展形成较深的裂纹，导致材料大块脱落。

7.5　贵金属电接触材料的发展趋势

1. 新型贵金属电接触材料研究

开发无毒、无公害、环保型、能够广泛使用的新型电接触材料。

2. 节约贵金属研究

贵金属电接触材料，特别是银基电接触材料的使用量很大，2009 年中国的银基触头产量超过 1000 t，银铜合金产量 3200 t。减少贵金属在电接触材料中的使用量，是降低企业生产成本和提高贵金属资源利用率的重要措施。在贵金属电接触材料中添加稀土金属、过渡族金属元素等，既能部分替代贵金属，保持贵金属的特性，又可改善和提高材料性能，扩大应用范围。

3. 多元合金化研究

对于合金型贵金属电接触材料，多元合金化是一个发展方向。添加 Zr、Ni、Fe、Cr、Co 等能增加贵金属电接触合金材料的机械性能，添加 Cr、Mn、V、Fe、Co 等可以提高电阻率，添加 Zn、Mn、Al、Ti、Bi、In、RE 等元素，可以起到脱氧、除气和进一步改性的作用。适当调整上述添加元素，可以得到各种具有不同电学、力学性质和电接触特性的贵金属电接触材料。如日本田中公司成功开发了一种银基多元键合丝材“SEC”，其电阻率约为 2.6 μΩ · cm，与电阻率约为 3.3 μΩ · cm 的传统产品相比，导电性提高了约 30%，与纯度为99.99%(4NAu)的金键合丝材几乎有相同的电阻值，使用“SEC”银基键合丝材替代4NAu 键合线时，可降低约 80% 的贵金属原料。

在 Ag/MeO 材料中，也可添加两种甚至多种 MeO 组成多元材料，充分发挥不同金属氧化物的功能，满足性能多样化的要求。

4. 新的制备技术开发及应用

传统的贵金属电接触材料采用熔铸法、化学共沉淀法、机械混粉法、内氧化法，再结合压力加工技术制备，已经不能满足制备先进贵金属电接触材料的需求。将连铸连轧、半固态成形、快速凝固或机械合金化、热等静压，以及喷射成形、粉末注射成形、粉末挤压成形、高能球磨、大变形加工、超声波等先进加工技术应用到贵金属电接触材料制备中，实现短流程、低成本以及材料制备加工技术的智能化，以推动电接触新材料的发展。如利用功率超声波制备铝基颗粒增强复合材料时，超声波不仅可以使增强颗粒在液态金属中的分布更加均匀，而且空化效应造成的熔体局部高温高压可导致增强颗粒和金属熔体产生复杂的交互作用，使氧化物颗粒破碎至纳米级；大变形加工技术可以明显细化组织结构、改善材料均匀性、提高材料塑性，已经在铜、铝、钢铁等金属材料中应用。应将上述先进加工技术应用到贵金属电接触材料制备中，以推动电接触新材料的发展。

参考文献

[1] 堵永国，张为军，胡君遂. 电接触及电接触材料[J]. 电工材料，2005(2)：44－46

[2] 布朗诺维克(加)，康厅兹(白俄)，米西金(俄)著，电接触理论应用与技术[M]. 许良军等译. 北京：机械工业出版社，2010

[3] 郭凤仪，陈忠华. 电接触理论及其应用技术[M]. 北京：中国电力出版社，2008

[4] 谢明，杨有才，黎玉盛，等. 常用银基电工触点材料及无镉新材料的开发[J]. 贵金属，2006，27(4)：61－66

[5] 荣命哲编著. 电接触理论[M]. 北京：机械工业出版社，2004

[6] 陈昊. 内氧化 Ag－Mg 和 Ag－Mg－Ni 合金组织性能的研究[D]. 西安建筑科技大学，2012

[7] 堵永国，龙燕，张家春. 电接触材料的热导率[J]. 电工合金，1996(2)：15－21

[8] 宁远涛，赵怀志. 银[M]. 长沙：中南大学出版社，2005

[9] 宁远涛，杨正芬，文飞. 铂[M]. 长沙：中南大学出版社，2005

[10] 赵怀志，宁远涛. 金[M]. 长沙：中南大学出版社，2003

[11] 王其平. 电器电弧理论[M]. 北京：北京机械工业出版社，1992：100－103

[12] 陈敬超. 反应合成银氧化锡复合材料的合成机制与性能研究[D]. 昆明理工大学，2009

[13] 荣命哲，赵志远，杨武. 低压电器中电触头材料的转移[J]. 低压电器，1998(5)：16

[14] Antler M. Platinum Metals Rev. 1966，10(1)：2

[15] 孙加林，张康侯，宁远涛，等. 贵金属及其合金材料[M]. 中国材料工程大典(第5卷)：有色金属材料工程(下). 北京：化学工业出版社，2006：424

[16] MOORADIN V G. Selecting materials for electrical contacts[J]. Materials & Methods，1956，44(3)：121－140

[17] ANGUS H C. Materials for light duty electrical contacts[J]. Metals & Materials and Metallurgical Review，1970，4(3)：13－26

[18] 高文，何安莉，汤道坤，等. Au 基合金电位器材料耐磨特性与显微组织关系的研究[J]. 摩擦学学报，1997，17(3)：199－205

[19] 何安莉，陶春虎，郭效东，等. 含铟电刷材料自润滑耐磨机理的研究[J]. 航空材料，1989，9(3)：1－7

[20] SAVITSKII E M，PRINCE A. Handbook of Precious Metals[M]. New York：Hemisphere Publishing Corp.，1989

[21] 黎鼎鑫. 贵金属材料学[M]. 长沙：中南工业大学出版社，1989

[22] 谢明，王松，付作鑫. $AgSnO_2$电接触材料研究概述[J]. 电工材料，2013(2)

[23] 乔秀清，申乾宏，陈乐生. Ag/SnO_2电接触材料的研究进展[J]. 材料导报，2013，27(1)：1－5

[24] 周晓龙，陈敬超，孙加林，等. $AgSnO_2$触头材料的反应合成制备与大塑性变形加工[J]. 中国有色金属学报，2006，16(5)：829－834

[25] 张志伟，陈敬超，潘勇，等. 大塑性变形改善反应合成制备 Ag/SnO_2材料性能研究[J].

稀有金属材料与工程, 2008, 37(2): 338 - 341

[26] 刘方方, 陈敬超, 郭迎春, 等. 反应合成 $AgSnO_2$ 电接触材料的电接触性能研究[J]. 稀有金属, 2007, 31(4): 486 - 490

[27] 刘方方, 陈敬超, 郭迎春, 等. 反应合成 $AgSnO_2$ 电接触材料的电弧侵蚀特性研究[J]. 贵金属, 2007, 28(3): 24 - 28

[28] 张昆华, 管伟明, 孙加林, 等. $AgSnO_2$ 电接触材料的制备和直流电弧侵蚀形貌特征[J]. 稀有金属材料与工程, 2005, 34(6): 924 - 927

[29] 于杰, 陈敬超, 周晓龙, 等. $AgSnO_2$ 触头材料电弧侵蚀特征的分子动力学模拟[J]. 材料工程, 2010(3): 8 - 12

[30] 张昆华. 大变形制备 Ag/Ni 纤维复合电接触材料研究[D]. 昆明理工大学, 2009

[31] 张昆华, 管伟明, 郭俊梅, 等. 大变形 Ag/Ni20 纤维复合电接触材料电弧侵蚀及形貌特征[J]. 稀有金属材料与工程, 2011, 40(5): 853 - 857

第 8 章　贵金属钎焊材料

8.1 概　述

钎焊(brazing and soldering)是指焊接温度低于母材而高于钎料的熔化温度时，钎料(brazing filler metal)熔化为液体金属而母材保持为固态，液态钎料在母材的毛细间隙中或表面上接触润湿、流动、填充、铺展，冷却后与母材形成牢固联结的工艺，是人类最早使用的同种或异种金属或非金属间相互焊接的方法之一。其特点是工件变形小，焊后尺寸精密，有时甚至可以做到无须加工而能“天衣无缝”，适宜于连接精密、复杂、多焊缝和异类材料的焊接。20 世纪 30 年代后，钎焊技术已发展成为一种独立的工业生产技术。

钎料熔化温度在 450℃以上的钎焊为硬钎焊(brazing)，在 450℃以下的钎焊称软钎焊(soldering)，熔化温度高于 950℃并在真空和保护气体中(不含钎剂)的钎料称为高温钎料。钎料按组成分为锡基、铅基、锌基、铝基、铜基、镍基和贵金属钎料等。按使用要求钎焊材料可以制备成片材、丝材、粉末、焊膏、预成型钎料、复合钎料、黏带钎料等。几乎所有用于制备金属材料的技术都可以用于制备钎焊材料，如熔炼合金化、粉末冶金、急冷非晶技术、粉末制备技术、轧制拉拔技术等。随着科学技术的发展钎焊已由早期的火焰(flame)钎焊，发展到助焊剂(flux)钎焊、真空(vacuum)钎焊、保护气氛(protective gas)钎焊、波峰(peak)钎焊、感应(induction)钎焊、瞬间液相扩散(transient liquid phase bonding)钎焊等。钎焊材料也向着标准化、系列化、高清洁、低溅散、急冷非晶、多组元、预成型、无铅无毒环保等方向发展。

贵金属钎焊材料主要指以贵金属为基的金属和合金，如 Ag 基、Au 基、Pd 基、Pt 基钎料，以及为了提高贱金属钎料性能而在其中加入少量贵金属的钎料(称为含贵金属钎料)。贵金属和含贵金属钎料是品种最多应用最广的钎料，在所有钎料中贵金属钎料熔化温度涵盖范围最宽(从 180 ~ 1800℃)，贵金属钎料具有许多优良性能，如优异的导电性、导热性和耐蚀性，大多数贵金属合金钎料加工性能良好，对各种金属及合金基材可焊性(weldability)好，贵金属钎焊材料的品种不断创新，在航天、航空、电子、机械、冶金化工等工业中，其应用越来越广，用量持续增长，焊接方法不断创新。

贵金属钎料中应用最多、最广的是金基、银基钎料，20 世纪 50 年代后开发和应用了钯基钎料，而铂、铑、钌等金属多作为钎料合金化元素应用，目前仍在发展[1]。

8.2　贵金属低温钎焊材料

8.2.1　贵金属低温钎料分类

低温钎料是最早使用的钎焊材料，分为 Sn 基、Pb 基、In 基、Ga 基、Bi 基等贱金属钎料，种类繁多，据不完全统计不少于 500 种。低温软钎料分类见表 8－1。

表 8－1　低温软钎料分类

分　类	钎料体系	钎 料 典 型 牌 号
含铅钎料	Sn 基低 Ag 钎料	S－Sn63PbAg，S－Sn62PbAg，S－Sn60PbAg，S－Sn50PbAg
	In 基低 Ag 钎料	S－In80PbAg
	Pb 基低 Ag 钎料	S－Pb97Ag，S－Pb97.5AgS，S－Pb92SnAg，S－Pb83.5SnAg，S－Pb－In－Ag
无铅钎料	Sn 基低 Ag 钎料	S－Sn96.5Ag3.5，S－Sn96.5Ag3Cu0.5，S－Sn－Ag－In，S－Sn－Ag－Bi，S－Sn90Au
	In 基低 Ag 钎料	S－In97Ag，S－In90Ag
	无铅 Au 基钎料	S－Au80Sn，S－Au88Ge，S－Au97Si

铅锡合金低温钎焊料在电子工业中已使用了很多年，且应用很广。据统计，电子行业每年使用钎料消耗的铅曾高达 20000 t，约占世界每年铅总产量的 5%。绝大部分电子产品废弃物都被直接丢弃或掩埋，曾造成了严重的铅污染。因其中的铅逐渐溶入土壤并进入地下水，并经各种循环方式进入生活用水及食物链，造成人体铅中毒而伤害肾、肺及中枢神经，并引发贫血、生殖功能障碍、高血压等疾病，尤其严重的是影响儿童的智商和发育。

进入 21 世纪，世界各国相继在电子产品上制定了禁铅法规。日本通过《家用电子产品回收法案》限制铅的使用，Sony、NEC、Panasonic、Toshiba 等电子制造商已经实现了消费类电子产品的无铅化。欧盟《关于限制在电子电器设备中使用某些有害成分的指令》(RoHS，Restriction of Hazardous Materials) 规定“自 2006 年 7

月 1 日起，在欧盟市场上销售的全球任何地方生产的属于规定类别内的电子产品中不得含铅”。美国国家电子制造协会（NEMI，National Electronics Manufacturing Initiative）于 1999 年开始实施“NEMI 无铅工程”，以全面禁止铅在电子工业中的使用。在我国，原信息产业部制定的《电子信息产品污染防治管理办法》也已经正式实施[2]。中国电子行业参照欧盟标准制定了“无铅焊料化学成分与形态”行业标准（SJT11392—2009）。这一系列举措使电子行业使用的低温焊料进入了无 Pb 钎料时代。仅允许在一些不造成环境污染隐患的产品中继续局部使用少量低铅钎料。

无铅焊料的研究主要集中于 Sn－Ag 系、Sn－Ag－Cu 系、Sn－Cu 系、Sn－Zn 系、Sn－Bi 系，其中最重要的是使用贵金属 Ag。经过大量研究筛选，进入 21 世纪无铅焊料已逐步趋于完善，并形成体系。

在各种贱金属钎料中加入 Ag 可进一步降低合金熔化温度，改善钎料对基材的润湿性，提高钎料对基材的钎焊性能。如在 Sn、Cu、Zn、In、Bi、Ga 或它们的合金中加入少量 Ag（Ag 含量一般不超过 10%）形成的含 Ag 钎料（称为低 Ag 软钎料），熔化温度不超过 450℃，表 8－2 列出了无铅低 Ag 焊料合金系的优缺点。

另一类是 Au 基低温软钎料，是在 Au 中加入 Sn、Ge、Si 组元，形成 Au－20Sn、Au－12Ge、Au－2.85Si 合金，钎料熔化温度不超过 400℃，此类钎料都是共晶型钎料，合金由金属间化合物和脆性相组成，钎料较脆，难加工成型。为了解决 Au 基软钎料的成型性，国内外开展了很多成型工艺技术研究。贵金属基的低温钎料除 Au、Ag 外，尚未使用铂族金属。

表 8－2　无铅低 Ag 焊料合金系的优缺点[3]

合金系	优　点	缺　点
Sn－Ag	可靠性高、机械性能好、比 Sn－Cu 可靠性高	熔点偏高、成本高
Sn－Ag－Cu	可靠性与可焊性好、对铅含量不敏感、强度高	熔点偏高、成本高、有时焊点出现微裂纹
Sn－Ag－Bi	润湿性与可靠性好、熔点低、强度高	焊角翘起、对铅敏感、疲劳性能对环境敏感

表 8－3 列出了低 Ag 和 Au 基无铅钎料成分和牌号，含铅低 Ag 软钎料合金牌号和成分见表 8－4。

表 8-3 低 Ag 和 Au 基无铅钎料成分和牌号[4]

合金系	牌号	主成分(质量分数)/%						熔化温度/℃
		Sn	Ag	Cu	Au	其他	RE/Ce	
锡银系	S-Sn97.0Ag3.0	余量	2.8~3.2	—		—	—	221~224
	S-Sn96.5Ag3.5	余量	3.3~3.7	—		—	—	221
	S-Sn96.3Ag3.7	余量	2.5~3.9	—		—	—	221~228
	S-Sn95.0Ag5.0	余量	4.8~5.2	—		—	—	221~240
锡银铜系	S-Sn99.0Ag0.3Cu0.7	余量	0.2~0.4	0.5~0.9		—	—	217~228
	S-Sn98.5Ag1.0Cu0.5	余量	0.8~1.2	0.3~0.7		—	—	217~225
	S-Sn95.8Ag3.5Cu0.7	余量	3.0~4.0	0.5~0.9		—	—	217
	S-Sn93.0Ag5.0Cu2.0	余量	4.5~5.5	1.5~2.5		—	RE0.01~0.1	217~260
	S-Sn96.4Ag3.0Cu0.6	余量	2.3~3.5	0.4~0.8		—	Ce0.01~0.1	217~224
	S-Sn96.7Ag2.0Cu0.8Sb0.5	余量	1.5~2.5	0.6~1.0		Sb0.3~0.7	RE0.01~0.1	216~222
锡铟银系	S-Sn77.0In20.0Ag3.0	余量	2.5~3.5	—		In19.0~21.0	RE0.01~0.1	178~189
	S-Sn88.0In8.0Ag3.5Bi0.5	余量	3.2~3.8	—		In7.5~8.5,Bi0.3~0.7	—	197~208
	S-Sn88.0In4.0Ag3.5Bi0.5	余量	3.2~3.8	—		In3.2~3.8, Bi0.3~0.7	—	210~215
锡铋银	S-Sn90.5Bi7.5Ag2.0	余量	1.5~2.5	—		Bi6.5~8.5	RE0.01~0.1	207
	S-Sn93.5Ag3.5Bi3.0	余量	3.0~4.0	—		Bi2.5~3.5	RE0.01~0.1	206~213
锡金钎料	S-Sn90.0Au10.0	余量	—	—	9.0~11.0		—	217
金基钎料	S-Au80.0Sn20.0	余量	—	—	79.0~81.0		—	280
	S-Au97.2Si2.8				96.2~98.2	Si 余量	—	363
	S-Au88.0Ge12.0	—	—	—	87.0~89.0	Ge 余量	—	356
铟银钎料	S-In97.0Ag3.0	—	—	—	96.0~98.0	Ag 余量	—	143

表 8－4　含铅低 Ag 软钎料合金牌号和成分

合金系	牌 号	合金成分(质量分数)/%				熔化温度/℃
		Pb	Sn	Ag	In	
锡基含银焊料	S－Sn63PbAg	余量	62.5～63.5	1.5～2.5	—	183
	S－Sn62PbAg	余量	61.5～62.5	1.8～2.2	—	179
铅基含银钎料	S－Pb97Ag3	余量	—	2.5～3.5	—	304
	S－Pb97.5Ag1.5Sn1	余量	0.5～1.5	1.0～2.0	—	310
	S－Pb92Sn4Ag2.5	余量	5.0～6.0	2.0～3.0	—	287～296
	S－Pb83.5Sn15Ag1.5	余量	14.0～16.0	1.0～2.0	—	265～270
铟基含银钎料	S－In80Pb15Ag5	余量		4.5～5.5	79～81	149

8.2.2　低银无铅钎料

1)Sn－3.5Ag 低温软钎料

在低银锡基钎料中，应用最广的是 Sn－3.5Ag 共晶钎料，蠕变性、强度、耐热疲劳等力学性能优于传统的 Sn－37Pb 钎料，抗拉强度是后者的 1.5～2 倍。但润湿性稍低于 Sn－37Pb 钎料。从图 8－1 可以看出，增加或减少 Ag 含量都将加

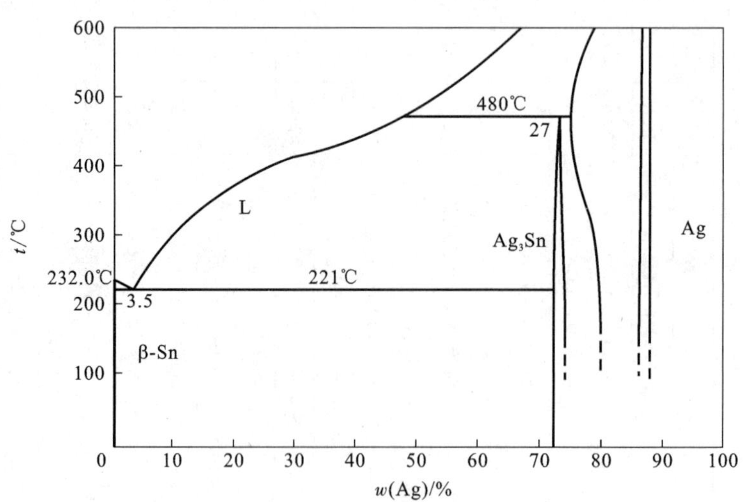

图 8－1　Sn－Ag 相图

大钎料的熔化温度。Sn－3.5Ag 共晶由 β－Sn 初晶和 Ag3Sn＋β-Sn 共晶组成（见图 8－2）。Ag 添加量对 Sn－Ag 合金拉伸性能的影响按图 8－3 规律变化。

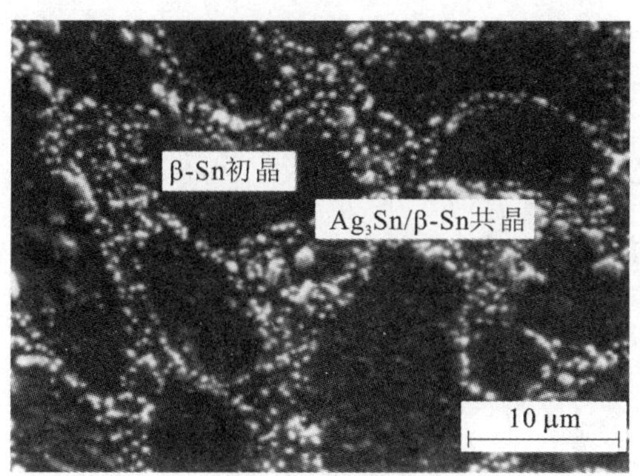

图 8－2　Sn－3.5Ag 金相组织

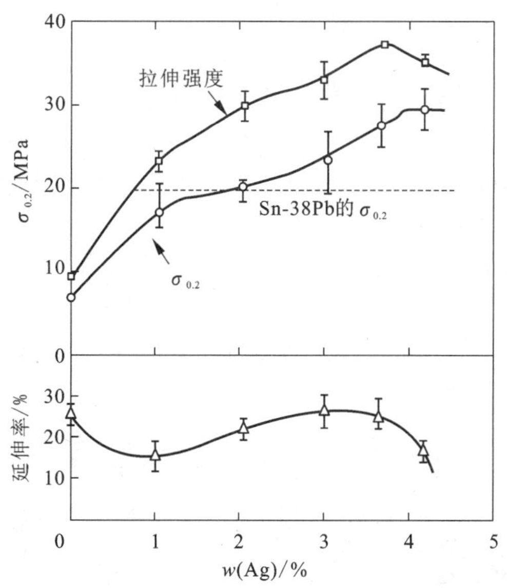

图 8－3　Ag 添加量对 Sn－3.5Ag 合金拉伸性能的影响

2）Sn－3Ag－0.5Cu 低温软钎料

Sn－3.5Ag 钎料熔化温度高于 Sn－37Pb 钎料 38℃，这对某些电子器件和印刷电路板的耐热性将造成不利影响。在Sn－Ag合金中加入适量 Cu 可以降低熔化温度，减少钎料对 Cu 基材的溶蚀，但过多的 Cu 含量将增大钎料的熔化温度间隔，成分对钎焊熔化温度的变化规律详见图 8 -4、图 8 -5。Sn -3Ag -0.5Cu 为共晶合金，熔化温度为 217℃，是该系合金熔化温度最低的合金。

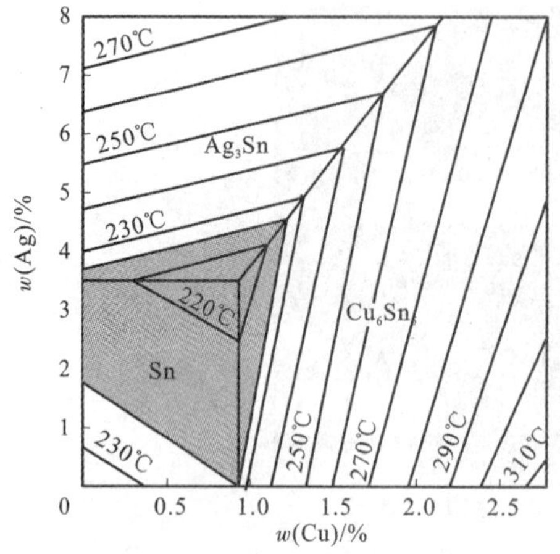

图 8 -4 Sn - Ag - Cu 部分液相线投影图

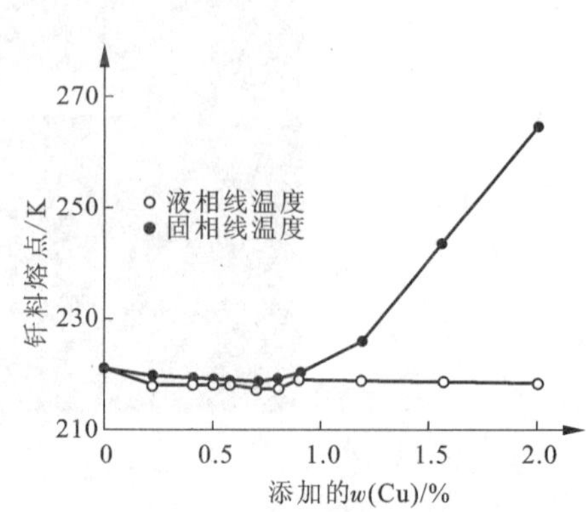

图 8 -5 Cu 对 Sn -3.5Ag 合金熔化温度的影响[7]

Sn -3Ag -0.5Cu 的典型金相照片见图 8 -6，围绕着 β - Sn 初晶形成了($β - Sn + Ag_3Sn + Cu_6Sn_5$)共晶组织。Sn - Ag - Cu 具有优良的耐热抗疲劳性，如在 125℃条件下的抗蠕变特性，Sn - Ag - Cu 钎料抗蠕变时间是 Sn - Pb 钎料的 4 倍。Sn - Ag - Cu 系无铅钎料是迄今替代 Sn -37Pb 钎料较好的合金，适用性很强，已大量用于电子插件波峰焊、回流焊、倒装焊及手工焊组装。既可用于钎焊铜和铜合金，配合适合的助焊剂也可用于钎焊普通钢、不锈钢、可伐合金等，无铅低 Ag 钎料配合铝助焊剂可焊接铝及其铝合金。对多层基板的高密度组装，从可靠性方面考虑也多选用 Sn - Ag - Cu 钎料。

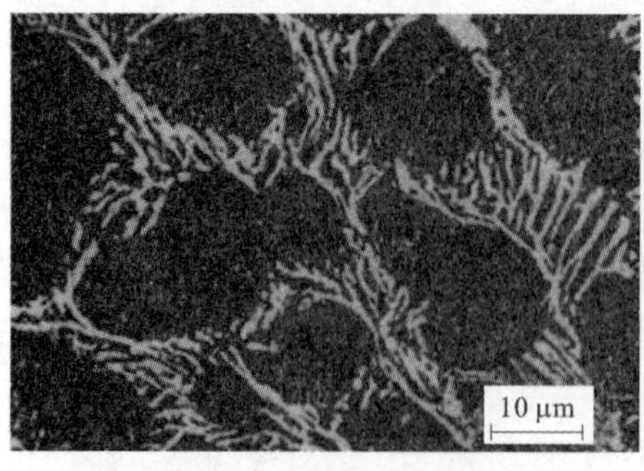

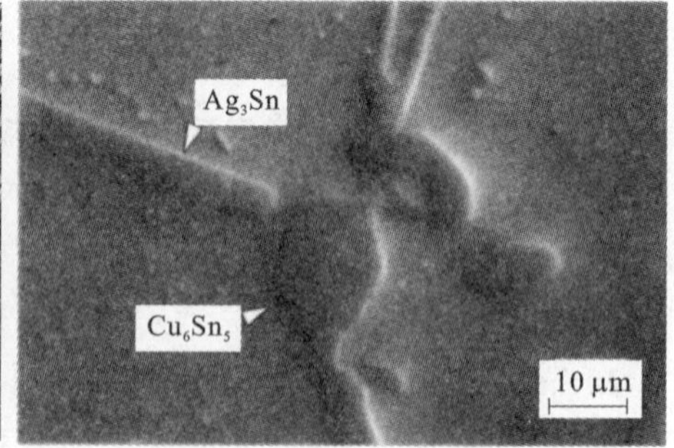

图 8 -6 Sn -3Ag -0.5Cu、Sn -3.9Ag -0.6Cu 共晶组织(SEM 照片)[8]

3) Sn - Ag - Bi 低温软钎料

添加 Bi 也可以降低 Sn - Ag 钎料的熔化温度。随着 Bi 含量的增加钎料固相线温度下降速度比液相线温度下降速度快很多[图 8 -7(a)]，同时合金的拉伸强度提高，但延伸率降低[图 8 -7(b)]。当 Bi 含量超过 5% 时，延伸率低于 20%。显然，加入 Bi 虽能降低合金的熔化温度，但缺点是严重影响塑性，从而降低了钎焊的可靠性，使其应用范围受到了限制。

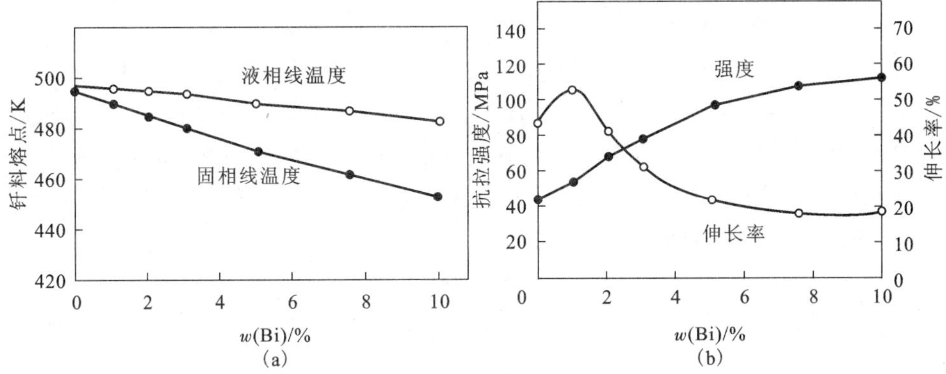

图 8 -7　Bi 添加量对 Sn -3.5Ag 合金熔点和力学性能的影响[9]

8.2.3　低温金基无铅钎料

实际应用的贵金属钎焊料中，熔化温度低于 400℃以下的只有 Au 基钎料，分别是 Au -20Sn、Au -12Ge 和 Au -2.85Si(见表 8 -5)，三种钎料都是共晶合金，熔化温度分别为 280℃、356℃、363℃，它们的熔化温度比 Ag 基钎料还低。熔化温度最低的是 Au -20Sn。Au -12Ge 和 Au -2.85Si 熔化温度很接近，相差 7℃。它们都具有导电导热性优良、钎焊强度高的特性。

表 8 -5　低温 Au 基钎料与 Sn -37Pb 性能对比[10]

参数	单位	Au -20Sn	Au -12Ge	Sn -37Pb
弹性模量 E	GPa	68.000		75.84
泊松比 λ	—	0.405		0.35
热膨胀系数 CET	$\times 10^{-6}$/℃	16.000	10.3	24.50
导热系数	W/(m·K)	57.000	44	50.00
密度 ρ	g/cm^3	14.700	14.6	8.40

续表 8-5

熔点 t	℃	280.000	356	183.00
拉伸强度 σ_b	MPa	275.000	233	61.00
延伸率 δ	%	2.000		45.00
接头剪切强度 σ_s	MPa	47.500		26.70

1. Au-Sn 合金相图

Au-Sn 二元合金平衡相图见图 8-8，图中包含四种稳定的金属间化合物 $\zeta'(Au_5Sn)$、$\delta(AuSn)$、$\varepsilon(AuSn_2)$、$\eta(AuSn_4)$，三个包晶反应和两个共晶反应。Sn-10Au在 217℃发生共晶反应 $L \longrightarrow Sn + \eta(AuSn_4)$。富 Au 的 Au-20Sn 也是共晶合金，在 280℃反应生成 $L \longrightarrow \zeta + \delta$。这两种合金都很适宜作钎焊材料。Au-20Sn共晶钎料相组成为 ζ 相、$\zeta'(Au_5Sn)$相和 $\delta(AuSn)$相。

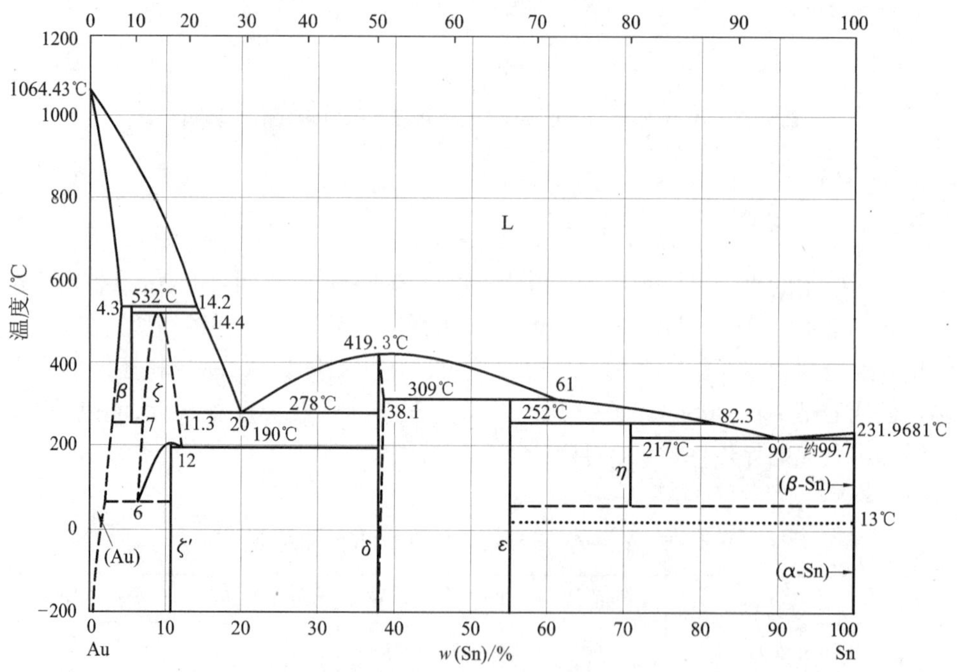

图 8-8 Au-Sn 相图

ζ 相中锡的含量 521℃时为 9.1%（原子百分比），ζ 相具有密排六方（hcp）晶体结构，由包晶反应 $\beta + L \longrightarrow \zeta$ 获得，结构参数 $a = 0.5092$ nm、$c = 1.4333$ nm，它具有良好的力学性能和超高的热导率。在 190℃下 ζ 相转化为 ζ′相，ζ′具有六方结构。熔点为 419.3℃的 δ 相是一种具有六方结构的金属间化合物，结构参数 $a = 0.4323$ nm、$c = 0.5517$ nm[11]，δ 相的成分可在一定范围内存在，Sn 含量从 50.0%（原子百分数）到 50.5%（原子百分数）[12,13]。

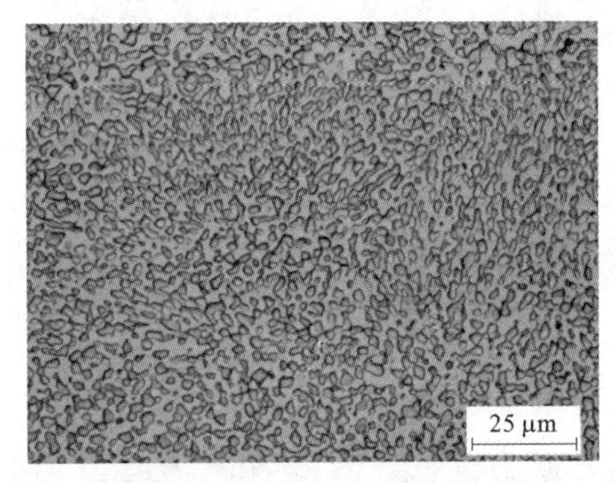

图 8－9　Au－20Sn 金相组织

图 8－9 是 Au－20Sn 合金加工热处理后的平衡金相组织，由 δ＋ζ′组成，组织分布均匀。

2. Au－20Sn **合金的性质**

Au－20Sn 合金虽然由金属间化合物组成，但在一定条件下也具有塑性，从图 8－10 中可以看出，在 25℃、75℃ 和 125℃ 条件下，随着应变率的降低材料的塑性增大，在相同应变率下，随着温度的升高，材料塑性增大。图 8－11 显示了 125℃、$10^{-2}s^{-1}$ 应变率下 Au－20Sn 钎料单轴拉伸试样典型断口形貌。

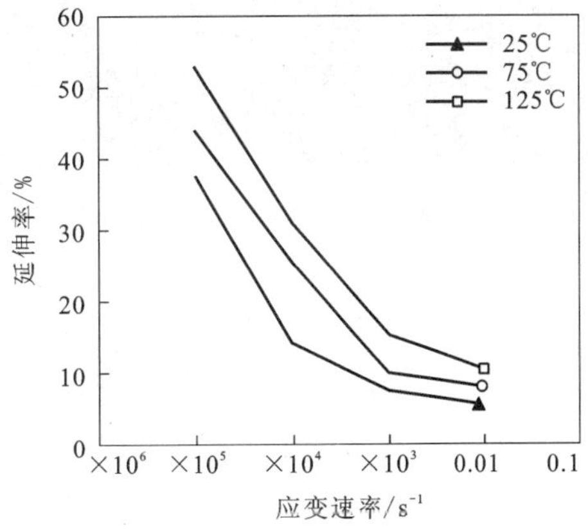

图 8－10　温度和应变率对延伸率的影响

125℃、应变率为 10^{-5} s^{-1} 时，出现明显的韧窝，大且深，力学性能表现为具有很高的延伸率，但饱和应力、抗拉强度、弹性模量显

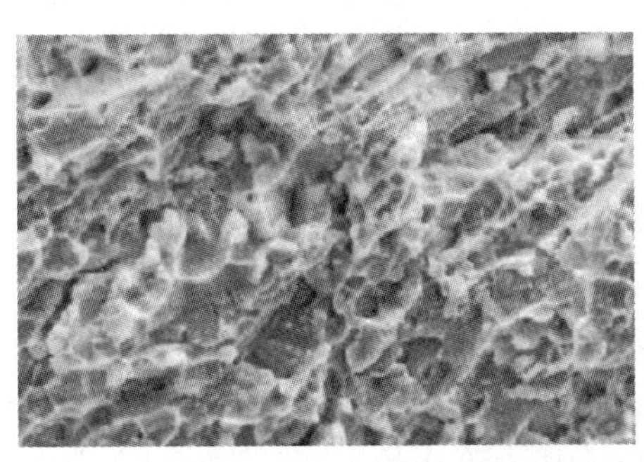

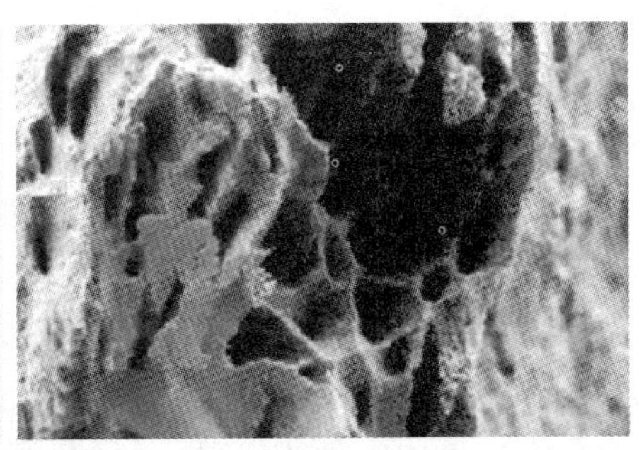

图 8－11　125℃、10^{-2} s^{-1} 应变率下的典型断口形貌图

著降低[15]。显然，Au－20Sn合金是有塑性的，随着温度的升高，塑性明显增大，这为Au－20Sn合金成型制备技术研究提供了很好的基础。

3. Au－20Sn **钎料产品类型和用途**

Au－20Sn钎料根据使用要求可以制备成定尺寸焊片、预成型焊框(环)、复合盖板和免清洗焊膏。定尺寸焊片是将轧制成箔材的Au－20Sn钎料，按要求采用模具冲制成特定尺寸和形状(方形、长方形和圆形)的焊片，当然也可以冲制成大小不同的焊框或焊环。将焊环或框固定在相应的镀金可伐片上形成复合盖板，用于芯片封装。

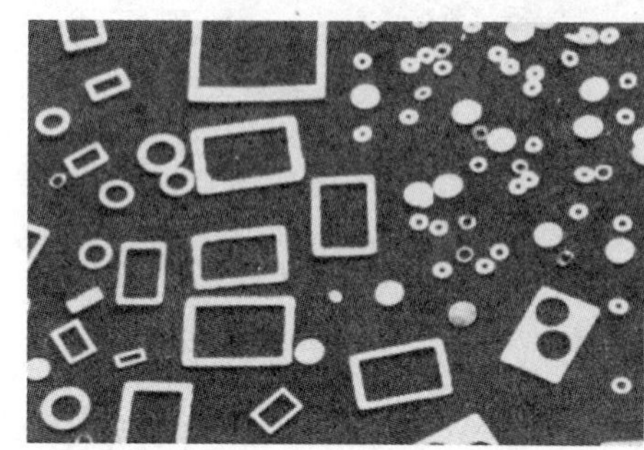

图8－12　Au－20Sn钎料定尺焊片、焊框(环)和复合盖板

Au－20Sn焊料在高可靠性、大功率电子器件的电路气密封装和芯片焊接方面表现出更加优良的综合性能[16]：钎焊温度300～310℃，温度适中易于焊接；在室温条件下，金锡合金屈服强度很高，即使在250～260℃的温度下，它的强度也能够胜任气密性的要求；由于合金成分中金所占比例很大(80%)，材料表面的氧化程度较低，所以无需助焊剂，可以避免光学界面的污染；具有良好的浸润性，且无铅锡焊料对镀金层的浸蚀，同时也没有像银那样的迁徙现象；液态的金锡合金具有很低的黏滞性，可填充一些很大的空隙；Au80Sn20焊料还具有高耐腐蚀性、高抗蠕变性和良好的导热和导电性。Au80Sn20焊料的不足之处是它性能较脆，延伸率很小，用常规制造方法难以制出符合微电子器件使用要求的箔带材及其深加工产品。

国内，Au80Sn20焊料主要用在高可靠功率微波器件制造工艺及作为Si，GaAs芯片焊接和高可靠电路的气密封装钎料[17]。国外，主要用在下述几个方面：对外界干扰影响非常敏感的光电子和RF射频器件的CSP（Chip Scale Package芯片级封装）组装中，使其高频性能得以更好地发挥[18]；在局域网(LAN)和存储域网(SAN)应用中，使用电镀AuSn凸点的无压力连接技术和高阻抗硅光学台可以确保在高频运作中的传输性能[19]；作为倒装芯片组装的可靠性焊料，其熔点高于 SMD(Surface Mounted Devices 表面贴装器件)回流过程，当使用 Au80Sn20 焊料时安装式的 LEDs 能被用作 SMDs[20]；由于不需要分配底部填充物或助焊剂，可以将 P－TSLP 技术引入到 AuSn 凸点的 CSP 工艺中[21]。图 8－13 是微电子芯片钎焊和封装的典型应用。

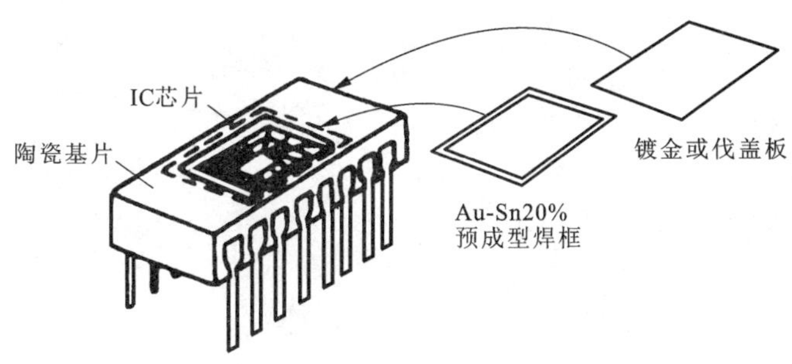

图 8－13　Au－20Sn 钎料在芯片钎焊和封装中的典型应用

4. Au－12Ge **和** Au－2.85Si **钎料**

Au－Ge、Au－Si 相图见图 8－14。Au－12Ge 和 Au－2.85Si 钎料的平衡金相组织分别是：(Au)＋(Ge)、(Au)＋(Si)，它们由 Au 和脆性相 Ge，Si 构成(见图 8－15)，合金较脆，塑性较差，加工成型难度大。但在 Au－12Ge 和 Au－2.85Si 合金中由于存在 Au 的塑性相，它们的加工塑性好于 Au－20Sn。

5. Au－20Sn、Au－12Ge、Au－2.85Si **钎料的制备方法**

为了解决三种合金的加工成型问题，国内外开展了多种制备技术研究。贵研铂业股份有限公司将 Au－12Ge 合金铸锭用 Cu 片包覆，300℃ 热轧，解决了 Au－12Ge合金箔材的制备技术，利用该技术可以制备出 0.05 mm 厚的箔材[22]。Au－2.85Si 也可用该方法进行成型制备。

Au－20Sn 合金钎料由 ζ′、δ 相构成，在室温下脆性较大，为了将其制备成片材和丝材，先后有人研究了电镀沉积法、共沉淀法、急冷法、机械合金化法[23, 24]、热轧法、冷轧法、多层复合法、多层复合扩散法等多种方法。其中较为成熟的方法是电镀沉积法、合金轧制法和多层复合扩散法。

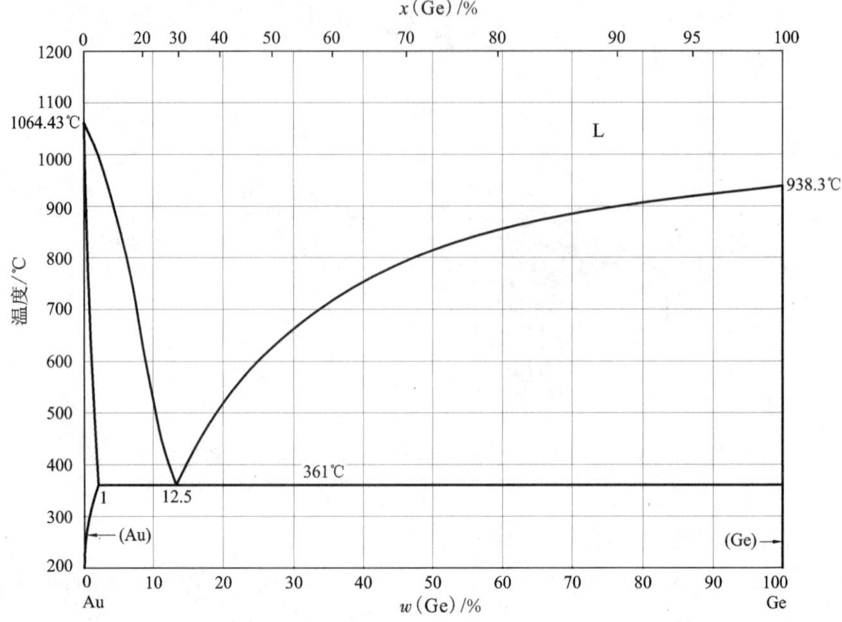

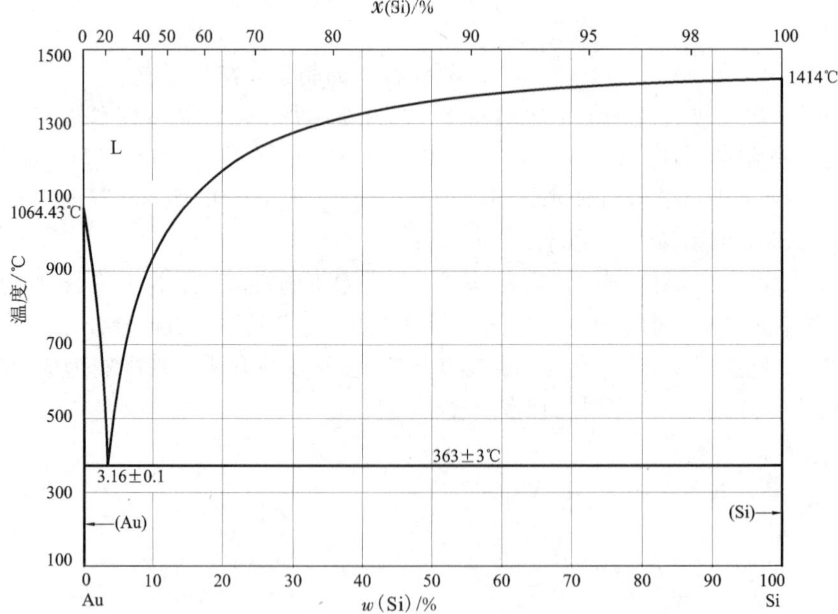

图 8-14　Au-Ge、Au-Si 相图

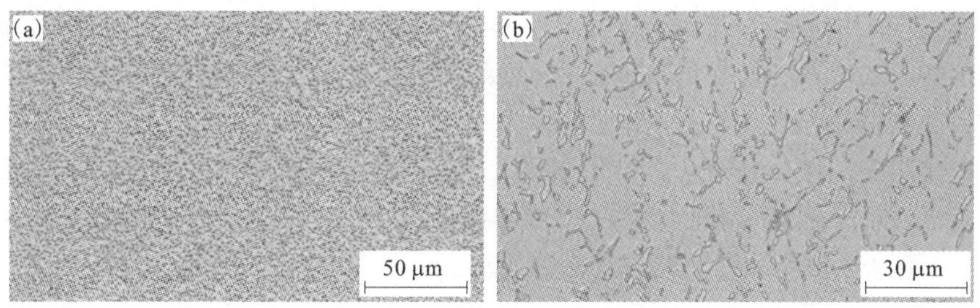

图 8－15　Au－12Ge(a)、Au－2.85Si(b)组织

1)冷轧法

采用细化合金晶粒熔铸技术，锭坯经 200～270℃，5～180 min 热处理，可在室温下冷轧制备成 Au－20Sn 合金钎料箔材，可获得最好的冷轧延伸率，并可制备出 0.03 mm 箔材(见表 8－6)，图 8－16 是 Au－20Sn 合金冷加工和热处理后的组织，加工态为沿加工方向的纤维组织，退火后 δ＋ζ′相分布均匀。

表 8－6　不同热处理参数对金锡箔材加工后延伸率的影响

试样	热处理条件		冷轧评估		总体评价
	温度/℃	时间/min	冷轧延伸率/%	横截面评估	
试验 6	200	180	100	良	良
试验 7	220	120	100	优	优
试验 8	240	60	100	优	优
试验 9	260	20	100	良	良
试验 10	270	5	100	良	良
参考样	—	—	10	差	差

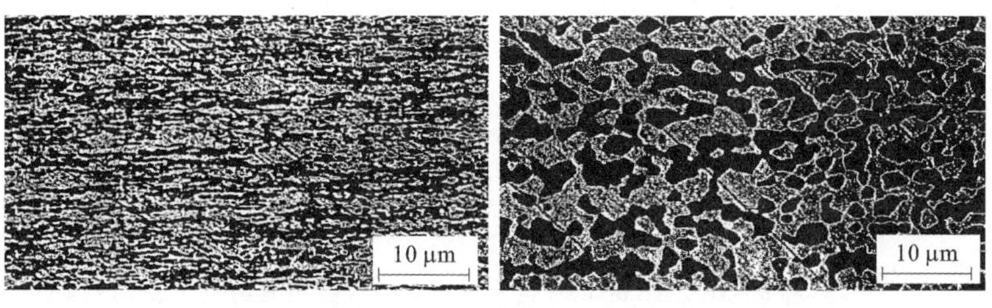

图 8－16　Au－20Sn 合金冷加工和热处理后的组织[25]

韩国技术人员将在保护气氛下熔化的 Au－20Sn 合金喷在旋转 Cu 辊上，制备成晶粒细化的 Au－20Sn 带材，带材经热处理后轧制成 0.02 mm 箔带材[26]。

2）热拉和热压法

古候正志采用热挤压、热拉法和热切割方法制备出 ϕ0.2 mm 的 Au－12Sn、Au－20Sn 和 Au－37Sn 合金丝材。实验温度和结果见表 8－7。图 8－17，8－18，8－19 分别是热挤压、热拉和热切割装置简图[27]。

表 8－7　Au－Sn 合金热挤压、热拉丝和热切割工艺参数

Au－Sn 合金成分（质量分数）/%	实验温度/℃	实验结果
Au－12Sn Au－20Sn Au－37Sn	150 190 230 270	三种成分的合金除 150℃ 实验结果较差外，其余条件下材料加工性能都较好

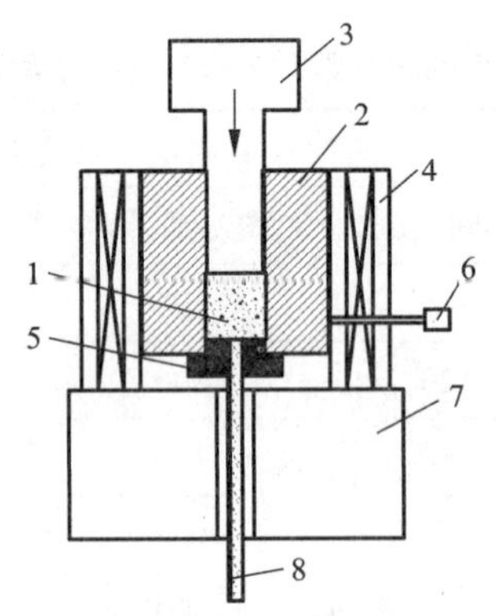

图 8－17　Au－20Sn 合金丝材热挤压成型装置简图

1—Au－Sn 合金；2—挤压筒；3—压头；4—加热体；5—挤压模；6—热电偶；7—支撑座；8—挤压丝材

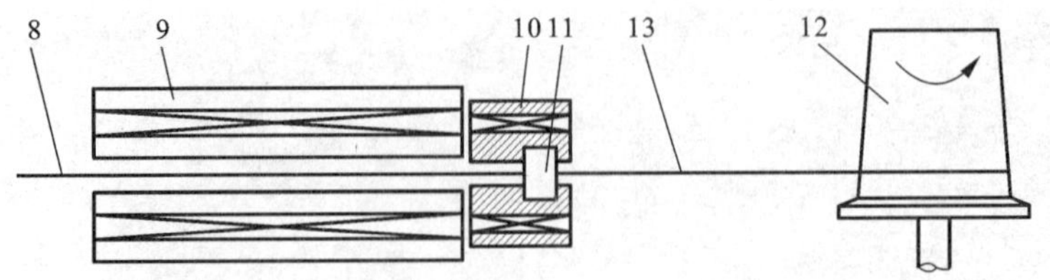

图 8－18　Au－20Sn 合金丝材热拉成型装置简图

8—热拉粗丝；9—加热装置；10—拉丝模架；11—拉丝模；12—拉丝机绕线筒；13—热拉细丝

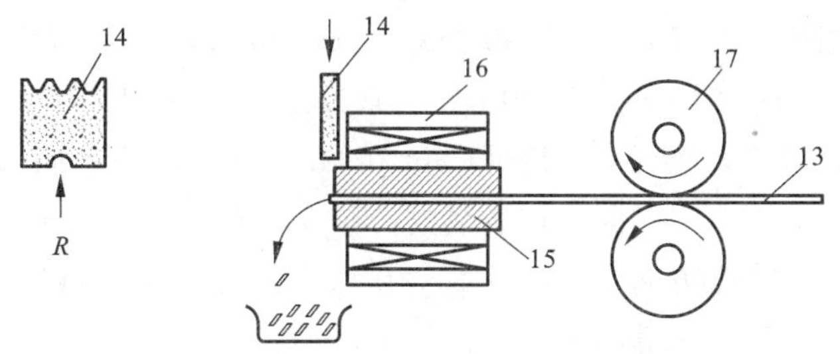

图 8-19　Au-20Sn 合金丝材切割装置简图

13—Au-Sn 丝材；14—切割刀；15—固定模具；16—加热体；17—送丝辊

3）多层复合扩散法制备 Au-20Sn 合金箔材

曾采用 Sn/Au/Sn…Au/Sn 和 Au/Sn/Au…Sn/Au 两种复合顺序，复合层数可以是几层和几十层。采用 Au 在外层的多层复合顺序可以防止材料氧化，并对复合材料在 200~250℃及真空条件下进行 12 h 扩散处理，最终获得了完全合金化的 Au-20Sn 合金箔材[图 8-20(a)]。箔材的金相组织见[图 8-20(b)][28, 29]。

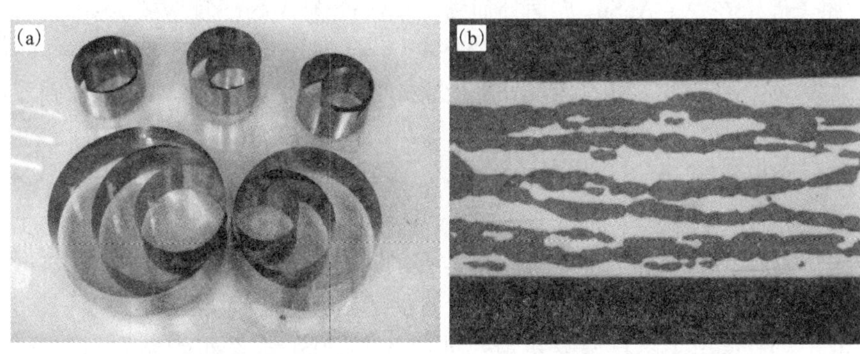

图 8-20　多层复合扩散法制备的 Au-20Sn 合金箔材产品及金相组织

Au/Sn 界面在叠轧和扩散处理过程中形成金属间化合物的顺序是 $AuSn_4$、$AuSn_2$、AuSn 和 Au_5Sn。在 200℃ 退火时，扩散层的厚度随退火时间的延长而逐渐增大。当退火时间延长至 48 h 时，Au-20Sn 钎料最终形成 ζ(Au_5Sn)和 δ(AuSn)相的均质合金。在 250℃ 退火时，Au/Sn 界面扩散速度增大，退火 6 h 后Au-20Sn钎料组织完全转变成 ζ(Au_5Sn)相+δ(AuSn)相。

扩散层中 AuSn、$AuSn_2$ 和 $AuSn_4$ 层的生长次序与速度由 Au、Sn 间的扩散系数 D 决定，其表达式为：

$$D = D_0 \exp(-Q/RT) \tag{8-1}$$

式中：D_0为扩散指数因子；Q 为激活能；R 为阿伏伽德罗常数；T 为绝对温度。

Sn 在 Au 中扩散的 $D_0 = 4.1 \times 10^{-6} m^2/s$，$Q = 143$ kJ/mol。根据式(8－1)可以计算出 200℃(473K)时 Sn 在 Au 中的扩散系数为 $D_{Sn} = 6.61 \times 10^{-22}\ m^2/s$。

由于 Sn 是四方晶格结构，因此，Au 在 Sn 中的扩散呈各向异性。用 D_{Au}^a和 D_{Au}^c表示 Au 在 Sn 中两个方向的扩散系数。在 D_{Au}^a方向，$D_0^a = 1.6 \times 10^{-5}\ m^2/s$，$Q_a = 74.1$ kJ/mol，在 D_{Au}^c方向上 $D_0^c = 5.8 \times 10^{-7} m^2/s$，$Q_c = 46.0$ kJ/mol。由此可以计算出，200℃时 $D_{Au}^a = 1.05 \times 10^{-13}\ m^2/s$，$D_{Au}^c = 4.82 \times 10^{-12}\ m^2/s$。Au 在 Sn 中的扩散系数 D_{Au}等于 D_{Au}^a和 D_{Au}^c的几何平均值，即 $D_{Au} = 4.82 \times 10^{-12}\ m^2/s$。

比较 D_{Sn}和 D_{Au}可以发现，200℃时，Au 在 Sn 中的扩散速度比 Sn 在 Au 中的扩散速度大 10 个数量级。这就决定了 Au/Sn 界面发生扩散时，Au 先往 Sn 中扩散生成富 Sn 的 $AuSn_4$ 相，反应式如下：

$$[Au] + 4Sn = AuSn_4 \tag{8-2}$$

式中：[Au]表示参与扩散反应的 Au 原子，而不是纯 Au。

$AuSn_4$ 沿着 Sn 的晶界和 Au/Sn 界面长大，当 $AuSn_4$ 长大形成连续扩散层后，对[Au]往 Sn 中扩散起阻碍作用。由于[Au]原子穿过 $AuSn_4$ 层速度缓慢，大量[Au]原子停留在 Au/$AuSn_4$ 界面处而发生反应产生 AuSn，反应式为：

$$3[Au] + AuSn_4 = 4AuSn \tag{8-3}$$

随着 AuSn 层增厚，堆积在 AuSn/$AuSn_4$ 界面的[Au]原子数减少，则反应转变为：

$$[Au] + AuSn_4 = 2AuSn_2 \tag{8-4}$$

当 Au/Sn 界面发生扩散时，式(8－2)、式(8－3)、式(8－4)同时发生。在 200℃退火时，Au/Sn 界面的扩散不是纯粹的 Au 往 Sn 扩散或 Sn 往 Au 扩散。金属间化合物层 AuSn、$AuSn_2$ 和 $AuSn_4$ 对互扩散系数产生很大影响。

图 8－21 示出了多层复合扩散热处理 Au－20Sn 合金组织结构的演化过程。Au 在 AuSn 层中的扩散系数比 Sn 在 AuSn 层中的扩散系数大 3 倍左右，而且 Au 在其他富 Sn 化合物层(如 $AuSn_2$，$AuSn_4$)中的扩散系数也比 Sn 在 AuSn 层中的扩散系数大几个数量级[30]。因此，即使在有扩散层的 Au/Sn 界面，扩散还是从 Au 层到 Sn 层。为了便于理解，假设在扩散反应发生时，Au 是移动的而 Sn 是静止的。在纯 Sn 层被完全消耗之前反应式(8－2)、式(8－3)、式(8－4)是同时发生的，扩散层 AuSn、$AuSn_2$ 和 $AuSn_4$ 不断增大。Sn 层被完全消耗后，反应(8－2)停止，$AuSn_2$/$AuSn_4$ 界面处的[Au]原子全部参与反应(8－3)，快速消耗 $AuSn_4$，在 200℃退火 24 h 后，$AuSn_4$ 消耗完全，见图 8－21(c)。此时 $AuSn_2$/$AuSn_4$ 界面处的[Au]与 $AuSn_2$ 发生反应，$AuSn_2$ 最终完全转变成 AuSn 见图 8－21(d)。

在固态扩散中没有或只有少量无法检测到的 Au_5Sn 相产生。根据 Au_5Sn 的形成动力学条件，只有 Sn 往 Au 中扩散，在富金状态下才能反应生成 Au_5Sn 相[14]。而在低温条件下 Sn 往 Au 和 IMC 层的扩散速率远远小于 Au，因此，低温固态扩散温度下不能产生 Au_5Sn 相。

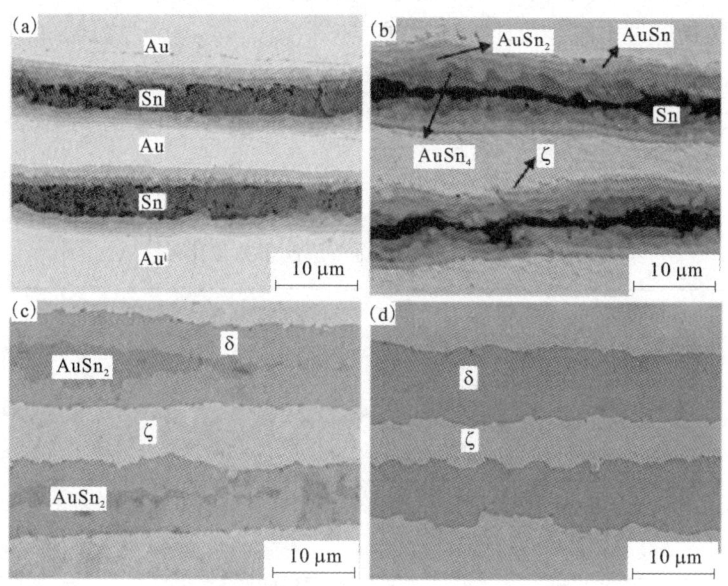

图 8－21　多层复合扩散热处理 Au－20Sn 合金组织结构的演化[31]

4）几种金锡合金薄膜制备方法比较

通过熔融和压延等冶金法加工成的 Au－20Sn 合金箔片存在着脆性，当合金箔片熔融焊接时，容易改变焊片原有的尺寸形状，引起焊片位置偏移，与焊接部位不重合。此外，当焊片的尺寸形状极为微细复杂时，合金焊片的加工也极为困难。于是人们设想以蒸镀、电镀、印刷等方法取代冶金法来获得 Au－20Sn 合金焊料。这就是说，在半导体等电子零件上，掩蔽无须焊接的部位，裸露出需要焊接部位的微细图形，然后电镀或印刷出预定图形的 Au－20Sn 合金层[32]。

电路板上的金锡薄膜是金锡合金的重要形态之一，主要用作焊料层。金锡薄膜的制备主要有以下几种方法：①电子束蒸镀，即在基板上分别蒸镀金层和锡层，然后进行热处理，这是目前最主要的制备方法；②金锡分层电镀，即采用湿法电镀的方式，在基板上分别电镀金层和锡层，然后进行热处理；③合金电镀，即采用湿法电镀，直接在基板上电镀金锡共晶合金。其他还有溅射、印刷等方式。

Schenbrenner 等人描述了在芯片焊盘上溅射生成金/锡多层膜的工艺。在焊接过程中，薄膜发生共晶反应，在焊点处能够观察到 ξ 相；其不足之处是有脆性的金属间化合物生成，并且可能出现 Kirkendall 空洞。有研究者采用电镀金/锡的方法制备合金[33]。为了获得共晶成分的合金，焊料层在使用前需要回流。回流步骤非常关键，过多的金可能导致形成枝树状结晶的 ξ 相。这样，在焊接过程中需要的共晶成分就会更少。还有一些研究描述了交替蒸发金/锡多层膜的方法[34]。共晶成分的形成需要在高温下进行快速扩散[35]。几种金锡合金薄膜制备方法及其优缺点比较见表 8－8。

表 8－8　几种金锡合金薄膜制备方法比较[33]

沉积方式	电子束蒸发	合金电镀	分层电镀	丝网印刷	预植
最小厚度	0.01 μm	0.25 μm	2.5 μm	12 μm	25 μm
纯度	高纯度	含微量有机物	含微量有机物	纯度低，含焊剂等有机物	高纯度
沉积设备	电子束蒸发台	电镀设备	电镀设备	印刷烧结设备	手动拾取和安装设备
优点	高沉积速率，高纯度，厚度范围较宽	很高的纯度，可以通过管壳沉积任意图形	很好的纯度，可以通过管壳沉积任意图形	非常低的成本和高的效率	高纯度，可沉积任意图形
缺点	材料利用率低，需要后扩散处理	成本高，工艺控制很难，沉积速率低	成本低，工艺控制较难，需要后扩散处理	纯度低，只能沉积较厚的膜层，需要烧结和清洗	只能沉积较厚的膜层，安装较困难

8.3　贵金属中温钎焊材料

Ag 和 Au 具有优良的塑性、导电性、导热性和耐蚀性，熔化温度为 962℃、1063℃，对 Cu、Au、Pd、Pt 等有很好的钎焊性。纯 Ag 的饱和蒸气压较高，在 900～1000℃时高达 0.13～1.33 Pa，真空熔炼和钎焊挥发严重，一般需要充氩气保护钎焊。熔化的 Ag 能溶解超过 20 多倍的氧，在大气中钎焊易形成焊缝气泡。纯 Au 的饱和蒸气压较低，在 950～1140℃为 $1.33 \times 10^{-4} \sim 1.33 \times 10^{-2}$ Pa，可用于真空器件钎焊。

为了降低Ag和Au的熔化温度，提高钎焊强度，增大钎料对基材的润湿性，在Ag中加入Cu、Zn、Cd、Sn、In、Mn、Li、Ti等元素组成二元、三元和多元合金，增加了Ag合金钎料品种，扩大了钎料的选择性和应用范围。按组织结构，Ag合金钎料可分为含Ag系钎料、Ag－Cu共晶型系钎料和固溶体型钎料。按成分，Ag合金钎料可分为低Ag钎料、低蒸气压钎料、高蒸气压钎料、活性钎料、自钎剂钎料和含Mn、Al系钎料。同样，在Au中加入Ag、Cu、Ni、Ge、Si等也可以降低Au的熔化温度，提高钎料强度。贵金属中温钎料的分类详见表8－9。

表8－9 贵金属中温钎料分类[34]

<table>
<tr><th colspan="3">钎料体系</th><th>钎料合金系列</th></tr>
<tr><td colspan="3">Cu基低Ag中温钎料</td><td>Cu－Ag－P、Cu－Ag－Si</td></tr>
<tr><td rowspan="6">Ag基中温钎料</td><td rowspan="5">Ag－Cu共晶型钎料</td><td>低蒸气压钎料</td><td>Ag－Cu、Ag－Cu－Ni、Ag－Cu－Pd、Ag－Cu－In、Ag－Cu－Sn、Ag－Cu－In－Sn、Ag－Cu－Ge</td></tr>
<tr><td>高蒸气压钎料</td><td>Ag－Cu－Zn、Ag－Cu－Cd、Ag－Cu－Zn－Cd</td></tr>
<tr><td>活性钎料</td><td>Ag－Cu－Ti、Ag－Cu－In－Ti、Ag－Cu－Sn－Ti</td></tr>
<tr><td>自钎剂钎料</td><td>Ag－Cu－Li、Ag－Cu－Ni－Li</td></tr>
<tr><td>含Mn、Al系钎料</td><td>Ag－Cu－Mn、Ag－Cu－Al</td></tr>
<tr><td>固溶体型钎料</td><td>含Mn、Al系</td><td>Ag－Mn、Ag－Al、Ag－Mn－Al</td></tr>
<tr><td colspan="3">Au基中温钎料</td><td>Au－Cu、Au－Ag、Au－Ag－Cu、Au－Ag－Ge、Au－Ag－Si</td></tr>
</table>

8.3.1 铜基低银中温钎料

使用含Ag量较高的钎料成本较高，为了降低Ag用量，开发了Cu－Ag－P系和Cu－Ag－Si系低银钎料，实用钎料的牌号、成分及性质列于表8－10。

表 8-10 Cu 基低 Ag 钎料[35]

合金牌号	主成分及含量(质量分数)/%						熔化温度/℃
	Cu	P	Ag	Si	Sn	其他	
BCu95P	余量	5 ±0.3					
BCu93P	余量	6.8~7.5					
BCu70PAg	余量	5 ±1.0	25 ±0.5				650~710
BCu80PAg	余量	5 ±1.0	15 ±0.5				640~815
BCu91PAg	余量	7 ±0.2	2 ±0.2				645~810
BCu89PAg	余量	5.8~6.7	5 ±0.2				650~800
BCu80PSnAg	余量	5.3 ±0.5	5 ±0.5		10 ±0.5		560~650
BCu85PSnAg	余量	7	4		4		626~670
BCu87PSnAg	余量	6.1	4.1		3.1		626~668
BCu83PSnAg	余量	7	6		4		568~683
BCu73SiAg	余量		20.0~21.2	7.0			740~756
BCu73SiAg	余量		25.0	3.5			746~835
BCu64SiAg	余量		30.0	6.0			744~759
BCu64SiAg	余量		34.0	2.5			746~840
BCu58SiAg	余量		40.0	2.5~3.0			(757~779) 约 798
BCu53SiAg	余量		40~45	3.0		Ni1.5~4.5	(742~757) — (792~833)
BCu53SiAg	余量		45	1.0~3.0		Ni0.3, Fe0.8, Co0.4	(757~789) — (798~927)

1. Cu-Ag-P 系钎料

Cu-P 钎料熔化温度低，对铜、铜合金和黄铜的润湿性好，具有良好的钎焊性能，易获得良好的焊缝，且成本低。根据 Cu-P 二元合金相图(见图 8-22)，当含 P 8.4%(质量分数)时，Cu-P 的共晶温度为 714℃，熔化温度最低，共晶和过共晶成分中含较多的 Cu_3P 化

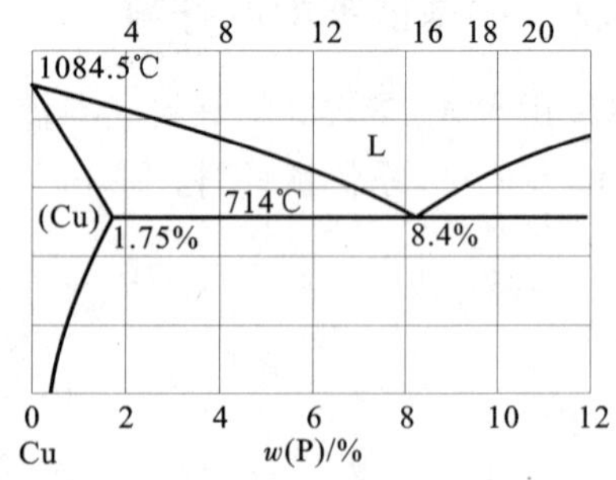

图 8-22 Cu-P 二元系相图

合物，导致材料塑性下降，加工成型困难，钎焊强度降低[36]。为了进一步降低熔化温度，提高钎料塑性，在 Cu – P 中加入适量 Ag 形成三元 Cu – Ag – P 系合金（见图 8 – 23），该三元合金的共晶点成分为：$w(Ag)=17.9\%$，$w(Cu)=30.4\%$，$w(Cu_3P)=51.7\%$，熔化温度比 Cu – P 系低（646℃），但无加工性[37]。

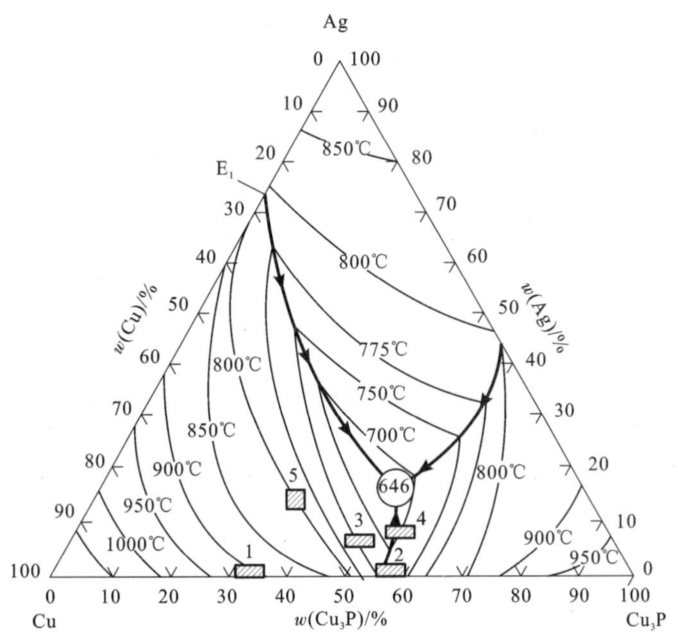

图 8 – 23　Cu – Ag – Cu_3P 液相线投影相图

实用的 Cu – Ag – P 系合金含 P 一般为 4.8% ~ 7.0%（质量分数），含 Ag 为 1.8% ~ 18%，钎料的固相线温度约 646℃，随成分变化液相线温度在 680 ~ 810℃。因此，Cu – Ag – P 系钎料的熔化温度间隔比较大，可使钎焊过程在固液相线温度间进行。该成分的 Cu – Ag – P 系钎料具有冷加工塑性，450 ~ 550℃热加工塑性更好。

图 8 – 24 显示了 Cu – 2Ag – 5P 亚共晶金相组织，组织的初生相为富 Ag 和 P 的 α – Cu 固溶体 + Cu_3P。

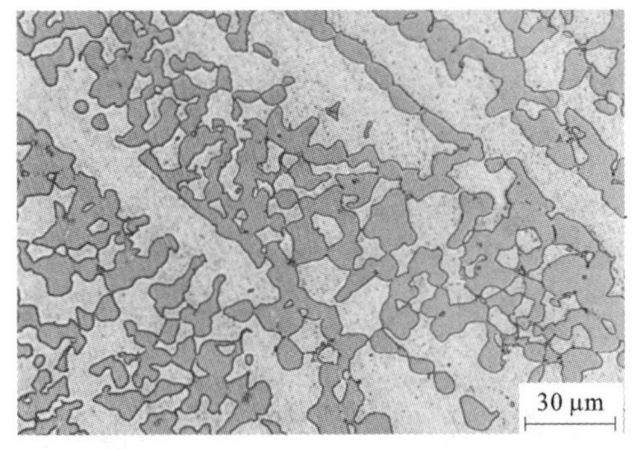

图 8 – 24　Cu – 2Ag – 5P 铸态金相组织

在 Cu－Ag－P 钎料中加入微量的稀土 Ce 可提高钎料对基材的润湿性，对钎焊强度改变不大。在 Cu－6P－2Ag 合金中加入 1%～4% 的 Sn 可降低钎料的熔化温度，提高合金的抗拉强度[见图 8－25(a)]。含 Sn 1% 时可提高加工延伸率，但继续增加含 Sn 量将使加工延伸率大幅度下降[见图 8－25(b)]。

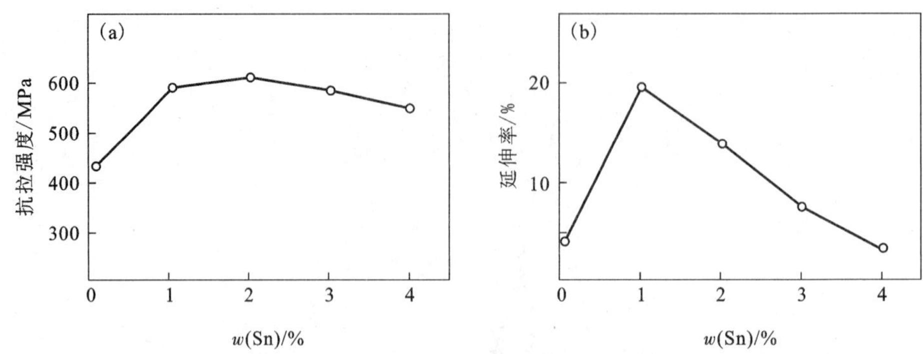

图 8－25　Sn 对 Cu－6P－2Ag 钎料的抗拉强度(a)和伸长率(b)的影响

Ag－Cu－P 钎料具有自钎剂作用，作用机理较为复杂且有代表性。

在这种钎料中，P 以 Cu_3P 磷化物的形式存在，自钎剂作用的第一个阶段按下列反应进行：

$$2Cu_3P + 5Cu_2O = P_2O_5 + 16Cu$$

钎焊时，一部分 P 转化为 P_2O_3，当达到一定数量时，其中一部分则按下列反应与铜表面氧化物起反应：

$$P_2O_3 + Cu_2O \longrightarrow Cu_3PO_4$$

生成的磷酸铜沿零件表面流散，保护零件表面不再被氧化。冷却时，磷化物按下列反应分解：

$$2Cu_3PO_4 \longrightarrow Cu_3(PO_4)_2 + 3Cu$$

这样，两个磷原子还原出 19 个铜原子。磷化物 $Cu_3(PO_4)_2$ 在冷却时形成玻璃状体，部分沿氧化物晶体的晶界形成薄膜而不再脱落。同时，部分液态磷的化合物 Cu_3P、P_2O_5、Cu_3PO_4 经过疏松层渗透到铜金属表面和氧化膜间的空间，起浸蚀和腐蚀作用，结果生成某种间隙。在毛细管力的作用下，液态钎料沿着这些间隙漫流，形成与铜的扩散连接，同时把磷化物挤到外面去，从而形成一种富磷的灰色沉积物[39]。

中国的无银、低银铜磷钎料先用于电机、电器的铜及铜合金钎焊，但随着空调、冰箱等家用电器业铜管钎焊接头用量的增加，钎料产量近 10 多年增长了 20 倍，目前超过 2000 t。规格从原来单一的棒状发展到丝、箔、粉末、膏状和预制环等，随着建筑业大量采用铜水管，无银、低银的铜磷钎料产量还会不断增加[40]。

2. Cu－Ag－Si 系钎料

在 Cu－Ag 中加入适量 Si 形成 Cu－Ag－Si 系低 Ag 钎料，可以降低 Cu－Ag 钎料的熔点，该钎料的加工性能则取决于加入的 Si 量(见表 8－11)。钎料共晶点成分为 Cu－21.2Ag－7.0Si(质量分数)，该钎料无加工性，原因是 Si 含量过高，形成较多铜硅化合物脆性相，导致材料加工塑性下降。成分为 Ag 25%～45%，Si ≤3%，余量 Cu 的 Cu－Ag－Si 钎料合金以及添加少量 Fe、Co、Ni 的上述成分范围的钎料合金，具有良好的塑性变形能力，在 H_2 气氛或真空条件下钎料合金在不锈钢、镀 Ni 不锈钢、可伐和无氧铜等母材上具有优良的漫流性能，Cu－Ag－Si 系列钎料钎焊镀 Ni 不锈钢可以获得较高的接头强度(220～335 MPa)，其值随钎焊温度升高而提高，钎料合金在 600℃下蒸气压为 $(1\sim3)\times10^{-6}$ Pa，钎料合金熔点(液相线)为 759～927℃[41]。该系钎料是很好的电真空器件钎焊用钎料。

表 8－11　Cu－Ag－Si 系钎料 Si 含量对塑性变形能力的影响

Si 含量/(质量分数)%	Cu－Ag－Si 合金塑性变形能力	
	热加工	冷加工
≥6	困难	不可
3～3.5	优良	尚可
≤2.5	优良	优良

图 8－26 是 Cu－40Ag－2.5Si 合金加工退火后的金相组织照片，可以看出为再结晶组织，由(Cu，Si)＋(Ag，Cu)组成，退火处理后组织仍然保留了沿加工方向分布，该成分合金具有加工性。

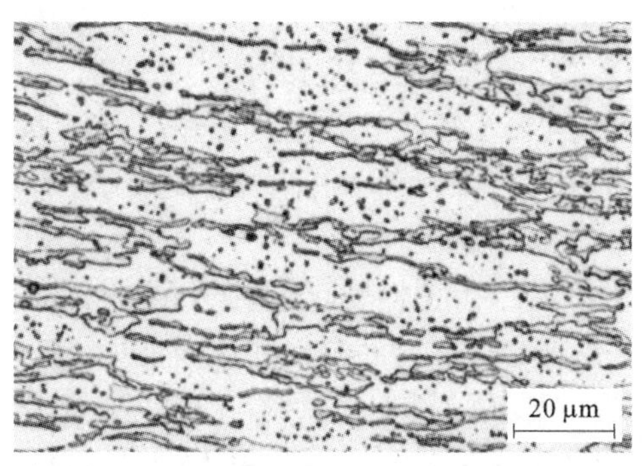

图 8－26　Cu－40Ag－2.5Si 合金退火处理照片

8.3.2 银基中温钎料

Ag－Cu 合金被称为基础钎料合金，在 Ag－Cu 亚共晶、共晶和过共晶中添加一种或几种组元可以构成较多品种的 Ag－Cu 系钎料。如在 Ag－Cu 合金中添加低饱和蒸气压组元 Ni、Pd、In、Sn、Ge 等，可形成低蒸气压系列钎料(被称为电真空钎料)，用于钎焊真空电子器件。添加 Zn、Cd、Mn 等高饱和蒸气压组元的 Ag－Cu系钎料称为高蒸气压钎料，可在大气或保护气氛中用于钎焊钢、不锈钢、硬质合金等。添加活性金属 Ti 形成活性钎料，可钎焊陶瓷。添加 Li 则成为自钎剂钎料。在 Ag 中添加 Mn、Al 可制成固溶体型钎料。

1. 银基中温低蒸气压钎料

1)银基中温低蒸气压钎料的特点和性能

电真空器件是电子科技领域中一类非常重要的电子器件，该类器件多由异种材质组成，不仅结构复杂，尺寸精度要求也很严。电真空器件焊接的气密性和可靠性是决定器件性能的主要因素之一。因此，对焊接器件所用的基础焊接材料的性能要求很高。根据真空电子器件的使用特点，对中温焊接钎料性能的要求是：①熔化温度为450～950℃，固相线和液相线区间一般不大于20℃；②真空器件要求钎料每个组元的蒸气压均不超过 1×10^{-5} Pa，因此合金钎料中不能含有 Cd、Zn、Bi、Mg、Pb 等高蒸气压元素，杂质含量特别是 Zn、Cd 和 Pb 应小于0.002%，以防器件在制造和使用过程中因元素蒸发引起器件漏电和封焊失效；③不含氧化物夹杂或非金属杂质，使钎料具有好的润湿性和铺展性，避免对器件密封性造成不利影响；④不含气体(主要是氧气)，以防焊料熔化时发生溅散造成零件短路；⑤合金相组成与相结构应尽量简单，具有均匀、稳定的成分，且钎焊时无偏析现象，不发生相转变；⑥钎料的使用状态多为薄带和丝材，因此还应具有高的力学性能，足够的塑性和优良的加工性能[42]；⑦电真空器件是由多种材料，如陶瓷、不锈钢、可伐和 Cu 等，通过焊接方法连接成为结构复杂的构件，因此焊接钎料对使用的各种材料皆应有良好的浸润性和焊接性。

电真空器件主要有行波管、磁控管、速调管和高低压真空开关管等，广泛用于广播、通信、电视、雷达、导航、自动控制、电子仪器、计算机终端显示、医学诊断治疗设备等领域。

在电真空行业中，广泛使用的焊料有金基系列焊料、银基系列焊料和铜基系列焊料等。其中，金基焊料有良好的润湿性和流布性能，钎焊接头强度和耐蚀性也良好，但其价格昂贵。银基焊料和铜基焊料在成本上有一定优势，在电真空器件的焊接中应用广泛[43]。表 8－12 列出了常用 Ag 基中温电真空钎料成分和熔化温度。

表 8-12　Ag-Cu 系钎料的成分和熔化温度[46]

序号	合金牌号	w/%		熔化温度/℃
		Ag	Cu	
1	BAg	99.99	—	962
2	BAg72Cu	余量	28 ± 1.0	779
3	BAg50Cu	余量	50 ± 1.0	780 ~ 875
4	BAg45Cu	余量	55 ± 1.0	780 ~ 880
5	BAg30Cu	余量	70 ± 1.0	780 ~ 945

2) Ag-Cu 系电真空钎料

在 Ag 中加入 Cu 可以降低合金的熔化温度，而无脆性相形成，可形成成分广的钎料合金，Ag-Cu 相图(见图 8-27)表明了合金熔化温度变化规律。在亚共晶区随着 Cu 含量从 8.8% 增加到 28.1%，合金熔化温度间隔 ΔT 由 100℃ 逐渐降低到 0℃，共晶点熔化温度为 779℃，在过共晶区 Cu 含量从 28.1% 增加到 92%，合金熔化温度间隔 ΔT 则由 0℃ 增加到 270℃。

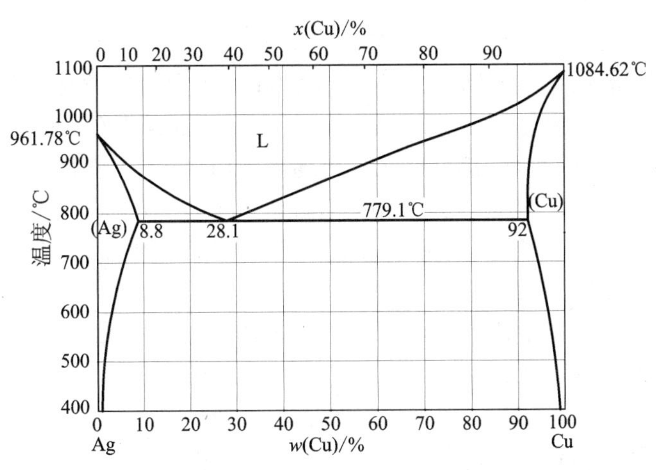

图 8-27　Ag-Cu 相图[44]

用作钎料的合金主要有 Ag-7.5Cu、Ag-25Cu、Ag-28Cu、Ag-50Cu、Ag-55Cu，其中 Ag-28Cu 共晶钎料应用最广。Ag-28Cu 熔点低且无结晶间隔，流散与浸润性能好，焊缝导热性与导电性好，被称为“基础焊料”。富银的亚共晶焊料如 Ag-7.5Cu 几乎不溶解和不渗入基体金属，可用来钎焊铜、钢和不锈钢等薄件。过共晶合金如 Ag-50Cu 含 Ag 量低，熔化温度间隔相差较大，填充性能好，在多级钎焊中往往用来作一级中间钎料。若在氢气气氛中钎焊可以提高 Ag－28Cu钎料对 Ni 和可伐合金的润湿性[45]。

图 8－28 显示了典型 Ag－28Cu 共晶合金分别采用石墨模铸造(a)、定向凝固(b)和快速冷却(c)的铸态组织，组织由{(Ag)＋(Cu)}构成。分别呈片状、沿冷凝方向生长的片状和沿晶粒核心生长的发射状组织。说明不同的冷却方式将对 Ag－28Cu 共晶组织形态产生影响。定向凝固法制备的合金沿凝固方向具有更好的强度和延伸率。快速凝固法制备的合金钎料，成分偏析更小，这种钎料可以提高钎焊接头强度，但其制造成材率较低，成本较高。

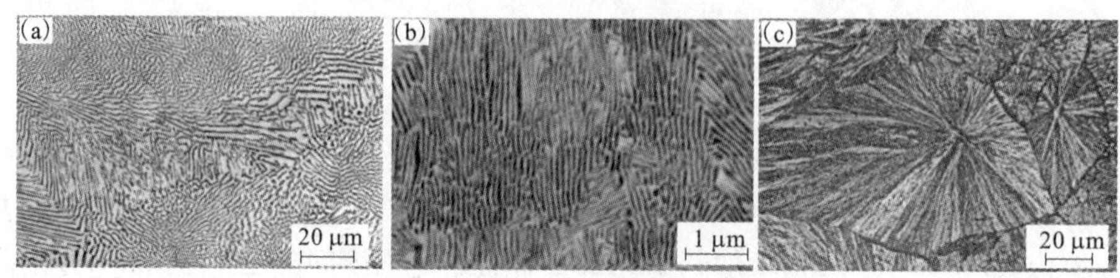

图 8－28　Ag－28Cu 共晶组织

3) Ag－Cu－Pd 系电真空钎料

Ag－Pd 与 Pd－Cu 为二元连续固溶体，Ag－Cu 为部分互溶的共晶合金系。在三元合金中，靠近银铜方向是共晶区，富 Pd 区为单相固溶体，随着温度的升高，单相固溶体区扩大。Pd 能提高 Ag－Cu 合金的熔点与凝固点，增加 Ag 和 Cu 的相互溶解度。在高温区大部分三元合金均为单相固溶体，在低温区，Cu－Pd 二元系中形成的有序相扩展到三元系中，出现以 PdCu 和 $PdCu_3$ 为基的有序相。因此，大部分三元合金都可以时效硬化，但含 Cu 低于 5% 和含 Pd 大于 45% 的合金不能时效硬化，见图 8－29。

在 Ag－Cu 系钎料中添加 30% 以下的 Pd 则形成 Ag－Cu－Pd 系钎料(见表 8－13)，熔化温度在 800～900℃。Ag－Cu－Pd 系钎料与黑色、有色金属及难熔金属母材在钎焊中不生成脆性的化合物相，不腐蚀母材，也不产生晶间浸蚀，减小了钎料对基体的溶蚀，提高了钎料对 Ni、不锈钢、可伐、高温合金的润湿性，增强了钎焊强度、抗氧化性。因此 Ag－Cu－Pd 系钎料适合薄件、细小工件的钎焊。Ag－Cu－Pd 系钎料还具有优良的可塑性，可产生可塑性接头。含 Pd 钎料对母材有优异的润湿性和漫流性，所以它具有宽广的间隙填充性(填充间隙可在 0.05～0.50 mm)，这种特性可降低钎料使用量，并允许钎件加工时有宽余的公差，从而降低机械加工费用[47]。

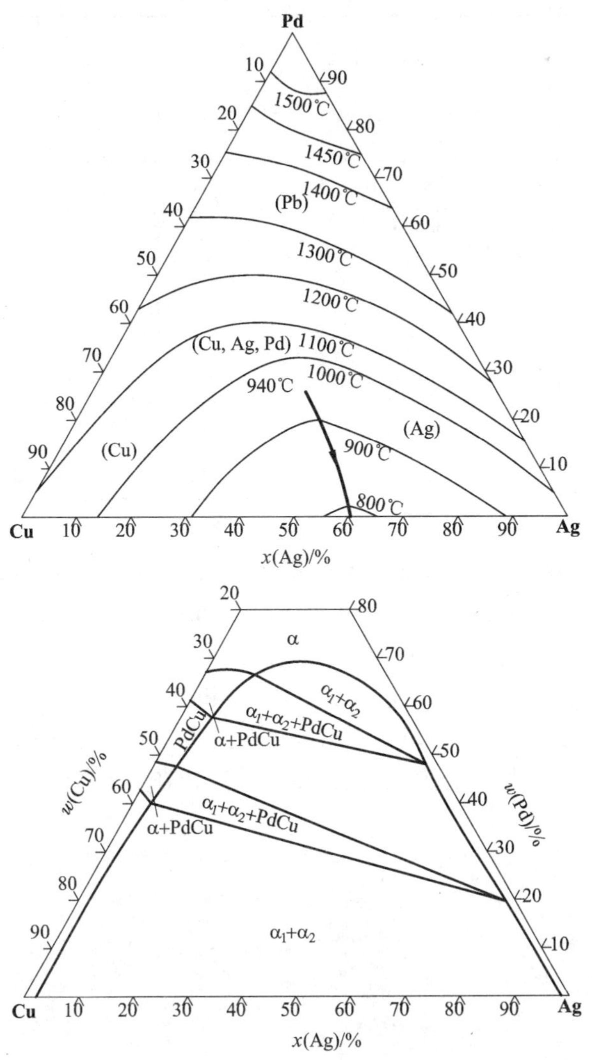

图 8-29 Ag-Cu-Pd 液相线和 400℃等温截面图

在 $BAg_{65}Cu_{20}Pd_{15}$ 合金中添加 0.2% ~1.0% Co 后，对其物理、电学、力学和钎焊特性均略有提高，可显著地抑制钎料在母材、特别是无氧铜母材上产生过度的漫流，减小对铜母材的溶蚀，有利于保证精密电真空器件的电气性能和提高产品的装配精度。$Ag_{65}Cu_{20}Pd_{15-x}Co_x$（$0.2\% \leqslant x \leqslant 1.0\%$）系钎料合金由富 Ag 的 $α_1$ 和富 Cu 的 $α_2$ 两相固溶体组成，在合金中未出现脆性相结构，在钎焊无氧铜、镀 Ni 不锈钢、蒙乃尔等母材中，可以获得较高强度的塑性钎焊接头结构[48]。

表 8 - 13　Ag - Cu - Pd 系钎料成分和熔化温度

合金牌号	w/%				熔化温度/℃
	Ag	Cu	Pd	其他	
BAg54CuPd	余量	21 ±1.0	25 ±0.5		900 ~ 950
BAg52CuPd	余量	28 ±1.0	20 ±0.5		867 ~ 900
BAg65CuPd	余量	20 ±1.0	15 ±0.5		845 ~ 880
BAg58CuPd	余量	32 ±1.0	10 ±0.5		824 ~ 852
BAg68CuPd	余量	27 ±1.0	5 ±0.5		807 ~ 810
BPd60 AgCu	余量	36 ±0.5	4 ±0.5		
BAg54CuPd	余量	21 ±1.0	25 ±0.5		900 ~ 950
BAg65CuPdCo	余量	65 ±1	20 ±1.0	Co：0.7 ~ 1.2	845 ~ 900

在 $BAg_{65}Cu_{20}Pd_{15}$ 合金中添加 0.3% ~1.0% 的 Si，可明显降低其熔化温度，在含 Si < 0.7% 范围内，明显缩小固—液相线温度间隔 Δt。同时，微量 Si 还可明显提高 Ag - Cu - Pd 合金在可伐合金上的铺展性，并具有优良的塑性[49]。Ag - 20Cu - 15Pd合金的铸态组织由粗生(Ag)和呈菊花状的共晶{(Ag, Pd) + (Cu, Pd)}组成，见图 8 - 30(a)。退火态组织是由(Ag, Pd) + (Cu, Pd)组成，见图 8 - 30(b)。经过冷加工退火处理后消除了铸态偏析，成分更均匀。

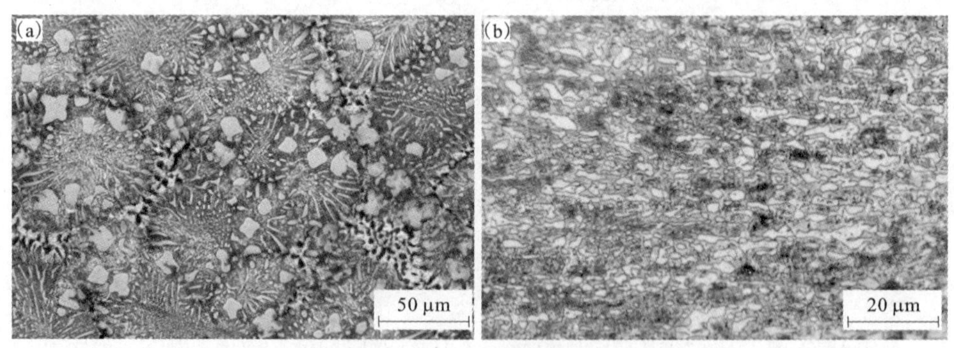

图 8 - 30　Ag - 20Cu - 15Pd 铸态和退火态组织

4) Ag - Cu - Ni 系电真空钎料

Ag - Ni 合金在室温下几乎不互溶，熔融的 Ag - Ni 冷凝后以机械混合物形态存在，Cu - Ni 可以形成无限固溶体，Ag - Cu 也具有很好的互溶性。在室温下 Ag - Cu - Ni三元系形成(Ag)、(Cu, Ni)、(Cu)等相(见图 8 - 31)。

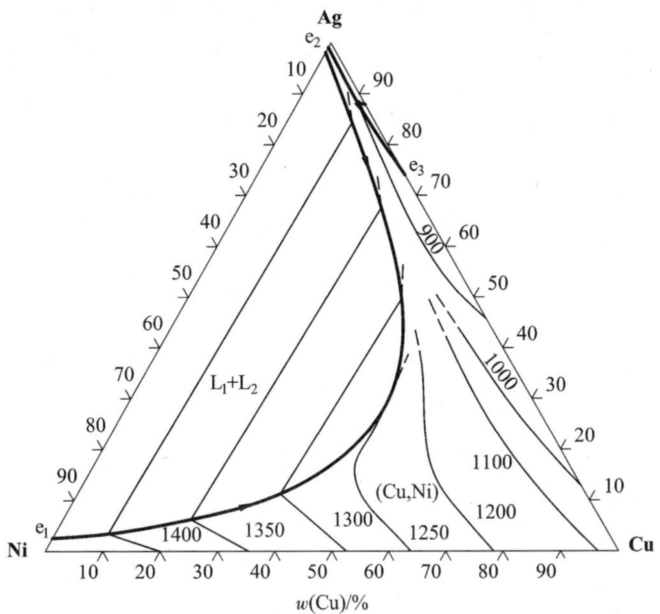

图 8－31　Ag－Cu－Ni 液相线投影图

Ag－20Cu－2Ni 合金铸态组织是(Ag)＋{(Ag)＋(Cu, Ni)}[见图 8－32(a)]，退火态组织是(Ag)＋(Cu, Ni)[见图 8－32(b)]。冷加工退火处理后，组织变得更均匀。Ag－Cu－Ni 系钎料成分和熔化温度见表 8－14。

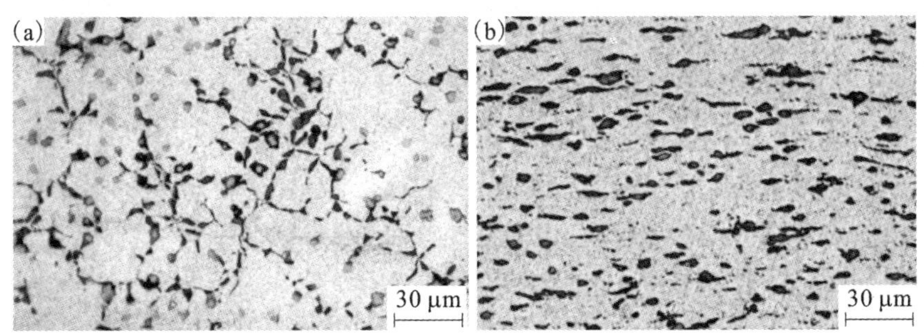

图 8－32　Ag－20Cu－2Ni 合金铸态和退火态组织

表 8-14　Ag-Cu-Ni 系钎料成分和熔化温度

序号	合金牌号	化学成分及含量/%			熔化温度/℃
		Ag	Cu	Ni	
1	BAg78CuNi	余量	20 ±1.0	2 ±0.5	780 ~ 820
2	BAg69CuNi	余量	28 ±1.0	3 ±0.5	780 ~ 820
3	BAg56CuNi	余量	42 ±1.0	2 ±0.5	790 ~ 830
4	BAg63CuNi	余量	32 ±1.0	5 ±0.5	785 ~ 820
5	BAg70CuNi	余量	28 ±1.0	2 ±0.5	785 ~ 820
6	BAg71.5CuNi	余量	28 ±1.0	0.75 ±0.25	780 ~ 800

Ag-Cu 系钎料中加入 Ni 使钎料的熔化温度上升，提高了钎焊强度，增强了钎料对不锈钢、可伐等的润湿性。Ag-Cu-Ni 可以替代 Ag-Cu-Pd 钎焊可伐、不锈钢、高温合金。

Ag-Cu 系钎料中加入 1.5% ~4.5% Ni 对 Ag-40Cu 合金主体显微组织无显著影响，合金的主体组织由银基固溶体 α 相和铜基固溶体 β 相组成，镍溶解在 β 相内，在合金中起到固溶强化的作用，钎料保持了很好的加工塑性。

图 8-33 显示在 Ag-40Cu 中加入 2.9% ~4.1% Ni 的钎料的固、液相线变化情况，Ni 含量对 Ag-40Cu 合金固相线的影响甚微，仅为 ±1℃，而对钎料合金液相线温度的影响较为显著，随 Ni 含量增加钎料熔化温度间隔加大。

钎焊不锈钢接头的抗拉强度 σ_b 和抗剪切强度 τ_b 均随着镍含量的增加而升高，试验表明镍对接头焊缝组织具有明显的固溶强化作用，见图 8-34。

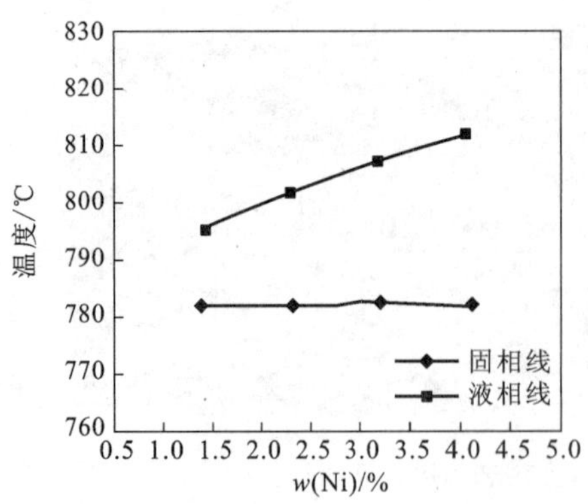

图 8-33　Ni 含量对 Ag-40Cu 钎料熔化温度的影响

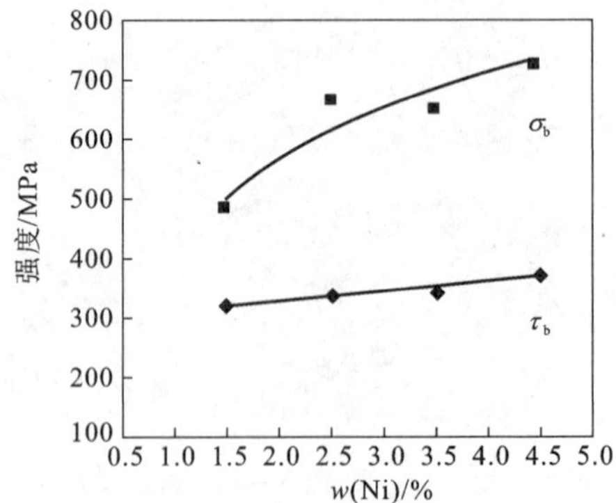

图 8-34　Ni 含量对 Ag-40Cu 钎料钎焊不锈钢强度的影响

5) Ag - Cu - In(Sn) 中温电真空钎料

为了进一步降低 Ag - Cu 合金钎料的熔化温度可在其中加入适量的 In、Sn 组元，形成 Ag - Cu - In、Ag - Cu - Sn 和 Ag - Cu - In - Sn，且熔化温度从 500 ~ 750℃的一系列合金钎料(见表 8 - 15)。

表 8 - 15　Ag - Cu - In(Sn) 合金成分和熔化温度

序号	合金牌号	化学成分及含量/%				熔化温度/℃
		Ag	Cu	Sn	其他	
1	BAg61CuIn	余量	24 ±1.0	—	In：15 ±0.5	630 ~ 705
2	BAg63CuIn	余量	27 ±1.0	—	In：10 ±0.5	655 ~ 736
3	BAg60CuIn	余量	27 ±1.0	—	In：13 ±0.5	650 ~ 740
4	BAg62CuInSn	余量	18 ±1.0	7 ±0.5	In：13 ±0.5	553 ~ 571
5	BAg90In	余量	—	—	In：10 ±0.5	850 ~ 887
6	BAg68CuSn	余量	24 ±1.0	8 ±0.5	—	672 ~ 746
7	BAg68CuSn	余量	27 ±1.0	5 ±0.5	—	730 ~ 842
8	BAg60CuSn	余量	30 ±1.0	10 ±0.5	—	600 ~ 720

Ag - Cu - In 系中 In 含量 > 20%，Ag - Cu - Sn 系中 Sn 含量 > 10%，AgCuInSn中 In + Sn > 20%(其中 Sn > 12%)，在这一成分范围内该系列钎料具有较低的熔化温度和较低的蒸气压，适合钎焊真空电子器件，主要用于 Cu 及 Cu 合金、Ag 及 Ag 合金钎焊。但加入过多的 In 和 Sn 将在合金中形成大量化合物，增大合金的脆性，导致材料塑性下降，用常规方法很难加工成型材[51]。

(1) Ag - Cu - In 系

Ag - Cu - In 系液相面投影图和 Ag - Cu - In 系 450℃等温截面图见图 8 - 35。

Ag - Cu 边 E_1是共晶点，Ag - In 边 U_1和 U_2是包晶点，Cu - In 边 U_3是包晶点。这些反应延伸到三元相区并在 UT_1 和 UT_2 相交。在固态，由 Ag - In 和 Cu - In 形成的相延伸到三元系中形成 δ、γ'、α'复杂的相区[52]。

在 Ag - Cu - In 系合金钎料中，随着 In 含量的增加钎料熔化温度下降，温度间隔增大，如 Ag - 27Cu - 10In、Ag - 24Cu - 15In 的熔化温度分别为 685 ~ 710℃、630 ~ 705℃，温度间隔 ΔT 分别为 25℃、75℃。含 In 15% 的钎料只能采用热加工成型，In 含量超过 30% 的合金熔化温度低于 600℃，如 Ag - 20Cu - 31In、Ag - 17Cu - 38In熔化温度为 540 ~ 575℃、534 ~ 548℃，温度间隔有缩小趋势，但材料加工困难。

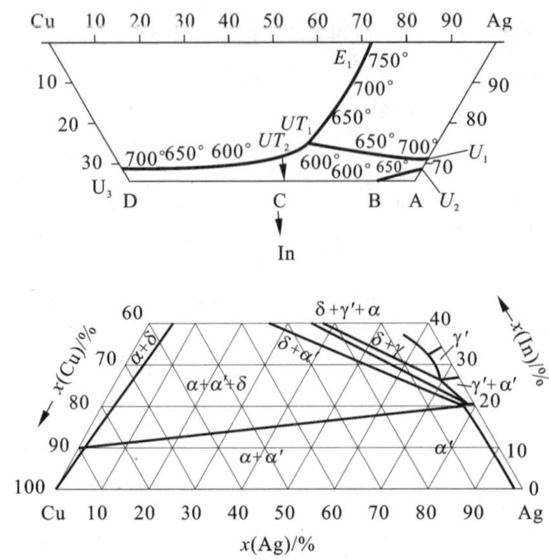

图 8－35　Ag－Cu－In 系液相面投影图和 450℃等温截面

Ag－27Cu－10In 合金的铸态组织是(Ag)＋{(Ag)＋(Cu)}＋δ[见图 8－36(a)]，冷加工经退火处理的金相组织是(Ag)＋(Cu)＋δ[见图 8－36(b)]，可以看出组织沿加工方向分布，说明该合金具有可加工性。

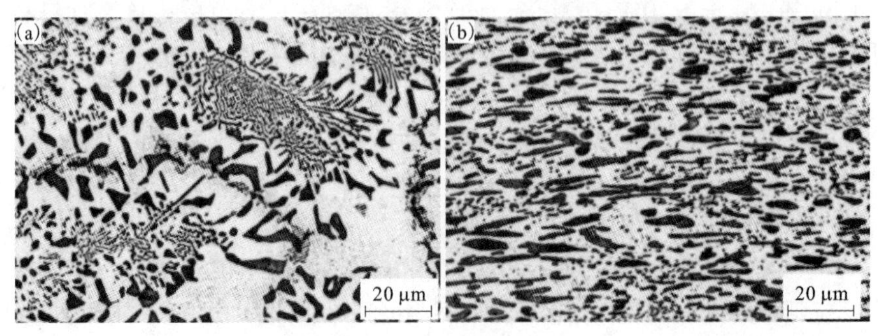

图 8－36　Ag－27Cu－10In 合金的铸态和退火态金相组织

(2) Ag－Cu－Sn 系

Ag－Cu－Sn 系三元相图液相面投影图和 37℃等温截面图见图 8－37。Sn 在 Ag 中溶解度为 12.5%，Sn 具有降低合金熔点和降低塑性的作用。图中 Ag－Cu 边 E_1为共晶点；Ag－Sn 边上 E_3为共晶点，U_5、U_6为包晶点；Cu－Sn 边 U_1、U_2、U_3、U_4为包晶点。这些反应延伸到三元相区并在 UT_1，UT_2，UT_3，…，UT_7相交。

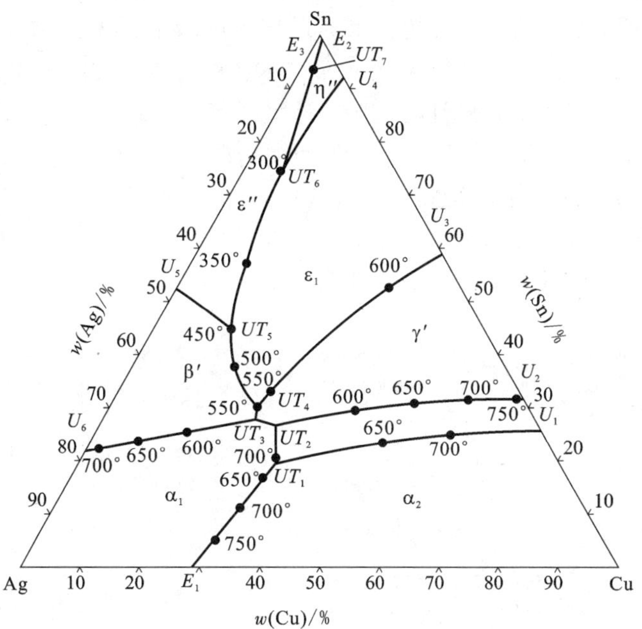

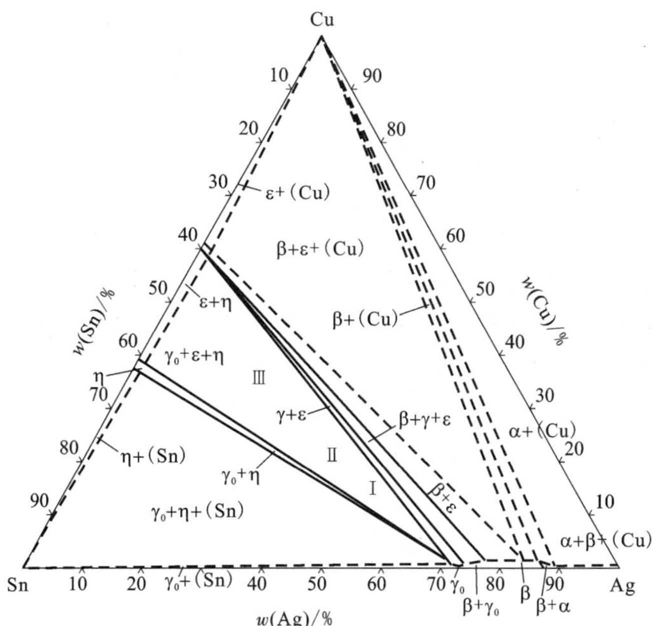

图 8-37　Ag-Cu-Sn 液相面投影图和 37℃等温截面图

在固态，Sn 含量为 20% 以下的三元相区内为富 Ag 和富 Cu 固溶体区，由(Cu)、ε_1、ε_2、(Ag)相组成，质量分数超过 20% 的广大区域中，由于 Ag – Sn 和 Cu – Sn 二元系中所形成的相结构中出现脆性的 ε_1、ε_2、γ、η 等三元电子化合物的复杂相区，使材料加工困难，材料设计时应避开这个区域。

常规冷凝的 Ag – 27Cu – 5Sn 金相组织由 $\alpha_1 + (\alpha_1 + \alpha_2)$ 构成[见图 8 – 38(a)]，α_1、α_2 皆是固溶体，塑性较好，材料具有很好的加工性能。Ag – 22.4Cu – 20Sn 金相组织由 $\alpha_2 + (\beta + \alpha_2) + \varepsilon$ 组成，其中除固溶体外还含有脆性金属化合物 β、ε 相[见图 8 – 38(b)]，致使加工性能恶化。

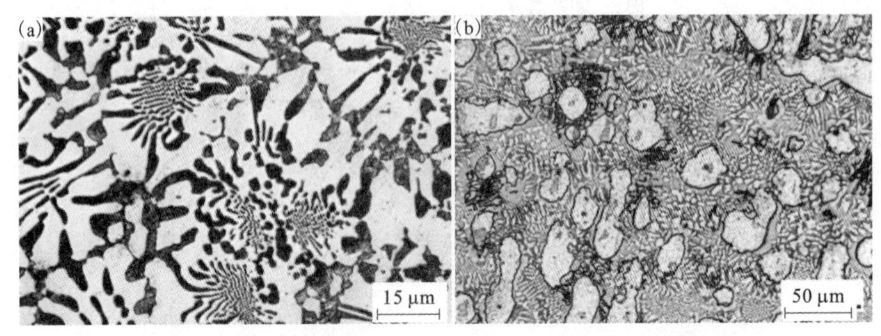

图 8 – 38　Ag – 27Cu – 5Sn 和 Ag – 22.4Cu – 20Sn 铸态金相组织

在 Ag – $Cu_{57.53-x}$ – Sn_x 合金(x = 12.23, 12.94, 13.65)中随着 Sn 含量的增加，固、液相线温度均降低，凝固温度区间 ΔT($\Delta T = T_L - T_S$)增大。图 8 – 39DSC 分析结果表明，急冷合金的液相线温度要比 Ag – Cu – Sn 三元平衡相图中所预测的液相线温度低约 100℃。这说明 Sn 含量不宜大于 12%，否则，不仅会影响钎焊的工艺性能，而且会恶化合金的加工性能。

图 8 – 40 为快速凝固的 Ag – Cu – Sn 合金箔的抗拉强度和断后伸长率随 Sn 含量的变化。从图中可以看出，急冷合金箔的抗拉强度为 280 ~ 360 MPa，断后伸长率为 2.8% ~5%。随着 Sn 含量的增加，合金的抗拉强度不断增大，断后伸长率减小。数学回归得到的抗拉强度和断后伸长率随 Sn 含量的变化关系为：

$$R_m = -3720 + 569w_{\mathrm{Sn}} - 20w_{\mathrm{Sn}}^2 \tag{8-5}$$

$$A = 198 - 28w_{\mathrm{Sn}} + w_{\mathrm{Sn}}^2 \tag{8-6}$$

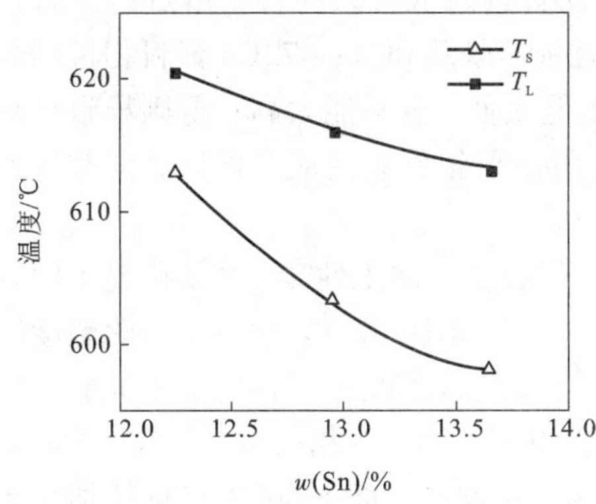

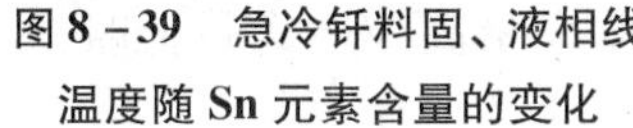

图 8 -39　急冷钎料固、液相线温度随 Sn 元素含量的变化

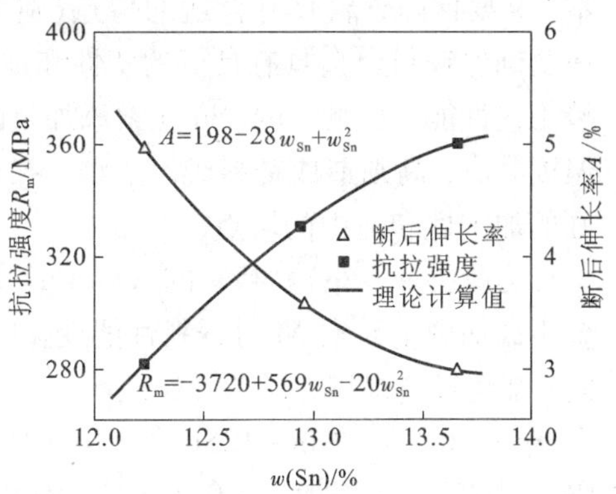

图 8 -40　Ag - Cu - Sn 钎料的抗拉强度和断后伸长率随 Sn 元素含量的变化

在常规凝固条件下，Ag - Cu - Sn 三元系合金通常形成粗大的树枝晶，如[图 8 -41(a)]所示。粗大枝晶为先析相 α - Cu，在枝晶间弥散分布着白、灰相间的[(Ag) + α - Cu]共晶。可知，当温度降至液相线温度时，首先析出 α - Cu 相，α - Cu 以枝晶方式生长。枝晶在生长过程中，由于结晶潜热的释放，枝晶臂被熔断，从而形成粗大不发达的枝晶形貌。在急冷快速凝固条件下，由于冷却速率大，晶体的形核、生长均会发生很大变化，固液界面前沿的局部平衡可能被打破，从而形成特异的相结构和组织形态。从图 8 -41(b)中可以看出，晶体形态以均匀细小的等轴晶为特征，凝固组织显著细化，晶界增多，晶粒尺寸明显减小，完全不同于常规凝固组织[53]。

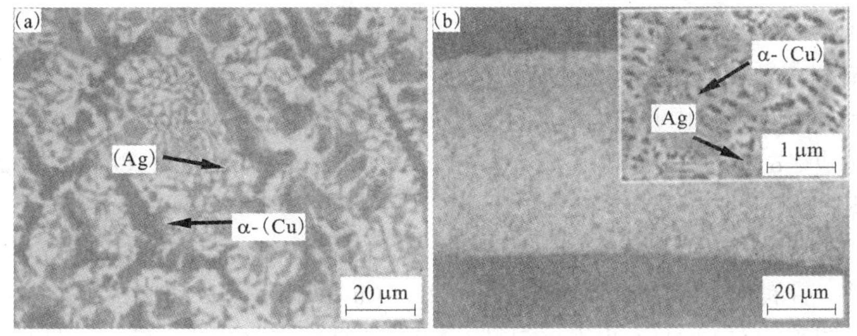

图 8 -41　$AgCu_{44.57}Sn_{12.94}$ 合金普通冷却组织和急冷组织

(3) Ag - Cu - In - Sn 系合金

电真空钎料研发中既要减少钎料中的 Ag 含量，以便最大限度地降低钎料成

本，又要保障钎料具有合适的熔点（避免 Ag 含量降低带来的合金熔点的升高），还要确保钎料合金具有良好的塑性和加工性能，以及和 Ag－72Cu 钎料相近的焊接工艺性能。为此，In、Sn 元素添加量既不能太低，也不能太高。低则导致钎焊温度升高，高则造成钎料难以成型。换句话说，低银钎料的成分设计必须兼顾良好的加工性和适中的熔点。

为改善 w(Ag)≤45% 的 Ag－Cu－In－Sn 合金的加工性能，系统研究了向合金中添加微量元素 Ni 对钎料性能变化的影响。微量 Ni 可有效地减小熔化温度区间、细化钎料组织、提高漫流性和接头强度，又能显著改善钎料的加工性能。如在 Ag－22.4Cu－8In－12Sn 合金中添加微量 Ni 后，固—液相点温度升高、结晶间隔 Δt 加宽。Ni 添加量≤0.5% 时，仍可使其液相点温度低于 600℃，Ni 添加量≥1.0% 时，这种倾向增大，Δt 值升高。此外，当 In 含量高、Sn 含量低时，Ni 的影响更明显。

在合金中添加 0.15% Ni 后，在 H_2 中 610～640℃ 加热 3 min，漫流性均明显提高。钎焊 Ni 母材时，增加了对 Ni 母材的漫流性。钎焊 Cu 母材时，在 Cu 母材上的漫流性也得到改善。

无论钎焊 Cu 母材还是 Ni 母材，在钎料中添加 Ni 可在不同程度上提高钎焊头的抗拉强度（见图 8－42），且接头强度随 Ni 含量升高而升高，但在 Ni 含量≤0.5% 时，接头强度的升高不明显；Ni 含量≥0.5% 时，接头强度大幅增加。

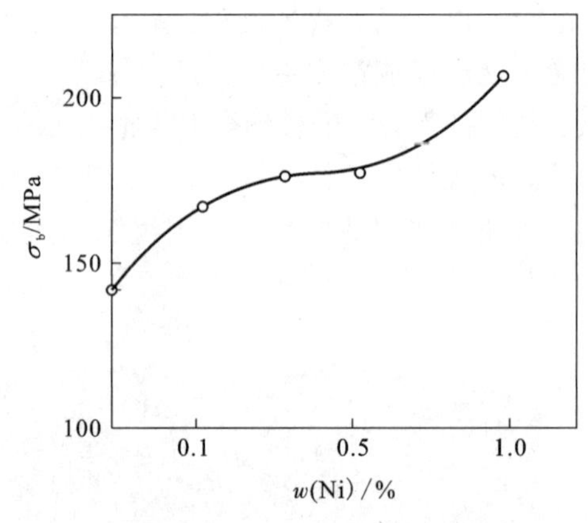

图 8－42　Ni 含量对 Ag－22.4Cu－8In－12Sn 钎料钎焊 Cu 接头强度的影响

Ag－Cu－In－Sn 合金主要是由具有面心立方结构并富含 Ag 的 α 相和具有复杂结构并富含 Cu 的 β 相组成。α 相为塑性相，β 相为脆性相，Sn 主要分布在 β 相中，而 In 在上述两相中基本上呈均匀分布状态。随着 In、Sn 含量的增加，钎料中的 β 相增多，钎料加工性能逐渐下降。Ag－22.4Cu－13In－7Sn 铸态组织是 α＋(α＋β)［见图 8－43(a)］，退火态组织是 α＋β［见图 8－43(b)］。该合金 450～500℃ 有较好的加工性能。

在 Ag－22.4Cu－8In－12Sn 合金中添加 Ni 后，可以显著细化 β 相显微组织，这种作用随着 Ni 含量的增加而加强。但添加少量(0.3%～0.5%)Ni，并未改变 Ag、Cu、In 和 Sn 在合金 α 相和 β 相中的分布，即 Ag 主要富集于 α 相，Cu 和 Sn

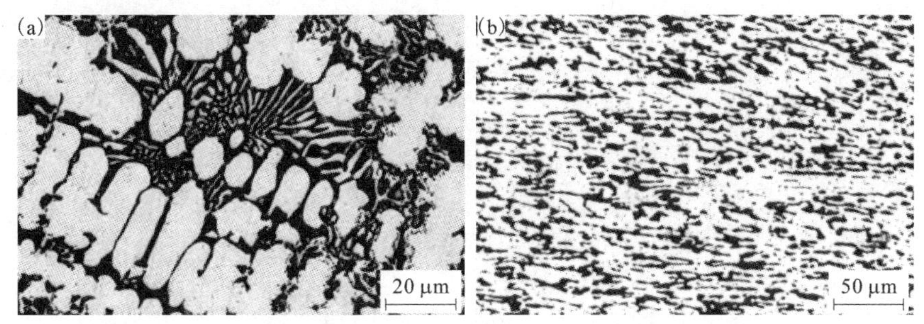

图8-43 Ag-22.4Cu-13In-7Sn铸态和退火态金相组织

主要富集于β相[54]。

采用真空感应炉熔炼，通过冷轧—退火—冷轧—退火—冷轧工艺，可获得成材率60%以上、厚度小于0.1 mm的箔状钎料[55]。该系列钎料对Cu及合金、贵金属及合金润湿良好，但对不锈钢润湿欠佳。

6) Ag-Cu-Ge中温电真空钎料

Ag-Cu-Ge系钎料导热导电性能优良，润湿性、填充性好，钎焊强度高，蒸气压低，常用来钎焊电子器件和电真空元件[56]。常用Ag-Cu-Ge系钎料的成分及熔点列于表8-16。

表8-16 Ag-Cu-Ge系钎料成分和熔化温度

钎料成分	化学成分及含量/%						熔化温度/℃	
	Ag	Cu	Ge	In	Sn	Ni	固相线	液相线
Ag-Cu-Ge	50.0	25.5	24.5				539	547
Ag-Cu-Ge-Sn	47.0	24.0	25.0		4.0		544	557
Ag-Cu-Ge-Sn-Ni	46.8	24.0	25.0		4.0	0.2	544	557

Ge在Ag中的固溶度低于1%，Ag中Ge含量超过1%时，则形成(Ge)+(Ag)，Ge在Cu中的固溶度约为10%。从Ag-Cu-Ge相图(见图8-41)可以看出，Ge在Ag-Cu合金中的溶解度有所增大。在Ag-Cu-Ge相图中靠Cu一角，随Ge含量的增加将产生ω、ε、η脆性相。

Ag-22.5Cu-24.5Ge是共晶成分，熔化温度为539~547℃[2]。Ag-Cu-Ge共晶合金组织由固溶体(Ag)相、(Ge)相以及金属间化合物η(Cu_5Ge_2)相组成，其中(Ge)相和η相都是脆性相，导致合金加工性能恶化，很难加工成丝材或者片

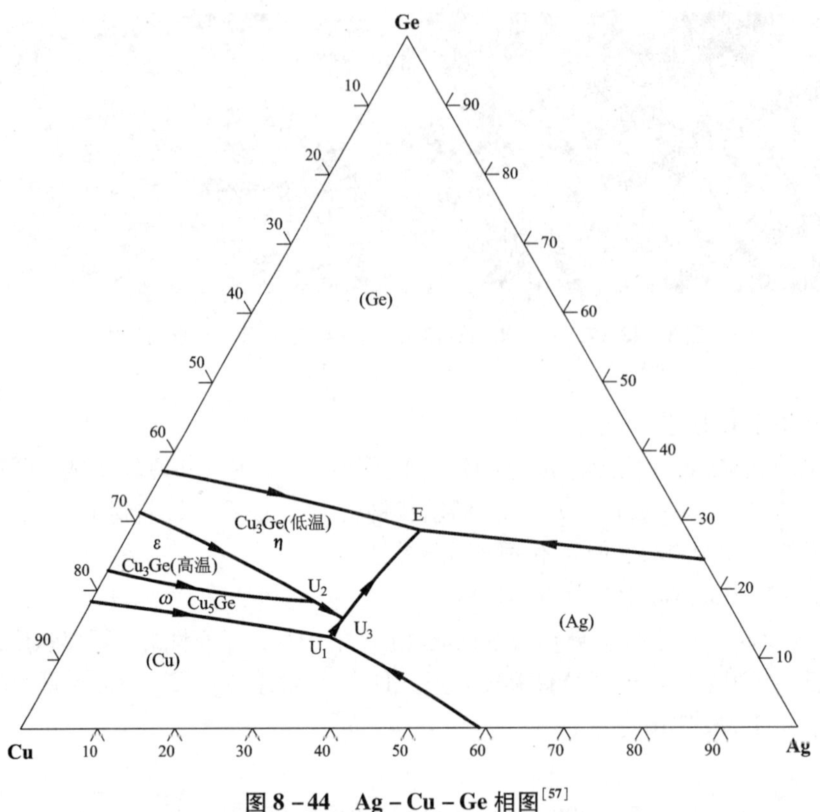

图 8－44　Ag－Cu－Ge 相图[57]

材，常以膏状使用。

Ag－22.5Cu－24.5Ge 钎料在铜和镍母材上均表现出良好的铺展性和润湿性，随着钎焊温度的升高，钎料的流动性降低，润湿角略有增加，其原因可能是 Cu 与 Ge 向基体的扩散能力增大，从而使钎料成分偏离原共晶成分点的程度加大所致。

其他成分的 Ag－Cu－Ge 钎料都是在共晶点附近进行调整和加入少量新组元。如 Ag－24Cu－25Ge－4Sn 新型钎料是在 Ag－Cu－Ge 合金的基础上添加少量 Sn 元素。Sn 的加入使合金的熔化温度升高至 544～557℃。合金组织除了(Ag)相、(Ge)相以及 η 相外，还有中间相 $Ag_{6.7}Sn$，所以这种钎料的机加工性能很差。以丙烯酸酯类化合物为载体调制的 Ag－24Cu－25Ge－4Sn 焊膏，可用于钎焊可伐与钨铜等材料。钎焊后焊料表面色泽光亮，流散均匀，无须清洗[58]。

为了进一步提高钎料的漫流性和接头强度，可向 Ag－24Cu－25Ge－4Sn 合金中添加微量 Ni 元素形成 Ag－24Cu－25Ge－4Sn－0.2Ni 钎料。微量 Ni 元素对合金的熔点没有明显的影响，熔化温度仍为 544～557℃。合金的组织仍由(Ag)

相、(Ge)相、η 相以及中间相 $Ag_{6.7}Sn$ 四相组成，Ni 元素主要在 Ag 基固溶体中。这种钎料合金在镍基体上润湿性和漫流性良好，钎料铺展后表面质量良好，无明显残留物[59]。

7) Au－Ag－Ge 中温钎料

随着信息技术的快速发展，集成电路的集成度也越来越高，电子器件功率也越来越大，单位面积芯片产生的热量急剧增加，有些电子器件需要熔化温度在 400～600℃的中温焊料进行钎焊。Au－Ag 合金中添加 Ge、Si 等元素形成了另一系列中温钎料(见表 8－17)。添加 Ge、Si 后能够降低合金熔点，使合金满足钎焊温度要求。

表 8－17　Au－Ag－Ge、Au－Ag－Si 系钎料成分和熔化温度

合金系	化学成分及含量/%				熔化温度/℃		固液温度间隔 Δt/℃
	Au	Ag	Ge	Si	固相线	液相线	
Au－Ag－Ge	68.0	12.8	19.2		445	491	46
	51.1	15.6	33.3		580	593	13
Au－Ag－Si	86.72	10.02		3.26	409	450	41
	86.63	10.12		3.25	411	451	40
	82.70	14.02		3.28	421	457	36
	78.25	18.47		3.27	448	499	51
	78.30	18.50		3.20	449	478	29
	78.22	18.55		3.13	448	481	33
Au－Ag－Ge－Si	75.0	18.0	5.0	2.0	470	495	25
	75.0	16.3	7.5	1.2	450	468	18
	74.9	20.1	2.5	2.5	500	508	8
	58.5	34.4	5.0	2.1	570	582	12

Au－Ag－Ge 系：Au 和 Ag 无限固溶，Ge 和 Au、Ag 都是机械混合，所以 Au－Ag－Ge合金组织由(Au，Ag)固溶体 α 相和富 Ge 的 β 相组成(见图 8－45)。

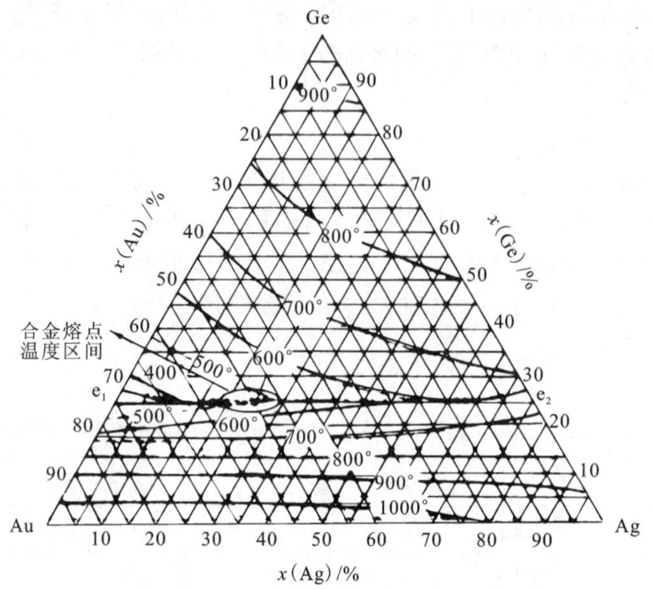

图 8－45 Au－Ag－Ge 相图[60]

根据 Au－Ag－Ge 液相面投影图制备了 Au－19.25Ag－12.80Ge 和 Au－21.06Ag－13.09Ge 两种成分钎料合金[61]，熔化区分别为 446.76～494.40℃、451～496℃。粗大的β相是脆性相，导致合金加工困难，但采取包复铝热轧后冷轧并结合中间退火工艺，可将 Au－Ag－Ge 铸态合金加工成厚度为 0.1 mm 的薄带[62]，也可以用单辊快速凝固法直接制备厚度在 0.1 mm 以下的薄带[63]。Au－Ag－Ge钎料在镍基体上有良好的润湿性和铺展性，随着钎焊温度的升高铺展面积增大，浸润角减小[64]，金属间化合物层厚度增加。该金属间化合物层为脆性极强的 Ge_3Ni_5，过厚的 Ge_3Ni_5 层将导致钎焊接头强度降低，所以钎焊温度不宜过高，钎焊时间不宜过长，以提高焊接接头质量。

Au－Ag－Si 系：Au 和 Ag 无限固溶，Si 和 Au、Ag 都是机械混合，Au－Ag－Si合金组织由(Au，Ag)固溶体α相和富 Si 的β相组成(见图 8－46)。

根据 Au－Ag－Si 三元系液相面投影图制备了几种熔化温度在 400～500℃的 Au－Ag－Si 钎料合金。在 Au、Ag 含量相等的情况下，Si 含量的微小增加将使熔化区增大。在所选定的合金成分范围内，共晶成分钎料的固液相点温度随 Ag 含量的增加而升高，这与 Au－Ag－Si 系液相投影图中共晶单变量线的变化趋势保持一致[66]。

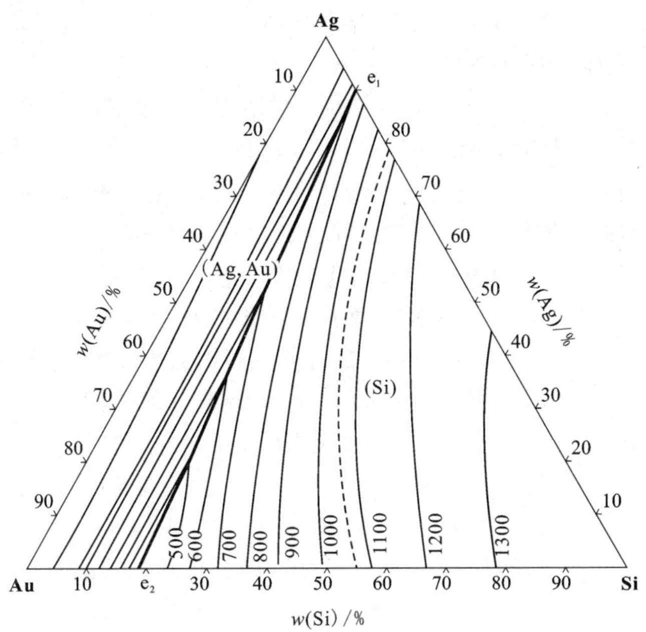

图 8-46　Au-Ag-Si 液相面投影图[65]

Au-18.5Ag-3.2Si 为共晶成分，组织为 α+β，Au-18.55Ag-3.13Si 为亚共晶成分，组织为 α 初晶+(α+β)共晶。α 相为塑性相，所以亚共晶成分加工性能更好。β 相(Si)极脆且呈网状分布，导致合金加工困难，但采用二次熔炼铜模浇铸的方法可以获得均匀、细小的共晶组织。然后用包覆铝热轧再进行冷轧结合中间退火的工艺可以获得表面质量较好的钎料薄带[7]。添加适量的 Cu 能改善合金的加工性能，还能减小固、液相间隔和优化钎焊性能[67]。

Au-Ag-Si 系钎料合金与 Ni 具有良好的润湿性，随着钎焊温度的升高，钎料在 Ni 板上铺展后的铺展面积增加，润湿角减小。与 Ni 润湿后，在界面处形成 Ni_3Si 金属间化合物。Ni_3Si 像无数钉子一样嵌入钎缝，有利于增强钎缝接头的强度。但由于 Ni_3Si 为脆性相，若此过渡层太厚，则会降低接头强度。因此，相对较低的钎焊温度和较短的保温时间，对提高钎焊接头强度都具有重要意义[68, 69]。

Au-Ag-Ge-Si 系：Au-Ag-Ge-Si 系焊料主要用来钎焊金合金饰品，随着 Ge+Si 含量的增高，合金的熔化温度线性降低，可获得一系列 8K(白色)、14K(黄白色)、18K(黄色)共晶型钎料。合金组织主要由 AuAg 固溶体 α 相和富 Ge、Si 的 β 相组成，随着 Ge+Si 含量的增高脆性 β 相增多，导致合金加工性能变差。但除最高 Ge 含量(13.2%)的 18K 合金外，这三种 K 合金均可进行热加工和一定程度的冷加工。由于 Ge 和 Si 易和 Cu 反应，生成脆性铜锗化合物和铜硅化合物，导致焊接点极脆，所以这类钎料不适合焊含 Cu 的饰品合金[70]。

8) Ag 基电真空钎料制备技术

银基电真空钎料以片、带、丝等多种形式使用，一般都用熔炼、铸坯、冷轧、热轧、拉拔、退火等方法制备，还需排气、除油等辅助工序。除保证钎料成分准确和严格控制杂质含量外，还需满足清洁性和溅散性重要技术指标。熔炼方式、加工工艺和原料纯度对钎料的清洁性和溅散性都会产生较大影响。

国内外 Ag 基电真空钎料生产技术中轧制工艺和真空退火工艺大同小异，但针对生产能力和产量而采用不同的熔炼技术。年产几十吨的企业一般都采用石墨反射炉连续铸造法熔炼，产量小的企业则采用间歇式石墨坩埚真空中频感应熔炼。20 世纪 80 年代末国外的大公司(瑞士 WERTLI，英国 RAUTOMEAD、德国 DEMAG 等)积极开展贵金属连铸技术研究，开发出真空或惰性气体保护的超小型水平或垂直连铸技术与设备，并用于生产高纯度、高性能的贵金属钎料。国内的贵金属材料加工行业普遍采用间歇式熔炼，块式铸造开坯的生产工艺，存在成材率低和质量差等问题。随着电子、通信、计算机等高新技术的发展，各行业对贵金属材料(银、金、钯基钎料、铂族金属)的需求越来越大，质量要求也越来越高。2000 年北京有色金属研究院开展了 Ag 基电真空钎料连铸技术研究，率先开发出适合 Ag 基电真空钎料生产的水平连铸机。在保温炉内实现合金熔炼和保温，熔体从坩埚底部引出，经结晶器冷却及二次冷却，完成凝固成型制坯。凝固的坯料由牵引机引出，并完成拉、停、退等牵引动作，使连铸顺利进行。传动系统使连铸过程中牵引辊呈夹紧状态，卷曲机使坯料弯曲成盘卷。与大型有色金属连铸设备相比，该连铸机具有小型、精密的特点，不需地坑和高台，占地面积小，还可通过更换保温炉炉衬铸造不同合金，因而特别适合贵金属的多品种、小批量生产，达到一机多用的功效[71]。

根据合金特点连铸过程可在真空或惰性保护气体中进行。吸气严重及性能活泼的合金，如银及其合金、钯等，一般采用高真空下熔炼、连铸。若含易挥发元素，一般采用惰性气体保护熔炼。易氧化的合金，根据合金化学活性的不同，可采用不同的保护气体，如在 N_2、CO_2、Ar、CO 等条件下熔炼。贵研铂业股份有限公司引进英国 RAUTOMEAD 水平连铸机也实现了电真空钎料的连铸生产。

间歇式熔炼法要求的原料为无氧 Cu 和经过真空熔炼除气的 Ag[72]，合金熔炼中至少需要进行一次除气，多次除气对降低 Ag - Cu 含 Pd 钎料溅散性效果更明显[73]。惰性气体保护和搅拌连铸法对原料的要求相对较低，可使用电解 Cu 和电解 Ag，铸锭的清洁性、溅散性可分别达到 Ⅰ 级和 A 级。

在电真空钎料片材轧制和丝材拉拔过程中润滑剂的使用是必不可少的，常使用的润滑剂有油脂和水基皂化液。无论采用哪一种润滑剂，都会在加工的钎料表面形成一层油膜或皂化液膜，若清洗不净在退火中会炭化，污染材料而降低钎料的清洁性。因此在产品退火之前必须进行严格清洗。清洗油脂的方法有化学除油和电化学除油法，水基润滑液则用蒸馏水和去离子水清洗。

化学除油方法有两种，一种是用有机溶剂(如汽油、四氯化碳、酒精、丙酮)等直接溶解润滑油脂。另一种是用碱液分解，使油脂皂化生成易溶于水的皂类和甘油，或在碱液中破裂乳化以降低油和水的界面张力，减小油对焊料的亲和力而分离。

最好的清洁方法是电化学除油法，其机理是在化学除油的基础上施加电场，即把焊料作为阴极，Ni 作为阳极，用磷酸钠(Na_3PO_4)或碳酸钠(Na_2CO_3)溶液作电解质，在电场作用下使水电离：

$$H_2O = H^+ + OH^-$$

H^+在阴极上还原成氢气：

$$2H^+ + 2e = H_2$$

阴极上析出大量的氢气气泡起机械搅拌和剥离作用，加速碱液对油脂的乳化和皂化作用，同时细小的氢气气泡从焊料表面通过油膜析出时，小气泡周围会吸附一层油膜脱离焊料表面进入溶液。电化学除油比化学除油的速度快、效率高，析出的氢气气泡小，数量多，表面积大，除油彻底，且不腐蚀焊料[74]。

9)电真空钎料评价

电真空钎料除满足成分及杂质要求外，钎料的清洁性与溅散性直接关系钎焊器件的气密性、绝缘性以及器件的可靠性。保证电真空焊料产品的清洁性、溅散性合格是此类焊料的重要特点[75, 76, 77]。为此，日本制订了“真空用贵金属硬钎料”JIS Z3268—1998 标准，中国的电子行业制订了“电子器件用金、银及其合金钎焊料检验方法 清洁性检验方法”SJ/T10754—1996 和 “电子器件用金、银及其合金钎焊料检验方法 溅散性检验方法”SJ/T10755—1996 等标准。

钎料的清洁性是指钎料在真空或保护气氛条件下加热熔化后在钎料表面形成的污物(碳化物、氧化物或其混合物)的量。钎料清洁性测试方法是钎料在 H_2炉中在 Ni 片上或石英坩埚中熔化后，钎料表面肉眼可见的黑色斑点的大小和数量。SJ/T10754—1996标准严格规定，杂质含量(质量分数)≤0.05%，小于 GB/T10046—2000“银钎料”中规定的杂质总含量(质量分数)≤0.15%的要求。

钎料溅散性是指钎料在加热熔化过程中由于钎料中的气体膨胀形成钎料飞溅的程度。溅散性测试方法、测试条件和清洁性实验方法相同，在装有钎料的石英坩埚上盖一片光洁的 Ni 片，试验后用刻度显微镜测量并计算溅散点的尺寸[78]。通过尺寸大小判断溅散的程度。表 8－18、表 8－19列出了钎料清洁性、溅散性的评定标准。

表 8-18　清洁性等级评定对照表

级别	清洁程度	说　明	使用范围
Ⅰ	清　洁	无目力可见的黑色斑点	高可靠电子器件
Ⅱ	较清洁	允许有轻微的、不连续的、不成团的黑色斑点	一般军用电子器件
Ⅲ	欠清洁	允许有数处不影响使用的、连续的或成团的黑色斑点	民用电子器件
		低于Ⅲ级为不合格产品	

表 8-19　溅散性等级评定对照表

级别	溅散程度	说　明
A	无 溅 散	无目力可见的溅散点
B	轻微溅散	允许有目力可见的溅散点，但是最大溅散点的平均直径不得超过 1.0 mm。0.7～1.0 mm 的溅散点的总数应不多于 7 个。0.7 mm 以下的溅散点不得密集存在
		低于 B 级为不合格产品

2. 银基高蒸气压钎料

1) Ag-Cu-Zn 系钎料

在 Ag-Cu 基础钎料中添加 Zn 形成 Ag-Cu-Zn 系高蒸气压钎料。加入 Zn 可以降低固、液相线温度，增强钎料对 Cu 和 Cu 合金、钢和不锈钢的钎焊性。表 8-20列出了主要 Ag-Cu-Zn 钎料成分和熔化温度。

表 8-20　Ag-Cu-Zn 系钎料及熔化温度[79]

钎料牌号及含量	化学成分及含量/%			熔化温度/℃
	Ag	Cu	Zn	
BAg20CuZn	19.0～21.0	43.0～45.0	34.0～38.0	690～810
BAg25CuZn	24.0～26.0	39.0～41.0	33.0～34.0	700～790
BAg30CuZn	29.0～31.0	37.0～39.0	30.0～34.0	680～765
BAg35ZnCu	34.0～36.0	31.0～33.0	31.0～35.0	685～775
BAg44CuZn	43.0～45.0	29.0～31.0	24.0～28.0	675～735
BAg45CuZn	44.0～46.0	29.0～31.0	23.0～27.0	665～745

续表8-20

钎料牌号及含量	化学成分及含量/%			熔化温度/℃
	Ag	Cu	Zn	
BAg50CuZn	49.0~51.0	33.0~35.0	14.0~18.0	690~775
BAg60CuZn	59.0~61.0	25.0~27.0	12.0~16.0	695~730
BAg63CuZn	62.0~64.0	23.0~25.0	11.0~15.0	690~730
BAg65CuZn	64.0~66.0	19.0~21.0	13.0~17.0	670~720
BAg70CuZn	69.0~71.0	19.0~21.0	8.0~12.0	690~740

Ag-Cu-Zn熔化状态的液相线投影图见图8-47(a)，室温三元相图见图8-47(b)。Ag-Cu-Zn系合金分别由α(Cu)、α(Ag)、β、γ、ε、δ相组成，α(Cu)、α(Ag)为塑性相，若Zn含量超过$U_9E_1U_1$线则合金中出现硬脆相β、γ、ε、δ，β为具有塑性的硬化相。为避免脆性γ相出现，Ag-Cu-Zn钎料成分一般选在$U_9E_1U_1$线附近，焊料中Zn含量不超过40%。

Ag-31Cu-15.5Zn铸态组织由(Ag)+{(Ag)+(Cu)}+{(Ag)+(Cu)+(β)}组成，偏析明显[见图8-48(a)]，加工后的退火组织由(Ag)+(Cu)+(β)相组成[见图8-48(b)]。可以看出Ag-31Cu-15.5Zn合金加工性较好。

Ag-Cu-Zn钎料中加入Pb、Bi、稀土、Al、Fe等元素对其性能影响的研究表明，微量铅(Pb≤0.15%)对银基钎料的铺展性能和常温接头强度影响不大，但铅含量增加会使钎料的性能逐渐变差。

铋含量对BAg45CuZn钎料铺展性能的影响见图8-49。含微量铋(Bi≤0.15%)的钎料在紫铜和不锈钢上的铺展情况见图8-49(a)。在Bi含量0.02%~0.15%范围内，随Bi含量增加钎料的铺展性能逐渐下降，当铋含量达到0.15%时，其铺展性能下降了1/3左右。铋含量大于0.15%的钎料在紫铜母材上的铺展情况见图8-49(b)。随着铋含量的增加，钎料的铺展性能显著变差，虽然铋含量大于3%后，铺展性不再变化，但此时钎料的铺展性能已很差。

银基钎料中加入微量铋钎焊不锈钢时对钎焊接头的抗拉强度(σ_b)、剪切强度(τ_b)的影响见图8-50，接头抗拉强度为220~230 MPa，剪切强度为200~210 MPa。此外，采用含铋0.005%和0.05%的钎料钎焊不锈钢时，其抗拉强度分别为300 MPa和320 MPa，所以微量铋对接头的室温强度基本没有影响。

有研究者用“围堰效应”解释铋使银基钎料铺展性能变差的原因[81]：Bi在银基钎料中以游离单质相存在，250℃开始熔化，271℃左右完全熔化成类球状，随着温度的继续升高，液态铋逐渐在钎料表面铺展开并形成一个“围堰”，阻碍钎料的继续流动和铺展。因此钎料中的含铋量必须严加控制。

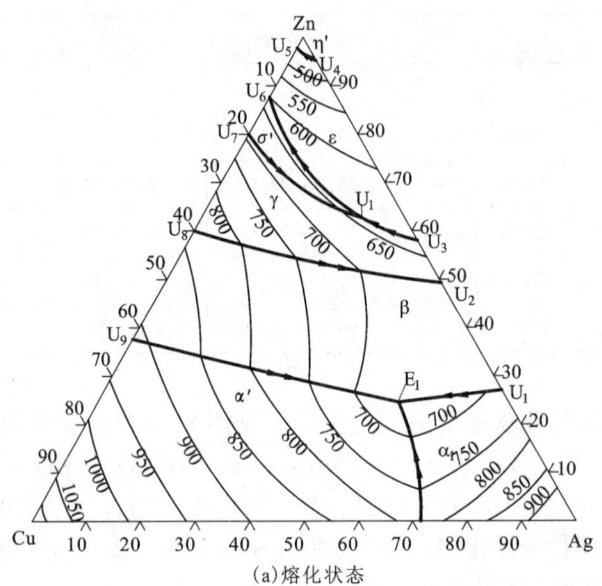

(a)熔化状态

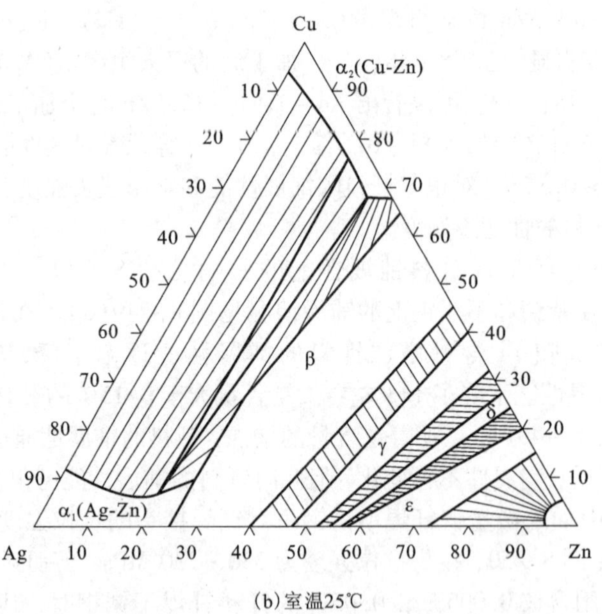

(b)室温25℃

图 8-47　Ag-Cu-Zn 液相线投影图和室温相图[80]

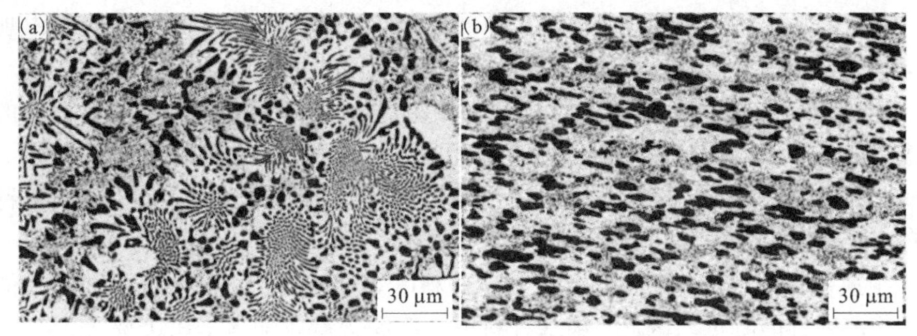

图 8 - 48　Ag - 31Cu - 15.5Zn 铸态和退火态金相组织

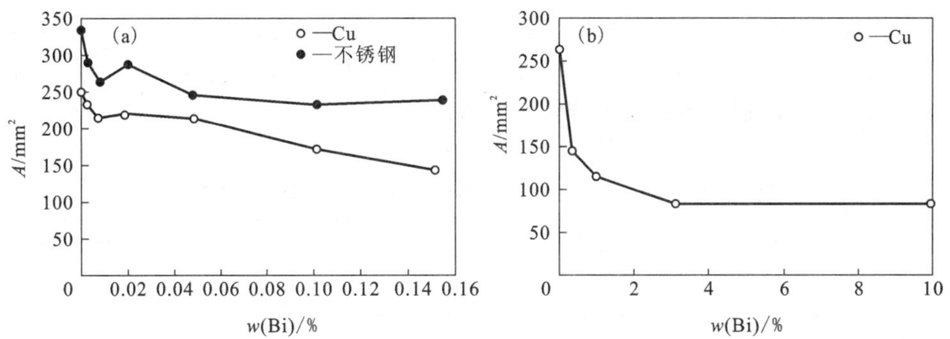

图 8 - 49　微量和多量 Bi 对钎料铺展性的影响

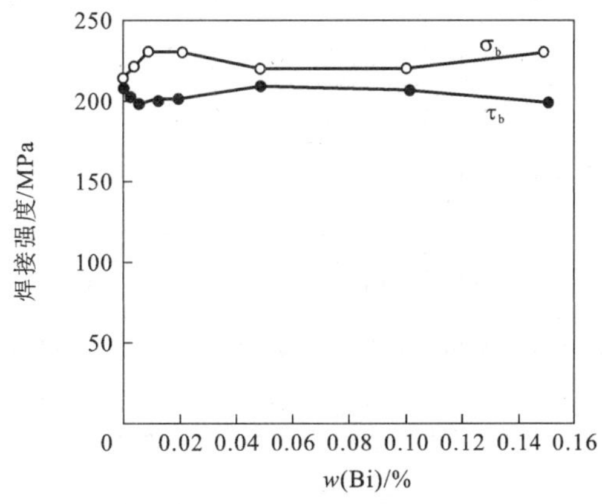

图 8 - 50　Bi 含量对钎焊接头强度的影响

由于稀土元素原子半径大，溶解在晶内造成的畸变能远大于溶解晶界的畸变能，因而大部分稀土元素聚集在晶界和相界处，从而抑制杂质元素在晶界的有害行为，如在银基钎料中加入铈可明显降低铅和铋的有害作用。因此在 Ag - Cu - Zn 系钎料中添加稀土元素可以明显改善钎料的力学性能，提高钎焊接头的强度和塑韧性。研究还发现，在 Cu - Sn 钎料中适当添加微量的稀土元素 La 可使原来粗大的块状 Cu5.6Sn 金属间化合物相逐渐变细，降低 Cu5.6Sn 金属间化合物的长大驱动力，导致晶粒更细小更均匀。在 Ag－Cu－Zn 系钎料及 Cu－Sn 系钎料中添加稀土元素改善其性能已成为近年来国内外钎料界研究的重点[82]。

当银基钎料中杂质铝含量≤1%时，铝能够固溶于银基钎料中，对钎料的熔化温度影响不大，对钎料的流动能力和铺展性能也没有明显影响。当铝含量大于1%时，由于发生严重的氧化作用而影响钎焊接头的连接性能。因此，银基钎料中的杂质铝含量不能大于1%。

杂质铁固溶于银基钎料中，将提高钎料的熔化温度，从而使钎料的流动能力减弱、铺展性能降低。因此，银基钎料中杂质铁含量应不超过0.05%[83]。

2) Ag－Cu－Zn－Cd 系钎料

在 Ag－Cu－Zn 三元合金中加入 Cd 可以显著降低合金的熔点，缩小熔化温度间隔，提高钎料对母材的润湿性和铺展性，可获得较高的钎焊接头强度，具有优良的加工性能，可制备成片材、丝材，使用方便。实用钎料牌号、成分及熔点列于表8－21。Ag－Cu－Zn－Cd 可用于有色金属及合金、黑色金属及合金钎焊，在中温钎焊发展过程中具有十分重要的地位。

表8－21 Ag－Cu－Zn－Cd 系钎料化学成分及熔化温度[84]

钎料牌号	化学成分及含量(质量分数)/%					熔化温度/℃
	Ag	Cu	Zn	Cd	Ni	
BAg20CuZnCd	19.0～21.0	39.0～41.0	23.0～27.0	13.0～17.0	—	605～765
BAg21CuZnCd	20.0～22.0	34.5～36.5	24.5～28.5	14.5～18.5	—	610～750
BAg25CuZnCd	24.0～26.0	29.0～31.0	25.5～29.5	16.5～18.5	—	607～682
BAg30CuZnCd	29.0～31.0	26.5～28.5	20.0～24.0	19.0～21.0	—	607～710
BAg35CuZnCd	34.0～36.0	25.0～27.0	19.0～23.0	17.0～19.0	—	605～700
BAg40CuZnCd	39.0～41.0	18.0～20.0	19.0～23.0	18.0～22.0	—	595～630
BAg45CuZnCd	44.0～46.0	14.0～16.0	14.0～18.0	23.0～25.0	—	605～620
BAg50CuZnCd	49.0～51.0	14.5～16.5	14.5～18.5	17.0～19.0	—	625～635
BAg40CuZnCdNi	39.0～41.0	15.5～16.5	14.5～18.5	15.1～26.5	0.2±0.1	595～605
BAg50ZnCdCuNi	49.0～51.0	14.5～16.5	13.5～17.5	15.0～17.0	3.0±0.5	635～690

Ag－Cu－Zn－Cd 钎料中加入 Sb、Ce、Li 等合金元素对钎料性质的影响，结果表明：加入 Sb 可降低 Ag－Cu－Zn－Cd 钎料的润湿性，使润湿面积减小31.5%，但能在金属表面形成致密的氧化膜，保护金属不被进一步的氧化，有利

于提高钎料的抗氧化性，使钎料的氧化速率比基体钎料降低了 30%；加入 Li 能提高钎料的润湿性，但却极易被氧化，氧化速率比基体钎料增加了 46%；加入 Ce 既能提高钎料的润湿性，又能提高钎料的抗氧化性，有效地改善了钎料的综合性能；加入 Ni 可提高钎料在海水、腐蚀介质中的耐蚀性，提高钎料对不锈钢和硬质合金的润湿性。

但镉对人体具有较强的危害性，一旦被人体吸收将积蓄在肝脏及肾脏，不能被分解，会导致骨质疏松等症状。随着欧盟 WEEE(Waste Electrical and Electrical Equipment)和 RoHS (Restriction of Hazardous Sub - stance)两个指令文件和中国信息产业部等七部委 2006 年第 39 号部令的颁布，含镉材料将禁止在家电产品中使用[85]。

3) Ag - Cu - Zn - Sn 系钎料

在 Ag - Cu - Zn 三元合金中加入 Sn 可以替代 Cd，该系钎料的牌号成分及熔点列于表 8 - 22。

表 8 - 22　Ag - Cu - Zn - Sn 钎料成分及熔化温度

钎料牌号	化学成分及含量(质量分数)/%				熔化温度/℃
	Ag	Cu	Zn	Sn	
BAg25CuZnSn	24.0 ~ 26.0	39.0 ~ 41.0	31.0 ~ 35.0	1.5 ~ 2.5	680 ~ 760
BAg30CuZnSn	29.0 ~ 31.0	35.0 ~ 37.0	30.0 ~ 34.0	1.5 ~ 2.5	665 ~ 755
BAg34CuZnSn	33.0 ~ 35.0	35.0 ~ 37.0	25.5 ~ 29.5	2.0 ~ 3.0	630 ~ 730
BAg38CuZnSn	37.0 ~ 39.0	35.0 ~ 37.0	26.0 ~ 30.0	1.5 ~ 2.5	650 ~ 720
BAg40CuZnSn	39.0 ~ 41.0	29.0 ~ 31.0	26.0 ~ 30.0	1.5 ~ 2.5	650 ~ 710
BAg45CuZnSn	44.0 ~ 46.0	26.0 ~ 28.0	23.5 ~ 27.5	2.0 ~ 3.0	640 ~ 680
BAg55CuZnSn	54.0 ~ 56.0	20.0 ~ 22.0	20.0 ~ 24.0	1.5 ~ 2.5	630 ~ 660
BAg56CuZnSn	55.0 ~ 57.0	21.0 ~ 23.0	15.0 ~ 19.0	4.5 ~ 5.5	620 ~ 655
BAg60CuZnSn	59.0 ~ 61.0	22.0 ~ 24.0	12.0 ~ 16.0	2.0 ~ 4.0	620 ~ 685

加入 Sn 可显著降低钎料熔化温度和缩小熔化温度间隔，提高钎料强度，增强钎料在 Cu、低碳钢表面的润湿性和铺展性。如钎料含 Sn 2%，含 Ag 50% 时熔化温度间隔缩小至小于 20℃(见图 8 - 51)。

但与 Ag - Cu - Zn - Cd 钎料相比，加入 Sn 后塑性严重变差，尤其是 Sn 含量超过 10% 后钎料很脆，加工性能下降，加工成本增加[88]。综合考虑熔化温度、工艺性能、力学性能及经济因素，银铜锌锡仍无法和银铜锌镉钎料媲美[89]。

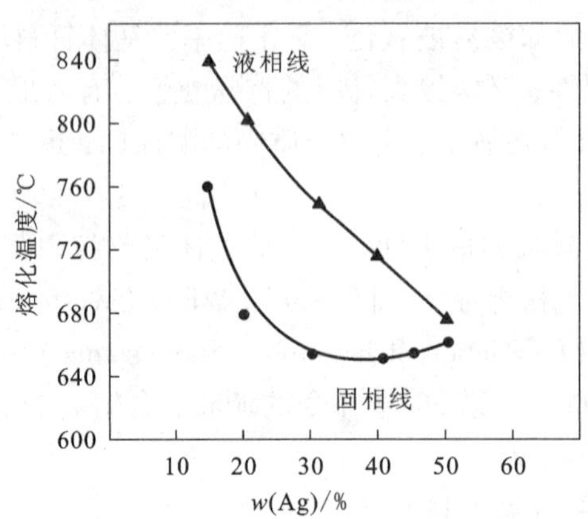

图 8-51 含 Ag 量对 Ag-22.4Cu-8Zn-2Sn 钎料熔化温度的影响[87]

4) Ag-Cu-Zn-In 系钎料

Ag-Cu-Zn-In 系钎料的牌号的成分及熔点列于表 8-23。

表 8-23 Ag-Cu-Zn-In 系钎料成分及熔化温度

钎料牌号	化学成分及含量(质量分数)/%					熔化温度/℃
	Ag	Cu	Zn	In	Ni	
BAg40CuZnIn	39.0~41.0	29.0~31.0	23.5~26.5	4.5~5.5	—	635~715
BAg34CuZnIn	33.0~35.0	34.0~36.0	28.5~31.5	0.8~1.2	—	660~740
BAg30CuZnIn	29.0~31.0	37.0~39.0	25.5~27.5	4.5~5.5	—	640~755
BAg56CuInNi	55.0~57.0	26.25~28.5	—	13.5~15.5	2.0~2.5	600~710

In 的熔点为 156.6℃，远低于 Ag-Cu-Zn 钎料的熔化温度，In 能与银、铜形成固溶体，并可均匀分布在 α 和 β 相中，因此 Ag-Cu-Zn 钎料加入 In 可明显降低银钎料的固、液相线温度，缩小钎料熔化温度间隔，提高钎料的流动性。由于熔化温度降低提高了液态钎料的过热度，增强了焊接紫铜、黄铜基材的铺展性能(见图 8-52)。

In 与 Ag、Cu、Zn 元素均能形成固溶体，因此能增强钎焊接头的力学性能，大幅度提高接头的抗拉强度(见图 8-53)[90]。

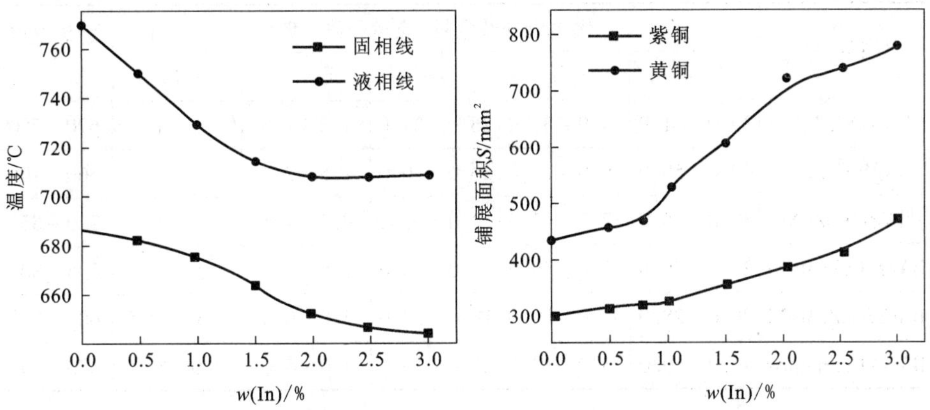

图 8－52　In 对 Ag－Cu－Zn 钎料熔化温度和铺展性的影响

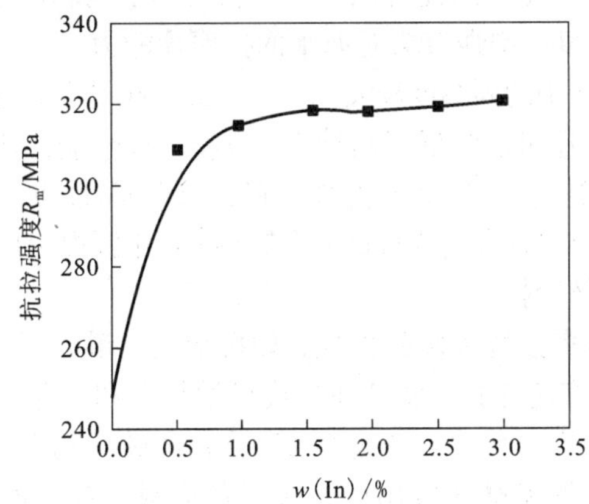

图 8－53　In 对 AgCuZn 钎料钎焊接头强度的影响

中国 2008 年修订 GB/T 10046—2008《银钎料》标准时，已有 4 种含铟量为 1%～5.5% 的中温银钎料列入了国家标准，促进了无镉银钎料的发展和应用。

5) Ag－Cu－Zn－Ni 系钎料

Ag－Cu－Zn－Ni 系钎料的牌号成分及熔点列于表 8－24。

表 8 - 24　Ag - Cu - Zn - Ni 钎料成分和熔化温度

钎料牌号	化学成分及含量(质量分数)/%					熔化温度/℃
	Ag	Cu	Zn	Ni	Mn	
BAg40CuZnNi	39.0 ~ 41.0	29.0 ~ 31.0	26.0 ~ 31.0	1.5 ~ 2.5	—	670 ~ 780
BAg49CuZnNi	49.0 ~ 50.0	19.0 ~ 21.0	26.0 ~ 30.0	1.5 ~ 2.5	—	660 ~ 705
BAg56CuZnNi	53.0 ~ 55.0	37.5 ~ 42.5	4.0 ~ 6.0	0.5 ~ 1.5	—	720 ~ 855
BAg25CuZnMnNi	24.0 ~ 26.0	37.0 ~ 39.0	31.0 ~ 35.0	1.5 ~ 2.5	1.5 ~ 2.5	705 ~ 800
BAg27CuZnMnNi	26.0 ~ 28.0	37.0 ~ 39.0	18.0 ~ 22.0	5.0 ~ 6.0	8.5 ~ 10.5	680 ~ 830
BAg49CuZnMnNi	48.0 ~ 50.0	15.0 ~ 17.0	21.0 ~ 25.0	4.0 ~ 5.0	7.0 ~ 8.0	680 ~ 705

Ni 的熔点较高并与 Cu 互溶，加入 Ni 能明显提高钎料的熔化温度[92]。在 Ag - Cu - Zn钎料中加1% ~2%的 Ni，钎料硬度增加，组织颗粒增大，能提高钎料的塑性和韧性等加工性能。因此可以改善钎料对不锈钢和硬质合金的润湿性，提高钎焊接头的连接强度，增强接头对海水的抗腐蚀能力。

Ni、Mn 在 Ag、Cu 中的固溶度较大，在 Ag - Cu - Zn 中加入适量 Ni、Mn 可使钎料具有较好的塑性。Mn 还可以降低钎料熔点、改善润湿性能，但不影响钎料的塑性。Mn 易氧化，钎焊时具有二次脱氧功能，有提高钎焊接点力学性能的作用[91]。Ag - Cu - Zn - Ni - Mn与 Cu 复合而成的复合钎料可用于钎焊切割金属的冶金锯刀头。

3. **银基活性中温钎料**

陶瓷材料具有许多独特和优异性质，如抗氧化、耐腐蚀、耐高温、较高的硬度和强度、高耐磨性和绝缘性，使其在现代科学技术和工业中得到越来越广的应用。按成分陶瓷可分为氧化物、氮化物、硼化物和碳化物等类。陶瓷—陶瓷、陶瓷—金属间的连接是陶瓷材料应用中最关键的问题，钎焊连接是其中最重要的方法。

能与陶瓷材料发生润湿作用的材料有金属氧化物、Ti、Zr、Hf 和含 Ti、Zr、Hf 活性元素的合金材料，这种焊料也叫活性钎焊材料。陶瓷钎焊连接方法主要有 Mo - Mn 法、PVD、CVD 法和活性金属法。Mo - Mn 法、PVD、CVD 法属表面改性法，需要在陶瓷表面烧结和镀覆金属化层后再实施钎焊。活性金属法是采用活性钎料直接钎焊的方法，活性中温钎料主要有 Cu - Ti 系、Ni - Ti 系、Ag - Cu - Ti 系等。它们都可以实现陶瓷—陶瓷、陶瓷—金属的直接钎焊。实验证实[94]，用活性金属 Ti 钎焊时，Ti 在高温下与陶瓷中的氧化物发生氧化还原反应，氧化物中的金属被 Ti 还原，而 Ti 氧化生成 TiO_2或 TiO_3，在钎焊界面形成一个过渡层，实现陶瓷—金属间的冶金结合。表 8 - 25 列出了 Ag 基活性中温钎料的成分和熔化温度。

表 8－25　Ag 基活性中温钎料的成分和熔化温度[95－97]

编号	钎料牌号	化学成分及含量（质量分数）/%			熔化温度/℃		
		Ag	Cu	Ti	其他	固相线	液相线
1	BAgCu2Ti	余量	26	2		780	800
2	BAgCu3Ti	余量	36.5	3		780	805
3	BAgCu3In5Ti	余量	19.5	5	In：3	730	760
4	BAgCu15In1.5Ti	余量	24	1.5	In：15	605	755
5	BAgCu10Sn2Ti	余量	28	2	Sn：10	620	750
6	BAgCu10Li2Ti	余量	28	2	Li：10	640	720

Ag－Cu－Ti 中 Ti 含量在 1%～8%内，随 Ti 含量增加，钎料活性增强，但钎料塑性下降，加工难度增大。Ag－Cu－Ti 中加入 Sn 或 In 可降低钎料的熔化温度。Ag－Cu－Ti钎料可以采用粉末冶金方法制备成完全合金化厚度为 0.02 mm 的箔带[98]。图 8－54 是粉末冶金法制备的（Ag－28Cu）Ti3.5 合金的金相图，其组织由（Ag）+（Cu）+γ 组成，可以看出合金具有较好的加工性能。该方法可以解决合金加工困难的问题。

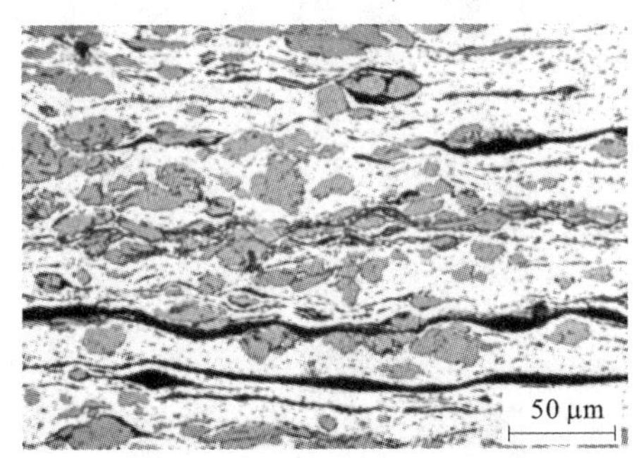

图 8－54　粉末冶金法制备的（Ag－28Cu）Ti3.5 合金金相照片

影响陶瓷与金属钎焊强度的因素很多，主要有陶瓷和金属（包括中间层金属）的性能、钎料系列及所含活性元素的种类和成分、待焊件表面结构和尺寸、钎料用量、钎焊气氛和温度、升温和冷却速率、保温时间等。其中最重要的因素是陶瓷与金属膨胀系数的匹配问题，因陶瓷的膨胀系数较金属小，钎焊冷却过程中将不可避免地产生应力，应力的大小与焊接母材膨胀系数差值成正比，匹配不好会严重影响钎焊质量。解决这个问题的方法有：①应尽量选用与陶瓷膨胀系数接近且塑性较好的金属和合金钎料；②采用应力缓解钎焊方法以降低钎焊应力，如在钎焊母材与钎料之间加入丝、网、颗粒和片等形态的应力吸收层（其中片材的应力吸收效果更好），对应力吸收层材料性质的要求是屈服强度和硬度要低。

以 Ag－Cu－3Ti 钎料钎焊 Si_3N_4/钢为例，介绍应力吸收层（过渡层）种类、钎料中 Ti 含量、钎焊温度和保温时间等因素对焊接质量的影响。

过渡层种类的影响：分别选用 W、Mo、Kovar(可伐)、钢、Ni、Cu、Ag 作为中间过渡层材料，过渡层厚度 1.5 mm，在 1153K 钎焊温度下钎焊 10 min，各种过渡层材料对钎焊接头抗拉强度的影响见图 8 – 55(a)。可以看出 Ag 作为中间过渡层的钎焊强度最高，强度依次下降的顺序是：Ag > Cu > Ni > 钢 > Kovar > Mo > W。用 Cu 片做中间过渡层时，Cu 片厚度对接头强度的影响见图 8 – 55(b)，抗拉强度随 Cu 片厚度增加而大幅提高。

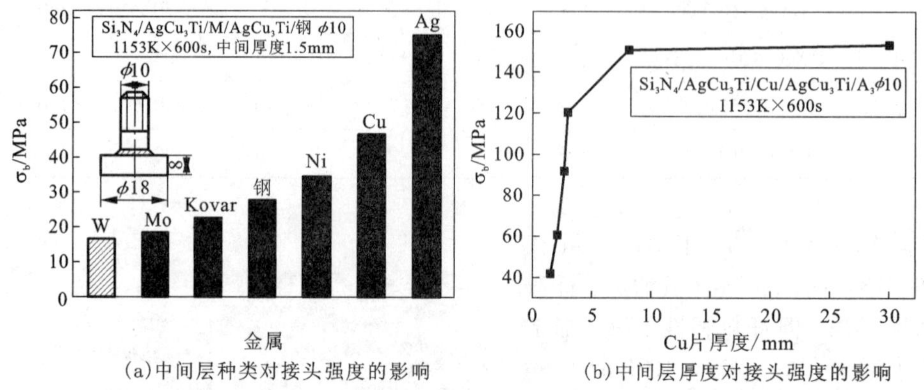

(a)中间层种类对接头强度的影响　　(b)中间层厚度对接头强度的影响

图 8 – 55　中间层种类和厚度对接头强度的影响

钎料中含 Ti 量的影响：Ag – Cu – Ti 钎料中 Ti 含量对接头强度的影响见图 8 – 56，Ti 含量太少和太多都会降低钎焊强度。

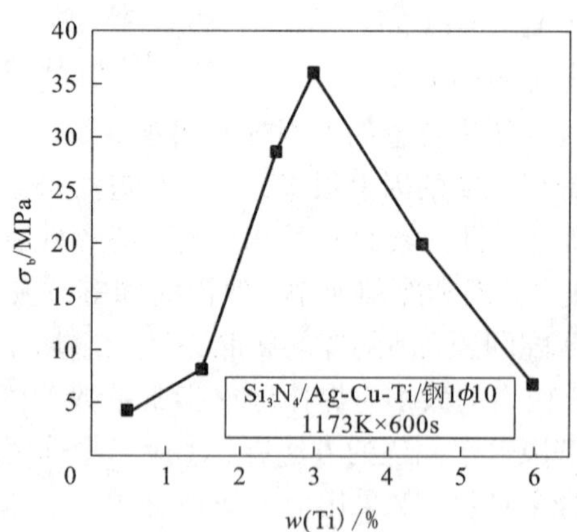

图 8 – 56　Ag – Cu – Ti 钎料中 Ti 含量对接头强度的影响

钎焊温度和保温时间的影响：钎焊温度和保温时间对接头强度的影响见图 8－57。适宜的钎焊温度是 1170K，适宜的保温时间是 10 min。钎焊温度低于 1170K，保温时间超过 10 min 都将严重降低钎焊接点的抗拉强度。

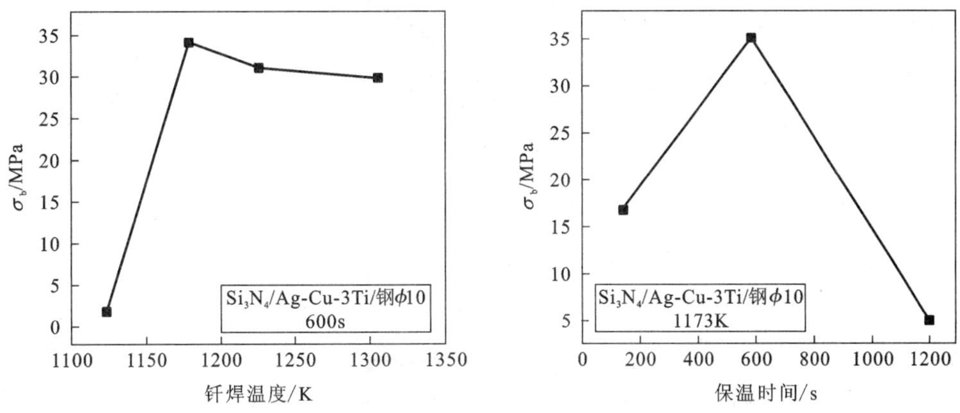

图 8－57　钎焊温度和保温时间对接头强度的影响[98]

在中间过渡层 Cu 表面镀 Ni 可以阻止钎料对 Cu 的溶蚀，从而提高钎焊强度。图 8－58 是(Ag－28Cu)Ti4.5 钎焊 Al_2O_3/1Cr18Ni9Ti 的接头金相照片，分别显示了无 Ni[图 8－58(a)]和镀 Ni 的 Cu 中间过渡层[图 8－58(b)]在钎焊中钎料对 Cu 的溶蚀情况，显然 Cu 表面镀 Ni 很好地阻止了钎料的溶蚀。而表面无 Ni 的 Cu 过渡层被严重溶蚀。

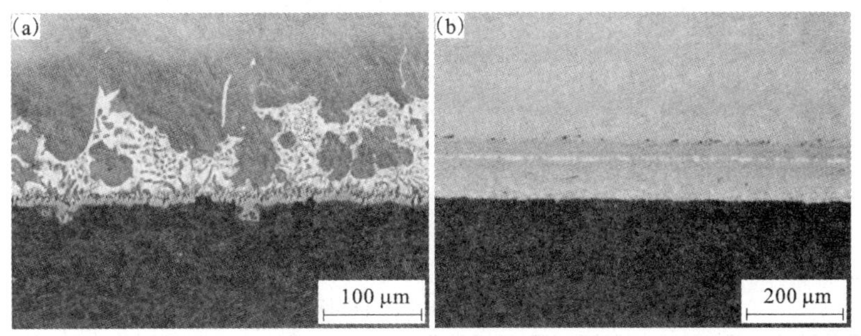

图 8－58　钎料(Ag－28Cu)Ti4.5 对无 Ni 与镀 Ni 的 Cu 基板中间过渡层表面的溶蚀情况

用(Ag－28Cu)Ti4.5 钎焊 Al_2O_3/1Cr18Ni9Ti 时，分别采用 Cu 网、Cu 丝、Ni 片、镀 Ni 的 Cu 片作为中间过渡层，结果显示使用镀 Ni 的 Cu 片作为中间层钎焊接头强度最高，此时缓解残余应力效果较好(见图 8－59)。厚度 0.2 mm 纯 Cu，表面镀 30 μm 的 Ni，钎焊 Al_2O_3/1Cr18Ni9Ti 接头剪切强度可达 95 MPa。

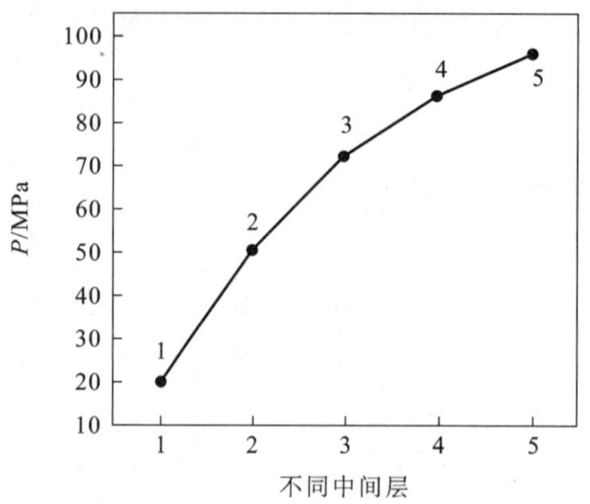

图 8－59　不同中间层钎焊接头强度[99]

（1—纯 Cu 网；2—纯 Cu 丝；3—纯 Ni 片；4—纯 Cu 片；5—镀 Ni 的 Cu 片）

4. 自钎剂钎料

自钎剂钎料（selffluxing brazingfiller metals）是指不需要使用钎剂便能直接进行钎焊的钎料。属于一种特殊的金属连接材料。在这类钎料中含有能起到钎剂作用的元素[100]。

自钎剂钎料通常有两大类：一类为含 P 的 Cu－P 钎料和 Cu－Ag－P 钎料；另一类为含 Li 的 Ag 基钎料。

Cu－P 钎料及 Cu－Ag－P 钎料在钎焊铜时，其中的磷可将钎焊金属铜表面的 CuO 还原，其还原产物 P_2O_5 和 CuO 形成复合化合物，在钎焊温度下呈液态覆盖在金属表面，可防止金属的氧化。这类钎料主要应用于 Cu 及 Cu 合金的钎焊。

Li 的熔点为 186℃，在 Ag－Cu－Li 钎料中 Li 是表面活性剂，能提高钎料的润湿性，是自钎剂钎料中最理想的添加元素。Ag 基自钎剂钎料的组成及熔化温度列于表 8－26。

表 8－26　Ag 基自钎剂钎料的组成及熔化温度

钎料牌号	合金成分及含量（质量分数）/%				熔化温度/℃	钎焊温度/℃
	Ag	Cu	Li	Ni		
BAg92CuLi	92 ± 1	余量	0.5 ± 0.1		779 ~ 881	881 ~ 980
BAg72CuNiLi	72 ± 1	余量	0.5 ± 0.1	1 ± 0.5	780 ~ 800	880 ~ 940

钎焊过程中 Li 的自钎剂作用有三种机理：能与 Ag 形成连续固溶体，不生成脆性相，有很好的加工性能；Li 极易氧化生成氧化物 Li_2O(熔点 1430℃)，氧化物熔点虽很高但易与许多金属氧化物反应形成低熔点复合化合物，如 Li_2O 与 Cr_2O_3 反应生成 Li_2CrO_4的熔点降为 517℃，低于实际的钎焊温度；Li_2O 可与大气中的水分子发生反应，形成熔点仅为 450℃的 LiOH，钎焊温度下呈熔融状态的 LiOH 几乎能溶解所有的其他金属氧化物，并呈薄膜状态覆盖在基材表面上起保护作用。Ag 基自钎剂钎料中的 Li 含量≤0.5%，在氩气保护下可钎焊不锈钢、Ti 及其合金、Cu 及 Cu 合金等。在 Ag－Cu－Li 钎料中添加少量 Ni 能提高钎料的强度和耐蚀性。

5. 固溶体型钎料

Ag－Mn、Ag－Al 系是典型的 Ag 基固熔体钎料，其成分和熔点列于表 8－27。因在富 Ag 端都可以形成 α(Ag) 固溶体，作为钎料使用的 Ag－Mn、Ag－Al 合金成分一般都在固溶体区域内。

表 8－27　Ag－Mn、Ag－Al 系钎料的成分及熔化温度

钎料牌号	合金成分及含量(质量分数)/%			熔化温度/℃	钎焊温度/℃
	Ag	Mn	Al		
Ag－Mn	余量	15		960～971	980
Ag－Al	余量		5	780～850	900
	余量	0.5	5	780～825	840～900
	余量	0.2	5		

在 Ag 中加入 Mn 可改善钎料对不锈钢和 Ti 及合金的润湿性，提高钎焊接头强度。用 Ag－15Mn 钎焊耐热耐蚀不锈钢，接头具有很好的抗高温蠕变性能，工作温度可达到 480℃。因这种钎料对母材溶蚀性较小，更适合钎焊不锈钢薄壁件。

Ag－Al 系钎料与 Ag－Cu 系钎料相比对 Ti 及合金的合金化反应最弱，尤其是 Ag－Al－Mn 系钎料钎焊强度高，抗氧化性、耐蚀性优良，适合钎焊 Ti 合金薄壁件，如散热器、蜂窝结构件等[101, 102]。

8.3.3　金基中温钎料

1. 金－铜系钎料

Au 和 Cu 熔化温度分别为 1064℃、1085℃，熔点很接近。在 Au－Cu 系中，熔化温度间隔较小，可发展一系列不同成分的固溶体型钎料(见表 8－28)。

表 8－28 Au－Cu 系钎料成分及熔化温度

编号	化学成分及含量(质量分数)/%				熔化温度/℃	
	Au	Cu	Ni	其他	固相线	液相线
1	100				1063	1063
2	94	6			965	970
3	81.5	15.5	3			约 910
4	80	20			910	910
5	80	19		1.0Fe	905	910
6	75	25			910	914
7	62.5	37.5			930	940
8	50	50			955	970
9	40	60			975	995
10	37.5	62.5			980	1000
11	35	62	3		973	1029
12	35	65			970	1005
13	30	70			995	1020
14	20	80			1018	1040
15	68	22	8.9	1Cr, 0.1B	960	980

Au－Cu 系钎料合金具有许多优良特性[103]：对铜、镍、铁、钴、钼、钽、铌、钨等高熔点金属及其合金具有良好的润湿性；焊接接头塑性较好，对母材溶蚀较少，可焊接薄壁器件；具有较低的饱和蒸气压，同时不含能够生成高熔点氧化物的元素，适用于真空钎焊或惰性气氛钎焊；Au－Cu 系钎料合金，尤其是金含量较高的合金具有较好的耐腐蚀能力；钎料具有较好的塑性，能够加工成箔材、带材、丝材及预制成型焊片。

Au－Cu 系钎料合金广泛应用于电子工业，如大功率磁控管、波导器、电子管、真空管、雷达以及真空仪表零件的焊接[104]，也用于航空发动机重要部件钎焊。Au－Cu 二元系相图见图 8－60。

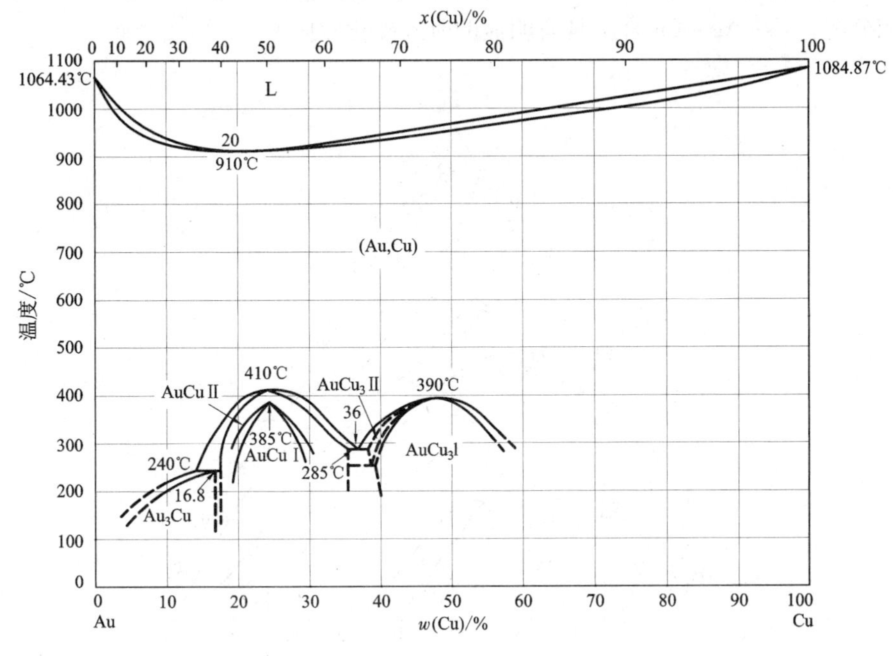

图 8-60　Au-Cu 二元相图[105]

含 Cu 低于 60%，温度 410℃以上的广大区域都能形成(Au，Cu)单相连续固溶体，含 20% Cu 的 Au-Cu 合金固、液相线重合，熔化温度为 910℃，是 Au-Cu 二元系中性能较好应用最多的钎料。但在 410℃以下的低温区会形成 Au_3Cu、AuCu和$AuCu_3$等有序相[106]。有序化转变使合金的塑性降低，加工性变差。适量的有序相可提高钎焊接头强度，但大量生成有序相可导致合金自发裂纹与断裂，因此在确定钎料成分、加工钎料及钎焊过程中应尽量避免大量有序相出现。

研究表明：向 Au-Cu 合金中添加少量 Fe，可减小有序化倾向；添加 Ag、Cd、In、Zn、Ni、Pd、Pt 等第三组元，可以调整钎料合金熔点，改善润湿性能和抗蚀性，提高钎焊强度与质量。因此，针对不同的待焊材料和工件，不同的使用环境和条件，可开发一系列 Au-Cu 系多元合金钎料。

2. 金-银-铜系钎料

Au-Ag-Cu 三元系液相线投影和 300℃等温截面图见图 8-61。除靠 Au 角的富 Au 合金为单相固溶体外，其余更大区域的三元合金都为两相合金。随着温度的降低，源于 Ag-Cu 系的(Cu)+(Ag)两相区不断扩大，而富 Au 单相区不断缩小。Au 是影响 Au-Ag-Cu 合金化学稳定性的主要组元，Ag 与 Cu 的比例则影响合金的熔化温度与强度。在淬火态 Au-Ag-Cu 合金中，处在 Au 角的富 Au 合金的抗拉强度最低，随着 Ag、Cu 参与合金化程度增大，合金强度提高。由于存在相分解，Au－Ag－Cu 合金具有明显的时效硬化效应。

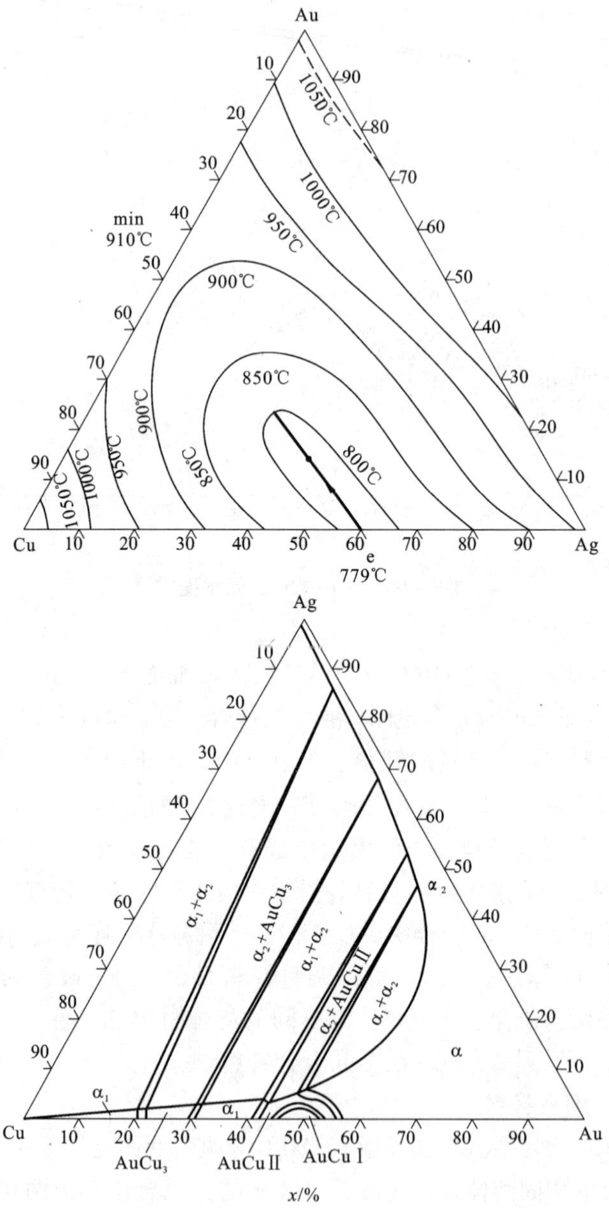

图 8－61　Au－Ag－Cu 液相线投影和 300℃等温截面图

Au－Ag－Cu 系中有一系列合金可作为钎料使用。其熔点在 780～950℃范围内，即介于 Ag－28Cu 和 Au－17.5Ni 这两种钎料的熔点之间(见表 8－29)。但因存在两相影响焊接性能，该类钎料的工业应用受到一定的限制，仅用在真空电子管用的中间一级的钎焊。

表 8－29　真空电子器件用 Au－Ag－Cu 系钎料[107]

序号	化学成分及含量(质量分数)/%			固相线/℃	液相线/℃
	Au	Ag	Cu		
1	75	12.5	12.5	890	895
2	75	5	20	890	902
3	58	2	40	910	935
4	60	20	20	835	845

因通过改变银和铜的比例可调节钎料美丽的外观色彩，满足饰品钎焊对颜色的要求[108]，Au－Ag－Cu 系钎料在饰品工业，尤其是金饰品的钎焊中得到了广泛应用。Au－Ag－Cu 系钎料钎焊 K 金饰品时，可用与母材成分相同的钎料，以保持原有的 K 金成色。在需要调整钎料熔点时还可加入少量 Zn、Sn、Ni、Cd 等合金元素。有代表性的金合金钎料组成和性能列于表 8－30。

表 8－30　饰品行业用 Au－Ag－Cu 系钎料[109]

化学成分及含量(质量分数)/%							固相线/℃	液相线/℃
Au	Ag	Cu	Zn	Cd	Sn	Ni		
80	—	—	8.0	—	—	12.0	782	871
75.0	12.0	8.0	—	5.0	—	—	826	887
75.0	9.0	6.0	—	10.0	—	—	776	843
75.0	9.0	6.0	10.0	—	—	—	730	783
75.0	2.8	11.2	9.0	2.0	—	—	747	788
75.0	—	15.0	1.8	8.2	—	—	793	822
66.6	10.0	6.4	12.0	—	—	5.0	718	810
66.6	15.0	15.0	3.4	—	—	—	796	826
58.5	25.0	12.5	—	4.0	—	—	788	840

续表 8-30

化学成分及含量(质量分数)/%							固相线/℃	液相线/℃
Au	Ag	Cu	Zn	Cd	Sn	Ni		
58.5	10.3	24.2	—	7.0	—	—	792	831
58.5	8.8	22.7	—	10.0	—	—	751	780
58.5	11.8	25.7	4.0	—	—	—	816	854
58.5	25.7	11.8	4.0	—	—	—	786	818
58.5	24.2	10.3	7.0	—	—	—	765	808
58.5	4.9	25.6	2.0	9.0	—	—	738	760
58.5	8.0	22.0	2.1	9.4	—		744	776
58.3	20.8	19.0	1.9	—	—	—	793	830
58.3	18.0	12.0	11.7	—	—	—	720	754
58.3	15.0	5.7	15.0	—	—	6.0	—	—
50.0	25.0	10.0	9.0	—	—	6.0	—	—
50.0	30.5	17.5	2.0	—	—	—	775	806
41.7	32.0	16.3	10.0	—	—	—	724	749
41.7	24.0	16.3	9.0	9.0	—	—	—	—
41.7	35.0	21.9	1.4	—	—		—	—
33.3	30.0	16.7	—	20.0	—	—	635	709
33.3	30.0	16.7	20.0	—	—	—	695	704
33.3	40.5	17.0	6.6	2.6	—	—	722	749
33.3	1.8	49.4	2.3	10.2	3.0	—	689	776
33.3	31.0	28.0	7.7	—	—	—	737	808
33.3	42.0	10.0	9.7	—	—	5.0	738	807
25.0	35.0	20.0	10.0	10.0	—	—	—	—
25.0	58.0	—	17.0	—	—	—	—	—

8.4 贵金属高温钎焊材料

贵金属 Ag、Au、Pd、Pt 及其合金具有优异的物理化学性质，是高温钎料的首选材料。其中因 Ag 的熔化温度最低(961.93℃)，蒸气压最高，一般不单独作为焊料使用。Au、Pd、Pt 金属可以但较少单独作为钎焊材料使用，而是加入不同的合金元素构成 Au 基、Pd 基、Pt 基和含贵金属的高温钎料（分类见表 8－31）。

表 8－31　贵金属高温钎料分类

钎料体系	钎料合金种类
Au 基高温钎料	Au－Ni，Au－Pd，Au－Ni－Pd－Ti，Au－Ni－V
Pd 基高温钎料	Pd－Ag，Pd－Ni，Pd－Ni－Ti，Pd－Co，Pd－Nb，Pd－Mo
Pt 基和其他贵金属高温钎料	Pt－Co，Pt－Co－Ti，Pt－Ir，PtPdAu20－5，Mo－Ru，Ru－B，W－Co－Pd，Ru－25V

贵金属高温钎料较中温钎料具有更高的抗氧化性、更优良的耐热耐蚀性、高的钎焊强度等优良性能，主要用于航空航天、兵器舰船、核工业、化学化工等高新技术领域的特种材料焊接。

8.4.1　金基高温钎料

在 Au 中加入熔化温度更高的组元，形成熔化温度高于 950℃ 的高温钎料，主要有 Au－Ni 系和 Au－Pd 系钎料。

1. Au－Ni 系

Au 中加入 Ni 可降低合金熔化温度，Au－Ni 合金相图见图 8－62。

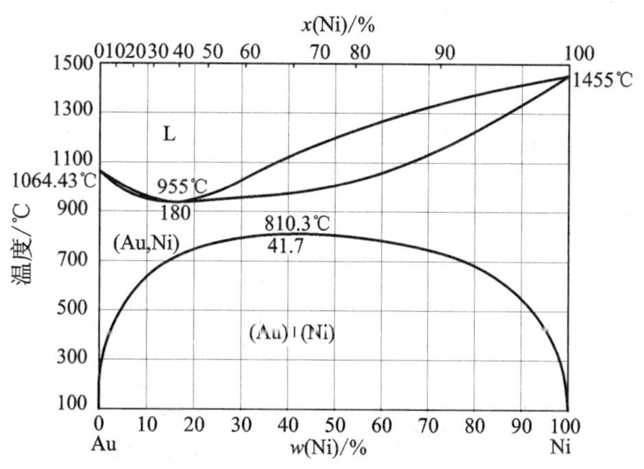

图 8－62　Au－Ni 相图

Au－Ni 合金在 810℃ 以上为单相连续固溶体，低于该温度将发生条幅分解，生成富 Au 和富 Ni 的固溶体。Au－Ni 系合金在很大成分范围内都可以作为钎焊材料使用。其中 Au－18Ni 固、液相线重合，熔化温度为950℃，是Au－Ni系中熔化温度最低的合金，Ni 含量低于该成分的合金熔化间隔较小，10℃以内。熔化温度高于950℃的合金随 Ni 含量增加，熔化温度升高，熔化间隔也较大。因此 Au－18Ni合金钎焊性能较好，应用最广，是最具代表性的 Au 基高温钎料，焊接耐热耐蚀不锈钢、可伐合金、难熔金属、V－Ti 合金等都具有很好的钎焊性，主要用于航空发动机叶片及导弹、卫星等重要部件的焊接[110]。

为了进一步提高钎料的钎焊强度，在 Au－Ni 中添加其他合金元素可形成很多种钎料(见表8－32)。如添加 Cr、Si、B 和 Fe，形成 Ni－41Au－1.7Si－1.0B－0.5Fe 和 Ni－25.5 Au－5.3Cr－3.4Si－2.3B－2.3Fe 钎料，熔化温度范围分别为 941～999℃、941～970℃。由于加入 Cr、Si、B 脆性组元使钎料失去加工性，只能制成粉末使用。加入适量 Mo 和 Ta 可提高钎料的熔化温度，形成 Au－20 Ni－10Mo、Au－35 Ni－30Mo、Au－10Ni－30Ta，钎料熔化温度范围达 1200～1400℃，使钎焊接头获得更高的耐热性，可用于石墨、W 和 Mo 的钎焊[112]。Au－36.5Ni－4.76V(原子百分数)或 Au－34.49Ni－10V(原子百分数)成分的箔材重叠放置，在真空及 1240℃/60 min 或 1270℃/60 min 条件下钎焊 Si_3N_4 陶瓷，三点弯曲强度为 249 MPa，973K 条件下接头的抗弯曲性能仍保持在 200 MPa 以上，在 973K 的大气氛围下保温 100 h 后，接头的室温抗弯曲性能为 269 MPa[113]。

表 8－32　Au－Ni 系钎料的成分和熔化温度

化学成分及含量(质量分数)/%			熔化温度/℃
Au	Ni	其他	
余量	17.5		950
余量	18		950～960
余量	25		950～990
余量	35		950～1070
余量	45		1010～1100
余量	25	25Pd	约 1121
余量	22	8Pd	1100～1121
余量	22	6Cr	975～1038
余量	55.8	1.7Si, 1.0B, 0.5Fe	941～999
余量	61.2	5.3Cr, 3.4Si, 2.3B, 2.3Fe	941～970
余量	10	30Ta	1200～1400
余量	20	10Mo	1200～1400
余量	35	30Mo	1200～1400

2. Au - Pd 系

Au - Pd 系合金相图见图8-63。Au - Pd 系合金熔化温度间隔很小，固、液相线基本重合，适于作钎焊材料。870℃以上 Au - Pd 形成连续固溶体，合金在870℃以上经固溶处理可以获得很好的加工塑性，但材料的强度不高。低于该温度发生有序转变，分别形成 Au_3Pd 和 $AuPd_3$ 金属间化合物，因此通过低温时效处理可使固溶体有序化，提高钎料的强度。

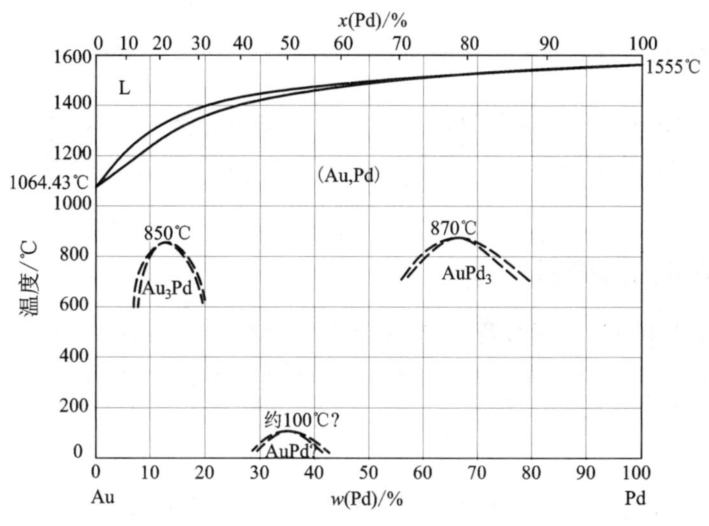

图8-63 Au - Pd 相图

Au - Pd 合金的性能见表8-33。Au - Pd 合金的熔化温度高于 Au - Ni 系，有更好的抗氧化性，若在 Au - Pd 系钎料中加入 Ni 可降低钎料熔化温度，提高钎料钎焊强度。

表8-33 Au - Pd 系钎料成分和熔化温度

化学成分及含量(质量分数)/%				熔化温度/℃
Au	Pd	Ni	其他	
余量	12			1260~1300
余量	13			1180~1300
余量	8			1190~1230
余量	25			1260~1400
余量	8~40			1200~1460

续表 8-33

化学成分及含量(质量分数)/%				熔化温度/℃
Au	Pd	Ni	其他	
余量	25	25		1121~1170
余量	8	22		1037~1090
余量	5	2		1082~1180
余量	8		2Ti	1148~1205

成分为 Au-8Pd-2Ti 的钎料可用于钎焊多种陶瓷[115, 116]。Au-15.61Ni-3.92Pd-1.77V 的箔材重叠放置，在 1150℃/60 min 真空条件下可以钎焊 Si_3N_4 陶瓷。

8.4.2 钯基高温钎料

钯基高温钎料的种类及性能列于表 8-34，主要有 Pd-Ni、Pd-Cu、Pd-Ag、Pd-Co 几个系列，分别添加 Au、Mn、Cr、Si、B、Pt、Ti 等合金元素形成了很多种产品。

表 8-34 Pd 基高温钎料的成分和熔化温度

化学成分及含量(质量分数)/%					熔化温度/℃
Pd	Ni	Cu	Ag	其他	
余量	40				1237
余量	40			20Au	1185~1200
余量	36			30Au	1169~1220
余量			20		1420~1470
余量			95		970~1010
余量			64	3Mn	1120~1170
余量			75	5Mn	1071~1170
余量		88			1080~1090
余量	15	50			1163~1171
余量	15	55		10Mn	1070~1105
余量	48			32Mn	1120

续表 8 – 34

化学成分及含量(质量分数)/%					熔化温度/℃
Pd	Ni	Cu	Ag	其他	
余量	47.6			11Cr, 2.2Si, 2.4B	818 ~ 992
余量			55	2Ti	
余量			53	5Pt, 2Ti	1195 ~ 1250
余量	38.3			2Ti	1204 ~ 1239
余量		43		2Pt, 4Ti	1099 ~ 1170
余量		43		2Ti	1208 ~ 1235
余量				35Co	1219

Ni – Pd 系、Ag – Pd 系、Cu – Pd 系二元相图见图 8 – 64 ~ 图 8 – 66。三种合金都形成连续固溶体，熔点较高，熔化温度间隔都较小，材料具有很好的加工性能，为开发高性能钎焊材料奠定了很好的基础。含 Ni40% 的 Pd – Ni 合金固、液相线重合，熔化温度 1237℃，Pd – 40 Ni 是三个体系钎料中唯一无熔化间隔的合金，也是使用最广泛的 Pd 基高温钎焊合金。但三种合金中 Pd – Cu 合金 Pd 含量 8% ~ 60%（质量分数）时，在温度低于 598℃时将发生有序转变形成金属间化合物相。

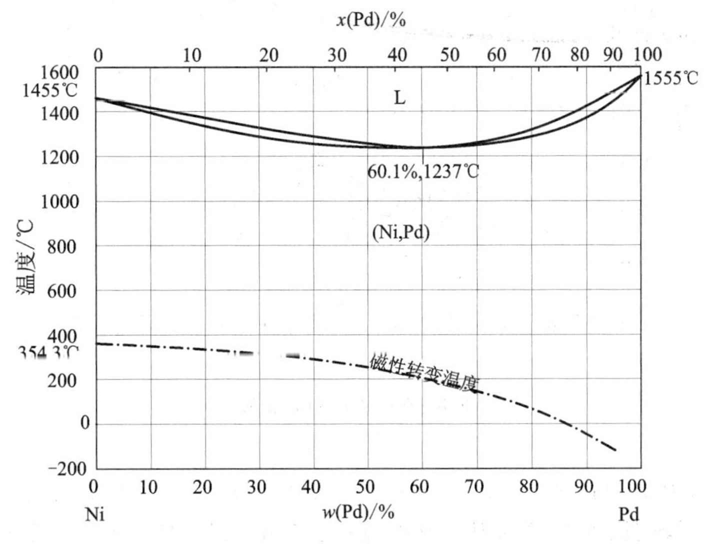

图 8 – 64　Pd – Ni 相图

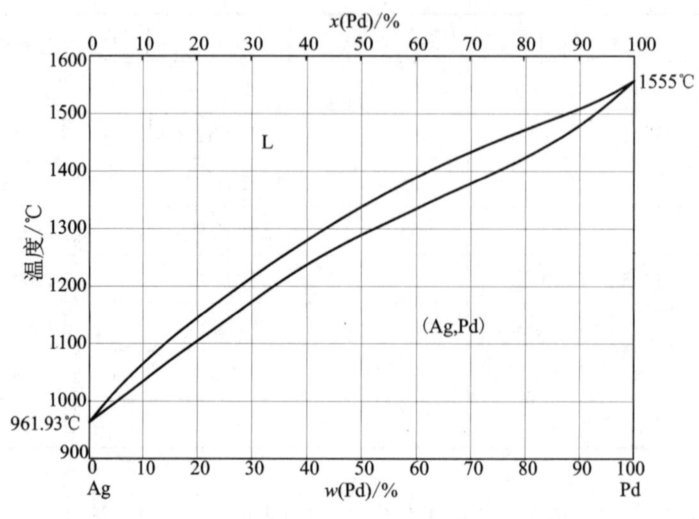

图 8-65 Pd-Ag 相图

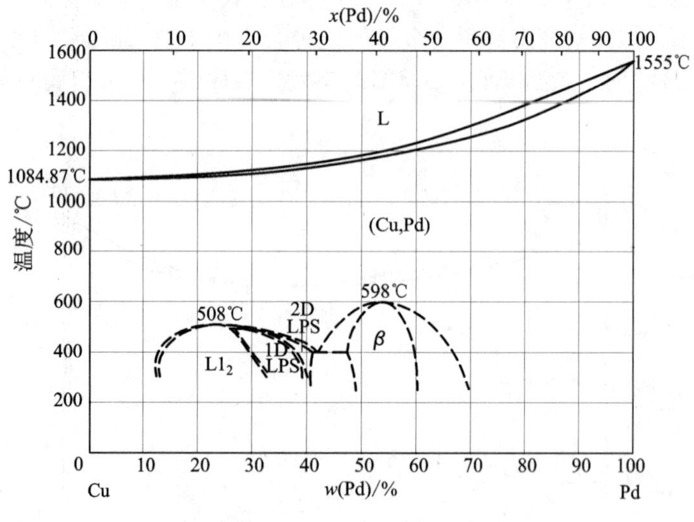

图 8-66 Cu-Pd 相图

由于 Pd 基钎料比 Ag 基、Au 基钎料具有更高的熔化温度，更好的耐热耐蚀性能，在燃气轮机、航空发动机、导弹技术、夜视系统、核工业等领域得到重要应用，可用于耐热合金、难熔金属、金属与石墨、陶瓷与金属、蜂窝结构、高可靠长寿命高气密电子器件的钎焊。

固溶体型的 Pd - Ni 系、Pd - Ag 系、Pd - Cu 系钎料无强化相，加入 Cr、B、Si 等可增大钎料强度，提高钎料的耐热性能，并减少昂贵的金属 Pd 的用量。

在 Pd - Ni 合金中加入 Cr、B、Si 有不同的作用，添加 Cr，可提高钎料的抗高温蠕变性，其最高液相点温度高达 1250℃，添加 B 可增强钎料对母材的晶界渗透性，提高钎焊强度，加入 Si 可降低液相线温度，其效果比添加 B 好。如 Ni - 36.8Pd - 11Cr - 2.2Si - 2.4iB 可以替代 Au - 18Ni 钎料钎焊航空发动机重要部件[117]。

在 Pd 基高温钎料中加入活性元素 Ti、V 可改善陶瓷和金属的钎焊焊接性能。如 Pd - 33Cu - 16Ti 钎料在 Al_2O_3 陶瓷表面有很好的润湿性，润湿角 13°[118]。在 Pd40Ni 成分基础上采用粉末混合的 PdNi - (5 ~ 14) Cr，PdNi - (15 ~ 26) Cr，PdNi - (16 ~ 24) Cr - (6 ~ 15) V，Pd - Co - V 等多种钎料对 Si_3N_4 润湿良好，产生的收缩应力较小[119, 120]。广泛使用 Pd - (70 ~ 90) Co(原子百分数)、Pd - (70 - 90) Co - 10Ti(原子百分数)、Pd - (70 - 74) Co - 26Ni(原子百分数)钎料钎焊 SiC 增强 ZrB_2 陶瓷。如采用 Pd30 - Co70 - Ti10(原子百分数)在 1270℃钎焊并保温 30 min，可获得最高强度钎焊接头，接头四点弯曲强度为 77 MPa。Ti 的作用是与母材中的 B 元素形成化合物，挡在母材界面，在一定程度上控制钎料中的元素和母材增强体之间的反应，因此获得了相对较好的接头。但随着 Ti 含量的增加，接头强度先升高后降低，当 Ti 含量为 10% 时接头四点弯曲强度达到 85 MPa。添加 Ni 也有类似于 Ti 的情况，即随 Ni 含量的增加，接头强度也有先升高后降低的趋势，如用 30Pd - (70 - 74) Co - 26Ni(原子百分数)在 1270℃钎焊并保温 5 min，可获得较高强度的焊接接头，接头四点弯曲强度达 120 MPa[121]。

Pd - 40 Ni 钎料熔点 1237℃、Pd - 23Co 钎料熔点 1219℃，钎焊难熔金属 W、Mo 及其合金可以获得很好的效果[122]。

8.4.3　其他贵金属高温钎料

除 Au 基、Pd 基贵金属高温钎料外，还有 Pt 基钎料、Ru 基钎料。Pt - Ir 系、Pt - Rh 系、Pt - Pd 系合金可形成连续固溶体，熔化温度很高(1200℃以上)，固、液相线间隔都较小，蒸气压很低，耐蚀性很好，在广泛的成分范围内都可作为钎焊材料使用。但 Pt、Rh、Ir 金属价格非常昂贵，使用量很小。

目前主要有表 8 - 35 所列的几种成分的钎料，用于钎焊特殊要求的难熔金属和合金，特别是作为阴极钎料钎焊微波管的钨/钼阴极。此类钎料基本上没有塑性，一般采用合金化机械制粉法、混合粉末法、共沉淀法等制备成粉末使用。如采用三氯化钌及钼酸铵共沉淀法制备 Mo - 43.3Ru 粉末钎料[123]，其中 90% 的粉末粒度≤6 μm，最大粒度≤10 μm。

表 8-35　阴极钎料牌号及熔化温度[124]

编号	钎料牌号	熔化温度/℃
1	Mo-43.3Ru	1955
2	Co-24.5W-0.4Pd	1505
3	Pd-50Nb	1240
4	Ru-8B	1420
5	Ru-25V	1790

参考文献

[1] 贵金属钎接材料[EB/OL]. www.baidu.com. 2012-11-22

[2] 张启运，庄鸿寿. 钎焊手册[M]. 北京：机械工业出版社，2008：143

[3] 张启运，庄鸿寿. 钎焊手册[M]. 北京：机械工业出版社，2008：145-22

[4] JS/T 11392—2009. 无铅焊料化学成分与形态[S]. ISO4953：2006

[5] Soft solder alloys - chemical compositions and forms. IPC J-STD-006B(2009). Special solder alloy composition and temperature characteristics

[6] 菅沼克昭著. 无铅焊接技术[M]. 宁晓山译. 北京：科学出版社，2004，7：36

[7] 张启运，庄鸿寿. 钎焊手册[M]. 北京：机械工业出版社，2008：85

[8] 菅沼克昭著. 无铅焊接技术[M]. 宁晓山译. 北京：科学出版社，2004：43

[9] 张启运，庄鸿寿. 钎焊手册[M]. 北京：机械工业出版社，2008：87

[10] 范琳霞，荆洪阳，徐连勇. Au80Sn20 无铅钎料的可靠性研究[J]. 电焊机，2006，36(11)：15

[11] Reichl H, Zakel E. Flip chip assembly using the gold, gold - tin andnickel - gold metallurgy [C]. Lau J, ed. New York: McGraw - Hill, 1995: 415-484

[12] Buene L, Falkenberg - Arell H, Gjonnes J, et al. A study of evaporatedgold - tin films using transmission electron microscopy[J]. Thin Solid Films, 1980, 65(2): 247-257

[13] Okamoto H, Massalski T B. Binary Solder alloy Phase Diagrams[C]. Ohio: American Society for Metals International, 1990: 1271-1273

[14] 张国尚. 80Au/20Sn 钎料合金力学性能研究[D]. 天津大学，2010：32

[15] 张国尚. 80Au/20Sn 钎料合金力学性能研究[D]. 天津大学，2010：34-35

[16] 周涛，汤姆·鲍勃，马丁·奥德，等. 金锡焊料及其在电子器件封装领域中的应用[J]. 电子与封装，2005，5(8)：5-8

[17] 刘泽光，陈登权，罗锡明，等. 微电子封装用金锡合金钎料[J]. 贵金属，2005，26(1)：62-65

[18] Oppermann H, Hutter M, Klein M, et al. Flip chip reliability of GaAs on Si thin film substrates

using AuSn solder bumps[J]. Materials, Technology and Reliability of Advanced Interconnects, 2005(863): 327 - 338

[19] Lee S G, Chen C L, Chao C L, et al. Low cos tand highl ymanufacturability 10Gb/s mini - flat transmitter for ethernet applications[J]. Semi - conductor and Organic Optoelectronic Materials and Devies, 2004(5624): 259 - 267

[20] Elger G, Hutter M, Oppermann H, et al. Development of an assembly process and reliability investigations for flip - chip LEDs using the AuSn soldering[J]. Microsystem Technologies, 2002, 7(5 - 6): 239 - 243

[21] Vaidyanathan Kripesh, Poi Siong Teo, Chai Tai Chong, et al. Developlment of a Lead Free Chip Scale Package for Wireless Applications[C]. Electronic Component and Technology Conference, 2001

[22] 谢宏潮, 阳岸恒. 一种金合金材料及其制备方法. CN200810076342. 6[P]. 2008

[23] 李才巨, 陶静梅, 朱心昆, 等. 机械合金化法制备金锡合金[J]. 材料热处理学报, 2010, 31(4): 40

[24] 徐孟春, 朱心昆, 李才巨, 等. 金锡合金的机械合金化[J]. 云南冶金, 2008, 137(2): 69

[25] Ken - ichi Miyazaki, Hiratsuka(JP). Foil - form soldering metal and method for processing the same. US7048813B2[P]. 2006: 1 - 9

[26] 金文哲, 南宫正, 李基安, 等. 高韧性条带状金锡共晶合金焊料制造方法. KR10 - 0701193[P]. 2006

[27] 古候 正志. AuSnろう. 特开平 9 - 122969: 6

[28] Brian C. Coad, Mass Attleboro. Low - melting point materials and method of the irmanufacture. US3181935[P]. 1965: 1 - 8

[29] 刘泽光, 罗锡明, 陈登权, 等. 金锡共晶合金箔带材制造方法. CN1026394C[P]. 2003

[30] Tang W M, He A Q, Qi Liu, et al. Room temperature interfacial reactions in electrodeposited Au/Sn couples[J]. Acta Materialia, 2008, 56: 5818 - 5827

[31] 韦小凤, 王日初, 彭超群, 等. 退火工艺对 Au - 20Sn 钎料组织的影响[J]. 材料热处理学报, 2012, 33(6): 107 - 108

[32] 王丽丽编译. Au20Sn 合金电镀液[J]. 电镀与精饰, 1999, 21(2): 43

[33] 刘欣, 胡立雪, 罗驰. 电化学制备金锡合金薄膜技术研究[J]. 微电子学, 2010, 140(3): 431

[34] 宁远涛, 赵怀志. 银[M]. 长沙: 中南大学出版社, 2005: 255 - 256

[35] 宁远涛, 赵怀志. 银[M]. 长沙: 中南大学出版社, 2005: 268 - 269

[36] 钟文晨. 低银铜基钎料化学成分的设计[J]. 广东有色金属学报, 2005, 15(4): 16

[37] Wolfgang W. Use of silver solder alloys as cadmium - free brazing filler. DE431518[P]. 19940407

[38] 钟文晨. 低银铜基钎料化学成分的设计[J]. 广东有色金属学报, 2005, 15(4): 18

[39] 田亮. 廉价钎料 Ag4CuP 的特性[J]. 电子工艺技术, 1986(11): 20

[40] 邓键. 我国钎焊材料生产现状与发展思路[J]. 焊接与切割. 2003(6): 34

[41] 刘泽光，罗锡明，郭根生．Cu - Ag - Si 系钎料合金的开发研究[J]．贵金属．2000，21(4)：19 - 20

[42] 柳砚，徐锦锋，翟秋亚，刘虎林，等．低蒸气压中温钎料研究进展[J]．铸造技术，2011，32(10)：1435

[43] 史秀梅，郭菲菲．电真空器件用焊接材料的发展现状与前景[J]．新材料产业，2012(01)：16

[44] 唐仁政，田荣璋．二元合金相图及中间相晶体结构[M]．长沙：中南大学出版社，2009，5：17

[45] 姚伟，王思爱，沈卓身．AgCu28 共晶钎料的铺展性研究[J]．电子元件与材料，2004，23(8)：38

[46] 贵研铂业股份有限公司标准．Q/GYB01 - 2010．贵金属及其合金钎料[S]

[47] 刘泽光．钯系钎料的特性及应用态势[J]．贵金属，1993，4(3)：69

[48] 刘泽光，罗锡明，郭根生，等．钴对 Ag - Cu - Pd 合金钎料性能的影响[J]．贵金属，1999，20(3)：31

[49] 刘泽光．微量硅对 Ag - Cu - Pd 合金钎焊特性的改进[J]．贵金属，1997，18(1)：14

[50] 刘泽光，陈登权，罗锡明，等．镍对 56Ag - Cu 合金钎焊性能的影响[J]．贵金属，2010，31(4)：39 - 40

[51] 刘泽光．电子器件用的中温钎料的进展[J]．贵金属，1993，14(1)：67 - 68

[52] 宁远涛，赵怀志．银[M]．长沙：中南大学出版社，2005．10：147

[53] 徐锦锋，张晓存，党波．Ag - Cu - Sn 三元合金钎料的快速凝固组织与性能[J]．焊接学报，2011，32(2)：86 - 88

[54] 刘泽光，王文祥，唐敏，等．镍对 Ag - Cu - In - Sn 合金钎焊特性的影响[J]．贵金属，1992，13(4)：24 - 27

[55] 柳砚，徐锦锋，翟秋亚，等．低蒸气压中温钎料研究进展[J]．铸造技术，2011，32(10)：1436 - 1437

[56] 柳砚，徐锦锋，翟秋亚，等．低蒸气压中温钎料研究进展[J]．铸造技术，2011，32(10)：1435 - 1438

[57] Nagels E, Van Humbeeck J, Froyen L. The Ag - Cu - Ge ternary phase diagram[J]. Journal of Solder Alloys and Compounds, 2009, 482(1): 482 - 486

[58] 叶建军，涂传政，谭澄宇，等．Ag - Cu - Ge - Sn 新型中温焊膏的研制与应用[J]．新技术新工艺，2007(5)：42 - 44

[59] 岳译新，谭澄宇，李世晨，等．新型中温钎料 Ag - Cu - Ge - Sn - Ni 的初步研究[J]．热加工工艺，2006，35(7)：36 - 37

[60] Borzone G, Hassam S, Bros J P. A note on the Ag - Au - Ge equilibrium phase diagram[J]. Metallurgical Transactions A, 1989, 20A(10): 2167 - 2170

[61] 崔大田，王志法，周俊，等．新型 Au - Ag - Ge 钎料的性能及焊接界面特征[J]．中南大学学报（自然科学版），2007(6)：007

[62] 崔大田，王志法，姜国圣，等．Au - Ag - Ge 钎料的研究[J]．贵金属，2006，27

(1)：16－20

[63] Datian C, Zhifa W, Huabo W, et al. Preparation and property of novel－type Au－19. 25 Ag－12. 80 Ge solder solder alloy[J]. Rare Metal Materials and Engineering, 2008, 37(4)：690－693

[64] 崔大田，王志法，姜国圣，等. Ag－Au－Ge 钎料润湿性的研究[J]. 矿冶工程，2006，26(1)：88－90

[65] Hassam S, Agren J, Gaune－escard M, et al. The Ag－Au－Si system：experimental and calculated phase diagram[J]. Metallurgical Transactions A, 1990, 21A：1877－1880

[66] 莫文剑，王志法，崔大田. Au－Ag－Si 钎料薄带加工工艺的研究[J]. 热加工工艺，2005(1)：19－20

[67] 莫文剑，王志法，王海山，等. Au－Ag－Si 钎料合金的初步研究[J]. 贵金属，2005，25(4)：45－51

[68] 崔大田，王志法，莫文剑，等. Au－Ag－Si 系钎料合金与 Ni 的润湿性[J]. 中南大学学报：自然科学版，2007，38(1)：36－40

[69] 莫文剑，王志法，姜国圣，等. Au－Ag－Si 新型中温共晶钎料的研究[J]. 稀有金属材料与工程，2005，34(3)：497－500

[70] 赵怀志，宁远涛. 金[M]. 长沙：中南大学出版社，2003：238

[71] 李德富，胡捷，刘志国，等. 连铸法制备银基真空焊料的研究[J]. 稀有金属材料与工程，2001，30(6)：478

[72] 韩红. 电真空银铜钎焊料的生产技术研究[J]. 有色金属与稀土应用，2001，04：7

[73] 李靖华. 电真空焊料熔炼[J]. 贵金属，2001，22(2)：14

[74] 蒋传贵，欧阳远良，王海燕，等. 电化学除油在电真空焊料生产中的应用[J]. 云南大学学报(自然科学版)，2002，24 (1A)：222

[75] 韩红. 电真空银铜钎焊料的生产技术研究[J]. 有色金属及稀土应用，2001(4)：8

[76] 刘文龙，影响电子器件用 DHLAgCu28 溅散性清洁性的因素[J]. 有色金属及稀土应用，1997(3)：6

[77] 蒋传贵，欧阳远良，等. 电真空器件用贵金属钎料溅散性影响因素[J]. 云南大学学报(自然科学版)，2002，(S1)

[78] 张启运，庄鸿寿. 钎焊手册[M]. 北京：机械工业出版社，2008：620

[79] GB/T10046－2008AWS A8. 5－92ASTMF106－95. 银钎料[S]

[80] 何纯孝，李关芳. 贵金属合金相图及化合物结构参数[M]. 北京：冶金工业出版社，2007：274

[81] 薛松柏，钱乙余，胡晓萍，等. 铋在银基钎料中的行为和影响[J]. 焊接学报，1998，19(4)：210－214

[82] 王星平，赖忠民，薛松柏. 合金元素对 Ag－Cu－Zn 系钎料影响的研究现状及发展趋势[J]. 电焊机，2009，39 (11)：5

[83] 薛松柏，钱乙余，余晓萍. 杂质元素铝、铁在银基钎料中的作用及其机理[J]. 焊接，1998(10)：8

[84] GB/T10046—2008. 银钎料[S]

[85] 卢方焱，薛松柏，张亮．Ag－Cu－Zn 系钎料的研究现状及发展趋势[J]．焊接，2008，10：14

[86] 张冠星，龙伟民．微量元素 Ce、Sb、Li 对银基钎料润湿和抗氧化性能的影响[J]．金属铸锻焊技术，2011，．40(13)：5

[87] 乔培新，蒋国海，唐福庆．人造金刚石与 65Mn 钢钎焊用低银钎料及钎焊工艺研究[C]．第六届全国焊接学术会议论文集，中国西安，1990：121－127

[88] Phlip C. Wingert, Chi－Hung Leung. The development of silver－based cadmium－free contactmaterials[J]. Journal of Solder Alloys and Compounds, 2004, 72(3): 148－157

[89] 翟宗仁．无镉钎料的研制进展概述[C]．第十届全国钎焊与扩散焊技术交流会论文集，无锡，1998：13－17

[90] 卢方焱，薛松柏，张亮，等．微量 In 对 AgCuZn 钎料组织和性能的影响[J]．焊接学报，2008，29（12）：86－87

[91] 王星平，赖忠民，薛松柏．合金元素对 Ag－Cu－Zn 系钎料影响的研究现状及发展趋势[J]．电焊机，2009，39（11）：5

[92] 王星平，赖忠民，薛松柏．合金元素对 Ag－Cu－Zn 系钎料影响的研究现状及发展趋势[J]．电焊机，2009，39(11)：4

[93] 韩宪鹏，薛松柏．无镉银钎料研究现状与发展趋势[J]．焊接，2007(6)：19－23

[94] 刘联宝，杨钰平，柯春和，等．陶瓷—金属封接技术指南[M]．北京：国防工业出版社，1990：178

[95] 毛忠汉，陈靖．银铜钛活性钎料的特性及应用[C]．第九次全国焊接会议论文集．1999，44

[96] 宁远涛，赵怀志．银[M]．长沙：中南大学出版社，2005

[97] Y. Zhou(加拿大)．微连接与纳米连接[M]．田艳红，王春青，刘斌译．北京：机械工业出版社，2010：604

[98] Y. Zhou(加拿大)编．微连接与纳米连接[M]．田艳红，王春青，刘斌译．北京：机械工业出版社，2010：605－607

[99] 江国峰．Al_2O_3 陶瓷与 1Cr18Ni9Ti 不锈钢钎焊应力缓解研究[D]，昆明贵金属研究所，2012：43

[100]《金属材料卷》编辑委员会．中国冶金百科全书·金属材料[M]．北京：冶金工业出版社，2001：941

[101] Tucker M S, Wilson K R. Attack of Ti－6Al－4V by silver base brazing solder alloys[J]. Weld J, 1969, 48(12): 521－5－527－5

[102] Karlela W T, Margolis W S. Development of the Ag－Al－Mn brazing filler metal for titanium [J]. Weld J, 1974, 53(10): 629

[103] M. H. Sloboda. Industrial Gold Brazing Solder alloys. Gold Bulletin [J]. 1971(3): 2－8

[104] 黎鼎鑫，张永俐，袁弘鸣．贵金属材料学[M]．长沙：中南工业大学出版社，1991：346

[105] H Okamoto, D J Chakrabarti, DE Laughin－Bull. The Au－Cu System, Phase diagram of binary gold solder alloys[J]. Solder Alloy Phase Diagram, 1987

[106] H Okamoto, D J Chakrabarti, D E Laughlin, T. B. Massalski. The AuCu(Gold - Copper) system[J]. Journal of Phase Equilibria, 1987: 454 - 474

[107] 刘连宝. 电子工业生产技术手册: 第 4 分册——电真空器件卷[M]. 北京: 国防工业出版社, 1990: 71 - 814

[108] 黎鼎鑫, 张永俐, 袁弘鸣. 贵金属材料学[M]. 长沙: 中南工业大学出版社, 1991: 346

[109] 张启运, 庄鸿寿. 钎焊手册[M]. 北京: 机械工业出版社, 2008, 6: 434 - 435

[110] Y. X. Gan, H. A. Aglan. Microstructure fracture toughness relationship of vanadium solder alloy/stainless steel buazed joints[J]. Journal Nuclear Materials, 299(2001): 157

[111] BY T. L. DSilVA. Nickel - palladium base brazing filler metal[J]. Supplement to Welding Research. 1979, 10: 283

[112] Kappalov B K, Veis M M, Kadun Y I, et al. Brazing C/C composite materials with metal - containing brazing solder alloys[J]. Welding International, 1992, 6(9): 562 - 566

[113] 孙元. Au - Ni - V 基高温活性钎料连接氮化硅陶瓷的工艺与机理研究[D]. 哈尔滨工业大学, 2011: 20

[114] BY J. H. Selverian, D S. Kang. Ceramic - to - metal joints brazed with palladium solder alloys[J]. Welding Research Supplement, 1992(1): 26

[115] Y. Sun, J. Zhang, Y. P. Geng. Etc. Microstructure and mechanical properties of an Si_3N_4/Si_3N_4 joint brazed with Au - Ni - Pd - V filler solder alloy[J]. Scripta Materialia, 2011, 64: 414 - 417

[116] Elssner G. Petzow G. Metals/ceramic joining[C]. ISIJ International, 1990, 30(12): 1011 - 1032

[117] E. Lugsehelder H. Pelster, Weld. J. 1983, 10: 261

[118] 万传庚, P. Kritsalis, N. Eustashopulos. 高温钎料 PdCu - Ti 在氧化铝陶瓷上的润湿性及界面反应[J]. 金属学报, 1994, 15(4): 212

[119] 陈波, 熊华平, 毛唯. Pd - Ni - (Cr, V)基高温钎料对 Si_3N 陶瓷的润湿及界面反应[J]. 金属学报, 2008, 44(10): 1260

[120] 陈波, 熊华平, 毛唯. Pd - Ni 基高温钎料对 Si_3N_4 陶瓷的润湿与界面连接[J]. 航空材料学报, 2006, 26(5): 41

[121] 刘佳音. Pd - Co 基钎料钎焊 ZrB2 - SiC 复合陶瓷的工艺与机理研究[D]. 哈尔滨工业大学, 2013: 1

[122] C. H. Cadden, B. C. Odegard Jr. Refractory metal joining for first wall applications[J]. Journal of Nuclear Materials, 2000: 1253 - 1257

[123] 陈南光, 庄滇湘, 赵永坤. 一种微细 Mo - Ru 钎料粉末制备方法. CN201010209481. 9 [P]. 2010

[124] 李伟, 罗锡明, 许昆, 等. 阴极组件钎焊用 RuB 合金钎料研制[J]. 焊接, 2011(3): 45

第9章 现代工业催化材料

9.1 贵金属催化剂的应用及特点

化学工业（包括无机化工、有机化工、精细化工、石油化工）是国民经济中非常重要的实体经济部门，生产成千上万种产品，业界不完全统计的世界年产值约达10万亿美元。所有产品中80% ~90%的生产过程必须依靠催化反应，每年消耗催化剂约100万t，市值约150亿美元。催化作用可降低化学反应的温度、压力等关键参数，使通常条件下不可能发生的化学反应成为可能，使速度很慢的化学反应加快速度并提高生产效率和生产规模。催化还能提高化学反应的选择性，提高原料利用率，减少副产物及废气、废水、废渣排放，降低能耗，使传统工艺变为清洁工艺流程，有利于环境保护。催化反应过程中催化剂本身不会成为产品的组分，可反复再生循环使用。

Pt、Pd、Rh、Ir、Os、Ru、Au等贵金属材料具有耐高温、抗氧化、耐腐蚀等综合的、优异的物理化学特性，是最重要的催化剂材料，现代工业所用催化剂中一半以上是贵金属催化剂。尤其是铂族金属，因d电子轨道未填满，表面易吸附反应物利于形成中间“活性化合物”，因而具有优异的催化活性，很高的选择性、稳定性和长的催化寿命，使其成为催化剂中最重要的活性组分，被业界称为“催化之王”。其应用情况列于表9 -1。

贵金属催化剂的工业应用可以追溯到19世纪70年代，发明了以铂为催化剂的接触法制造硫酸。1913年，铂网催化剂用于氨氧化制硝酸，并延用至今；1937年Ag/Al_2O_3催化剂用于乙烯氧化制环氧乙烷；1949年，Pt/Al_2O_3催化剂用于石油重整生产高品质汽油；1959年，$PdCl_2-CuCl_2$催化剂用于乙烯氧化制乙醛；到20世纪60年代末，又出现了甲醇低压羰基合成醋酸用铑配合物催化剂……

除上述化学工业广泛使用的催化剂外，在环境保护和环境治理领域也广泛使用各类贵金属催化剂。其中最重要的是机动车尾气净化用贵金属催化剂（以铂为主，辅以钯、铑），从20世纪70年代起至今，已发展成为贵金属用量最大的催化剂产业（详见第10章）。

表 9 - 1　贵金属催化剂在化学化工领域中的重要应用

相关领域	反应、过程和产品		催化材料
无机化工	氨氧化生产硝酸		Pt - Rh、Pt - Pd - Rh、Pt - Pd - Rh - RE 合金等
	生产氢氰酸		Pt - Rh 合金
	氧化 SO_2 制硫酸		Pt/$MgSO_4$(现用 V_2O_5)
石油化工	氢化（加氢）	双键（如烯烃/二烯烃族），三键（如炔烃）氢化	PtO_2、Pt/C、Pt/SiO_2、Pd/Te/Sb、Pd/SiO_2、Pd/Al_2O_3 等
		粗石油氢化	Pt/Al_2O_3
		芳香族化合物氢化	Pt/C、Pt/Al_2O_3、PtO_2、Rh_2O_3、RuO_2、Ru/Al_2O_3、Ru/Rh/Pt、Pt/H - SAPO - 11、Ru/La$(OH)_3$(ZnO 为助剂)
		酮、醛氢化	Pt/C
		硝基化合物氢化	Pt/C、Pd/C、Pd/Pt/C
		甲硅烷氢化(生产硅酮)	$Pt_x(C_8H_{18}OSi_2)$
		羧酸氢化	Pd/Re/TiO_2、Pd/Co/Nb_2O_5
		羰基化合物加氢	Pd - $FeCl_2$/$SnCl_2$、Rh - Fe/SiO_2
	异构化	烷烃异构化	Pt/Al_2O_3
		二甲苯异构化	Pt/Al_2O_3、Pt/SiO_2、Pt/硅铝氧化物
	脱氢	烃脱氢	Pt
		催化重整生产高辛烷值汽油	Pt - Sn
		酮脱氢	Pt/C
		重质石油脱氢	Pt/Al_2O_3
		异丁烷脱氢	Pt/Al_2O_3
		乙苯脱氢	Pt/Al_2O_3

续表 9-1

相关领域	反应、过程和产品		催化材料
有机化工	烯烃氧化	乙烯与乙酸制备乙酸乙酯	Pd
		乙烯氧化成乙二醛	Pd 盐 + 氯化锂
		苯乙烯氧化成苯甲醛	$RuCl_3$、$RhCl(Ph_3P)_3$
		环己烯氧化	$RuCl(CO)(Ph_3P)_2$、$Ru(CO)(Ph_3P)_3$、$PtO_2(Ph_3P)_2$、$IrCl(CO)(Ph_3P)_2$
		苯乙烯氧化成乙酰苯	$RuCl_3$、$RhCl(Ph_3P)_3$
		苯乙烯氧化成苯乙醛	$PdCl_2$
		冰片烯氧化	$PdCl_2$
		环己烯氧化成环己酮	$PdCl_2$
		丙烯腈氧化为1,3-二氧杂戊烷-2-乙腈	$PdCl_2$
	醇的氧化	碳水化合物(如单糖、多糖)的氧化	Pt/C
		氨基糖的氧化	活性下降的 PtO_2
		简单醇类氧化为醛或酸	Pd/C 或 Pt/C
		环醇氧化	Pt/C
		甾族化合物氧化为相应的酮	还原 Pt
		四氢化萘、萘烷、环己烷等氧化脱氢	Pt/Al_2O_3(丸状)或 Pd(Ⅱ)
		伯醇氧化成酸	RuO_4
		叔胺脱甲基	30% Pd/C
有机化工合成	氧化耦合	苯氧化为联苯	氯化钯或硝酸钯的乙酸溶液
		甲苯在乙酸中氧化为乙酸酯	氯化钯或硝酸钯的乙酸溶液
		安息香酸的制备	硫酸钯的 20% 硫酸溶液
	芳构化	苯醚氧化为二苯并呋喃	乙酸钯
		碳环化合物合成	Pd/C、Rh/Al_2O_3
		含氮化合物合成	Pd/C
		吡咯合成	Pd/SiO_2

续表 9 - 1

相关领域	反应、过程和产品		催化材料
有机化工合成	芳构化	其他杂环化合物，如含硫化合物、二氢呋喃、二氢香豆素等合成	Pd/C
	碳化工合成	生产乙酸、乙酸酐、草酸酯、乙二醇	Ir、Rh、PdO、Rh 羰基化物
	新键生成	碳—碳键，如喹啉生成联喹啉	Pd/C
		碳—氮键，如 3 - (2′ - 吡啶基) - 1 - 丙醇闭环反应	Pd/C
		碳—氧键，如乙二醇生成 2,3 - 二氢对二氧杂环己烯	Pd/C
	官能团脱除	脱除苄基和苄氧羰基	Pd/C
		脱除卤素	Pd/C
		脱除酮，如 2,6 - 二(1 - 环己烯基)环己酮生成间三联苯	Pd/Al_2O_3
		脱除醚，如高紫檀素生成香豆素	Pd/C
		脱除氮—氮键	Pd/C
	羰基化	炔类化合物羰基化	$PdCl_2$、$[Ru(CO)_4]_3$ 或氯·三(三苯基膦)合铑
		胺类化合物羰基化	$PdCl_2$、$Rh_2Cl_2(CO)_4$、氯·羰基·双(三苯基膦)合铑、$(Ph_3P)(CO)IrCl$
		叠氮化物、醇类、卤化物羰基化	氯·三(三苯基膦)合铑、$RhCl_3$、$PdCl_2$、铂/石棉
		烯烃羰基化	$PdCl_2$、$(Ph_3P)2PdCl_2$、$(Ph_3P)_3PdCl_2(C_5H_{11}N)$、$(Ph_3P)PdCl_2(PHCH_2NH_2)$、$(Ph_3P)PdClC_3H_5$、$[(C_4H_9)_3P]_2Pd$
		烯烃化合物羰基化	$PdCl_2$、二氯·双(三苯基膦)合钯、三[三(对氟苯基)膦]合铂、Pd/C、Rh_2O_3
		硝基苯化合物羰基化	Rh/C、$RhCl_3$、Pd/Al_2O_3、Pd/C

续表 9-1

相关领域	反应、过程和产品		催化材料
精细化工	药物	合成维生素	PtO_2、Pd-Pt 混合催化剂
		制造抗生素	Pt、PtO_2
		生产扑热息痛	Pt/C
		制造可的松、麻黄素等	Pt
	香料	香兰素、叶醇、呋喃酮、麝香酮、紫罗兰酮等香料合成	Pt
	染料	芳香胺、双氨基苯酚、二甲氨基甲酰、对二甲苯醛、邻苯基苯酚等染料合成	Pt/C，Pt/C+萘醌，PtO_2，Pt
	脂肪酸、油、脂氢化		PtO_2

按催化反应类别及特定的反应条件，贵金属催化剂可分为均相催化剂和非均相(多相)催化剂两大类。

均相催化剂通常为贵金属的可溶性无机化合物或有机金属配合物，如氯化钯、氯化铑、醋酸钯、羰基铑、三苯膦羰基铑、碘化铑等。

非均相催化剂为不溶性固体物，其主要形态为金属丝网态和多孔无机物载体负载金属态。金属丝网催化剂(如铂网、铂铑合金网等)的应用范围及用量有限。绝大多数非均相催化剂为载体负载贵金属型，如 Pt/Al_2O_3、Pd/C、Rh/SiO_2、$Pt-Pd/Al_2O_3$、$Pt-Rh/Al_2O_3$等。按载体的形状，负载型催化剂又可分为微粒状、球状、柱状及蜂窝状等。在全部催化反应中，多相催化反应占 80% ~90%。

本章针对现代工业中某些很重要，或规模及产值较大的实体经济部门，介绍其生产过程中贵金属催化剂的使用及发展情况。

9.2 贵金属催化剂的应用领域

9.2.1 无机化工

1. 硝酸生产用催化材料

硝酸是基础化学工业的重要产品之一，在各类酸中的产量仅次于硫酸，近年世界年产量约为6000 万 t，中国产量居世界第一(约 300 万 t)。硝酸工业在国民经济中占有重要地位，它作为一种重要的化工原料，主要用于生产无机化工产品、有机化工及精细化工产品，如硝酸铵、硝酸磷钾、三硝基甲苯(TNT炸药)、硝化纤维素、硝基苯、硝基氯化苯、一硝基甲苯、己二酸、甲苯二异氰酸酯(TDI)、二苯甲烷二异氰酸酯(MDI)、染料中间体和柴油的十六烷值增进剂等，还用作冶金试剂，半导体和印刷电路板的清洗及生产药物(硝化甘油)。我国浓硝酸的消费结构大致为：化工约占65%，冶金约占20%，医药约占5%，其他行业约占10%。

自1908年德国奥斯特沃德建成第一个铂催化将氨氧化为一氧化氮进而生产硝酸的工厂以来，至今，铂基合金催化氧化仍是全世界生产硝酸的主要方法。该方法的实质是将铂或铂合金材料机加工为细丝织成网，置于氧化反应塔中，在温度800~950℃、压力0.1~1.1 MPa条件下，依靠铂族金属发挥独特的催化作用，使氨完成氧化反应。铂合金网催化氧化是生产硝酸的核心技术，铂族金属在硝酸生产中至今仍占有不可被其他材料完全取代的重要地位。

催化网有一定的使用寿命，除会发生氧化挥发及气流冲击摩擦损耗外，还会撕裂或断裂造成不能继续使用，而必须更换和再生回收。因此，结合氨氧化塔最佳反应条件(温度、压力及气流流动方式等)的研究和制定，调整铂基催化合金材料的成分，改进催化网的编织方法，强化力学性能，增强催化活性，延长使用寿命及节约铂族金属用量，开发其他催化剂代替贵金属催化剂等方面，一直是硝酸工业百年发展中非常重要的研究内容。

1)铂基合金催化剂成分

硝酸工厂最早选用纯Pt作催化剂。随着硝酸生产规模的扩大和工作压力的提高，纯Pt在高温、高压、气流冲刷和强氧化环境中的高温强度较低，不能满足长期在上述条件下使用的要求。为了不断改进催化材料的力学性能和氧化催化活性，更合理地利用铂族金属资源、降低催化剂成本和硝酸生产成本，不断开发了各种铂合金催化剂。

添加Rh的Pt-Rh合金有较好的加工性能和力学性能，比纯铂具有更好的高温强度，是最常用的二元合金。20世纪40年代，杜邦公司开发了Pt-5%~10%Rh(质量分数，下同)合金催化剂。50年代以后，苏联相继开发了Pt-5Rh、Pt-7Rh、Pt-8Rh和Pt-10Rh二元合金，并先后投入工业应用。其中，Pt-10Rh的综合性能较好，应用最广泛。

20世纪50—80年代，为了节约价格较高的Pt和Rh的用量，业界开展了Pd部分替代Pt、Rh的研究。发现引入Pd可使催化合金固溶强化，增强催化剂的抗毒性，减少铂的挥发损失，降低合金成本。并先后开发了一系列三元合金，如Pt-4Pd-3.5Rh、Pt-5Pd-5Rh，甚至高Pd合金催化剂，如Pt-(30~40)Pd-(5~7)Rh合金等。为了进一步节约Pt、Rh用量，在三元铂合金中还可引入其他增强元素(如Ru、RE)，形成四元及五元合金。

国内在20世纪50—60年代，硝酸工业使用从苏联进口的Pt-4Pd-3.5Rh合金催化剂，70年代昆明贵金属研究所完成了催化合金材料加工及编织技术研究，实现了催化网国产化并建立了生产基地。90年代，为节约铂族金属用量和充分利用中国丰富的稀土资源，该所又研制与开发了以稀土(RE)金属改性的增强型和节铂型Pt-Pd-Rh-RE催化合金网，并在硝酸工业中推广应用。铂网生产技术也从三元平织网发展到二元针织网，与世界先进的铂网生产技术实现了同步。

国内外硝酸工业中使用的铂基二元至五元催化合金材料成分见表9-2[1]。

表9-2　氨氧化用催化合金

合金类型	合金材料
Pt-Rh(二元)	Pt-5Rh*，Pt-7Rh，Pt-8Rh，Pt-10Rh*，Pt-20Rh
Pt-Pd-Rh(三元)	Pt-4Pd-3.5Rh*，增强Pt-4Pd-3.5Rh*，Pt-5Pd-5Rh
Pt-Pd-Rh-M(四元)	Pt-35Pd-6.5Rh-10Au，Pt-15Pd-3.5Rh-0.5Ru*
	Pt-12Pd-3.5Rh-RE*，Pt-10Pd-10Rh-RE
Pt-Pd-Rh-RE-M(五元)	Pt-10Pd-2.5Rh-RE-0.5Ru

注：*为目前应用较广的催化合金材料。

现在世界各国用于氨氧化催化剂的主要铂基合金有：Pt-10Rh、Pt-4Pd-3.5Rh、Pt-5Pd-5Rh、Pt-15Pd-3.5Rh-0.5Ru、Pt-4Pd-3.5Rh-RE、Pt-12Pd-3.5Rh-RE(质量分数)等。

2)铂合金中添加合金元素的固溶强化作用

任何成分的铂基合金，都必须按预定配方进行熔炼、锻打开坯、粗拉及交替退火、细拉等一系列机加工过程，最终制成直径仅0.076~0.09 mm的细丝。为了下一步能顺利编织成催化网，合金丝的力学性能(如延伸率、抗拉强度及柔软性等)必须达到织网的要求。因此，制丝工艺及每次拉丝的应变量、退火温度、退火时间等参数的控制包含复杂的技术内容，随铂基合金成分的变化，上述机加工工艺及条件都是不同的。

制成具有一定强度及其他力学性能的铂合金丝，进一步成功织网并使织成的铂合金网具有较长的使用寿命，铂合金成分、制丝及织网工艺等方面都必须研究解决。

Pt-Rh固溶合金比纯Pt网具有更高的常温和高温力学性能，如Pt、Pt-5Rh和Pt-10Rh退火态抗拉强度的强度比为1∶1.56∶2.18。Rh对Pt的固溶强化机制一直推动着铂合金催化剂的发展，至目前为止所有铂基合金中都必需含 Rh。

在 Pt - Pd - Rh 合金中添加 RE、Ru 或 Au 活性元素，可提高合金的高温抗拉强度和抗蠕变性能。如昆明贵金属研究所开发的 Pt - 10Pd - 2.5Rh - RE - 0.5Ru 合金与 Pt - 4Pd - 3.5Rh 相比，加工态抗拉强度比为 1.7∶1，1000℃连续退火态抗拉强度比为 1.3∶1，900℃和 100 h 断裂持久强度比为 4.2∶1。该合金节约 Pt 用量 2% ~5%、Rh 用量 1%。

我国硝酸工业最常用催化剂合金的力学性能列于表 9 - 3[2]。

表 9 - 3　常用氨氧化催化剂合金的力学性能

合金(质量分数)/%	密度 /(g·cm⁻³)	900℃退火态		700℃连续退货态①	
		σ_b/MPa	延伸率/%	σ_b/MPa	伸长率/%
Pt - 10Rh	20.1	260	16	340	12 ~ 16
Pt - 4Pd - 3.5Rh	20.5	240	16	340	7 ~ 16
Pt - 12Pd - 3.5Rh - RE	19.0	360	18	380	18

注：①在 ϕ0.09 mm 细丝上测定。

昆明贵金属研究所研制的 Pt - Pd - Rh - RE 及 Pt - Rh - RE 催化合金[3]，与 Pt - Rh 和 Pt - 4Pd - 3.5Rh 合金相比，添加稀土金属可净化晶界、细化晶粒，使合金提高了室温和高温强度、降低了挥发损失[4]。室温下三元合金退火态强度是二元合金的 1.2 倍，节铂四元合金退火态强度是三元合金的 1.24 倍。在980℃以下，增强三元合金及节铂四元合金的高温抗拉强度及高温蠕变断裂寿命高于 Pt - 10Rh，更高于 Pt - 4Pd - 3.5Rh 合金。因此，Pt 合金添加 RE 强化所形成的催化合金，完全可以取代原三元合金。

3)铂基合金催化网编织技术发展

铂基合金材料都拉成细丝织成网，以增大催化反应的接触表面积提高催化效率，并减少铂的消耗及便于在氧化炉中安装。20 世纪 80 年代以前，全世界所有硝酸工厂使用的铂网大都采用“井”字形结构，用平织法织成二维均匀网，如图 9 - 1所示。这种网的优点是容易加工和安装，缺点是在铂合金平织网中丝与丝相互横穿相叠，形成“阴影效应”，减少了与反应气体接触的表面积，因而降低了催化效率，还极易撕裂，因此寿命较短，对杂质较敏感，抗中毒能力差。

20 世纪 90 年代，凯隆公司的 Heraeus 发明了径向针织网，如图 9 - 2 所示。这是一种三维立体网，织法比较复杂，但催化效率比纬向针织网有大幅度提高。其结构特点是在横向和纵向上都有很强的机械稳定性，而且其针织密度可进行调整，能满足各种工艺条件下硝酸生产厂的要求，由于具有良好的弹性，特别适合

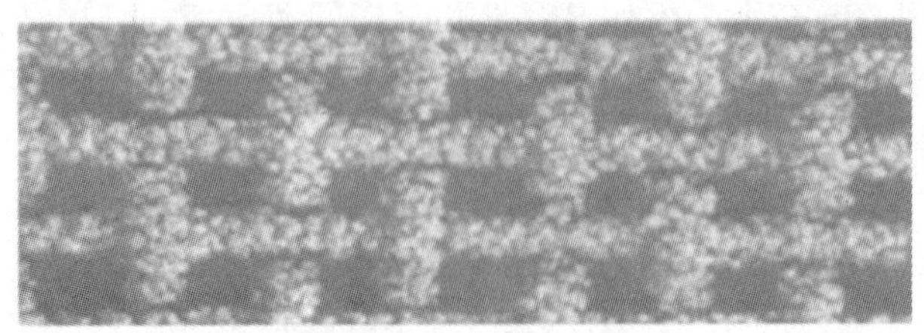

图 9－1　平织网

中、高压氧化炉使用。1996 年，德国德古萨改变以前的编织方法推出了新型针织网，用针织机代替了编织机，织出的针织网呈疏散的立体环状结构，丝的表面积得到充分利用，气体接触面大，机械强度高，几张网重叠的总厚度比编织网厚，且空隙大。这种针织网具有氧化率高、损耗低、占用原料少的优点。

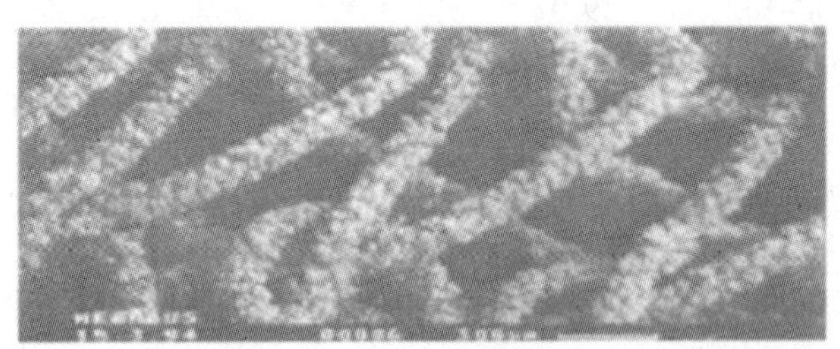

图 9－2　径织网

20 世纪 90 年代以前，中国硝酸工业多使用三元平织网。90 年代后期引进国外先进技术，开始加工生产铂铑二元针织网，其特点是采用密集的环状结构，无经纬之分，因铂合金丝网是封闭的环状三维立体结构，伸缩性大，铂合金丝间基本无重叠，因此比表面大，提高了氨氧化效率。

Pt－Pd－Rh 合金催化网表面结构再造和“花菜状”的结构见图 9－3。

二元针织网有以下特点：

(1)提高了氨氧化效率。针织网是不规则的松散结构，在反应物流动方向上是三维状态，阻力仅为平织网的 70%，湍流影响小，利于氨的流动转移和热交换。三维立体结构的交叉点比平织网减少 10%，增加了反应表面积(比表面积由平织网的 1.8 m^2/m^2 提高到 2.5 m^2/m^2)。提高了催化活性，加快了氧化反应速率和氧化效率。

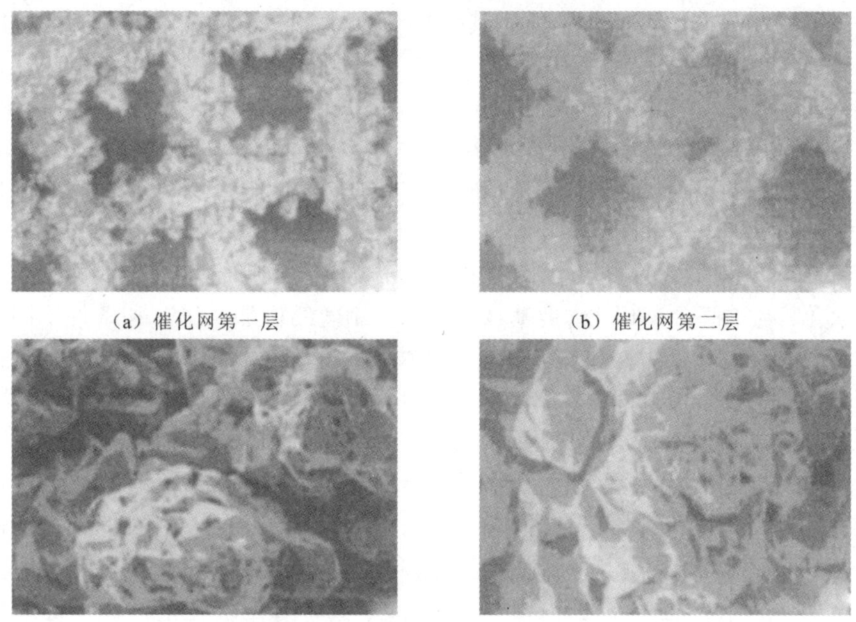

(a) 催化网第一层　(b) 催化网第二层

(c)、(d) 催化合金表面的"花菜状"结构

图 9－3　Pt－Pd－Rh 合金催化网表面的结构再造和"花菜状"结构形成[5]

(2)减轻了铂网重量。三元平织网采用铂合金丝直径为 0.09 mm,而二元针织网采用的丝径为 0.076 mm,而且做到网径 6000 mm 以下无拼缝，减轻了网的重量，使用二元针织网比三元平织网减少铂合金用量 30% 左右。

(3)Rh_2O_3生成减少，铂耗低。二元针织网气流分布更为均匀，网温平稳，提高了抗热应力的能力，表面的 Rh_2O_3 富集减少(Rh_2O_3富集可导致铂逸失及活性降低)，可降低铂耗 5%～10%。

(4)阻力小，强度高。二元针织网撕裂强度比平织网高一倍多，延伸率高近两倍，即使失重 30% 仍然不会撕裂，生产过程中不易发生脱边现象，延长了使用寿命。

4)节约催化网的 Pt、Rh 用量

Pt、Rh 价格昂贵，减少 Pt、Rh 用量是降低硝酸生产成本的主要措施。

(1)以其他金属部分取代 Pt、Rh

Engelhard 采用 Pd、Au 部分代替 Pt，使合金中 Pt 用量降至低于 50%，但钯比较脆，强度差，须用耐热网支撑。苏联 20 世纪 90 年代初开发的 Pt－4Pd－3.5Rh 及 Pt－5Pd－5Rh 合金催化网，使合金中 Pt 含量下降 7%～9%，机械强度提高 20%～25%，Pt 耗下降 15%～25%，抗毒性能也比较优越。昆明贵金属研究所与太原化肥厂合作开发的含稀土金属的催化合金，成分范围为：Pt－(5～15)Pd－(1.5～3.5)Rh－(0.01～0.5)RE。其中Pt－12Pd－3.5Rh－RE合金与Pt－4Pd－3.5Rh合金相比，可节约Pt用量6%～8%。昆明贵金属研究所与金川有色金属公司共同开发的Pt－10Pd－2.5Rh－RE－0.5Ru催化合金，与Pt－4Pd－3.5Rh相比，节约Pt用量6%、Rh用量28%。

值得注意的是，国外已经成功开发了钯基合金针织套网，如86Pd－15Pt－4Rh针织网，钯合金丝直径0.076 mm，700℃退火态的延伸率8%～14%、抗拉强度300 MPa。一张套网可取代原使用的铂基合金催化网和钯基合金捕集网。金属钯易氧化，与铂基合金相比，钯基合金熔炼－制丝的机加工工艺和条件不同。套网的开发不仅可降低织网成本、简化织网技术，方便在氧化炉中配置安装，还大幅度节约了Pt、Rh的用量。

(2)非铂系催化剂开发

曾研究过铁系、钴系、铝系和铬系氧化物催化剂及各种贱金属氧化物催化剂的催化性能。Cr_2O_3催化剂的活性相对较高，中国科学院长春应用化学研究所研究了$A_{1-x}B_xCO_3$型催化剂，其中A、B是碱土和稀土金属，C是Fe、Mn等过渡金属，将此类催化剂负载在一种特殊的沸石载体上，有较好的催化活性和良好的稳定性，HNO_3收率可达98%以上，但其使用寿命不长。

用Ni－Cr－Fe或Cr－Al－Fe的耐热合金材料部分取代铂网。如Engelhard公司用(75～78)Ni－(12～15)Cr－(6～9)Fe－1Mn－0.5Si－0.5Cu合金拉制成0.28 mm丝，织成6 mm厚的丝网和铂网配套使用，可少用50%以上铂网。

总体而言，非铂催化剂的开发任重而道远，目前尚未看到完全取代铂合金催化剂的前景。

5)减少催化网Pt、Rh的损耗

氨氧化塔中的Pt－Pd－Rh合金催化网，在高温及高压下，催化氧化NH_3为NO的过程中，部分Pt、Rh会损失，每生产1 t HNO_3，平均损耗Pt 0.1～0.15 g。年产30万t的硝酸厂年损耗Pt 30～45 kg，价值人民币千万元以上，流失和损耗约占硝酸生产成本的4%。

目前认为，铂铑的损耗主要是由于氧化为PtO_2及Rh_2O_3挥发造成的：

$$Pt(s) + O_2(g) \longrightarrow PtO_2(s) \longrightarrow PtO_2(g)$$

铂的损耗与铂网表面的温度以及氧气分压呈幂指数的关系。

铂铑的氧化物中约50%被高温气流带入塔下部比较冷的部位并分解为Pt、Rh金属微粒，沉积在塔底炉灰中。有25%被气流带至吸收塔，沉积在硝酸贮罐底部的酸泥中，其余沉积在设备的锈垢中。炉灰、酸泥及锈垢数量大，其中铂铑含量很低，回收过程较复杂。因此如何截留铂铑氧化物随气流的损失及如何有效地回收利用，是硝酸生产行业研究的热点问题之一。

除用其他金属部分取代从而降低 Pt 用量外，减少使用过程中挥发损耗的措施主要是改进网的编织方法和增加一套捕集网截留气流中的铂铑氧化物。即沿反应气流方向在铂合金网下方安装钯或钯合金捕集网。利用 Pd 比 Pt 更易氧化的性质使已挥发的 PtO_2 被 Pd 还原为金属状态（$PtO_2 + 2Pd \longrightarrow Pt + 2PdO$），即当 PtO_2 经过捕集网时，在捕集网表面还原成 Pt，沉积在捕集网表面的 Pt 向内层扩散，高温下形成 Pt 与 Pd 的固溶体，以减少随反应气流进入炉灰中的损失量。取出 Pd 捕集网直接进行分离和提纯，即可得到纯净 Pt、Pd、Rh 混合金属产品或纯 Pt、Pd、Rh 单一金属产品，比分别从炉灰及酸泥中回收简化了过程，提高了回收率。

Pd 及其合金捕集网的发展经历了纯 Pd 捕集网、Pd - 贵金属合金捕集网、Pd - 贱金属合金捕集网和 Pd 包覆耐热合金复合材料捕集网 4 个阶段。其中，技术较成熟且应用比较广泛的是 Pd - 贵金属合金捕集网。20 世纪 80 年代末，昆明贵金属研究所、北京航空材料研究院等研发的 Pd 合金捕集网，Pt 回收率最高可达 60%。目前，钯合金捕集网回收铂的技术在硝酸生产过程中已普遍应用。

2. 双氧水生产用的钯催化剂

过氧化氢又名双氧水，为无色无味透明液体，是一种重要的化工原料。广泛应用于化学品合成、纸浆、纸和纺织品的漂白、金属矿物处理、环保、电子、军工及航天等多个领域。过氧化氢的早期生产方法是电解硫酸法、异丙醇自动氧化法，目前其主要生产方法是蒽醌法，氢氧直接合成法则是未来极具潜力的一种合成方法。

1）蒽醌法

蒽醌法是当今世界上双氧水生产的主要方法。该法由 Riedl 和 Pfleiderer 研究成功，后经大量研究改进，到 20 世纪 60 年代几乎完全取代了电解法。它首先通过 Pd 催化剂上烷基蒽醌加氢，再氧化羟烷基蒽醌制得双氧水，如图 9 - 4 所示。

蒽醌加氢是蒽醌法过氧化氢生产过程中的关键步骤，其生产条件是：液相中 2 - 乙基蒽醌和四氢 2 - 乙基蒽醌的浓度为 0.4 ~ 0.6 mol/L；反应压力为 0.2 ~ 0.3 MPa，温度为 50 ~ 65℃。

目前蒽醌法的主要研究方向是新型氢化催化剂和反应器，以及新型工作液的开发。优秀的加氢催化剂必须具备高活性、高选择性和较好的稳定性，同时要有较长的使用寿命。

国内过氧化氢生产的蒽醌加氢过程均采用粒状 Pd/Al_2O_3 催化剂及固定床（滴流床）加氢工艺。国外主要过氧化氢生产公司的工艺特点见表 9 - 4[6]。从表 9 - 4 可知，国外蒽醌加氢工艺是固定床和流化床并存，且以流化床居多。

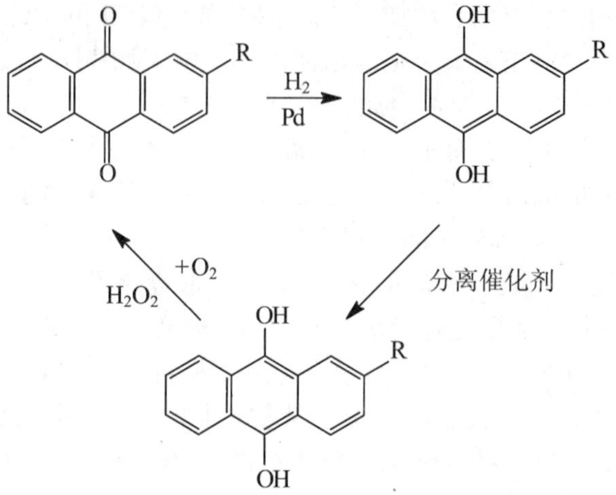

图 9-4 蒽醌法生产双氧水过程

表 9-4 国外主要公司蒽醌法工艺特点

公司	工作液组成	氢化催化剂及氢化方式
FMC	EAQ + H_4EAQ + Ar + TOP	Pd/Al_2O_3(粒状)；固定床
Solvay	EAQ + H_4EAQ + Ar + MCA	Pd/浮石(粉状)；流化床
Arkema	EAQ + H_4EAQ + Ar + MCA	Pd/浮石(粉状)；流化床
Degussa	EAQ + H_4EAQ + Ar + TOP	钯黑(粉状)；盘旋管式流化反应器
MGC	AAQ + H_4AAQ + Ar + DIBC	Pd/SiO_2(粉状)；流化床
Akzo Nobel	EAQ + H_4EAQ + Ar + TOP	整体式(蜂窝状)钯催化剂；固定床

注：EAQ：2-乙基蒽醌；H_4EAQ：四氢 2-乙基蒽醌；AAQ：2-戊基蒽醌；H_4AAQ：四氢 2-戊基蒽醌；Ar：重芳烃溶剂；TOP：磷酸三辛酯溶剂；MCA：醋酸甲基环己酯；DIBC：二异丁基甲醇。

现阶段普遍采用的是负载型 Pd 催化剂，其特点是活性高，但高转化率下的选择性没有达到令人满意的程度，而且催化剂的成本高、利用率低。因此，现在蒽醌法加氢催化剂的研究主要有两个趋势：一是采用多组分复配的多金属催化剂，通过辅助组分及制备条件改进来调节催化剂表面的电子结构、表面形貌及孔结构等[7]，另一个方向是借用材料学科中的非晶态材料技术制备非晶态催化剂。非晶态催化剂由于其结构特殊而具有更优异的加氢/脱氢性能[8]。但由于加氢反应器型式不同，使用的 Pd 催化剂的制备方法和形态要求也相差很大。以下重点比较固定床反应器和流化床反应器催化剂的特点。

(1)固定床Pd催化剂

固定床或滴流床的Pd/载体催化剂，用于蒽醌加氢的关键之一是载体的选择。目前国内厂家工业生产过氧化氢多选用$\alpha-Al_2O_3$、$\gamma-Al_2O_3$作为催化剂载体，它们具有很高的惰性，骨架结构在700℃以下不会遭到破坏，能显著提高负载组分和/或其前体的半熔点温度，抑制晶粒长大，能适应生产工艺流程对催化剂颗粒粒度、强度、堆比重等的要求。

但是在生产过程中，催化剂孔道中不可避免地有一定液体滞留量，而蒽醌在催化剂活性中心加氢后，若在孔道中停留时间过长，使催化剂孔道中的液体与液体主体不能及时充分交换，容易导致氢蒽醌进一步深度氢化而产生降解。所以现在催化剂载体研究的重点都是采用低比表面积和较小孔容的$\alpha-Al_2O_3$作载体。

蜂窝状或整体型催化剂[9]用于蒽醌氢化具有良好的性能，不仅可达到蛋壳型非均相粒状催化剂的氢化效果，而且可降低蒽醌降解和催化剂中Pd的含量，并可改善外扩散过程、强化传质，从而进一步提高反应器的整体效能。

(2)流化床Pd催化剂

悬浮床氢化的钯系催化剂载体多是粉状Al_2O_3或粉状SiO_2，也可用无载体(钯黑)催化剂。

粉状Al_2O_3载体催化剂由DuPont公司研制[10]。活性氧化铝为载体，粒径20～400目(以50～300目为佳)，比表面积为25～400 m^2/g。载钯采用“干法”技术，而非传统的“湿法”技术，即将钯盐与碱金属碳酸盐与载体混合时，控制水量能足够润湿载体的孔道，但不足以润湿载体的外表面。这样，钯在载体孔道内扩散，并完全沉积在孔内，且绝大多数聚集在近表面层。钯盐与碱金属碳酸盐的加入顺序对催化剂的性能影响不大，但以先加碳酸盐为宜。经测试，该催化剂较“湿法”催化剂的寿命和活性均有显著提高。

粉状SiO_2载体催化剂是DuPont公司于20世纪80年代开发的[11]。该催化剂采用低表面的无定形SiO_2作载体，具有良好的活性和选择性，减少了蒽醌的降解，并能克服$\gamma-Al_2O_3$对H_2O敏感、易于失活等缺点，从而提高了催化剂的使用寿命。其缺点是钯不易附着在载体表面，因此需在其中添加锆、钍、铈、铅、钛或铝的氧化物、氢氧化物或碳酸盐。金属的添加量与载体的性质及载体粒径分布有关。DuPont公司近来采用已焙烧过的氧化物或混合氧化物作载体的Pd催化剂进行悬浮氢化，获得了良好结果[12]。所用氧化物为Al_2O_3、SiO_2、TiO_2、SiO_2/Al_2O_3、$SiO_2/Al_2O_3/MgO$等，并认为纯度在90%以上的$\gamma-Al_2O_3$更好。该催化剂的耐磨性高，具有较高的生产H_2O_2能力和较长的使用寿命，在生产中需补加的催化剂量少，同时易于过滤分离。另外，还具有较好的选择性，减少氢化副产物及蒽醌消耗。

MGC近来公布了SiO_2为载体的流化床氢化所用催化剂的制备方法[13]。要求粉状SiO_2的平均粒径为40～60 μm，其中粒径为20～70 μm的颗粒至少占90%；

细孔平均直径为10～35 nm，细孔容积为0.5～0.8 mL/g。若粒径过大，则颗粒易破碎，过小则过滤困难。细孔直径过大则活性低，过小则活性降低快。细孔容积过大则易破碎，过小则活性低。Pd含量(质量分数)为1%～2%。在催化剂制备过程中引入少量碱金属(如Na)，可抑制氢化副产物(AQ降解物等)生成。该催化剂具有较高的活性、选择性和强度。

2)氢氧直接合成法

虽然蒽醌法制备双氧水有诸多优点，但由于要使用有机溶剂溶解蒽醌，在制得的双氧水中会含有部分残留的溶剂与蒽醌，限制了双氧水浓度的提高，并且在操作过程中有机溶剂的挥发也会造成一定的环境污染，因此人们正在致力于由氢氧直接合成法制备双氧水的研究。氢氧直接合成法以负载型贵金属为催化剂，直接通入H_2和O_2发生反应。直接法合成双氧水的反应见式(9－1)。

$$H_2 + O_2 \xrightarrow{\text{催化剂}} H_2O_2 \tag{9-1}$$

早在1914年，就有人试图采用氢氧直接合成法生产H_2O_2，在其后50年的断续研究中，皆因所得产物浓度太低，而没有工业化应用。自1987年后，杜邦公司取得了突破性进展。采用几乎不含有机溶剂的纯水作反应介质，在Pt－Pd催化剂和溴化物等为助催化剂的催化下，使H_2、O_2加压化合，生成过氧化氢。该法投资比蒽醌法减少近一半，具有极大的吸引力。氢氧直接合成法的技术情况见表9－5。

表9－5　氢氧直接合成法生产技术情况

公司	技术条件	过氧化氢收率/%
Du Pont	温度：0～25℃；压力：2.86～17.34 MPa，Pt－Pd/C催化剂，溴化物为助催化剂	13～25
MGC	温度：10℃；压力：10 MPa，Pd/C催化剂，氨基酸为助催化剂	3.4
Interox	Pd/ZrO_2为催化剂，反应介质中含H_3PO_4及NaBr	4～6.7
Atomic Energy of Canada	温度：25℃；压力：0.1 MPa，Pd－Pt载于苯乙烯－二乙烯基苯共聚物为催化剂，滴流床反应器	0.3
三井化学	温度：14～16℃；氢分压：0.1 MPa；反应介质为含HCl的水溶液，金为催化剂	11.2
Halcon S D Group	温度10℃，压力5.1 MPa；反应介质HCl的水溶液，Pd/C为催化剂，采用带有高速搅拌器的反应器	19.5
Kerr－McGee	温度：10～20℃，压力：0.8 MPa，反应介质水，Pd/C为催化剂，固定床反应器	20
昭和电工	以Pd载于铌氧化物载体(Nb_2O_5)为催化剂	4～18

9.2.2　有机化工

1. 对苯二甲酸精制用的钯催化剂

精对苯二甲酸(purified terephthalic acid, PTA)是聚酯工业的重要原料，是化纤行业的“龙头”和重要的化工大宗产品。PTA 下游产业链主要包括制造薄膜、聚酯纤维、绝缘漆等产品。

我国目前引进的 PTA 生产工艺主要有 AMOCO(BP)工艺、三井工艺、DUPONT(INVISTA)工艺[14]。三种工艺路线大体相同，主要有两个组成部分：一是对二甲苯(PX)氧化反应单元，另一个则是 PTA 加氢精制单元。

PX 氧化反应过程生产的粗对苯二甲酸(CTA)中含有对羧基苯甲醛(4 - CBA)等杂质，很难采用传统的分离方法提纯。加氢精制的目的就是要将大部分 4 - CBA 除去，制得纤维级的 PTA 产品。1965 年 Amoco 公司开发了通过钯炭催化剂将 CTA 加氢精制成 PTA 的工艺，由此形成了广泛采用的 PX 高温氧化、CTA 加氢精制生产 PTA 的工艺。在具体的加氢过程中，CTA 首先与去离子水在配料罐混合配制成 $w(\mathrm{CTA}) = 25\% \sim 31\%$ 的浆料，然后通过输送泵加压、多级预热器加热，使 CTA 在 281 ~ 288℃，6.8 ~ 7.5 MPa 条件下溶解形成透明的溶液。流经充填有钯炭(Pd/C)催化剂和氢气注入的固定床反应器，此时，CTA 中的杂质 4 - CBA在 Pd/C 催化剂的作用下与 H_2 反应生成易溶于水的 PT 酸，其反应见式(9 - 2)。

$$\mathrm{HOOC{-}C_6H_4{-}CHO} \xrightarrow[2H_2]{Pd/C} \mathrm{HOOC{-}C_6H_4{-}CH_3} \tag{9-2}$$

中国研制的 CTA 加氢精制工艺用 Pd/C 催化剂，在抗磨损、抗硫性能、钯晶粒易长大与产品性能方面仍有差距，但近年来国内有关催化剂失活和制备的研究有了很大的进步。造成催化剂失活的原因主要是：①催化剂中毒，这种现象在早期 PTA 生产过程中经常发生。其原因是硫与 Pd/C 结合生成 Pd_4S，然后被 H_2 还原成大晶粒的 Pd，从而使催化剂活性降低，系统内极微量的硫就可对催化剂的活性造成无法逆转的影响。硫的来源主要是各进料组分中的含硫杂质，包括 H_2 和去离子水中所含的极微量硫等。②催化剂活性成分 Pd 的流失，在生产过程中这是无法避免的。Pd/C 是一种蛋壳型催化剂，Pd 晶粒主要分布在活性炭颗粒的外层，分布深度只有 6 μm，颗粒之间的摩擦和 CTA 浆料的冲刷极易使 Pd 流失。

20 世纪末，我国 PTA 装置的 Pd/C 催化剂全部靠进口[16, 17]。自 2002 年以来，中国石化上海石油化工股份有限公司、扬子石油化工有限公司、华东理工大学、南化集团研究院和大连科诺等相关单位在新型 Pd/C 催化剂研究和制备方面申请了多项专利[18 - 20]。其中中国石化上海石油化工股份有限公司开发的 CTP - Ⅳ催化剂已基本取代进口催化剂，在中国石化 PTA 装置中得到了广泛应用，取得了很好的工业应用效果。

4 - CBA 加氢还原反应采用的 Pd/C 催化剂，目前研究的重点集中在催化机理和催化剂失活机理的探讨上。Pd/C 催化剂是微晶型催化剂，金属 Pd 以微晶状态分布在椰壳活性炭微孔表面，溶解于反应液中的 H_2吸附在 Pd 微晶表面并形成 Pd—H 键，H—H 被活化，4 - CBA 的 C ═ O 键也在 Pd 微晶表面被活化，然后活化的 H * —H *（ * 标记的原子为吸附在 Pd 微晶上被活化的原子）与 4 - CBA 活化的 C * ═ O * 键反应，将 4 - CBA 加氢还原为对甲基苯甲酸。Pd 的催化活性取决于钯的平均晶粒大小，晶粒分布，晶粒的结构，价态，载体活性炭的结构和表面形貌等性能。4 - CBA 在钯碳催化剂上的加氢过程中，反应是在钯的(111)晶面上进行的。活性钯的平均晶粒大小在 5 ~8 nm 范围内，催化剂的比活性最高。

David E J 等人详细研究了 4 - CBA 加氢 Pd/C 催化剂的制备以及 Pd/C 催化剂的活性、选择性等方面的问题[21-25]。研究证明，第Ⅷ族的大部分贵金属元素（如钯、铑）均可作为加氢催化剂。4 - CBA 的加氢 Pd/C 催化剂的制备基本上是采用浸渍法。首先将活性炭用强酸浸泡处理，然后过滤并水洗、烘干。将 $PdCl_2$ 用盐酸加热溶解成 H_2PdCl_4 溶液，在活性炭中加入一定的水，边搅拌边滴 H_2PdCl_4、NaOH 和甲醛溶液。静置、过滤、水洗固体至中性，然后烘干，或直接将活性炭在 $PdCl_2$溶液中浸泡 24 h，然后用氢气进行还原。在此基础上，还有一些改进方法，如双浸渍法、溶剂化金属原子浸渍法等。

新型加氢催化剂开发研究重点在以下几方面：

(1) 新型催化剂载体（例如 TiO_2）代替对产品有污染的活性炭。近来，人们发现以 TiO_2为载体的贵金属催化剂较其他氧化物作载体（如 SiO_2、Al_2O_3）具有某些特殊性质。因此，以 TiO_2作载体的贵金属催化剂，其催化机理及实际应用都有待深入研究。

(2) 采用双金属或多金属复合型催化剂来提高催化剂的稳定性和寿命，并降低催化剂的成本。在钯中加入一定量价格较便宜的 Ni、Ru、Os、Ir 等。这些金属的加入使催化剂具有协同增强效应，其稳定性有较大提高。如用相对便宜的 Ru 取代 Pd，研究的 0.3% Pd - 0.2% Ru/C 催化剂，虽然初活性比 0.5% Pd/C 催化剂低，但反应 1000 h 后，0.5% Pd/C 催化剂反应速度常数明显下降而新催化剂仍具有较高的活性，说明新催化剂寿命比 0.5% Pd/C 催化剂长，并显示出协同增强效应[26]。

2. 甲醇羰基化合成醋酸用的铑催化剂

醋酸是基本的化工原料和重要的有机溶剂，可以生产多种有机化工原料、合成材料及精细化学品。如生产醋酸乙烯酯，醋酐/醋酸纤维素，醋酸酯类产品，双乙酰酮，醋酸盐类等。

醋酸的生产方法主要有两种，一种是化学合成法，一种是细菌发酵法。今天，细菌发酵法生产的醋酸只占世界醋酸总产量的 10% 左右，但这是食用醋的主要制备方法，许多国家食品药品管理局规定食用醋必须使用生物发酵法制造，其余 80% 以上的醋酸用甲醇羰基化合成法制备，限用于化学工业。

甲醇羰基化合成法的工艺是用甲醇与一氧化碳在催化剂作用下直接反应生产醋酸，其化学反应方程式为见式(9－3)。

$$CH_3OH + CO \longrightarrow CH_3COOH \quad (9-3)$$

甲醇液相羰基化合成醋酸的发展历经高压法、低压法和 BP 法三个阶段，其主要工艺技术条件及催化剂体系见表 9－6[27]。

表 9－6　羰基化法制备醋酸的主要条件和催化剂

工艺	BASF	BP Monsanto	AO Plus	BP Cativa
催化剂	Co－HI	$Rh-CH_3I$	Rh－LiI	$Ir-CH_3I$
反应温度/℃	250	180～200	180	190
反应压力/MPa	60.0	3.0	3.5	2.8
水浓度/%		14～15	4～5	<8
甲醇转化率/%	90	99	99	99

目前，低压(反应压力 <3.5 MPa)甲醇羰基化法已是醋酸生产的主流技术，生产醋酸已占全球醋酸生产量的 65% 以上。但由于铑的价格昂贵，铑回收系统费用高且步骤复杂，人们仍在开发甲醇羰基合成法的改进工艺及其他催化剂。最主要的两项改进工艺是塞拉尼斯公司的 AO Plus 工艺和 BP 公司的 Cativa 工艺。传统的孟山都/BP 工艺在反应系统中需要大量的水以保持催化剂的稳定性和反应速率，由于反应器中水的浓度高达 14% ～15%，因此将水从醋酸中分离是高能耗的工序，并限制了装置的生产能力。开发既能补偿催化剂稳定性下降，又能降低水浓度的工艺，则可大幅度降低操作费用和投资费用。BP 的 Cativa 工艺和塞拉尼斯的 AO Plus 工艺都是在原孟山都/BP 工艺基础上的重大改进。

1) BP Cativa 工艺

BP 公司是世界最大的醋酸生产工艺技术开发商，世界上醋酸产品的 70% 采用 BP 技术。1990 年底，BP 化学品公司已成功使 Cativa 工艺商业化。该工艺是用($[Ir(CO)_2I_2]^-$)作主催化剂，CH_3I 为助催化剂，乙酸甲酯和铼、钌为促进剂。铱催化剂体系活性高于铑催化剂，反应副产物少，并可在水浓度较低(小于 8%)的情况下操作，催化剂稳定，同样装置产能可增加 75%，降低生产费用 30%，节减扩建费用 50%。此外，因水浓度降低，CO 利用效率提高，蒸汽消耗量大大减少，精馏费用大幅度降低。另外，铱比铑便宜，改铱为主催化剂后，催化剂自身成本也大幅度降低。

2) AO Plus 工艺

1980 年，Celanese 公司在传统 Monsanto 法的基础上开发成功 AO Plus 法(酸优化法)技术，AO Plus 工艺通过加入高浓度碘化锂来提高铑催化剂稳定性，同时，反应器中水浓度降低至 4% ~5%，但羰基化反应速率仍能够保持很高水平，降低了装置的分离费用。催化剂组成的改变使反应器在低水浓度下运行，提高了羰基化反应产率和分离提纯能力，大大降低了精馏操作负担，节约了公用工程费用。

AO Plus 使用碘化锂容易造成设备腐蚀，且最终成品中的碘含量较高，会引起醋酸下游应用过程中的其他催化剂中毒。塞拉尼斯开发了 Silverguard 工艺，以移除醋酸中的低量碘杂质，即使用含银离子交换树脂可将碘含量降至小于 2×10^{-9}，而采用传统方法时碘含量一般为 10×10^{-6}。

3. 气相合成醋酸乙烯用的钯 - 金催化剂

醋酸乙烯(Vinyl acetate，简称 VAC 或 VAM)，又称醋酸乙烯酯，是一种重要的有机化工原料，主要用于生产聚醋酸乙烯(PVAC)、聚乙烯醇(PVA)、醋酸乙烯 - 乙烯共聚乳液(VAE)或共聚树脂(EVA)、醋酸乙烯 - 氯乙烯共聚物(EVC)、聚丙烯腈共聚单体以及缩醛树脂等衍生物。在涂料、浆料、黏合剂、维纶、薄膜、皮革加工、合成纤维、土壤改良等方面有广泛的应用。

醋酸乙烯的生产工艺主要有乙烯法和乙炔法两种[28]。乙烯法是目前技术比较先进且成本较低的生产工艺，成功使用该技术的公司有 Bayer - Hoechst 和 USI，USI 采用 Pd - Pt/Al_2O_3催化剂，Bayer - Hoechst 公司采用 Pd - Au/SiO_2催化剂，由于 Bayer - Hoechst 技术更优于 USI 技术，因此应用范围更广。

乙烯气相 Bayer 法工艺由德国 Bayer，Knapsack 和 Hoechst 三家公司联合开发，使用固定床反应器，单台反应器的生产能力在 5 万 t/年以上，1968 年首先在日本可乐丽公司建成 6 万 t/年的工业化装置，其后世界各国普遍采用此工艺生产醋酸乙烯[29]。Bayer 法工艺所使用的是负载型催化剂，载体选用无机多孔物质，如氧化硅、氧化铝、活性炭等，负载金属核心组分是 Pd，是催化剂的活性中心，另外还包括助催化剂：其一是金属助催化剂，如 Au、Cd 或者 Ba，其二是碱金属的醋酸盐，如醋酸钠或醋酸钾。国内外乙烯气相 Bayer 法催化剂的综合性比较见表 9 - 7。

尽管目前乙烯气相法生产 VAC 所采用的钯金催化剂体系在工业生产中性能良好，应用相对成熟，但该催化剂价格昂贵，并且价格还在不断上涨。为了获得高活性、高选择性的催化剂，各公司在催化剂的活性组分、形状、制备工艺等方面仍在不断进行研究改进。

表9－7 国内外乙烯气相Bayer法催化剂的综合性比较

	进口一代	国产一代	进口三代	国产三代	进口四代	国产四代
催化剂型号	Bayer－Ⅰ	CT－Ⅱ	KRV－Ⅲ	CTV－Ⅲ	Type－Ⅲ	CTV－Ⅳ
活性组分分布	蛋白型	蛋白型	蛋壳型	蛋壳型	蛋壳型	蛋壳型
载体	硅胶/球形	硅胶/球形	硅胶/球形	硅胶/球形	硅胶/球形	硅胶/球形
Pd/($g\cdot L^{-1}$)	2.97～3.63	2.97～3.63	2.97～3.63	2.97～3.63	3.50～3.70	3.62～3.75
Au/($g\cdot L^{-1}$)	1.35～1.65	1.35～1.65	1.35～1.65	1.35～1.65	1.50～1.70	1.55～1.75
晶粒大小/nm	3.8	4.2	4.0	3.8	4.4	4.0
时空收率/($t\cdot m^{-3}\cdot d^{-1}$)	≥7.6	≥7.6	≥8.7	≥8.7	≥9	≥9.2
选择性/%	≥92	≥92	≥93	≥93	≥93	≥93

1)活性组分

醋酸乙烯催化剂的主要组分是钯和金，起主要催化作用的是金属 Pd，金属 Au 并没有催化活性，但加入 Au 会显著提高 VAC 的产率和催化的选择性[30]。Macleod 等[31]采用 XRD，HREM/EDX 等手段检测商业用的新鲜 Pd－Au－K－SiO_2醋酸乙烯催化剂，结果显示该催化剂中的钯存在两种形式：4～5 nm 的 PdAu 合金粒子以及一种高度分散的组分 Pd。Samanos 等[32]通过实验发现高度分散的 Pd 催化剂对生成 VAC 的催化活性非常低。因而推断，在合成醋酸乙烯时，PdAu 合金粒子起主要的活性作用。

钯金催化剂中 Au 的加入能够改变各物种在合金表面 Pd 原子上的吸附强度，增强生成的醋酸乙烯分子的脱附能力[33,34]。Han 等[34]认为在 VAC 合成过程中，Au 的加入可以抑制催化剂合金粒子形成 PdC_x，从而抑制催化剂的失活。Mike[35]等证实了 Han 的结果，并发现 Au 可减少脱氢反应的发生，减少副产物生成，提高选择性。Au 的这些作用可归结为 Pd 与 Au 在形成合金之后所产生的合金作用，即配位效应和集团效应。

目前，已有很多有关加入第3种金属的醋酸乙烯钯金催化剂的专利报道，这些金属的用量远低于钯和金的量，但它们的加入确实改变了催化剂的活性以及选择性。这些金属的作用，所选择的金属与催化剂活性之间的关系，金属的用量与催化剂活性之间的关系，还未见报道，需要更进一步探究。另外，不含贵金属 PdAu 的替代型催化剂也在不断研究中。表9－8列出了专利中已报道的含有其他金属组分以及替代型催化剂的成分和性能[36]。

表9－8　研究中的多组分催化剂及其性能

公司/个人	活性组分	催化剂性能
Celanese	Pd、Au、V	高沸点副产物的选择性由1.1%～1.5%下降到0.5%～0.8%。VAC时空收率增加
	Pd、Au、La	VAC时空收率高，CO_2选择性低
Nicolau	Pd、Au、Cu	反应活性高，CO_2选择性低，VAC收率高
BP Amoco	Pd、Ba、M	VAC收率96.6%
Standard Oil	Pd、Ce	VAC选择性94.8%
Herzog	Pd、Cd、La	选择性和时空收率高
Zhou Sheng－hu	Pd、Cd、Ba、K、Mn、(Na/W/Mg/Zn)、O	金属量低和时空收率高

2)载体和助剂

乙烯气相法制备醋酸乙烯催化剂主要是用载体浸渍活性组分制得，因而载体的强度、几何构型、表面积和孔隙率都是影响催化剂寿命和活性的主要因素。工业上醋酸乙烯生产中应用的钯金催化剂多采用氧化铝或硅胶为载体，结合醋酸乙烯催化剂在实际生产过程需达到长时间抵抗乙酸的侵蚀，物理性质和机械性能均不发生变化的要求，载体主要采用耐乙酸腐蚀、性能较好的SiO_2(多采用球形)，也有采用SiO_2和Al_2O_3按一定比例配成的载体。

改善载体的比表面积、孔体积，改变载体的形状，加入另外的物质，都已证实可以有效地提高催化剂活性和选择性。近年来，催化剂颗粒异形化新技术逐步发展起来，这种技术可以提高催化剂颗粒的(内、外)扩散有效因子，降低催化固定床反应器中的压力降，提高单位床层的外表面积，提高催化剂的活性和选择性[37]。如赵振兴等[38]制备的载体将球形载体开孔呈“三叶草”结构，可保证活性组分均匀分布以及催化剂的机械强度，有利于提高催化剂活性。杨运信等开发的载体有两种：一种载体[39]选取SiO_2或SiO_2和Al_2O_3的混合物，柱状，其截面呈网格状，网格孔的形状为三角形；另一种载体为球状颗粒[40]，表面径向开有沟槽。所开发的这些载体制备的催化剂均具有较高的抗碎强度、堆积孔隙率以及适宜的比表面积，并且可以有效地降低床层压降。

除了载体的异性化技术，选择其他载体以及添加别的物质，也是研究的方向。Celanese公司以TiO_2代替氧化硅/氧化铝作为载体，在170℃、0.9 MPa、氧含量(体积分数)为5.2%时，选择性达到98%，空时产率最高可达1.4 kg/(L·h)，而同样条件下，氧化硅/氧化铝负载的催化剂的选择性通常低于90%，空时产率小于900 g/(L·h)。另外，以TiO_2为载体的催化剂还具有特别高的稳定性[41]。

Degussa公司将焙烧过的SiO_2、水与甲基羟乙基纤维素、甲基羟丙基纤维素、蜡、聚乙二醇、聚环氧乙烷、多糖、硬脂酸镁/硬脂酸铝等物质混合制备成载体，该载体负载的催化剂，活性提高了11%，CO_2的选择性下降了17%[42]。

3）催化剂制备方法

乙烯气相法生产醋酸乙烯所使用的钯金负载型催化剂一般都是蛋壳型催化剂，即活性组分浓集在载体的最外层。这种催化剂通常采用浸渍法制得，步骤是：①将载体置于含钯/金化合物溶液（醋酸盐、硫酸盐、硝酸盐或是氯钯/金酸）中浸渍，制成催化剂前体；②用碱性溶液（NaOH或KOH）处理催化剂前体，室温下进行陈化；③还原催化剂前体，使前体中的钯、金氢氧化物完全转化为金属钯、金；④洗涤和干燥催化剂前体，干燥温度不超过120℃；⑤焙烧催化剂前体；⑥用醋酸钾溶液浸润催化剂前体；⑦干燥后制得成品催化剂。与均匀浸渍相比，这种方法得到的催化剂活性和选择性更高，并且贵金属的耗量低，催化剂的机械强度也高。

在新的制备方法或改变制备条件来开发高效催化剂方面，Saudi Basic公司[43]采用粉末沉淀剂与浸渍后的载体固-固混合，确保沉淀剂能与载体孔中的Pd和Au化合物溶液接触。该法制备的催化剂可提高选择性和空时产率。还研究了分步浸渍法提高催化剂性能，通常是先浸渍Pd，再浸渍Au，可减少Au的陈化过程，提高了Au的保留值，因而制得的催化剂具有较高的活性以及选择性。姚东健[44]等研究了在含有醋酸的气氛中焙烧催化剂前体（焙烧温度250~350℃），制得的催化剂同样具有良好的反应性能。该方法的优势是低焙烧温度降低了能耗以及简化了工艺条件。采用不同的前驱体，使用不同的还原剂都能改变催化剂的性能，这方面也有报道。

9.2.3 医药化工

1. 加氢催化剂

1）维生素生产

林德拉催化剂用于生产维生素A，其反应式见式（9-4）。条件为40~60℃，0.1~5 MPa。

H_3C CH_3 CH_3 CH_3 CH_2OH OH

$\xrightarrow{H_2}$ H_3C CH_3 CH_3 CH_3 CH_2OH OH （9-4）

三甲基氢醌作为维生素 E 的原料可以通过三甲基醌在 Pd/C 催化剂作用下氢化得到，其反应见式(9－5)。选择比较特殊的沸石为载体能够得到高纯度的醌。催化剂采用1% Pd/沸石，条件为 313K，0.1 MPa，溶剂为甲醇。能够得到含量为100%，选择性为 99.9% 的三甲基氢醌。

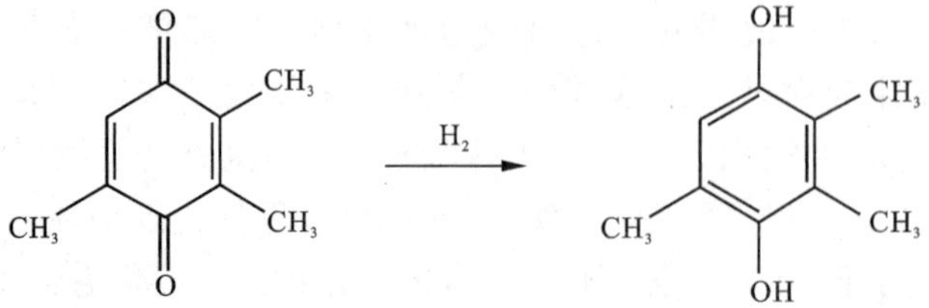

$$\xrightarrow{H_2} \qquad (9-5)$$

2)抗生素

(1)四环素。四环素类抗生素是在 Pd/C 和 Rh/C 作用下合成的。如米诺环素是在 Pd/C 作用下加氢脱氯制得，或亚甲基在 Rh/C 或威尔金森 Rh 化合物作用下立体选择性加氢制得，如式(9－6)。多四环素是通过 Pd/C 的加氢反应或Rh/C 的氢解反应制得。

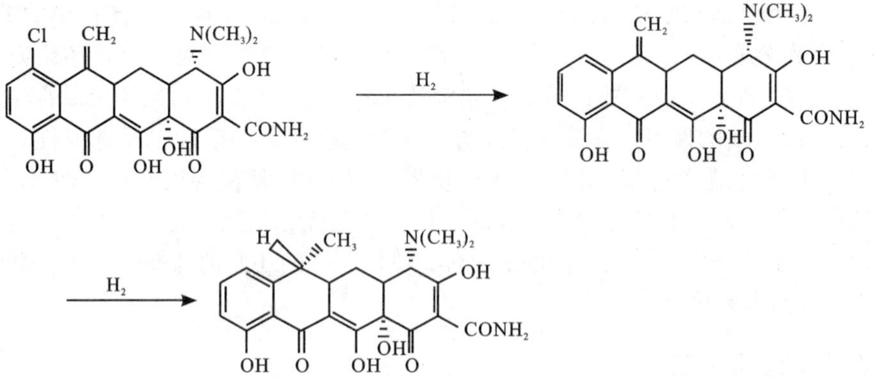

$$\xrightarrow{H_2} \quad \xrightarrow{H_2} \qquad (9-6)$$

(2)培南。碳青霉烯类(培南类)是最新的一类抗生素，是当今抗生素中的王牌产品。自 20 世纪 80 年代中期亚胺培南进入临床应用后，现已发展到亚胺培南、帕尼培南、美罗培南、法罗培南、厄他培南、比阿培南、多尼培南、泰比培南酯 8 个品种。培南类产品生产中广泛使用 Pd/C 催化剂脱除苄基类保护基，其中，Pd/C 用量较大的培南类药物主要为美罗培南、亚胺培南和比阿培南。

2. C—C **合成催化剂**

C—C 键合成是有机合成的基本化学反应，反应效率是很长时间以来化学家关注的一个热点问题。在这些反应中，通过激活 C—H 键和加成反应来形成 C—C 键，已引起人们日益增加的兴趣，而恰恰是这一点，通过其他方法无法直接做到，只能通过过渡族金属催化的方法才能实现。虽然人们对过渡族金属催化形成C—C 键的认识已经超过了一个世纪，但该类反应却主要发展于 20 世纪 70 年代，它代表了有机合成化学的一个里程碑，使以往人们认为无法实现的反应成为可能。过渡族金属催化剂作为 C—C 键形成过程的有力工具，使现代有机合成得到迅速发展，并在近 30 年来得到了稳固的提高和发展，为有机合成提供了必要的、简单的方法，见图 9－5。一些重要的人名反应在有机合成领域得到了广泛应用。尽管绝大部分关于 C—C 键偶联的方法已经被研究过，但 21 世纪仍然存在新的挑战，至今仍是研究的热点。

$$R_1M_1 + R_2X \xrightarrow{\text{催化剂}[M_2]} R_1 - R_2$$

M_1 = Li(Murahashi)

Mg (Kumada－Tamao, Corriu)

B (Suzuki－Miyaura)

Al (Nozaki－Oshima, Negishi)

Si (Tamao－Kumada, Hiyama－Hatanaka)

Zn (Negishi)

Cu (Normant)

Zr (Negishi)

Sn (Migita－Kosugi, Stille)…

M_2 = Fe, Ni, Cu, Pd, Rh, …

X = I, Br, Cl, SO_3R, …

图 9－5 C—C 键的形成反应

在钯催化的偶联反应中，配体的选择经常决定着反应的成败。有机膦(特别是三价膦化合物)，既可以和钯有较强的配位，稳定钯配合物，又可以方便地解离，为中心金属提供空的配位，是催化反应中最常用的配体。更为重要的是，多取代的叔膦化合物通常都比较稳定，通过改变有机膦上的取代基，可以很容易地调节配体的配位电子数和电子构型，而这两个因素则是催化体系活性的关键。正因为膦配体的决定性作用，因此有机膦配体贯穿过渡金属催化反应的发展历史，金属有机化学和有机膦化学密不可分。

以 Suzuki 偶联为例，在早期的文献中都是用 PPh_3 作为配体，和钯形成四配位的 $Pd(PPh_3)_4$。而大位阻的 $P(Cy)_3$ 和 $P(t-Bu)_3$ 作为配体时，由于不容易形成四配位配合物，配位不饱和，有利于氧化加成和金属交换，因此反应活性大大提高。配体还有一个作用就是为中心金属钯提供配位电子，对于芳基碘、溴以及三氟甲磺酸酯的反应，PPh_3 的活性就已经足够。如果要活化芳基氯，那就需要使用更富电子的配体，如 $P(t-Bu)_3$。富电子的膦配体通常具有很强的给电子能力，而且因为大位阻，又容易与中心金属离子解离，形成活性的配位不饱和催化物种。根据这一设计思想，为了降低反应温度、提高转化率和催化效率，各种大位阻、富电子的配体应用到催化反应中，图 9－6 列出了其中的一部分。

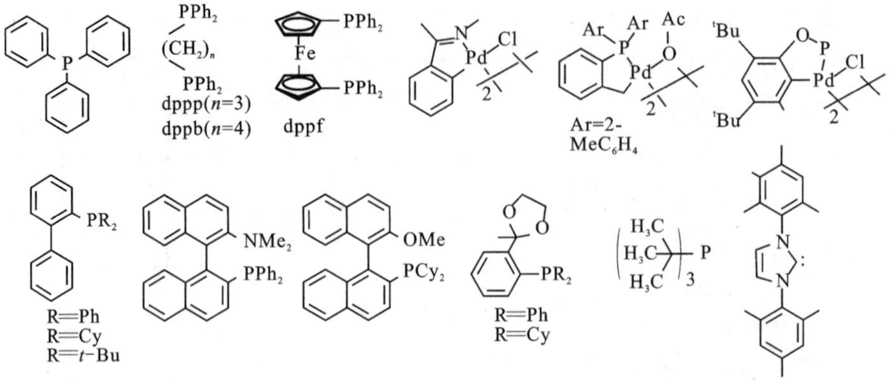

图 9－6　可形成 C—C 键的催化剂配体

9.2.4　石油化工

1. 石油重整用铂催化剂

催化重整技术是近代石油精炼、石油化工中最重要的加工工艺技术之一。该技术是以石脑油为原料，通过催化剂的催化作用，生产高辛烷值汽油和芳烃类化工原料，同时副产氢气用于石油产品加氢改质。

石脑油重整分为半再生重整和连续再生重整两种，其中，连续再生重整由于具有液体收率、产品辛烷值及氢气收率高，装置连续运行周期长等优点，成为新建装置的首选工艺技术。

石脑油连续重整技术主要包括重整工艺和催化剂两方面，连续重整催化剂是核心技术，在连续重整技术的进步中扮演关键角色。美国环球油品公司（UOP）、法国石油研究院（IFP）和中国石油化工股份有限公司石油化工科学研究院（RIPP）先后开发了不同特点的连续重整催化剂系列。

1）UOP 连续重整催化剂

1971 年，UOP 设计的世界上首套连续重整装置在美国墨西哥湾海岸投产，此后，连续重整技术作为一种新的石脑油加工技术，迅速成为石脑油重整的首选技术，40 多年来，UOP 先后研制并使用了三代连续重整催化剂。UOP 最先研发的是在半再生重整装置上使用的铂－铼双金属催化剂，由于选择性欠佳，很快被稳定性较差但选择性良好的铂－锡催化剂代替。UOP 推出的第一代 Pt－Sn 连续重整催化剂性能见表 9－9。

表9-9 UOP第一代连续重整催化剂性能

催化剂牌号	活性组分	堆积密度/(kg·m^{-3})	直径/mm	w(Pt)/%	工业化时间
R-30	Pt-Sn	560	1.6	0.60	1974年
R-32	Pt-Sn	560	1.6	0.375	1976年
R-34	Pt-Sn	560	1.6	0.29	1988年

第一代催化剂的主要特点是具有较好的活性和芳烃产率，适用于所有连续重整装置，催化剂强度较高，但R-30系列催化剂的水热稳定性相对较差，再生周期数约150个周期，在当时工艺条件下使用寿命约5年。

随着UOP加压再生工艺技术的出现和成熟，150个周期只相当于一年半或者更短的时间。1992年，UOP开始推出第二代Pt-Sn系列催化剂。与第一代催化剂相比，催化剂特点发生了变化，或是提高了堆密度，或是降低了铂用量，并形成系列化产品，表9-10为UOP第二代连续重整催化剂性能。

表9-10 UOP第二代连续重整催化剂性能

催化剂牌号	活性组分	堆积密度/(kg·m^{-3})	直径/mm	w(Pt)/%	工业化时间
R-132	Pt-Sn	560	1.6	0.375	1992年
R-134	Pt-Sn	560	1.6	0.29	1993年
R-162	Pt-Sn	670	1.6	0.375	1998年
R-164	Pt-Sn	670	1.6	0.29	1998年
R-172	Pt-Sn	560	1.6	0.375	
R-174	Pt-Sn	560	1.6	0.29	1996年

与R-30系列催化剂相比，第二代催化剂水热稳定性大幅度提高，持氯能力优于第一代催化剂，催化剂的再生周期数明显增加，即使经历300个周期的再生，催化剂的比表面积仍保持约150 m^2/g。

第二代催化剂的主要特点是活性得到提高，在反应条件和原料相同的情况下，获得同等辛烷值产品可降低重整温度5.5℃，适用于所有的连续重整装置。第二代催化剂的另一个主要特点是能灵活适应特定装置的需求，堆积密度较高的R-160催化剂于1998年实现工业化应用，能用于提高处理量时受贴壁余量限制而再生能力不受限制的连续重整工艺。装置的加工能力受贴壁余量控制时，R-160系列催化剂较高的密度可以允许增加一定的质量流量，从而增加处理量。在其他条件相同情况下，使用R-160催化剂，装置处理量可以增加10%。

R－160系列催化剂与 R－130 系列催化剂活性、选择性、表面积和稳定性相同，但机械强度更好。

选择性较高的 R－170 系列催化剂于 1996 年实现工业化应用。通过改变催化剂载体的酸性而减少烷烃裂解活性并增加脱氢环化性能，同时提高装置的液体收率、氢气产率和芳烃产率。1999 年，UOP 开始推出第三代连续重整催化剂，截至 2010 年，先后有 6 种催化剂实现工业化应用，催化剂性能见表 9－11。

表 9－11　UOP 第三代连续重整催化剂性能

催化剂牌号	活性组分	相对堆积密度	直径/mm	$w(\mathrm{Pt})/\%$	工业化时间
R－234	Pt－Sn	低	1.6	0.29	2000 年
R－254	Pt－Sn－助剂	低	1.6	0.29	2010 年
R－262	Pt－Sn	高	1.6	0.29	2007 年
R－264	Pt－Sn	高	1.6	0.25	2004 年
R－274	Pt－Sn－助剂	低	1.6	0.29	2002 年
R－284	Pt－Sn－助剂	高	1.6	0.29	2010 年

R－234 是第三代催化剂中工业应用最早和推广应用最多的催化剂，与 R－130系列催化剂相比，在载体的孔道结构上有明显变化，通过限制载体中的小孔及提高孔道的集中度，实现催化剂选择性和积碳速率的改善，但小孔部分的减少也降低了催化剂的初始比表面积，使催化剂持氯能力下降。

R－274 催化剂具有高的液体收率、氢气产率和低积碳速率。主要采用在改进的催化剂载体上引入其他助剂以提高催化剂选择性，但助剂的引入在一定程度上降低了催化剂活性，在其他工艺条件不变的情况下，R－274 催化剂上获得同等辛烷值的产品比 R－130 系列催化剂床层入口温度需要提高约 7℃，因此，更适合于加热炉有余量同时又对产品苛刻度要求较高的连续重整装置。R－254 催化剂较好地保持了 R－274 催化剂的高选择性和低积碳速率，并在活性上得到一定改进。

UOP 结合含助剂催化剂的优点，通过向高堆积密度催化剂中引入助剂，于 2010 年实现了含助剂高堆积密度催化剂 R－284 的工业应用。该催化剂在具有高选择性的同时，保持了活性。

UOP 连续重整催化剂不仅适应了工艺技术的进步，还针对不同装置的特点与需求，实现了产品系列化。目前，UOP 的连续重整催化剂在全球应用最广。

2) IFP 连续重整催化剂

IFP 连续重整工艺于 1973 年首次在意大利实现工业化，最早采用的连续重整催化剂为铂铼系列的多金属催化剂 RG－451。该催化剂选择性相对铂锡催化剂低，机械性能也较差。表 9－12 为 IFP 较早研制的 Pt－Sn 连续重整催化剂性能，CR－201 是第一代，其他的为 IFP 具有不同特点的第二代铂锡催化剂。

表 9－12　IFP 开发的部分连续重整催化剂性能

催化剂牌号	工业化时间	相对堆积密度	组成
CR－201	1985 年	高	Pt－Sn
CR－401	1999 年	高	Pt－Sn
CR－405	2002 年	高	Pt－Sn
AR－501	1999 年	高	Pt－Sn
AR－505	2002 年	高	Pt－Sn－助剂
CR－701	1994 年	高	Pt－Sn
CR－702	1994 年	高	Pt－Sn

CR－201 催化剂的主要特点是高活性，但载体的水热稳定性相对较差，强度较低。1999 年，IFP 推出 CR－401 催化剂，该催化剂具有良好的水热稳定性，强度明显提高。与 CR－201 催化剂相比，其活性和选择性均得到改善。AR－501 与 CR－401 的主要差别是 Pt 含量不同，CR－401 含 Pt 量(质量分数)为 0.30%，AR－501含 Pt 量(质量分数)达 0.40%。CR－401 和 AR－501 催化剂仍然是目前 IFP 工艺装置采用的最主要催化剂，一般在汽油型连续重整装置中采用 CR－401 催化剂较多，而在芳烃型连续重整装置中采用 AR－501 较多。近年来，IFP 在原来连续重整铂锡催化剂的基础上推出了新的一系列催化剂，组成了 IFP 的第三代铂锡连续重整催化剂。表 9－13 为 IFP 推出的最新连续重整催化剂成分及性能。

CR－601 比 CR－401 铂含量低，但选择性和积碳速率有一定改善。在产品相同辛烷值条件下，C_5^+ 液体收率、芳烃产率和氢气收率有所提高，积碳速率下降了 20%。

在 IFP 新一代催化剂中，首次出现了低堆积密度(0.56 g/mL)催化剂。依据 IFP 的报道，该催化剂主要用于非 IFP 的工业装置。IFP 连续重整催化剂已实现系列化与多元化，技术水平与 UOP 接近。

表 9-13　IFP 最新连续重整催化剂性能

催化剂牌号	相对堆积密度	组成	w(Pt)/%	压力/MPa	备注
CR-601	高	Pt-Sn-助剂	0.25	0.3~0.6	生产汽油
CR-607	高	Pt-Sn-助剂	0.25	0.6~1.2	生产汽油
AR-701	高	Pt-Sn-助剂	0.30	0.3~0.6	生产芳烃
AR-707	高	Pt-Sn-助剂	0.30	0.6~1.2	生产芳烃
CR-617	低	Pt-Sn-助剂	0.29	0.3~1.2	应用于非 IFP 装置
CR-712	低	Pt-Sn	0.29	0.3~1.2	应用于非 IFP 装置

3)国外其他连续重整催化剂

在 UOP 开发 R-130 系列催化剂之前，Engelhard 公司报道了以高水热稳定性为主要特点的 E-1000 催化剂。德国 LEUNA 和墨西哥石油研究院也开发了连续重整催化剂并实现工业化。Criterion 公司 PS-10 和 PS-20 催化剂分别于 1991 年和 1995 年投入工业应用，1998 年又实现了 PS-40 催化剂的工业化。这些催化剂均具有高水热稳定性、良好的机械强度、持氯能力及高活性的特点。PS-40 的活性与 PS-20 相当，但是液体收率和氢气产率优于 PS-20，且积碳速率降低 30%~50%。

2007 年，Criterion 公司报道了新一代连续重整催化剂 PS-80，PS-80 催化剂在活性、选择性和持氯能力方面均得到进一步提高，在原料和其他工艺条件相同的情况下，产品辛烷值为 100 时，PS-80 催化剂所需的反应温度较 PS-40 催化剂低 5.5℃，C_5^+ 液体收率提高约 0.6%~0.7%，积碳速率下降 15%~20%。

4)国产连续重整催化剂

中国石油化工股份有限公司石油化工科学研究院(RIPP)早在 20 世纪 70 年代就开始了连续重整催化剂的研究，1990 年，PS-Ⅱ(3861)连续重整催化剂在抚顺石油三厂引进的 400 kt/a 连续重整装置上首次应用成功。1994 年，PS-Ⅲ(GCR-10)催化剂在广州石化总厂的 UOP 技术连续重整装置上实现工业化。随后，我国成功开发了系列连续重整催化剂。PS-Ⅱ(3861)具有高活性、高选择性和良好的抗磨损性能；PS-Ⅲ(GCR-10)降低了贵金属含量，PS-Ⅳ(3961)于 1996 年工业应用，具有高水热稳定性；PS-Ⅴ(GCR-100)于 1998 年工业应用，具有高水热稳定性、低贵金属含量，PS-Ⅵ(RC011)于 2001 年工业应用，具有低积碳、高选择性并降低贵金属含量；PS-Ⅶ(RC031)于 2004 年工业应用，具有低积碳、高活性和高选择性。PS-Ⅶ催化剂与 PS-Ⅳ催化剂反应性能比较见表 9-14，操作条件：压力 0.69 MPa，反应温度 530℃，H_2 与 HC 体积比 800:1，空速 2.0 h^{-1}。

表9-14　PS-Ⅶ与PS-Ⅳ催化剂反应性能比较

催化剂牌号	液体收率/%	w(芳烃)/%	芳烃产率/%	辛烷值	w(积碳)/%
PS-Ⅶ	84.46	79.99	67.55	102.1	3.0
PS-Ⅳ	83.40	80.15	66.85	102.4	4.5

由表9-14可以看出，PS-Ⅶ催化剂芳烃产率提高，积碳速率下降。目前，国产连续重整催化剂已在国内多家炼油厂实现工业应用，在技术上与UOP和IFP基本处于同一水平，在我国重整催化剂市场拥有较高的市场占有率，但催化剂系列化方面仍滞后于UOP和IFP。

连续重整催化剂技术经过40年的发展，目前在国际市场上已形成以UOP和IFP为主的竞争态势，UOP连续重整催化剂拥有较高的市场占有率，而在国内市场则形成了RIPP、UOP和IFP相互竞争的态势。从总的发展趋势看，高选择性依然是技术发展的方向。

2. 丙烯羰基化合成丁醇用的铑催化剂

丁辛醇的主要生产技术路线是羰基合成法，即用丙烯与合成气(氢气和一氧化碳)在催化剂作用下加氢甲酰化生产丁醛，然后再将丁醛转化成正丁醇、异丁醇和辛醇。国内现生产规模较大的4套丁辛醇装置，采用的都是从国外引进的均相催化技术。丙烯加氢甲酰化的催化剂是以三苯基膦为配位体的三苯基膦乙酰丙酮羰基铑{$Rh[C_5H_7O_2(PPh_3)_3(CO)]$}(ROPAC)。

ROPAC作为催化剂母体，过量的三苯基膦PPh_3(TPP)为配位体，丁醛三聚物及其他高沸物为溶剂，在过量三苯基膦存在的氢甲酰化条件下，迅速脱除掉乙酰丙酮基，而成为具有催化活性的一组配合物$RhH(CO)_n(PPh_3)_{4-n}$($n=1, 2, 3$)催化体。其中心原子为铑，铑原子序数为45(钴为27)，比钴多一个18电子壳层，原子体积大，其价电子易于极化而形成高配位数的化合物，因此其活性比羰基钴高得多而易发生氧化加成反应；铑在反应中的空间位阻小，所以产物正、异构比低。引入三苯基膦后，其上的磷原子有一对未分配电子对，使得中心原子铑的负电荷密度增大，另外与磷原子相连的三个苯基的给电子能力比羰基的给电子能力强，加强了铑向羰基的电子反馈，也就加强了铑和羰基间的重键性，从而增强了羰基铑膦配合物催化剂的稳定性。另外，三苯基膦是1个sp^3杂化构型，成为配位体后是异构四面体结构，比直线的羰基配位体体积大许多，如此大的空间阻碍作用有利于正构醛的生成，即对提高产物醛的正、异构比起到非常重要的作用。同时，也抑制了烯烃的异构化。

铑催化剂母体ROPAC(RO指铑，P指三苯基膦，A指乙酰基丙酮，C指CO)的分子结构式见式(9-7)。

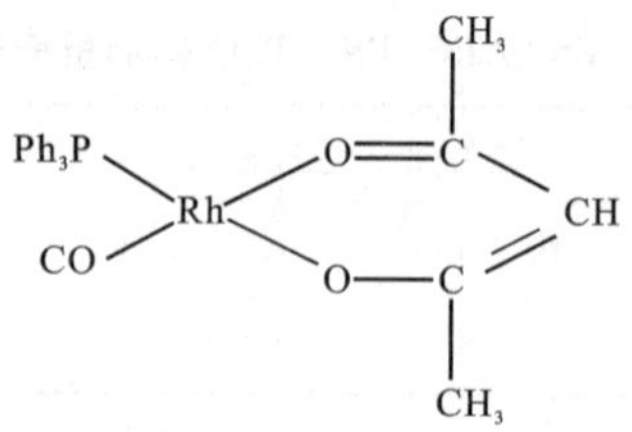

$$\begin{array}{c} \\ Ph_3P \diagdown \quad\quad O{=}C(CH_3) \diagdown \\ \quad Rh \quad\quad\quad\quad CH \\ CO \diagup \quad\quad O{-}C(CH_3) {=} \end{array} \tag{9-7}$$

在反应过程中起活性作用的催化剂形态为一簇催化剂复合物，即在反应条件下 ROPAC 与 H_2及 CO 接触形成的一组三苯基膦羰基氢铑复合物，其组成是 TPP 的浓度及 CO 分压的函数，见式(9－8)。

$$HRh(CO)_3(TPP) \underset{TPP}{\overset{CO}{\rightleftharpoons}} HRh(CO)_2(TPP)_2 \underset{TPP}{\overset{CO}{\rightleftharpoons}} HRh(CO)(TPP)_3 \tag{9-8}$$

当 TPP 浓度增大时此反应平衡向右移，从而生成更多的 $HRh(CO)(TPP)_3$；当 CO 分压增大时此反应平衡向左移，从而生成更多的 $HRh(CO)_3(TPP)$，但此三种复合物会以不同的量同时处于动态平衡。

9.3 贵金属催化剂的制备及应用性能

贵金属催化剂的制备是一个核心技术非常密集的领域。由于其种类太多，不可能形成标准或统一的制备方法。就载体催化剂而言，涉及使用的贵金属元素及化合物种类，生成催化金属粒子的方式、尺寸及粒子迁移、聚集的控制，粒子在载体上的存在及分布形态、掺杂及性能修饰等许多技术问题。本节仅结合个别实例作一般性的介绍。

9.3.1 金属粒子的尺寸控制

催化剂活性和选择性很大程度上取决于催化剂上金属粒子的尺寸。首先要确认一个反应是受金属颗粒大小的影响还是金属种类的影响。一般来说，加氢和氢解反应更容易在小的金属粒子上发生，而氧化反应易于在大的金属粒子上发生。然而，也有许多例外，这是由不同的载体、制备方法和杂质引起的。小金属粒子显示了高抗硫性。这主要是因为高的比表面积可以吸附硫。一般通过选择不同的金属盐、不同的载体、不同浸渍条件和还原条件(金属浓度和还原温度)控制金属粒子的尺寸。

将葡萄糖氧化为葡萄糖酸的反应中，Pd 粒径对反应的影响已经被广泛认识。Pd/C 粉末催化剂制备时，通过对碱的种类、吸附处理时间以及温度的调整可以获得不同粒径的 Pd/C 粉末催化剂。如改变制备条件，获得的不同粒径的 Pd/C 粉末催化剂与氧化反应时间的关系如表 9－15 所示。粒径 6 nm 左右的 Pd/C 粉末催化剂显示出高活性。一直以来都认为 Au 催化剂是没有催化活性的，然而当 Au 的粒径减小后，CO 氧化反应中 Au 显示出优异的催化活性。

表 9 – 15　Pd 粒径与葡萄糖的氧化

碱处理	75℃吸附			40℃吸附		
	碱吸附时间/min	Pd 的粒径/nm	氧化反应时间/h	碱吸附时间/min	Pd 的粒径/nm	氧化反应时间/h
KOH	<15	10.4	14.5	6	5.5	2.5
NaOH	<15	11.5	14.0	4	5.5	2.0
K_2CO_3	<15	11.0	10	7	5.8	2.2
Na_2CO_3	<15	8.3	6	3	6.0	1.7
LiOH	<15	8.9	16	1	4.5	2.0
$NaHCO_3$	<15	12.2	7.5	111	13.8	8.3

9.3.2　金属迁移和聚集的控制

Pd – Au/SiO_2用于催化乙烯的乙酰氧化反应制醋酸乙烯酯。在醋酸与氧气环境中，Pd 非常容易凝聚，若不添加 Au，容易形成醋酸钯而造成金属的聚集。此时虽然 Au 的功能还不是完全清楚，但一般认为其与 Pd 的合金化可以防止 Pd 的凝聚。

替代氟利昂的 R – 134 是使用含 Pd 催化剂通过脱氯反应制造的，见式(9 – 9)。虽然是气相反应，由于脱氯后形成 HCl，即使使用耐酸的碳粒作为载体也很容易发生钯的聚集，导致催化剂性能劣化。为了防止 Pd 的聚集，研究发现添加 Re 的合金催化剂效果很好。

$$CF_3CCl_2F(R-114a) + H_2 \longrightarrow CF_3CClF(R-124) + HCl$$
$$CF_3CClF(R-114a) + H_2 \longrightarrow CF_3CH_2F(R-134a) + HCl \qquad (9-9)$$

9.3.3　金属在催化剂上的分布形态及性质

1. **蛋壳型**

金属微粒优先沉积在载体外表面的催化剂称为“蛋壳”型或“表面负载”催化剂。金属微粒分布进入载体内部结构的催化剂归为“标准”型或“均匀”金属分布的催化剂(见图 9 – 7)。分布控制是通过调整载体的 pH，浸渍时的金属盐种类以及浓度等手段来实现的。

在温和的条件下反应物在催化剂表面的扩散速度控制着反应速率。特别是大

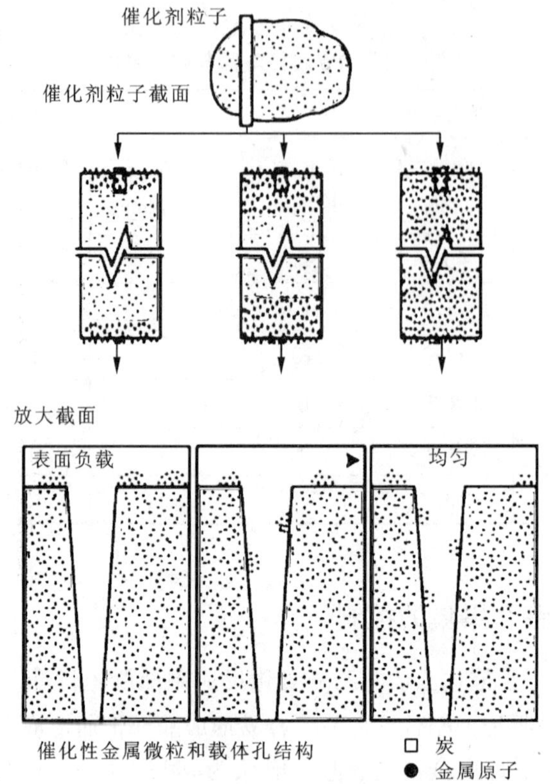

图 9-7 金属在载体上的分布图

分子反应，氢气和氧气可以渗入到催化剂的微孔中，而大分子很难扩散到小孔中，所以表面负载型非常有效。这一点对浆态床催化剂和固定床催化剂都适用。巴斯夫催化剂（蛋壳型的 Pd/C 浆液催化剂）就是市场上开发的高活性氢解催化剂，该催化剂用于氢解反应制阿斯巴甜。杜邦公司开发了一种蛋壳型醋酸乙烯酯催化剂。它利用浸渍法将 Pd 和 Au 盐负载到二氧化硅载体上并用于固定床反应。该催化剂制备主要包括以下几个步骤：①金属盐浸渍到载体上；②加碱使金属沉积；③静置一段时间；④加还原剂；⑤洗涤、干燥；⑥浸渍乙酸钾；⑦干燥。Pd 和 Au 沉积在载体外的外表层，这就是蛋壳型分布。另一方面，若采用浸渍后立即还原，Pd 和 Au 容易沉积在载体的内层。蛋壳型催化剂已经用于许多反应，如聚酯的加氢和大分子化合物的氢解等。然而，相较于蛋壳型催化剂，高度分散且没有蛋壳型金属分布的催化剂在苯甲酸的加氢反应中显示了更高的活性。

2. 还原型和未还原型

还原型催化剂已经商业化。由于溶剂效应，反应开始前进行的原位还原能够形成小的金属粒子。未还原的催化剂在一些加氢反应中活性更高。在温和的条件下，未还原的蛋壳型催化剂具有更高的加氢活性。但是，未还原的催化剂不能用于脱氢或氧化反应。未还原的 $Pd(OH)_2/C$（贝尔曼催化剂）广泛应用于制药行业。

9.3.4　催化剂掺杂修饰

1. 掺杂修饰的双贵金属催化剂

Pd－Ru/C 催化剂在 1，4－丁炔二醇加氢反应中表现出高活性。Rh－Ru/C 催化剂对芳香族化合物具有高的加氢活性。Pt 掺杂的 Pd/C 催化剂在脱苄基反应中显示了高活性。

表 9－16 是二甲苯加氢［如式(9－10)］的二元催化剂比较。Rh、Ru 虽然活性高，但与单独使用相比，共沉淀法制成的炭粉负载的二元催化剂，如 Rh－Ru、Rh－Pt 系列则显示出了极高的活性。昂贵的 Rh 可以通过加入便宜的 Ru 合金化来大幅度提高活性。这种情况下，如果换成了 Pd，则会对 Rh 的活性起阻碍作用[45]。

$$\text{对二甲苯}\ \xrightarrow[\text{Rh-Ru/C, Rh-Rt/C}]{H_2}\ \text{1,4-二甲基环己烷} \qquad (9-10)$$

表 9－16　对二甲苯氢化时二元催化剂的合金效应

催化剂	氢化速度/(mL H_2/min)
5% Rh/C	2330
5% Ru/C	745
5% Rt/C	10
5% Rd/C(1)	100
2.5% Rh－2.5% Ru/C	7800
2.5% Rh－2.5% Pt/C	3960
2.5% Rh－2.5% Pd/C	225

(1) 1000 psi(1 psi＝6895.76 Pa)，160℃。

(2) 实验条件：对二甲苯 50 mL，催化剂 300 mg，1000 psi，100℃。

2. 掺杂修饰的多金属催化剂

对催化剂进行修饰可以有效的改进催化剂的活性和选择性。在 Pd/C 催化剂中添加碱性或碱土金属，如钠、钾、钡等有利于电子转移到 Pd，使其在芳香硝基化合物的加氢反应中表现出高活性。Pd - Pt - Fe/C 催化剂是工业化的二硝基甲苯加氢催化剂。用 0.8% Pd - 0.1% Pt - 0.8% Fe/C 粉末催化剂，在 110℃，0.017 MPa 反应条件下，将催化剂和原料 DNT 连续投入反应器，反应生成的水从循环氢和氢化后的二氨基甲苯中蒸馏分离，可以以 99.03% 的收率连续得到二氨基甲苯。副产物焦油的量可以控制在 0.97% 以内。

钠修饰的 Pd 催化剂适用于亚异丙基丙酮选择性加氢生成甲基异丁基甲酮，钠可以防止羰基加氢。Ag 或 Sn 修饰的 Pd/C 可以实现选择性加氢脱氯[46, 47]。重金属(如铅、铋)改性的 Pd/Al_2O_3 用于苯乙烯中苯乙炔的加氢。经过重金属改性后，Pd - Bi/C 催化剂在葡萄糖液相氧化反应中表现出高活性。

在过去的一百年中，Habar - Boch 开发的 Fe - K 催化剂应用于不同反应条件下的合成氨反应。传统的 Fe - K 催化剂后段使用一种 Ru - Cs/石墨催化剂[48,49]，使产能提高 40%。Ru 催化剂的催化活性据报告是传统 Fe 系催化剂的 10 ~ 20 倍，并可使建设成本降低 5%，每吨氨的能耗下降 293 kW · h。

反应机理的不同主要源于 Fe 和 Ru 金属表面主要吸附物种的差异。在 Fe 表面，N_2 和 H_2 促进反应进行，NH_3 抑制反应进行。而在 Ru 表面，N_2 促进反应进行，H_2 抑制反应进行，NH_3 对反应无影响。由于 Ru 对 N_2 吸附能力较弱，所以通过添加碱来使电子向 Ru 一侧靠近，增强 Ru 对 N_2 的吸附能力，同时减弱 N≡N 键。

Ru - Cs/石墨催化剂的制备过程是：首先在氩气氛围中 1500℃ 处理活性炭使之石墨化，然后在空气中 400℃ 处理，最后在氩气中 1700℃ 定型，将 $Ru_3(CO)_{12}$ 溶液浸渍石墨，然后在 450℃ 下氢气还原、干燥，硝酸铯溶液浸渍，并干燥。

Pt 的脱卤素能力较弱，因此能有效地利用在硝基卤化合物选择氢化成硝基氨化合物的反应，但条件不同也会发生一些脱卤素反应。而用经过硫修饰的 Pt - S_x/C 粉末催化剂基本可以抑制大部分脱卤素。2，5 - 二氯硝基苯为原料在 5% Pt - S_x/C 粉末催化剂催化作用下，2，5 - 二氯苯胺的收率可达到 99.5%。对氯硝基苯也可以通过 Pt - S_x/C 粉末催化剂催化氢化成对氯苯胺。

羧酸的还原反应如果单独使用 Ru 催化会发生分解反应。向 Ru 中添加 Pt、Sn 形成的 Ru - Pt - Sn/C 粒状催化剂具有高活性，而且不必担心 Sn 的溶出。因为在 Pt - Sn/C 粒状催化剂作用下不发生反应，所以可以推断 Ru 是反应的活性中心，而 Pt 帮助提高 Sn 的抗氧化性。催化剂是 6% Ru - 2% Pt - 5% Sn/C 粒状三元催化剂。从新戊酸可以制新戊醇，从己二酸可以制 1，6 - 己二醇(表 9 - 17)。

表 9-17　Ru-Pt-Sn/C 催化的羧酸还原

反应底物	含量/%	产率/%						速率常数/h^{-1}
		NPG①	THF②	GBL③	BG④	1，6-HD⑤	CHDM	
叔戊酸	99.4	99.3						2.15
马来酸	97.5		24.6	27.5	35.8			0.43
己二酸	98.2					91.3		0.93
环己烷二甲酸	98.4						81.6	1.11

注：①新戊二醇；②四氢呋喃；③γ-丁内酯；④1，4-丁二醇；⑤1，6-己二酸。反应条件：6% Ru-2% Pt-5% Sn/C，4 g；羧酸，15 g；水，35 g；H_2，8.5 MPa；温度，230℃；3 h。

3. 控制金属的溶解流失

在酸性或碱性氧化氛围中，贵金属会发生迁移或溶解。在回流时，催化剂上的 Pt 离子会少许流失。Pd/Al_2O_3对乙烯乙炔加氢制丁二烯具有高活性和选择性。但是，Pd 同乙炔作用生成乙炔化物，使得 Pd 溶解。Pd_4Te/Al_2O_3可以有效防止由乙炔引起的流失，催化剂寿命也显著提高。Pd_4Te 是氧化铝载体上形成的一种化合物。它的制备过程是，首先制备 Pd/Al_2O_3，然后将 $TeCl_4$ 浸渍到 Pd/Al_2O_3 上。最后，将样品在 500℃焙烧得到目标催化剂。在酸性氧气气氛中，Pd 溶解在乙酸化的丁二烯中生产 1，4-丁炔二醇。Pd_4Te/C 是三菱化学公司商业化的催化剂。小于 5 nm 的 Au 粒子显示了良好的氧化和酯化活性，在 Au/TiO_2-SiO_2催化剂作用下，乙二醇和甲醇通过悬浮床生产乙醇酸甲酯。这种催化剂活性很高，但 Au 在氧化条件下很容易流失，添加 Pd 可以有效阻止 Au 的流失。

参考文献

[1] 赛兴鹏. 硝酸工业用铂合金催化网材料的技术进展[J]. 化工进展，2001，20(10)：21-24

[2] 宁远涛，杨正芬，文飞，等. 铂 [M]. 北京:冶金工业出版社，2009

[3] 宁远涛，戴红，文飞，等. 催化合金 Pt-Pd-Rh-M 四元系的结构与性能[J]. 贵金属，1997，18(2)：1-7

[4] 宁远涛,文飞,戴红，等. 新型氨氧化催化合金的工业应用[J]. 贵金属，1997，18(3)：1-7

[5] Zhang L，Tang Y，Bao J，et al. A carbon-supported Pd-P catalyst as the anodic catalyst in a direct formic acid fuel cell [J]. Journal of Power Sources，2006，162(1)：177-179

[6] 胡长诚. 国内外过氧化氢生产、研发现状及发展[J]. 化学推进剂与高分子材料，2006，4(1)：6-10

[7] Ing W A，Dieter F M，Brauns H A. Hydrogenation catalyst for fuel cell-anode material. US,

3627790[P]. 1969

[8] Wang Weijiang, Li Hui, Li Hexing, Li Yongjiang, Deng Jingfa. Regeneration of the amorphous NiB/SiO_2 catalyst poisoned by carbon disulfide in cyclopentadiene hydrogenation[J]. Applied Catalysis A: General, 2000, 203(2): 301 - 306

[9] Arto P, Lauri H, Rauni R. New hydrogenation catalyst - contains noble and transition metals used in hydrogen peroxide. US, 5435985[P]. 1995

[10] Makar K, Kamel M. Catalyst for hydrogenating anthraquinones. US, 4061598[P]. 1977

[11] Copelin H B. Pd/SiO_2 hydrogenation catalyst suitable for H_2O_2 manufacture. US, 4240933[P]. 1980

[12] Jenkins, Colie, Lawrence. Anthraquinone process. WO 18574[P]. 1996

[13] 加藤贤治. 制备过氧化氢所用的氢化催化剂和其制备方法. 中国, CN 1165111[P]. 1997

[14] 李鑫茂. PTA 装置 PX 氧化反应过程建模与优化技术研究[D]. 上海:华东理工大学, 2012: 3 - 9

[15] 袁浩,汪洋. 对苯二甲酸加精制催化剂的研究进展[J]. 合成纤维工业, 2009, 32(4):52 - 55

[16] Standard Oil Company. Palladium on carbon catalyst for purification of crude terephthalic acid. US, 4415479[P]. 1983

[17] Standard Oil Company. Process for preparation of palladium on carbon catalysts used in the purification of crude terephthalic acid. US, 4421676[P]. 1983

[18] 中国石油化工股份有限公司上海石油化工研究院. 负载型钯/碳催化剂的制备方法. 中国, CN 101121127[P]. 2006

[19] 扬子石油化工股份有限公司. 加氢精制对苯二甲酸催化剂的再生方法. 中国, CN 1762964[P]. 2005

[20] 南化集团研究院. 一种碳负载贵金属催化剂及其制备方法. 中国, CN 1663679A [P]. 2005

[21] Imre P. Glen E, David E J. Palladium on carbon catalyst for purification of crude terephthalic acid. US, 4415479[P]. 1983

[22] Imre P. Glen E, David E J. Proeess for preparation of palladium on carbon catalyst used in the purification of crude terephthalic acid. US, 4421676[P]. 1983

[23] Imre P, Wheaton, Steven A C. Process for preparing palladium on carbon catalyst for purification of crude terephthalic acid. US, 4476242[P]. 1984

[24] Judy E K, WilliamV P, Thomas E. Process for the purification of terephthalic acid. US, 4605763[P]. 1986

[25] Hobe S, Warrenville. Purification of terephthalic acid to relatively low levels of 4 - carboxybenzaldehyde and catalyst therefore. US, 4629715[P]. 1986

[26] Sung H J, Youn - Seok P. Hydropurification of terephthalic acid over PdRu/carbon composite catalyst[J]. Journal of the Korean Chemical Society, 2002, (1): 57 - 63

[27] 张倩. 甲醇气相羰基合成醋酸及衍生物的催化剂研究[D]. 南京:南京工业大学,

2006：4－11

[28] 黄仲涛. 工业催化剂手册[M]. 北京:化学工业出版社,2004：361－369

[29] Lemanski. Process for the preparation of vinyl acetate catalyst. US, 5783726[P]. 1998

[30] Provine W D, Mills P L, Lerou J J. Discovering the role of Au and KOAc in the catalysis of vinyl acetate synthesis[J]. Study Surface and Science Catalysis. 1996, 101：191－200

[31] Macleod N, Keel J M, Lambert R M. The effects of ageing a bimetallic catalyst under industrial conditions：A study of fresh and used Pd－Au－K/silica vinyl acetate synthesis catalysts[J]. Applied Catalysis A：General, 2004, 261(1)：37－46

[32] Samanos B, Boutry P, Montarnal R. The mechanism of vinyl acetate formation by gas－phase catalytic ethylene acetoxidation[J]. Journal of Catalysis, 1971, 23(1)：19－30

[33] Haley R D, Tikhov M S, Lambert R M. The surface chemistry of acetic acid on Pd{111}[J]. Catalysis Letters, 2001, 76(3－4)：125－130

[34] Han Y F, Kumar D, Sivadinarayana C, Clearfield A, D W Goodman D W. The formation of PdCx over Pd－based catalysts in vapor－phase vinyl acetate synthesis：does a Pd－Au alloy catalyst resist carbide formation? [J]. Catalysis Letters. 2004, 94(3－4)：131－134

[35] Bowker M, Morgan C. On Pd Carbide Formation and vinyl acetate synthesis[J]. Catalysis Letters, 2004, 98(1)：67

[36] 李倩, 陶敏莉, 张敏华. 乙烯气相法制醋酸乙烯钯金催化剂的研究进展[J]. 分子催化剂, 2012, 26(5)：478－485

[37] 周健. CTV－V 型乙烯氧乙酰化合成醋酸乙烯催化剂的研制[D]. 上海:华东理工大学, 2012：10－11

[38] 赵振兴. 贵金属氧化催化剂颗粒及其固定床反应器的整体优化[D]. 杭州:浙江大学, 1992：22－26

[39] 杨运信,张丽斌. 用于制备醋酸乙烯酯的催化剂的载体. 中国, CN 2686719[P]. 2005

[40] 杨运信,张丽斌,姚建东, 等. 一种用于生产醋酸乙烯酯的催化剂. 中国, CN 1171680C [P]. 2003

[41] Hagemeyer A, Dingerdissen U. Method for producing catalysts containing metal nanoparticles on a porous support, especially for gas phase oxidation of ethylene and acetic acid to form vinyl acetate. US, 6603038[P]. 2003

[42] Tacke T, Krause H. Supported catalyst for the production of vinyl acetate monomer. US, 6821922 [P]. 2004

[43] Nicolau I. 用于制备醋酸乙烯酯催化剂的两步加金方法. 中国, CN 1216482A[P]. 2001

[44] 姚建东,杨运信,张丽斌,宋朝红. 用于合成醋酸乙烯酯的催化剂的制备方法. 中国, CN 1539552A[P]. 2004

[45] P. N. Rylander. Catalytic hydrogenation over platinum metals[M]. New York：Academic press, 1967：326

[46] 孙建芝, 张东宝, 朱建军, 等. Ag－Pd/C 催化四氯化碳液相加氢反应的研究[J]. 高校化学工程学报, 2010, 24(5)：795－800

[47] Heinrichs B, Noville F, Schoebrechts J P, Pirard J P. Palladium – silver sol – gel catalysts for selective hydrodechlorination of 1,2 – dichloroethane into ethylene: II. Surface composition of alloy particles[J]. Journal of Catalysis, 2000, 192(1): 108 – 118

[48] Alan I. Foster, Peter G. James, John J. McCarroll, Stephen R. Tennison. Process for the synthesis of ammonia using catalysts supported on graphite containing carbon. US, 4163775A[P]. 1979

[49] L. 福尔尼, N. 佩尔尼科内. 氨合成用催化剂. 中国, CN02824409[P]. 2008

第 10 章　贵金属环保材料

20 世纪 60 年代以来，能源危机和环境污染日趋加剧，单纯依靠某一单一污染控制技术已经难以解决日趋复杂和广泛的环境问题，这一严峻现实使得现代可持续发展模式越来越受到世界各国的强烈关注。在改革传统经济增长模式的基础上，改变现有产业结构和发展新技术，减少资源消耗，并切实遵循“环境保护工作应是发展进程的一个整体组成部分(1992 年联合国环发大会《里约宣言》)”的原则，真正做到控制与治理同步，才能实现生态美好和社会可持续发展。

能源(煤炭、石油等)消耗是经济发展和工业化进程的必要条件，但也造成了严重的环境污染问题。大气污染、水污染、土壤污染、噪音污染等无不危害人们的日常生活和身心健康。表 10－1 列出了现今存在的大气环境问题、相关的有害物质以及对人类的危害。十二五期间我国各项经济发展指标持续向好，但环境保护指数没有达到预期目标。一些长期积累的环境问题尚未解决，新问题又开始产生，甚至一些地区的环境污染和生态恶化已经到了相当严重的程度。目前，我国已经将保护环境和防治污染确立为一项基本国策。

表 10－1　世界环境问题和相关有害物质的危害

环境问题	有害污染物	对环境的危害
机动车废气	NO_x、HCs、CO、SO_x、C 和 Pb 颗粒	造成大气污染和生态环境破坏
化学光雾	NO_x、HCs、O_3、挥发性有机化合物	损害大气对流层、危害人体健康、破坏生态系统
酸雨	NO_2、SO_2、H_2S、HCs	土壤和水体酸化、损害人体健康和生物生长
温室效应	CO_2、CH_4、含氯氟烃、O_3、NO_x	全球气候变暖、冰山融化、海平面升高
臭氧层破坏	人造化学制品、如氟利昂、氯代烃等	紫外线辐射增强，大气环境变坏
挥发性有机化合物	苯、甲苯、二甲苯、苯酚、卤素、酮类、酚类、醇类、光气等	严重污染大气，损害人体健康

贵金属具有独特和优异的性能。除高熔点、高导电性、高抗氧化和抗腐蚀性等特性外，还展现出优良的催化活性、敏感的光学性能及其他一系列独特的物理化学性质，是目前最具有活力和应用潜力的环保材料，在环境保护、环境治理及环境与经济协调发展方面具有非常重要而独特的地位。

10.1 环境治理材料

10.1.1 机动车废气治理

自1886 年德国人卡尔·本茨发明了第一辆汽车以来，世界汽车工业发展很快，特别是20 世纪 50 年代以后，汽车产量迅猛增加。21 世纪初期，随着我国国民经济迅速发展，机动车普及范围越来越广。据《2011 年中国机动车污染防治年报》统计，十一五期间我国机动车保有量由 1.18 亿辆增加到 1.9 亿辆，平均每年增长 10%。机动车的发展极大地方便了交通运输，促进了社会的发展和经济的繁荣，然而它在为国民经济发挥重要作用的同时也对环境造成了很大程度的负面影响。据统计，2010 年全球航空、航海及机动车消耗石油 35 亿 t，其中机动车约 7 亿辆，是消耗石油的主体，燃烧石油产品排放的 CO、CO_2 达 14280 kt，碳氢化合物(HCs)279000 kt，氮氧化物(NO_x，是 NO 和 NO_2的总称)68400 kt，而 2010 年中国机动车排放污染物 52268 kt，其中 NO_x 5994 kt，HCs 4872 kt，CO 40804 kt，颗粒物(PM)598 kt，其中汽车排放的 NO_x和 PM 超过 85%，HCs 和 CO 超过 70%。机动车尾气已成为城市大气的重要污染源，这些污染物除直接危害人类健康外，还对生态环境造成了严重的破坏，使得灰霾、酸雨和光化学烟雾等大气污染问题在一些地区频繁发生。因此，机动车尾气污染治理已经成为一项刻不容缓的任务，该问题能否有效解决将对城市环境质量的改善及城市与环境的协调发展产生重大影响。

机动车尾气对大气的污染早在 20 世纪就引起了世界各国的高度重视，纷纷立法限制汽车排放物。早在 1959 年，美国加利福尼亚州政府首次颁布了控制汽车排放物的法规，接着其他州和美国联邦政府相继立法。随后，日本政府和欧盟也相继立法。过去 30 年里，各国对汽油车废气排放的限制越来越严格，表 10 - 2 和表 10 - 3 列出了美国和欧盟在不同年代对汽车尾气排放制定的严格标准。

中国 2000 年制定了第一份汽车污染排放控制法规，并相继启动了“清洁汽车行动”和“清洁燃料行动”计划。国家“863”计划将“机动车污染控制技术与设备”列为重点资助的专项，十二五期间以发展我国机动车尾气后处理产业技术为目标的“蓝天工程”“稀土稀有金属产业化专项”相继实施。2012 年国Ⅳ标准在全国范围实施，2013 年正式发布了《轻型汽车污染物排放限值及测量方法(中国第五阶段)》(GB 18352.3—2013)标准，明确了国Ⅴ标准实施计划。2014 年又启动了国Ⅵ标准的制订和调研工作，预计将在 2022 年前后全面实施。

表 10-2　美国加州政府各时期执行的轻型车尾气排放标准(FTP75)(g/km)

排放污染物	2001-LEV Ⅰ			2004-LEV Ⅱ[⑥]		
	TLEV[②]	LEV[③]	ULEV[④]	LEV[③]	ULEV[④]	SULEV[⑤]
CO	2.11	2.11	1.06	2.11	1.06	—
NMOG[①]	0.078	0.05	0.025	0.05	0.025	—
NO_x	0.25	0.12	0.12	0.03	0.03	—

注：① 非 CH_4有机气体；② TLEV 为过渡阶段低排放机动车；③ LEV 为低排放机动车；④ ULEV 为超低排放机动车；⑤ SULEV 为特级超低排放车；⑥加州计划在 2015 年实行 LEVⅢ。

表 10-3　欧盟汽车尾气排放标准(Euro 5-6)(mg/km)

排放污染物	2009-Euro 5a		2011-Euro 5b/b+		2014-Euro 6b	
	汽油车	柴油车	汽油车	柴油车	汽油车	柴油车
THC	100	—	100	—	100	
NMHC	68	—	68	—	68	
NO_x	60	180	60	180	60	80
HC + NO_x	—	230	—	230	—	170
CO	1000	500	1000	500	1000	500
PM	5.0[①]	5.0	4.5[①]	4.5	4.5[①]	4.5
PN #(Nb/km)	—	—	—	6.0×E11	6.0×E11	6.0×E11

注：① 仅适用于直喷汽油机。

1. 汽油车尾气治理

汽油发动机排放的有害物质在大气污染源中占有很大比例，特别是汽油发动机产量及保有量的增加，导致这种污染也越来越大。理论上，汽油在发动机汽缸内燃烧、做功、产热并放出二氧化碳(CO_2)和水蒸气(H_2O)。由于发动机供油系统不稳定、点火系统不协调以及汽缸内燃烧不充分，导致大量 CO、HCs 和煤烟生成；另一部分有毒物质是由于燃烧室内的高温、高压而形成的氮氧化物 NO_x，CO、HCs、NO_x 等物质构成了汽油车尾气的主要污染成分，各国对汽油车尾气排放的控制也主要集中在这几种污染源上。

治理汽车尾气污染最关键的环节是使用高效的催化剂。随着排放标准日益严格，汽车尾气催化净化技术也在逐步发展。汽油车尾气净化的基本原理是在催化剂作用下通过氧化、还原等反应使有害物质转变为相对无害的物质，主要反应包括 CO 和 HCs 的氧化以及 NO_x的还原：

(1)CO、HCs 氧化反应：$2CO + O_2 \longrightarrow 2CO_2$

$HC + O_2 \longrightarrow CO_2 + H_2O$

$H_2 + O_2 \longrightarrow H_2O$

(2)NO 还原反应：$NO + CO \longrightarrow CO_2 + N_2$

$NO + HC \longrightarrow CO_2 + H_2O + N_2$

(3)水蒸气重整反应：$H_2O + HC \longrightarrow CO + H_2$

(4)水煤气转换反应：$CO + H_2O \longrightarrow CO_2 + H_2$

反应原理及示意图见图 10－1[1]。

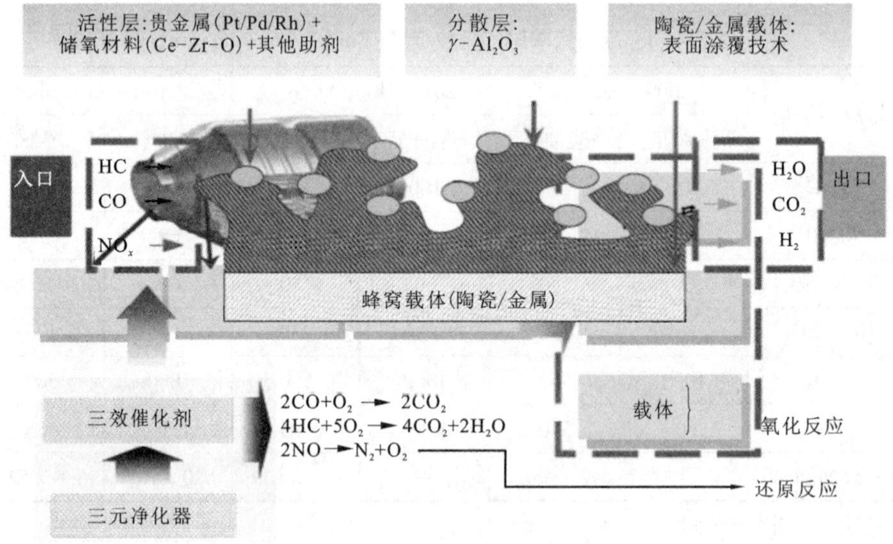

图 10－1　汽油车催化剂工作示意图[1]

催化剂既要使 NO_x 还原，同时还需要使 CO 和 HCs 氧化。为了使这三种污染物能同时达到最佳转化效果，首先应按化学反应计量系数控制反应体系中氧的含量。氧过量会抑制 NO_x 的还原，而氧不足则导致 CO 和 HCs 不能完全氧化。所以为了提高三种污染物总的转化效率，催化剂只有在靠近理论空燃比(约 14.67)时，才能发挥其最大的效率，人们通常把此区域称为“操作窗口”(Operating Window)，见图 10－2[2]。

一般，汽车尾气净化催化剂应满足如下条件：对消除 CO、HCs 和 NO_x 等有害成分的反应(甚至在低温时)具有较高的催化活性；具有长期在高温条件下工作而催化活性衰减少且不易中毒的稳定性；有高的熔点、低的热容和能耗，而且还具有质量轻、易于安装等特点。汽车尾气净化催化剂有多种，早期使用普通金属，

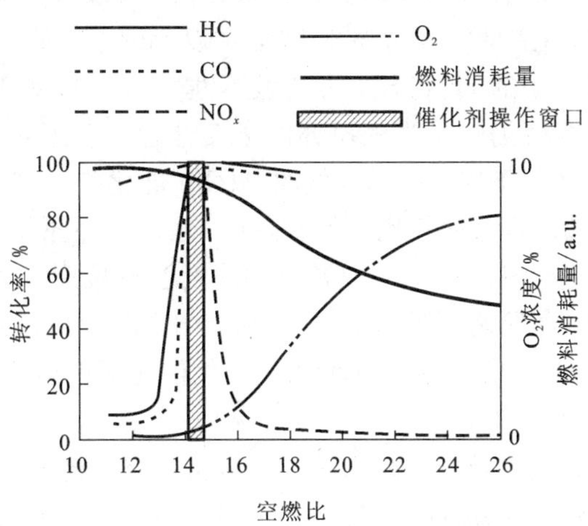

图 10-2　汽车发动机的燃油消耗和三效催化剂的性能与空燃比关系

如 Cu、Cr、Ni 等，这类金属催化活性差，起燃温度高，易中毒，而贵金属有较高的催化活性和热稳定性，与载体助剂之间不会发生强烈的相互作用，还对浓度高达 1000 μL/L 硫气氛具有较强的抗中毒性能[3]。因此，使用贵金属已成为汽车尾气催化剂的主流。20 世纪 70 年代中期，由于汽车排放法规中只要求控制 CO 和 HCs，出现了“两效”催化剂，即氧化型催化剂，该催化剂的活性组分以贵金属铂或钯为主。

随着排放要求的提高，对催化剂的性能要求也相应在提高，其发展主要经历了以下五个阶段：①氧化型催化剂；②铂铑双金属催化剂；③铂铑钯三金属催化剂；④单钯催化剂；⑤铂铑、铂铑钯或钯铑催化剂。贵金属催化剂中的活性组分是催化净化汽车尾气的核心，Pt、Pd、Rh 和 Ru 对同时除去 HCs、CO 和 NO_x 三种有害气体有良好的转化效率。另外，它们还具有较高的塔曼（Tammann）温度[4]。（塔曼温度是可测量的金属粒子体迁移温度，通常约为金属熔点的绝对温度（K）值的一半）。Pt、Pd、Rh 和 Ru 的塔曼温度分别为 750℃、640℃、845℃和 990℃，远高于汽车排放尾气的平均温度（600～700℃）。Au 和 Ag 的塔曼温度仅为 395℃和 345℃，一般不作为催化剂的主体组分。

Pt 能有效催化各类氧化反应，尤其对 CO 和 CHs 的氧化具有较高的催化活性，是尾气净化催化剂必不可少的元素。催化剂中 Pt 的负载量还会影响催化氧化有害气体化合物的起燃温度[5]。在高 Pt 负载量的铂系催化剂上，CO、丙烷和丙烯的起燃温度（$T_{50\%}$）分别为 190℃、95℃和 155℃，而在低 Pt 负载的铂系催化剂上，相应的起燃温度分别提高到 265℃、180℃和 210℃。与 Pt 一样，Pd 的主要作用也是催化氧化 CO 和 CHs。作为氧化型催化剂，Pd 比 Pt 便宜，具有更高的储氢能力，如果加入稀土氧化物，如 La 或 Ce 的氧化物，可以进一步提高 Pd 系催化剂的储氢能力和催化氧化活性。科学家们曾尝试以 Pd 代替部分 Pt 或者发展全 Pd 催化剂，但 Pd 对燃料中的 Pb 和 S 中毒的敏感性远高于 Pt 和 Rh，因此如何提高 Pd 系催化剂的使用寿命仍然是当前研究的主要课题[6]。近年来，随着燃油品质的不断提升，Pb、S 含量下降，成本较低的 Pd/Rh 催化剂已经在实际生产中得到更广泛的应用。与其他贵金属相比，金属态 Rh 对 NO_x 还原反应具有最高的催化活性，能有效地将 NO_x 转化为 N_2，但是氧的浓度会直接影响 NO_x 还原反应的转化效率。在催化剂中合理地选择 Pt、Pd 和 Rh 的比例，可以使 CO、HCs 的氧化与 NO_x 的还原同时完成，这是国内外汽车尾气净化催化剂中应用最广的“三效催化剂”[7, 8]。

“三效催化剂”一般以堇青石蜂窝陶瓷或金属蜂窝为载体，由大比表面、高活性的 Al_2O_3材料为载体，添加稀土镧、铈等氧化物为助剂，贵金属 Pt、Pd、Rh 作为主要活性催化组分。该催化剂中 Pt/Rh 质量比为 10/1 ~ 5/1，而 Pd 的负载量一般达到 Pt 负载量的 2 ~ 3 倍。这类催化剂具有合适的烃类小分子的吸附位，还有大量氧的吸附位。随表面反应的进行，能快速地发生氧活化和烃吸附作用。金属 Rh 主要用来还原 NO_x，是消除氮氧化物的主要成分；Pd 对 CO 和不饱和碳氢化合物的氧化活性及抗热性能均比 Rh 好，但抗中毒能力不如 Pt；Pt 是去除 HCs 的良好材料，活性比 Pd 好。三种活性组分的单金属和复合金属的催化活性顺序如下：

对 CO、HCs 的氧化：Pt - Pd - Rh ＞Pd ＞Rh ＞Pt

对 NO_x 的还原：Pt - Pd - Rh ＞Rh ＞Pd ＞Pt

近年的研究表明，其他贵金属元素对汽车尾气的处理也具有一定的作用。如纳米 Au 粒子/氧化物载体催化剂在室温下可催化 CO 使其完全氧化，甚至温度在低至 200K 时也有高的催化活性。因此，负载型纳米 Au 或 Pt - Au 催化剂可用于汽油机和柴油机车的 CO 和 HCs 燃烧，特别是用作低温点火催化剂，也可催化 NO_x还原和 HCs 氧化的反应。Ag 作为催化剂添加剂可促使 NO 在 Ag/Pt/Rh 催化剂表面解离，但 Ag 易形成硫化物，这限制了它的应用。Ru 具有好的 NO_x 的消除能力，同时还能提升氧存储能力，但因其在高温易氧化形成挥发性氧化物 RuO_4 而应用较少[6, 9]。虽然当尾气中 CO 浓度较高或者含有 SO_2时，Pt 对 NO_x还原作用远不如 Ru，但某些过渡族金属添加剂可以提高 Pt 系催化剂对 NO_x还原反应的催化活性，这有利于不含 Ru 的催化剂的发展，从而降低成本[10, 11]。

由于贵金属资源量少、价格昂贵，而且在高温反应过程中一定程度上会发生 Pb、S、P 等中毒，因此在保持良好的催化转化效率前提下，寻找其他高性能催化材料部分或全部替代贵金属，已成为研究热点[12]。稀土元素原子结构特殊，内层 4f 轨道未成对电子多、原子磁矩高，电子能级极其丰富。虽然作为单独的组分并没有明显的高效催化作用，但稀土氧化物与贵金属结合使用，能调节催化剂的活性和载体表面的性能，可明显提高催化剂的催化效率，并大大提高贵金属催化剂抗毒性能及高温稳定性，同时也降低了贵金属用量[13]。尽管稀土在三效催化剂中的作用机理还不甚清楚，大多数人认为稀土对贵金属组分起到促进剂、活化剂和分散剂的作用，同时对载体也起稳定的作用，因此添加稀土氧化物有可能发展为新一代优良的催化剂。稀土氧化物在汽车尾气净化催化剂中的作用列于表 10 - 4。

表 10 - 4　稀土氧化物在汽车尾气净化催化剂中的作用[14]

主催化剂	稀土氧化物的作用	稀土元素
Cu - Mn - La 钙钛矿型催化剂	催化剂组分	La
过渡元素与稀土的钙钛矿型化合物	催化剂组分	La、Nd
贵金属	稳定剂、分散剂、贵金属的活化剂	CeO_2
Co - Cu - Mn	氧化铝载体的稳定剂	RE
Ni 合金	生成 NH_3 的抑制剂	La、Nd
$\gamma - Al_2O_3$ 负载稀土催化剂	$\gamma - Al_2O_3$ 的稳定剂	La、Pr、Nd
Pt - Rh	催化剂载体稳定剂	RE
Rh	防止 Rh 升华	RE
La、Pr、Nd 及 Ba、Ni	催化剂或 Ni 的促进剂	La、Pr、Nd
贵金属	贵金属的分散剂	La、Pr、Nd
Pd、Rh、Ti 三效催化剂	增强催化活性	La
双组分层催化剂，内含 Pt 族，外层含 Zr 和 Pt 族	稳定剂、分散剂、活化剂	Ce(内层) Pr、La(外层)

2. 柴油车尾气治理

尽管代用燃料发动机，如天然气发动机、甲醇燃料发动机、混合燃料及电驱动发动机都取得了较大进展，但目前占主导地位的仍然是汽油机和柴油机。柴油机凭借其优良的动力性与经济性仍是我国农村及山区主要的运输动力之一，但排放污染物的净化成为其进一步推广应用的瓶颈。

1)柴油机尾气的特点

近年来，随着工业的快速发展和国民环境意识的增强，城市空气质量指标日益成为居民关注的焦点。雾霾、灰霾等恶劣天气的频发，城市空气中的颗粒物

(PM)的监控，尤其是PM2.5值逐渐成为环境监测的重要指标。PM2.5是指环境空气中空气动力学当量直径小于或等于2.5 μm的颗粒物，也称为“可入肺颗粒物”。在机动车发动机排放物中，柴油机的PM排放量远远超出汽油机。PM对于人类健康的危害表现在两个方面：一是由于直径较小，PM中的碳颗粒长期悬浮于大气中不沉降，容易被吸入肺叶，造成肺组织的损伤，使肺功能衰退或肺组织及肺结构改变、呼吸道防护组织发生变化等。二是碳粒上吸附的HCs和硫酸盐，特别是HCs中含有大部分的多环芳香烃，可能有致癌作用[15]。

柴油机实际空燃比远大于理论值，尾气中的氧含量是汽油机的几十倍，强氧化性使柴油机尾气中还原性气体烃类HCs(不包括颗粒物)和CO仅为汽油机的几分之一到几十分之一，因此其主要污染物为NO_x。目前汽油机因为普遍采用了电控汽油喷射和三元催化转化装置，NO_x已经控制到了可接受的水平，而柴油机排气温度比汽油机低，NO_x排放控制技术还未达到汽油机的水平。汽油机中使用的三效催化剂不适应柴油机尾气的特点，需要开发新的尾气净化技术，即开发在富氧条件下使NO_x选择催化还原、NO_x储存还原和使用四效催化剂等技术和产品。

2)选择催化还原(SCR)

选择催化还原法指在尾气处理时另行添加还原剂(如NH_3或HCs)，使其选择性地与NO_x反应，避免还原剂的非选择性燃烧(与过量氧气的反应)，即在不改变柴油发动机运行工况的条件下，NO_x的机外净化需遵循选择性催化还原(SCR)的技术路线(图10-3)。根据外加还原剂的不同，分为NH_3-SCR和HCs-SCR两种，在含氧废气中选择还原NO_x[10]。

NH_3是NO_x的有效还原剂，一般以尿素作为氨源直接喷入废气流或燃烧室，催化剂由Pt预氧化催化剂、NH_3-SCR催化剂和Pt氧化催化剂等三种催化剂组成一个系列。Pt预氧化催化剂，将NO转换为NO_2属于快速反应，这可增强NH_3-SCR催化剂的低温性能。

$$4NO + 4NH_3 + O_2 \longrightarrow 4N_2 + 6H_2O \text{(标准反应)}$$

$$NO + NO_2 + NH_3 \longrightarrow N_2 + H_2O \text{(快速反应)}$$

$$6NO_2 + 8NH_3 \longrightarrow 7N_2 + 12H_2O \text{(慢速反应)}$$

NH_3-SCR催化剂有钒系催化剂和分子筛。其中钒系以V-W-TiO_2为主，还原活性非常高，并具有优异的抗硫中毒能力；分子筛主要有Fe分子筛和Cu分子筛。后面的Pt氧化催化剂可以氧化未完全反应的少量氨，以免泄漏到大气中[10, 16]。

以HCs为NO_x还原剂时，HCs可经催化车载油品分解而来，或直接在油品中添加。HCs-SCR催化剂的组成类似NH_3-SCR催化剂，但其活性成分为简单氧化物(Al_2O_3、Fe_2O_3、ZrO_2、SiO_2等)或负载在氧化物载体上的金属，如Cu(或Co、Pt)/Al_2O_3、Sr(或Pt)/La_2O_3、Pt/ZrO_2或过渡金属/沸石等。Pt预氧化剂将NO转

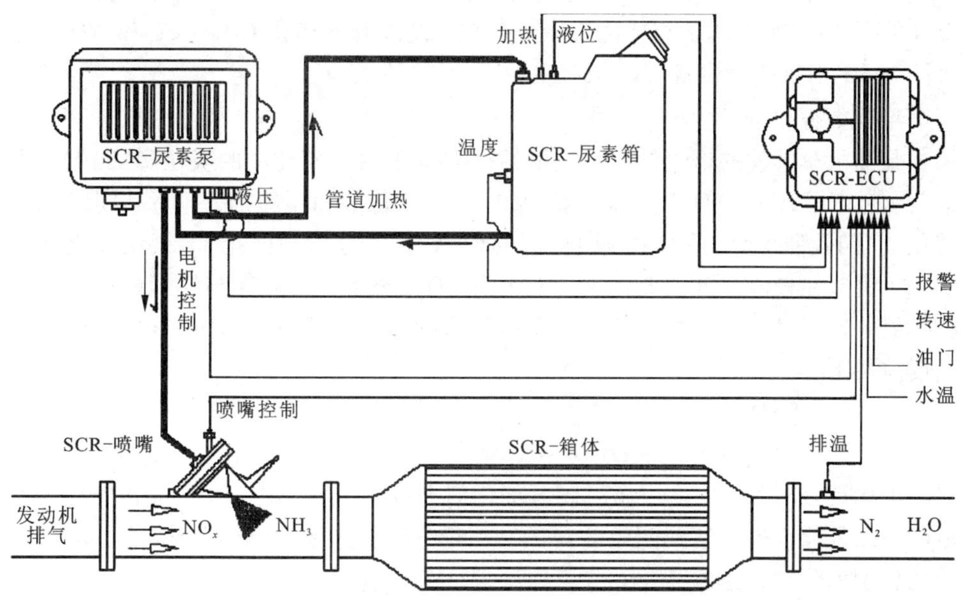

图 10－3　柴油机 SCR 催化剂总成及尿素喷射系统

换为 NO_2，在 HCs－SCR 催化剂作用下 HCs 将 NO_x 还原为 N_2：

$$2NO_2 + 4HC + 3O_2 \longrightarrow N_2 + 4CO_2 + 2H_2O$$

上述催化剂体系使 NO_x 的转化率达 95% 以上。

3) NO_x 储存还原(NSR)

NO_x 存储还原是富氧条件下净化 NO_x 的另一项技术。NSR 催化剂是由 Pt、碱土(或碱)金属氧化物 MO(如 BaO)或者碳酸盐和 $\gamma-Al_2O_3$ 载体组成。Pt 作为催化剂将 NO 转换为 NO_2，NO_2 与 MO(如 BaO)反应形成硝酸盐或亚硝酸盐 [$Ba(NO_3)_2$] 而被储存，在富燃脉冲(理论空燃比约为 14.6，空燃比低于该值称为富燃)时，硝酸盐分解释放 NO_x，经 CO 或者 HCs 还原为 N_2，发生的反应是[17, 18]：

$$2NO + O_2 \longrightarrow 2NO_2$$

$$NO_2 + MO \longrightarrow MNO_3$$

$$MNO_3 \longrightarrow NO + MO + 1/2O_2$$

$$2NO + 2CO \longrightarrow N_2 + 2CO_2$$

显然，NSR 催化过程具有氧化还原和储存 NO_x 的双功能，对氮氧化物的净化效率达 70% ~90%，但它的抗硫化和高温稳定性尚待进一步提高。添加 La、Ge、Cu、Fe、Zr 等组元可提高其抗硫化性能。例如，Fe 可抑制硫酸钡盐晶粒长大和降低其分解温度，提高其热稳定性。为提高载体的性能还发展出一些复合载体，如

$TiO_2-Al_2O_3$和 Mg－Al－O 等。此外，还开发了一些其他的多功能催化剂，如 Cu/ZSM－5、Au－Pt/TiO_2等组成的双床催化剂，既能有效净化 CO、HCs 和 NO_x，也可抑制 SO_2对催化剂中毒的影响。

4）四效催化剂[10, 11]

柴油机车排放的烟尘颗粒是吸附各种 HCs 和部分氧化物的炭粒。"四效催化剂"是使 CO、HCs、NO_x和烟尘颗粒（PM）互为氧化剂和还原剂，并将其同时催化转化。"四效催化剂"是由 Pt 催化剂的烟尘颗粒过滤器和前端 Pt 氧化催化剂组成，Pt 可以在较低温度下催化氧化 NO 为 NO_2，然后促使 NO_2与炭烟燃烧减少颗粒排放。这个过程称作"持续再生捕集"（Continuously Regenerating Trap，CRT），其反应如下：

$$2NO + O_2 \longrightarrow 2NO_2$$

$$2NO_2 + 2C \longrightarrow 2CO_2 + N_2$$

由稀燃（空燃比高于 14.67）脱氮催化剂 Pt/ZSM－5 和 Pt/DOC 氧化催化剂组成的双床催化剂也能达到四效的目的。"四效催化剂"是用于重型柴油机尾气净化的新型催化剂，也必需应用铂族金属。

在中国，柴油发动机催化剂排放标准相比汽油机排放标准实施较晚，国Ⅱ阶段柴油发动机基本依靠机内净化即可达到排放要求，国Ⅲ阶段柴油发动机开始加装催化剂。2014—2016 年，中国陆续实施重型柴油机和轻型柴油机国Ⅳ/国Ⅴ排放标准，但由于柴油发动机排放的污染物复杂且处理难度大（产品技术包括处理 CO/HC 的 DOC 催化剂技术、处理 NO_x 的 SCR 催化剂技术、处理颗粒物 PM 的 DPF/CDPF 催化剂技术），目前我国柴油发动机催化剂技术理论和产品仍处于起步研究和发展阶段。近年来，以昆明贵研催化剂有限责任公司为代表的部分国内企业在 DOC、SCR 和 DPF 等技术方面开展了大量研发和产业化应用工作，不断提升柴油发动机后处理催化剂技术的研发能力，建立了柴油机催化剂评价平台和方法，实现相关技术集成和应用评价，完成国Ⅳ/国Ⅴ柴油机催化剂技术和新产品的升级。

3. 摩托车尾气治理

随着全球摩托车排放法规的不断严格，现在已经制定了多种摩托车尾气净化治理方案（见表 10－5）。催化转化装置（催化剂）在摩托车排放系统中的应用也越来越受到重视。国内绝大部分摩托车生产商都在进行满足欧 Ⅲ 排放标准的整车开发工作，并取得了初步成功。

摩托车尾气净化催化剂必须具备下列特点：首先，在较短的时间内和较低的温度下具有很好的催化活性和较高的净化效率，能够对尾气中的有毒物质如汽油添加剂等具有很好的抗中毒性能；其次，具有很好的抗热冲击性能和较高的机械强度，催化剂涂层与载体结合牢固，耐骤冷骤热的破坏，且在尾气高速流过催化净化器及摩托车运行的震动不会导致催化剂涂层脱落；第三，催化剂对气体流动具有较低的阻力，对摩托车发动机原有动力影响不大。由于摩托车尾气处理技术方案的不同，对催化方式和催化剂也有着不同的要求[19]：

表 10－5　控制及治理摩托车尾气的方案

车型	排放标准要求	推荐采用的技术方案
四冲程摩托车	欧Ⅰ阶段限值	(1)化油器混合气精确控制
		(2)氧化型催化转化器
	欧Ⅱ阶段限值	(1)化油器混合气精确控制＋氧化型催化转化器
		(2)电控汽油喷射系统
	欧Ⅲ阶段限值	电控汽油喷射系统＋排气三元催化转化器
二冲程摩托车	欧Ⅰ阶段限值	(1)化油器混合气精确控制＋氧化型催化转化器
		(2)氧化型催化转化器＋机后二次空气补给
	欧Ⅱ阶段限值	(1)化油器混合气精确控制＋氧化型催化转化器＋精细匹配
		(2)氧化型催化转化器＋机后二次空气补给＋精细匹配
		(3)电控汽油喷射系统
	欧Ⅲ阶段限值	电控汽油喷射系统＋排气三元催化转化器

(1)使用电喷技术的后处理催化剂

当摩托车使用电喷技术后，排放特点与当今电喷汽车相似，工作空燃比在理论空燃比($A/F=14.6$)附近变化，需要催化剂对 CO、HCs 和 NO_x这三种污染物具有优良的催化转化作用。除选用 Pt/Rh、Pd/Rh 等以贵金属为主要催化活性材料的三效催化剂(TWC)外，还须将催化剂与电喷进行匹配，根据排放结果差异对催化剂配方进行微调，以达到最高催化转化活性。

(2)使用稀薄燃烧电控补气技术的后处理催化剂

当摩托车使用稀薄燃烧电控补气技术后，排出的尾气空燃比在理论空燃比附近变化，可选用 Pt/Rh、Pd/Rh 等具有三元催化作用的贵金属催化活性材料的三元催化剂。

(3)使用二次补气技术的催化剂

二次补气技术是一种结构简单、成本最低，且能达到欧Ⅲ标准的技术方案。该方案需要将化油器进行精调，保证发动机处于最佳工作状态，此时排出的尾气采用二级催化法处理污染物。针对摩托车在高速情况下产生过多的 NO_x污染物，第一级采用一种还原型催化剂(RC，一般为 Pt/Rh、Pd/Rh、单 Rh 型催化剂)，第一级的后端加一个空气泵进行微量补气，将排放混合器调节至富氧状态；第二级采用一种氧化型催化剂(OC，一般为 Pt、Pt/Pd 或 Pd 催化剂)，处理排出超标的 CO、HCs 化合物。

4. 使用其他燃料的汽车尾气治理

据美国能源部预测，2020 年以后，全球石油需求与供给之间将出现净缺口，2050 年的供需缺口将达到 500 亿桶，相当于 2000 年世界石油总产量的两倍。在中国情况同样严峻。1993 年中国已成为石油净进口国，我国近几年石油进口量见表 10－6。预测 2020 年进口量将达 2.14 亿 t(同年原油需求量为 4.12 亿～4.15 亿 t)，2050 年后中国石油总需求绝大部分将依赖进口，面临石油供应严重不足的局面。

表 10－6　我国近几年石油进口量

年份	2000	2001	2002	2005	2010
石油进口量或缺口量/亿 t	0.70	0.65	0.72	1.10～1.40	1.5～2.0
占全国总消费量/%	—	—	29.8	39.9～43.0	44.1～57.0
石油产量/亿 t	1.60	1.64	1.69	1.78	1.95

目前我国能源消耗总量中以使用汽油和柴油为主的内燃机消耗为主。为了缓解这个矛盾，加快车用替代燃料的研究与推广已经成为迫切的任务。车用替代燃料是指能够全部或部分替代汽油、柴油的燃料，主要有烃类气态燃料、醇类燃料、二甲醚和生物柴油等。乙醇是一种很好的代用清洁燃料，它可以增加汽油的含氧量，使其燃烧更充分，降低污染物的排放[20]。由于燃料的特殊性，这类含氧燃料燃烧后尾气中的污染物种类发生了一定的变化，含有常规污染物和非常规污染物[21]。燃料燃烧后烟气中常规污染物 HCs、CO 和炭烟不同程度地降低，但不可忽视的是有机物的排放变得更加复杂，可溶有机颗粒 SOF (Soluble Organic Fraction)排放明显增加，如甲醇、乙醇和柴油混合燃料燃烧会导致甲醛、乙醛和丙酮比柴油燃料燃烧排放多 5～12 倍[22]。这些非常规污染物危害性非常大，如甲醛毒性较高，已被世界卫生组织确定为致癌和致畸形物质；乙醛具有麻醉性；甲醛、乙醛和丙酮等含羟基化合物，在大气中容易转化为 PAN[硝酸过氧化乙酯，$CH_3C(O)OONO_2$]和 PPN[硝酸过氧化丙酯 $CH_3C(O)OONO_2$]等二次污染物，容易导致光化学烟雾的产生。因此，这些非常规污染物更需要关注和避免。

在国内，在含氧燃料与汽油、柴油混合使用时，发动机并没有针对含氧燃料而设计，所以从控制燃烧条件研究含氧燃料尾气排放机理的工作开展地不多。现有含氧替代燃料实验发动机基本配备了三元催化器处理装置，基于 Pt－Rh 的三元催化器净化常规的排放物非常有效，但对醛类等非常规污染物的作用还没有形成较成熟的观点，而且对尾气中未燃尽的燃料醇的转化几乎没有效果[23]。

为了减少乙醇等代用燃料引起的尾气污染，最好的途径是将其转化为氢能源使用[5]。乙醇转化为氢可采用部分氧化法和蒸汽重整法，主要步骤如下[24]：

$$CH_3CH_2OH + 0.5O_2 \longrightarrow CH_3CHO + H_2O \quad \Delta H = -172.9\ kJ/mol$$

$$CH_3CHO \longrightarrow CH_4 + CO \quad \Delta H = -18.7\ kJ/mol$$

$$CH_4 + H_2O \longrightarrow CO + 3H_2 \quad \Delta H = 205.7\ kJ/mol$$

$$2CO + O_2 \longrightarrow 2CO_2 \quad \Delta H = -566\ kJ/mol$$

总反应式为：$CH_3CH_2OH + O_2 \longrightarrow CO_2 + H_2 \quad \Delta H = -551\ kJ/mol$

使乙醇转化为氢气的催化剂应满足如下要求：在反应温度下不会 CO 中毒，能促使氧快速从材料内移到表面，并促使表面氧缺陷快速再生；催化剂中含有的金属组分在氧化 - 还原循环中失活最小等。实验发现，低负载量(物质的量分数小于1%)及高弥散分布在适当载体中的贵金属催化剂能满足上述要求。载体材料可选择氧化铝、氧化硅、氧化钛和氧化铈等。金属组分为 Pt、Pd、Rh、Au。以 GeO_2为载体和负载上述贵金属或双金属(如 Pt - Rh、Rh - Au)的催化剂，在催化转化乙醇的反应中，乙醇首先氧化生成乙醛，乙醛继而分解。由于 Rh 可与乙醇直接反应并降低乙醛的稳定性使乙醛转化为 CO(在低温被氧化生成 CO_2)和 CH_4，因此含 Rh 催化剂对乙醇的催化转化效果很好。Rh - Au/CeO_2和 Pt - Rh/CeO_2催化剂对乙醇转化为 H_2的催化活性相近，但 Pt - Rh/CeO_2催化剂在 700℃以上活性更好。图 10 - 4显示了 Pt、Pd、Rh 催化剂在制氢过程中不同的作用和反应途径。由乙醇制取氢涉及两个关键步骤[24]：第一步是在合适温度时脱氢，Rh 是最适当的催化剂；第二步是 CO 氧化为 CO_2，在低温时 Au 的催化活性最好，但在高温时 Pt 是制氢最好的催化剂，可以获得较高的氢产量。

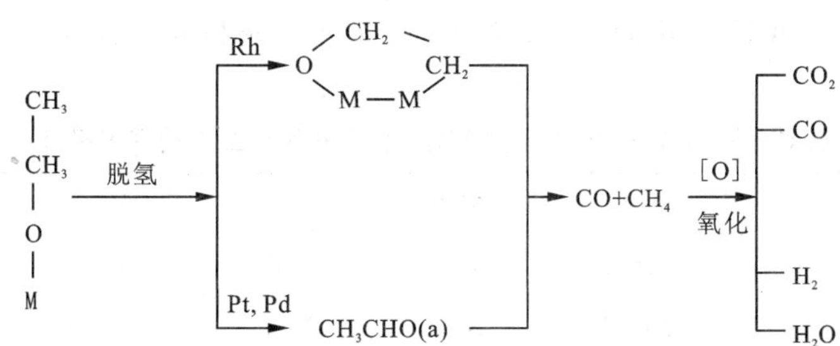

图 10 - 4 Pt、Pd、Rh 催化剂在制氢过程中不同的作用和反应途径

5. 机动车尾气治理催化剂产业发展现状及展望

汽车尾气治理催化剂行业是新兴的环保产业，据《中国汽车工业年鉴》统计，我国汽车工业已连续十年增幅保持两位数(图 10－5)，2008 年中国全年汽车销售量达 938.05 万辆，2009 年达到 1350 万辆，一跃成为世界上汽车生产量最大的国家；2010 年中国汽车销量达到 1806 万辆，2011 年全球机动车保有量已超过 10 亿辆，我国机动车保有量超过 2 亿辆。

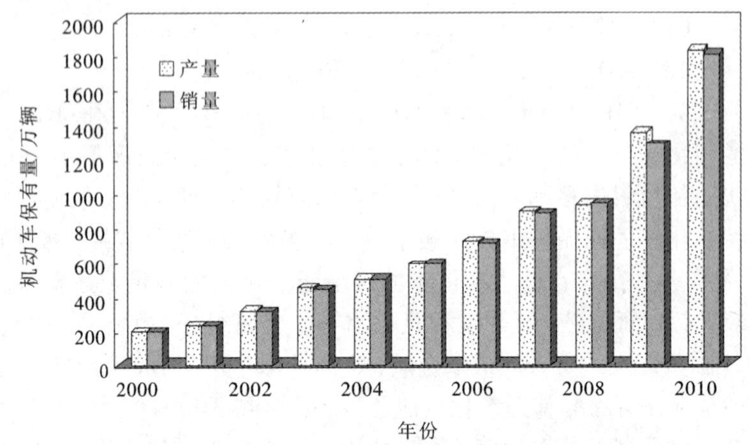

图 10－5　中国汽车工业产销量增长趋势

催化剂是汽车尾气净化的关键零部件，也是目前全球用于汽车排放控制最有效的技术手段，而贵金属是汽车尾气净化催化剂中的关键活性元素，对汽车尾气净化起决定性作用。随着机动车保有量的不断增加，机动车尾气净化催化剂对 Pt、Pd、Rh 的需求也日益增加。2011 年，对 Pt 的需求量达到总需求量的 38.36%，Pd 达到 71.39%，Rh 达到 78.37%，机动车已成为三大贵金属消耗的主要对象。2007—2011 年机动车行业对铂族金属的需求量列于表 10－7。

表 10－7　2007—2011 年机动车催化剂对铂族金属的需求量(t)

年份		2007	2008	2009	2010	2011
Pt	汽车	128.9	113.7	68	95.6	96.6
	总量	257.2	248.5	211.3	245.9	251.8
	比例	50.12%	45.75%	32.18%	38.88%	38.36%
Pd	汽车	141.4	138.9	126	173.6	187.6
	总量	261.1	257.8	244.2	302.8	262.8
	比例	54.16%	53.88%	51.60%	57.33%	71.39%

续表 10 – 7

年份		2007	2008	2009	2010	2011
Rh	汽车	27.6	23.9	19.3	22.6	22.1
	总量	32.2	27.9	22.3	27.6	28.2
	比例	85.71%	85.66%	86.55%	81.88%	78.37%

国外汽车用催化剂产业起步于 20 世纪 40 年代，1943 年和 1954 年美国洛杉矶两次光化学烟雾事件后，各国科研工作者开始关注汽车尾气的污染与防治问题。1980 年，美国率先实施严格控制 NO_x 排放的法规，促进了汽车用催化剂产品的开发与应用。随着汽车的快速增长，为解决日益恶化的环境问题，欧美发达国家每年都大量投资开发和研究汽车低污染技术。英国政府每年投资 8 亿多英镑。德国企业界 30 年间已为此耗资 1300 多亿美元。美国为实现 2003—2005 年 NO_x 和碳氧化物排量再降低 10% 的目标，花费 16 亿美元用于尾气污染治理[25]。到 20 世纪 80 年末期，随着欧美排放标准的不断严格，机动车用催化剂产业得到快速发展。

中国汽车尾气催化净化技术起步于 20 世纪 70 年代初。1973 年我国第一汽车厂开始对红旗轿车尾气进行净化。1975 年，北京有色金属研究总院稀土冶金研究所接受国家下达的“汽车尾气净化稀土催化剂的研究”任务，昆明贵金属研究所、北京工业大学、中国科技大学、华东理工大学、清华大学等也开展了这方面的研究。20 世纪 90 年代中后期，中国开始对汽车排放实施严格控制，规定新车必须安装净化器。当时市场上销售的较成熟的产品主要是同国外技术合作和组装国外的催化剂产品，而整车厂使用的净化器产品大部分直接从国外进口。国产稀土催化净化器的实际使用结果表明，不含贵金属的催化剂在活性，耐久性，抗 S、P 中毒方面，都远不及贵金属催化剂，无法满足新排放法规的要求。21 世纪初期，经过多年的技术研究积累，中国在拥有自主知识产权的催化剂研究方面有所突破，并建成了规模化生产线，具备规模制造、研发和销售能力产品见图 10 – 6。目前中国汽车用尾气净化催化剂市场形成了比利时优美科公司、德国巴斯夫公司、英国庄信万丰公司等三大国外公司及昆明贵研催化、无锡威孚为代表的一批国产汽车用尾气净化催化剂制造企业同台竞技的局面。虽然中国汽车用尾气净化催化剂产品在研发、应用与规模化制造水平方面均晚于国外，但国内催化剂企业技术进步很快，国产汽车用尾气净化催化剂市场占有率已从 2000 年的 1% 上升到 2010 年的 16%，为中国汽车尾气净化催化剂产业打下了良好的基础，发展前景广阔。

随着国Ⅴ/国Ⅵ排放标准的快速推进实施，以及中国机动车贵金属催化技术十三五期间向国际汽车市场推进的战略目标的确定，一方面实现我国与欧美目前

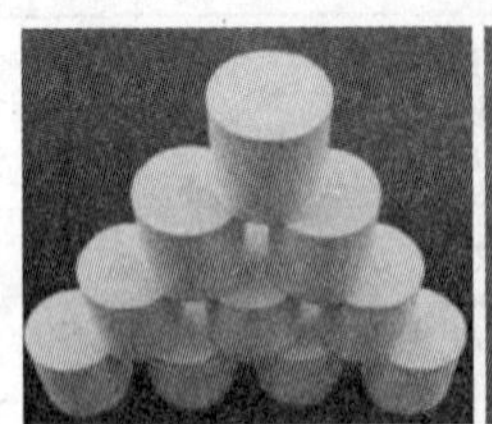

图 10－6　汽油机（左）、柴油机（中）及摩托车（右）尾气净化催化剂

实施的国际排放标准接轨，达到同一水平；另一方面鼓励中国催化剂技术走向国际汽车市场，使催化剂技术要求与国际接轨。因此在催化剂理论研究、性能要求、评价体系等方面提出了以国际标准为标杆的建设要求。为构建中国与国际接轨的机动车用催化剂技术体系，以昆明贵研催化剂公司为代表的一批国产催化剂企业正在积极建设并加大了汽车尾气净化催化剂技术的研发投入和能力提升。该公司目前正围绕新国家排放标准要求和国际汽车企业要求，开展技术标准研究、理论研究、技术开发，满足性能新要求、建立新的评价体系、评价方法，实现国产催化剂与国际接轨，并在此平台上开发先进的国Ⅴ/国Ⅵ催化剂技术，解决冷启动排放控制、高温储氧稳定性、抗中毒能力、H_2S 抑制等关键技术和共性技术问题。

另外，铂族金属催化剂仍然是汽车尾气净化领域的主体，但铂族金属价格昂贵，提高其催化活性、降低铂族金属使用量及开发替代铂产品仍是主要研究内容。一方面通过控制贵金属粒子尺寸、形态或含量等方法来提高催化剂的活性、稳定性及活性组分的利用率；另一方面希望开发低贵金属催化剂以降低成本。稀土元素外层轨道 d 或 f 轨道电子丰富，催化剂中稀土元素与贵金属材料存在较强的相互作用。我国拥有丰富的稀土资源，具有“储量第一、产量第一、出口第一、应用第一”四个世界第一。将稀土应用在汽车尾气净化器上具有很好的发展前景。

努力开发具有自主知识产权的产品，提高国产汽车尾气净化器的质量，缩小与国外同类产品的差距，提高国产品牌的市场占有率是今后中国汽车尾气净化催化剂产品领域努力的方向。

10.1.2　工业有机废气治理

现代工业每年排入环境的有毒有害废气，尤其是挥发性有机废气的排放，严重恶化人类的生态环境，危害人体健康。挥发性有机化合物（Volatile Organic Compounds，VOCs）是指在常温下饱和蒸气压约大于 70 Pa，常压下沸点低于 260℃的有机化合物，主要包括烃类（炔烃、烯烃、烷烃、芳香烃），含氧化合物

（醇、醛、酮）和卤代烃[26]。

工业有机废气主要来自以煤、石油、天然气为燃料或原料的工业，是石油化工、轻工、塑料、印刷、涂料等行业排放的常见污染物，具体来源如下[27]：①石油开采与加工、炼焦与煤焦油加工、煤矿、木材干馏、天然气开采与利用；②化工生产，包括石油化工、燃料、涂料、医药、农药、炸药、有机合成、溶剂、试剂、洗涤剂、黏合剂等生产；③各种内燃机（包括交通运输）；④燃煤、燃油、燃气锅炉与工业锅炉；⑤油漆、涂料的喷涂作业，使用有机黏合剂的作业；⑥各种有机物的燃烧与加热装置、运输装置及存储装置；⑦食品、油脂、皮革、皮毛的加工；⑧粪便池、沼气池、发酵池及垃圾处理站。来源分类列于表 10 - 8。

表 10 - 8　VOCs 有机化合物来源分类[28]

废气种类	主要来源
硫醇类	制浆造纸、炼油制气、制药、合成树脂和橡胶、合成纤维
胺类	水产加工、畜产加工、皮革、油脂化工、饲料、骨胶生产
吲哚类	粪便、生活污水处理、炼焦、屠宰、肉类腐烂
醛类	炼油、石化、医药、铸造、内燃机排气、垃圾处理
醇类	石化、林产化工、铸造、制药、合成材料和洗涤剂
酚类	钢铁、焦化、燃料、制药、合成材料及香料
酮类	溶剂、涂料、油脂、石化、炼油、合成材料
醚类	溶剂、医药、合成纤维与橡胶、炸药、软片
酯类	合成纤维、合成树脂、涂料、黏合剂
脂肪酸	石化、油脂、皮革、酿造、制药、制皂、合成洗涤剂
有机卤素衍生物	合成树脂、合成橡胶、溶剂、灭火器材、制冷剂

VOCs 废气逸散排入大气环境中主要产生三方面的影响[29]：一是大多数 VOCs 有毒、有恶臭，对人的眼、鼻、呼吸道有刺激作用，对心、肺、肝等内脏及神经系统产生有害影响，甚至造成急性和慢性中毒，可致癌、致基因突变（详见表 10 - 9）；二是 VOCs 可破坏大气臭氧层，产生光化学烟雾，导致大气酸化及产生酸雨；三是积累到一定浓度会发生爆炸。

因此，VOCs 的治理越来越受到各国的重视，已成为大气污染控制中的一个热点，许多发达国家都颁布了相应的法令以限制 VOCs 的排放。2010 年 5 月中国颁发了《关于推进大气污染联防联控工作改善区域空气质量指导意见的通知》（国办发〔2010〕33 号），首次正式从国家层面明确了开展挥发性有机物污染防治工作的重要性，将 VOCs 和 SO_x、NO_x、颗粒物一起列为改善大气环境质量的防控重点。可以预见，继除尘、脱硫和脱硝以后，在十三五期间以及今后相当长的一段时间内，我国 VOCs 的治理工作将会得到快速发展。

表 10－9　常见挥发性有机化合物环境容许浓度及其对人体的危害[30]

VOCs	分子量	环境容许浓度/($mg \cdot m^{-3}$)	爆炸极限(V)/%	症状
甲苯	92.1	100	1.27～6.75	头痛、目眩、贫血、恶心、肺水肿
苯	78.1	5	1.5～8.0	致癌、白血病、呼吸麻痹
二甲苯	106.5	100	1.1～7.0	贫血、白血球、红血球减少、皮肤黏膜刺激
丙酮	58.1	750	2.5～12.8	眼、皮肤刺激，麻醉，头疼，咳嗽，恶心，昏迷
甲基乙基酮	72.1	100	1.8～11.5	黏膜刺激、麻醉
环己酮	98.1	25	1.4～9.4	吸入、皮肤接触中度毒性
甲醇	32.0	200	6.0～36.5	视神经障碍、头痛，呕吐，痉挛，失明
异丙醇	60.1	400	2.0～12.0	黏膜的刺激、麻醉
乙酸乙酯	88.1	400	2.5～9.0	弱麻醉，皮肤黏膜刺激
乙酸丁酯	116.0	150	1.2～15.0	眼的刺激，麻醉
二氯甲烷	85	100	12.0～22.0	麻醉性，致癌
三氯乙烷	133.5	350	8.0～10.5	头痛，疲倦，中枢神经系统衰弱
一氯甲烷	50.5	50	10.7～13.4	昏睡，恶心，胃痛，视力障碍
正己烷	86.2	50	1.2～7.5	头痛，目眩，呕吐，失神
四氯化碳	153.8	5	—	腹痛恶心，呕吐，致癌
三氯乙烯	131.4	100	—	流泪，中枢神经刺激，麻醉
四氯乙烯	165.9	50	—	肝障碍，麻醉作用，神经症
乙醛	44.0	10	4.1～55	黏膜腐蚀，视觉模糊，肺水肿
乙醚	74.1	400	1.9～48	麻醉，神经系统伤害，肝、肾伤害
乙腈	41.1	40	4.4～16	头痛，晕眩，呼吸困难，伤害中枢神经
丙烯腈	53.0	20	3.0～17	恶心，呕吐，呼吸困难，致癌

对于废气中的VOCs处理，研究较多且广泛采用的有燃烧法、催化燃烧法、吸收法、吸附法和冷凝法，近年来还发展了一些高新技术手段，如膜分离技术、生物降解、等离子体和光催化氧化等。表10－10列出了几种VOCs处理工艺的特点[31]。本节将对一些相对成熟的治理技术，如催化燃烧法、等离子体技术以及光催化净化法进行简要介绍。

表10－10　几种VOCs处理工艺特点分析

工艺或方法	运行费用	处理效率/%	优 点	缺 点
热力燃烧	较高	95～99	效率高，回收热能	产生二次污染
催化燃烧	较高	90～98	效率高，回收热能	操作条件严格，催化剂易中毒
生物降解	低	60～95	投资费用低，无二次污染	处理周期长，生物培养难度大，资源回收利用难
冷凝	高	70～85	回收利用资源	操作条件苛刻，要求有机物沸点不高于33℃
吸收(不回收吸收剂)	高	90～98	设备简单、易维护	运行成本高
吸附	低	80～90	效率高，弹性大，吸附剂可循环使用	吸附床层易堵塞
膜分离	低	90～96	回收利用资源	膜清洗难度大

1. **催化燃烧法**

催化燃烧法是采用具有催化活性的金属，使有机化合物在低温下催化燃烧，发生一系列分解、聚合及自由基反应，通过氧化和热裂解、热分解，最终生成水和二氧化碳等无毒物质。在众多处理技术中，催化燃烧技术最为直接、经济和高效，它可以在远低于直接燃烧温度条件下处理各种浓度的VOCs气体，具有净化效率高、无二次污染、能耗低的特点，是商业上处理VOCs应用最有效的处理方法之一，催化燃烧过程见图10－7。

高效催化剂是催化氧化法的核心材料，用于治理VOCs的催化剂有贵金属催化剂(如Pt、Pd)和非贵金属催化剂(如V、Ti、Fe、Cu等)。在催化燃烧过程中，催化剂的作用是降低活化能，使反应物分子富集于表面提高反应速率。对于碳氢化合物和一氧化碳催化燃烧的催化剂，活性顺序为：$Pd > Pt > Co_3O_4 > PdO > CrO_3 > Mn_2O_3 > CuO > CeO_2 > Fe_2O_3 > V_2O_5 > NiO > Mo_2O_3 > TiO_2$[33]。有机化合物的起始燃烧温度

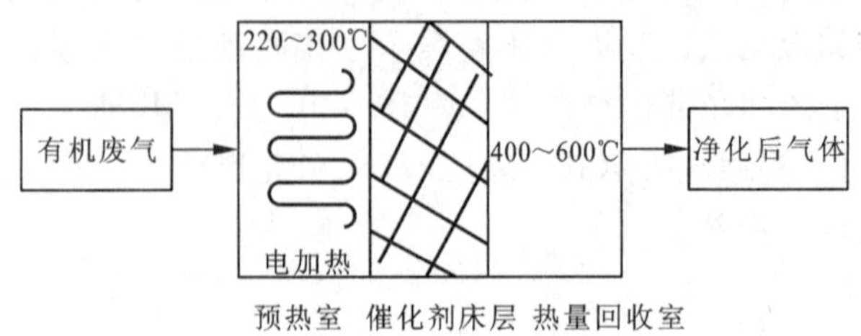

图 10－7 催化燃烧法示意[32]

因化合物种类的不同而不同，碳氢化合物含碳数目越多，不饱和度(指双键、三键等)越高，起燃温度就越低[34]。表 10－11 列出了几种气体催化燃烧的温度范围。采用 Pt 为燃烧体系催化剂，对于大多数 VOCs，燃烧温度可降到 300～500℃。

表 10－11 气体催化燃烧起始和完全燃烧温度

	甲烷	乙烯	苯
起始反应温度/℃	230	130(复合催化剂 170)	100
完全燃烧温度/℃	400	300(复合催化剂 500)	350

作为一般反应规律，非卤化 VOCs 在铂催化剂上被催化氧化的容易程度有下列顺序[35]：甲烷 < 烷烃 < 芳香族化合物 < 烯烃 < 含氧有机化合物；而含卤素的气体，如三氯乙烯，可用 Cr_2O_3 和 $Pt/V_2O_5/TiO_2$ 催化剂，因为在含氯的环境下，Pt、Pd 的活性会受到抑制[36]。将 TiO_2 涂在载体上形成的 $Pt/V_2O_5/WO_3/SnO_2/TiO_2$ 催化剂在 280～290℃条件下对 CCl_4 的清除率达 99%，对苯的转化率达 99%[37]。若气体中含大量的硫(体积分数 $>5\times10^{-5}$)，其催化剂可采用与硫作用相对不活泼的载体，如 Fe_2O_3、SiO_2、$\alpha-Al_2O_3$ 等来负载贵金属；若气体不含硫，可用非贵金属催化剂，如 CuO、Co_3O_4[38]。研究表明 Au/TiO_xN_y 催化剂对己烷、苯和丙醇等有机物也具有很高的催化作用[39]。

由于贵金属催化剂价格昂贵，且在处理卤素有机物和含有 N、S、P 等元素的有机物时发生的氧化作用会使催化剂失活，所以添加一些非贵金属元素作为助剂，可有效提高催化剂的性能[40]。如贵金属 $+V_2O_5+MO_x$(M：过渡族金属)用于治理甲硫醇废气；Pt + Pd + CuO 催化剂用于治理含氮有机醇废气。采用过渡金属氧化物和复合氧化物等催化剂取代贵金属催化剂也取得了一定的进展。国家绿色化学合成技术重点实验室以 316L 不锈钢丝网为载体，采用电泳沉积法和热处理技术在丝网表面包覆一层具有高黏结强度和较高比表面积的 Al_2O_3/Al 黏合层，再利用湿浸涂技术在丝网表面负载纳米钙钛矿型稀土复合氧化物制成的 $La_{0.8}Sr_{0.2}MnO_3$ 催化剂，以甲苯、二甲苯和丙酮的催化燃烧反应为模拟反应，考察了催化剂的催化性能和反应特性。结果表明，$La_{0.8}Sr_{0.2}MnO_3$ 催化剂在丝网表面具有较强的黏结强度，在强放热反应中具有传热速率快、催化剂床层整体均温性好的特性，具有较好的催化燃烧活性和稳定性，为催化剂的工业化推广应用奠定了基础[41]。

催化剂失活及活性组分的流失是催化过程中的两个重要问题。催化剂使用一段时间后，燃烧过程产生的 Fe_2O_3、SiO_2、积碳等固体物质沉积在催化剂表面，活性位被遮蔽或覆盖，是导致催化剂失活的主要原因。少量永久性的失活现象，可能是因为载体中低熔点物质的烧结或是形成了某些新的化合物以及活性组分的流失。尤其严重的是氯代烃在燃烧过程中易和贵金属氧化物反应形成易于挥发的氯化物，而导致贵金属催化剂活性组分流失[42]。对于活性组分被覆盖而失活的情况，通常采用一些特殊的化学处理方法来清除活性组分表面的杂质，可恢复催化剂原有的活性。例如使用络合剂及中等强度的酸、碱，通过化学清洗和保养，可以延长催化剂的寿命。对于 0.13% $Pt/C-Al_2O_3$ 催化剂，碱处理较酸处理更有效。还需指出，催化剂的再生效果取决于中毒的情况，一般需针对不同的情况采用不同的方法来恢复其活性。

2. 低温等离子体技术

使用冷等离子体(包括微波辐射等离子体和电晕放电等离子体)可以促进 VOCs 的催化燃烧。在冷等离子技术中，在放电产生的强电场中自由电子加速运动，高能电子与周围环境中的气体分子发生无弹性碰撞并产生一系列活性物质，如 $\cdot O$、OH、$\cdot HO_2$、$\cdot H$、$\cdot N$、O_2^*、N_2^*、O_3、O_3^*、O^-、O^{2-}、OH^-、N^{2+}、N^+、O^{2+} 和 O^+ 等。这些自由原子团、激活态分子和离子可氧化 VOCs，达到完全氧化和清除 VOCs 的目的。将冷等离子体技术和催化剂技术相结合，大大降低了污染物催化氧化温度和增加其氧化速率。采用 $\gamma-Al_2O_3$ 负载的 Pt、Pd、Rh 型催化剂，不仅可以氧化 VOCs，还可以分解 SO_2、NO_x、CO_2 等气体。

在氧化某些有机化合物的同时可以获得一些更有价值的化合物，如可在较低温度下高效率地将甲烷转化为 C_2 化合物(乙烷、乙烯和乙炔)、氢、甲醇、甲酸和合成气，而如果采用传统热活化技术需要 1000℃以上的高温，并且产率较低。一般，不同方法对甲烷催化燃烧的转化效率有如下次序[43]：冷等离子体催化剂氧化 > 等离子体 > 催化氧化 > 热活化；而作为催化剂中的金属活性组分，其活性和催化燃烧效率则是 Pt > Pd > Cu。

近年来，国外开始研究在常温常压下用高压脉冲电晕放电产生等离子体，使低浓度甲苯氧化为无害的 CO_2+H_2O，该方法称为电晕－催化法[44]。研究发现，利用脉冲电子束照射 20 多种 VOCs，对其中的芳香族、脂环族、脂肪族、甲醇和三氯乙烯等污染物的处理效果很好[45]。如脉冲电压 18 ~ 22 kV，脉冲频率 100 次/s，保留时间 115 s，对甲苯(浓度为 5×10^{-5})的氧化率接近 100%。利用电晕与催化相结合的新技术治理低浓度有机废气和含氯有机废气，即利用催化剂降低氧化反应的活化能，加快反应速率，而电晕可以激活有机废气分子，发挥了两者的优势，降低了催化反应温度，选择性较高，净化率 >95%。

3. 光催化氧化法

光催化氧化法是近年来日益受到重视的污染治理新技术。半导体材料，如 TiO_2、ZnO、CdS、WO_3、Fe_2O_3、PbS、Ga_2O_3、ZnO - SnO_2、TiO_2/Fe_3O_4等[46-48]，在光照下可以将吸收的光能直接转变为化学能，可以激发出“电子 - 空穴”对(一种高能粒子)，这种“电子 - 空穴”和周围的水、氧气发生反应后，就产生了具有极强氧化能力的自由基活性物质，因此能够使许多通常情况下难以发生的反应在比较温和的条件下顺利进行。如在紫外光照射下，纳米 TiO_2可使废水中的多氯联苯光催化脱氯，开辟了光催化技术在环保领域的应用先河[49]。

近年来，光催化净化系统研究取得了一定的进展。在特定波长光照下，利用催化剂的光催化活性，使吸附在其表面的 VOCs 发生氧化还原反应，最终将有机物氧化成 CO_2、H_2O 和无机小分子。光催化氧化具有选择性高，反应条件温和(常温、常压)，催化剂无毒，能耗低，操作简便，价格相对较低，无副产物生成，使用后的催化剂可用物理或化学方法再生后循环使用，对所有污染物几乎均具有净化能力等优点。系统采用的催化剂多为 TiO_2 载体负载 Pt、Pd 型，贵金属单质由于具有与 TiO_2不同的费米能级，因此能成为光生电子的受体，同时也有助于抑制电子 - 空穴的复合。由于 TiO_2价廉无毒且来源广泛，对紫外光吸收率较高，抗光腐蚀性、化学稳定性和催化活性高，对很多有机物有较强的吸附作用，因而 TiO_2光催化技术在处理 VOCs 上具有极大的优势。中国海洋大学工程学院用纳米 TiO_2光催化剂进行了光催化氧化去除 VOCs 的机理研究，该研究指出光催化降解控制机理中主要有传质、扩散、吸附、光化学反应几个过程，并建立了动态数学模型，该模型有助于 VOCs 光催化降解系统的设计[50]。

常用的贵金属种类为 Pt 和 Pd，其沉积量通常在 0.1% ~2%(质量分数)。空气净化用光催化系统列于表 10 - 12。

4. 生物膜法

生物膜法就是将微生物吸附固定在多孔性介质填料表面或空隙中，并使含挥发性有机物的污染空气通过填料床层时被孔隙中的微生物耗用，并降解成 CO_2、H_2O 和中性盐。与其他方法相比，该法虽然投资费用低，但反应周期长，效率不高，微生物的选择和培养难度大，仅适用于某些特定的环境。

表 10 - 12　空气净化用光催化系统

载体	铂族金属沉积方法	贵金属及含量(质量分数)/%	污染物	备　注
TiO_2	浸渍	Pt, 1	乙醇	紫外光照 70 min, 对乙醇的去除率达 70%
TiO_2	光催化	Pt, 1	敌敌畏	可见光照 3 h, 对敌敌畏降解率可达 100%
TiO_2	原位沉淀	Pt, 0.5	1, 4 - 二氯苯酚	贵金属修饰后, 催化剂活性提高 30%
TiO_2	光催化	Pt/Pd, 1 ~ 2	久效磷	贵金属的掺杂大大提高了催化剂对久效磷的降解速率, 其中最好降解活性达 90%
P25	光催化	Pt, 0.5	十二苯基磺酸钠	紫外光光照 150 min, 其降解率可达 70%
P25	热和光催化	Pd, 0.15	1, 4 - 二氯苯, 水杨酸	贵金属修饰后, 催化剂活性提高大于 30%
TiO_2	浸渍	Pt, 0.5	H_2S	可见光光照 1 h, 对 H_2S 的降解率可达 97%
P25	光催化	Pt, 0.2	乙醇	贵金属修饰后, 催化剂活性提高至 220%
P25	光催化	Pt, 0.4	甲苯	贵金属修饰后, 催化剂活性提高为之前的 4 倍
TiO_2	光催化	Pt, 0.5	五氯苯酚	紫外光光照 10 min, 对五氯苯酚降解率可达 100%

注: P25 为 Degussa - H · els 公司产品, 其成分为 70% 锐钛矿 + 30% 金红石, 比表面为 55 m^2/g。

10.1.3　固定源 NO_x 和 SO_2 治理

NO_x 的天然来源有闪电、森林或草原火灾、大气中氨的氧化及土壤中微生物的硝化作用等, 而人为源排放的 NO_x 废气来自固定源(包括各种燃烧装置)和移动源(内燃机车)两个方面。据美国环境保护局(EPA)估计, 占总量 99% 的 NO_x 是燃料燃烧等人为源排放的, 其中固定源占 70%。废气 NO_x 的固定污染源除燃料的燃烧外, 还来自生产及使用硝酸的生产过程, 如氮肥厂、有机化工厂、炸药工厂、有色及黑色金属冶炼厂等[51]。

大气中的 SO_2 是煤和石油燃烧及化工、冶金工业产生的污染物, 是形成酸雨的主要原因。据 2009 年中国环境公报大气中 SO_2 年均浓度达到国家二级标准($0.06\ mg/m^3$)的城市占 91.6%，但部分地区城市空气质量却未显著改善，酸雨依然严重。中国 2006—2007 年 NO_x、SO_2 的排放量列于表 10－13。

表 10－13　近年来 NO_x 与 SO_2 的排放情况

年份	污染物	全国排放量/t	火电排放量/t	火电占全国总量比例
2006	SO_2	2589×10^4	1155×10^4	44.6%
	NO_x	1524×10^4	631×10^4	41.4%
	烟尘	1089×10^4	323×10^4	29.6%
2007	SO_2	2468×10^4	1050×10^4	42.5%
	NO_x	1643×10^4	811×10^4	49.4%
	烟尘	987×10^4	297×10^4	30.1%

1. NO_x 的治理

对硝酸工业等固定源造成的 NO_x 污染处理，目前主要采用 H_2、CH_4、合成氨气等气体在贵金属催化剂作用下使 NO_x 还原成对大气无污染的 N_2 和 H_2O。

目前所用的催化剂主要有两类：一类是非贵金属催化剂如 $Cu_2Cr_2O_5$、$Mn_2O_3-Fe_2O_3$、Mn_2O_3-CuO、$CuO-V_2O_5$、$Fe_2O_3-Cr_2O_3$ 等金属氧化物；另一类是在 Al_2O_3 载体上负载的 Pt、Pd、Rh、Ru 贵金属催化剂[52]。20 世纪 90 年代初，研究者发现在富氧条件下，Cu－ZSM－5(分子筛)具有较好的催化低碳氢化合物选择性还原 NO_x 的活性[53]。随后，Cu－Y、Fe－M、Fe－L 和 Co－Mg 碱沸石等催化剂也被用于 NO_x 的还原[54]。尽管沸石类催化剂的初活性较高，但水热稳定性差，抗硫性弱，因而实际使用受限。负载于 Al_2O_3、SiO_2 和 TiO_2 等载体上的贵金属(Pt、Pd 或 Rh)表现出较高的低温催化活性[55]，但高温下选择性差，易产生 N_2O，且生产成本较高。对负载在 Al_2O_3 上的一系列过渡金属(Cu、Co、Ag 或 V)催化剂进行了考察，发现 Ag 催化 NO_x 选择性还原的活性最高[56]。研究表明，富氧条件下 Ag/Al_2O_3 具有优异的催化丙烯选择性还原 NO_x 的活性，是最有望实用化的催化剂之一[57]。若以乙醇替代丙烯，可在较宽的温度范围内得到更高的 NO_x 去除率，而且添加 10% 的水可以提高 NO_x 的转化率[58]。

2. SO_2 的治理

对 SO_2 的治理有两种方法，一是对煤和石油进行预处理脱硫；二是对含 SO_2 的气体，在还原剂 CO、H_2 条件下利用催化剂将其还原成单质 S 回收利用。

镀 Pt/Ti、镀 IrO_2 或镀 Pt－IrO_2 电极可用于燃烧含有 SO_2 气体燃料的工厂除硫，即用氢氧化钠洗涤吸收燃气中的 SO_2，生成 Na_2SO_3 并在空气中被氧化成 Na_2SO_4，用隔膜电解可使该溶液转变为 NaOH 和 H_2SO_4 溶液。使用镀 Pt/Ti 作电极易受多种杂质离子（如 NO_3^-、$NH_4SO_3^-$、$S_2O_6^{2-}$ 等）的污染其使用寿命较短（约 1000 h），而使用镀 IrO_2 或 Pt－IrO_2 电极并改进电池结构，可使阳极寿命提高 3～6 倍[59]。

10.1.4　有机废水治理

随着化学工业的发展，生产过程中排放的各类化工废水、污泥、废渣日益增多，尤其是高浓度难生物降解的有毒有机废水，其处理方法一直是环境保护领域中的难题。先后研究开发的很多种处理方法见表 10－14，其中催化氧化法处理含难降解有机物工业废水的研究十分活跃，有均相催化氧化、多相催化氧化（包括电催化氧化）、催化湿式空气氧化、光催化氧化等方法，这些方法对某些毒性较大、浓度较高的难降解有机废水具有很高的降解效率，一些生化法极难处理的有机物在催化作用下能被彻底分解，这将是一种很有发展前景的污水处理新技术。

表 10－14　催化氧化法与其他废水处理方法对比

处理方法	反应机理	废水种类	优点	缺点
催化氧化法	促进氧化剂氧化，产生高氧化势基团或离子，氧化废水中有机物	难降解高浓度有机物废水和污泥	使难降解有机物快速分解，COD 和 NH_3 去除率达 99% 以上，可一次处理达标	氧化剂损耗大，易中毒失活，处理成本较高
生物法	生物吸附和新陈代谢降解有机物	BOD①，COD② ＞0.3，可生物降解的有机物废水和污泥	COD 去除率 60%，苯胺、硝基苯去除基本达标，运行费用低，易管理	投资高，受废水成分和浓度限制，停留时间长，脱色差，不适合高浓度含盐废水
化学絮凝法	压缩双电层，降低电位，吸附架桥形成大的絮团	废水中以悬浮状或胶体形式存在的污染物	COD 去除率 70% 左右，处理费用较低，处理含苯胺类、酚类的废水可达标	污泥量大，适用范围窄

续表 10－14

处理方法	反应机理	废水种类	优点	缺点
一般化学氧化法	氧化剂分解有机物	废水中还原性有机物	氧化停留时间短	氧化剂用量大，只对难降解有机物有效
焚烧法	高温焚烧	少量高浓度废水和污泥	污染物去除基本达标	能耗高，投资大

注：①Biochemical Oxygen Demand—BOD 生化耗氧的物质；②Chemical Oxygen Demand—COD 化学耗氧的物质。

针对种类繁多的有机废水，可选用的催化剂多种多样，因此针对不同种类的有机废水，如何选择适宜的催化体系（由催化剂、氧化剂和有机废水组成的系统）达到理想的降解效果，探索其催化氧化的机理是环境工作者面临的实际课题，也是研究的重点。下面就常用的污水处理法进行简单的介绍。

1. 湿式空气氧化法（WAO）

湿式空气氧化法指在一定温度（150～350℃）和压力（0.5～20 MPa）条件下，废水中的有机物或无机物与空气中的氧发生液相反应，最后将废水中的有机物氧化分解成小分子有机物和二氧化碳及水，从而达到去除污染物的目的。该技术对某些浓度高的有机废水和难自然降解的废水有较好的降解作用，而且氧化速度快，处理效率高，适用范围广，无二次污染。我国早在 1975 年就开发了湿式空气氧化技术处理石油化工方面的有毒废液，20 世纪 80 年代扩展至处理造纸黑液、含硫废水、农药废水。后来，在污泥处置这一世界性难题方面取得了重要成果。目前，全国城市污水处理厂产生的污泥量大约是每年 350 万 t，通过湿式空气氧化技术处理后上清液生化性能指标和污泥沉降性能提高，污泥变得较稳定[60]。

2. 催化湿式空气氧化法（CWAO）

在 WAO 法的基础上引入贵金属催化剂发展的 CWAO 法可降低反应条件（温度和压力）。在催化剂作用下，氧化剂迅速分解出活性基团（自由基），进而氧化分解有机物，最终产物为 CO_2、H_2O 和 N_2等无害物质，缩短了反应时间，提高了净化效率。此法目前在造纸、制药、酒精、染料、有机化工、食品等领域四十多种有机废水的处理中得到了广泛的应用。

催化剂按状态分为均相和多相催化剂。均相催化剂因使用后难分离且易引起二次污染等限制了其应用，而多相催化剂拥有易分离回收、能循环使用、处理效果好等优点，在应用中占有主导地位。目前，催化剂的活性组分主要有过渡金属及其氧化物、复合氧化物和盐类。其中贵金属系列和铜系列催化剂研究最多，研究及应用情况见表 10－15。

表 10 - 15　CWAO 法的研究及应用情况[61]

催化剂	工艺类型	操作条件	用途及效果
Pt - Pd/TiO_2 - ZrO_2 蜂窝催化剂	NS - LC①	220℃，空气压力 4 MPa，2 h	对苯酚、甲醛、乙酸、葡萄糖等化合物的氧化作用大于 99%
TiO_2 和 ZrO_2 载体上负载的 Pt、Rh、Ru 催化剂	氧化	180℃，氧分压 0.76 MPa	对硝基苯酚的去除率大于 90%，其中 Ru/TiO_2 活性最佳
负载在 TiO_2 上的贵金属为主体	空气氧化	常温、常压	处理工业和城市废物，降低 COD，分解高浓度氨，反应 24 h 后其浓度 < 10 mg/L。与氨共存的苯酚和氰化物也可被分解
Ru/C 陶瓷载体	氧化	200℃，氧气供给量 13.5 L/h，水速 0.75 L/h	COD 和苯酚的去除率分别为 92% 和 96%
Pt/载体	Kurita②	170℃	用 NO_2^- 代替 O_2 催化氧化氨
Ru/载体	空气氧化	175 ~ 200℃	催化氧化乙酸和氨等化合物
Pt/C 材料（多壁碳纳米管、碳凝胶及活性炭）	氧化	200℃，75 mL 苯胺溶液（2 g/L）+ 0.8 g 催化剂	处理 2 h 后，苯胺可完全去除，活性炭和碳凝胶负载的 Pt 催化剂的选择性要优于 Pt/多壁碳纳米管催化剂
Ru/CeO_2	空气氧化	160 ~ 200℃，氧分压 2 MPa	催化氧化马来酸
Pt，Re，Ce，La	空气氧化		含烃类及含油废水
Pt 活化催化剂	空气氧化		含丙烯酸、乙酸、顺丁烯二酸、丁酸废水
含贵金属均相催化剂	空气氧化	200 ~ 330℃，酸性	含多氯联苯废水
Ag - TiO_2 催化剂	光催化	酸性水溶液，pH 为 3	光催化氧化含苯酚废水

注：①NS - LC 是一种 CWAO 非均相催化工艺的代号，气液相呈团状流动模式；②Kurita 是 Kurita 公司研究的一种工艺代号。

3. 光催化法[5]

将 O_3、H_2O_2、O_2 等氧化剂与紫外光辐射相结合形成 UV - O_3、UV - H_2O_2、UV - H_2O_2 - O_3 等方法，能有效处理污水中的 $CHCl_3$、CCl_4、六联苯、多氯联苯等难降解的物质。采用添加 Pt 或 Pd 等活性组分的半导体纳米 TiO_2 为光敏催化剂，由于成分及结构性质的改变提高了 TiO_2 的催化活性。氯代酚类、卤代烃类、氰化物、各种有机酸及金属粒子等均可被该光敏催化剂有效地氧化处理。表 10 – 16 列出了用于水净化的 Pt/TiO_2催化剂的增强因子 E(E = 用铂族金属催化剂处理过程的速率/不用铂族金属处理过程的速率)。基于大多数实验工作的结果，沉积法制备的 Pt/TiO_2光催化剂中 Pt 的含量(质量分数)大约是 1.0%。处理过程中使用铂族金属催化剂与不使用的情况相比，其氧化速率大大提高，业界将其比值命名为 Pt/TiO_2催化剂的增强因子 E(见表 10 – 16)，典型的 E 值为 2 ~ 5，最高值可达 7.8。

表 10 – 16　用于净化水的某些 Pt/TiO_2光敏催化剂的增强因子[62]

Pt 含量(质量分数)/%	污染物	E 因子	Pt 含量(质量分数)/%	污染物	E 因子
1	甲醇(pH = 5.1)	7.8	1	甲醇(pH = 10 ~ 9)	2.4
1	乙醇(pH = 5.1)	4.2	1	甲醇(pH = 10 ~ 9)	2.4
1	乙醇(pH = 10 ~ 9)	2.4	1	甲苯	1.2 ~ 3.6
0.5	三氯乙烯	2.4	0.1 ~ 1	二氯醋酸	2 ~ 3
1	三氯乙烯	5 ~ 6	0.5	苯、甲苯、乙苯、二甲苯	4.8

10.1.5　居家用催化材料

室内环境是现代人生活和工作的主要场所，室内空气质量与人的身心健康息息相关，世界卫生组织已将室内空气污染列为人类健康的十大威胁之一。危害较大的室内污染物主要有甲醛、苯及其同系物等挥发性有机物和氨、氡、一氧化碳、氮氧化物等无机物，特别是装潢材料、制革材料中释放出的甲醛已经被确定是潜在致癌物。

利用贵金属纳米粒子催化剂作为一种新型室内污染物降解材料已受到普遍重视。TiO_2作为载体浸渍不同的贵金属(Pt、Pd、Rh)制成催化剂，用于居室空气处理尤其具有优势。可将其涂覆在内墙、家具和装饰物表面，也可将 TiO_2掺和于混凝土中使用，甚至直接应用到污染源上。如 Pt/TiO_2催化剂在常温下对甲醛的降解可达 100%。也可将贵金属负载在 Al_2O_3、锐钛矿等其他载体上，对比分别负载在 $\gamma-Al_2O_3$上的 Pt、Pd、Rh 催化剂的活性，发现 Pd/$\gamma-Al_2O_3$对邻二甲苯的催化氧化活性最高，负载 1%(质量分数)Pd 的负载型催化剂可将含量为万分之一的对二甲苯完全氧化成 CO_2和 H_2O。还有人将纳米 TiO_2负载微量贵金属 Pt 的材料加入到卷烟烟嘴中，对烟焦油和尼古丁的截留率可达 28.4% ~ 45.3%，这对人体健康及居室环境空气净化也具有一定的意义。

贵金属催化剂对室内污染物的降解具有效率高、不易中毒和氧化温度低（室温）等优点，是目前唯一已经商业化的催化剂。今后这类催化剂的研究重点在于降低催化剂的成本。表 10 - 17 列出了室内空气净化用光催化剂。

表 10 - 17　室内空气净化用光催化系统

催化剂	铂族金属沉积方法	贵金属及含量/%	污染物	备　注
Ru/TiO_2	浸渍	Ru，1	甲醛	常温下对甲醛降解率达 20%，而无贵金属 TiO_2 降解率为 0
Pt/TiO_2	浸渍	Pt，1	甲醛	常温下对甲醛的降解可达 100%
Ru/TiO_2	原位沉沉淀	Ru，0.1	丙酮	贵金属掺杂提高了催化剂在可见光下对丙酮的活性
PM/TiO_2	光催化	Ag/Pt/Pd（0.5，1.0，1.5）	甲基橙	贵金属的掺杂大大提高了催化剂对甲基橙的降解速率，其中以 0.5% 掺杂的 Pt 活性为最好
$PM/TiO_{2-x}N_x$	光催化	Ag/Pt/Pd/Rh（各组分 1～2）	甲基橙	贵金属修饰后大大提高催化剂对甲基橙的降解活性，掺杂 Pd 为 0.75% 时活性最好
TiO_2（锐钛矿）①	光催化	Pt，1	甲苯	贵金属修饰的催化剂比无贵金属掺杂的活性提高 50%

注：①锐钛矿为 Aldrich Chemicals 公司产品，其成分为 100% 锐钛矿，比表面积为 10 m^2/g。

贵金属在室内建筑材料节能方面也有一定的应用。贵金属 Au、Ag 和有色金属 Al、Cu 薄膜对红外区到紫光区之间的光谱均具有高反射特性，其具体光谱反射特性如下：

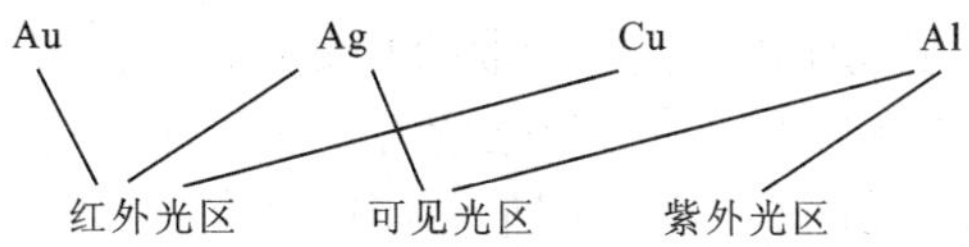

在玻璃表面沉积 Ag、Au 薄膜制作的门窗，由于 Ag 膜对阳光的反射率 $\varepsilon = 92\%$，而且 Ag 和 Au 能反射部分红外辐射，可以减少门窗的传热，从而降低室内空调所需能耗，其作用在采暖区和热带地区十分突出。镀 Ag 玻璃还可以用于轿车的窗玻璃，减少车内空调能耗。

10.2 环境监测及检测分析材料

现代工业中，特别是石油、化工、煤炭、冶金、汽车等工业部门，排放的有毒有害气体和污水，污染环境，影响生态平衡，甚至导致爆炸、火灾、中毒等灾害性事故，危害人类的生命和财产安全。为了保护生态环境，防止不幸事故的发生，需要对各种有毒有害气体或污水进行有效的监控，需要既可以方便携带，又能实现多种待测物持续动态监测和分析的技术方法及相应的设备仪器，其中最重要的部件是各种传感器。

10.2.1 贵金属气体传感器

气体传感器可以对大气环境中的氮氧化合物、含硫氧化物等污染物进行监测，对室内空气质量，尤其是出现污染的房屋或楼道，也可采用传感器快速方便地进行检测，具有简易、快速、仪器轻巧和价廉、能连续测定等优点，因此，它在环保、计量检测、温控、防灾报警、气象、自动控制等方面的应用越来越广。

气敏材料是气体传感器的核心组成部分，决定着传感器的灵敏度、稳定性、选择性(交叉灵敏度)、抗腐蚀性等基本特性。选择合适的材料可使气体传感器的基本特性达到最优。贵金属具有优良的电学性能、特殊的表面活性和催化性能以及优良的抗腐蚀性，常常被用作气体传感器的加热器材料、电极材料和催化材料，也可用作气敏材料或气敏材料的添加元素，提高传感器的灵敏度和选择性。目前，各种含贵金属的气敏传感器已用于 NH_3、CO、HCN、H_2S、氯乙烯、卤族、苯、光气、二甲苯、甲醇等有害或有毒气体的检测，对环境治理、保障人身安全和健康具有重要意义。

1. 有毒有害气体快速探测用传感器

有毒气体，如大多数的有机化学物质(VOCs)，既可存在于生产原料中，也可能存在于生产过程的各个环节产生的副产品中，对于这些有毒有害气体的检测，目前使用最多的是专用气体传感器。一般的有毒有害气体传感器，主要用于检测烟气、尾气、废气等环境污染气体。根据危害，有毒有害气体可分为可燃气体和有毒气体，可燃气体常见的有甲烷(瓦斯)、CO、H_2等，有毒气体主要是大多数挥发性有机化学物质(VOCs)、CO、NH_3、SO_2、H_2S、NO_x、Cl_2等。由于有毒有害气体易造成爆炸、火灾、中毒等危害性较大的事故，要求监测传感器具有灵敏度高、选择性好，对低浓度气体检测输出的信号线性好等综合性能。

用于有毒有害气体监测用的敏感材料主要有 SnO_2、ZnO、Fe_2O_3、La_2O_3、In_2O_3、Al_2O_3、WO_3、MoO_3、TiO_2、V_2O_5、Co_3O_4、Ga_2O_3、CuO、NiO、SiO_2等，其中 SnO_2、ZnO、WO_3、Fe_2O_3应用较多[63]。常见的有毒有害气体传感器所用的气敏材

料见图 10 - 8 和表 10 - 18。

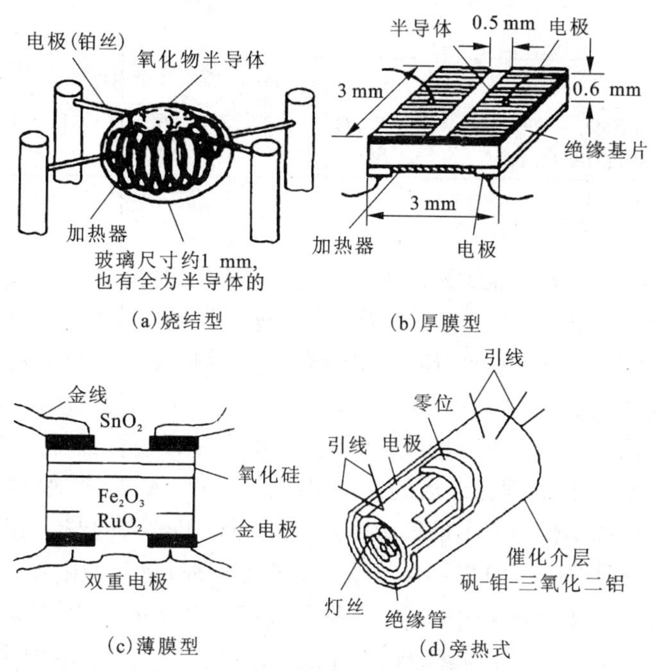

图 10 - 8　可燃性气体传感器结构

表 10 - 18　常见的有毒有害气体传感器的气敏材料

有毒有害气体种类	气敏材料
CO	SnO_2、SnO_2 + Pd、SnO_2 + Rh、SnO_2 + Pt SnO_2 + Au、In_2O_3 + Rb、SnO_2 - CeO_2 - PdO、YSZ + Pt - Au、Si_3N + Pt、Zn_2SnO_4、SnO_2 - ZnO、Co_3O_4 - SnO_2、ZnO - CuO、SnO_2 - In_2O_3、碳纳米管 + Pt、敏感电极 Pt、Au、W、Ag、Ir、Cu
CH_4	SnO_2 - In_2O_3、SnO_2 + $PtCl_2$、外层(SnO_2 + Pd/Sb/Y/Nb/In) + 内层(Al_2O_3 + Pt)、ZnO + Pt/Pd/Rh + Ca_2O_3
H_2S	CuO - SnO_2、ZnO、Ag - SnO_2、Au - WO_3、Pt - WO_3、(W、Mo、Cr、Fe、Ti)等氧化物 + Pt/Ir/Rh/Pd
SO_2	(负极)Ag | Li_2SO_4 - Ag_2SO_4 | SO_2，SO_3，空气，Pt(正极)、V_2O_5 - TiO_2、Na_2SO_4 - $BaSO_4$
NO_x	V_2O_5 + Ag、ZnO、NiO、YSZ、Fe_2O_3 - In_2O_3、$SmFe_{1-x}Co_xO_3$、$LaFeO_3$、$NdFeO_3$、$LaCoO_3$、YSZ + $NiCr_2O_4$

续表 10-18

有毒有害气体种类	气敏材料
Cl_2	(负极)Ag | $SrCl_2$-KCl-AgCl | Cl_2, Pt(正极)、$CdSnO_3$
NH_3	$CdSnO_3$+Pt、Pt-WO_3、Fe_2O_3-ZnO、(W、Mo、Cr、Fe、Ti)等氧化物+Pt/Ir/Rh/Pd

注：YSZ 为氧化钇稳定的氧化锆。

SnO_2、ZnO、Fe_2O_3等金属氧化物是目前广泛应用的半导体传感器气敏材料，但灵敏度较低、工作温度高、选择性差，为了进一步提高它们的灵敏度和选择性，通常添加 Pt、Pd、Ir、Rh、Au、Ru 等贵金属[64]。这些贵金属成分具有催化活性，能降低被测气体化学吸附的活化能，可以有效地提高元件的灵敏度和缩短响应时间。不同的催化剂对各种气体的吸附性能也不同，从而提高器件的选择性。用不同贵金属对 SnO_2基体材料掺杂后的性能如下：Pd、Pt、Au 能提高气敏元件对 CH_4的灵敏度；而 Ir 却降低对 CH_4的灵敏度。另外，Pt、Pd、Au 可提高对检测气体的灵敏度，例如向器件中添加 $2\times10^{-2}\%$(质量分数)的 $PdCl_2$，则能大大提高对 CO 的敏感度；在 SnO_2基体材料中掺入(质量分数)2% 的 Au，可以明显改善 SnO_2的表面活性，提高对 CO 及其他还原性气体的灵敏度；Rh 对 C_2H_5OH 具有良好的响应，在纳米级 SnO_2基体材料中掺入 Rh 的气敏元件对 C_2H_5OH 的灵敏度提高为之前的约 15 倍，对汽油和 H_2的灵敏度提高为之前的约 10 倍，对 CO 的灵敏度亦有提高。Pt 双层膜材料气敏传感器用来检测 CO 的浓度，可降低工作温度，在室温~200℃范围内均显示出较高的灵敏度。

除 SnO_2外，贵金属掺杂对其他气敏功能材料性能的影响也非常显著，如在 ZnO 中添加 Ag 能提高对可燃性气体的灵敏度，添加 Ru 能显著增加对 NO_2的响应。V_2O_5中掺杂 Pd、Au 和 Ag 对乙醇具有很高的灵敏度和选择性。Au、Pd 的掺杂可提高 TiO_2对可燃性气体的灵敏度。将 Pt、Pd、Rh、Ru、Ag 掺杂到 $BaSnO_3$基体中，不仅提高了传感器的气敏性，还能提高反应速率。

2. 氢气传感器

氢气传感器主要应用在生产和使用氢气的工厂中探测氢的泄漏。随着燃料电池技术进一步完善，低成本、低维护的氢气传感器在该领域有更广阔的应用前景。例如，燃料电池驱动的车辆需要靠传感器检测氢的泄漏，以防爆炸，同时也可以利用它来检测废气中氢气含量，使燃料电池中的氢气和氧气以最佳比例进行混合和能量转化。

1)Pd 及 Pd 合金膜氢传感器

氢气传感器发展的关键在于氢敏材料的研究和制备，氢敏材料的敏感响应性、重现性，决定着氢气传感器的工作性能。长期以来，人们一直努力寻找灵敏度高、选择性好、响应速度快、稳定性好、价格低廉、制作工艺简单、易集成化的氢敏材料及氢气传感器。Pd 是氢传感器中应用最普遍的材料，单一 Pd 膜是使用最早和最广泛的氢敏膜结构，它具有结构简单、制作容易等特点。H_2 在 Pd/气体界面上被 Pd 吸附并吸收，进一步在 Pd/电解液界面上被氧化。由于 H_2 在 Pd 中的溶解度很大(按体积计，相当于 Pd 本身体积的 400 倍左右)并且 Pd 对 H_2 具有很高的选择性，所以 Pd 不但可以被用作净化氢的滤膜，还可作为氢选择性吸附膜[65]。

为了提高氢敏传感器的灵敏度和稳定性，还应不断优化氢敏感膜的结构。目前国内提出了一种新颖的 Pd/Au 复合膜表面等离子共振氢敏结构，与纯 Pd 膜氢敏传感器相比，具有可靠性好、灵敏度高和响应度大等特点。还研究了其他 Pd 合金膜，如 Pd/Ni、Pd/WO_3、Pd/V_2O_5 和 Pd/PVDF(聚偏氟乙烯)膜等，也比纯 Pd 膜有更好的灵敏度和稳定性。利用 Pd－Ag 合金作为传感器选择性阳极研制的新型电化学氢传感器，有较好的选择性和灵敏度，传感器信号输出与氢分压的关系式为[66]

$$i = 94\frac{0.0113\sqrt{p_{H_2}}}{1 + 0.0113\sqrt{p_{H_2}}} \tag{10-1}$$

其中：i 为信号灵敏度；p_{H_2} 为氢气分压。

2)半导体型氢敏材料传感器

制造金属氧化物半导体氢敏材料传感器时，通常需增加氢敏材料表面积或引入催化剂来提高传感器的灵敏度，在氧化物半导体中掺杂催化金属或金属氧化物优化膜层结构。由于氢物理或化学吸附在气体敏感层上会引起功函数的变化，可以用 Pd 合金(Pd－Ag、Pd－Ni)混合悬挂栅场效应晶体管(HSGFET)气体传感器探测氢[67]。例如，采用共蒸发沉积法将 Pd－Ag、Pd－Ni 薄膜沉积在 TiO_2 涂覆的 Si 片上，室温下可探测体积浓度为 2% 的氢。在 SnO_2 中引入 Ru、Pd 和 Ag 等，可大大提高传感器的灵敏度和选择性，还可以降低传感器的工作温度。将 PtO－Pt 纳米粒子膜与 TiO_2、SnO_2 纳米粒子膜复合，使膜层结构得以优化，研制出具有双层结构复合膜的新型气体传感器，PtO－Pt 纳米粒子膜的催化作用能显著提高 TiO_2 和 SnO_2 膜的氢敏性能，而且对空气中的氢气也有很高的选择性。

钯膜厚度对氢气的检测限有较大关系，而且对传感器的机械稳定性、敏感性和响应时间均有影响[68]。当膜厚大于 60 nm 时，经过数次循环即出现起泡现象；膜厚小于 40 nm 时，即使在 100% 的氢气中长期饱和，仍有良好的机械稳定性。如果钯膜过薄(<8 nm)，虽然膜仍具有较好的机械稳定性，但膜在低氢气浓度下达到饱和，无实用价值。一般认为当检测的氢气浓度在 0.1%～10%(V/V)时，

最佳钯膜厚度为 10 ~ 40 nm。另外，与单层传感器相比，含多层钯的氢气传感器大大减少了误报现象的发生。

3）肖特基（金属半导体）二极管氢敏材料传感器

当肖特基（金属半导体）二极管氢气传感器与氢气接触时，氢气被吸附在催化金属表面，在金属的催化作用下分解为 H。H 从金属表面经晶格间隙扩散到金属/半导体界面，传感器加一定的偏置电压后，H 被极化形成偶极层。由于氢的存在，界面电荷增加，势垒降低，二极管特性曲线（$I-V$）发生漂移。传感器通过检测恒电流作用下电压的漂移来确定环境中的氢气浓度。

肖特基结制备方法简单，只需在半导体上沉积一层很薄的（10 nm）金属就形成了肖特基结。沉积的金属对半导体进行掺杂和极化，常用的金属有 Pt 和 Pd，而常用的半导体基体有 Si、SiC、GaAs、InP、GaN 等。研究者制备并测试了 Pd/GaAs肖特基二极管氢气传感器。实验结果表明偏置电流和反偏电流随氢气浓度的增加而增加，肖特基势垒随氢气浓度的增加而降低。Pt/SiC 肖特基二极管氢气传感器可在 100 ~ 500℃范围工作，Pt/氧化物/$In_{0.19}Ga_{0.51}P$ 甚至可适用于室温至 600℃。

4）热电型氢敏材料传感器

与传统的氢气传感器相比，热电薄膜氢气传感器的响应和恢复迅速。当热电型氢气传感器暴露在含氢空气中时，在铂、钯等催化金属的催化作用下，氢气与氧气反应生成水蒸气，并放出热量使覆盖有催化金属的膜面升温，与无催化金属覆盖的另一半膜面形成温差，热电材料将温差转换为电信号进行检测。一般情况下，热电型氢敏材料中选用的催化金属对氢气具有专一性，因此热电型氢气传感器具有较好的选择性。研究发现铂的催化活性主要取决于膜表面形态和膜厚，铂膜催化活性随膜厚的增加而增加，当膜厚超过 60 nm，铂膜催化活性趋于一定值，另外铂颗粒粒径越小，铂膜催化活性越好，但当膜厚超过 150 nm 时，铂膜催化活性不再受铂颗粒粒径影响[69]。

5）光学型氢敏材料传感器[70]

利用 Pd 薄膜吸附氢后透光率发生变化的特殊现象在玻璃基片表面用射频（RF）磁控溅射方法沉积 Pd 薄膜制作成可直接读数的氢传感器。在光学型氢气传感器中，钯层作为活性层，活性钯层与氢气接触时，H_2 在 Pd/气体界面上被钯吸收，离解为 H 并与钯形成 PdH_x。与 H 结合前钯以 α 相存在，随着吸收的氢气量的增加，钯由 α 相经过一个 α、β 相共存的过渡相后转变为 β 相。Pd 发生相变后，其光学性质发生变化，且变化值是氢气浓度的函数，从而实现对氢气的检测。

6）碳材料传感器

随着纳米技术的发展，碳纳米管（CNTs）气体传感器已获得明显进展。原生 CNTs 并不能对 H_2 表现出较好的检测灵敏度，但经氢敏材料如贵金属 Pd、Pt 修饰

后可以提高其对 H_2的灵敏度。采用电化学方法在 CNTs 上修饰一层 Pd，可制备出柔性 H_2传感器，该传感器表现出 10^{-6}数量级的灵敏度，并且在超过 1000 次检测循环后仍具有良好的响应。另外，选用 Pt 为活性组分，以活性炭纤维布（ACC）为载体，制备了用于热电薄膜氢气传感器的负载型 Pt 催化剂，测试结果显示，Pt/ACC催化剂热电薄膜氢气传感器在室温下即具有优异的性能。在 30℃下表现出最高的饱和温差 ΔT_b（饱和温差大小表示传感器信号的强弱）和快速响应与恢复性能，而且在 160℃以下对工作气体的选择性极佳[71]。

3. 氧传感器

氧传感器正常工作要求其电极反应是可逆的，如果不可逆，氧传感器往往表现出响应速度慢的现象。此外，作为氧传感器的电极还应具有催化性、稳定性、多孔性等特点。满足上述条件的电极材料有 Pt、Pd、Au、Ag 等贵金属，还有氧化钌、氧化铋、氧化镍等金属氧化物、金属混合电极以及金属陶瓷材料等。

1）汽车工业用氧传感器

氧传感器在汽车尾气排放的监控方面具有重要应用。研究表明，控制空燃比为 14.5，在 Pt 族金属催化剂作用下，CO、HCs 和 NO_x 的去除率达 90%。因此，必须在汽车尾气净化装置中安装氧传感器对空燃比进行准确控制。目前汽车用氧传感器有两种：一是带有 Pt 电极的 ZrO_2或 TiO_2氧传感器；二是 Pt 线圈和含 Pt 族金属催化剂构成的传感器，气体在催化剂表面燃烧引起温升，导致 Pt 线圈电阻率发生变化，从而探测氧的含量。

目前实际应用的氧传感器多添加 CaO 或 Yb_2O_3作为稳定剂。汽车尾气中用的 ZrO_2氧传感器如图 10－9 所示。传感器外形设计成 U 形，内电极为厚膜技术固定的多孔 Pt 膜，外电极采用有机悬胶液涂敷 Pt 膜上再溅射 Pt 薄膜的方法制备，以提高三层界面的催化活性。氧化锆氧传感器的电极材料都是 Pt，起电极兼催化作用，它使尾气中的 O_2与 CO 反应，变成 CO_2，使固体电解质两侧的氧浓度差增加，从而使两极间的电压在理论空燃比附近产生突变。

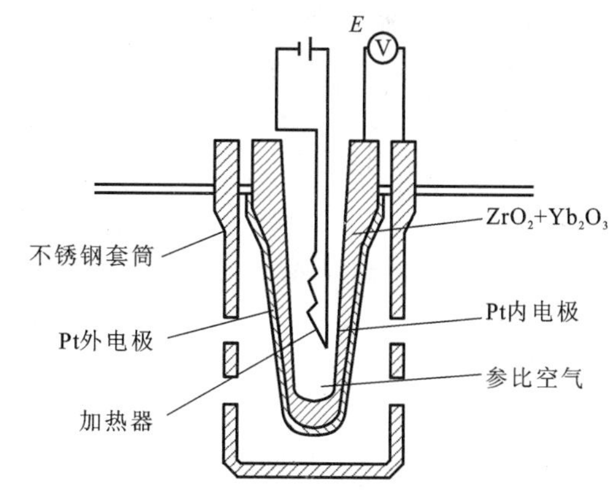

图 10－9　电位式氧传感器示意图[72]

在不同温度段工作的氧传感器，需要选择不同的电极，电极材料对中低温传感器研制具有重要意义。例如，用 CeO_2、TiO_2制备的电阻式氧传感器的主要缺点是它们的反应对温度范围有很强的敏感性，如 TiO_2 电阻式氧传感器甚至在有 Pt 催化的条件下，在 400 ~ 800℃ 范围内反应都依赖于温度。有研究者对 Pt/YSZ、Au/YSZ、Ag/YSZ、Ag - Pt/YSZ、Ag - Pd/YSZ 等浓差型 YSZ（氧化钇稳定的氧化锆）基氧传感器电极进行比较发现：在 400 ~ 600℃ 时，O_2 在 Ag/YSZ 电极上反应速率最快，激活能最低；在 400 ~ 450℃ 时，Ag/YSZ 氧传感器响应时间最短，而在 450 ~ 600℃ 时，Ag - 1% Pd/YSZ 氧传感器响应时间最短[73]。

近年来，TiO_2 系氧敏材料成为研究的热点。与 ZrO_2 固体电解质材料和其他氧敏材料相比，TiO_2 系氧敏材料具有工作温度低、性能好、制备简单、成本低、耐汽油中铅化合物中毒等优点[74]。纯 TiO_2 材料的电阻率较高，从实用角度要求，需经过掺杂以降低元件电阻，同时通过适当掺杂也可提高灵敏度、选择性，缩短响应时间。TiO_2 基氧敏材料中，Pt 是较为常见的贵金属掺杂，此外还有 Nd、Cr 等金属的掺杂。例如，Nd 掺杂比未掺杂的 TiO_2 在低温下对 O_2 的选择性增加了约 65 倍，从而大幅度提高了氧传感器的灵敏度。

2）光学氧传感器

化学化工、生物化学、环境及生态保护和治理、医疗保健等行业中测定氧浓度是重要的检测内容。传统的 Clark 电极法和 Winkler 滴定法，分别存在氧在高分子膜内的扩散速度变化引起较大的测量误差、程序繁杂、不能在线及时检测等缺点。近年来，基于荧光淬灭原理的光学氧传感器（Fluorescent Quenching - Based Oxygen Sensors 简称 FQOS）得到了快速发展[75]。其原理是：一些有机染料、多环芳香烃及过渡族金属配合物会被发光二极管的蓝色光激发并转发出特定波长的荧光或磷光，荧光或磷光对 O_2 有可逆的和特殊的响应，即遇氧便被猝灭，氧浓度越高猝灭程度越大。荧光强度变化与氧浓度（或氧分压）的关系遵循 Stern - Volmer 方程[76]：即

$$I_0/I = I + k[O_2] \text{或} I_0/I = I + k'p \qquad (10-2)$$

式中：I_0、I 分别表示缺氧或有氧时的荧光强度；k、k' 为常数；$[O_2]$ 为氧浓度；p 为氧分压。

记录荧光强度变化比值即可测定出体系中的氧浓度。这种光学氧传感器具有不耗氧、无需参考电极、无电磁场干扰、可在线连续监测等优点。早期光学氧传感器中最重要的材料是钌配合物，如以 $[Ru(dpp)_3]^{2+}$ 为代表的 tris(4, 7 - 二苯基 - 1, 10 - 菲绕啉) - Ru(Ⅱ)，tris(1, 10 - 菲绕啉) - Ru(Ⅱ)、tris(2, 2′ - bipyridyl)(Ⅱ)，及 $[Ru(ph_2phen)_3](ClO_4)_2$（式中 ph 为苯基、phen 为邻菲罗啉）。后者在 460 nm 有强吸收峰，在 610 nm 处可发射强荧光，激发态寿命 > 10 μs。钌配合物被吸附在硅胶薄膜上，或先吸附在无定型二氧化硅颗粒表面后再固定在硅胶薄膜上制成氧感应膜，要求使用的材料必须能使测试系统中的氧在材料中有良好的渗透性和溶解度。薄膜或封装材料还使用醋酸纤维素、聚甲基丙烯甲酯、聚

氯乙烯、聚苯乙烯等。针对食品包装、厌氧环境和生物技术发展的要求，现在 Ru 系光学氧传感器已系列化和商品化。其主要品种和性能列于表 10－19。

表 10－19　Ru 系光学氧传感器的主要性能[61]

发射荧光的离子对	包薄膜或封介质	*A* (0.001)	*B* (0.001)	*b* (0.001)	氧分压 /torr
$[Ru(bpy)_3]^{2+}(ph_4B^-)_2$	醋酸纤维素＋增塑剂	7.05	2.88	17.74	126
$[Ru(bpy)_3]^{2+}(ClO_4^-)_2$	氧化硅填充物的硅胶	1.15	2.91	2.48	377
$[Ru(bpy)_3]^{2+}(Cl^-)_2$	弥散硅胶中载于染料上	1.46	8.59	2.43	124
$[Ru(phen)_3]^{2+}(ClO_4^-)_2$	氧化硅填充物的硅胶	3.94	10－14	9.03	111
$[Ru(phen)_3]^{2+}(Cl^-)_2$	弥散硅胶中载于染料上	13.83	4.49	4.22	57.3
$[Ru(dpp)_3]^{2+}(ph_4B^-)_2$	PMMA＋增塑剂	15.0	29.0	5.63	28.0
$[Ru(dpp)_3]^{2+}(DS^-)_2$	硅胶	5.39	20.18	9.93	54.0
$[Ru(dpp)_3]^{2+}(ClO_4^-)_2$	氧化硅填充物的硅胶	21.95	12.28	1.92	29.8
$[Ru(dpp)_3]^{2+}(ClO_4^-)_2$	氧化硅填充物的硅胶	35.05	25.47	15.88	18.3
$[Ru(dpp)_3]^{2+}(ClO_4^-)_2$	硅胶	12.96	20.33	4.52	32.6
$[Ru(dpp)_3]^{2+}(ClO_4^-)_2$	聚苯乙烯	1.28	1.15	1.13	495
$[Ru(dpp)_3]^{2+}(ClO_4^-)_2$	聚氯乙烯	6.30	1.46	3.92	138
$[Ru(dpp)_3]^{2+}(Cl^-)_2$	硅胶	1.93	47.19	20.98	33.9

注：*A*、*B*、*b* 为与动力学和溶解度有关的常数；bpy 表示吡啶；phen 表示邻菲罗啉；dpp 表示菲绕啉；torr＝133.3 Pa；PMMA 表示聚甲基丙烯酸甲酯。

采用 Pt 和 Pd 的卟啉配合物作为发光探针的氧传感器也发展很快，激发态寿命比钌配合物更短，灵敏度更高，已有部分产品商品化。主要性能列于表 10－20。

表 10－19 及表 10－20 表明了铂族金属在光学氧传感器中的作用目前尚不可用其他材料替代。光学氧传感器必须根据各应用领域的特点和具体要求进行研制，研究内容很多。首先是氧感应膜的研制，涉及结构（是立体状还是平面状）、薄膜的强度和使用寿命、参数的标定和校准、灵敏度及猝灭寿命（响应速度）、适应的氧浓度测量范围、光降解机理、稳定性及测量的重现性等一系列问题，都必须有效解决。还需解决配套设备及检测系统集成，才能工业应用。多数内容已超出本书范围，不再赘述。

表 10-20 Pt 和 Pd 卟啉基氧传感器[61]

探针	激发态寿命/μs	发射波长	介质	氧分压/torr
Pd-CPP	0.4	667	水	0.535
Pd-CPP	0.8	667	硅胶、橡胶、RTV118	3.57
Pd-CPP	1.06	667	聚苯乙烯	7.2
Pd-CPP	0.91	667	聚甲基丙烯酸甲酯	27.1
Pt-OEPK	0.061	760	聚苯乙烯	49.2
Pt-OEPK	0.061	759	聚苯乙烯	56.9
Pt-OEPK	0.058	759	聚苯乙烯	32
Pt-OEPK	0.46	790	聚氯乙烯	5.6
Pt-OEPK	0.064	759	聚氯乙烯	685
Pd-OEPK	0.44	790	Langmuir-Blodgett 膜	89.3
Pd-TPP	—	690	水	2.58
Pd-TSPP	1.0	702, 763	水	0.40
Pd-TSPP	0.5	698, 685	水	0.29
Pd-CPP	0.53	667	硅胶	8.0
Pt-TDCPP	0.082	650	橡胶	3.7
Pt-TFMPP	0.030	646	RTV732	6.4
Pt-BrTMP	0.023	721	聚苯乙烯	—
Pd-OEP	0.99	670	聚苯乙烯	53.9
Pt-OEP	0.091	644	聚苯乙烯	0.481
Pt-OEP	0.091	644	—	—

注：CPP-粪卟啉(coproporphyrin)；OEPK-卟啉酮(octaethyl porphyrin ketone)；TPP-四苯基卟啉(tetraphenylpophyrin)；TSPP-四(三苯基膦)[tetrakis(4-sufonatophenyl)]；TDCPP-内消旋四(2, 6-二氯苯基)卟啉[meso-tetra(2, 6-dichlorophenyl)porphyrin]；TFMPP-内消旋四[3, 5—二(三氟甲基)苯基]卟啉{meso-tetra[3, 5-bis(trifluoromethyl) phenyl] porphyrin}；BrTEM-内消旋四甲基-β-八溴卟啉(meso-tetramesityl-β-octabromoporphyrin；OEP-八乙基卟啉 octaethyl porphyrin)。

10.2.2 光学纤维传感器

光学纤维传感器出现于20世纪80年代，具有不受电磁干扰，多重通道，以及尺寸小、质量轻等优点，已经用于化学工业气体探测。光纤传感器是利用光纤传播的光波参数，如强度、频率、波长、相位和偏振态等随被测物参数变化而变化，通过检测光波参数变化感知被测物参数。

贵金属 Pt 及 Pd 合金在光纤氢传感器中应用得比较多，如光纤干涉型、渐逝场型、微透镜型氢气传感器都使用纯 Pd 膜。测量过程示意见图 10 - 10，在传感光纤外电镀 Pd 膜，Pd 膜遇氢时产生的体积膨胀拉伸光纤，改变光程长度，使传输光的相位发生变化，经 Mach - Zehnde 干涉仪测量干涉场的光强度而确定体系中的氢浓度。以 Pd/Y(Y 为钇)合金为氢敏薄膜材料制备的一种双光路反射型光纤氢气传感器，较传统的纯 Pd、Pd - Ag 合金、Pd - WO_3氢气传感器在响应时间、恢复时间上均有所缩短，能完全控制零点漂移，重现性也大大提高。

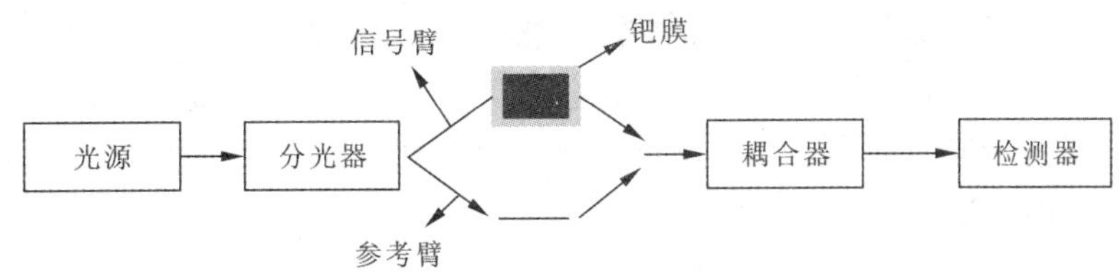

图 10 - 10　干涉型光纤氢传感器[77]

如果在裸露的光纤芯表面或端面涂敷一层与气体作用时折射率会发生变化的特殊材料，可引起光波的损耗、有效折射率、双折射等参数变化，运用强度模式或干涉等方法检测参数变化量就可实现对气体成分和含量的分析。例如有机多分子硅醚(Organopolysiloxanes)对 CO_2气体敏感，其折射率在 1.46 ~ 1.56 之间，可用 Sol - Gel 方法涂敷在裸露纤芯上制备成探测 CO_2的光纤传感器，又如 $LuPc_2$ (The Lutetium Bisphthalo - Cyanine)对多种易挥发有机化合物如乙醇、已醛、乙酸正丁酯、乙酸等敏感，且化合物的氧化还原性越强灵敏度越高[78]，涂覆 $LuPc_2$的光纤传感器可探测上述有机气体成分。

10.2.3　水污染探测器

在水污染检测探测领域中，含贵金属敏感材料传感器用于快速检测水样中的污染物(如酚类污染物、重金属 Pb、Cd 等)、pH 及溶氧量，具有操作简便、快速、安全、耗资少等优点。如将高度分散的纳米级 Au 负载于 Nafion 膜上制备的传感器，大大提高电极的催化活性，目前已广泛应用于水样中酚类污染物的检测与监控。以亚微米 $Bi_2Ru_2O_7 + xRuO_2$氧化物作电极感应材料制备的传感器，用于水中 pH 和溶氧量的检测，此传感器具有体积小、精度高和成本低的特点。通过在 RuO_2电极中掺杂 Cu_2O 可制成一种电化学传感器，用于对水中溶氧量(DO)的检测，具有很好的稳定性。采用亚微米 $Cu_{0.4}Ru_{3.4}O_7 + RuO_2$材料作感应电极，制成电位固态水质检测传感器，用于 DO 检测，进一步克服了基于半导体水质检测传感器选择性不足的问题。以半径为 62 μm 的 Ir 丝为芯部电极，镀以 Hg 层制备的超微电极可以探测水中微量的重金属 Pb 和 Cd 污染，而且具有近乎 100% 的重现性和可靠性。采用可重复利用的聚合物和 Ag 作电极材料制备的电化学水质检测传感器，结合应用方波阳极溶出伏安法，可对水中大多数金属离子进行检测，尤其是对铅离子的检测，具有连续和实时检测能力。

在纳米 Au 颗粒表面修饰上可以和重金属离子配位的有机化合物基团（如富含羧基、羟基、氨基和巯基的氨基酸类试剂），功能化 Au 纳米颗粒用作比色器件，当与被测水体或溶液中存在的重金属离子发生配位时，Au 纳米颗粒会发生聚集，颜色由红色变为紫色，可以用肉眼快速、灵敏地实现对水溶液中 Hg^{2+}、Pb^{2+}、Cu^{2+} 等重金属离子的痕量检测和监控，方法简单，结果直观。电极为陶瓷/Pt电子浆料/ Pt 黑镀层的 CTD 四电极电导池，可用于测量排放水中污染物的浓度。用离子色谱法测定水中氰化物和硫化物时，采用 Ag 工作电极、Ag/AgCl 参比电极和不锈钢对电极。

10.2.4 贵金属薄膜或细丝传感器的其他应用

10.2.1 节中所述的 Pd 膜氢传感器、光学传感器等薄膜传感器，在氢泄漏探测和防燃、防爆中逐步取代传统的单波法，信噪比检测限信号动态范围有较大程度的提高。另外，利用钯薄膜吸收氢气后性能的改变，如体积、电阻、折射率等发生的变化，可以开发更多类型的传感器。基于铂电阻的变化设计的热线热膜技术风速测试仪，有较好的实验效果。当以直径很细的铂丝为热线时，热线的几何尺寸小，响应频率高，适用于动态测量。当热线探头是用铂制成的金属薄膜时，铂层厚度为微米量级的薄膜铂电阻具有阻值大、灵敏度高、响应快、精度高和稳定性好等优点，适于风速测量。

微悬臂梁是在硅基体上通过腐蚀、链合、光刻、氧化、扩散、溅射等微加工技术生产的一种微电子元件。基于微悬臂梁的传感技术具有高分辨率、低成本、易阵列化及便于与其他电路模块高度集成为检测系统的特点，研究十分活跃。在生物技术及氢气检测方面已有应用。如镀钯薄膜微悬臂梁和光纤布拉格光栅（FBG）组成的氢气敏光纤传感器，通过光栅波长的变化测量微悬臂梁吸收氢气时产生的位移，从而反映出环境中的氢浓度，并且改变钯膜/硅悬臂梁厚度比可以提高传感器的灵敏度。

由双金属热敏材料线圈组成的传感器可用于环境中氢气浓度超标报警。其工作原理是在其中一个线圈表面沉积 Pd 薄膜，当环境气氛中含氢或氢浓度超标时，涂覆 Pd 的线圈吸附氢气引起温度迅速升高和变形，使线圈自由端闭合，启动报警。

10.2.5　其他与环境监控相关的含贵金属敏感材料及配套材料

接触燃烧式气敏元件是最早应用的可燃性气体检测传感器，其结构以 Al_2O_3 为载体，将 Pt 或 Pd 作为氧化催化剂分散在载体表面，Al_2O_3 载体又与细 Pt 丝线圈烧结在一起。当被检测的气体在催化剂作用下在传感器上燃烧时，Pt 丝线圈的电阻 ΔR 与气体浓度 m 成正比关系[5]：

$$\Delta R = \rho a m \frac{Q}{C} \tag{10-3}$$

式中：ρ 为电阻温度系数，1/℃；C 为元素的热容，J/K；Q 为燃料热，J；a 为常数。

对于容易吸附和氧化的气体，如烯烃类化合物，可以在较低的温度检测；对于难吸附和难氧化的气体，如甲烷，必须在高温检测。但在高温条件下，Pt 和 Pd 易被氧化而影响催化剂的稳定性和寿命。后来开发的覆盖 Pt－Pd/Al_2O_3 的气敏元件则适用于包括甲烷在内的所有城市煤气的检测。其他与环境监控相关的含贵金属敏感材料及配套材料见表 10－21。

表 10－21　与环境监控相关的含贵金属敏感材料及配套材料

材料种类	材料特性及应用领域
贵金属盐类	湿度传感器材料
RuOs 电极、Pt－Rh 引线	气－湿敏复合传感器用相关材料
Si－PtSi、Ge－Au	红外线传感器用相关材料
Au－ZnS、Ag－ZnS	紫外线光传感器用相关材料
Au－Si	放射线检测用相关材料
Ti－Pt－Au、Pt－Pd－Au、Pt－Si、Pt/SiO_2、Ir－Ti－RuO_2、Au、Ag、Pd－Ag、Au－Pd/Au/GaAs	导电敏感材料
PdS、Pd－P、Pd－Ge、AuGe、AgInCe	半导体敏感材料
Au－Si、Au－SiO_2、Ti－Pd、Pd－Al、AgBV	电阻敏感材料
Pt、Au、Au－Pt、Pt－Pd、Au－Pt－Pd、Pt－Pd－Mo 等贵金属合金	各类传感器电极引线材料
贵金属电阻涂层浆料、钌电极涂层浆料	传感器用贵金属浆料
Au 纳米棒、贵金属－TiO_2 纳米复合材料、Au－Ag 核壳纳米结构	生物传感器用敏感材料

续表 10-21

材料种类	材料特性及应用领域
贵金属纳米颗粒	酶传感器掺杂材料
贵金属纳米线、贵金属氧化物	纳米电化学传感器用敏感材料
Ir/IrO_2电极、Ag/Ag_2S电极	地球化学传感器用电极材料

10.3 环境防护材料

10.3.1 温室气体 CH_4和 CO_2的重整催化材料

工业生产和交通运输的发展使矿物燃料煤和石油的用量越来越多，向大气排放的 CO_2、CH_4、N_2O 三种天然温室气体的浓度上升，不但引起自燃灾害，而且使地球平均温度逐年升高，将引起南极和北极冰山融化，海平面升高，这称之为"温室效应"。表 10-22 列出了主要温室气体组成和对温室效应的影响。随着经济的迅速增长，我国已经超过美国成为全球第一大温室气体排放国。为了积极应对全球大气变暖，中国政府制定了《中国 21 世纪议程——中国 21 世纪人口、环境与发展白皮书》。作为负责任的发展中大国，积极应对气候变化已经被纳入我国十二五规划。

表 10-22 主要温室气体组成和对温室效应的影响[79]

温室气体	CO_2	CH_4	含氯氟烃(CFCs)	对流层臭氧(O_3)	氮化物(N_2O)
全球年增长率	0.5%	1.0%	6.0%	2.0%	0.4%
自然环境中消减寿命/ a	7	10	110	不断更新	170
相对于 CO_2的影响强度	1	30	20000	2000	150
对温室效应相对影响率	50%	18%	14%	12%	6%

针对温室效应这一全球性问题，世界各国开展了大量研究并形成了共识：一是减少对矿物燃料的用量和依赖，积极发展氢能、风能、太阳能等清洁能源；二是积极采取措施治理对温室效应影响最大的 CO_2 排放。CO_2的治理主要采用催化方法使其转化为 CH_4和一系列含碳的有机物。由于 CH_4和 CO_2分子同属于结构非常稳定的小分子，为了降低反应过程温度，降低能耗，应选择适宜的催化剂。CH_4、CO_2重整反应制合成气的催化剂一般采用Ⅷ族过渡金属作为活性组分，除

Os 外，Fe、Co、Ni、Ru、Rh、Pd、Ir、Pt 及其他金属 Cu、Re、W、Mo 等均被用于 CH_4/CO_2 重整反应体系，其中贵金属催化剂具有较高的催化反应活性和不易积碳的特性，尤其是 Ru 被公认为活性和稳定性最好的金属之一。贵金属环境催化剂的应用见表 10－23。

表 10－23　贵金属环境催化剂应用举例[5]

贵金属催化剂	治理对象
Pd、Pt、Rh、Ru 或 Ag＋其他金属氧化物	NO_x
Pt＋Cr_2O_3	有毒有机污染物
Pt＋Ir/载体	NO_x
Pd(或 Pt)＋Ce＋Fe	1000℃下的碳氢化合物、CO 等
Pd、氧化铈、氧化钡	碳氢化合物、CO、NO_x
Pt＋Ir＋其他有关金属	NO_x
贵金属块体催化剂	烟道气体净化
含贵金属催化剂	分解臭氧
含贵金属催化剂	气体中的 NH_3
含 Pt、Pd、Rh 的催化剂	硝酸厂尾气
Pt、Pd 催化剂	CO
贵金属(Ru、Pt、Pd、Rh、Os、Ir 等)催化剂	可燃气体
含 Au 催化剂	CO

人类生产、生活中产生的其他温室气体，同样可采用贵金属催化剂清除。考虑到实际使用中活性金属的成本，国内对 CH_4/CO_2 重整反应的基础研究工作主要集中在非贵金属催化剂上。一般认为几种非贵金属催化剂的活性顺序为 Ni ＞Co ＞Cu ＞Fe，其中 Ni 基催化剂具有相对较高的催化活性、稳定性和低成本，成为研究最多的活性组分。但 Ni 催化剂的主要缺点是严重积碳，导致催化剂活性降低。因此开发高效稳定且高抗积碳性能的催化剂成为近年来主要的研究方向，并集中在添加助剂、载体改性、改变制备方法等研究方面。

治理温室效应的最根本措施是使用清洁能源，如氢能和燃料电池等，这些清洁能源必须采用铂等贵金属元素作为电极或催化剂，它们可能成为继汽车尾气净化催化剂之后贵金属最大的应用领域。

10.3.2 阴极保护防腐电极材料

各种材料在使用中的腐蚀问题遍及国民经济的各个领域。从日常生活到交通运输、机械、化工、冶金，从尖端科学技术到国防工业，凡是使用材料的地方，都不同程度地存在着腐蚀问题。腐蚀问题给社会带来巨大的经济损失，造成许多灾难性事故，损耗了宝贵的资源与能源，还严重污染环境，甚至阻碍高新技术的正常发展。因此，研究金属材料腐蚀与防护技术对经济发展具有十分重要的意义。

1. 牺牲阳极保护阴极法

腐蚀是材料与介质环境之间发生的化学作用，其结果使金属的性质发生变化，并往往导致对材料或包含该种材料实用体系的性能造成损伤和破坏。按照金属腐蚀的电化学原理，阴极保护技术是一种阻止腐蚀的措施。即通过外加阳极与被保护材料(阴极)构成原电池在阳极发生氧化作用，而被保护材料(阴极)具有负电位，只发生还原作用，从而达到保护阴极材料的目的。这一方法早已应用于海洋中舰船的防护保护。

阳极材料发展经历过废钢管、石墨电极、高硅铸铁阳极、磁性氧化铁阳极和镀铂钛阳极等阶段，其中镀铂钛是一种相对较为理想的阳极，它是在钛或钛合金基体上涂覆一层很薄的贵金属铂。贵金属氧化物作为辅助阳极材料具有允许输出电流量大、自溶性消耗低的特点。镀 Pt/Ti 电极广泛用作海水和其他水环境中阴极保护的阳极[80]。由于钛合金具有“阀效应”，当其通上阳极电流时，会在其表面形成一层致密且不导电的 TiO_2 钝化膜，从而使得镀铂钛阳极具有铂阳极的优良性能，同时又大大节省了贵金属铂的用量。对于海水中的阴极保护，镀 Pt/Ti 电极的消耗速率仅 1 ~2 μg/h。若在 Ti 基体上涂上 Ir 或贵金属氧化物作底层，然后再电镀致密 Pt 层的 Pt/Ir/Ti 或 Pt/贵金属氧化物/Ti 电极，其抗磨损性超过其他的阳极涂层，也可用于阴极保护。有研究者还测定了 Pt/Ta 复合阳极在天然海水和淡水中的电位极化曲线，发现在较小电流密度时，电位增加较快，在较大电流密度时，电位增加很小且电位变化平稳，即当阳极需要输出较高电流密度时，阳极本身电压变化很小，表明 Pt/Ta 复合阳极也是一类较好的阳极[81]。

2. 涂层材料保护法

在金属表面涂覆防腐涂层是应用最多、最经济的方法。涂层对金属的保护作用主要是使金属材料表面具有更强的化学惰性，抑制化学反应或电化学反应。20 世纪 60 年代，针对原电池保护方法中的可溶性阳极，开发了含有 RuO_2 活性组分的金属氧化物涂层，但由于 RuO_2 容易氧化流致使其使用寿命有限，而且海水中的 Mn^{2+} 易沉积到阳极涂层的表面使涂层失去活性，因此该涂层材料未被广泛应用。若将具有高氧和低氯过电位，在高电流密度下耐 O、S、Br 腐蚀能力强，且能与 Ru、Ti 形成固溶体的铂族金属(Ir、Pt、Pd、Rh 等)与化学价态 ≤4 的过渡族金属元素（Sn、Sb、Co、Mn、Ni 等）复合，制成多元金属氧化物阳极涂层，则可充分发挥不同氧化物抗电化学腐蚀的性能[82]。

作为 Pt 薄膜的基体材料有非导电材料（如塑料盒、陶瓷等）和活性金属（如 Ag、Cu、Ti、Ta、Nb）等[5]。在陶瓷材料或塑料基体上镀 Pt 或 Pt－50%（质量分数）Pd 合金镀层，其抗腐蚀能力与 Pt 相当，成本降低，用作保护船舶的阳极时，电流密度可达 3200 A/m^2。Ag 基体镀 Pt 阳极的性能优于 Cu 基体，因 Ag 与 Cl^- 作用，在金属表面形成 AgCl，也具有保护作用。镀 Pt 的 Ti、Ta、Nb 阳极极化时，表面形成高电阻致密氧化物层，电流只能通过镀 Pt 层，显示出与 Pt 阳极相似的电化学性能，输出电流密度达 1000 A/m^2，损耗低，寿命长达 10 年以上。在阴极保护中以细丝材使用的阳极有 Pt 丝、Pb－Pt 双电极丝、Pb－1%Ag、Pb－6%Sb－1%Ag 合金丝等，也广泛应用。

10.4　环境协调材料

环境协调材料又称绿色材料或生态材料。1990 年日本科学家山本良一提出生态环境材料的概念后，这一领域立即成为材料科学领域的研究热点，受到各国科学家的高度重视。所谓环境协调材料就是指在材料的开发、研制、生产、使用到废弃整个过程中不对环境产生污染，不破坏生态平衡，以及具有净化环境和维持生态平衡的材料和材料体系。贵金属材料除具有高熔点、高导电性、高抗氧化性、优良的催化活性及特有的敏感性能和生物活性等一系列独特的物理化学性质外，还具备 3R（Reduce，Reuse，Recycle）等特点，是最具活力并优先使用的环境协调材料。

10.4.1　燃料电池概述

能源是现代社会经济和发展的基础。但化石燃料的快速消耗及接近枯竭，世界能源危机日趋严峻，而且化石燃料过度消耗导致了温室效应和酸雨等严重的环境污染问题。燃料电池（Fuel Cell，FC）不经过燃烧而直接以电化学反应方式将燃料的化学能转化为电能，单体电池的结构和工作原理示意图见图 10－11。

燃料电池的工作原理看似简单，但在阳极和阴极上发生的催化反应是燃料电池能量转化的关键，其反应机理甚为复杂，也是燃料电池研究的重点。含催化剂的阳极和阴极（由几层多孔的特殊材料薄膜叠合制备）装入能形成离子导电体的电解质中，中间被多孔的聚合物薄膜隔开。阳极区供入氢气、甲醇、天然气等燃料气体，在催化剂作用下发生氧化反应（H_2分解成 H 质子）并释放出电子 e，电解质中的 H 质子经膜渗透移动到阴极区。阴极区供入氧气或空气在催化剂作用下与 H 发生还原反应，e 由外部的负荷回路回到阴极，从而在阴阳极之间产生电

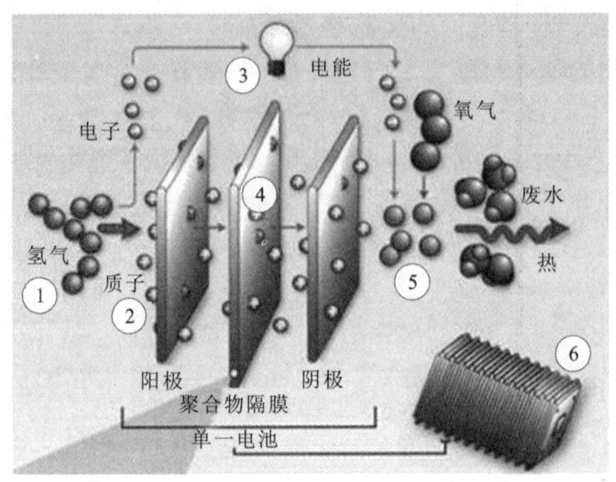

图 10－11　燃料电池的结构及工作原理示意图

流。只要燃料和氧化剂连续供给，电池就连续供电，直至燃料气体和氧化剂耗完为止。单体燃料电池只是发电系统的一个元件，配上燃料及催化剂气体供给系统、排热系统、排水系统、电性能控制系统及安全装置等辅助系统后才能成为发电装置。燃料电池具有对环境友好、能量转化效率高和适用范围广等优点，被认为是21世纪最重要的新能源技术之一。

燃料电池按电解质类型及使用的温度范围(低温、中温和高温)，可分为碱性燃料电池(AFC)、熔融碳酸盐燃料电池(MCFC)、固体氧化物燃料电池(SOFC)、磷酸燃料电池(PAFC)、质子交换膜燃料电池(PEMFC)、直接甲醇燃料电池(DMFC)和直接甲酸燃料电池(DFAFC)。具体性能参数指标见表10－24。

经过几十年的发展，燃料电池能源转化形式、电池结构、燃料种类、催化剂及催化剂中贵金属用量等方面均取得了突破性的进展。在化石能源紧缺和人类生存环境日益恶化的今天，大力发展车载燃料电池，推进其实用化进程，逐渐取代机动车的常规动力源，成为21世纪燃料电池研究的重点，这无疑将在很大程度上缓解地球上的能源需求和环境压力。催化剂是燃料电池内部的关键材料之一，它直接决定着电池的输出能力与稳定性。然而，目前车载燃料电池的电催化剂的性能和成本成为制约其实现商业化的关键因素之一。麻省理工学院Lippard教授指出："20世纪科学研究中的最大遗憾是没有研制出性能优良的燃料电池催化剂"[83]。本节就目前研究较多、实用价值较强的质子交换膜燃料电池、直接甲醇燃料电池和甲酸燃料电池等三种车载燃料电池催化剂的研究进展进行详细介绍。

表 10－24　以电解质分类的燃料电池及其基本特性[61]

燃料电池类型		碱性氢氧型(AFC)	磷酸盐型(PAFC)	熔融碳酸盐型(MCFC)	固体电解质型(SOFC)	质子交换膜型(PEMFC)	直接甲醇型(DMFC)
燃料		氢	天然气，甲醇	煤气，天然气，甲醇	煤气，天然气，甲醇	氢，重整氢	甲醇
氧化剂		纯氧	空气	空气	空气	空气	空气
电解质		KOH 水溶液(OH^-)	H_3PO_4 (H^+)	$LiCO_3-K_2CO_3$ (CO_3^{2-})	ZrO_2 + Y_2O_3(O^{2-})	全氟磺酸膜	固态聚合物膜
催化电极	阴极	C	Pt/C	NiO	$LaSrMnO_3$	Pt/C，PtCr/C	Pt/C，Pt/Ru，
	阳极	Pt/C	Pt/C	Ni	Ni/YSZ	Pt (Ru，Pd) /C	Pt/C，Pt (Ru，Sn，W，Zr)/C，
工作温度/℃		约 100	约 200	600～750	800～1000	80～130	60～130
发电效率/%		约 50	>40	>45	>50	约 50	约 40
输出功率/kW		约 20	>10000	>1000	<250	<250	<10
应用范围		地方动力	供电站	小电站	航天、潜水器	汽车、民居	微型电池

10.4.2　质子交换膜燃料电池(PEMFC)电催化剂

PEMFC 除具有燃料电池的一般优点(能量转换效率高和对环境友好等)外，还具有比功率与比能量高、工作温度低、可在室温下快速启动和寿命长等突出优点，是理想的移动电源和便携式电源，成为最有发展前途的一种燃料电池。质子交换膜燃料电池的阳极和阴极催化剂通常采用 Pt 基催化剂，其中阴极氧还原反应(ORR)比阳极氢氧化(HOR)的反应速率慢得多，因此近年来的研究重点集中在阴极催化剂方面。PEMFC 用阴极电催化剂主要包括以下几类：

1. Pt/C **电催化剂**

因 Pt 对电极上氧还原反应具有较低的过电势和较高的催化活性，PEMFC 发展初期主要采用铂黑作为阴极催化剂。为了降低 Pt 的消耗，逐渐以碳材料作为载体，将 Pt 高度分散在碳载体表面，得到碳载 Pt 催化剂。研究表明影响 Pt/C 催化活性的影响因素主要有 Pt 颗粒大小及 Pt 用量。其中 Pt 颗粒大小和表面状况对阴极氧还原反应(ORR)的催化活性和利用效率具有较大的影响，表面积活性随着催化剂颗粒尺寸的增加而增加，颗粒尺寸在 3 ~5 nm 最佳[84-87]。此外，Pt 的担载量对催化活性也有重要影响。与其他工业领域 Pt 的含量(质量分数)小于 5%的情况不同，典型的 PEMFC 电催化剂 Pt 含量要求较高(不小于 40%)。表 10-25 列出了江森·马赛公司含 40% ~70%(质量分数)Pt 的阴极催化剂的分散特性和对 CO 的吸附特性。可以看出，随着在碳载体上金属 Pt 含量增大，Pt 的晶体尺寸也增加，适于吸附 CO 气体的金属 Pt 的面积则减小。

表 10-25 碳载 Pt 阴极电催化剂的 Pt 含量及其晶体尺寸和吸附 CO 的特性[5]

碳载体上 Pt 的含量(质量分数)/%	40	50	60	70	100(无碳载体)
Pt 晶体尺寸/nm	2.2	2.5	3.2	4.5	5.5 ~6.0
吸附 CO 的金属面积/($m^2 \cdot g^{-1}$)	120	105	88	62	20 ~50

PEMFC 目前不能商品化用作车辆动力的一个主要因素是膜电极组件中 Pt/C 催化电极的生产成本太高，而技术进步也主要体现在降低 Pt 的担载量上(见图 10-12)。如早期用于 Gemini 空间计划的第一个 PEMFC 中的电催化剂为纯 Pt，载量高达4 ~10 mg/cm^2。1990 年，加拿大 Ballard 公司研制的第一代 PEMFC 电堆 Mark5，也使用纯 Pt 为电催化剂，Pt 载量降至 4 mg/cm^2。后来发展了将 Pt 负载到 C 载体上制成 Pt/C 电催化剂技术，Pt 载量逐步降低。Pt 的利用效率逐渐提高，电极载 Pt 量已经从 1994 年的 14 g/kW 降至 2008 年的 0.5 g/kW，目前在实验室甚至已经降低到 0.2 g/kW 的水平。

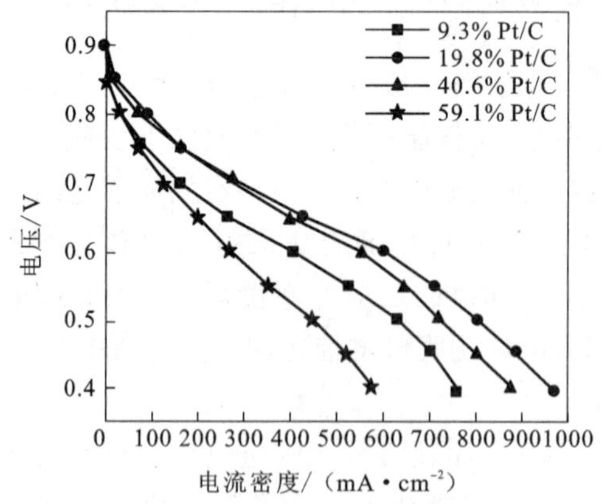

图 10-12 不同 Pt 负载阴极对电池组块性能的影响[88]

2. Pt－M/C 催化剂(M 为过渡金属)

催化剂氧还原反应活性受到许多因素影响。对纯 Pt 来说，由于其 d 键中心靠近费米能级，中间产物如 OH_{ads}在 Pt 表面具有较强的吸附能力，导致催化活性位减少，因此需要提高 Pt 原子利用率或开发比纯 Pt 更有活性的 ORR 催化剂。目前较普遍的方法是采用其他金属原子掺杂改变催化剂中 Pt 的原子间距，使其 d 键中心发生偏移，从而改善 Pt 催化剂氧还原活性[89]。

在 Pt 合金电催化剂的研究中，主要采用 Ru、Cr、Co、Ni、Fe、Cu、Mn、Pd 和 Sn 等金属与 Pt 组成 Pt－Au、Pt－Ir、Pt－Pd、Pt－Rh、Pt－Ru 二元或多元合金催化剂[90－97]，或形成类似 Au 核 Pt 壳结构的双金属催化剂[98]。目前，对氧还原反应表现出较好的电催化活性的合金催化剂主要是 Pt－Cr、Pt－Ni 和 Pt－Co。其中，Pt－Cr 合金比纯 Pt 催化剂对氧还原反应的电化学动力学活性高 2.5 倍[99]。对 Pt－M(Pt－Fe、Pt－Co、Pt－Ni、Pt－Cu)型合金催化剂进行过系统比较，发现原子排列规则的合金型催化剂比普通碳载 Pt 催化剂有更好的催化活性，而且原子排列的规则程度与催化活性的改善相关[100]。

Pt－M 合金能提高 ORR 电催化活性的原因，一般认为是合金元素的加入，使 Pt 的物理结构和电子结构发生变化，导致 Pt－Pt 原子间距减小及表层 Pt 原子中空的 d 轨道增加，使得催化剂电催化的质量比活性提高[101]。其机理主要有如下几种解释：

(1) Pt 物理结构的变化[102]。过渡族元素的加入使得合金晶体结构发生变化，如 Pt—Pt 键的间距和 Pt 原子的配位数(与 Pt 原子相邻的 Pt 原子数目)。Pt—Pt 键的间距 (276 pm) 远大于 O—O 键的间距 (102 pm)，加入的第二种合金元素产生晶格收缩，使 Pt 原子间距降低以适应 O_2吸附并断裂 O—O 键，导致电催化氧还原的质量比活性提高 (见图 10－13)。

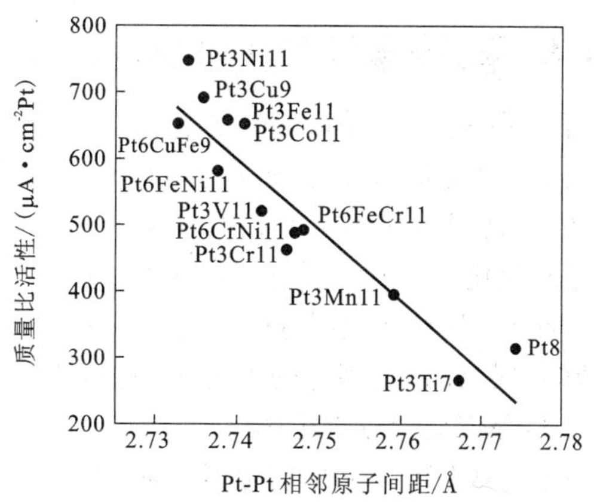

图 10－13　合金催化剂质量比活性与 Pt－Pt 原子间距的关系[105]

(2) Pt 电子结构发生变化[103]。合金元素的加入使 Pt 原子的 5d 轨道空穴增加，空的 d 轨道空穴成为 O_2孤对电子的受体，使得 O_2在 Pt 表面原子上易于发生解离吸附。从元素的电负性上考虑，合金元素的电负性一般弱于 Pt，使得这些合金元素易于形成氧化物，清除 Pt 表面杂质，获得更多活性位，提高其催化活性。

(3)协同催化效应[104]。Pt 金属原子与合金元素的原子之间产生协同作用，该作用有利于 Pt 合金电催化剂的电催化活性的提高。

Pt 合金电催化只在燃料电池工作电流密度较低时($<0.1\ A/cm^2$)其活性才高于 Pt/C 催化剂，而且 Pt 合金电催化剂的粒径较大，分散度较差，比活性的提高不足以补偿其质量活性的降低，因此对高分散度 Pt 合金电催化的研究将成为今后合金催化剂的研发重点。

3. 非铂催化剂

Pt 价格昂贵，迫使业界开展了非 Pt 电催化剂的研究和开发。过渡族金属大环螯合物可以在 ORR 中促使分解中间产物 H_2O_2，从而有利于反应按照四电子途径生成水，使其成为研究的热点。以活性炭为载体的过渡族金属螯合物具有较高活性的有：酞菁(Pc)、四羧基酞菁(PcTc)、卟啉(PP)、四苯基卟啉(TPP)、四甲基苯卟啉(TMPP)、二苯并四氮杂轮烯（TAA)、聚丙烯腈(PAN)和邻二氮杂菲等与 Co 和 Fe 的阳离子形成的配合物[106]。过渡金属原子簇化合物与过渡金属大环螯合物一样，也有利于 ORR 按照四电子途径生成水。过渡金属簇化合物催化剂主要有 $Mo_{6-x}M_xX_8$ (X = Se、Te、SeO、S 等，M = Os、Re、Rh 和 Ru)，这类催化剂活性较高，成本较低。此外碳化钨、某些过渡金属氧化物如 CrO_2、钙钛矿、尖晶石、氧化钌烧氯石、$LaMnO_3$、稀土合金催化剂和 RhS_x 等对 ORR 也具有一定的活性，但其活性以及在酸性环境下的稳定性还有待进一步提高[107]。

10.4.3 直接甲醇(DMFC)燃料电池催化剂

直接甲醇燃料电池以甲醇作燃料，无 C—C 键束缚，电化学反应活性高，被认为是 21 世纪最有希望取代锂离子电池的便携式电源和车载动力电源。与 PEMFC 类似，DMFC 阳极的甲醇氧化仍然存在较多技术难题。例如 Pt 基催化剂易被甲醇氧化过程中生成的 CO 等过渡态分子或基团毒化，导致电池性能大幅度下降。此外，甲醇在使用过程中会有一部分透过电解质膜渗透到阴极，发生所谓的“透醇”现象，降低甲醇的利用率，还可能造成阴极催化剂中毒。

1. Pt 基二元合金催化剂

目前，对 DMFC 阳极催化剂的研究主要集中在向 Pt 中加入一种或几种金属得到二元或多元催化剂，从而减少甲醇氧化中间产物对催化剂性能的影响。PtRu 是目前研究最多的阳极电催化剂体系，表 10 - 26 列出了 DMFC 电池中 PtRu/C 阳极电催化剂的典型物理特性[108]。

表10-26 DMFC电池中PtRu/C阳极电催化剂的典型物理特性

合金成分/%	晶体尺寸/nm	晶格常数/nm	金属面积/($m^2 \cdot g^{-1}$)	CO吸附面积/($m^2 \cdot g^{-1}$)
20Pt-10Ru/碳载体	1.9	0.3877	174	139
40Pt-20Ru/碳载体	2.5	0.3883	132	104
PtRu/(无碳载体)	2.9	0.3882	114	83
Pt黑/(无碳载体)	6.5	0.3926	43	24

经过30多年的研究，业界一致认为PtRu双金属催化剂是目前最好的DMFC阳极催化剂。其催化氧化甲醇机理主要有两种：一是本征机理(也称为电子效应理论)，即金属Ru通过电子效应减弱Pt与甲醇氧化反应中间产物的相互作用强度。通过气相化学吸附研究表明，CO在过渡金属表面吸附强度降低，使其在吸附分子中的比率也随之减小[109]。X射线延伸吸收精密光谱(EXAFS)测试结果也表明，PtRu合金改变了Pt的电子结构，使其电子云密度降低，削弱了CO的吸附强度。同时，含碳中间物的C原子上正电荷增加，使其更容易受到H_2O分子的亲核攻击。二是Watanabe和Motoo提出的双功能机理，认为Ru的加入不仅可以增加催化剂表面含氧物种的覆盖度，还可以在较低的电位下使H_2O分解为OH_{ads}，而这些含氧物种和OH_{ads}是甲醇氧化中间产物进一步氧化所必须的[110]。按甲醇氧化的双功能机理，PtRu催化剂中Pt为金属态，这有利于吸附的甲醇解离，而处于氧化态的Ru为表面水分子活化提供表面活性氧，进而氧化消除甲醇氧化产生的中间产物。同时，在催化剂制备过程中应力求金属Pt与Ru互为邻位，这样才可及时地氧化除去金属Pt上吸附的甲醇氧化的中间产物。利用原位衰减全反射-红外吸收光谱(ATR-IR)法确认了甲醇在PtRu合金上氧化过程中产生的水分子在Ru上的吸附，并发现只有当Ru上吸附的水解离成OH_{ads}时才能够氧化CO_{ads}[111]。尽管本征机理和双功能机理也可能同时存在，但哪种机理在实际的电极反应中占主导地位，尚处于争议之中。

2. Pt基三元或四元阳极催化剂

虽然PtRu二元催化剂在甲醇氧化过程中表现出很好的电催化活性，但催化剂的稳定性不够好。为此，在PtRu双金属催化剂的基础上开展了添加第三种金属助剂来提高其稳定性的研究。添加元素以过渡金属为主，这是因为过渡金属有丰富的d轨道电子，可以转移电子弥补金属Pt的d轨道空位，从而降低甲醇氧化中间产物在金属Pt上的吸附强度。有人曾研究了PtRuX(X=Au, Co, Cu, Fe, Mo, Ni, Sn, W)对甲醇的共催化作用，PtRuMo表现出最好的催化活性，与PtRu

相比活性提高了近8倍[112]。除PtRuSn和PtRuAu外，其他体系也有不同程度的提高。目前四元体系还研究得比较少，仅发现PtRuSnW和PtRuOsIr等催化剂催化性能优于Pt催化剂，对甲醇的氧化性能也有明显提高[113]。

3. 稀土掺杂催化剂

稀土元素外层轨道d或f轨道电子丰富，催化剂中添加稀土元素可与贵金属材料存在较强的相互作用，使甲醇阳极氧化过程中发生晶格变化或表现出协同效应，有效提高了催化剂氧化甲醇的活性。因此，在DMFC阳极催化剂中添加稀土或稀土氧化物是目前研究的新方向。研究表明，稀土元素铕、镝、钬等都能有效地促进甲醇的氧化和具有较好的抗CO中毒性能。这是因为稀土元素离子与甲醇之间存在较强的配位作用[114]。同时，正电性的Pt是甲醇分解的活性中心，La_2O_3的加入使Pt的正电性增强，表面活性位增加，因而提高了催化剂对甲醇的裂解活性[115]。

4. 非铂催化剂

金基催化剂体系在DMFC电催化剂中的应用也有研究。由于甲醇从阳极至阴极的渗透率较高，阴极的混合电位效应致使电池的性能与稳定性受到严重影响。阴极电催化剂除了考虑催化活性以外，还要考虑耐甲醇能力。铂基催化剂中Pt粒子直径在2.5~3.0 nm时，催化剂对氧的电化学还原反应活性较高，但抗甲醇能力较差。除研制Pt基双组元或多组元催化剂外，还研究了经电化学活化和热活化的Au/TiO_2纳米催化剂。金基催化剂分解的甲醇电催化活性结果列于表10－27。

表10－27　Au/TiO_2催化剂对甲醇分解的活性[60]

催化剂	制备方法	Au粒径/nm	速率(373K)/($mol \cdot g^{-1} \cdot s^{-1}$)	TOF/s^{-1}	Ea/($kJ \cdot mol^{-1}$)
3.4% Au/TiO_2	DP	4.4	1.0×10^{-7}	7.9×10^{-4}	46
10% Au/TiO_2	DP	4.4	3.0×10^{-7}	9.2×10^{-4}	31
33% Au/TiO_2	CP	2.8	6.4×10^{-7}	5.6×10^{-5}	47
5% Au/Fe_2O_3	CP	3.3	2.2×10^{-7}	9.1×10^{-5}	52
5% Au/Al_2O_3	CP	3.7	3.4×10	1.1×10^{-4}	24
5% Au/ZnO	CP	4.9	9.0×10^{-9}	5.7×10^{-5}	34

注：反应物——1% CO，2% H_2O，压力0.1 MPa；CP为共析出法；DP为析出共沉淀法。

另外，Zn/ Cr氧化物催化剂及铜的氯化物催化剂在350℃时通常表现出良好的活性。采用Mn、Ba、Si氧化物或其他碱金属离子作为促进剂的催化剂比常规的 Cu/ZnO 催化剂具有更高的活性。甲醇分解动力学的研究目前已经有很多报道，而且注意力已经从传统的 Cu/ZnO 催化剂逐步转向各种新型催化剂，如 Pd/ZrO_2、Pd/Al_2O_3以及 Pd/SiO_2等。

10.4.4　直接甲酸燃料电池(DFAFC)

直接甲酸燃料电池(Direct Formicacid Fuel Cell, DFAFC)是在直接甲醇燃料电池的研究停滞不前的时候出现的。甲酸能作为燃料电池的燃料，在于其具有较多突出优点。甲酸无毒，不易燃烧，易于存储与运输，而且甲酸的最佳工作浓度较高，冰点较低，使直接甲酸燃料电池的耐低温性能较好。虽然甲酸的能量密度要低于甲醇，但甲酸易于电离，甲酸根离子很难透过质子交换膜，有利于增加阳极室内溶液的质子电导率。甲酸的电化学活性较高，比直接甲醇燃料电池具有更高的开路电压，而且甲酸氧化直接生成 H_2O 和 CO_2，减少了中间产物的形成，不易使催化剂中毒。

1. Pd/C **催化剂**

Pt 和 Pd 都具有良好的电催化氧化甲酸的性能，因此，Pt/C 和 Pd/C 催化剂最为人们所关注。由于甲酸在 Pt/C 上的氧化需经过先氧化 CO 的途径，而在 Pd/C 上的氧化为直接途径，因此目前甲酸燃料电池催化剂主要集中在 Pd/C 的研究上。Pd/C 催化剂的研究主要从改变 Pd 化合物前驱体种类、选择恰当的还原剂、稳定剂着手，通过改善催化剂中 Pd 的粒径大小及粒径分布范围，提高催化氧化甲酸的能力。另外，选择恰当的配体(包括螯合剂)、表面活性剂、阴离子等也很重要，已被广泛应用于 Pd/C 催化剂的制备，一方面可有效控制 Pd 纳米粒子的生长过程，另一方面也避免了 Pd 纳米粒子在炭黑载体上的团聚[116-121]。

最近，有科学家在水溶液中使用 NH_4F 和 H_3BO_4作为添加剂制备高度分散的 Pd/C 催化剂，NH_4F 和 $PdCl_2$形成的络合物有助于 Pd 前驱体在炭表面的分散并能有效地控制催化剂的粒径在 3 nm 范围内[122]。还有研究者利用多孔 Al_2O_3为模板，制备了具有树枝状结构的 Pd - Y/XC 催化剂，该催化剂对甲酸氧化的电催化活性是用同样方法制备的 Pt - Y/XC 催化剂的 10 倍[123]。

2. Pd **基合金催化剂**

同甲醇燃料电池一样，尽管 Pd/C 催化剂的电催化活性良好，但稳定性较差，Pd 易被氧化而导致活性降低甚至失效。为了提高催化剂的稳定性，人们在 Pd 基合金催化剂方面开展了大量的研究工作。甲酸在 Pd 合金催化剂上的电催化氧化依赖于合金的表面组成，其重点在于助剂的选择以及对合金粒子表面组成的精细调控。表 10 - 28 是 Pd 基催化剂中常用的 3 类助剂。

第一类是贵金属元素。Pd 与 Pt、Ru、Au、Ir 等金属形成的 Pd 基合金催化剂，因为催化剂活性组分之间具有较强的相互作用，所以表现出良好的电催化活性和稳定性。例如，PtPd 合金催化剂中 Pt 和 Pd 二者之间能够形成协同效应，氧化 CO 等反应中间体不易中毒[124]。Pd 中添加 Au 和 Ir 也取得了很好的效果。AuPd 催化剂除了可以提高甲酸电氧化的性能外，还可以大大增加催化剂的抗中毒能力和稳定性。因为通常情况下 CO 的生成往往在相邻的多个活性位上形成一个孪生的吸附中间态，Au 和 Ir 的作用就是占据 Pd 的表面活性位，从而抑制 CO 的吸附[125]。如 PdIr/C 催化剂，当 Pd 与 Ir 的比例在 5∶1 时，催化剂的粒径最小，对甲酸氧化的峰电流密度比 Pd/C 高 13%，氧化峰电位负移 50 mV。通过研究，CO 吸附氧化的线性伏安曲线也证明 Ir 的加入能够降低 CO 在 Pd 上的吸附，促进甲酸通过直接途径氧化[126]。

表 10－28　Pd 基合金催化剂助剂分类

类别	元素	备注
第一类	Au、Ir、Pd、Pt、Ru 贵金属	
第二类	Cr、Cu、Fe、Mo、Nb、V、Bi、Pd、Sb、Sn	过渡金属
第三类	P、B	非金属

第二类是过渡金属元素。这些元素可以影响 Pd 的 d 轨道的电子密度，从而削弱 CO 等毒物在 Pd 表面的吸附能力，提高电催化活性和稳定性。在 Pd/C 催化剂中掺入 Fe 与 Pd 形成合金，Fe 因为缺电子且本身具有磁性，可改变 Pd 电子结构，增加 4d 电子空穴，使其更易接受 O_2的 p 电子，从而提高对甲酸的电催化性能[127]。PdSn/C 双金属催化剂在 Pd－Sn 原子比为 2∶1 时催化活性最高，这主要是由 Sn 与 Pd 之间的电子效应引起的[128]。目前，因这类助剂在电化学反应过程中易于溶出，还不能完全替代贵金属助剂，一般用来作合金催化剂的第三组分。

第三类是非金属元素。非金属助剂的具体作用在于影响 Pd 的晶体结构，晶格畸变的 Pd 纳米粒子对电催化剂的催化活性有很大的提升。例如，Pd－P/C 催化剂对甲酸氧化的峰值电位相对于 Pd/C 负移约 18 mV，而且磷的添加使 Pd 不易氧化，提高了催化剂的稳定性，1000 s 后的电流密度是未添加磷的 6 倍[129]。中国科学院长春应用化学研究所与巴黎高等洛桑联邦理工学院合作，成功研制了 DFAFC 高效阳极催化剂[130]。通过向普通的炭黑中掺杂磷化镍（Ni_2P）获得了一种简单廉价的复合载体，然后将 Pd 负载在该复合载体上制得 Pd－Ni_2P/C 直接甲酸燃料电池用阳极电催化剂。该类催化剂在酸性环境中的活性、寿命、抗中毒能力及长效工作稳定性方面均优于商业催化剂和其他已经报道的催化剂，其功率密度高达 550 mW/cm^2，是普通商业 Pd/C 催化剂燃料电池的 3.5 倍，为目前所见文献报道中 DFAFC 燃料电池的最高性能。

参考文献

[1] Dubien C, Schweich D, Mabilon G, et al. Three - way catalytic converter modelling: Fast - and slow - oxidizing hydrocarbons, inhibiting species, and steam - reforming reaction[J]. Chemical Engineering Science, 1998, 53(3): 471 - 481

[2] Matsumoto S. Recent advancesin automobile exhaust catalysts[J]. Catalysis Today, 2004, 90: 183 - 190

[3] Gandhi H S, Graham G W, Mccabe R W, et al. Automotive exhaust catalysis[J]. Journal of Catalysis, 2003, 216: 433 - 442

[4] Golunski S E. Why use platinum in catalytic converters[J]. Platinum Metals Review, 2007, 51(3): 162 - 163

[5] 宁远涛, 杨正芬, 文飞, 等. 铂[M]. 北京: 冶金工业出版社, 2009

[6] 章青, 贺小昆, 黄荣光, 等. 汽车尾气净化 Pd 催化剂的研究进展、现状和展望[J]. 贵金属, 2006, 27(1): 69 - 74

[7] 张爱敏, 黄荣光, 宁平, 等. 贵金属配比对催化剂催化活性的影响[J]. 贵金属, 2006, 27(1): 33 - 37

[8] 郭家秀, 袁书华, 龚茂初, 等. 低贵金属 Pt - Rh 型三效催化剂空燃比性能的研究[J]. 化学学报, 2007, 65(10): 937 - 942

[9] Corti C W, Holliday R J. Commercial aspects of gold applications: From materials science to chemical science[J]. Gold Bulletin, 2004, 37(1 - 2): 20 - 26

[10] Twigg M V. Critical topics in exhaust gas aftertrement[J]. Platinum Metals Review, 2001, 45(4): 176 - 178

[11] 张爱敏, 宁平, 黄荣光, 等. 汽车尾气净化用贵金属催化材料研究进展[J]. 贵金属, 2005, 26(3): 66 - 70

[12] 吴世华, 李保庆, 张守民, 等, 溶剂化金属原子浸渍法制备 Pd - Cu/γ - Al_2O_3 低温 CO 氧化催化剂[J]. 无机化学学报, 2002, 18(8): 811 - 814

[13] 杨遇春. 稀土漫谈[M]. 北京: 化学工业出版社, 1999

[14] 北京市交通局组. 汽车排放治理技术指导[M]. 北京: 机械工业出版社, 2003

[15] 洪超. 柴油机排放物及其对人类健康的危害[J]. 农业机械化与电气化, 2004, 10(7): 22 - 26

[16] 顾永万, 贺小昆, 张爱敏, 等. 稀燃车用催化剂研究进展[J]. 贵金属, 2003, 24(4): 63 - 70

[17] Bosteels D, Searles R A. Exhaust emission catalyst technology[J]. Platinum Metals Review, 2002, 46(1): 27 - 36

[18] 何俊, 陈英, 李学辉, 等. 储存 - 还原脱氮催化剂的研究进展[J]. 贵金属, 2006, 27(2): 65 - 70

[19] 褚霞, 袁芳芳, 王家明, 等. 满足欧Ⅲ排放标准的摩托车尾气催化剂研究[J]. 摩托车技

术, 2005, 10: 32 - 34

[20] Hsieh. Engine performance and pollutant emission of an SI engine using ethanol - gasoline blended fues[J]. Atmospheric Environment, 2002, 36(3): 403 - 410

[21] 蒋利桥, 赵黛青, 何立波. 含氧替代燃料燃烧污染物排放特点浅析[J]. 江苏环境科技, 2006, 6(3): 17 - 19

[22] Chao H - R, Lin T - C, Chao M - R, et al. Effect of methanol containing additive on the emission of carbonyl compounds form a heavy - duty diesel engine[J]. Journal of Hazardous Materials, 2000, 13(1): 39 - 54

[23] Poulopoulos S D, Samaras D P, Philippopouos C J. Regulated and unregulated emissions from an internalcombustion engine operating on ethanol - containing fuel[J]. Atmospheric Environment, 2001, 35(26): 4399 - 4406

[24] Idriss H. Ethanol reactions over the surface of noble metal/rerium oxide catalyst[J]. Platinum Metals Review, 2004, 48(3): 105 - 115

[25] 冯长根, 王大祥, 王亚军. 车用三效催化剂的研究进展[J]. 安全与环境学报, 2003(5): 35 - 38

[26] 余成洲, 张明贤, 张春媚. 可挥发性有机化合物废气治理技术及其新进展[J]. 重庆工商大学学报, 2009, 26(1): 35 - 38

[27] 张晓勇, 王振红. 浅析有机废气的治理[J]. 环境科学与管理, 2007, 32(4): 87 - 88

[28] Dragt A J, Ham J V. Biotechniques for air pollution abatement and odour control policies: proceedings of an international symposion[M]. Studies in Environmental Science, 1992

[29] Shao M, Zhao M - P, Zhang Y - H et al. Biogenic VOCs emissions and its impact on ozone formation in major cities of China[J]. Environ. Sci. Health, 2000, A 35(10): 1941 - 1950

[30] 黄振家. 挥发性有机废气处理技术[J]. 活性炭吸附化工, 1997, 44(3): 49 - 57

[31] 黄建洪, 宁平, 许振成, 等. 挥发性有机废气治理技术进展[J]. 环境科学导报, 2011, 30(5): 70 - 73

[32] 陶有胜. "三苯"废气治理技术[J]. 环境保护, 1999, 8(20): 20 - 21

[33] 庞学群. 工业卫生工程[M]. 北京: 机械工业出版社, 1991

[34] 梁红. 恶臭及挥发性有机溶剂废气治理技术[J]. 广州环境科学, 1999, 14 (4): 11 - 15

[35] Windawi H, Wyatt M. Catalytic destruction of halogenated volatile organic compound[J]. Platinum Metals Review, 1993, 37(4): 186 - 193

[36] Simone D, Kennelly T. Reversible poisoning of palladium catalysts of methane oxidation[J]. Appl. Catal., 1991, 70(1): 87 - 100

[37] Muller H, Deller K, Despeyoux B. Catalystic purification of waste gases containing chlorinated hydrocarbon with precious catalysis[J]. Catalysis Today, 1993, 17: 383 - 390

[38] Spivey J, Butt J. Complete catalytic oxidation of volatile organic compounds[J]. Catalysis Today, 1987, 11: 465 - 500

[39] Centeno M A, Paulis M, Montes M, Odriozola J A. Catalytic combustion of volatile organic compounds on gold / titanium oxynitride catalysts[J]. Applied Catalysis B: Environmental,

2005, 61(3): 177 - 183

[40] 田森林, 宁平. 有机废气治理技术及其新进展[J]. 环境科学动态, 2000(1): 23 - 28

[41] 谢晶, 卢晗锋, 方丽玲, 等. 金属丝网型 $La_{0.8}Sr_{0.2}MnO_3$ 催化剂对有机废气催化燃烧的特性[J]. 化学反应工程与工艺, 2007, 23(2): 157 - 160

[42] 卢军. 挥发性有机物的催化治理[J]. 贵金属, 2002, 2(23): 53 - 55

[43] Malik M A, Malik S A. Catalyst enhanced oxidation of VOCs and methane in cold - plasma reactors[J]. Platinum Metals Review, 1999, 43(3): 109 - 113

[44] 唐运雪. 有机废气处理技术及前景展望[J]. 湖南有色金属, 2005, 10(21): 31 - 35

[45] Koichi Hirota, Hiroki Sakai, Masakazu Washio, et al. Application of electron beams for the treatment of VOC streams[J]. Ind Eng Chem Res, 2004, 43: 1185 - 1191

[46] 廖传华, 徐南平, 时钧. 气体分离无机膜的应用及研究进展[J]. 中国陶瓷, 2003, 39(2): 17 - 19

[47] 刘朝晖, 屈凌波, 施东文. 纳米 TiO_2 膜制备与光催化降解 $CHCl_3$[J]. 中国给水排水, 2001, 17(12): 10 - 12

[48] 朱汉财, 王红娟, 彭峰, 等. 纳米 ZnO 薄片的制备、表征及其光催化降解性能[J]. 石油化工, 2006, 35(9): 886 - 890

[49] Carey J H, Lawrence J, Tosine H M. Photodechlorination of PCB in the presence of titanium dioxide in aqueous suspension[J]. Bulletin of Environmental Contamination and Toxicology, 1976, 16(3): 697 - 701

[50] Yu H - L, Zhang K - L, Rossi C. Theoretical study on photocatalytic oxidation of VOCs using nano - TiO_2 photocatalyst[J]. Photochem Photobio A, 2007, 188(1): 65 - 73

[51] 刘天齐. "三废"处理工程技术手册(废气卷)[M]. 北京: 化学工业出版社, 1999

[52] 傅献彩. 物理化学(第四版)[M]. 北京: 高等教育出版社, 1993

[53] Sato S, Yu - u Y, Yahiro H, el al. Cu - ZSM - 5 zeolite as highly active catalyst for removal of nitrogen monoxide from emission of diesel engines[J]. Appl Catal, 1991, 70: 1 - 5

[54] Sato S, Hirabayashi H, Yahiro H, el al. Iron ion - exchanged zeolite: The most active catalyst at 473K for selective reduction of nitrogen monoxide by ethene in oxidizing atmosphere[J]. Catal Lett, 1992, 12(1 - 3): 193 - 199

[55] Bamwenda G R, Ogata A, Obuchi A, el al. Selective reduction of nitric oxide with propene over platinum - group based catalysts: Studies of surface species and catalytic activity[J]. Appl Catal B, 1995, 6(4): 311 - 323

[56] Miyadera T. Alumina - supported silver catalysts for the selective reduction of nitric oxide with propene and oxygen - containing organic compounds[J]. Appl Catal B, 1993, 2(2 - 3): 199 - 205

[57] 贺泓, 余运波, 李毅, 等. Ag/Al_2O_3 催化剂催化含氧烃类选择性还原氮氧化物的基础与应用研究进展[J]. 催化学报, 2010, 35(5): 491 - 501

[58] Burch R, Breen J P, Meunier F C. A review of the selective reduction of NOx with hydrocarbons under lean - burn conditions with non - zeolitic oxide and platinum group metal catalysts[J].

Appl Catal B, 2002, 39(4): 283 - 303

[59] Benner L S, Suzuki T, Meguro K el al. Precious Metals Science and Technology[M]. Austin in U. S. A.: International Precious Metals Insitute, 1991

[60] 王琳. 湿式空气氧化(WAO)技术机理及应用[J]. 北方环境, 2013, 29(1): 53 - 54

[61] 孙加林, 张康侯, 宁远涛, 等. 贵金属及其合金材料[M]. 中国材料工程大典(第5卷). 北京: 化学工业出版社, 2006

[62] Lee S K, Mills A. Platinum and palladium in semiconductor photocatalytic systems[J]. Platinum Metals Review, 2003, 47(1): 61 - 69

[63] Masayoshi Y, Takanori M. Tetsuya K, et al. Nano - sized PdO loaded SnO_2 nano particles by rever semicelle method for highly sensitive CO gas sensor[J]. Sensors and Actuators, 2009, 136: 99 - 104

[64] Phani A R, Manorama S V, Rao V J. X - ray photoelectron spectroscopy studies on Pd doped SnO_2 liquid petroleum gas sensor[J]. Appl. Phys. Lett, 1997, 71: 2358 - 2360

[65] 胡建东, 王晓萍, 文泓桥. 表面等离子共振金/钯复合膜氢敏传感器[J]. 光学技术, 2004, 36(4): 643 - 651

[66] 肖恺, 闫一功, 雷良才, 等. Pd - Ag 合金在电化学氢传感器中的应用研究[J]. 腐蚀科学与防护技术, 2002, 14(3): 125 - 128

[67] 陶长元, 唐金晶, 杜军, 等. 氢敏材料及氢气传感器的研究进展[J]. 材料导报, 2005, 19(2): 9 - 11

[68] Chtaov A, Gal M. Differential optical detection of hydrogen gas in the atmosphere[J]. Sensors and Actuators B, 2001, 79(2 - 3): 196 - 199

[69] Baryshevsky V G, KorzhikM V, Moroz V I, et al. Single crystals of tungsten compounds as promising materials for the total absorption detector of the e. m. calorimeter[J]. Nuelear Instruments Methods Physics Research A, 1992, 322(2): 231 - 234

[70] Annenkov A A, Korzhik M V, Lecoq P. Lead tungstate seintillation material[J]. Nuclear Instruments Methods Physics Research A, 2002, 490(1 - 2): 30 - 50

[71] 张建松, 黄琥, 栾伟玲, 等. 用于新型热电薄膜氢气传感器的负载型 Pt 催化剂[J]. 石油化工, 2006, 35(12): 1145 - 1150

[72] 吴兴会, 王彩君. 传感器与信号处理[M]. 吴仲达译. 北京: 高等教育出版社, 1984: 166

[73] 吴文双, 肖建中, 夏风. 汽车氧传感器材料的研究[J]. 材料导报 A(综述篇), 2011, 25(5): 54 - 57

[74] 刘卉. 汽车氧传感器的应用研究[J]. 中国科技信息, 2008, 21: 159 - 164

[75] 杨建军, 侯宏, 王磊. 光学氧传感器氧敏感膜的光降解[J]. 传感器技术, 2001, 20(12), 5 - 7

[76] 张名权, 陈焕钦, 黄国贤. 光学氧传感器的研制[J]. 分析试验室, 1997, 16(6), 10 - 13

[77] Butler M A, Ginley D S. Hydrogen sensing with palladium - coated optical fibers[J]. Appl. Phys., 1988, 64(7): 3706 - 3711

[78] 李瑛, 杨集, 冯士维. 光纤气体传感器研究进展[J]. 传感器世界, 2005, 11(1): 6 - 10

[79] Kopperud T. Nitrous oxide greenhouse gas abatement catalyst[J]. Platinum Metals Review, 2006, 50(2): 103

[80] Hayfield P C S. Development of the noble metal/oxide coated titaniumelectrode (I)[J]. Platinum Metals Review, 1998, 42(1): 27 - 33

[81] Hayfield P C S. Platinum titanium electrodes for cathodic protection[J]. Platinum Metals Review, 1983, 27(1): 2 - 8

[82] 王科，韩严，王雷远，等. 海水电解 Ru - Ti - Ir - Sn 氧化物阳极涂层研究[J]. 电化学, 2005, 11 (2): 176 - 181

[83] 冯守华. 化学的黄金时代[J]. 化学通报, 1998, 61(7): 9 - 14

[84] Wikander K, Ekström H, Palmqvist A E, et al. On the influence of Pt particle size on the PEMFC cathode performance[J]. Electrochimica Acta, 2007, 52(24): 6848 - 6855

[85] Ye H, Crooks J A, Crooks R M. Effect of particle size on the kinetics of the electrocatalytic oxygen reduction reaction catalyzed by Pt dendrimer - encapsulated nanoparticles[J]. Langmuir, 2007, 23(23): 11901 - 11906

[86] Kinoshita K. Particle size effects for oxygen reduction on highly dispersed platinum in acid electrolytes[J]. Journal of the Electrochemical Society, 1990, 137(3): 845 - 848

[87] 王爱丽，孙瑜，梁志修，等. Pt 纳米催化剂在质子交换膜燃料电池催化层中的尺寸效应研究[J]. 化学学报, 2009, 67(022): 2554 - 2558

[88] Prasanna M, Ha H Y, Cho E A, et al. Investigation of oxygen gain in polymer electrolyte membrane fuel cell[J]. Journal of Power Sources, 2004, 137: 1 - 8

[89] Mukerjcc S, Srinivasan S, Soriaga M P, et al. Role of structural and electronic properties of Pt and Pt alloys on electrocatalysis of oxygen reduction An in situ XANES and EXAFS investigation [J]. Journal of the Electrochemical Society, 1995, 142(5): 1409 - 1422

[90] Gan L, Yu R, Luo J, et al. Lattice strain distributions in individual dealloyed Pt - Fe catalyst nanoparticles[J]. The Journal of Physical Chemistry Letters, 2012, 3(7): 934 - 938

[91] Wang D, Yu Y, Xin H L, et al. Tuning oxygen reduction reaction activity via controllable dealloying: A model study of ordered Cu_3Pt/C intermetallic nanocatalysts[J]. Nano letters, 2012, 12(10): 5230 - 5238

[92] Mani P, Srivastava R, Strasser P. Dealloyed binary PtM_3 (M = Cu, Co, Ni) and ternary $PtNi_3M$ (M = Cu, Co, Fe, Cr) electrocatalysts for the oxygen reduction reaction: Performance in polymer electrolyte membrane fuel cells[J]. Journal of Power Sources, 2011, 196(2): 666 - 673

[93] Wang C, Markovic N M, Stamenkovic V R. Advanced platinum alloy electrocatalysts for the oxygen reduction reaction[J]. ACS Catalysis, 2012, 2(5): 891 - 898

[94] Gan L, Heggen M, Rudi S, et al. Core - shell compositional fine structures of dealloyed $Pt_x Ni_{1-x}$ nanoparticles and their impact on oxygen reduction catalysi[J]. Nano Letters, 2012, 12(10): 5423 - 5430

[95] Wang D, Xin H L, Hovden R, et al. Structurally ordered intermetallic platinum-cobalt core-shell nanoparticles with enhanced activity and stability as oxygen reduction electrocatalyst[J].

Nature Materials, 2013, 12(1): 81 - 87

[96] Oezaslan M, Hasché F, Strasser P. Oxygen electroreduction on $PtCo_3$, PtCo and Pt_3Co alloy nanoparticles for alkaline and acidic PEM fuel cell[J]. Journal of the Electrochemical Society, 2012, 159(4): 394 - 405

[97] Toda T, Igarashi H, Watanabe M. Enhancement of the electrocatalytic O_2 reduction on Pt - Fe alloys[J]. Journal of Electroanalytical Chemistry, 1999, 460(1 - 2): 258 - 262

[98] Xu Y, Dong Y, Shi J, et al. Au@ Pt core - shell nanoparticles supported on multiwalled carbon nanotubes for methanol oxidation[J]. Catalysis Communications, 2011, 13(1): 54 - 58

[99] Fournier J, Faubert G, Tilquin J, et al. High - performance, Low Pt content catalysts for the electroreduction of oxygen in polymer - electrolyte fuel cells[J]. Journal of the Electrochemical Society, 1997, 144(1): 145 - 154

[100] Xiong L, Kannan A, Manthiram A. Pt - M (M = Fe, Co, Ni and Cu) electrocatalysts synthesized by an aqueous route for proton exchange membrane fuel cells[J]. Electrochemistry Communications, 2002, 4(11): 898 - 903

[101] Toda T, Igarashi H, Watanabe M. Enhancement of the electrocatalytic O_2 reduction on Pt - Fe alloys[J]. Journal of Electroanalytical Chemistry, 1999, 460(1 - 2): 258 - 262

[102] JalanV M, Taylor E J, Importance of interatomic spacing catalytic reduetion of oxygen in Phosphoric acid[J]. J. Electroehem. Soc., 1983, 130(11): 2299 - 2302

[103] Takako T, HiroSShi I, Masahoro W. Enhancement of the electrocatalytic O_2 reduction on Pt - Fe alloy[J]. Electroanal. Chem, 1999, 460: 258 - 262

[104] Antolini E. Formation of carbon - supported PtM alloys forlow temperature fuel cells: a review, mater[J]. Chem and Physics, 2003, 78: 563 - 573

[105] Min M, Cho J, Cho K, et al, Particle size and alloying effeets of Pt - based alloy catalysts for fuel cell applieation[J]. Electroehim Acta, 2000, 45: 4211 - 4217

[106] ladouceur M, Lalande G, Guay D, Dodelet J P. Pyrolyzed cobalt phthalocyanine as eleetrocatalyst for oxygen reduction[J]. Electrochem Soc., 1993, 140: 1974 - 1981

[107] 钟和香, 张华民, 张建鲁, 等. 低温燃料电池中的非铂催化剂[J]. 化学通报, 2006, 69: 1 - 6

[108] Hogath M P, Ralph T R. Catalysis for low temperature fuel cell (Ⅲ)[J]. Platinum Metals Review, 1997, 41(3): 102 - 113

[109] Lin S D, Hsiao T - C, Chang J - R, et al. Morphology of carbon supported Pt - Ru electrocatalyst and the CO tolerance of anodes for PEM fuel cell[J]. The Journal of Physical Chemistry B, 1999, 103(1): 97 - 103

[110] Watanabe M, Uchida M, Motoo S. Preparation of highly dispersed Pt^+ Ru alloy clusters and the activity for the electrooxidation of methanol[J]. Journal of Electroanalytical Chemistry and Interfacial Electrochemistry, 1987, 229(1): 395 - 406

[111] Yajima T, Wakabayashi N, Uchida H, et al. Adsorbed water for the electro - oxidation of methanol at Pt - Ru alloy[J]. Chemical Communications, 2003(7): 828 - 829

[112] Lima A, Coutanceau C, Léger J – M, et al. Investigation of ternary catalysts for methanol electrooxidation[J]. Journal of Applied Electrochemistry, 2001, 31(4): 379 – 386

[113] Reddington E, Sapienza A, Gurau B, et al. Combinatorial electrochemistry: A highly parallel, optical screening method for discovery of better electrocatalyst [J]. Science, 1998, 280 (5370): 1735 – 1737

[114] 刘晶华. 稀土离子和稀土氧化物对甲醇在 Pt 催化剂上电催化氧化性能的影响[D]. 长春: 中国科学院长春应用化学研究所, 2002

[115] Matsumura Y, Okumura M, Usami Y, et al. Low – temperature decomposition of methanol to carbon monoxide and hydrogen with low activation energy over Pd/ZrO_2 catalyst[J]. Catalysis Letters, 1997, 44(3 – 4): 189 – 191

[116] Oh J – G, Lee C – H, Kim H. Surface modified Pt/C as a methanol tolerant oxygen reduction catalyst for direct methanol fuel cell[J]. Electrochemistry Communications, 2007, 9(10): 2629 – 2632

[117] Tang Y W, Zhang L L, Wang X, et al. Preparation of ultrafine and high dispersion Pd/C catalyst and its electrocatalytic performance for formic acid oxidation[J]. Chemical Research in Chinese Universities, 2009, 25(2): 239 – 242

[118] Zhu Y, Kang Y, Zou Z, et al. Facile preparation of carbon – supported Pd nanoparticles for electrocatalytic oxidation of formic acid[J]. Fuel Cells Bulletin, 2008, 2008(7): 12 – 15

[119] 陈滢, 唐亚文, 高颖, 等. 改进液相还原法制备的 Pd/C 催化剂对甲酸氧化的电能[J]. 无机化学学报, 2008, 24(4): 560 – 564

[120] Huang Y, Liao J, Liu C, et al. The size – controlled synthesis of Pd/C catalysts by different solvents for formic acid electrooxidation[J]. Nanotechnology, 2009, 20(10): 105604 – 105609

[121] Li H, Sun G, Jiang Q, et al. Synthesis of highly dispersed Pd/C electro – catalyst with high activity for formic acid oxidation[J]. Electrochemistry Communications, 2007, 9(6): 1410 – 1415

[122] Liao C, Wei Z, Chen S, et al. Synergistic effect of polyaniline – modified Pd/C catalysts on formic acid oxidation in a weak acid medium $(NH_4)_2SO_4$[J]. The Journal of Physical Chemistry C, 2009, 113(14): 5705 – 5710

[123] Zhang L, Lu T, Bao J, et al. Preparation method of an ultrafine carbon supported Pd catalyst as an anodic catalyst in a direct formic acid fuel cell[J]. Electrochemistry Communications, 2006, 8(10): 1625 – 1627

[124] Kristian N, Yan Y, Wang X. Highly efficient submonolayer Pt – decorated Au nano – catalysts for formic acid oxidation[J]. Chemical Communications, 2008(3): 353 – 355

[125] Zhou W, Lee J Y. Highly active core-shell Au@ Pd catalyst for formic acid electrooxidation[J]. Electrochemistry Communications, 2007, 9(7): 1725 – 1729

[126] Wang X, Tang Y, Gao Y, et al. Carbon – supported Pd – Ir catalyst as anodic catalyst in direct formic acid fuel cell[J]. Journal of Power Sources, 2008, 175(2): 784 – 788

[127] 朱红, 冯兰英, 朱红, 等. 掺杂 Fe 元素对 Pd/C 催化剂性能的影响[J]. 无机材料学报,

2008, 23(4): 847 - 850

[128] Zhang Z, Ge J, Ma L, et al. Highly active carbon - supported PdSn catalysts for formic acid electrooxidation[J]. Fuel Cells, 2009, 9(2): 114 - 120

[129] Zhang L, Tang Y, Bao J, et al. A carbon - supported Pd - P catalyst as the anodic catalyst in a direct formic acid fuel cell[J]. Journal of Power Sources, 2006, 162(1): 177 - 179

[130] Qianli Z, Lu Z, Xuehai Y, et al. Multifunctional porous microspheres based on peptide - porphyrin hierarchical co - assembly[J]. Angew. Chem. int. Ed, 2014, 53: 122 - 126

图书在版编目(CIP)数据

贵金属新材料/胡昌义,刘时杰等编著.
—长沙:中南大学出版社,2015.9
ISBN 978-7-5487-1920-5

Ⅰ.贵... Ⅱ.①胡...②刘... Ⅲ.贵金属合金-金属材料
Ⅳ.TG146.3

中国版本图书馆 CIP 数据核字(2015)第 219613 号

贵金属新材料

胡昌义　刘时杰　等编著

□**责任编辑**　史海燕
□**责任印制**　易建国
□**出版发行**　中南大学出版社
社址:长沙市麓山南路　　邮编:410083
发行科电话:0731-88876770　　传真:0731-88710482
□**印　　装**　湖南地图制印有限责任公司

□**开　　本**　720×1000　1/16　□**印张** 31　□**字数** 618 千字
□**版　　次**　2015 年 9 月第 1 版　　□**印次**　2015 年 9 月第 1 次印刷
□**书　　号**　ISBN 978-7-5487-1920-5
□**定　　价**　150.00 元